高等学校规划教材 | 畜牧兽医类



# 动物生理学

主编 ● 黄庆洲 黎德斌 伍莉

DONGWU SHENGLIXUE

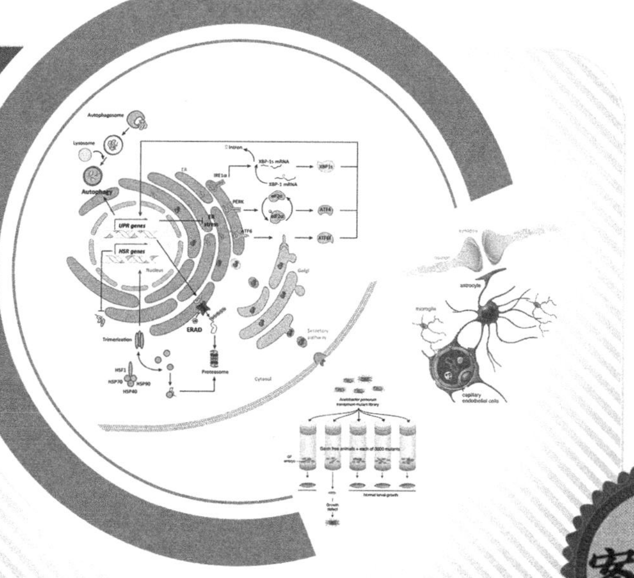

案例版 ★★★

西南大學出版社
SWUP 国家一级出版社 全国百佳图书出版单位

图书在版编目（CIP）数据

动物生理学 / 黄庆洲，黎德斌，伍莉主编．— 重庆：西南师范大学出版社，2014.12
ISBN 978-7-5621-7193-5

Ⅰ．①动… Ⅱ．①黄… ②黎… ③伍… Ⅲ．①动物学—生理学—高等学校—教材Ⅳ．① Q4

中国版本图书馆 CIP 数据核字（2014）第 285247 号

# 动 物 生 理 学

**DONGWU SHENGLI XUE**

主　编　黄庆洲　黎德斌　伍　莉
副主编　姚　刚　张　霞　程美玲　王鲜忠

责任编辑：杜珍辉
封面设计：魏显锋　熊艳红
出版发行：西南大学出版社（原西南师范大学出版社）
地址：重庆市北碚区天生路 1 号
邮编：400715
市场营销部电话：023-68868624
http://www.xdcbs.com
经　　销：新华书店
印　　刷：重庆新生代彩印技术有限公司
幅面尺寸：185mm × 260mm
印　　张：22.5
字　　数：570 千字
版　　次：2015 年 3 月 第 1 版
印　　次：2023 年 8 月 第 3 次印刷
书　　号：ISBN 978-7-5621-7193-5
定　　价：58.00 元

衷心感谢被收入本书的图文资料的原作者，由于条件限制，暂时无法和部分原作者取得联系。恳请这些原作者与我们联系，以便付酬并奉送样书。

若有印装质量问题，请联系出版社调换。

# 高等学校规划教材·畜牧兽医类

# 编委会/ BIAN WEI HUI

**主　编:** 黄庆洲　黎德斌　伍　莉

**副主编:** 姚　刚　张　霞　程美玲　王鲜忠

**参　编:**（排名不分先后）

王　讯　（四川农业大学）

王　剑　（西南大学）

王金泉　（新疆农业大学）

王鲜忠　（西南大学）

田兴贵　（贵州大学）

帅学宏　（西南大学）

白华毅　（云南农业大学）

伍　莉　（西南大学）

陈吉轩　（西南大学）

张　霞　（甘肃农业大学）

尚月丽　（广西大学）

郭庆勇　（新疆农业大学）

姚　刚　（新疆农业大学）

康　波　（四川农业大学）

黄庆洲　（西南大学）

程美玲　（云南农业大学）

黎德斌　（四川农业大学）

# 前 言

动物生理学作为养殖类专业的一门核心专业基础理论课程，让学生全面系统学习掌握该门课程的基本概念和基本理论的同时，又要让学习者体会到理论学习的最终目的是指导或解决养殖生产实践。西南师范大学出版社首次组织出版动物医学专业课程案例版系列教材，《动物生理学》(案例版)由7所高等院校的17位长期从事本门课程教学工作的教授或副教授共同努力完成，今天正式出版。

本书名虽为《动物生理学》，但考虑到目前我国高等农业教育相关专业设置特点，为提高教材使用的针对性，仍以家畜、家禽为主要描述对象，阐述动物的基本生命活动及其规律。相比于目前国内相应教材，本书在注重《动物生理学》"三基"教育的基础上，坚持教材的系统性、科学性、先进性的同时，更加突出以下特色，一是引入案例，针对每章中的重点内容，适时引入养殖中的具体案例或最新研究成果，结合知识点提出相关问题，并力求用所学理论予以分析。动物生理学教材中引入案例，可使生理学知识得以适度外延，加强了基础学科与临床学科的联系，更重要的是让学生感受到学习动物生理学理论的生产价值，避免纸上谈兵似的枯燥乏味，以激发学生的学习兴趣，培养学生的综合分析能力和应用能力；二是增加每章思考题的类型，包括名词解释、选择题、简答题、论述题四种类型，力求每章要求掌握的知识点在思考题中得以体现，帮助学生课前及课后学习，方便学生总结提高；三是一些复杂的生理过程或理论尽量用图表示意，以增加学习的条理性和可读性，全书文字简洁，层次清楚，重点突出，易读易懂；四是突出学科的新进展，特别是在一些案例的选择上，力求反映生理学的新进展。

本书编委由西南大学、四川农业大学、甘肃农业大学、新疆农业大学、云南农业大学、贵州大学、广西大学从事动物生理学教学及科研工作的老师组成，具体分工如下：第一、二章，黄庆洲；第三章，伍莉、陈吉轩；第四章，黎德斌、康波；第五章，王讯；第六章，王剑、王鲜忠；第七章，帅学宏；第八章，程美玲、白华毅；第九章，伍莉、王金泉、郭庆勇；第十章，张霞；第十一章，黄庆洲、姚刚；第十二章，田兴贵、尚月丽；第十三章，程美玲、白华毅。全书由黄庆洲统稿。本书在编写过程中参考了国内外有关书刊中的相应内容，在此，谨向原著者表示感激。对各位编者在编写时间紧、任务重的情况下，认真负责，尽心尽力，克服困难，为保证本书质量所付出的辛勤汗水，表示深切的问候和谢意！

本书主要作为全国高等院校动物医学专业、动物科学专业、动物药学专业、宠物医学专业、生物技术专业、动物检疫专业等本科学生教材，也可作为从事本专业教学及科研的参考用书。

由于水平和时间的限制，书中难免有疏漏和不足之处，恳请读者在使用过程中提出宝贵意见，以便再版时修改。

# 目　录

# 第1章 绪论

**本章导读**

动物生理学是动物生命科学的基础，它是探索动物生命活动规律的科学，动物生理学的任何一项理论突破，都将极大地指导人类医学及畜牧生产实践。诺贝尔在100多年前，专门设立诺贝尔生理学奖这一全世界最高奖项，突显了生理学在生命科学中的重要地位。全面系统地掌握动物生理学的基本知识及理论是整个专业课程学习的核心之一。绪论是本门课程的缩影，将引领我们了解动物生理学的研究内容及方法、生命活动的基本规律、生理学的形成及发展历史等，是我们走入动物生理学科学殿堂的大门。

## 第一节　动物生理学的研究内容和方法

### 一、动物生理学的研究内容

生理学(Physiology)是生物科学的一个重要分支，是一门研究生物机体生命活动及其规律的科学。生理学的研究对象是活的健康生物体，按研究对象的不同，生理学可分为人体生理学、动物生理学、植物生理学、微生物生理学等，其中动物生理学(Animal physiology)又可根据其研究的动物门类不同分为家畜(包括猪、牛、羊、马等)生理学、家禽(包括鸡、鸭、鹅等)生理学、鱼类生理学、昆虫生理学等。本书以家畜生理学为介绍重点，从比较生理学的角度，适当介绍家禽生理学。

动物生理学是研究动物生命活动及其规律的科学。动物机体是一个结构及功能极其复杂的整体，在研究其机能活动及其规律时，既要研究动物各系统、器官和不同细胞的正常生命活动规律，又要研究整体水平上各系统、器官、细胞之间的相互联系及功能活动的协调统一，而任何细胞的功能又是由细胞内物质组成及生化反应所决定的，因此动物生理学的研究内容主要体现在三个层次或水平上。

#### (一)器官和系统水平的研究

动物生理学的研究首先是在器官和系统水平上进行的，即观察和研究各个器官、系统的功能，它们在机体生命过程中所起的作用，它们的功能活动的内在机制，以及各种因素对其功能活动的影响。如心脏如何射血、血液在心血管系统中流动的规律、各种神经及体液因素对心脏和血管活动的调节等。

(二)细胞和分子水平的研究

细胞是机体各器官、系统的基本结构单位和功能单位，各器官、系统的功能都是由细胞及其内部的分子组成所决定的，因此要阐明器官、系统的功能，必须从微观角度，即细胞和分子水平去揭示生命活动的本质。细胞和分子水平的研究是器官、系统水平研究的进一步深入，即从分子水平上揭示生命活动现象和分子生物学机制，这不仅对于理解生命现象和各种生理功能的规律是十分重要的，而且对于一些先进饲养管理技术的提出和临床疾病的治疗有着非常重要的意义，也是目前生理学最活跃的研究领域。

(三)整体水平的研究

整体水平的研究是以完整的机体为研究对象，观察和分析在各种环境条件和生理情况下不同器官系统之间的相互联系、相互协调，以及完整机体对环境变化发生各种反应的规律。整体水平的研究是从宏观角度认识生命活动的规律，可以说是生理学研究的归宿和未来生理学研究的重要方向，比细胞水平、器官和系统水平上的研究更加复杂。如动物从安静状态进入运动状态时，各种器官和系统的功能都会发生改变，机体通过神经系统指挥肌肉进行不同的运动，肌肉的代谢活动明显加强，呼吸系统和循环系统的活动发生相应变化，以保证肌肉活动的正常进行，同时其他内脏的活动也发生相应的变化，使机体各部分之间的活动能相互配合，相互协调，从而保证运动的正常进行。在机体所处的环境条件发生改变时，如高温、严寒、失重等，体内各个器官和系统的功能都会发生相应的改变，使机体能适应环境条件的改变。

## 二、动物生理学的研究方法

动物生理学是一门实验科学，每一项生理功能的发现及其机理的揭示，都是通过实验获得的。所谓实验，就是人为地创造一定的条件，使平时不能观察到的某种隐蔽或细微的生理变化能够被观察，或某种生理变化的因果关系能够被认识。根据实验进程，动物生理学所用实验方法通常分为急性实验法和慢性实验法两大类。

(一)急性实验法

急性实验法(Acute experiment)实验周期比较短，根据实验设计又分为在体实验(In vivo experiment)和离体实验(In vitro experiment)两种。

1. 在体实验。在体实验是指动物在失去知觉(麻醉或毁坏大脑)的条件下，通过手术观察某一器官或几个器官的功能活动，又称为活体解剖法。例如家兔麻醉后，手术暴露其迷走神经和心脏，然后电刺激迷走神经，观察心脏收缩频率和收缩强度的变化。

2. 离体实验。离体实验是将动物的某一器官、组织或细胞游离出来，置于适宜的人工环境条件下，使其在短时间内保持生理功能，以便进行研究。例如将蟾蜍的中枢神经破坏后，手术摘除心脏并置入心脏营养液中，观察离体心脏搏动的频率及自动跳动维持的时间。

这两种方法通常都不能持久，一般实验后动物都会死亡，所以通称为急性实验法。急性实验法的优点在于实验条件易于控制，可排除其他因素的影响，对研究对象可进行直接的观察和细致的分析，并可快速得出实验结果。它的不足之处是实验结果不能完全代表正常生理条件下的研究器官或细胞的功能状态，实质上它属于分析性研究，所获结果不能简单等同于或类推到体内的真实情况。

（二）慢性实验

慢性实验（Chronic experiment）是在无菌条件下对健康动物进行手术，在不损害动物机体完整性的基础上暴露要研究的器官（如消化道的造口手术），摘除、破坏某一器官（如切除腺垂体）或移植（如卵巢移植）等，然后在尽可能接近正常的生理条件下观察它们的功能或功能紊乱等。由于动物可以在较长时间内用于实验，故此方法称为慢性实验法。例如，俄国生理学家巴甫洛夫建立的巴氏小胃，用于研究神经系统对胃液分泌的调节机制，就是这一方法的典型实例。

慢性实验的优点是保存了各器官的自然联系和相互作用，便于观察某一器官在正常情况下的生理功能及其与整体的关系，可以在动物清醒条件下长期观察某一活动，所获得的结果更接近正常生理状态。缺点是实验条件要求较高，且整体条件下影响因素较多，实验结果不易分析。

上述两种研究方法各有利弊，在实际工作中，必须根据需要，有机地将这两种研究方法结合起来应用，才能更正确地认识器官和系统生理功能的确切规律。

## 三、学习动物生理学的目的和方法

动物生理学是动物科学、动物医学、动物药学等相关专业的一门十分重要的专业基础课，其已有的基本知识在动物生产和动物医学实践中得到了广泛的应用，为动物的科学饲养和管理、临床疾病的分析及治疗方案的制订提供了理论依据。如利用动物生殖内分泌学原理，人们发明了动物人工授精、精液低温长期保存、人工同期发情、超数排卵和胚胎移植等一系列新技术，极大地推动了现代畜牧业的快速发展；随着人们对动物免疫原理的深入认识，在临床医学实践中，已可利用基因工程技术或分子克隆技术分离出病原的保护性抗原基因，制成基因工程疫苗，以增强动物的抗病性，提高畜禽的生产性能。

无数事例说明，学习动物生理学的目的不仅在于认识、了解动物机体的生命活动规律，解释各种生理现象；更重要的是在于掌握、运用这些规律，更有效地改善动物的生产性能、预防和治疗动物疾病、保障动物健康和保护动物资源，以促进畜牧业的健康快速发展，建立起“人类、动物、环境”三者和谐的生态关系。

动物生理学是动物生命科学基础学科和临床医学、养殖学科之间的桥梁，因此，系统、全面、深入地把握生理学已有的基本原理和知识，不仅是专业学习的需要，也是培养我们严密、科学的逻辑思维能力和创新能力的必然要求。

对动物生理学的学习，首先要注重在深入理解的基础上进行记忆。在学习过程中要经常反问自己：该器官或系统有什么功能？这些功能活动具体过程是怎样进行的？发生机制是什么？影响其功能正常发挥的因素有哪些？在完整机体内，其与其他器官、系统是如何配合、协调的（功能调节）？对任何生命现象，不仅要知其然，还要知其所以然。

其次，动物解剖及组织学知识的储备，是学好动物生理学的基础。在学习过程中，我们要复习器官、系统的形态结构，动物生理学主要研究这些器官、系统的形态结构及功能，如果学习者对某一器官或系统的结构不清楚，对其功能及活动规律的理解就会更加抽象和难以把握。

第三，要十分重视动物生理学实验课的学习。任何生理理论的揭示，都是通过无数的实验而建立起来的，通过实验，可以加深对已有理论知识的理解，更重要的是可以培养自己获得生理学知识的方法和观察分析问题的能力。

第四，要学会应用。这是最重要的，要用所学的生理学知识去分析解释动物或自身体内正在发生的生命活动，或用所掌握的生理学知识去探索过去未知的一些生命现象，如学习了心血管活动的调节（第4章），就要思考人长时间下蹲突然起立后，为什么会感到头晕眼花，但很快又恢复了正常；学习了植物性神经的功能特点（第10章），就能解释一个坐车晕车的人开车时为什么往往不会晕车等现象。

第五，要有整体观念。这有两个方面的内容值得注意，一是学习时往往是以某一器官、系统或细胞为单位进行的，而不同器官、系统功能活动是高度有机的整体，体内某一器官的功能变化，与其他器官功能的相关性及其内在生理学机制绝不能忽视，因为这往往是我们分析问题的关键；二是随着细胞生物学和分子生物学的迅速发展，生理功能的研究已深入到微观水平，通过观察细胞、分子及其基因的变化，使人们对生命活动的奥秘有了更为深入的认识，但一定要警惕对整体观念的忽视，微观水平研究的最终目的是将整体研究与细胞、分子生物学研究有机结合，用分子生物学现象解释机体在整体功能调节中的作用，同时探讨整体调节机制在细胞、分子水平的变化，使人们对各种生理功能有更全面、深入、完整的认识，这就是整合生理学（Integrative physiology）的基本概念。

## 四、生理学的发展简史

动物生理学是生理学的一个分支，生理学因人类医学实践的需要而产生和发展，人们在长期与疾病斗争的过程中，逐渐积累起关于机体生理功能的知识，并加以总结概括。这些生理学知识又对当时的医疗实践起着重要的指导作用，若以1628年Harvey发现血液循环并把生理学确定为一门实验性科学算起，生理学仅经历了300多年的历史，与生命的历史长河相比，生理学还是一门十分年轻和需要人类为之奋斗的科学，无数生命的奥妙尚有待阐明。下面就近代生理学发展中的一些历史大事件加以简介，以提高学习生理学的兴趣，并热爱上生理学这门充满无限生命力的科学。

1. 近代解剖学之父比利时科学家Vesalius（1514~1564）通过对大量动物活体解剖和人尸体解剖的观察，对人体的生理功能有了一定的认识，于1543年发表了人体解剖学的奠基之作——《人体构造》一书。

2. 英国生理学家Harvey（1578 ~ 1657）在Vesalius工作的基础之上，通过对多种动物进行活体解剖和生理实验，结合在人体内的观察和分析，得出了“心脏、动脉、静脉构成了循环运输血液的功能系统，心脏是循环系统的中心并将血液压入动脉，血液通过静脉回流入心”的科学结论，于1628年出版《心与血的运动》一书，标志着生理学真正成为了一门实验性科学。

3. 法国生理学家Bernard(1813～1878)在分析和概括人体内复杂的生化反应时，提出了内环境的概念，指出各部分功能活动是相互联系和彼此制约的整体作用过程；美国生理学家Cannon(1871～1945)在Bernard工作的基础上，提出了内稳态的概念；在Bernard和Cannon工作的基础上，Wiener(1894～1964)于1947年创立了控制论，将反馈自动控制理论用于阐述机体功能活动的调节及内稳态维持机制。

4. 俄国生理学家巴甫洛夫(1849～1936)创立了保持机体完整性的慢性实验方法，为动态、综合地研究动物整体功能活动开辟了新的途径，他对消化、循环和脑的高级神经活动进行了研究，提出了条件反射和大脑皮质两个信号系统的学说，表明大脑皮质是神经调节的最高级中枢。

5. 1902年，英国两位生理学家Bayliss和Starling发现促胰液素。促胰液素是人类历史上第一个被发现的激素，由此产生了“激素调节”的新概念，开创了“内分泌学”新领域。

6. 德国生理学家Ludwig在1847年设计制造的记纹鼓，使一些生理活动及变化得以记录和保存；Ling在1948年研制出尖端直径小于1 μm的玻璃微电极；Hodgkin等用此技术记录并发现神经纤维的静息电位和动作电位，同时提出膜电位的钠离子学说；Neher等在1976年建立了测定单通道离子流的膜片钳技术，为细胞膜上离子通道的研究提供了条件。

7. 英国生理学家，“试管婴儿之父”罗伯特·爱德华兹(Robert G. Edwards)，发现了人类体外受精的原理，1978年世界上第一个试管婴儿路易丝·布朗诞生，他的杰出贡献是现代医学发展的一个里程碑。

8. 1990年，美国进入“脑的十年”，各国科学家把对脑的研究作为生理科学研究的重心。

9. 2000年，历时10年的人类基因组测序工作完成，生命科学进入了后基因组时代，使人们能从DNA链及其变化中去探索生命活动发生的信息和疾病的产生机制。

10. 20世纪末，一些资深的生理学家认为，对生命活动进行微观分析研究的同时，必须重视对整体功能活动的发生及其调节机制的研究，提出现代生理学应走整合生理学研究的道路，为生理学的发展指明了方向。

## 第二节 生命活动的基本规律

动物生理学是研究动物生命活动及其规律的科学，与非生命比较，生命有哪些基本特征？生命活动的一个显著特征就是相对稳定。机体实现稳定的方式及内在机制等，都属于生命活动的基本规律，是生命现象的共有基础。

### 一、生命活动的基本特征

自然界中，动物种类繁多，各自的生理功能也不尽相同，但长期以来，人们通过对各种动物生命活动的观察研究发现，任何生命现象都包括四种基本特征：新陈代谢(Metabolism)、兴奋性(Excitability)、适应性(Adaptability)和生殖(Reproduction)。

(一)新陈代谢

新陈代谢是指生物体与环境之间不断进行物质和能量的交换,以实现自我更新的过程。新陈代谢包括同化作用(Assimilation)和异化作用(Dissimilation)两个方面,同化作用是机体从外界环境摄取各种营养物质和氧气,形成机体自身的组成成分和能量储存的过程;异化作用是机体将自身的物质进行分解,同时释放能量,以供机体生命活动的需要,同时把分解的终产物排出体外的过程。新陈代谢是生命活动的最基本特征,是其他一切生命活动的基础,新陈代谢一旦停止,生命也就终止了。

(二)兴奋性

动物机体生活在一定的环境中,在新陈代谢的基础上,当环境发生变化时,机体会主动对环境的变化做出相应的变化。例如,当动物受到强烈的阳光照射时,瞳孔会立即缩小;可口的食物进入口腔时,会立即产生味觉和唾液大量分泌等。机体组织、器官对内、外环境变化所产生的相应变化称为反应(Response),而将能引起机体反应的内外环境变化称为刺激(Stimulus),如光线由暗变亮,声音由弱到强等,都称为刺激。

机体组织器官对刺激产生相应反应的能力或特征称为兴奋性,如视网膜细胞能对光线的变化产生视觉能力,听觉细胞对声音的变化可以产生听觉能力等。在现代生理学中,从细胞电生理学角度定义兴奋性的概念:兴奋性是指可兴奋细胞对刺激产生膜电位(或动作电位)变化的能力或特征,可兴奋细胞是指兴奋性较高、对刺激能迅速产生特定反应的细胞,包括神经细胞、肌细胞和腺细胞。

机体可兴奋组织或细胞的兴奋性有两种表现形式:一种是由相对静止的或活动较弱的状态,转变为活动的或活动增强的状态,称为兴奋(Excitation),如心跳由慢到快,肌肉由舒张到收缩;另一种是由活动状态或活动较强的状态转变为静止或活动减弱的状态,称为抑制(Inhibition),如唾液腺分泌唾液由多到少或停止分泌的过程。兴奋和抑制是机体生命活动的一对矛盾,相互联系,相互制约,如一个组织或细胞对刺激发生了反应,要么兴奋,要么抑制,没有第三者。

(三)适应性

动物机体所处的环境包括大气、温度、湿度和气压等一直都在变化。当动物或人体长期生活在某一特定环境中,在环境因素影响下,本身可以逐渐形成一种特殊的、适合自身生存的反应方式。机体按环境变化调整自身生理功能的过程称为适应(Adaptation)。机体根据外环境变化而调整体内各部分的功能活动,以适应外环境变化的能力或特性称为适应性。适应可分为生理性适应和行为性适应两种。如长期生活在高原地区的动物,其血液中红细胞数和血红蛋白含量比生活在平原地区的动物要高,以适应高原缺氧的生存需要,属于生理性适应,而寒冷时人们通过取暖来抵抗寒冷,属于行为性适应。

适应性是生物进化过程中逐渐发展和完善起来的,高等动物由于神经系统和内分泌系统的高度进化,适应性明显增强,机体的适应性调节反应既迅速,又广泛持久,使机体在遇到各种突然而强烈的环境变化时,产生大量适应性代偿反应,以保护机体免受损害,但机体的适应性有一定的限度,超过此限度,机体就会产生适应不全,甚至导致病理损害。

(四)生殖

生物体生长发育到一定的年龄阶段后,能产生与自身相似的子代个体,这种功能称为生殖。如单细胞生物通过简单的直接分裂产生两个子代细胞;高等动物已分化为雌雄两性,需由两性生殖细胞结合以形成新的子代个体。生殖是一切生物繁殖后代、延续种系的一种特征性活动,从生物种群的普遍规律看,生殖也是生命活动的基本特征之一。

## 二、机体内环境稳态和生物节律

(一)内环境稳态

成年动物身体重量的约60 %是由液体构成的。动物体内所含的液体总称为体液(Body fluid),按其分布分为两类:约2/3的体液(约占体重的40 %)分布在细胞内,称为细胞内液(Intracellular fluid);约1/3的体液(约占体重的20%)分布在细胞外,称为细胞外液(Extracellular fluid)。细胞外液的1/4(约占体重的5 %)分布在心血管系统的管腔内,即血浆(Blood plasma),其余3/4(约占体重的15 %)分布在全身的组织间隙中,称为组织液(Tissue fluid),除此之外,还包括淋巴液(Lymph fluid)和脑脊液(Cerebrospinal fluid)。机体的绝大多数细胞并不直接与外界环境发生接触,而是浸浴在细胞外液之中,因此细胞外液是细胞直接接触的环境。法国生理学家Claude Bernard首先提出了一个重要的概念,即细胞外液是细胞在体内直接赖以生存的环境,称为内环境(Internal environment),以区别于整个机体所处的外环境。

生理学中另一个十分重要的概念是内环境稳态,简称稳态(Homeostasis)。这一概念由美国生理学家Walter Cannon最早提出。所谓稳态是指内环境的各种物质组成和理化特性始终保持相对稳定的状态。这里所说的保持相对稳定,是指在正常生理情况下内环境的各种理化性质及物质组成只在很小的范围内发生变动,如哺乳动物体温维持在37 ℃左右,血浆pH维持在7.35 ~ 7.45等。内环境稳态是细胞维持正常生理功能的必要条件,也是机体维持正常生命活动的必要条件,是生命活动的一个重要的基本规律。

内环境稳态,并不是说内环境的理化性质是静止不变的,相反,由于细胞新陈代谢的不断进行,细胞不断地与细胞外液发生物质交换,因此也就会不断地扰乱内环境的稳态。但在生理过程中,内环境稳态始终可以客观存在,这依赖于体内各器官、系统的共同参与。例如,呼吸活动可从外界环境摄取细胞代谢所需的$O_2$,排出代谢产生的$CO_2$,维持细胞外液中$O_2$和$CO_2$分压的稳态;消化活动可补充细胞代谢所消耗的各种营养物质;肾脏的排泄功能可将代谢终产物排出体外;血液循环则能保证体内各种营养物质和代谢产物的运输等。总之,机体各器官系统在神经及体液调节的高度协调统一下,通过各自正常功能活动的整合,使内环境的各种理化性质及物质组成维持相对稳定,反过来,内环境稳态又为各器官系统的正常生理活动提供必要条件,二者相辅相成。

目前,关于稳态的概念已被大大拓展,它不仅局限于内环境理化特性的相对平衡,也可泛指体内从细胞到器官、系统以至整体各个水平上的生理活动,在神经、体液等因素调节下保持相对稳定和相互协调的状态,即凡是保持相对稳定、相互协调的各种生理活动均可称为稳态。

**案例**

一泰迪犬,2岁,体重2.6 kg,头天吃了煮熟的猪肝约100～150 g,第二天出现精神萎靡不振,食欲废绝,卧地不愿行走,上午已腹泻5～8次,排出水样酸臭味大便,肛门周围毛发潮湿,临诊可见病犬弓背、呻吟、有腹痛表现,听诊肠鸣音增强,体温38.2 ℃,抽血做生化检查,血清钠123 mmol/L(生理值144～160 mmol/L),血清钾2.1 mmol/L(生理值3.5～5.8 mmol/L),碳酸氢盐16.4 mmol/L(生理值24 mmol/L)。诊断:根据病史、临床症状和血清生化指标检测,诊断为食物消化不良引起的急性胃肠炎。

**问题与思考**

1. 消化系统在维持内环境稳态中的作用?

2. 腹泻引起机体内环境理化性质发生了哪些改变?

**提示性分析**

1. 血浆是内环境之一,在生理过程中,血浆中糖、脂肪酸、氨基酸、$Na^+$、$K^+$浓度,pH、渗透压等理化特性保持相对稳定,由于机体新陈代谢的不断进行,血液中的营养成分不断被细胞利用,并产生代谢终产物,代谢终产物及$Na^+$、$K^+$等不断经肾随尿排出体外,因而血浆稳态不断被打破,消化系统通过食物的消化和吸收,及时协调补充细胞代谢所消耗的各种物质,使血浆稳态得以维持。

2. 长期腹泻导致内环境理化性质的改变包括:①食入的食物和消化液大量丧失,导致机体脱水,细胞外液减少;②消化液中钾离子含量较血浆高,腹泻导致低血钾;③胰液、胆汁、小肠液均为碱性液体,大量腹泻导致碱丧失,血浆pH降低,发生腹泻性酸中毒;④体内水、电解质和酸碱紊乱等因素,致腹泻犬全身组织细胞兴奋性降低,发生精神萎靡、不愿行走等现象。

(二)生物节律

体内的功能活动常按一定的时间顺序,周而复始地发生变化,由于这种变化具有节律性,故称为生物节律(Biorhythm)。动物的生物节律,按频率高低分为高频、中频、低频三类:节律周期低于一天的属于高频节律,如呼吸频率、心动周期等;马属动物的季节性繁殖、候鸟的栖息以年周期为特征,属于低频节律;中频节律是指日周期,是体内最重要的生物节律,几乎每种生理功能都有日周期,即一天一个波动周期,如睡眠与觉醒、体温波动等。

生物节律发生的确切机制还有待深入研究,目前认为与松果体、下丘脑视交叉上核有关。生物节律重要的生理意义在于可使机体对环境变化做出前瞻性主动适应。此外,临床上也可利用生物节律变化来提高药物的治疗效果。

## 三、机体功能的调节

动物机体由各种不同的细胞、组织和器官组成,分别执行着各不相同的功能,但是其功能活动并不彼此孤立、互不相关，而是相互联系、协调配合，作为一个统一的整体而存在和活动。如动物剧烈运动时，在神经系统的参与下，除骨骼肌收缩加强外，还会发生心跳加快，血液循环加速，呼吸运动加强，但消化和泌尿功能会减弱的现象。这种机体处于不同的生理情况时，通过机体内在的控制机制，使各种功能活动相对稳定进行的过程，称为调节(Regulation)，机体功能的调节是动物在长期的进化过程中逐渐形成的复杂而精准的生理机制。动物体内的调节方式主要有三种：神经调节(Nervous regulation)、体液调节(Humoral regulation)、各组织器官系统的自身调节(Autoregulation)，其中神经调节占主导地位，对于高等哺乳动物而言，自身调节在其进化过程中已逐渐退化。

（一）神经调节

神经调节是指通过神经系统的活动对机体各器官、系统生理功能所发挥的调节作用，神经调节的基本方式是反射(Reflex)。所谓反射是指在中枢神经系统的参与下，机体对内外环境变化产生的规律性应答反应。反射的结构基础是反射弧(Reflex arc)，反射弧包括感受器、传入神经、神经中枢、传出神经和效应器五个基本环节(如图1-1)。感受器感受体内外环境的刺激，并将刺激转变成神经信号(或神经冲动)，通过传入神经传导至神经中枢，神经中枢对传入信号进行分析，通过传出神经发出神经信号，改变效应器的活动(如肌肉收缩、腺体分泌增多等)。反射弧的各个组成部分缺一不可，任何一部分被破坏，反射活动将消失。反射性调节是机体最主要的调节方式，神经系统功能不健全时，调节将发生紊乱。

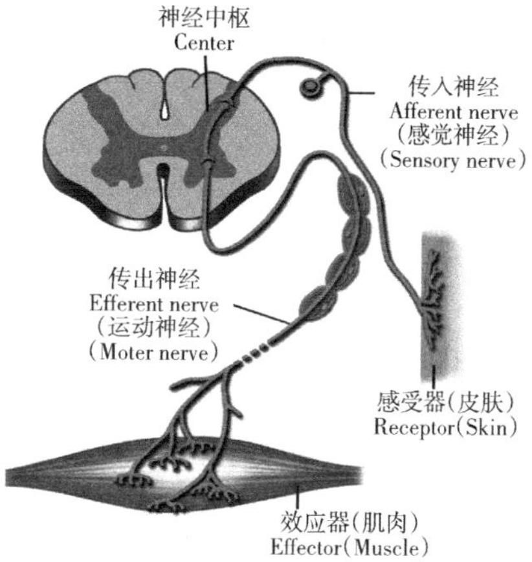


图1-1 反射弧的结构模式图

巴甫洛夫将动物的反射分为非条件反射(Unconditioned reflex)和条件反射(Conditioned reflex)两类：非条件反射是先天遗传的同类动物都具有的反射活动，是一种初级的神经活动，如防御反射、吮乳反射、性反射等；条件反射是在非条件反射的基础上，通过后天的学习而获得的，是大脑皮层的高级神经活动，如记忆、语言功能等的形成。

一般来说，神经调节的特点是：反应迅速、准确，但作用部位局限、作用时间短暂，主要是对一些短暂、快速变化的生理过程进行协调稳定性调节。

（二）体液调节

体液调节是指动物机体细胞产生和分泌的某些特殊化学物质(主要指内分泌系统分泌的激素)，通过血液或体液运输到相应的靶细胞或靶组织，调节其生理功能的过程。例如，胰岛B细胞分泌的胰岛素，是一种调节全身组织细胞糖代谢的激素，能促进细胞对葡萄糖的摄取和利用，在维持血浆葡萄糖浓度的稳定中起重要作用。根据调节范围的大小，体液调节可分为全身性和局部性体液调节两类。

1. 全身性体液调节

全身性体液调节是指内分泌腺或内分泌细胞分泌的激素，通过血液循环或其他体液循环途径运送到相应的靶细胞或靶组织，对其功能活动进行调节。由于大多数内分泌腺本身直接或间接受中枢神经系统控制，在这种情况下，体液调节是神经调节的一个传出环节，是反射传出途径的延伸，常称之为神经-体液调节(Neurohumoral regulation)。例如，当交感神经兴奋时，它所支配的肾上腺髓质分泌肾上腺素，经血液运输，调节相应器官的功能活动。

2. 局部性体液调节

局部性体液调节是指某些散在的内分泌细胞分泌的激素或其他生物活性物质，经组织液扩散到相邻细胞，对自身或相邻细胞功能活动的调节。例如，胃幽门腺G细胞分泌的促胃液素对局部腺细胞分泌胃液的促进作用。此外，组织细胞的酸性代谢产物增加时，可通过扩散引起局部的血管舒张，血流量增加，从而使蓄积的代谢产物能较快地被消除，被视为局部性体液调节。

一般来说，体液调节的特点是：反应发生较缓慢、作用范围较广泛、效应持续时间较长，主要是对一些持续、缓慢变化的生理过程进行协调稳定性调节。

### (三)自身调节

自身调节是指不依赖于神经、体液调节，机体组织、细胞自身对刺激所发生的适应性反应。例如，当小动脉的血压升高时，对血管壁的牵张刺激增强，小动脉的血管平滑肌收缩增强，使小动脉的口径缩小，因此在没有神经、体液调节参与的情况下，当小动脉血压升高时，其血流量不致增大。这种自身调节在维持局部组织血流量的稳定中起一定的作用；肾脏小动脉有明显的自身调节能力，当肾动脉血压在一定范围内变动时，肾血流量能保持相对稳定；又如，在血浆中碘的浓度发生改变时，甲状腺有自身调节对碘的摄取以及合成和释放甲状腺激素的能力。

一般来说，自身调节的特点是：在一定的范围内，反应迅速、准确，但调节幅度较小，仅对维持某些局部组织器官功能活动的稳定有一定的意义。

综上所述，三种调节方式既有各自的特点，又密切联系、相互配合，共同调节、维持内环境的稳态，保证机体生理功能活动的正常协调稳定进行。

## 四、机体功能的控制系统

20世纪50年代以来，应用工程学中控制论原理的广泛应用，推动了动物生理功能调控机制的研究，人们也用这些原理和方法来分析、研究机体内许多功能的调节过程，发现机体功能调节过程和工程控制有许多共同的规律和特点，在动物功能活动的调节中，存在着各种各样的程序化控制系统，使机体的适应性反应迅速而准确。任何控制系统都由控制部分和受控部分组成。从控制论的观念来分析，控制系统可分为非自动控制系统(Non-automatic system)、反馈控制系统(Feedback control system)和前馈控制系统(Feedforward control system)三大类，但动物功能活动受非自动控制调节很少见，故以下主要介绍反馈控制系统和前馈控制系统。

### (一)反馈控制系统

反馈控制系统是一个闭环系统，即控制部分不断对受控部分发出控制信息，令其活动，而受控部分则能不断地将其活动状况作为反馈信息回送给控制部分，使控制部分根据反馈信息来改变或调整自己的活动。这一活动不断地进行，从而对受控部分的活动实现自动控制（图1-2）。

根据控制论的原理，将受控部分发出反馈信息对控制部分的活动加以纠正和调整的过程称为反馈性调节（Feedback regulation），根据反馈信息对控制部分的作用效果，可将反馈分为负反馈（Negative feedback）和正反馈（Positive feedback）两种类型。

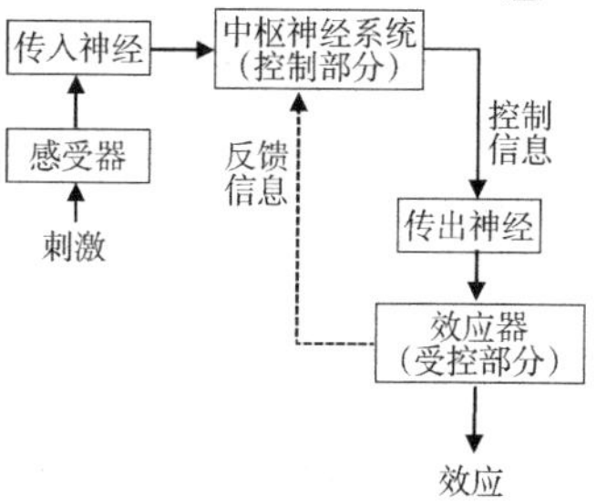

图1-2 反馈控制系统模式图
（以神经反射调节为例）

1. 负反馈

负反馈是指从受控部分发出的反馈信息抑制或减弱控制部分的活动，即反馈信息与控制信息的作用相反的反馈称为负反馈。也就是说，当某种生理活动过强时，通过反馈调控作用，可使该生理活动减弱；而当某种生理活动过弱时，又可反过来增强该生理活动。负反馈调节的功能是维持某一功能活动的稳态，即保持动态平衡，因而是可逆的。动物体内存在着大量的负反馈，例如，动脉血压相对稳定的维持是通过“降压反射”实现的，当动脉血压升高时，降压反射活动增强，使血压降低，相反，当动脉血压降低时，降压反射活动减弱，最终使动脉血压维持稳态。负反馈调节在机体各种生理功能调节中最为常见，在维持机体各种生理功能活动的相对稳定中具有重要意义。

2. 正反馈

正反馈是指从受控部分发出的反馈信息，促进或加强控制部分的活动，即反馈信息与控制信息的作用相同。正反馈一旦发动，某一生理活动过程就会逐步加强、加速，直至完成，具有不可逆的特点。典型的正反馈有动物分娩、排尿反射、排便反射、射精、血液凝固和神经细胞动作电位上升支形成的$Na^+$内流等。例如，在正常分娩过程中，子宫收缩导致胎儿头部下降并扩张子宫颈，子宫颈受扩张刺激时可进一步加强子宫收缩，再使胎儿头部进一步扩张子宫颈，子宫颈扩张再加强子宫收缩，如此反复，直至整个胎儿娩出。正反馈调节在体内生理功能调节过程中比较少见，其生理作用是使某一生理活动快速完成。

（二）前馈控制系统

前馈控制是指控制部分发出控制信息使受控部分进行某一活动，同时又通过另一快捷途径向受控部分发出前馈信号（即干扰信号），受控部分在接受控制部分的信息进行活动时及时受到前馈信号的调控，因此活动可以更加准确。这种前馈信号（干扰信号）对控制部分的直接作用称为前馈。条件反射属于典型的前馈。例如，冬泳时，在机体未接触冷水前，通过视觉、环境等刺激，通过条件反射已提前发动了体温调节机制，使机体产热增加和散热减少；动物进食时，在食物还没有进入口腔前，通过视觉、听觉等刺激，通过条件反射提前使胃肠运动增强，唾液、胃液分泌增多，提前为消化做好准备，使食物真正进入消化系统后，能更好地被消化和吸收。

前馈控制系统可以使机体的反应具有一定的前瞻性和预见性。但前馈控制引起的反应有时也可能产生失误，例如，动物见到食物后并没有吃到食物，而唾液分泌增多就是一种失误。与前馈机制相比较，负反馈属于后馈，因为只有效应产生后才能实施调节，当控制部分在接到受控部分活动的反馈信息后，才发出纠正受控部分活动的信息，常需要较长的时间反馈调节才发生作用，存在滞后、缓慢等不足。

**思考题**

一、名词概念

1. 兴奋性　2. 兴奋　3. 抑制　4. 刺激　5. 内环境稳态

6. 反射　7. 反馈　8. 负反馈　9. 正反馈

二、单项选择题

1. 下列不属于基本生命特征的是(　)

A.新陈代谢　B.兴奋性　C.呼吸运动　D.生殖

2. 机体内环境是指(　)

A.血液　B.细胞内液　C.组织间液　D.细胞外液

3. 神经调节的基本方式是(　)

A.反射　B.反应　C.适应　D.负反馈调节

4. 下列哪项实验属于整体水平的研究(　)

A.在体蛙心搏曲线的描记　B.脑电图描记

C.动物高原低氧实验　D.活体家兔血压描记

5. 在自动控制系统中，从受控部分到达控制部分的信息称为(　)

A.参考信息　B.偏差信息　C.反馈信息　D.控制信息

6. 下列属于负反馈调节为主的生理过程是(　)

A.分娩过程　B.血液凝固过程

C.血压升高后降低的过程　D.排尿过程

7. 动物见到食物唾液分泌增加，属于(　)

A.非条件反射　B.正反馈　C.负反馈　D.前馈控制

三、简述题

1. 动物生理学研究的内容及水平是什么？

2. 机体机能调节的主要方式、特点及意义是什么？

3. 反馈调节的分类及作用。

四、论述题

举例说明，机体某器官或系统在内环境稳态中的作用。

# 第 2 章 细胞的基本功能

**本章导读**

细胞是构成动物及其他生物体的基本结构单位和功能单位。动物机体的各种功能活动都是体内各个细胞功能活动有机整合的结果。体内所有的生理和生化过程都是在细胞及其产物的基础上进行的。研究表明，尽管生命现象在不同种属生物体或同一生物体的不同组织、器官或系统中表现得千差万别，但在细胞和分子水平上实现的基本生命过程及其原理，却有很大的共性，这是我们学习器官、系统和整体生理学的基础。本章主要介绍细胞的基本功能，包括细胞膜的物质转运功能、细胞膜的信号转导功能、细胞的兴奋性和生物电现象。

## 第一节 细胞膜的基本结构和物质转运功能

一切动物的细胞都由一层细胞膜(Cell membrane)或质膜(Plasma membrane)包裹着，它将细胞的内容物和周围环境(主要指细胞外液)分隔开来，构成一种屏障，保持细胞相对独立和稳定的内环境。细胞膜在细胞的生命活动中起着非常重要的作用，概括起来，细胞膜大概有以下几种基本功能：①屏障功能：细胞膜类似于半透膜，它允许某些物质选择性通过，但又能限制或阻止其他一些物质的进出，这样就使细胞在进行正常的新陈代谢时，既能保持细胞内各种物质成分的稳定，又能保持许多物质在细胞内、外一定的浓度差。②物质转运功能：细胞在新陈代谢过程中需要从外界摄取氧和营养物质，并排出细胞的代谢产物，而这些物质的进入和排出，都要经过细胞膜转运。③信号转导功能：细胞膜的某些结构(如受体)具有识别和接受细胞周围环境中信号刺激的能力，进而调整细胞的功能活动，以适应环境的变化。这种细胞膜接受胞外信号并将信号通过一定的途径转导到细胞内，对细胞功能活动进行调控的过程，称为细胞跨膜信号传导。上述细胞膜的功能与细胞膜的特殊结构密切相关。

此外，细胞内部的各种细胞器(Organelle)也存在着类似细胞膜的膜性结构，如线粒体(Mitochondria)、内质网(Endoplasmic reticulum)、高尔基体(Golgi's apparatus)和核膜(Nuclear membrane)等。细胞器膜与核膜形成了细胞质与细胞器或细胞核之间的屏障，负责细胞质与细胞器或细胞核之间的物质、能量和信息交换。所有生物的细胞膜、细胞器膜、细胞核膜结构类似，统称为生物膜(Biomembrane)。

## 一、细胞膜的基本结构

从低等生物到高等哺乳动物的细胞膜都有类似的结构，在电子显微镜下可分为3层：膜的内外两侧，即靠细胞质侧和细胞外液侧是致密层，中间夹有透明层。细胞膜的化学分析结果表明，细胞膜主要由脂质分子(Lipid molecule)和蛋白质分子(Protein molecule)组成，此外还有少量糖类物质。有关膜的分子结构，曾有多种假说，其中被较多实验事实所支持、目前仍被大多数学者所接受的是1972年由Singer和Nicholson提出的液态镶嵌模型(Fluid mosaic model)学说。该学说认为：膜是以液态的脂质双分子层(Lipid bilayer)为基架，其中镶嵌着许多具有不同分子结构和功能的球形蛋白质(图2-1)。

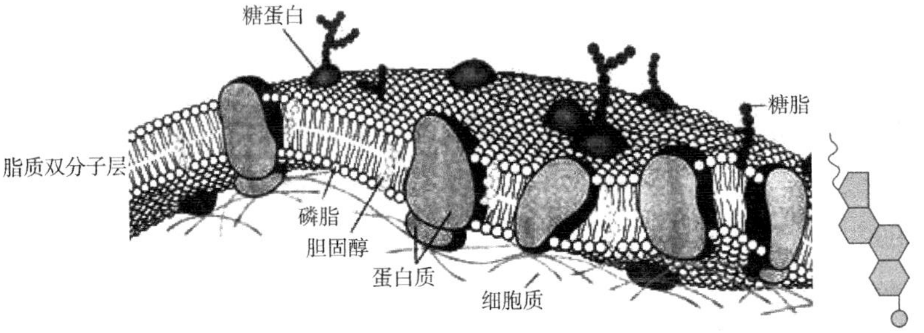


图2-1 膜的液态镶嵌模型

### (一)脂质双分子层

液态脂质双分子层是细胞膜的基架，由磷脂(占脂质总量的70 %以上)、胆固醇(低于30 %)，以及少量糖脂组成。磷脂的基本结构是：一分子甘油的两个羟基同两分子脂肪酸相结合，另一个羟基则同一分子磷酸结合，后者再同一个碱基结合。根据碱基的不同，动物细胞膜中的磷脂主要有四种(图2-2)：磷脂酰胆碱、磷脂酰乙醇胺、磷脂酰丝氨酸和磷脂酰肌醇。胆固醇结构比较特殊，它含有一个甾体结构(环戊烷多氢菲)和一个8碳支链，其在膜中的含量与膜的流动性相关，在一定程度上呈反变关系。糖脂为含一个或几个糖基的脂类，大约占细胞膜外层脂类的5 %，主要的糖脂有脑苷脂(髓鞘的重要组成成分)、神经节苷脂(神经细胞膜的重要组成成分)。

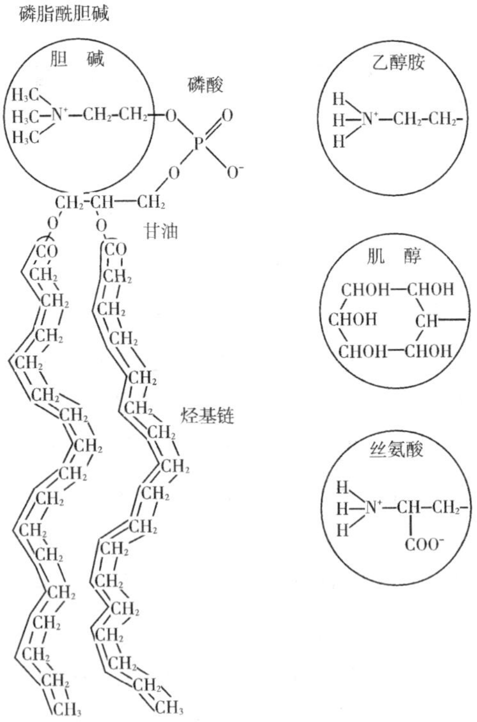


图2-2 脂分子的组成

所有的脂质分子都是双性分子(Amphiphilic molecule)，磷脂分子的磷酸和碱基以及胆固醇分子中的羟基是极性亲水性基团，而分子中的酯酰基烃链形成非极性疏水性基团。在细胞膜中，由于细胞膜内外均是极性水相，因而疏水性基团两两相对，形成膜内部的疏水区，而亲水性基团朝向膜的内表面或外表面。

(二)膜蛋白

膜蛋白约占细胞膜质量的55 %,它们具有不同的分子结构和功能,细胞膜所具有的各种功能,在很大程度上取决于膜蛋白。根据膜蛋白镶嵌在脂质双分子层中的方式与牢固程度,可分为内在蛋白(Intrinsic or integral protein)和表面蛋白(Surface or extrinsic protein)两类(图2-1)。内在蛋白(又称整合蛋白)是跨膜蛋白,与膜结合紧密很难分离,其分子的疏水部分埋植于脂质双分子层内,亲水部分突出于细胞膜的内、外表面。表面蛋白分布在脂质双分子层的内、外两侧面,好像被吸附在膜的表面,通过离子键和氢键与膜脂质分子的亲水性头部相结合。它们与膜的结合较为疏松,容易与膜分离。膜蛋白的功能包括:①参与物质的跨膜转运,如载体蛋白(Carrier protein)、通道蛋白(Channel protein)和膜泵(Membrane pump)等;②参与信息跨膜传递,如受体蛋白(Receptor protein)、G-蛋白等;③具有酶的特性,参与能量转化,如ATP酶、腺苷酸环化酶等。

(三)细胞膜糖类

细胞膜中糖类的含量在2 %~10 %,一般不含单糖,主要是一些寡糖和多糖链以共价键形式与膜蛋白或膜脂质结合,以糖蛋白(Glycoprotein)或糖脂的形式存在。膜上的糖链仅存在于细胞膜的外侧(图2-1),有细胞“天线”之称,参与细胞的多种生命活动,如作为细胞的特异性标志,参与细胞识别、黏附、吞噬、自身免疫等。

(四)细胞膜结构特性

根据细胞膜的分子组成情况,脂质的熔点比较低,在生理状态下(37 ℃),细胞膜既不是固态,亦不是液态,而是介于液、固态之间的液晶态。因此,细胞膜就具有两个明显的特性,即流动性和不对称性。

1. 细胞膜的流动性

是指膜脂和膜蛋白处于不断运动的状态。脂质双分子层在热力学上的稳定性和流动性,能够说明细胞为什么能够承受相当大的张力和外形改变而不破裂,而且当膜结构发生较小断裂时,可以自动修复,仍保持双分子层的形式。膜的流动性一般只允许脂质分子在同一单层内做横向扩散运动。此外,脂质分子还可沿自身长轴做旋转运动。膜蛋白的运动形式主要有:①在膜平面上的侧向扩散运动;②沿膜平面垂直轴的旋转运动;③“插入”和“内化”运动,所有膜蛋白都是在胞质中合成后,运送到靠近膜的部位并“插入”到膜内,才成为膜蛋白,有些膜蛋白可离开细胞膜进入细胞质,这种运动形式称为“内化”。膜蛋白的运动往往局限于某一特定区域,实现特殊的生理功能,例如,在小肠上皮细胞的顶部、基底部和侧面,膜上分布的酶和转运蛋白不同,这决定了小肠上皮细胞靠肠腔侧细胞膜以吸收功能为主,而基底部和侧面细胞膜以转运及连接功能为主。

膜的流动性具有十分重要的生理意义。如物质转运、能量转换、细胞识别、免疫、药物对细胞的作用等都与膜的流动性密切相关,可以说一切膜的基本活动均在细胞膜的流动状态下进行。

2. 细胞膜的不对称性

细胞膜内外两层的结构和功能有很大差异，此现象称为细胞膜的不对称性。首先，脂质分布不对称。一般来说，含胆碱的磷脂大部分位于外侧层，糖脂全部分布于外侧层，而含氨基的磷脂多分布于内侧层。其次，膜蛋白的分布也不对称。如红细胞膜的冰冻蚀刻标本显示，靠胞质断裂面的颗粒数为2800个/$\mu m^2$，靠外表面断裂面的颗粒数只有1400个/$\mu m^2$；跨膜蛋白突出膜内外表面的部分不仅长度不等，且氨基酸的排列顺序亦差异很大；具有酶活性的特异性膜蛋白，如5′-核苷酸酶、磷酸二酯酶等多为外侧层表面膜携带酶，而膜内侧层表面多含有腺苷酸环化酶等。糖类分布的不对称性是最明显的，它们只见于细胞膜的外侧面。生物膜结构的不对称性决定了膜内、外表面功能的不对称性，有的功能只发生在膜的外层，有的则仅发生在内层。

## 二、细胞膜的物质转运功能

细胞膜主要由脂质双分子层构成，理论上只有脂溶性的物质才能通过细胞膜。但细胞在新陈代谢过程中，需要不断地从周围环境摄取氧和各种营养物质，并排出代谢产物。实现这些过程都必须跨过细胞膜这一屏障，即物质的跨膜转运。不同理化性质的物质转运方式各异，除了脂溶性物质可自由进出细胞外，大多数水溶性溶质分子或离子的跨膜转运都需借助于膜蛋白来实现，大分子物质和颗粒则通过入胞和出胞方式才能完成。总的来说物质跨膜转运有以下几种形式(图2-3)。

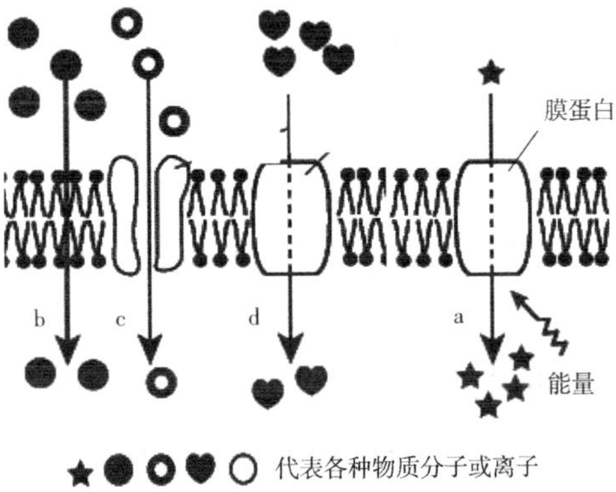


图2-3　物质跨膜转运的主要途径和机制
(a.主转转运　b.单纯扩散　c、d.易化扩散)

### (一)单纯扩散

单纯扩散(Simple diffusion)是最简单的物质跨膜转运方式，是指脂溶性物质由膜的高浓度侧向低浓度侧自由扩散的现象。单纯扩散是一种单纯的物理过程，并没有生物学机制参与。但由于细胞膜脂质屏障的存在，某物质的单纯扩散速率除了主要决定于膜两侧该物质浓度差以外，还与细胞膜对该物质的通透性有关。所谓通透性是指该物质通过膜的难易程度或阻力，通透性的高低主要取决于该物质的脂溶性程度，另外还与分子的大小及构型有关。机体内脂溶性的物质不多，因而靠单纯扩散通过细胞膜的物质甚少，主要有$O_2$、$CO_2$、$N_2$等脂溶性小分子，水、乙醇、尿素和甘油等极性水溶性分子，因分子小且不带电荷，也可以单纯扩散方式跨膜移动。单纯扩散的特点是物质顺浓度梯度转运，不需要细胞代谢提供能量，没有膜蛋白的参与。

### (二)易化扩散

易化扩散(Facilitated diffusion)是指非脂溶性物质或脂溶性小的物质，在特殊膜蛋白的帮助下，由高浓度一侧通过细胞膜向低浓度一侧扩散的现象。易化扩散的特点是：①物质移动的动力来自势能(浓度差或电位差),不需要细胞代谢供能;顺浓度梯度或电位梯度移动;需要特殊膜蛋白的参与。

根据参与膜蛋白的不同,易化扩散可分为两类。

1. 载体转运

通过细胞膜载体蛋白构型变化,将物质从高浓度侧向低浓度侧转运的过程称为载体转运(Carrier transport)。载体蛋白是一些贯穿脂质双分子层的整合蛋白,其与被转运物质结合,引发构象变化,使物质从高浓度一侧转运到低浓度一侧,然后与被转运物质解离,载体蛋白又恢复原来的构型,周而复始,这种转运类似于渡船的摆渡,但载体转运机制的细节至今仍不完全清楚。葡萄糖、氨基酸等小分子物质从高浓度侧跨膜转运到低浓度侧就是以这种方式进行的(图2-4)。

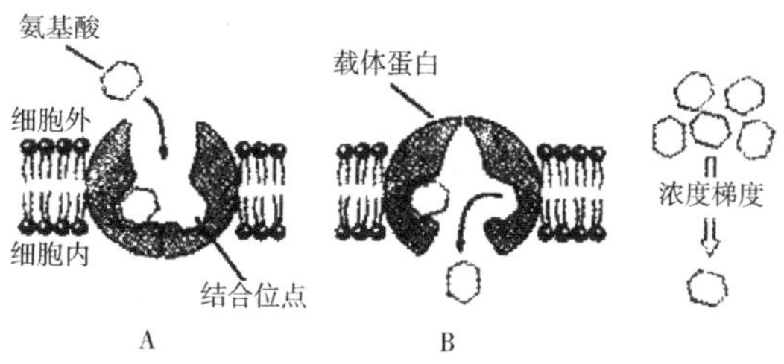


图2-4 小分子物质经载体转运示意图
A:载体蛋白与被转运物质结合 B:载体蛋白与被转运物质分离

载体转运的特点:

(1)高度的结构特异性。即一种载体只能选择性地转运某种具有特定化学结构的物质。不同的载体转运不同的物质,即使是同分异构体,也存在着不同的载体。如葡萄糖载体对右旋葡萄糖转运能力较强,而对左旋葡萄糖几乎不转运。

(2)饱和现象。载体蛋白的数量和每一载体分子上能与被转运物质结合的位点数量都是有限的,由于载体和载体上结合位点的数量有限,当全部载体与被转运物质结合后,该物质的转运量不再随膜两侧物质的浓度差增加而增大,即出现饱和现象。

(3)竞争性抑制。如果A和B两种结构相似的物质能被同一载体蛋白转运,那么,增加A物质的浓度,将会使该载体对B物质的转运量减少,这是因为一定数量的载体蛋白结合位点被A物质竞争性地占据所致。

2. 通道转运

物质借助于细胞膜上通道蛋白的帮助,由高浓度一侧向低浓度一侧转运的过程称为通道转运(Channel transport)。通道蛋白是一类贯穿脂质双分子层、中央带有亲水性孔道的膜蛋白,由于经通道转运的溶质几乎都是离子,因而也称为离子通道(Ion channel)(图2-5)。

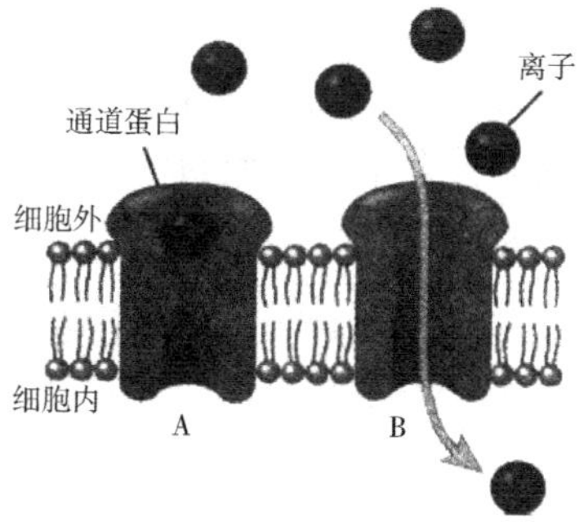


图2-5 通道转运示意图
A:通道关闭 B:通道开放

通道转运的特点:

(1)离子通道有一定的选择性。一般每种通道只对一种或几种离子有较高通透能力,而对其他离子通透性很小或不通透。如$Na^+$通道、$K^+$通道、$Ca^{2+}$通道等分别转运相应的离子。

(2)离子通道具有门控性。在通道蛋白中有一些"闸门样"结构控制着通道的开放和关闭，闸门的开放与关闭，受某些化学物质如激素、递质或膜电位的控制。根据通道的门控机制不同，常见的通道有：

化学门控性通道（Chemically-gated channel）：由某些化学物质控制其开或关的通道。如细胞外液中某种递质、激素或$Ca^{2+}$浓度改变等，这种通道主要分布在神经细胞的突触后膜和骨骼肌细胞运动终板膜上。

电位门控性通道（Voltage-gated channel）：由膜两侧电位差控制其开或关的通道。当膜两侧电位差变化到某一临界值时，通道蛋白构型变化，闸门开放，物质即可顺浓度差移动。如$Na^+$通道、$K^+$通道等。该类通道主要分布在神经纤维和肌细胞膜中，是可兴奋细胞产生生物电的基础。

机械门控通道（Mechanically-gated channel）：由机械刺激控制其开或关的通道。如皮肤触压觉感受器和内耳的毛细胞感受器等都存在这类通道。

除上述门控离子通道外，有少数几种通道是持续开放的，它不受任何外界因素的影响，只要有浓度差存在，离子即可扩散，称为非门控通道。如细胞膜上的非门控$K^+$通道，其对维持静息电位特别重要。

单纯扩散与易化扩散，物质都是顺浓度差（或电位差）跨膜移动的，不需要细胞代谢提供能量，因而统称为被动转运（Passive transport）。被动转运所需的动力来自膜两侧浓度差（或电位差）所含的势能，就好像山上的水向下流一样，靠水的势能自动下流，不需另外供能。

### （三）主动转运

主动转运（Active transport）是指在细胞膜蛋白的参与下，细胞通过本身的耗能过程，将某些物质的分子或离子由膜的低浓度（或低电位）侧跨膜向高浓度（或高电位）侧转运的过程。主动转运的特点是：物质转运过程中，细胞本身要消耗能量，能量来自细胞代谢形成的ATP；呈逆浓度或逆电位梯度进行物质转运；需要特殊膜蛋白的参与。

由于主动转运犹如“水泵”引水上山需要耗能一样，因此提出了“泵”的概念来解释主动转运过程，泵的含义说明它是一种耗能而做功的系统，它的作用是在消耗代谢能的情况下，逆浓度梯度转运物质。介导这一过程的膜蛋白称为离子泵（Ionic pump）。离子泵具有ATP酶活性，能将细胞内ATP水解为ADP，并利用高能磷酸键储存的能量完成离子的跨膜转运。体内有许多不同类型的主动转运系统，如钠-钾泵（$Na^+$-$K^+$泵，Sodium-potassium pump）、钙泵、质子泵等，目前研究最充分而且对细胞生存和活动最重要的是$Na^+$-$K^+$泵，简称钠泵。

钠泵的主要作用是“排钠摄钾”。实验证明，所有活细胞的细胞内液和细胞外液中的$Na^+$和$K^+$浓度有很大的不同。如神经细胞正常时膜内$K^+$浓度约为膜外的30倍，膜外的$Na^+$浓度约为膜内的12倍。这种明显的离子浓度差的形成和维持，是靠普遍存在于各种细胞膜中的膜蛋白$Na^+$-$K^+$泵来完成的，$Na^+$-$K^+$泵的作用是逆浓度梯度将$Na^+$由细胞内液移向细胞外液，同时将细胞外液中的$K^+$移向细胞内液，形成并维持细胞内、外$Na^+$、$K^+$浓度梯度。钠泵之所以能对$Na^+$、$K^+$进行主动转运，是由于它本身具有ATP酶活性，当细胞内$Na^+$浓度增高或细胞外$K^+$浓度增加时可被激活，被激活的钠泵可分解ATP，同时释放出能量，用于$Na^+$、$K^+$的主动转动过程（图2-6）。因此，$Na^+$-$K^+$泵亦称为$Na^+$-$K^+$依赖式ATP酶。钠泵活动时，泵出$Na^+$和泵入$K^+$这两个过程是同时进行的，称为“偶联”。一般情况下，每分解1分子ATP，可移出3个$Na^+$，并换回2

个$K^+$，但钠泵转运机制的细节目前并不完全清楚。钠泵的主要生理意义在于：①维持细胞内外$Na^+$、$K^+$浓度梯度。这是细胞许多代谢正常进行、细胞跨膜电位形成以及细胞产生兴奋的基础；②维持细胞正常形态和功能。钠泵活动造成的细胞内低$Na^+$环境降低了细胞内的渗透压，避免了细胞外水分的大量进入，以维持细胞的正常体积和功能；③最重要的是储备势能，为细胞的其他耗能过程间接提供能量，如继发性主动转运（后述）。

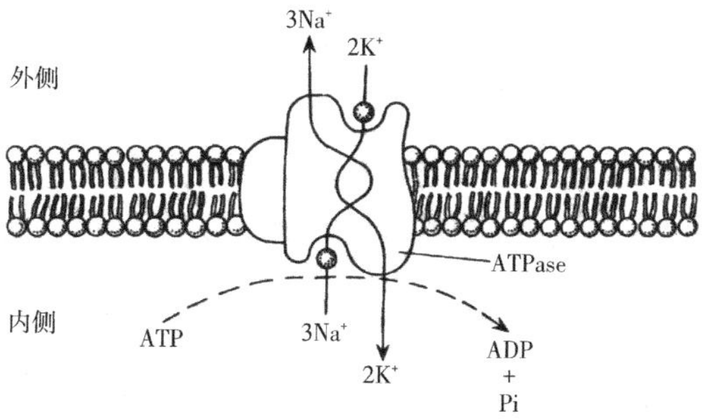

图2-6 钠泵的作用机理

除钠泵外，目前了解较多的还有$Ca^{2+}$泵、$H^+$泵、$Cl^-$泵、$I^-$泵等，它们分别与$Ca^{2+}$、$H^+$、$Cl^-$和$I^-$的主动转运有关。

根据提供能量的方式不同，主动转运可分为原发性主动转运（Primary active transport）和继发性主动转运（Secondary active transport）两大类。前者是直接利用ATP水解产生的能量进行离子的跨膜转运，如$Na^+$-$K^+$泵对$Na^+$、$K^+$的主动转运，属于原发性主动转运；后者所需的能量不是直接来自ATP的水解，而是间接来自钠泵活动形成的膜外高$Na^+$势能，如葡萄糖、氨基酸通过主动转运进入细胞内，就需要胞外$Na^+$的高势能参与（图2-7）。当钠泵分解化学能ATP时，此能量用于使$Na^+$、$K^+$离子逆浓度梯度跨膜移动，于是能量发生了转换，泵出膜外的$Na^+$由于其高浓度而有再进入膜内的趋势，膜内高浓度的$K^+$则有再移出膜外的趋势，化学能ATP变成了一种$Na^+$、$K^+$离子在细胞膜两侧的势能储备，这种离子势能储备，特别是$Na^+$势能储备，可用于细胞的其他耗能过程，当葡萄糖、氨基酸在小肠黏膜上皮细胞和肾小管上皮细胞逆浓度梯度跨膜转运时，所需能量就是由钠泵活动所形成的膜外高$Na^+$势能所提供的。因此葡萄糖主动转运所需要的能量间接由ATP提供，属于继发性主动转运。

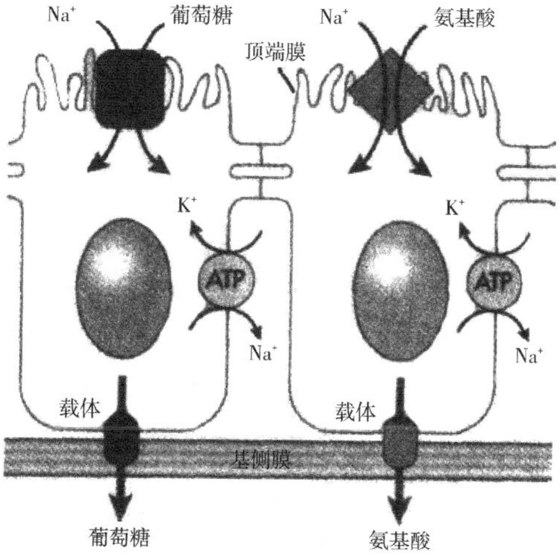

图2-7 葡萄糖、氨基酸的继发性主动转运示意图
（钠泵的活动，造成细胞外$Na^+$的高浓度，转运体将$Na^+$顺浓度梯度转入细胞，同时利用释放的能量将葡萄糖或氨基酸逆浓度梯度转入细胞内）

（四）入胞和出胞

上述三种形式的物质跨膜转运，主要涉及小分子的物质分子或离子。细胞对于一些大分子物质或团块物质（固态或液态的），还能通过更高级的耗能过程，动员膜的更复杂的结构及功能变化，使之通过细胞膜，分别称之为出胞（Exocytosis）和入胞（Endocytosis）两种过程。

1. 入胞（或内吞）

是指细胞外的大分子物质或团块进入细胞内的过程（图2-8）。这些物质主要是侵入体内的细菌、病毒、异物或细胞崩解碎片。细胞膜首先“识别”并与其接触，然后细胞膜内陷，把这些物质包围成小泡，随后包裹的细胞膜融合、断裂，使物质连同包裹它的细胞膜一同进入细胞，形成吞噬小泡，然后吞噬小泡与胞浆溶酶体融合，内容物被溶酶体中的各种酶消化分解。根据吞入物质的性状不同，入胞作用可分为吞噬和吞饮两类：如进入的物质是固体，谓为吞噬(Phagocytosis)，形成的小泡叫吞噬体；如进入的物质是液体，则称为吞饮(Pinocytosis)，形成的小泡叫吞饮泡。吞噬的主要作用是消灭异物，典型的吞噬细胞有巨噬细胞、单核细胞等，它们存在于组织和血液中，共同防御微生物的入侵，消除衰老和死亡的细胞等。

2. 出胞(或胞吐)

指细胞把大分子或团块物质由细胞内向细胞外排出的过程。机体内各种细胞的分泌活动都是通过出胞来实现的。如外分泌腺细胞分泌黏液和酶原颗粒、内分泌腺细胞分泌激素、神经纤维末梢释放递质等。如具有蛋白性分泌功能的细胞，其分泌物先是在粗面内质网合成，然后转运至高尔基体并被一层膜性结构所包被，形成分泌囊泡；后者再逐渐移向细胞膜内侧的特定部位暂时贮存；当细胞分泌时，囊泡逐渐向细胞膜内侧移动，最后囊泡膜和细胞膜在某点接触并相互融合，然后在融合处出现裂口，将囊泡内容物一次性全部排空，而囊泡的膜也就变成了细胞膜的组成部分(图2-8)。出胞机制目前尚未完全阐明。

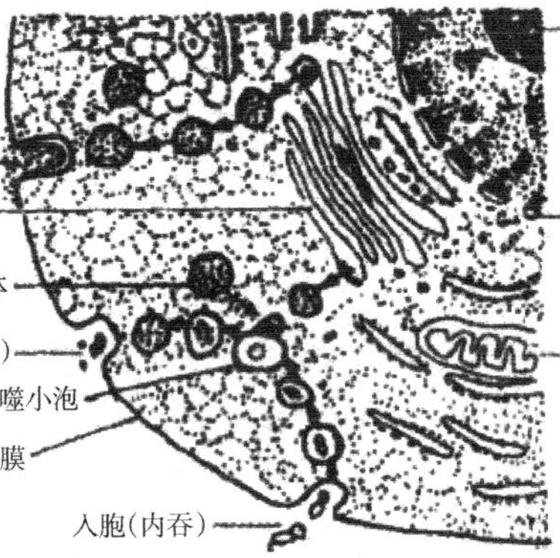


图2-8 入胞和出胞示意图

## 第二节 细胞的跨膜信号转导功能

动物机体是由无数细胞构成的，要实现不同细胞功能活动的协调统一，并与内、外环境相适应，细胞之间必须有完善的信息交流功能，即细胞间具有信号转导功能。在生理学研究中，人们首先关心的问题是，细胞是如何感受外环境的刺激信号并对刺激信号做出反应的，即细胞的跨膜信号传导。所谓细胞跨膜信号传导(Transmembrane signal transduction)是指细胞外信号经细胞膜传递到细胞内引起靶细胞相应生物效应的过程。细胞跨膜信号传导是一个十分复杂的生理过程，与细胞中一类特殊蛋白质——“受体(Receptor)”的功能密切相关。本节主要讨论细胞受体的基本特征及三种细胞跨膜信号转导方式的基本过程。

## 一、受体的基本概况

### (一)受体的概念

受体是指细胞拥有的能够特异性识别和选择性结合胞外的化学信息物质,并启动细胞内一系列过程,最终引发细胞特定的生物学效应的大分子蛋白质。受体的基本功能是介导信息的跨膜传递。实现细胞间传递信息的信号分子,称为配体(Ligand),如各种激素和神经递质等。根据受体分布的部位,受体分为细胞膜受体、胞浆受体、核受体三种;根据受体结构及跨膜信号转导方式,通常将受体分为3种基本类型:离子通道型受体、G-蛋白偶联受体、酶偶联受体。

### (二)受体的特征

1. 特异性

特定的受体只能与特定的信号分子结合,产生特定的效应。如心交感神经末梢释放的神经递质去甲肾上腺素仅与心肌细胞膜上的β受体结合,使心跳加快、心肌收缩力增强。

2. 高亲和力

信号分子与受体之间是靠分子与分子之间的立体空间构象互补而结合起来的,表现为高度的亲和力,虽然信号分子在体液中的浓度极低(通常在$10^{-9}$ mol/L或更低),但仍能与受体特异性结合并发挥巨大的生物学效应。

3. 饱和性

每一个细胞上的受体的数量是有限的,与信号分子的结合表现为有一定的限度。

4. 可逆性

受体与信号分子是以非共价键的方式相结合的,因此在某种情况下受体与信号分子可以解离,然后还可再次与此类信号分子结合,其解离的难易程度,因受体而异。

## 二、主要的跨膜信号转导方式

就目前所知,主要的跨膜信号转导方式有三种:①由离子通道型受体介导的跨膜信号转导;②由G-蛋白质偶联受体介导的跨膜信号转导;③由酶偶联受体介导的跨膜信号转导。随着研究的深入,另一些新的跨膜信号转导方式不断被人们所揭示。

### (一)由离子通道型受体介导的跨膜信号转导

离子通道型受体(Ion channel receptor)是一种兼具受体和离子通道功能的蛋白质分子,目前已确定细胞膜上至少有3种类型的离子通道型受体来感受不同的外来刺激,通过这些离子通道的开放或关闭,不仅决定离子本身的跨膜转运,而且还能实现信号的跨膜转导。根据控制离子通道开关的条件不同,可将它分为化学门控通道、电压门控通道和机械门控通道。

化学门控通道主要分布在肌细胞终板膜和神经细胞突触后膜,所接受的化学信号主要是神经递质。当受体与信号分子结合后,引起通道的快速开放和离子的跨膜流动,实现化学信号的跨膜转导。如神经-肌肉接头的信号传递即是离子通道型受体介导的信号转导的典型例子,骨骼肌终板膜上的$N_2$型乙酰胆碱(Acetylcholine,ACh)受体为离子通道型受体,它与运动神经末梢释放的ACh结合后,引起$Na^+$的内流产生终板膜电位变化,最终引发肌细胞兴奋和收缩。

电压门控通道和机械门控通道是接受电信号和机械信号刺激的受体，通过通道的开放与关闭，引起离子跨膜流动发生相应的变化，最终把信号转导到细胞内。如动物内耳的毛细胞顶部的纤毛受到声波刺激弯曲时，毛细胞会出现暂时的感受器电位。这是由于纤毛受力，使其根部的膜变形（牵拉）直接激活了其附近膜中的机械门控通道而出现离子跨膜移动造成的，最终实现声波信号的跨膜转导（图2-9）。

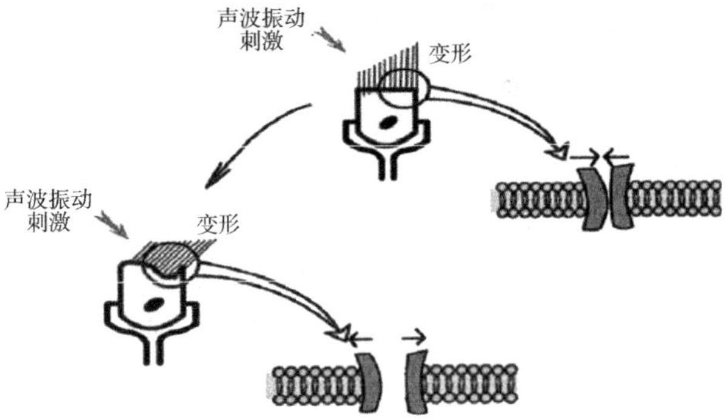

图2-9　毛细胞上的机械门控通道

（二）由G-蛋白偶联受体介导的跨膜信号转导

G-蛋白偶联受体介导的信号转导是由细胞膜、细胞浆和细胞核中的一系列信号蛋白质分子，以级联式相互作用来实现跨膜信号转导的。其涉及的信号蛋白质包括G-蛋白偶联受体（G protein-linked receptor）、G-蛋白（鸟氨酸结合蛋白，Guanine nucleotide-binding protein）、G-蛋白效应器酶、第二信使和蛋白激酶等。

G-蛋白偶联受体是存在于细胞膜上的受体蛋白质，因该受体的功能要通过位于细胞膜内侧的G-蛋白才能发挥，故而得名。当激素、递质、细胞因子等信号分子作用于细胞膜时，被G-蛋白偶联受体识别并与之结合，激活G-蛋白，进而激活G-蛋白效应器酶（G protein effecter enzyme），如腺苷酸环化酶（Adenylate cyclase），G-蛋白效应器酶再催化某些物质（如ATP等）产生第二信使（Second messenger）（如环磷酸腺苷cAMP等），第二信使通过蛋白激酶（Protein kinase）（如cAMP依赖蛋白激酶）或离子通道来发挥信号转导作用。体内有多种G-蛋白效应器酶和第二信使，可分多种不同途径来实现信号跨膜转导（图2-10）。含氮类激素大多是通过G-蛋白偶联受体介导实现信号跨膜转导的。

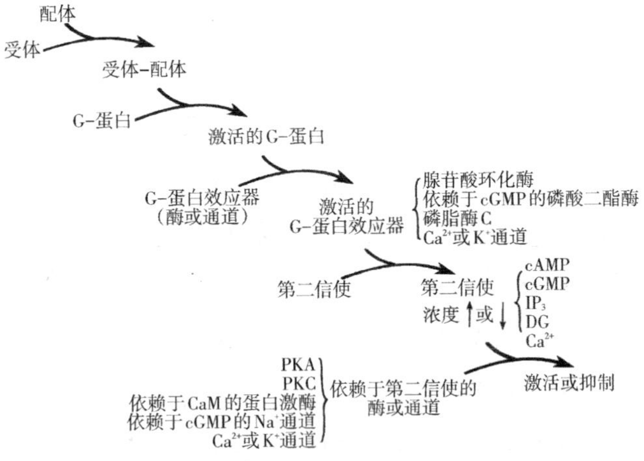

图2-10　G-蛋白偶联受体介导的信号转导过程的主要步骤

（三）由酶偶联受体介导的跨膜信号转导

近年来研究发现，一些肽类激素（如胰岛素）和细胞因子（如神经生长因子、白细胞介素等）在作用于靶细胞时，其相应的跨膜信号转导方式与前述两类方式不同，既没有G-蛋白、第二信使和胞质内蛋白激酶的激活，受体本身也没有通道结构，而是通过细胞中一类具有酶活性的受体介导，实现跨膜信号的转导。这类受体是一种特殊的跨膜蛋白，既具有与胞外信号分子结合的位点，起受体作用，同时又具有酶活性或能激活相应酶的双重作用，故称为酶偶联受体。酶偶联受体有多种类型，其中较重要的有酪氨酸激酶受体、结合酪氨酸激酶的受体、鸟苷酸环化酶受体等。

**案例**

2012年12月10日，一6岁骡子突然发病，主述：前几天采食、运动均正常，10日上午气候很低，仅4~5 ℃，见其饮了大量冷水，1个多小时后，见骡子急起急卧、回头顾腹、时而后肢踹腹，听诊肠鸣如雷，呼吸急促，体温正常。兽医迅速给骡子分别肌肉注射阿托品50 mg、山莨菪碱100 mg，临床症状很快得到缓解。初步诊断为：骡急性肠痉挛。

**问题与思考**

1. 骡急性肠痉挛时，肠鸣如雷的原因？

2. 应用阿托品治疗的依据是什么？

**提示性分析**

1. 因冷刺激，引起副交感神经过度兴奋，其末梢释放大量神经递质乙酰胆碱，与胃肠平滑肌上M受体特异结合，导致胃肠平滑肌强烈收缩，小肠内各种消化液分泌增多，故出现肠鸣如雷的特殊声音。

2. 阿托品可特异性阻断乙酰胆碱与M受体的特异性结合，阻断了乙酰胆碱信号在胃肠平滑肌细胞的跨膜信号传导，使胃肠平滑肌运动减弱，消化液分泌减少，从而缓解肠痉挛。

## 第三节 细胞的兴奋性和生物电现象

生物电是一切活的生物体在生命过程中所表现出的各种电现象的总称，是生物体普遍而又十分重要的生命活动，它与生物组织的兴奋性密切相关。在临床医学实践中，通过特殊仪器检测动物的心电图、脑电图、肌电图、胃肠电图等，已经成为诊断动物疾病及了解器官功能状态的特殊手段。任何器官或组织电现象的产生，均是以细胞水平生物电现象为基础的，细胞水平的生物电发生在细胞膜的两侧，故也称为跨膜电位(Transmembrane potential)，简称膜电位(Membrane potential)。细胞的跨膜电位主要有两种表现形式，即静息电位和动作电位。在生理学的发展历史上，生物电现象的研究是同生物组织或细胞的兴奋性研究相伴而开展的。

### 一、细胞的兴奋性和兴奋

#### (一)兴奋性和可兴奋组织

早期的生理学将活的组织、细胞对刺激产生相应反应的能力或特征，称为兴奋性，把组织、细胞对刺激发生反应的过程,称为兴奋。随着电生理技术的发展和应用,发现神经细胞、肌细胞、腺细胞等对刺激而发生兴奋时,虽有不同的功能表现形式,如肌细胞产生机械收缩、腺细胞产生分泌活动,但这些细胞在发生具体的功能变化之前,细胞膜都会先出现一次被称之为“动作电位(Action potential)”的电位变化,而细胞的具体功能都是由该动作电位引起或触发的;动作电位是绝大多数细胞在受到刺激产生兴奋时所共有的特征性表现。所以,现代生理学将细胞兴奋性更准确地定义为:细胞受刺激时产生动作电位的能力或特征。兴奋则是细胞产生动作电位的过程或是动作电位的同义语,而那些在受到刺激时能产生动作电位的组织或细胞才被称为可兴奋组织或可兴奋细胞,如神经细胞、肌细胞、腺细胞等。

(二)刺激引起兴奋的条件

可兴奋组织和细胞,并不是对任何性质或强度的刺激都能表现兴奋。如,光线的变化,并不能引起内耳柯蒂氏器的毛细胞产生兴奋,声波频率的变化亦不能使视网膜上的视觉细胞产生视觉兴奋,这与刺激性质是否适宜有关。在自然情况下,能引起某种细胞发生反应的刺激,称为这种细胞的适宜刺激(Adequate stimulus),反之,则称之为不适宜刺激。生理过程中,细胞只对适宜刺激做出正常的反应。

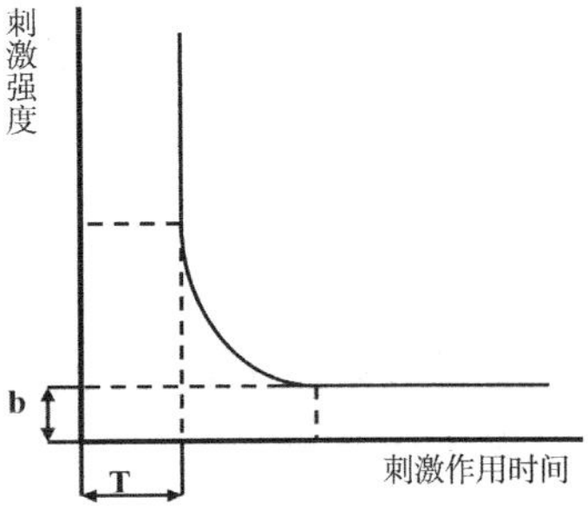

图2-11 刺激强度-时间曲线
T:最短时间阈值,b:基强度

任何适宜刺激,要引起组织或细胞兴奋,必须在刺激强度、刺激作用时间、刺激强度-时间变化率三个方面达到某一最小值,称为刺激的三要素。在刺激强度-时间变化率一定时,用能够引起某一组织或细胞兴奋的最小刺激强度和相应的最短刺激作用时间作为坐标参数描绘在坐标纸上,可绘制出某一组织或细胞的刺激强度-时间曲线(图2-11)。

曲线上任何一点代表一个具有一定强度和一定时间的能引起组织发生兴奋反应的最小刺激量,即阈刺激(Threshold stimulus)或阈值(Threshold value)。曲线还表明,在刺激作用不受时间限制的条件下,能引起组织兴奋的最小刺激强度,称为基强度,刺激强度低于基强度时,无论刺激作用时间多长,也不能引起组织兴奋;同样,刺激作用持续时间如短于某一值时,即使再增加刺激强度,也不能引起组织兴奋。在一定范围内,刺激作用时间一定时,引起组织发生兴奋的最小刺激强度,称阈强度(Threshold intensity),刺激强度小于阈强度的刺激,称为阈下刺激(Subthreshold stimulus),反之,称为阈上刺激(Supraliminal stimulus);在一定范围内,刺激强度一定时,引起组织发生兴奋的最短作用时间,称为时间阈值。一般所称的阈值是指强度阈值。

阈值的大小,可作为衡量组织或细胞兴奋性高低的客观指标之一。引起某组织或细胞所需的阈值越小,说明该组织的兴奋性越高,反之,说明兴奋性越低。其实,强度-时间曲线更能全面反映组织或细胞兴奋性水平,当强度-时间曲线与坐标轴靠得越近时,组织或细胞兴奋性越高,反之,越低。但当兴奋性发生迅速变化时,要测得某一细胞的强度-时间曲线,实际上是有困难的。因此,在生理学研究中,常用阈值的倒数作为兴奋性高低的指数,二者呈正相关。

除上述之外,刺激强度-时间变化率对引起组织兴奋也有较大影响。用一个强度随时间递增的电流刺激组织,则强度-时间变化率越大,引起组织兴奋所需的作用时间就越短;而当刺激强度是以较慢的速率增长时，这样的刺激必须作用较长时间，组织才能产生兴奋；如果刺激强度增加的速率过慢，这样的刺激无论作用多久，可能也难以引起兴奋。

（三）细胞兴奋时的兴奋性变化

活组织或细胞的兴奋性不是固定不变的，体内不同组织具有不同的兴奋性，且同一组织在不同的生理条件下，兴奋性常会发生改变。例如，血液中的酸碱度和$Na^+$、$K^+$、$Ca^{2+}$浓度的变化，可引起组织兴奋性发生改变。不仅如此，可兴奋组织或细胞在受刺激兴奋后的短暂时间内，组织或细胞的兴奋性也将经历一次有序的规律性变化，然后才能恢复正常。以神经细胞为例，当其受到一次刺激兴奋后，首先出现一个非常短暂的绝对不应期（Absolute refractory period），在此期内无论第二次刺激强度多大，都不能使它再次产生兴奋，细胞的兴奋性由正常水平（100 %）暂时下降为零，故又称为乏兴奋期（Lack of excitement period）；继绝对不应期之后，细胞的兴奋性逐渐恢复，但低于正常兴奋性水平，称为相对不应期（Relative refractory period），在此期内，第二个刺激可能引起新的兴奋，但刺激强度必须超过阈强度才可以；继相对不应期后，细胞的兴奋性继续上升，并超过正常水平，阈下刺激就可引起细胞产生第二次兴奋，这个时期称为超常期（Supranormal period）；继超常期之后，细胞的兴奋性又低于正常水平，称为低常期（Subnormal period），这一时期持续时间较长，此后细胞的兴奋性才完全恢复到正常水平（图2-12）。当再次受刺激兴奋后，细胞的兴奋性水平再次发生如此规律性变化过程。这种变化细胞的生物电发生机制密切相关。

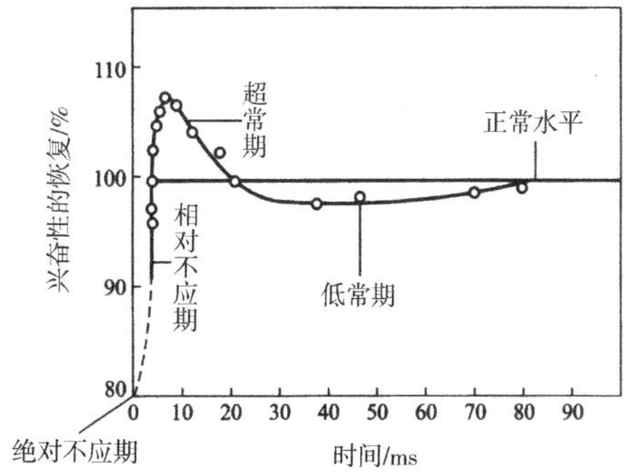


图2-12 猫隐神经受刺激后兴奋性的变化

上述各期持续时间的长短，在不同组织、细胞中有很大的差别。一般说来，绝对不应期较短，相当于或略短于前一刺激引起的动作电位的主要部分的持续时间，如神经纤维和骨骼肌只有0.5 ~ 2.0 ms，心肌细胞则可达到200 ~ 400 ms；其他各期的长短变化很大，而且易受代谢和温度等因素的影响。由于绝对不应期的特性，导致细胞产生兴奋的频率不会超过某一最大值，理论上，这个最大值不可能超过该组织或细胞的绝对不应期所占时间的倒数，如蛙的有髓神经纤维的绝对不应期持续时间约为2 ms，那么，每秒钟内其所能产生和传导的兴奋（或动作电位）的次数理论上就不可能超过500次。实际上，神经纤维在体内所产生和传导的动作电位的频率远远低于这个最大值。

## 二、静息电位及其产生机制

### （一）静息电位及相关概念

静息电位是指细胞在静息状态未受刺激时，存在于细胞膜内外两侧的电位差，又称跨膜静息电位（Transmembrane resting potential），简称静息电位（Resting potential，RP）。静息电位可用微电极放大器进行观察测定（图2-13），将两个微电极A和B放置于神经细胞外表面任意两点或均插入细胞内，显示屏上的光点没有上下移动，这说明细胞外表面和细胞内任意两点间电位相等而无电位差（图2-13 A、B）；若将微电极A置于细胞膜外表面，将尖端极细的微电极B刺入膜内，屏上的光点立即向下移动，并停留在一个较稳定的水平（图2-13 C），这说明细胞安静时膜外电位较膜内电位高，细胞膜两侧存在电位差，即静息电位。在测量膜电位时通常将置于细胞外的电极接地，作为生理上的零点，则记录的膜电位是膜内电位，一般为负值，用“-”表示，表明细胞安静时膜外为正电位，膜内为负电位。

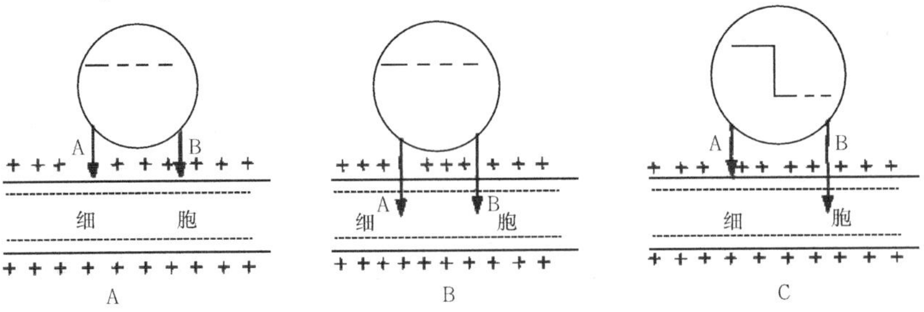


图2-13 静息电位测定示意图

（A：电极A与B均置于细胞外表面；B：电极A与B均置于细胞内；C：电极A置于细胞外，电极B插入细胞内）

不同类型细胞的静息电位数值存在差异，介于-100～-10 mV之间。如骨骼肌细胞的静息电位约为-90 mV，神经细胞约为-70 mV，平滑肌细胞约为-55 mV，红细胞约为-10 mV。除一些具有自律性的心肌和平滑肌细胞外，其余细胞的静息电位是一平稳的直流电位。只要细胞未受刺激且保持正常的新陈代谢，静息电位就会稳定于某一数值。

生理学中，膜内电位的负值减少视为静息电位减小，反之，则称为静息电位增大。细胞静息时，膜两侧的电位呈膜外为正、膜内为负的电性状态称为极化状态，简称极化（Polarization）；与静息电位水平相比，静息电位增大的过程称为超极化（Hyperpolarization），静息电位减小的过程称为除极化（Depolarization，或去极化），去极化至零电位后膜内电位如进一步变为正值（膜内为正电位，膜外为负电位），则称为反极化（Contrapolarization），膜电位高于零电位的部分称为超射（Overshoot）；细胞膜去极化后再向静息电位方向恢复的过程称为复极化（Repolarization）（图2-14）。

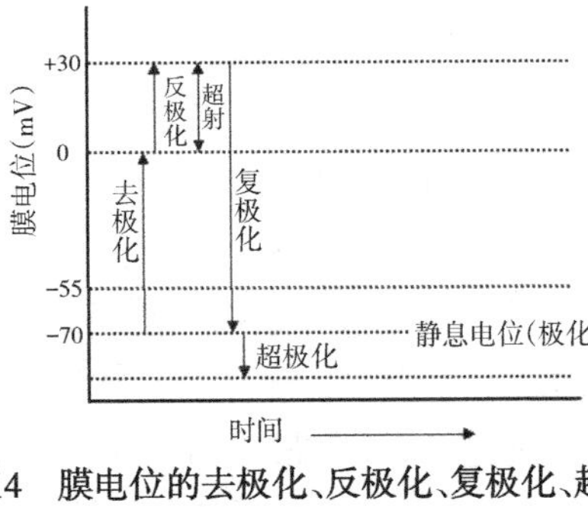


图2-14 膜电位的去极化、反极化、复极化、超极化
（以神经细胞静息电位为-70 mV为例）

（二）静息电位的产生机制

关于静息电位的产生机制，一般用1902年Bernstein提出的离子流学说来解释。该学说认为，任何生物电的产生必须具备两个条件：细胞膜内外离子分布不均，即存在浓度差或电位差；不同状态下，细胞膜对离子的选择性通透。

如表2-1所示，细胞内的离子主要是$K^+$和有机负离子（$A^-$），细胞外的离子主要是$Na^+$和$Cl^-$。如果细胞膜对这些离子都通透的话，将顺浓度差产生$K^+$和$A^-$的外流及$Na^+$和$Cl^-$的内流。但细胞膜在静息状态下对$K^+$的通透性最大，对$Na^+$和$Cl^-$仅少量通透，对$A^-$（多为蛋白质离子）几乎不通透。这样$K^+$在浓度差的驱动下由膜内向膜外易化扩散，$K^+$的外流造成了膜外正电荷增多，而膜内的$A^-$不能通过细胞膜而留在细胞内，于是产生膜外为正而膜内为负的极化状态。$K^+$的外流并不会无限制地进行，随着$K^+$的外流，膜内外的$K^+$浓度差逐渐减小，同时$K^+$外流造成的外正内负的电位差形成了阻止$K^+$继续外流的电场力，且随着$K^+$外流增加，这种阻力也增大。当浓度差($K^+$外流的化学驱动力)与电场力($K^+$外流的电学阻力)达到动态平衡时,$K^+$的净移动为零,此时,细胞膜两侧就形成了一个相对稳定的电位差,即静息电位。可以说静息电位产生的根本原因是$K^+$外流形成的电-化学平衡电位,静息电位的形成是细胞具有兴奋性的基础。

**表2-1　哺乳动物神经细胞膜内、外主要离子的浓度和流动趋势**

| 离子 | 细胞内(mmol/L) | 细胞外(mmol/L) | 细胞内外浓度比 | 离子流动趋势 |
|---|---|---|---|---|
| $K^+$ | 140 | 3 | 47:1 | 外流 |
| $Na^+$ | 18 | 145 | 1:8 | 内流 |
| $Cl^-$ | 7 | 120 | 1:17 | 内流 |
| 有机负离子($A^-$) | 155 | – | – | 外流 |

假定细胞膜是一种只对$K^+$通透的半透膜,应用奈恩斯特(Nernst)公式,根据细胞内外$K^+$的浓度,可以精确地计算出$K^+$平衡电位($E_K$)。但实际测得的静息电位较理论计算值略大,如哺乳动物骨骼肌细胞,实测静息电位为-90 mV,但奈恩斯特公式计算出的$K^+$平衡电位为-95 mV。这是由于膜在静息时除了对$K^+$通透外,对$Na^+$也有极小的通透性所致(仅为$K^+$通透性的1 %~2 %),因此可以说静息电位形成的根本原因是$K^+$的电-化学平衡电位。

$$E_K(\text{mV},\ 27\ ℃)=59.5\log\frac{[K^+]_o}{[K^+]_i}$$

式中$E_K$为$K^+$平衡电位,$[K^+]_o$、$[K^+]_i$分别代表膜外和膜内$K^+$浓度。

静息电位的大小受多种因素的影响,主要有以下3个因素:

(1)细胞膜对$K^+$的通透性:通透性越大,静息电位越大。

(2)细胞膜内外$K^+$的浓度差:浓度差增大,$K^+$扩散外流的动力增强,$K^+$外流增多,导致膜内外的电位差增大,即静息电位增大;反之,浓度差减小,静息电位减小。

(3)钠泵的活动状态也会影响静息电位:当细胞代谢障碍(如缺血、缺氧或酸中毒等)时,钠泵的功能受到抑制,$K^+$不能顺利泵回细胞内,导致细胞内外$K^+$浓度差逐渐减小,静息电位将逐渐减小甚至消失。实际上,由于细胞膜上钠泵的活动,在细胞静息状态下能将细胞内多余的$Na^+$泵出,将$K^+$吸入,对于维持细胞静息时膜内、外离子的分布特征,维持跨膜静息电位,维持细胞的正常兴奋性有着重要意义。

## 三、动作电位及其产生机制

### (一)动作电位的概念及变化过程

可兴奋细胞接受刺激而兴奋时,细胞膜在静息电位的基础上会发生一次迅速而短暂的、可向周围扩布的电位波动,称为动作电位,动作电位是细胞兴奋的标志或触发因素。

以神经纤维为例,其动作电位发生过程如图2-15所示,当细胞在安静状态下受到一次有效刺激时,膜内电位迅速升高,由-70 mV升高到+30 mV,变化幅度达100 mV,构成动作电位的上升支。其中,从-70 mV升高到0 mV是典型的去极化;从0 mV升高到+30 mV,称为超射,此时膜内带正电、膜外带负电即为反极化。可见，上升支是细胞由极化状态经过去极化到反极化状态的过程，也是膜内电位由负到零再到正的变化过程。

动作电位的上升支达顶点(+ 30 mV)后立即快速下降，膜内电位由正变负，迅速恢复至接近静息电位水平，这一过程称为复极化，构成动作电位的下降支。动作电位的上升支和下降支共同形成尖峰样的电位变化，称为锋电位(Spike potential)。锋电位是动作电位的主要组成部分，具有动作电位的主要特征，持续时间1 ~ 2 ms。在锋电位后出现的一个缓慢而低幅的波动，称为后电位(After potential)，包括负后电位(Negative after potential)和正后电位(Positive after potential)。负后电位是指膜电位复极化到静息电位水平前维持的一段较长时间的去极化电位，正后电位是指超过静息电位水平的一段超极化电位。后电位之后，膜电位才恢复到静息电位水平。

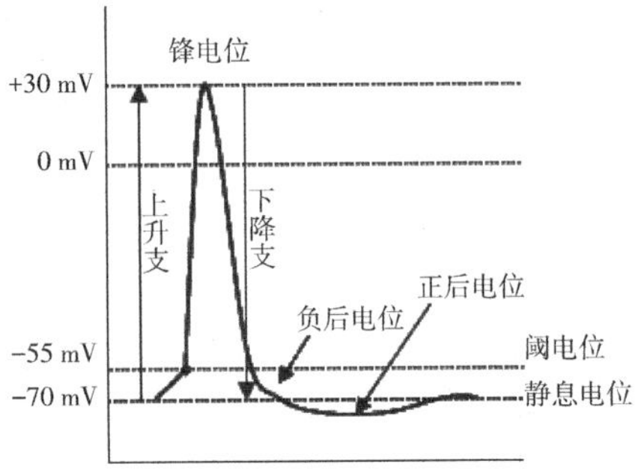


**图2-15　神经纤维动作电位模式**

(二)动作电位的产生机制

1. 动作电位上升支(去极相)的形成

动作电位的产生机制也用离子流学说来解释。如前所述，细胞外$Na^+$浓度比细胞内高很多(见表2-1)，它有内流扩散的趋势，但能否进入细胞决定于膜对$Na^+$的通透性。仍以神经纤维为例，当细胞受到刺激兴奋时，首先是膜上少量$Na^+$通道开放，少量$Na^+$顺浓度差进入膜内，使静息电位减小；当静息电位减小到某一临界值时，会使膜上电压门控式$Na^+$通道大量地开放，膜对$Na^+$的通透性突然增大，$Na^+$在$Na^+$浓度差化学推力和膜内负电场力(膜内负电荷对$Na^+$的吸引)的作用下，大量内流，产生快速去极化；快速的去极化又会使更多$Na^+$通道开放，从而促进更多的$Na^+$内流，形成正反馈过程，使膜内正电荷迅速增加，膜内负电位迅速消失，继而使膜内出现正电位水平，形成膜的去极化和反极化，即锋电位陡峭的上升支。同时，内流的$Na^+$造成的膜内正电位对$Na^+$内流有阻碍作用，而且随着$Na^+$内流增加，阻力不断增大，而促使$Na^+$内流的浓度差逐渐减小，当这两种力量达到平衡时，$Na^+$净移动为零，膜电位达到一个新的平衡点，即$Na^+$的电-化学平衡电位。因此，动作电位上升支是由$Na^+$内流引起的。

2. 动作电位的下降支(复极相)的形成

细胞去极化过程中$Na^+$通道开放时间很短，迅速失活关闭，导致$Na^+$内流停止，而$K^+$通道随之被激活而开放，膜对$K^+$通透性增大，$K^+$快速外流($K^+$外流的动力来源于膜内的高$K^+$势能以及超射时的膜内正电位对$K^+$所产生的排斥力)，使膜迅速复极化，膜内电位由正变负，直到又恢复为原来的极化状态，形成锋电位的下降支。因此，动作电位下降支是由$K^+$外流引起的。

3. 动作电位产生后膜内外离子的恢复

复极化后膜电位虽然已恢复到静息电位水平，但膜内、外离子分布尚未恢复。与细胞静息水平相比，此时细胞内$Na^+$浓度高于静息水平，细胞外$K^+$浓度也高于静息水平，正是这种$Na^+$、$K^+$浓度的变化激活了细胞膜上的$Na^+$泵，$Na^+$泵通过分解ATP消耗能量，以主动转运方式逆浓度梯度将动作电位去极相过程中内流的$Na^+$泵出，同时将复极相过程中逸出细胞外的$K^+$

泵回，使膜内、外$Na^+$、$K^+$的浓度亦完全恢复到静息状态水平，并形成后电位时相。

实验表明，动作电位有三个重要特点：

①"全或无"现象。对任何一个可兴奋细胞来说，刺激强度低于阈强度时，不能引起动作电位，一旦刺激达到阈强度，就可产生一次动作电位，并且动作电位的去极相幅度不会随刺激强度的增大而改变。②不衰减性扩布。动作电位在细胞膜上某一点爆发后，不会停留在兴奋的局部，而是可沿细胞膜传播至整个细胞，且动作电位的波形及传播速度不会因为传播距离的延长而发生变化，是一种不衰减性扩布。③"脉冲式"。由于绝对不应期的存在，动作电位是不会融合的，无论刺激频率多大，动作电位总有一定间隔而形成脉冲样图形。

将动作电位的发生过程与细胞兴奋后兴奋性的周期性变化相对比可看到：锋电位的主要时间相当于细胞兴奋后的绝对不应期，负后电位时期细胞大约处于相对不应期和超常期，而正后电位时期则相当于低常期（图2-16）。其原因是在锋电位的主要时间内，由于$Na^+$通道已经处于激活状态（对新的刺激处于失活状态），细胞的兴奋性为零，不论多强的刺激都不能使膜再次产生动作电位，处于兴奋后的绝对不应期；在负后电位的前半期，$Na^+$通道部分从失活中恢复，阈刺激不能引起动作电位，而阈上刺激则可以，兴奋性低于正常，处于兴奋后的相对不应期；在负后电位的后半期，$Na^+$通道虽未完全恢复，但膜电位距离阈电位较近，阈下刺激也能引起动作电位，兴奋性高于正常，处于兴奋后的超常期；超常期后，虽$Na^+$通道已全部恢复到正常水平，但膜电位距离阈电位较远，阈上刺激才能引起动作电位，细胞的兴奋性低于正常，处于兴奋后的低常期，时间上相当于正后电位。

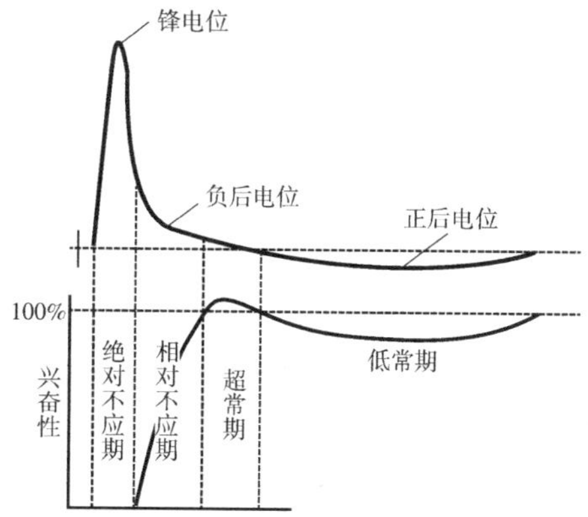


**图2-16 动作电位与兴奋性变化的时间关系**
**（下线为兴奋性变化曲线）**

### （三）动作电位的引起和传导

#### 1. 阈电位和动作电位的引起

引起动作电位的实验装置如图2-17所示。将一对刺激电极同一个直流电源相连，将刺入神经细胞轴突膜内的一个电极同电源负极相连，不同强度的电刺激只能引起膜内原有负电位即静息电位不同程度的加大，即引起膜不同程度的超极化，如图2-17 B中横轴下方的各条曲线所示，这时即使用很强的刺激也不会引发动作电位；相反，当膜内的刺激电极同电源正极相连时，不同强度的刺激将在膜内引起去极化，当刺激加强使膜内去极化达到某一临界值时，就可在已经出现的去极化的基础上出现一次动作电位，如图2-17 B中横轴上方的各条曲线所示。这个刚能引发动作电位的去极化临界膜电位，称为阈电位（Threshold membrane potential）。阈电位是所有可兴奋细胞的一项重要功能指标，与细胞兴奋性水平密切相关，当细胞的静息电位和阈电位差值愈大，细胞的兴奋性愈低，差值愈小，细胞的兴奋性愈高。阈电位一般比正常静息电位高10～20 mV，例如巨大神经轴突的静息电位为-70 mV，阈电位约相当于-55 mV。

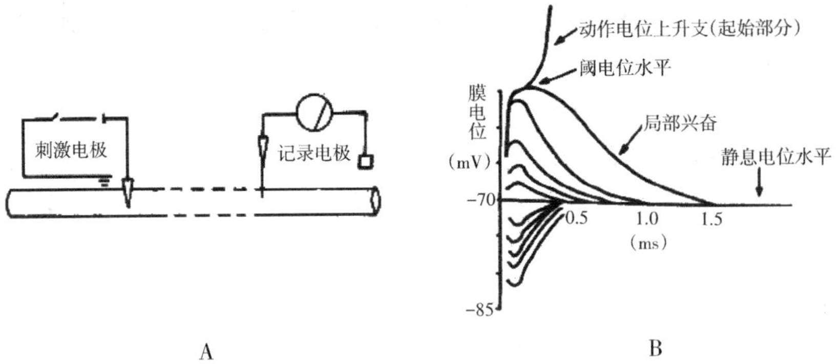


图2-17 研究神经细胞动作电位的实验装置(A)和实验结果(B)

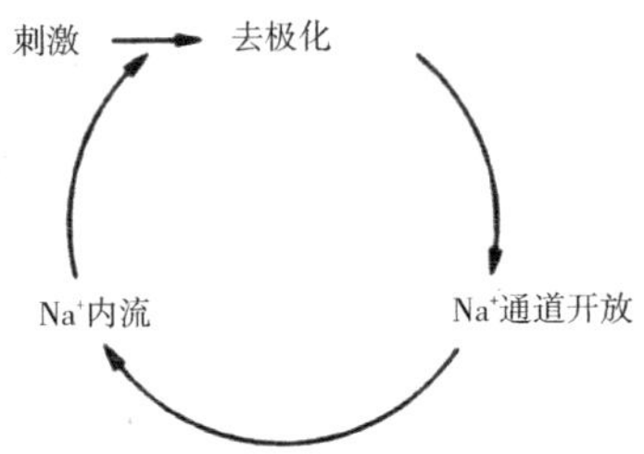


图2-18 再生性去极化循环

进一步研究发现,形成阈电位的去极化会引起一定数量的$Na^+$通道开放,由此引起$Na^+$内流,$Na^+$内流会造成膜的进一步去极化,结果又引起更多$Na^+$通道开放和$Na^+$更大量的内流,如此反复,就会出现一个"正反馈",称为再生性去极化循环(图2-18),其结果是不再依赖于原刺激而使膜内$Na^+$通道迅速地大量地开放,使膜外$Na^+$快速内流,直至$Na^+$的电-化学平衡时才停止,形成动作电位的上升支。

阈电位是一个很重要的概念。从兴奋性的角度来看,阈刺激是引起去极化达到阈电位水平的刺激。只要是阈上刺激,不论刺激强度多大,都能引起$Na^+$内流与去极化的正反馈关系,膜去极化都会接近或达到$Na^+$的平衡电位($E_{Na}$),所以动作电位的去极相幅度只与$Na^+$的平衡电位和静息电位之差有关,而与原来的刺激强度无关;而阈下刺激使膜的去极化达不到阈电位水平,不能形成$Na^+$的再生性循环,因而不能形成动作电位,这就是动作电位"全或无"的特性。

2. 动作电位的传导

(1)传导机制——局部电流学说(Local current theory)。动作电位一旦在细胞膜的某一点产生,就会迅速沿着细胞膜进行传播,直至整个细胞。动作电位在同一个细胞上的传播称为传导。在神经纤维上传导的动作电位称为神经冲动(Nerve impulse)。动作电位的传导机制用局部电流学说来解释,以无髓神经纤维为例进行说明(如图2-19)。

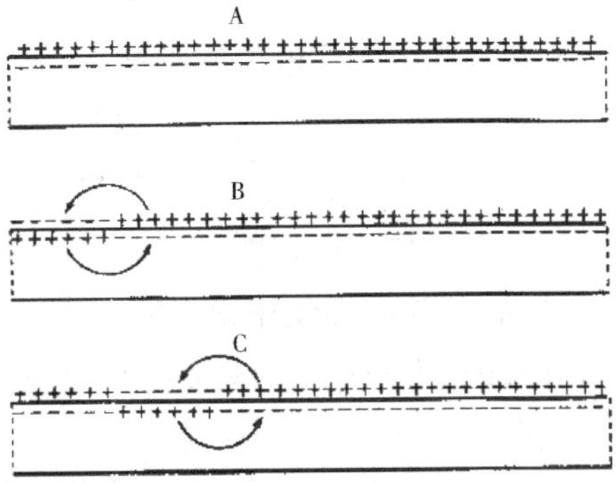


图2-19 神经纤维动作电位传导机制模式图(弯箭头表示膜内外局部电流的流动方向,下方直箭头表示冲动传导方向。A:静息时 B:发生兴奋后 C:传导过程中)

当细胞膜上的某一点受刺激兴奋而产生动作电位时,兴奋点出现膜两侧电位的暂时性倒转,由静息时的内负外正状态变为内正外负状态,而邻近未兴奋点仍处于静息时内负外正的极化状态;由于膜两侧的溶液是导电的,于是在已兴奋点与相邻未兴奋点的细胞内液或细胞外液之间,因存在电位差而发生电荷移动,其方向是膜外的正电荷由未兴奋点移向已兴奋点，而膜内的正电荷则由已兴奋点移向未兴奋点，出现所谓的“局部电流”；局部电流造成未兴奋点膜内电位升高，而膜外电位降低，即引起邻近未兴奋点膜去极化；当膜去极化达到阈电位水平时，即可引起邻近未兴奋点产生动作电位，成为新的兴奋点。在该兴奋点与邻近的未兴奋点之间又可产生局部电流，引发新的动作电位，如此反复连续进行，直到整个细胞膜都依次发生动作电位，实现动作电位在整条神经纤维上的传导。

由于锋电位产生期间电位变化的幅度和陡峭度相当大，就一个细胞来说，局部电流所引起的刺激强度超过了邻近膜兴奋所需阈强度数倍以上，因而以“局部电流”为基础的传导过程，可以相当“安全”而无“阻滞”地继续下去，最终导致整个细胞产生动作电位。

(2)跳跃式传导（Saltatory conduction）。上述动作电位传导机制，在其他可兴奋细胞也基本相同。但对有髓神经纤维而言，因髓鞘的脂质不导电或不允许带电离子通过的特性，只有郎飞氏结（轴突膜与细胞外液相接触）处离子才可能跨膜移动，静息时，才形成内负外正的极化状态。当有髓神经纤维受到刺激兴奋时，局部电流只能出现在两个相邻的郎飞氏结之间，并对相邻的郎飞氏结起到刺激作用，使其产生动作电位而兴奋（图2-20）。然后又以同样的方式，使下一个郎飞氏结兴奋，兴奋就以跳跃的方式从一个郎飞氏结传到另一个郎飞氏结，而不断向前传导，此传导方式称为跳跃式传导。

图2-20 动作电位在有髓神经纤维上的跳跃式传导模式图

跳跃式传导使兴奋传导的速率大为提高，其原因是：与无髓神经纤维相比，在单位距离内，兴奋传导所涉及的跨膜离子数要少得多，将它们主动转运返回时所消耗的能量也大大减少，因此它是一种“更节能的高效低耗”的传导方式；而且还由于电压依赖式$Na^+$通道都群集在结节处，更容易引起大量$Na^+$内流，产生动作电位。

### (四)局部兴奋与局部电位

单个阈下刺激不能引起膜去极化达到阈电位水平，但可引起少量$Na^+$通道开放，有少量$Na^+$内流，使受刺激的局部发生微小的去极化，但因达不到阈电位水平，不能触发动作电位。这种细胞在受刺激的局部发生的微小的去极化，称为局部反应或局部兴奋（Local excitation），这种微小的去极化电位称为局部去极化电位（简称局部电位，Local potential）。

和动作电位相比，局部电位有以下特点：①局部电位只有在外加刺激作用时才发生，刺激撤离后，去极化很快消失（图2-21 A）；②局部电位只局限在受刺激的局部，不能在膜上做远距离传播。但由于膜本身的电学特性以及膜内外溶液都是电解质，所以发生在膜上某一点的局部兴奋可按物理的电学特性引起邻近膜产生类似的去极化，但随着距离的增加而迅速减小或消失，在膜上所波及的范围一般很小，这种现象称为电紧张性扩布（Electrotonic propagation）（图2-21 C）；③局部电位不具有“全或无”的特性。在阈下刺激范围内，去极化的幅度随刺激强度增强而增大（图2-21 B）；④局部电位可以总和（或叠加）（图2-21 D）。如果在距离很近的两个部位，同时给予两个阈下刺激，它们引起的去极化可以叠加在一起以致有可能达到阈电位水平而引发一次动作电位，称为空间总和(Spatial summation)，如果某一部位相继接受数个阈下刺激，只要前一个刺激引起的去极化尚未消失，就可以与后面刺激引起的去极化发生叠加，称为时间总和(Temporal summation)。总和现象在神经元胞体和树突的功能活动中十分重要和常见。由此可见，动作电位既可由单次阈刺激或阈上刺激引起，亦可由多个阈下刺激产生的局部电位总和而引发。

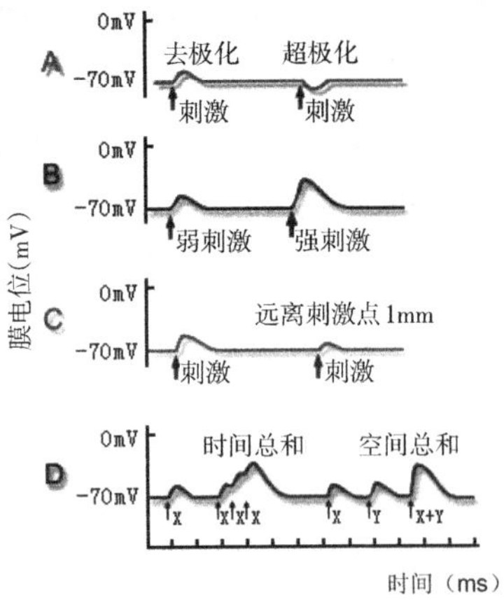


图2-21　局部电位
(图中A、B、C、D的说明见正文)

**案例**

一德国牧羊犬，4岁，体重25 kg，主诉病犬5 d前发生腹泻、呕吐、不吃东西；临床症状：精神倦怠，反应迟钝，食欲废绝，嗜睡，四肢无力；听诊肠蠕动减弱，心音减弱，心律失常，体温37 ℃；前肢采血生化检测，血$K^+$ 2.34 mmol／L(正常值为4.37～5.37 mmol／L)。采取静脉补$K^+$治疗，2 d后病情好转。初步诊断：因犬腹泻、呕吐所致低血$K^+$症。

**问题与思考**

犬低血$K^+$症时，为什么会出现精神倦怠，反应迟钝？

**提示性分析**

因病犬腹泻、呕吐导致消化液大量丢失，而消化液中$K^+$含量比血浆高，结果引起血$K^+$降低，形成低血$K^+$症。低血$K^+$症使机体细胞外液中$K^+$浓度随之降低，细胞内外的$K^+$浓度差增大，导致静息电位形成时，$K^+$外流增多，静息电位增大，使静息电位与阈电位之间的距离增加，引起细胞兴奋所需阈刺激增大，细胞兴奋性降低，结果导致犬四肢无力，肠蠕动、心音减弱等症状。

**思考题**

一、名词概念

1.阈刺激　2.通道　3.主动转运　4.$Na^+$-$K^+$泵　5.受体
6.静息电位　7.极化状态　8.动作电位　9.阈电位

二、单项选择题

1. 葡萄糖或氨基酸逆浓度梯度跨膜转运的方式是(　)

A.经载体易化扩散　B.经通道易化扩散
C.原发性主动转运　D.继发性主动转运

2. 细胞内外$Na^+$、$K^+$分布不均的主要原因是( )

A.细胞静息时，膜对$K^+$的通透性大 B.细胞兴奋时，膜对$Na^+$的通透性大

C.$Na^+$、$K^+$跨膜易化扩散的结果 D.膜上$Na^+$泵活动的结果

3. 组织兴奋后处于绝对不应期，兴奋性为( )

A.零 B.无限大 C.大于正常 D.小于正常

4. 单纯扩散、易化扩散、主动转运的共同特点是( )

A.要消耗能量 B.顺浓度梯度

C.需膜蛋白帮助 D.被转运物都是小分子或带电离子

5. 可兴奋细胞兴奋时，共有的特征是产生( )

A.肌肉收缩 B.腺体分泌 C.动作电位 D.收缩增强

6. 神经细胞在一次兴奋后，再次引起兴奋的刺激阈值最低的时期是( )

A.绝对不应期 B.相对不应期 C.超常期 D.低常期

7. 静息电位的形成主要是由于( )

A. $K^+$内流 B. $Na^+$内流 C. $K^+$外流 D. $Na^+$外流

8. 刺激引起兴奋的基本条件是使跨膜电位达到( )

A.锋电位 B.阈电位 C.负后电位 D.正后电位

9. 神经细胞动作电位发生过程中，由$K^+$平衡电位转为$Na^+$平衡电位，形成( )

A.静息电位 B.动作电位去极相

C.动作电位复极相 D.跨膜电位

10. 神经细胞膜对$Na^+$通透性增加时，静息电位将( )

A.增大 B.减小 C.不变 D.先增大后减小

11. 神经细胞在兴奋过程中，$Na^+$内流和$K^+$外流的量决定于( )

A.各自的平衡电位 B.细胞的阈电位

C. $Na^+$泵的活动程度 D.绝对不应期的长短

三、简述题

1. 细胞膜转运物质的方式有几种？各有何特点？

2. $Na^+$泵的化学本质和功能是什么？其活动的生理意义是什么？

3. 细胞跨膜信号转导的方式有哪些？举例说明。

4. 简述静息电位的形成机制。

5. 简述动作电位的发生机制。

6. 简述动作电位的基本特征及在单一细胞上的传导机制。

四、论述题

以神经细胞为例，分析细胞的兴奋性变化与动作电位发生过程的相互关系及主要原因。

# 第3章 血液

**本章导读**

本章主要介绍血液的组成及其理化特性;红细胞的生理特性、生成和破坏过程;中性粒细胞(吞噬作用)、嗜碱性粒细胞(参与过敏反应)、嗜酸性粒细胞(抗寄生虫和过敏反应)、单核细胞(进入组织形成巨噬细胞)和淋巴细胞(参与特异性免疫反应)的不同生理功能;血小板在生理性止血过程中的作用。为什么正常动物血管内的血液不发生凝固?为什么血液凝固仅局限于受损的局部?血凝与纤溶的机制,促凝、抗凝的一般措施,血型与输血的关系等等,通过本章的学习都可以得到解答。

血液(Blood)在心脏推动下沿全身血管系统循环流动,具有运输物质、沟通各部分组织液和维持内环境相对稳定等功能,这对于保证机体新陈代谢和各部分生理功能活动的顺利进行,以及维系生命等方面都具有极其重要的作用。

## 第一节 概 述

### 一、血液的组成和功能

(一)血液的组成

血液由血浆(Blood plasma)和悬浮于其中的血细胞(Blood cells)组成。血细胞分为红细胞、白细胞和血小板三类,其中红细胞所占比例最多,白细胞和血小板所占比例较少。如将血液抽出体外放置一定时间,血液将发生凝固,血凝块逐渐紧缩,析出透明的淡黄色血清(Serum),凝固部分为血细胞、血小板(Thrombocyte)及纤维蛋白(Fibrin)。若将一定量的血液与抗凝剂混匀后,置于有刻度的比容管中,以3000 r/min的速度离心30 min后,可以观察到管内的血液分为3层:上层淡黄色液体为血浆,底层为暗红色的红细胞,红细胞层与血浆交界之间有灰白色薄层为白细胞和血小板(图3-1)。血清与血浆的不同之处在于血清中没有纤维蛋白原和某些凝血因子,但增添了凝血过程中血小板释放的物质。

被压紧的血细胞占全血的容积百分比,称为血细胞比容(Hematocrit)。在血细胞中由于白细胞和血小板所占容积仅占全血容积的1 %,故在计算容积时常可忽略不计。因而通常把血细胞比容称为红细胞比容，或称红细胞压积(Packed cell volume，PCV)。不同动物的红细胞比容不同，大多数家畜的红细胞比容在34 %～45 %，且变动范围极小。血细胞比容可反映血浆容积、红细胞数量或体积的变化。因此，在临床中测定红细胞比容有助于了解血液浓缩和稀释的情况，也有助于诊断脱水、贫血和红细胞增多等症状。

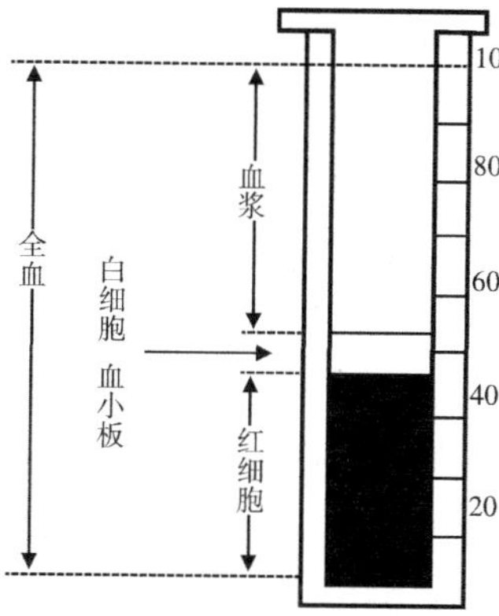

图3-1 血液的组成示意图

1. 血浆

血浆是一种含有多种溶质的水溶液，其中水分占90 %～92 %，其余10 %左右的成分包括分子大小与结构都不相同的蛋白质、电解质、营养成分、代谢产物及气体等。血浆各种成分的含量常在一定范围内变动，但在患病时，某些化学成分的含量则可高于或低于此范围。因此，临床上常通过测定血浆的质和量，来帮助某些疾病的诊断。

血浆中含有的多种蛋白质总称为血浆蛋白，其相对分子质量大，不能通过毛细血管壁。用盐析法可将血浆蛋白分为白蛋白、球蛋白与纤维蛋白原三类；用电泳法又可将球蛋白分为$\alpha_1$、$\alpha_2$、$\alpha_3$、$\beta$和$\gamma$球蛋白。

各种血浆蛋白所占的比例，在不同种动物中有较大差别，但在同种动物中的比例则相对稳定。例如，人、羊、兔、狗、猫、豚鼠、大白鼠的白蛋白多于球蛋白；而猪、马、牛、鸡的白蛋白只占血浆蛋白总量的35 %～50 %。纤维蛋白原的含量通常不超过血浆蛋白总量的10 %。在动物生长、妊娠、泌乳、肌肉运动等生理状态下或各种疾病状态时，血浆蛋白含量经常发生明显的变化。

血浆蛋白的主要功能有：①形成血浆胶体渗透压；②与甲状腺激素、肾上腺皮质激素、性激素等结合，使其不易经肾脏排出；③作为载体运输脂质、维生素等物质；④参与血液凝固、抗凝和纤溶等生理过程；⑤抵御病原微生物的入侵；⑥营养功能。

血浆中的无机盐绝大部分以离子状态存在。阳离子以$Na^+$为主，还有少量$K^+$、$Ca^{2+}$、$Mg^{2+}$等；阴离子主要是$Cl^-$及少量的$HCO_3^-$、$HPO_4^{2-}$等。这些离子的主要功能是：形成血浆晶体渗透压，维持酸碱平衡和神经肌肉的正常兴奋性等。

2. 血细胞

血细胞起源于造血干细胞，包括红细胞、白细胞及血小板(非哺乳动物为血栓细胞)。成熟的各类血细胞在血液中存在的时间只有几小时(例如中性粒细胞)到几个月(例如红细胞)。骨髓造血干细胞以自我更新和增殖的方式，每小时生成$10^{10}$个红细胞和$10^8$～$10^9$个白细胞，从而保障了对血细胞的补充，以保持血液中各有形成分的动态平衡。

### (二)血量

动物体内血液的总量称为血量(Blood volume)，是血浆量和血细胞量的总和。动物的血量用体重的百分比来表示。哺乳动物的血量占体重的5 %～10 %，但可因畜种、年龄、性别、营养状况、生理状态和所处的外界环境不同而有差异。例如，马的血量为体重的8 %～9 %；牛、羊和猫的为6 %～7 %；猪和狗的为5 %～6 %；人的血量为7 %～8 %。幼年动物的血量所占体重比例较成年动物的多，可达体重的10 %以上。

血液总量的绝大部分在心血管系统中不断地循环流动，这部分血量称为循环血量；另一部分血液常滞留在肝、脾、肺、腹腔静脉以及皮下静脉丛等处，流动很慢，这部分血液是作储备之用的，称为储备血量。因此，肝、脾、肺等器官也起着储血库的作用。

血量的相对稳定是维持机体正常生命活动的必要条件。血量不足就不能保证各组织细胞在单位时间内对氧和营养物质的需求，代谢产物也不能及时排出。然而，血量过多，则有可能增加心脏负荷，甚至导致心力衰竭。

失血是引起血量减少的主要原因。失血对机体的危害程度，通常与失血量和失血速度有关。快速失血对机体危害较大，缓慢失血危害较小。一次失血不超过血量的10 %一般不会影响健康，因为这种失血所损失的是水分和无机盐，在1 ~ 2 h内就可从组织液中得到补充；所损失的血浆蛋白，可由肝脏加速合成而在1 ~ 2 d内得到恢复；所损失的血细胞可由储备血液补充，并由造血器官生成血细胞来逐渐恢复。若一次急性失血达血量的20 %，生命活动将受到明显影响；若一次急性失血超过血量的30%，将危及生命。

## （三）血液的主要功能

### 1. 运输功能

运输是血液的基本功能。在机体内，只有血液是在全身循环流动的，而且各种小分子物质又可通过毛细血管壁进出血液。因此，血液能起到联系机体内外和全身各组织的作用。血液不但有大量的水分作为溶剂，还有红细胞、血浆蛋白等运输工具，因此血液本身具有极好的运输条件和强大的运输功能：①将$O_2$从肺部带到组织细胞，同时将组织内的$CO_2$带到肺部排出体外；②将消化道消化吸收的各种营养物质转运到全身各组织细胞，同时将组织器官的代谢产物转运到排泄器官排出体外；③激素、维生素和酶等各种生物活性物质，也是由血液运输到各靶细胞；④钙离子和铁离子等与血浆蛋白结合，避免了运输途中从肾脏大量流失的可能；一些难溶于水的脂质类物质与血浆蛋白结合后，成为可溶于水的复合物，便于在血浆中运输。

### 2. 维持内环境稳定

血液对内环境变化有一定的缓冲作用。例如，血液（血浆和红细胞）中含有高效能的缓冲对，其中$NaHCO_3/H_2CO_3$是最重要的缓冲对，可缓冲酸性和碱性代谢产物，参与维持血液pH的相对稳定。血液中的水比热较大，能吸收代谢过程中过剩的热量，并且水的蒸发热也较大，可散发大量的体热，参与维持体温的相对稳定。

### 3. 营养功能

血浆中的蛋白质起着营养储备的作用。机体内的某些细胞，特别是单核巨噬细胞，能吞饮完整的血浆蛋白，并由细胞内的酶将其分解为氨基酸。生成的氨基酸再经扩散进入血液，随时供给其他细胞合成新的蛋白质。

### 4. 参与体液调节

内分泌腺或内分泌细胞分泌的激素由血液运送到全身并作用于相应的靶细胞而发挥作用。

### 5. 免疫、保护功能

血浆中含有多种免疫物质，能抵御病原微生物的侵袭。各类白细胞具有防御功能，特别是中性粒细胞、巨噬细胞对侵入机体的病原微生物有吞噬作用;淋巴细胞具有特异性免疫功能;血小板和血浆中的凝血因子有止血和凝血作用,可以防止机体出血,对机体起到保护作用。

**案例**

目前,社会呼吁人们无偿献血,对于一个健康的成年人一次献血200~400 mL,不仅对自身健康没有任何影响,而且可援救他人的生命,这是一种高尚的社会公德。而且研究发现,适量献血会使人更加健康、长寿。坚持长期适量献血的人,由于骨髓造血系统不断受到激发,新鲜的血细胞的比例明显高于未献过血的人;适量献血对心脑血管系统疾病有一定的保健作用,因为献血可降低血液黏稠度、增加血管弹性等,从而降低发病风险。

**问题与思考**

无偿献血的生理学依据?

**提示性分析**

健康人体内血液总量为体重的7%~8%,且一部分血液在一般情况下不参与循环,而是储存在肝脏、脾、肺、腹腔静脉等处,加之机体的造血机能十分强大,少量失血,在很短的时间内可以迅速得到补充。因此健康成年人一次献血200~400 mL是不会影响自身健康的。

## 二、血液的理化特性

### (一)颜色与气味

血液为不透明的红色液体,其红色与红细胞内血红蛋白的含氧量有关。动脉血中,血红蛋白氧结合量高,呈鲜红色;静脉血中,血红蛋白氧结合量低,呈暗红色。血液中由于存在挥发性脂肪酸,故带有特殊的血腥味;又由于含有氯化钠而稍带咸味。

### (二)血液的比重

畜禽全血的比重一般在1.040~1.075范围内变动,其大小主要取决于红细胞和血浆容积之比,比值高,全血比重就大;反之,全血比重就小。红细胞的比重一般为1.070~1.090,其大小取决于红细胞中所含的血红蛋白的浓度,血红蛋白浓度越高,相对比重就越大。血浆的比重为1.024~1.031,其大小主要取决于血浆蛋白的浓度。

### (三)血液的黏度

液体流动时,由于内部分子间摩擦而产生阻力,以致流动缓慢并表现出黏滞性。全血的黏滞性比水高4~5倍,血浆的黏滞性比水高1.5~2.5倍。血液黏滞性的高低,主要取决于红细胞数目的多少和血浆蛋白质的浓度。红细胞数目越多,血浆蛋白质浓度越高,血液黏滞性就越高。病理情况下，红细胞数量增多，或变形能力下降，都可引起血液黏滞性增加。同时血液黏滞性也受血流速度的影响，特别是在血液流速缓慢时，红细胞容易叠连或聚集成团，使黏滞性增大。

(四)血浆渗透压

1. 渗透压的概念

渗透压(Osmotic pressure)是溶液中电解质与非电解质类溶质颗粒通过半透膜对水的吸引力。若半透膜两侧为不同浓度的溶液，水将从溶质颗粒数少的低渗透压一侧向溶质颗粒数多的高渗透压一侧转移，此现象称为渗透(Osmosis)。渗透压的高低与溶液中所含溶质的颗粒(分子或离子)数目呈正比，而与溶质的种类和颗粒的大小无关。溶质颗粒数多，渗透压高，对水的吸引力大；反之，则对水的吸引力小。渗透压值一般用压强单位kPa或mmHg来表示。

2. 血浆渗透压的组成与正常值

正常血浆渗透压约为770 kPa或5 775 mmHg，其中血浆蛋白质(以白蛋白为主)形成的胶体渗透压约为28 mmHg，仅占血浆总渗透压的0.5 %，由无机盐和其他晶体物质(80 %来自$Na^+$和$Cl^-$)形成的晶体渗透压占血浆总渗透压的99.5 %。

3. 血浆渗透压的作用

(1)血浆晶体渗透压。正常情况下，水和晶体物质可自由通过毛细血管管壁，因而血浆晶体渗透压与组织液晶体渗透压基本相等；但血浆中的晶体物质绝大部分不易透过细胞膜，因此在红细胞外形成相对稳定的晶体渗透压。当血浆晶体渗透压降低时，血浆中的水被吸引进入红细胞，红细胞逐渐膨胀，甚至破裂溶血；反之，当血浆晶体渗透压升高时，水从红细胞内渗出，导致细胞皱缩变形。因此，血浆晶体渗透压的相对恒定对维持细胞内外水平衡和细胞的正常形态及功能极为重要。

(2)血浆胶体渗透压。由于血浆蛋白的分子量较大，一般不能通过毛细血管管壁，同时组织液中蛋白质含量低于血浆，因而血浆的胶体渗透压高于组织液，于是血浆把组织液中的水分子吸引到血管内以维持血容量。当血浆蛋白含量减少时，如肝脏疾病(血浆蛋白质合成减少)、慢性肾炎(血浆蛋白质丢失过多)，均可使血浆胶体渗透压降低，导致组织液回流减少形成组织水肿。因此，血浆胶体渗透压在调节毛细血管内外水平衡和维持正常的血浆容量上起重要作用。

由于血浆渗透压在体内起着重要的作用，因而渗透压的改变对机体有很大的影响。临床上给患畜输液时要特别注意液体的渗透压。以血浆渗透压为标准，与血浆渗透压相等的溶液称为等渗溶液，如0.9 %NaCl注射液(生理盐水)和5 %葡萄糖注射液等。高于血浆渗透压的溶液称为高渗溶液，低于血浆渗透压的溶液称为低渗溶液。临床上给患畜大量输液时，一般应输入等渗溶液，以免影响细胞的形态和功能。需要注意的是，并非所有的等渗溶液均能使悬浮于其中的红细胞保持其正常形态和大小。如1.9 %的尿素溶液是等渗溶液，但将红细胞置于其中很快就会发生破裂溶血，这是因为尿素分子能自由通过红细胞膜，不能在溶液中保持与红细胞内相等的张力，故1.9 %的尿素溶液是等渗溶液但不是等张溶液。临床上将能使悬浮于其中的红细胞保持正常形态和大小的溶液称为等张溶液，0.9 %NaCl注射液、5 %葡萄精注射液既是等渗溶液也是等张溶液。可见，等张溶液一定是等渗溶液，而等渗溶液不一定是等张溶液。

（五）血浆酸碱度

血液呈弱碱性，血液pH保持相对恒定是维持组织细胞进行正常生命活动的重要条件。正常畜禽的血液pH稳定于7.35 ~ 7.45，其变化幅度一般不超过平均pH±0.05，如果超过这个限度，将会引起机体酸中毒或碱中毒。机体生命活动所能耐受的血液pH最大范围为6.9 ~ 7.8，超过此极限将会影响机体的正常生命活动（损害细胞的兴奋性和酶的活性等），严重者会导致死亡。

正常情况下，机体在代谢过程中总是不断地有一些酸性物质和碱性物质进入血液，但血液pH却始终保持相对恒定，除了通过肺和肾排出过多的酸性或碱性物质外，主要依赖于血液中的缓冲对。其中血浆缓冲对包括：$NaHCO_3/H_2CO_3$、蛋白质钠盐/蛋白质、$Na_2HPO_4/NaH_2PO_4$等；红细胞内缓冲对包括：KHb/HHb、$KHbO_2/HHbO_2$等。$NaHCO_3/H_2CO_3$是最主要的缓冲对，正常情况下，$NaHCO_3/H_2CO_3$的浓度比值约为20∶1，若此值不变，血液pH则恒定。生理学中常把血浆中$NaHCO_3$的含量称为血液的碱储（Blood alkali reserve），即中和酸的碱储备。

**案例**

2013年7月，重庆大足一3岁公马，早上外出时一切正常，去帮他人托运玉米800多千克，13:00后返回，发现四肢无力，不愿走动，精神沉郁，不吃草料，1个多小时后患马卧地不起，张口喘气，伸颈头后仰。临床检查：可视黏膜发绀，心搏极快，呼吸频率120次/分以上，体温41 ℃。当天气温34 ℃，患马曾过度运动，根据临床检查，诊断为中暑。兽医进行抢救性治疗：5 %$NaHCO_3$ 1000 mL静脉输液；肌注安乃近30 mL；10 %葡萄糖生理盐水1500 mL加维生素B和C静脉输液；葡萄糖酸钙注射液300 mL静脉输液。此治疗方案每天1次，连续三天，最后治愈。

**问题与思考**

1. 治疗方案中为什么要用大剂量5 %$NaHCO_3$静脉输液？

2. 机体pH维持稳定的主要原因有哪些？

**提示性分析**

1. 马属动物中暑时，多伴发严重的酸中毒，使用大剂量5 %$NaHCO_3$的目的是中和酸，使血液pH恢复至7.35～7.45。

2. 机体pH的稳定主要受血液中多种缓冲物质的调节作用，其中最主要的缓冲物质是机体的碱储$NaHCO_3$；另外肾脏泌尿过程及呼吸活动也参与pH的调节。

# 第二节 血细胞生理

血液的有形成分包括红细胞、白细胞和血小板3种。

## 一、造血过程和造血微环境

### (一)造血过程

造血(Hemopoiesis)是指各类血细胞发育成熟的过程。在胚胎发育早期,最初是在卵黄囊造血,以后由肝、脾造血。胚胎发育到5个月以后,肝、脾造血活动逐渐减少,骨髓开始造血,并且造血活动逐渐增强。到出生时,几乎完全依靠骨髓造血。但如果幼龄动物急速生长发育,对造血的需要量过多时,肝、脾可再次参与造血以进行代偿。成年动物完全依靠骨髓造血而不再需要骨髓外代偿性造血。

各类血细胞均起源于造血干细胞,根据造血细胞的形态与功能特征,一般把造血过程分为造血干细胞(Hemopoietic stem cell)、定向祖细胞(Committed progenitor)和前体细胞(Progenitor)三个阶段。

1. 造血干细胞

造血干细胞数量少,只占骨髓有核细胞总数的0.5 %,具有下列特点:

(1)自我更新。造血干细胞具有高度的自我更新能力,并且只进行不对称性有丝分裂。一个造血干细胞进行分裂产生的两个子细胞中,只有其中的一个当即分化为早期定向祖细胞,而另一个则保持造血干细胞的全部特征不变,这意味着,造血干细胞本身并不扩增,却不断产生祖细胞。造血干细胞能通过自我更新(Self renewal)以保持自身数量的稳定,能够在体内长期或永久性重建造血。

(2)多向分化。造血干细胞具有多向分化的能力,能形成各系定向祖细胞,是所有血细胞的共同来源。

(3)增殖潜能。在正常生理情况下,90 %~99.5 %的造血干细胞处于细胞周期之外,即处于不进行细胞分裂的相对静止状态($G_0$期)。一旦机体需要,可以有更多的造血干细胞从$G_0$期进入细胞周期。因此,造血干细胞具有很强的增殖潜能。另一方面,处于静止状态的干细胞有利于对有丝分裂中发生轻微点突变的基因进行修复,以避免发展为不可逆的多基因突变。

2. 定向祖细胞

定向祖细胞只能定向分化为一种血细胞。从造血干细胞发育到定向祖细胞的阶段时,就限定了进一步分化的方向。将各系列的定向祖细胞在体外培养时,可形成相应血细胞的集落,即集落形成单位(Colony forming unit,CFU)。形成红细胞集落的定向祖细胞称为红系定向祖细胞(CFU-E);另外还有粒-单核系祖细胞(CFU-UM)、巨核系祖细胞(CFU-MK)和淋巴系祖细胞(CFU-L)。由于造血干细胞不能增殖,所以在体内造血过程中细胞的大量扩增主要依赖于祖细胞数目的扩增。

3. 前体细胞

到前体细胞阶段,血细胞已经发育成为形态上可以辨认的各系幼稚细胞。前体细胞进一步发育成熟,即成为具有特殊功能的各类终末血细胞,然后有规律地释放进入血液循环。

由前体细胞发育为成熟的血细胞是一个连续而又分阶段的过程，例如红系定向祖细胞依次要经历原红细胞→早幼红细胞→中幼红细胞→晚幼红细胞→网织红细胞的发育过程才能发育为成熟红细胞（图3-2）。在骨髓中，红系造血细胞约占25%，其余主要是产生白细胞的造血细胞，而外周血中红细胞的数目是白细胞的500倍，这是因为红细胞的寿命比白细胞长。

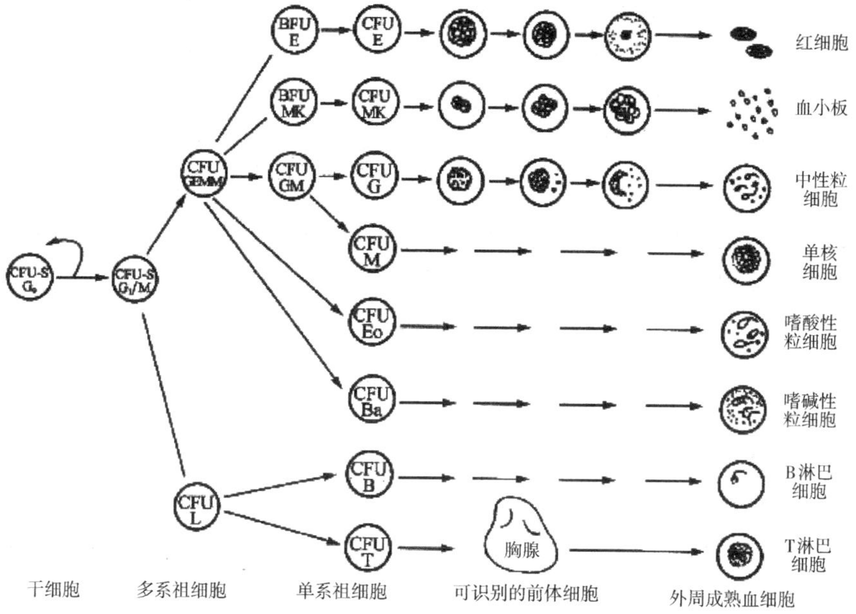


图3-2 血细胞生成模式图

**CFU-S：脾集落形成单位；CFU-GEMM：粒红巨核巨噬系集落形成单位；BFU-E：红系爆式集落形成单位；CFU-E：红系集落形成单位；BFU-MK：巨核系爆式集落形成单位；CFU-MK：巨核系集落形成单位；CFU-GM：粒单系集落形成单位；CFU-G：粒系集落形成单位；CFU-M：巨噬系集落形成单位；CFU-Eo：嗜酸系集落形成单位；CFU-Ba：嗜碱系集落形成单位；CFU-L：淋巴系集落形成单位；CFU-B：B淋巴细胞集落形成单位；CFU-T：T淋巴细胞集落形成单位；$G_0$：$G_0$期；$G_1$/M：$G_1$期/M期**

造血干细胞具有的自我更新和多向分化这两个最基本的特性，是机体维持正常造血的主要原因。祖细胞进行对称性有丝分裂，在增殖过程中不断分化，其寿命有限，不能长期生存。体内祖细胞的数量主要取决于造血干细胞的分化。造血干细胞是生成血细胞的原始细胞，在维持一生的造血活动中起着重要的作用，任何原因引起的造血干细胞的变异，将给健康带来严重的危害。研究造血干细胞的增生、分化与调控，有助于阐明血细胞的生成机制，并为血液疾病的诊断和治疗提供科学的理论依据。

（二）造血微环境

在正常情况下，骨髓可释放少量造血干细胞进入外周血液中，但造血干细胞的定居、增殖、分化仅局限于造血组织内。在骨髓移植时，所输入的含较高浓度的造血干细胞/祖细胞也只定居于造血组织。造血器官受到损伤后，造血功能的恢复只发生在基质成分重建之后。这表明造血细胞的自我更新和分化过程必须维持在紧邻的非造血基质细胞的基础上，即造血需要一个特殊的局部微环境来支持。实际上，在个体发育过程中造血中心的迁移也依赖于各造血组织中造血微环境的形成。造血微环境（Hemopoietic microenvironment）是指造血干细胞定居、存活、增殖、分化和成熟的场所（T淋巴细胞在胸腺中成熟），包括造血器官中的基质细胞、基质细胞分泌的细胞外基质和各种造血调节因子，以及进入造血器官的神经和血管。造血微环境在血细胞生成的全过程中起调控、诱导和支持作用，是支持和调节血细胞生长发育的局部环境，其改变会导致机体造血功能的异常。

骨髓中的造血基质细胞包括成纤维细胞（也称网状细胞）、内皮细胞、外膜细胞、单核细胞、吞噬细胞、成骨细胞和破骨细胞等；基质细胞和细胞外基质所构成的基质微环境不仅为造血细胞提供物理支撑，基质细胞还可分泌多种造血生长因子（Hematopoietic growth factor，HGF）和细胞外基质如糖蛋白（包括纤维连接蛋白、层粘连蛋白及造血连接蛋白等）和蛋白多糖（如硫酸软骨素、硫酸肝素、透明质酸及硫酸皮肤素）等。造血细胞必须黏附于基质细胞上才能存活，而基质细胞分泌的胶原、纤维连接蛋白、层粘连蛋白、造血连接蛋白及蛋白多糖等，都与造血细胞的黏附有关。因此，造血干细胞在造血微环境中才能定居、存活、增殖、分化与成熟，进而维持外周各类血细胞的相对恒定。

## 二、红细胞生理

### （一）红细胞的形态和数量

红细胞是血液中数量最多的一种血细胞，以 $10^{12}$ 个/L 血液为单位。不同种类的动物红细胞数量不同，同种动物的红细胞数量常随品种、年龄、性别、生活条件等的不同而有差异（表 3-1）。哺乳动物的红细胞无核、呈双凹圆盘形（骆驼和鹿的为卵圆形），这种形态可使红细胞表面积与体积的比值增大，并具有很强的变形性和可塑性，较易通过直径比它小的毛细血管、血窦间隙。此外，这种形态使细胞膜到细胞内的距离缩短，有利于氧和二氧化碳的扩散和运输。红细胞的大小随动物种类不同而不同，与动物体积的大小无关，直径为 5 ~ 10 μm。红细胞因含血红蛋白而呈淡红色。

**表 3-1 不同动物血液部分参考值**

| 动物 | 比容 /(mL·100 mL$^{-1}$血) | 红细胞直径 /μm | 红细胞数 /($10^{12}$个·L$^{-1}$) | 血红蛋白 /(g·L$^{-1}$) | 白细胞数 /($10^9$个·L$^{-1}$) |
|---|---|---|---|---|---|
| 哺乳类 | | | | | |
| 黑猩猩 | 41.6(24 ~ 51) | 7.4 | 5.1(3.4 ~ 6.0) | 123(65 ~ 151) | 12.5 ~ 16.6 |
| 绵羊 | 32.9(24 ~ 50) | 4.5(3.2 ~ 6.0) | 12.0(8.0 ~ 16.0) | 120(80 ~ 160) | 8(4 ~ 12) |
| 山羊 | 33.0(29 ~ 37) | 3.2(2.5 ~ 3.9) | 13.0(8.0 ~ 18.0) | 110(80 ~ 140) | 9(4.1 ~ 13) |
| 猪 | 43.2(34 ~ 44) | | 6.5(5.0 ~ 8.0) | 130(100 ~ 160) | 14.66 |
| 兔 | 41.7(35 ~ 45) | | 6.9(5.1 ~ 7.9) | 123(98 ~ 174) | |
| 猫 | 40.5(37 ~ 44) | | 7.5(5.0 ~ 10.0) | 120(80 ~ 150) | 12.5(5.5 ~ 19.5) |
| 狗 | 45.5(38 ~ 53) | 6.0(5.0 ~ 7.0) | 8.0(6.5 ~ 9.5) | 112(70 ~ 155) | 11.5( 6 ~ 17.5) |
| 牛 | 40(38 ~ 47) | 5.9 | 8.1(6.1 ~ 10.7) | 115(87 ~ 145) | 6.50 ~ 9.58 |
| 骆驼 | 30.0 ~ 43.3 | | 3.80 ~ 12.6 | 106 ~ 203 | 12.9 ~ 27.2 |
| 马 | 33.4(28 ~ 42) | | 6.00 ~ 11.0 | 111(80 ~ 140) | 5.00 ~ 11.9 |
| 豚鼠 | 42(37 ~ 47) | 9.3(8.2 ~ 10.4) | 7.4(7.0 ~ 7.5) | 144(110 ~ 165) | 5.50 ~ 17.5 |
| 金丝猴 | 30.0 ~ 50.0 | | 4.88(4.3 ~ 5.5) | 125(107 ~ 141) | 6.4(4.2 ~ 10.1) |
| 华南虎 | 31.0 ~ 37.0 | | 6.76(4.6 ~ 10) | 131(97 ~ 204) | 11.8(6.9 ~ 28) |
| 银狐 | 53.0 ~ 64.0 | | 7.40 ~ 8.50 | 139 ~ 161 | 4.20 ~ 15.8 |
| 貂 | 44.7 ~ 68.6 | | 6.90 ~ 11.1 | 164 ~ 242 | 8.4 ~ 14.8 |
| 大熊猫 | | | 6.33 | 131 | 8.0 |
| 斑马 | | | 5.44(4.3 ~ 5.5) | 164(112 ~ 200) | 11.6(5.8 ~ 26) |

续表

| 动物 | 比容 /(mL·100 mL$^{-1}$血) | 红细胞直径 /μm | 红细胞数 /($10^{12}$个·L$^{-1}$) | 血红蛋白 /(g·L$^{-1}$) | 白细胞数 /($10^{9}$个·L$^{-1}$) |
|---|---|---|---|---|---|
| 鸟类 | | | | | |
| 鸡 | 19.8 | | | 80 ~ 120 | 19.8 |
| 鹅 | 45 | | 3.4 | 127 ~ 157 | |
| 火鸡 | 30.4 ~ 45.6 | | 1.74 ~ 3.70 | 88.0 ~ 134 | 160 ~ 255 |
| 企鹅 | 30.0 ~ 45.1 | | 4.0 ~ 5.2 | 107 ~ 143 | 12.5 ~ 24.6 |
| 鸭 | 14.8(9 ~ 21) | 12.8×6.6 | 2.5(1.8 ~ 3.3) | 148(90 ~ 210) | 13.4 ~ 33.2 |
| 鸵鸟 | | 12.8×6.6 | | | |
| 歇马鸡 | | 6.84 ~ 14.5 | 3.04(2.5 ~ 3.3) | 97.6(75 ~ 110) | 26.1(18 ~ 32) |

### (二)红细胞的生理特性和功能

#### 1. 红细胞的生理特性

(1)红细胞膜的选择性通透

红细胞膜和其他细胞膜一样,也是以脂质双分子层为基架的半透膜,对进出细胞膜的物质有严格的选择性。水、氧气、二氧化碳及尿素可自由通过,葡萄糖、氨基酸、负离子($Cl^-$、$HCO_3^-$)较易通过,而正离子($Ca^{2+}$)却很难通过。细胞内$K^+$浓度高于细胞外,细胞内的$Na^+$浓度远低于细胞外,这种膜内外的$Na^+$、$K^+$浓度差是依靠$Na^+$-$K^+$泵来维持的。低温贮存较久的血液,血浆$K^+$浓度升高,就是由于低温下代谢减慢甚至停止,$Na^+$-$K^+$泵活性降低的结果。红细胞摄取的葡萄糖,通过无氧酵解和磷酸戊糖通旁路产生的能量,主要用于供应$Na^+$-$K^+$泵的活动,也用于维持细胞膜的完整和形状。

(2)红细胞的可塑变形性

红细胞在血管中运动时,经常需要通过口径比它小的毛细血管和血窦间隙,此时红细胞将发生卷曲变形,通过后又恢复原状,红细胞的这一特性称为可塑变形性(Plastic deformation)。红细胞可塑变形性与红细胞膜的弹性、流动性、表面积呈正相关,但与红细胞黏度增加呈负相关。当红细胞内的黏度增大或红细胞膜的弹性降低时,会使红细胞的变形能力降低。如血红蛋白发生变性或细胞内血红蛋白浓度过高时,可因红细胞内黏度增高而降低红细胞的变形能力,使红细胞无法通过微循环,导致小血管淤滞栓塞。

(3)渗透脆性与溶血

正常情况下,红细胞内的渗透压与血浆的渗透压相等,这是保持红细胞形态正常的必要条件之一。0.9 %的NaCl溶液之所以被称为生理盐水,就是因为它是红细胞的等渗溶液,能保持红细胞膜的原有张力和红细胞的形态。当生理盐水中NaCl浓度降低时,水将过多地渗入红细胞中,引起膨胀,使红细胞由圆盘形变为球形;当NaCl浓度降低到0.45 %左右时,有一部分红细胞开始破裂,血红蛋白被释放到血浆中,这种现象称为溶血(Hemolysis);当NaCl浓度降低到0.30 % ~ 0.35 %时,红细胞将全部破裂。这些现象说明红细胞对低渗透溶液具有一定的抵抗能力。这种红细胞在低渗溶液中抵抗破裂和溶血的特性称为红细胞渗透脆性(Erythrocyte osmotic fragility),简称脆性。脆性越大表示红细胞膜对低渗溶液的抵抗力越小。

同一个体的红细胞对低渗溶液的抵抗力不同,在生理活动中,衰老的红细胞比初成熟的红细胞的脆性大;某些疾病如遗传性球性红细胞增多症,红细胞的脆性特别大,容易发生溶血;而巨幼性球性红细胞增多症,红细胞的脆性特别小。因此,测量红细胞的脆性有助于一些疾病的临床诊断。临床测定时,将引起红细胞开始溶血时的NaCl浓度称为最小抵抗,引起红细胞完全溶血时的NaCl浓度称为最大抵抗。

(4)悬浮稳定性与沉降率

红细胞能均匀地悬浮于血浆中不易下沉的特性,称为红细胞的悬浮稳定性。通常以红细胞在第1 h末下沉的距离来表示红细胞沉降的速度,即红细胞沉降率,简称血沉(Erythrocyte sedimentation rate,ESR)。红细胞悬浮稳定性与血沉呈反变关系,即血沉愈大则表示其悬浮稳定性愈小。动物种别不同血沉也不同(表3-2)。

**表3-2 不同动物红细胞沉降率**

| 动物 | 血沉(mm/h) |
|---|---|
| 牛 | 0.58 |
| 马 | 55 |
| 猪 | 30 |
| 绵羊 | 0.8 |
| 山羊 | 0.5 |
| 狗 | 2.5 |
| 兔 | 1.5 |
| 产蛋鸡 | 18.5 |

红细胞在血浆中能保持悬浮稳定状态除与血液在血管内不断流动有关外,一般认为还与红细胞双凹圆盘形的形状有关。双凹圆盘形的红细胞具有较大的表面积与体积之比,导致红细胞与血浆之间的摩擦阻力较大;此外,红细胞表面带负电荷使红细胞之间相互排斥。如果红细胞彼此之间以凹面相贴重叠在一起,称为红细胞叠连(Rouleaux formation)。红细胞叠连之后,其表面积与总体积的比值减少,与血浆的摩擦力也减少,于是血沉加快。根据目前的实验观察发现,血沉的快慢取决于血浆的性质,而与红细胞本身无关。通常血浆中白蛋白和卵磷脂含量增多时可提高红细胞的悬浮稳定性,使血沉减慢;球蛋白、纤维蛋白原及胆固醇含量增多时可降低红细胞的悬浮稳定性,使血沉加快。发生某些疾病时(如急性感染、风湿、结核等),多个红细胞彼此能较快地以凹面相贴,形成红细胞叠连,使血沉加快。故测定血沉可作为诊断某些疾病的参考依据。

2. 红细胞的生理功能

(1)运输$O_2$和$CO_2$。红细胞的主要功能是运输$O_2$和$CO_2$,这项功能是由红细胞中的血红蛋白来完成的。红细胞含有大量血红蛋白(Hemoglobin,Hb),占红细胞成分的30 %~35 %。血红蛋白的相对分子质量约为64 460,是由珠蛋白与亚铁血红素组成的结合蛋白。在氧分压高时,血红蛋白容易与氧疏松结合成氧合血红蛋白;在氧分压低时,氧又容易解离而释放出来。血红蛋白也能与二氧化碳结合成氨基甲酸血红蛋白(又称碳酸血红蛋白);在氧分压高的环境中,$CO_2$又解离释放出来。各种动物血液中血红蛋白含量不同,健康动物血红蛋白含量可因年龄、性别、营养状况等的不同而有变动。在正常情况下,单位容积内红细胞数目与血红蛋白含量的高低基本一致。如果红细胞数目和血红蛋白含量都减少,或其中之一明显减少，都可视为贫血。血红蛋白含量以g/L血液表示，在正常情况下，每克血红蛋白最多能结合1.34 mL的$O_2$。若以每升血液中含血红蛋白150 g计算，即每升血液约可携带200 mL的$O_2$。血红蛋白在亚硝酸盐、磺胺、乙酰苯胺等以及各种氧化剂作用下，其亚铁血红蛋白被氧化成三价的高铁血红蛋白而失去携带氧的功能。血红蛋白与CO的亲和力比对$O_2$的亲和力大200余倍，并结合成稳定的一氧化碳血红蛋白。这些变性血红蛋白的产生超过一定限度，将引起机体严重缺氧，乃至死亡。

(2)缓冲机体内的酸碱物质。红细胞内有碳酸酐酶和多种缓冲对，对血液pH变化起缓冲作用(见本章第一节概述中血液的理化特性)。脱氧血红蛋白和氧合血红蛋白的等电点分别为6.80和6.70，而血液的pH约为7.35～7.45，因此HHb和$HbO_2$均为弱酸性物质，一部分以酸分子形式存在，一部分与红细胞内的钾离子构成血红蛋白钾盐，因而组成了两个缓冲对，即KHb/HHb和$KHbO_2/HHbO_2$，共同参与血液酸碱平衡的调节。

(3)免疫功能。红细胞免疫是机体的一种防御机制，红细胞有许多与免疫相关的物质，并与其他免疫活性细胞如T淋巴细胞、B淋巴细胞、NK细胞(自然杀伤细胞)及吞噬细胞等有着密切的联系。红细胞表面有补体受体(CR1)蛋白质，能黏附免疫复合物，是体内携带、运输及清除循环免疫复合物(CIC)的主要承担者。红细胞通过细胞表面补体受体的蛋白质黏附免疫复合物，将其带到肝、脾，免疫复合物被巨噬细胞所吞噬，使机体血管内的“垃圾”——病理性循环免疫复合物被清除。红细胞通过细胞表面补体受体的蛋白质还能黏附病毒、细菌，使病毒、细菌悬浮于血液循环中，更容易被吞噬细胞消灭，从而提高了机体的免疫能力。

### (三)红细胞的生成和破坏

#### 1. 红细胞的生成过程

全血细胞的生成均起源于造血干细胞，在个体发育过程中，造血器官有一个变迁的过程：即由胚胎初期的卵黄囊造血，继而由肝、脾造血，进而由骨髓造血。出生后，骨髓成为机体的主要造血器官。成年后，虽然只有扁骨、短骨及长骨近端骨髓等处的红骨髓才有造血功能，但造血组织的总量已很充裕。故成年以后如果仍出现骨髓外造血现象，已无代偿意义，而是造血功能紊乱的表现。

红细胞生成经历着造血干细胞→多系定向祖细胞→红系祖细胞→原红细胞→早幼红细胞→中幼红细胞→晚幼红细胞→网织红细胞→成熟的红细胞的整个过程。成熟的红细胞有规律地向血液释放，有时也会有少量的网织红细胞释放入血，但是不应超过0.5％～1.5％。如果外周血液中网织红细胞出现太多，则提示造血功能旺盛。当机体受到放射物质照射或应用某些药物(如氯霉素、化疗药等)时，会抑制骨髓造血功能，使红细胞生成减少，称为再生障碍性贫血(Aplastic anemia)。

#### 2. 红细胞的造血原料

蛋白质和铁是合成红细胞内血红蛋白的基本原料。此外，还需要维生素$B_6$、$B_{12}$、C、E和微量元素Cu、Mn、Co、Zn等。体内铁的来源有内源性铁和外源性铁两部分。外源性铁来自于食物，而内源性铁是衰老的红细胞破坏后释放出来的。食物中的铁多为$Fe^{3+}$，必须在胃酸作用下转变为$Fe^{2+}$才能被吸收和利用，胃酸缺乏时可影响铁的吸收。内源性铁均来自体内铁的再利用，衰老的红细胞被巨噬细胞吞噬后，释放出的铁与铁蛋白（Ferritin）结合，聚集成铁黄素颗粒贮存于巨噬细胞内。各种原因所导致的体内铁缺乏，均可导致血红蛋白合成不足，进而使红细胞体积较小，产生缺铁性贫血（Iron deficiency anemia）。

3. 影响红细胞成熟的因素

（1）维生素$B_{12}$。红细胞在发育成熟过程中，细胞核中的DNA对血红蛋白合成有重要作用，而合成DNA必须有维生素$B_{12}$和叶酸参与。维生素$B_{12}$对红细胞成熟的促进作用是通过增加叶酸在体内的利用率来实现的。

维生素$B_{12}$的吸收需要有胃腺壁细胞分泌的内因子存在。内因子有两个特异结合部位：一个与维生素$B_{12}$结合形成内因子－维生素$B_{12}$复合物，以防止被小肠内蛋白酶水解破坏；另一个部位则与回肠上皮细胞膜上的特异受体结合，促进维生素$B_{12}$吸收入血。被吸收的维生素$B_{12}$部分存储在肝脏内，一部分与运输维生素$B_{12}$的转钴蛋白结合经血液运到造血组织，参与造血过程。机体每天消耗的维生素$B_{12}$很少，因此除非食物中长期缺乏维生素$B_{12}$，否则不易出现维生素$B_{12}$缺乏症。无论何种原因造成维生素$B_{12}$缺乏，都可导致巨幼红细胞性贫血。

（2）叶酸。机体每天所需叶酸（Folic acid）均需要从天然的动物性和植物性食物中摄取。叶酸在四氢叶酸还原酶的催化下转化成四氢叶酸后，成为合成胸腺嘧啶脱氧核苷酸必需的辅酶。因此叶酸缺乏时，DNA合成受阻，使红细胞核发育停滞，而细胞质的成熟却不受显著影响，细胞核和细胞质发育不平衡导致细胞体积异常增大，也可引起巨幼红细胞性贫血。在叶酸的活化过程中需要维生素$B_{12}$的参与，故维生素$B_{12}$缺乏时叶酸的利用率下降，也可以引起叶酸的相对不足。

维生素$B_{12}$和叶酸除能促进红细胞成熟外，同样能促进其他血细胞在骨髓中的发育，因此缺乏叶酸和维生素$B_{12}$也可使血液中白细胞和血小板数量减少。

（3）铜离子。铜离子是合成血红蛋白的激动剂。

4. 红细胞生成的调节

目前已证明主要有两种造血调节因子分别调节两个不同发育阶段红系祖细胞的生长。

（1）爆式促进活性因子。爆式促进活性因子（Burst promoting activity factor, BPA）是由白细胞产生的糖蛋白（分子量为25 000～40 000）。体外实验证明BPA主要以早期红系祖细胞BFu-E为靶细胞，可能促进BFu-E从细胞周期的静息期（$G_0$期）进入DNA合成期（S期），以加强早期红系祖细胞的增殖活动。

（2）促红细胞生成素。促红细胞生成素（Erythropoietin, EPO）是由肾皮质管周细胞产生的一种糖蛋白（分子量约为34 000），肝脏中也有少量合成，正常时在血浆中维持一定浓度，使红细胞数量相对稳定。EPO主要作用是促进晚期红系祖细胞的增殖、分化，以及幼红细胞的成熟，加速网织红细胞的释放以及提高红细胞膜抗氧化酶的活性等。

促红细胞生成素如何发挥作用呢？

低氧是刺激EPO生成的主要因素。①当动脉血$O_2$含量下降时，缺氧刺激肾脏红细胞生成酶细胞产生红细胞生成酶，致使肝脏生成的促红细胞生成素原转变为促红细胞生成素，加速骨髓的造血功能，使红细胞数增加以解除缺氧状况。②当促红细胞生成素增加到一定浓度时，又产生两个负反馈：一是抑制促红细胞生成素原的产生和释放，二是因缺$O_2$状态的解除，对红细胞生成酶合成细胞的刺激也随之解除，酶的生成量恢复正常。这样，促红细胞生成素的浓度保持相对稳定，红细胞数也相对稳定(图3-3)。

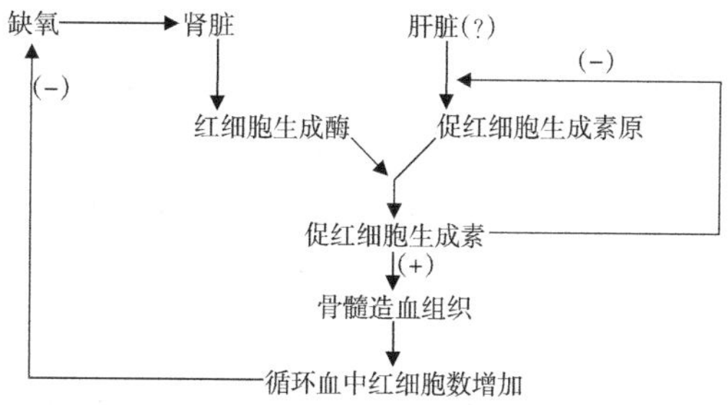


**图3-3 促红细胞生成素的形成过程及其负反馈作用**
**(+)：促进(-)抑制**

(3)雄激素。雄激素可以直接刺激骨髓造血组织，促使红细胞和血红蛋白的生成，也可作用于肾脏或肾外组织产生EPO，从而间接促进红细胞增生。这也可能是雄性动物的红细胞和血红蛋白量高于雌性动物的原因之一。

此外，其他一些激素，包括促肾上腺皮质激素、糖皮质激素、前列腺素、促甲状腺激素和甲状腺素等也有一定促进骨髓造血的作用。例如当肾脏缺氧时，可导致前列腺素的释放，促使cAMP增加，而cAMP能刺激促红细胞生成素的生成以加速骨髓造血。

(四)红细胞的破坏

不同动物，其红细胞寿命也不同，且红细胞的平均寿命与体重有一定的关系，一般体重小的动物其红细胞寿命比体重大的短。应用$^{15}N$同位素结合到血红蛋白的卟啉基团中作标记，测得红细胞的生存期限约为40～200 d，平均120 d，即每天有0.8 %～1 %红细胞被破坏。例如，马和牛的红细胞平均寿命约为150 d，人的红细胞平均寿命为120 d，猪平均为85 d，兔为57 d，小鼠的只有40 d。红细胞的寿命受机体营养状况的影响，食物蛋白缺乏时，红细胞生存的期限缩短。

红细胞的破坏分血管内破坏和血管外破坏，约有10%的衰老红细胞，由于脆性增加，在血流的冲击下破裂，在血管内发生溶血，称为血管内破坏。然而，90%的衰老红细胞由于可塑性变形能力减退，难以通过毛细血管和血窦等处的微小孔隙，而停滞在肝、脾和骨髓中，最终被巨噬细胞吞噬而降解，称为血管外破坏。实验证明，切除脾后衰老的球形红细胞增多，说明脾脏是识别和清除衰老红细胞的主要部位。衰老红细胞滞留在脾后，由于局部的葡萄糖浓度、氧分压和pH降低，其脆性增加，更易被吞噬。比较而言，肝对红细胞轻微改变的识别能力较差，仅对有明显畸变的红细胞有识别和清除作用。红细胞在血管内破裂后释放出的血红蛋白，一部分与血浆中的触珠蛋白结合，被肝摄取后脱铁变为胆色素，其中铁以铁黄素的形式沉积于肝细胞，以备再利用；而胆色素以及未与触珠蛋白结合的血红蛋白经肠道或肾排出体外。红细胞在血管外被巨噬细胞吞噬和消化后，血红蛋白被分解为珠蛋白和血红素，其中珠蛋白被降解为多肽而被再利用；血红素则进一步分解为铁离子和胆红素，铁离子和铁蛋白结合后沉积于巨噬细胞内以备再利用，胆红素随肠道排出体外。

**案例**

某猪场15～25日龄仔猪出现不明原因死亡，要求兽医现场诊治。临床观察发现：仔猪外观消瘦，食欲不振，便秘、下痢交替，被毛粗乱，体温不高，可视黏膜苍白，暗处光照耳壳呈灰白色，几乎看不到明显的血管；稍加运动，呼吸、脉搏均增加，心悸亢进，喘息，饲养员反映讲个别仔猪在奔跑中突然死亡。剖检病死仔猪：皮肤及可视黏膜苍白，心室内血液稀薄如水，肝脏肿大，出现土黄杂色斑，脾稍肿大，质地较硬，肾实质变性。根据临床及解剖症状诊断为仔猪贫血。

**问题与思考**

1. 何为贫血？从生理学角度分析仔猪贫血的可能原因？

2. 目前生产中，仔猪易发生哪种贫血？如何预防？

**提示性分析**

1. 贫血是指动物单位体积血液中血红蛋白的含量或红细胞的数量，或两者同时低于正常值的综合征。从生理学角度讲，贫血发生的可能原因有：营养不良性贫血、缺铁性贫血、再生障碍性贫血、肾性贫血、红细胞巨幼性贫血等。

2. 目前生产中仔猪易发缺铁性贫血。有效预防本病的办法：妊娠或者是哺乳期的母猪，喂养富含铁、铜等微量元素的全价饲料；直接给母猪补铁，在母猪分娩前7 d左右时间开始在母猪喂养饲料中添加氨基酸螯合铁；仔猪直接补铁，一般是产后1～2 d和10日龄左右肌注右旋糖酐铁和维生素$B_{12}$；在仔猪生活场所投放红土对仔猪铁元素的补充非常有效。

## 三、白细胞生理

### （一）白细胞的分类和数量

白细胞为无色有核的血细胞，其体积比红细胞大，但密度和数量却比红细胞小和少。根据其细胞质中有无特殊的嗜色颗粒，将其分成粒细胞和无粒细胞。粒细胞又依据所含颗粒对染色剂的反应特性，被区分为嗜中性粒细胞、嗜酸性粒细胞和嗜碱性粒细胞；无粒细胞可分成单核细胞和淋巴细胞。

白细胞以$10^9$个/L血液为计数单位，其数量随动物生理状态而发生较大变化，如运动、寒冷、消化、妊娠及分娩时白细胞增加，但各类白细胞所占的比例相对恒定（表3-3）。此外，在机体失血、剧痛、急性炎症、慢性炎症等病理状态下，白细胞也会增多。

**表3-3 不同动物的白细胞分类计数**

| 动物种类 | 每升白细胞总数/$10^9$ | 嗜中性粒细胞/% | 嗜酸性粒细胞/% | 嗜碱性粒细胞/% | 淋巴细胞/% | 单核细胞/% |
|---|---|---|---|---|---|---|
| 牛 | 7.62 | 36.5 | 4.0 | 0.5 | 57.0 | 2.0 |
| 马 | 8.77 | 58.5 | 4.5 | 0.5 | 34.5 | 2.5 |
| 猪 | 14.66 | 35.7 | 3.0 | 0.2 | 58.5 | 2.6 |
| 绵羊 | 8.25 | 34.7 | 3.0 | | 60.3 | 2.0 |

续表

| 动物种类 | 每升白细胞总数/$10^9$ | 嗜中性粒细胞/% | 嗜酸性粒细胞/% | 嗜碱性粒细胞/% | 淋巴细胞/% | 单核细胞/% |
|---|---|---|---|---|---|---|
| 山羊 | 9.70 | 38.4 | 4.2 | 0.2 | 55.1 | 2.1 |
| 梅花鹿 | 3.0 | 47.0 | 10.0 | | 33.0 | 10.0 |
| 骆驼 | 24.00 | 54.5 | 8.0 | 0.5 | 35.0 | 2.0 |
| 狗 | 11.50 | 68.0 | 5.1 | 0.7 | 21.0 | 5.2 |
| 猫 | 12.50 | 59.5 | 5.4 | 0.1 | 31.0 | 4.0 |
| 兔 | 7.60 | 46.0 | 2.0 | 5.0 | 39.0 | 8.0 |
| 鸡(♂) | 16 | 25.8 | 1.4 | 2.4 | 64.0 | 6.4 |
| 鸡(♀) | 29 | 13.3 | 2.5 | 2.4 | 76.1 | 5.7 |
| 鹅 | 18.20 | 34.3 | 3.4 | 1.5 | 57.4 | 8.4 |
| 鸽 | 13.00 | 23.0 | 2.2 | 2.6 | 65.6 | 6.6 |

### (二)白细胞的生理特性和功能

除淋巴细胞外,所有白细胞都能伸出伪足做变形运动,凭借这种运动白细胞得以穿过血管壁,这一过程称为白细胞渗出(Diapedesis)。白细胞具有向某些化学物质游走的特性,称为趋化性(Chemotaxis)。体内具有趋化作用的物质包括机体细胞的降解产物、抗原-抗体复合物、细菌毒素和细菌等。白细胞可循着这些物质的浓度梯度游走到这些物质的周围,把异物包围起来并吞入胞浆内,此过程称为吞噬作用(Phagocytosis)。在全部白细胞中,有一半以上存在于血管外的细胞间隙内,有30 %以上储存在骨髓内,其余的在血管中流动。这些白细胞依赖血液的运输,从它们生成的器官,即骨髓和淋巴组织,到达发挥作用的部位。

白细胞还可分泌多种细胞因子如白细胞介素(IL)、干扰素(IFN)、肿瘤坏死因子(TNF)、集落刺激因子(Colony stimulating factor,CSF)等,通过自分泌、旁分泌作用(见第11章内分泌)参与炎症和免疫反应的调控。

#### 1. 中性粒细胞

中性粒细胞具有活跃的变形能力、高度的趋化性和很强的吞噬及消化细菌的能力,是吞噬外来微生物和异物的主要细胞。当局部受损组织发生炎症反应并释放化学物质时,中性粒细胞能被趋化物质所吸引,向细菌所在处集中,并将其吞噬,靠细胞内的溶酶体将细菌和组织碎片分解。这样,入侵的细菌被包围在一个局部区域,可防止病原微生物在体内扩散。当中性粒细胞吞噬了数十个细菌后,本身也随之分解死亡,释放出的溶酶体能溶解周围组织而形成脓汁。因此,中性粒细胞在血液的非特异性细胞免疫系统中起着十分重要的作用,它处于机体抵御微生物病原体,尤其是化脓性细菌入侵的第一线。此外,中性粒细胞也参与淋巴细胞特异性免疫反应的初期阶段。

#### 2. 嗜酸性粒细胞

嗜酸性粒细胞的胞质中含有较大的、椭圆形的嗜酸性颗粒,其中含有过氧化物酶和碱性蛋白质,但缺乏溶菌酶,基本上没有杀菌能力。其主要作用是:①限制嗜碱性粒细胞和肥大细胞在速发性过敏反应中的作用,减弱过敏反应的程度。嗜酸性粒细胞能抑制嗜碱性粒细胞生物活性物质的合成与释放;吞噬嗜碱性粒细胞排出的颗粒,使其中所含的生物活性物质失活;释放组胺酶等酶类,破坏嗜碱性粒细胞所释放的组胺等活性物质。②参与对蠕虫的免疫反应:在已经对某种蠕虫产生了特异性的免疫球蛋白Ig E的机体,蠕虫经过特异性免疫球蛋白Ig E和$C_3$调理后,嗜酸性粒细胞可借助于细胞表面的Fc受体和$C_3$受体黏着于蠕虫上,释放颗粒内所含的碱性蛋白和过氧化物酶等酶类损伤蠕虫体。所以,在有寄生虫感染、过敏反应等情况时,常伴有嗜酸性粒细胞增多。

3. 嗜碱性粒细胞

血液中嗜碱性粒细胞含量较少,其胞质中含有肝素、组胺、过敏性慢反应物质、过敏性趋化因子等多种生物活性物质,主要作用是参与过敏反应。在致敏物质作用下,嗜碱性粒细胞释放其生物活性物质引起过敏反应,如哮喘、荨麻疹等。组胺能使局部毛细血管扩张,通透性增加,但作用时间短暂;过敏性慢反应物质作用时间缓慢持久,能增加毛细血管通透性,加强消化道平滑肌和呼吸道平滑肌收缩;肝素有抗凝血作用;过敏性趋化因子有吸引嗜酸性粒细胞聚集到过敏区的作用。

4. 单核细胞

血液中的单核细胞是未成熟的细胞,其胞体较大,在血流中存在2~3 d后,离开血管进入周围组织,继续发育成体积更大、具有比中性粒细胞更强吞噬能力的巨噬细胞,它主要存在于淋巴结、肝和脾等器官。外周血液中的单核细胞和组织器官中的巨噬细胞统称为单核-巨噬细胞系统,在体内发挥防御作用。其主要功能有:①吞噬并杀伤病毒、疟原虫和分枝杆菌等病原体或衰老损伤的组织细胞;②分泌细胞因子或其他炎性介质,包括肿瘤坏死因子(TNF-α)、白介素(IL-1、IL-2、IL-3)、前列腺素E等;③参与激活淋巴细胞的特异性免疫功能;④具有抗肿瘤作用。活化的巨噬细胞内的溶酶体数目和蛋白水解酶浓度均显著提高,分泌功能增强,能有效杀伤肿瘤细胞。

在免疫反应的初期阶段,单核细胞能把它所带的抗原物质的一部分呈递给淋巴细胞从而使淋巴细胞在免疫中发挥作用。

5. 淋巴细胞

淋巴细胞主要参与机体的特异性免疫反应。根据淋巴细胞的发生和功能等特点,可分为T淋巴细胞、B淋巴细胞和自然杀伤细胞(Natural killer cell,NK)3种。T淋巴细胞在胸腺内分化成熟,主要参与机体的细胞免疫,它与含有某种特异抗原性的物质或细胞相互接触时,发挥免疫功能,以对抗病毒、细菌和癌细胞的侵入,而且与器官移植后发生的排斥反应有关。B淋巴细胞在骨髓内分化成熟,主要参与机体的体液免疫,当受到抗原刺激时,B淋巴细胞转化为浆细胞,后者产生和分泌多种特异抗体——免疫球蛋白(Ig G、Ig M、Ig A、Ig D和Ig E),释放入血,阻止细胞外液相应抗原、异物侵害。自然杀伤细胞是不同于T和B淋巴细胞的一个特殊淋巴系,可以直接杀伤肿瘤细胞、病毒或被细菌感染的细胞等,发挥抗肿瘤、抗感染和免疫调节等功能。

(三)白细胞生成的调节

白细胞的增殖和分化受多种血细胞生成素或造血生长因子的调节。其中一些造血生长因子在体外能刺激造血细胞形成集落,又称为集落刺激因子,如粒细胞集落刺激因子(G-CSF)、巨噬细胞集落刺激因子(M-CSF)、粒-巨噬细胞集落刺激因子(GM-CSF),它们能刺激中性粒细胞、单核细胞的生成。GM-CSF还能刺激造血干细胞和祖细胞的增殖和分化。另外，白细胞介素(Interleukin)能够调节淋巴细胞的生长和成熟，转化生长因子-β和乳铁蛋白等可以抑制白细胞的生成。

(四)白细胞的破坏

白细胞寿命相差很大，较难准确判断。成熟白细胞一部分储存于造血器官，一部分不断进入血液，在血液中停留时间很短，进入组织后寿命变长。一般来说，中性粒细胞在血液中停留8 h左右就进入组织，4～5 d后衰老死亡；单核细胞在循环血液中停留2～3 d后进入组织，并发育成巨噬细胞，在组织中可生存约3个月。

白细胞可因衰老死亡和执行防御功能被消耗。遭破坏的白细胞，有的与被破坏的组织残片和细菌一起形成脓液，有的被单核-巨噬细胞系统吞噬，有的则通过消化、呼吸、泌尿道排出体外。其死亡方式有凋亡、坏死崩解、自我溶解。

## 四、血小板生理

(一)血小板的形态和数量

哺乳动物的血小板很小，呈双凸圆盘形或卵圆形，无细胞核，其体积仅相当于红细胞的1/4～1/3。血小板是从骨髓中成熟的巨核细胞胞浆裂解脱落下来的细胞质块。非哺乳动物的血栓细胞相当于血小板，都具有凝血作用。血栓细胞有纺锤形核，鸟类血栓细胞充满细胞核。血小板在运动与进食后增多。不同动物血小板的数量不一样。

(二)血小板的生理特性和功能

1. 生理特性

(1)黏附与聚集。黏附是指血小板易于附着在异物表面。当血管内皮损伤，暴露出内皮下的胶原纤维时，血小板被激活并黏附其上。聚集是指血小板间相互黏着在一起，聚集成团的现象。聚集分为两个时相，第一时相可逆，发生迅速，容易解聚，主要由损伤组织释放二磷酸腺苷(ADP)引起。第二时相发生缓慢，不可逆，不能解聚，主要由血小板本身释放内源性ADP引起。可见ADP是使血小板聚集的重要物质，但必须在一定浓度的$Ca^{2+}$和纤维蛋白原存在的情况下才能实现。黏附、聚集的血小板形成止血栓封闭创口，有利于止血。血小板黏附功能受损，机体可发生出血倾向。

聚集作用只发生于黏附之后，流动的血小板不聚集。

(2)吸附与释放。血小板质膜表面能吸附血浆中的凝血因子，使局部凝血因子的浓度增高，促进凝血反应。血小板还能从血浆中主动吸收5-羟色胺(5-HT)、儿茶酚胺等，贮存于致密颗粒中。血小板受到刺激后，可将贮存于颗粒或致密体内的ADP、5-HT和儿茶酚胺等活性物质释放出来。引起血小板聚集的因素大多能刺激血小板的释放。血小板释放是消耗能量的主动过程，一般发生在第一聚集时相以后，所释放的物质可导致血小板第二聚集时相的发生。血小板所释放的物质具有促进血管收缩、血小板聚集和参与血液凝固等多种复杂的生理功能。其中，ADP、5-HT等对血小板的聚集和释放起正反馈作用，5-HT可使血管收缩，纤维蛋白原和一些凝血因子可参与血液凝固等，这些都有利于生理止血过程。

(3)收缩。血小板中存在着类似肌肉的收缩蛋白系统,包括肌动蛋白、肌凝蛋白、微管及各种相关蛋白。血小板活化后,胞质内$Ca^{2+}$浓度增高,可引起血小板产生收缩反应,促使凝血块紧缩、止血栓硬化,加强止血效果。

2. 生理功能

血小板的主要生理功能为参与止血、促进凝血和保持毛细血管内皮细胞的完整性。

(1)生理性止血。当小血管的管壁受损伤,血液流出血管时,在几分钟内会自然停止,这一过程称为生理性止血。由于血小板具有黏附、聚集、释放、吸附和收缩血凝块等生理特性,因此血小板参与了生理性止血的全过程(图3-4)。

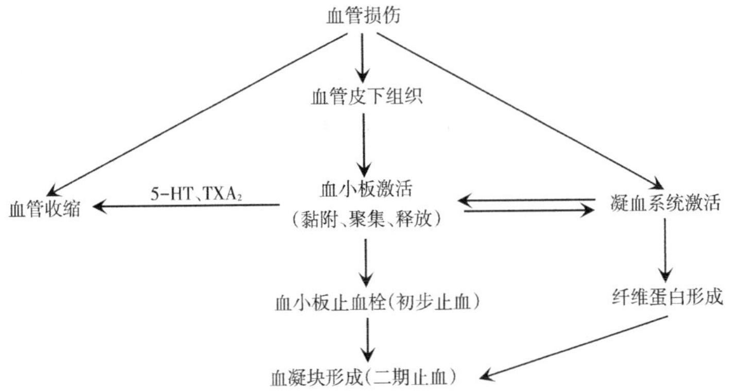


图3-4 生理性止血过程示意图

生理性止血过程主要包括血管收缩、血小板止血栓形成和血液凝固3个时相。

①血管收缩:当血管损伤,胶原纤维暴露时,在发生黏附、聚集的同时,血小板迅速释放出缩血管物质,如5-HT、肾上腺素等,使受损伤的血管发生收缩,血管口径变小,有助于止血。

②血小板止血栓形成:由于黏附和聚集作用,在胶原纤维上的血小板迅速被激活。已激活的血小板吸引更多的血小板相互聚集,在伤口处形成较松软的栓子,黏着并堵塞伤口,起到暂时止血作用。

③血液凝固:激活的血小板为凝血因子反应提供磷脂表面,吸附大量凝血因子,并相继激活,极大地提高凝血酶原转变成凝血酶的速度,加速凝血过程。据估计凝血因子Xa与血小板结合后,凝血酶原转变成凝血酶的速度可提高30万倍,使损伤血管局部快速形成血凝块,以加固止血栓,起到有效止血作用。

(2)促进血液凝固。血小板促进血液凝固的作用表现在多方面,如吸附多种凝血因子,为凝血因子反应提供磷脂表面,血小板α-颗粒释放纤维蛋白原激活因子,增加纤维蛋白的形成等。

(3)保持血管内皮细胞的完整性。血小板对毛细血管壁具有营养和支持作用。血小板可以融合进入血管内皮细胞,随时沉着于血管壁,以填补内皮细胞脱落留下的空隙。因此,血小板对于毛细血管内皮细胞的修复具有重要作用。

(三)血小板生成的调节

血小板的生成受血浆中巨核系细胞集落刺激因子(Meg-XSF)和血小板生成素的调节。前者促进巨核系细胞发育、分化,使成熟的巨核细胞增多;后者主要保持血小板数目恒定。

当血小板减少时，可刺激巨核细胞的DNA合成，增加血小板的生成。

（四）血小板的破坏

血小板平均寿命为7～14 d，但只有进入血液的最初2～3 d具有生理功能。血小板可因衰老而被脾、肝、肺组织的巨噬细胞吞噬；也可融入血管内皮细胞，或在发生聚集、释放反应时被破坏。

**案例**

一贵宾公犬，2岁，疫苗免疫全，体重2.9 kg。2012年10月来宠物医院就诊。主诉：犬一周前开始发病，腹部皮肤有少量出血斑，美容剪毛后发现更严重，大、小便正常，食欲正常，犬经常抓痒。临床检查：腹部有大量出血性紫斑，整个腹部皮肤呈暗黑色，背部有少量出血斑，体温39.0 ℃，齿龈、前眼房和眼底见出血小点；犬敏测试++，血细胞计数检查，血小板$64\times10^9$/L（正常值$200\times10^9$/L～$900\times10^9$/L）。确诊为犬血小板减少性紫癜。

**问题与思考**

1. 本病的发病原因？

2. 血小板在生理性止血中的作用？

**提示性分析**

1. 患病犬为过敏体质，可能是因为某些原因导致过敏反应与自身免疫机能亢进，使血小板数量减少，血小板的生理性止血功能减弱，结果导致皮下、可视黏膜甚至内脏出血。

2. 血小板通过使破损小血管收缩、促进血栓形成和参与血液凝固实现生理性止血。

# 第三节 血液凝固

血液凝固（Blood coagulation）是指血液在一系列凝血因子参与下，由溶胶状态转变为凝胶状态的过程，简称血凝。血凝实质上是一系列复杂的酶促反应，有许多因素参与。血凝的根本原因是血浆中可溶性的纤维蛋白原转变为不溶解的纤维蛋白，纤维蛋白交织成网，将血细胞网罗其中，成为胶冻样血凝块。动物因受伤出血，血液凝固可避免机体失血过多，因此血凝是机体的一种保护功能。血液凝固后1～2 h，血块发生回缩，同时析出淡黄色血清。血清和血浆的区别是：血清中不含纤维蛋白原和少量参与凝血的血浆蛋白，但增加了血小板释放的物质。

## 一、凝血因子

血浆与组织中直接参与血凝的物质，统称为凝血因子(Blood clotting factor)。由国际凝血因子命名委员会根据发现的先后顺序，以罗马数字(Ⅰ～ⅩⅢ)表示。后来发现Ⅵ是血清中活化的Ⅴ，故被删除。此外，前激肽释放酶(PK)、高分子激肽原(HK)，以及来自血小板的磷脂($PF_3$)也参与凝血的过程(表3–4)。

凝血因子的特点包括：①除$Ca^{2+}$(因子Ⅳ)与磷脂外，其余的凝血因子均为蛋白质。②凝血因子Ⅱ、Ⅶ、Ⅸ、Ⅹ、Ⅺ、Ⅻ、ⅩⅢ及前激肽释放酶均为丝氨酸蛋白酶(内切酶)，只能对特定的肽键进行有限的水解。③血液中具有酶特性的凝血因子都以无活性的酶原形式存在，必须通过其他酶的有限水解，暴露或形成活性中心后，才具有酶的活性，这一过程称为凝血因子的激活。习惯上在被激活了的凝血因子代号的右下角加"a"(指activated)，如凝血酶原(Ⅱ)被激活为凝血酶(Ⅱa)，Ⅹ被激活为Ⅹa。④除凝血因子(可简称F)Ⅲ(FⅢ，又称组织因子)存在于组织中外，其他凝血因子均存在于血浆中。⑤多数凝血因子由肝脏合成，其中Ⅱ、Ⅶ、Ⅸ、Ⅹ的合成必须有维生素K的存在，故在肝脏功能异常或维生素K缺乏时血凝机能出现异常。

**表3–4　按照国际命名法编号的凝血因子**

| 因子 | 同义名 | 合成部位 | 合成时是否需要维生素K | 化学本质 | 凝血过程中的作用 | 血清中是否存在 |
|---|---|---|---|---|---|---|
| Ⅰ | 纤维蛋白原 | 肝 | 不 | 糖蛋白 | 变为纤维蛋白 | 无 |
| Ⅱ | 凝血酶原 | 肝 | 需 | 糖蛋白 | 变为凝血酶 | 几乎没有 |
| Ⅲ | 组织因子 | 组织细胞 | 不 | 糖蛋白 | 启动外源性凝血 | – |
| Ⅳ | 钙离子 | – | – | 无机盐 | 参与凝血的多步过程 | 存在 |
| Ⅴ | 前加速素 | 肝 | 不 | 糖蛋白 | 调节蛋白 | 无 |
| Ⅶ | 前转变素 | 肝 | 需 | 糖蛋白 | 参与外源性凝血 | 存在 |
| Ⅷ | 抗血友病因子 | 肝为主 | 不 | 糖蛋白 | 调节蛋白 | 无 |
| Ⅸ | 血浆凝血激酶 | 肝 | 需 | 糖蛋白 | 变为有活性的Ⅸa | 存在 |
| Ⅹ | Stuart–Prower因子 | 肝 | 需 | 糖蛋白 | 变为有活性的Ⅹa | 存在 |
| Ⅺ | 血浆凝血激酶前质 | 肝 | 不 | 糖蛋白 | 变为有活性的Ⅺa | 存在 |
| Ⅻ | 接触因子 | 不明 | 不 | 糖蛋白 | 参与内源性凝血 | 存在 |
| ⅩⅢ | 纤维蛋白稳定因子 | 血小板 | 不 | 糖蛋白 | 不溶性纤维蛋白的形成 | 几乎没有 |

## 二、血液凝固的过程

1964年，麦克法兰(MacFarlane)、戴维斯(Davies)和拉特诺夫(Ratnoff)分别提出并逐步完善了凝血过程的瀑布学说。经典的瀑布学说认为，凝血过程是一系列凝血因子相继被酶解激活，反应逐步放大，最终形成凝血酶和纤维蛋白凝块的过程。凝血过程大致经历三个阶段(图3–5)。第Ⅰ阶段是凝血因子Ⅹ激活成Ⅹa并形成凝血酶原激活物，第Ⅱ阶段是凝血酶原(Ⅱ)激活成为凝血酶(Ⅱa)，第Ⅲ

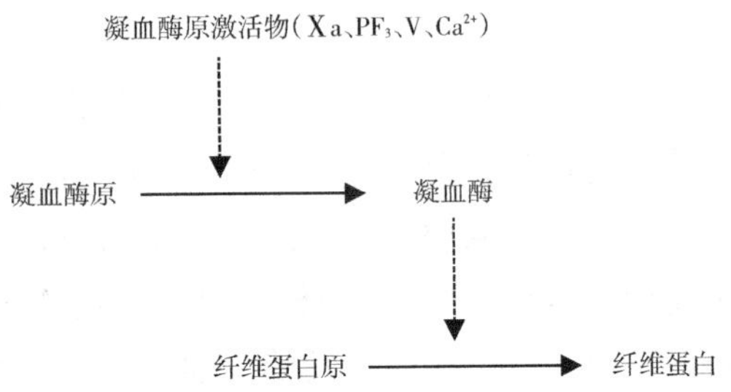


**图3–5　血液凝固的基本过程**

阶段是纤维蛋白原（Ⅰ）转变成纤维蛋白（Ⅰa）。凝血酶原激活物的形成有内源性和外源性两条途径，二者的主要区别在于启动方式和参与的凝血因子不同。由于两条途径最终都能激活因子Ⅹ生成因子Ⅹa，而后进入生成因子Ⅱa和纤维蛋白凝块的共同途径。所以，内、外源性凝血的主要区别在于因子Ⅹ被激活的途径不同。

### （一）内源性凝血途径

内源性凝血途径是完全依靠血浆内的凝血因子逐步使因子Ⅹ激活的途径，由因子Ⅻ被激活而启动，可分为以下3个阶段：

1. 凝血酶原激活物的形成

当血液与带负电荷的异物表面（如白陶土、玻璃、血管内皮受损时暴露的胶原纤维等）接触时，首先是FⅫ结合到异物表面上，并立即被激活为FⅫa，FⅫa可裂解前激肽释放酶（PK），使之成为激肽释放酶（KK）；该酶又反过来激活FⅫ，形成更多的FⅫa。在FⅫa的作用下，FⅪ转变为FⅪa。从FⅫ结合于异物表面到FⅪa形成的全过程叫表面激活。在$Ca^{2+}$存在的条件下，表面激活生成的FⅪa可再使FⅨ激活成为FⅨa。生成的FⅨa与FⅧa、$Ca^{2+}$在血小板磷脂膜上结合成为复合物，并激活FX为FXa。只有当FⅨa和FX分别通过$Ca^{2+}$而同时连接在磷脂膜的表面，FⅨa才可激活FX，故这一过程十分缓慢。FⅧ本身不是蛋白酶，不能激活FX，但只要它存在，可使上述反应速度提高20倍，因此FⅧ是一种重要的辅助因子。FXa形成后，在血小板磷脂膜（$PF_3$）提供的磷脂表面与FVa和$Ca^{2+}$形成凝血酶原激活物（Ⅹa、$PF_3$、Va、$Ca^{2+}$）。

2. 凝血酶的形成

在凝血酶原激活物的作用下，血浆中的凝血酶原（FⅡ）被迅速激活成凝血酶（FⅡa），其中因子Ⅴ作为一种辅助因子，它本身不是蛋白酶，不能催化凝血酶原的有限水解，但可使FⅩa激活凝血酶原的速度提高10 000倍。凝血酶是一个多功能的凝血因子，主要作用是水解纤维蛋白原。

3. 纤维蛋白的形成

凝血酶能迅速催化纤维蛋白原分解，使之成为纤维蛋白单体。在$Ca^{2+}$的作用下，凝血酶还能激活FXⅢ成为FXⅢa，后者使纤维蛋白单体变为牢固的不溶性的纤维蛋白多聚体，即不溶于水的丝状纤维蛋白，后者交织成网，把血细胞网罗其中形成血凝块。

### （二）外源性凝血途径

外源性凝血途径是由血液外的组织因子（FⅢ）暴露于血液而启功的凝血过程。FⅢ为磷脂蛋白质，广泛存在于血管外组织中，尤其在脑、肺和胎盘组织中特别丰富。当组织损伤时释放出FⅢ，与血浆中的$Ca^{2+}$、FⅦa形成复合物，激活FⅩ为FⅩa，其后的凝血过程与内源性凝血过程相同。此外，该复合物还可激活FⅨ，使内源性凝血途径与外源性凝血途径联系起来共同完成凝固过程。

上述凝血过程可综合为图3-6。通常情况下，生理性止血过程中既有内源性凝血途径的激活，也有外源性凝血途径的激活，两者相互促进，同时进行。近年来研究表明，先天性缺乏内源性凝血途径的启动因子FⅫ和前激肽释放酶或高分子量激肽原者，几乎不会发生临床出血病理症状；而缺乏外源性凝血途径的FⅦ，则产生明显的出血症状。故目前认为，外源性凝血途径在体内生理性凝血反应的启动中起关键性的作用，而内源性凝血途径则在凝血反应开始后的维持和巩固中起重要作用，组织因子（FⅢ）被认为是生理性凝血反应的启动因子。两种凝血途径的异同见表3-5。

应当强调的是：①凝血过程是一个正反馈过程，一旦启动就会连续不断地进行下去，并迅速完成；②$Ca^{2+}$在凝血过程的多个环节上起促进凝血作用，由于它易于处理，因此在临床上可通过增加$Ca^{2+}$促进凝血或除去$Ca^{2+}$（加入草酸盐、柠檬酸盐、EDTA等）对抗凝血；③凝血过程本质上是一种酶促连锁反应，每一步骤之间密切联系，任一环节受阻则整个凝血过程就会停止。

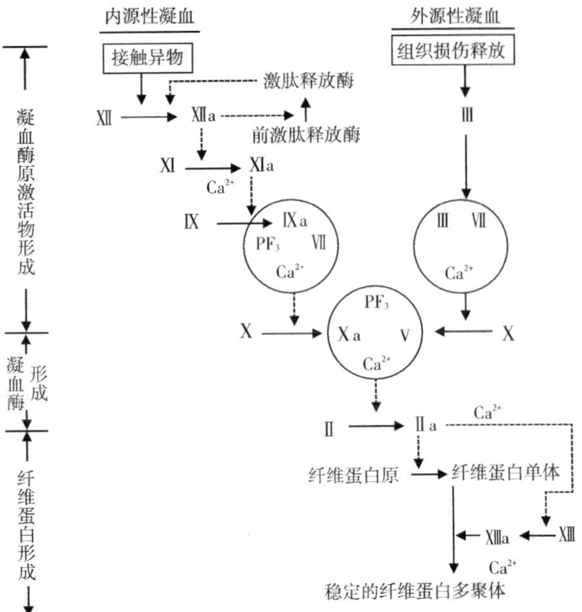


图3-6　凝血过程示意图

表3-5　两种凝血途径的比较

| 项　目 | 内源性凝血途径 | 外源性凝血途径 |
|---|---|---|
| 启动方式与因子 | 血管内膜下胶原纤维或异物激活因子FⅫ | 受损伤组织释放出凝血因子FⅢ |
| 参与的凝血因子 | 多 | 少 |
| 参与反应的步骤 | 多 | 少 |
| 发生凝血的速度 | 较慢（约数分钟） | 较快（约十几秒） |
| 两者的相互关系 | 1. 外源性凝血途径在体内生理性凝血反应中起关键性作用，组织因子是凝血的启动者，它"锚定"在细胞膜上使凝血限于局部，使外源性凝血途径生成的凝血酶可以激活多种凝血因子，促进凝血；使组织因子与FⅧa复合物能直接激活FⅨ，加强内源性凝血途径。<br>2. FXa生成后的凝血过程，是内源性和外源性两条途径的共同通路。 | |

## 三、抗凝系统与纤维蛋白溶解

血液在心血管系统内循环，因为血管内壁光滑无异物，凝血因子不会被表面激活而发生凝血反应，血小板也不会发生黏附和聚集。即使血浆中少量凝血因子被激活，也会被血流稀释，由肝脏清除或被吞噬细胞吞噬，因此凝血反应不会继续发生。正常时血液能保持液态，除上述原因外，更重要的是由于体内存在着抗凝和纤维蛋白溶解机制。

### （一）生理性抗凝物质

1. 丝氨酸蛋白酶抑制物

血液中含有多种这类抑制物，如抗凝血酶Ⅲ、$\alpha_1$抗胰蛋白酶、$\alpha_2$巨球蛋白等，其中最重要的是抗凝血酶Ⅲ。抗凝血酶Ⅲ是一种脂蛋白，由肝细胞和血管内皮细胞分泌，它能通过与Ⅶa、Ⅸa、Xa、Ⅺa、Ⅻa和凝血酶的活性中心——丝氨酸残基结合，封闭这些酶的活性位点而使凝血因子失活，达到抗凝作用，是一种抗丝氨酸蛋白酶。在正常情况下，抗凝血酶Ⅲ的直接抗凝作用缓慢而微弱，不能有效地抑制凝血，但与肝素结合后抗凝活性增加约2000倍。正常情况下，循环血液中几乎无肝素存在，抗凝血酶Ⅲ主要通过与内皮细胞表面的硫酸肝素结合而增强血管内皮的抗凝功能。

2. 蛋白质C系统

包括蛋白质C、凝血酶调节蛋白、蛋白质S和蛋白质C抑制物等。蛋白质C（Protein C，PC）是由肝脏合成的维生素K依赖因子，以酶原形式存在于血浆中，由凝血酶激活。激活后，蛋白质C可通过以下途径实现抗凝作用：①在磷脂和$Ca^{2+}$存在时，灭活因子FVa和因子FⅧa；②阻碍因子FVa和$PF_3$的结合，以削弱因子FXa对凝血酶原的激活作用；③刺激纤溶酶原激活物的释放，增强纤溶酶活性，从而促进纤维蛋白的溶解。

血浆中蛋白质S可激活并大大增强蛋白质C的作用。

3. 组织因子途径抑制物

组织因子途径抑制物（TFPI）是一种相对稳定的糖蛋白，主要来自小血管内皮细胞，但在一定条件下，巨核细胞、血小板、单核细胞、肾间质细胞也有少量合成。TFPI的抗凝机制可分为两个过程：①与因子FXa结合，直接抑制因子FXa的活性；②在$Ca^{2+}$存在的前提下，TFPI-FXa复合物与TF-Ⅶa复合物结合，从而灭活TF-FⅦa，发挥负反馈性抑制血凝作用。目前认为TFPI是体内主要的生理性抗凝物质。

4. 肝素

肝素是血浆中的一种酸性黏多糖，主要由肥大细胞和嗜碱性粒细胞产生，存在于大多数组织中。肝素抗凝作用主要表现在：①与抗凝血酶Ⅲ结合，可使抗凝血酶Ⅲ与凝血酶的亲和力增强约2000倍，对FⅫa、FⅪa、FⅨa、FXa的抑制作用大大加强；②和肝素辅助因子Ⅱ结合后，灭活凝血酶的速度加快1000倍；③肝素可刺激血管内皮细胞大量释放组织因子途径抑制物，抑制凝血过程；④抑制血小板黏附、聚集和释放反应；⑤肝素是脂蛋白酶的辅基，有利于血浆乳糜微粒的清除和防止与血脂有关的血栓形成。⑥肝素还能提高蛋白质C的活性，刺激血管内皮细胞释放纤溶酶原激活物，增强对纤维蛋白的溶解，因而是一种广泛抗凝药物。

（二）纤维蛋白溶解

血液凝固过程中形成的纤维蛋白被分解、液化发生溶解的过程，称为纤维蛋白溶解，简称纤溶（Fibrinolysis）。参与纤溶的物质有：纤溶酶原、纤溶酶、纤溶酶原激活物和纤溶酶原抑制物，总称纤维蛋白溶解系统，简称纤溶系统。纤溶的基本过程可分两个阶段，即纤溶酶原的激活与纤维蛋白及纤维蛋白原的降解（图3-7）。

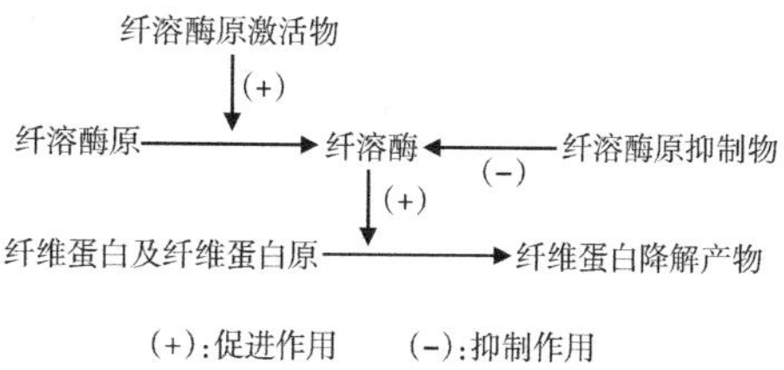

图3-7 纤维蛋白溶解基本过程

1. 纤溶酶原的激活

纤溶酶原主要在肝脏、骨髓、肾脏和嗜酸性粒细胞等处合成。在激活物的作用下，纤溶酶原脱下一段肽链，成为纤溶酶。纤溶酶原的激活通常有两条途径：

(1)内源性激活途径,是指通过内源性凝血系统的有关凝血因子(如因子FⅫa、因子FⅪa、PK等)使纤溶酶原转化为纤溶酶。

(2)外源性激活途径,是指由血管激活物和组织激活物对纤溶酶原的激活。

①血管激活物。由小血管的内皮细胞合成和释放。当血管内出现血凝块时,可刺激内皮细胞释放大量激活物,所释放的激活物大部分吸附于血凝块上,促进血凝块的溶解。

②组织激活物。存在于很多组织中,以子宫、卵巢、肾上腺、甲状腺、前列腺等处的组织中含量最高,主要是在组织修复、伤口愈合等情况下,在血管外促进纤维蛋白溶解。子宫、甲状腺、前列腺等手术后易发生渗血,可能与这些组织激活物含量丰富有关。

2. 纤维蛋白与纤维蛋白原的降解

纤溶酶是血浆中活性最强的蛋白酶,但特异性较小,除能水解纤维蛋白原或纤维蛋白外,还能水解凝血酶、FV、FⅧ,激活FⅫa;促使血小板聚集和释放5-HT、ADP等;激活血浆中的补体系统。纤溶酶和凝血酶对纤维蛋白原的作用不同,凝血酶只是使纤维蛋白原从两对肽链的N端各脱下一个小肽,使纤维蛋白原转变为纤维蛋白。纤溶酶水解肽链上的赖氨酸-精氨酸肽键,使整个纤维蛋白原或纤维蛋白分割成很多可溶的小肽,总称为纤维蛋白降解产物。纤维蛋白降解产物一般不能再发生凝固,相反,其中一部分还有抗凝血的作用。

正常情况下,血管表面经常有低水平的纤溶活动和凝血过程,凝血与纤溶是对立统一的两个系统,当它们之间的平衡遭到破坏时,将会导致纤维蛋白形成过多或不足,而引起血栓形成或出血性疾病。

3. 纤溶抑制物

体内存在许多能够抑制纤溶系统活性的物质。主要的纤溶抑制物有纤溶酶原激活物的抑制剂-1、补体Cl抑制物、$\alpha_2$抗纤溶酶、$\alpha_2$巨球蛋白和抗凝血酶Ⅲ等,它们通过抑制纤溶酶原激活物、纤溶酶、尿激酶等来抑制纤溶。有的抑制物,如$\alpha_2$巨球蛋白,既可通过抑制纤溶酶的作用抑制纤溶,又能通过抑制凝血酶、激肽释放酶的作用抑制凝血,对于凝血和纤溶只发生于创伤局部起着重要的作用。

在正常生理情况下,血液在体内循环流动,机体既无出血现象,又无血栓形成,而这正是由于凝血、抗凝血和纤溶处于动态平衡的结果,这也是正常的生命活动所必需的。

## 四、抗凝、促凝的意义与措施

### (一)抗凝与促凝的意义

正常情况下,血液在血管内通过以下几个方面的共同作用而保持流动状态:①血管内的抗凝血物质的作用占优势;②血管内膜光滑,不具备发生凝血的条件;③血流速度快,如果局部有少量凝血因子被激活,很快被血液冲走并稀释而不足以发挥凝血作用;④一旦有凝血酶原激活物和纤维蛋白单体形成,可被网状内皮系统吞噬清除;⑤即使在生理性止血中形成了凝血块,也会被血浆纤溶系统迅速清除。所以,抗凝血系统和纤溶系统防止了血管内血栓的形成,保证了血流的畅通,后者还参与组织损伤后的修复和愈合过程。

当组织损伤出血时，凝血系统的作用占优势，局部发生凝血过程，形成纤维蛋白和血凝块，达到有效止血的目的。同时，FⅫa可激活纤溶酶原，FⅡa能激活蛋白质C系统，进而使FVa、FⅧa灭活，这样就限制了凝血过程，使之只能在受损的局部血管发生。在凝血发生后的伤口愈合过程中，纤溶酶原的激活和纤溶酶的作用居主要地位，纤维蛋白的降解将有利于受损组织的修复。

由此可见，体内存在凝血与抗凝和纤溶两个既对立又统一的功能系统，两个系统相互依存，共同作用，维持动态平衡，从而保持血液的正常状态，使机体既不发生出血，又无血栓形成。当这种动态平衡被破坏时，可能导致血栓形成、纤维蛋白沉积过多或出血倾向等。

### （二）抗凝与促凝的措施

在临床和实验室工作中，经常需要防止或促进血液凝固，常用的抗凝与促凝的措施如下：

1. 温度

在一定范围内，温度升高可加速血液凝固；相反，温度降低血凝速度减慢。因为许多凝血因子均为酶类，当温度在一定范围内升高时，酶的活性增强，反应加快；反之，酶活性降低，反应减慢。

2. 粗糙面

当血小板与粗糙面接触时，血小板发生黏附、聚集、释放反应，也能激活FⅫ，从而加速血凝。外科手术中采用温热生理盐水纱布压迫止血，温热生理盐水提高凝血酶活性，纱布提供粗糙面加速血凝。相反，将血液置于涂有液状石蜡的容器内，由于光滑的表面可以减弱对凝血因子的触发，因此可以延缓血凝。所以输血时所用的管子，都是内面光滑的硅胶管。

3. $Ca^{2+}$

在凝血反应中，有多个环节需要$Ca^{2+}$参与，如设法除去血浆中游离的$Ca^{2+}$，血液将不能凝固。草酸盐可与$Ca^{2+}$反应生成不易溶解的草酸钙，可防止血凝。由于草酸钙为不溶性沉淀物，因此草酸盐不能用于体内抗凝，只能用于体外抗凝。枸橼酸钠可与血浆中$Ca^{2+}$结合形成不易电离的可溶性络合物，也可防止血凝。枸橼酸钠与$Ca^{2+}$结合形成的络合物对机体无害，故可以用于输血。

4. 其他因素

肝素和双香豆素都能抑制凝血酶的活性而延缓血液凝固，是临床上有效的抗凝剂。双香豆素具有竞争性抑制维生素K的作用，阻碍了凝血因子FⅡ、FV、FⅨ、FⅩ在肝内的合成，使血液凝固减慢或发生凝血障碍。

应用基因工程的方法合成的组织纤溶酶原激活物（TPA）已经作为抗凝剂在临床中使用。

维生素K参与凝血因子FⅡ、FV、FⅨ、FX在肝脏中的合成，其有加速凝血和止血的间接作用。

**案例**

3岁雌性贵宾犬，2006年10月24日晚来院就诊。主诉：近几天该犬排尿时尿中带血，特别是24日晚病犬排出鲜红的血尿，做血常规检查血象未发现异常，给病犬注射止血消炎针后，要求第2天复诊。25日复诊病犬食欲减退，同时出现呕吐症状，呕吐物中带血，排黑便。临床检查：可视黏膜有出血点，尿道口发现有随尿排出的小血凝块；口腔检查：齿龈出血；尿检：尿蛋白质含量增多，有潜血；血常规检查：RBC、HB、红细胞比容均降低；生化检测：丙氨酸氨基转移酶、天门冬氨酸氨基转移酶含量升高。诊断为犬肝功能不全导致机体凝血功能障碍引起血尿及消化道出血症。

**问题与思考**

犬肝功能不全时为什么会导致凝血功能障碍？

**提示性分析**

肝为机体新陈代谢最旺盛的器官，是机体蛋白质代谢的主要场所，目前研究发现，12种凝血因子中，除凝血因子Ⅳ($Ca^{2+}$)外，其余都是在肝脏中合成的，犬肝功能不全时，这些凝血因子合成减少，导致血液中含量降低；同时肝功能不全时凝血因子消耗增多、抗凝物质增多、血小板功能异常等，均导致凝血功能障碍而发生出血现象。

# 第四节　血　型

## 一、红细胞的凝集现象

在正常情况下红细胞是均匀分布在血浆中的。如果将不同类型的血液输入体内，红细胞可能彼此聚集在一起，成为一簇簇不规则的细胞团，这种现象称为红细胞凝集(Red cell agglutination)。红细胞凝集是一种不可逆反应，凝集的红细胞会破裂，在补体的作用下，大量血红蛋白会逸出(溶血)，并将损害肾小管的功能，同时常伴发过敏反应，其结果可危及生命，临床上称之为输血反应。凝集反应的本质是红细胞膜的抗原(凝集原)与血浆相应的抗体(凝集素)相遇时出现的抗原–抗体反应，其与血液凝固和血细胞聚集的区别如表3–6所示。

**表3–6　血液的凝固、凝集与聚集的比较**

| | 血液凝固 | 血细胞凝集 | 血细胞聚集 |
|---|---|---|---|
| 发生机制 | 凝血因子参与的酶促化学反应 | 抗原、抗体参与的免疫反应 | 红细胞相互重叠的物理现象 |
| 参与的物质 | 血细胞和各种凝血因子 | 红细胞、相应的凝集素和补体 | 红细胞 |
| 红细胞能否再分离 | 不能 | 不能 | 可能 |

## 二、血　型

血型(Blood group)通常是指红细胞膜表面特异性抗原的类型,所以血型一般是指红细胞的血型。随着对血型本质的研究不断深入,对血型的定义,有狭义和广义之分。

狭义的血型定义,以细胞膜抗原结构的差异为依据进行分类的血细胞抗原型。如人的A型、B型、O型、AB型、MN型和Rh型,牛的A、B、C系,猪的A、B、C系等血型。此种血型可用抗体进行检测。

广义的血型定义,以蛋白质化学结构的微小差异即蛋白质多态性和同工酶为依据进行分类。如采用凝胶电泳法,可按血清或血浆中所含蛋白质划分为Pr型、Alb型、Tf型和Cp型等血型;又可按所含各种酶的同工酶电泳图谱进行血型分类。

### (一)人类的血型

自1901年Landsteiner发现第一个人类血型系统——ABO血型系统以来,至今已发现了25个不同的红细胞血型系统,例如,ABO、Rh、P、MNSs等血型系统。在临床实践中有重要意义的是ABO和Rh两种血型系统,它存在于绝大多数人群中。

1. ABO血型系统

在ABO血型系统中,根据红细胞膜上的抗原和血清中抗体的分布不同,可将血液分为四型:凡是红细胞膜上只含凝集原A的为A型;只含凝集原B的为B型;两种凝集原都有的为AB型;两种凝集原都没有的为O型。在同一个体的血清中不含有同它本身红细胞抗原相对应的抗体——凝集素。其中:A型血中只有B凝集素;B型血中只有A凝集素;AB型血中没有任何凝集素;O型血中A、B两种凝集素均有(表3-7)。

**表3-7　ABO血型系统凝集原、凝集素以及凝集反应**

| 血　型 | 红细胞膜上的凝集原(抗原) | 血清中的凝集素(抗体) | 凝集试验 | |
|---|---|---|---|---|
| | | | A型血清(含抗B) | B型血清(含抗A) |
| A:$A_1$亚型<br>$A_2$亚型 | A + $A_1$<br>A | 抗B<br>抗B、10 %有抗$A_1$ | − | + |
| B | B | 抗A | + | − |
| AB:$A_1$B亚型<br>$A_2$B亚型 | A + $A_1$ + B<br>A + B | 无抗A、无抗$A_1$、无抗B<br>无抗A、无抗B、25 %有抗$A_1$ | + | + |
| O | A + $A_1$ + B均无 | 抗A、抗$A_1$、抗B | − | − |

正确测定血型是保证输血安全的基础。测定ABO血型的方法是在玻片上分别滴一滴抗B,一滴抗A和一滴抗A-抗B血清,然后在每种血清中加一滴待测红细胞悬液,轻轻混匀,观察有无凝集现象(图3-8)。

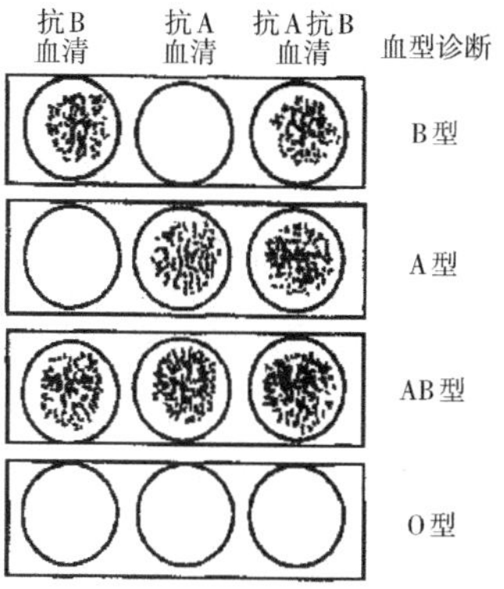

图3-8　ABO血型的测定

2. Rh血型系统

20世纪30～40年代Landsteiner和Wiener共同研究发现了Rh血型系统。他们将恒河猴的红细胞重复注入家兔体内,使家兔产生抗恒河猴红细胞抗体(凝集素),然后用含有这种抗体的血清与人的红细胞混合,发现85 %

的美洲白种人红细胞可被这种血清凝集。说明大部分人的红细胞中含有一种与恒河猴的红细胞凝集原相同的抗原，这种血型称为Rh血型，其抗原多达40余种，但与临床关系密切的是D、E、C、c、e 5种，D抗原的抗原性最强。

在ABO血型系统中，从出生几个月后开始，人血清中一直存在着ABO系统的凝集素，即天然抗体，但在人的血清中不存在Rh的天然抗体，只有当Rh阴性的人在接受Rh阳性的血液后，通过体液免疫才产生出抗Rh抗体来。

在临床上Rh血型具有重要意义。Rh阴性的受血者第一次接受Rh阳性血液后一般不产生明显的反应，但如果第二次或多次输入Rh阳性血液，将会发生抗原-抗体反应，使输入的Rh阳性红细胞凝集。如果Rh阴性的母亲怀有Rh阳性的胎儿，而Rh阳性胎儿的红细胞或D抗原通过胎盘进入母亲血液，则诱发母体产生抗D抗体。母体内的抗D抗体可以透过胎盘进入胎儿的血液，使胎儿的红细胞发生凝集和溶血，造成新生儿溶血性贫血，严重时可导致胎儿死亡。

在我国各民族中，99 %以上的汉族人为Rh阳性，Rh阴性者不足1 %，但个别少数民族Rh阴性者较多，如苗族为12.3 %，塔塔尔族为15.8 %。白种人中约85 %为Rh阳性，15 %为Rh阴性。

(二)家畜的血型

家畜的血型十分复杂。红细胞血型主要采用同种免疫血清的溶血反应进行分型，其血清蛋白质型多采用电泳法分类。

1. 家畜的红细胞血型

家畜主要采用同种免疫血清的溶血反应，来检查红细胞抗原。马、牛、猪、绵羊、山羊、犬等动物红细胞的抗原型都已有大量研究，并被国际公认。家畜的正常血清中，红细胞血型抗体免疫效价很低，很少发生像人类ABO血型系统的红细胞凝集反应。但当再次输血时，必须做交叉配血实验。

2. 家畜的蛋白质型和酶型

蛋白质型指同种不同个体中，具有相同功能的蛋白质所存在的多态性。酶蛋白的多态性称为同工酶。这样的多态性，不仅存在于血液蛋白中，在乳汁、精液等分泌物中以及脏器中也存在。蛋白质中分子结构与分子大小不同的成分，用电泳的方法可将其分离开来，显现出受遗传控制的一些区带，以此来划分蛋白质类型。

目前已报道的家畜蛋白质型和酶型血型有：白蛋白型(Alb型)、前白蛋白型(Pr型)、后白蛋白型(Pa型)、运铁蛋白型(Tf型)、血浆铜蓝蛋白型(Cp型)、血液结合素型(HP型)、血浆脂蛋白型(Lpp型)、血红蛋白型(Hb型)。碳酸酐酶型(CA型)、淀粉酶型(Am型)、碱性磷酸酶型(AKP型)、脂酶型(ES型)、6-磷酸葡萄糖脱氢酶型(6-PGD型)、乳酸脱氢酶型(LDH型)等。

3. 家畜血型的应用

血型在畜牧兽医生产实践中应用广泛，具有一定的应用价值。

(1)进行动物血型登记和亲子鉴定。通过血型登记，记载能稳定遗传给后代的血型，建立准确的系谱资料，确定亲子关系（子代所具有的血型必定与双亲或双亲一方一致），以防止血统混乱，保证育种工作的可靠性。

（2）组织相容性与血型。异体器官或组织能够相处，并发挥正常功能，称为相容性。但由于免疫反应，机体往往对异体器官表现排斥反应。白细胞，特别是淋巴细胞血型所表现的相容性，能在一定程度上反映组织器官移植时的相容性，已经成为动物特别是家畜组织器官移植和防止排斥反应的重要环节。因此，通常把受体与供体的淋巴细胞混合进行组织培养，并根据细胞分裂的状态判断两者之间的不相容程度。

（3）经济性状与血型的关系。控制血型和某种经济性状的基因之间可能存在着直接或间接的联系，因此可将血型作为优良个体选育和品种改良的依据。目前已有红细胞血型与奶牛产奶率、转铁蛋白型血型与乳脂率及繁殖率之间的关系研究。

（4）血清学在动物分类中的应用。血清蛋白中的不同抗体已被用作鉴别的辅助特征。用一种动物的免疫血清检测不同动物的红细胞凝集反应，反应越强烈，说明动物的亲缘关系越近；反之，越远。另外，利用蛋白质多态性也可推测种群间的亲缘关系。根据某种或多种蛋白质各变异体的电泳图，推算出基因频率，基因频率越近，亲缘关系越近。

（5）诊断异性孪生不育。母体怀有异性双胎时，在发生血管吻合的情况下，一方面雄性胎儿性腺产生的雄激素，可作用于尚未分化的雌性胎儿性腺，影响雌性胎儿性腺的分化，使产出的雌性胎儿日后缺乏生殖力；另一方面，红细胞进入对方体内，使胎儿具有两种红细胞，发生红细胞嵌合现象。对具有红细胞嵌合的个体进行血型实验时，常发生溶血反应。因此可以通过血型实验结果判断是否发生血管吻合，由此推断异性双胎中的雌性胎儿长大后是否具有生育能力。

（6）血型和新生仔畜溶血。母子血型不合，胎儿的血型抗原物质进入母体后，引起母畜产生血型抗体，这种抗体不能通过胎盘，但分娩后可经乳汁进入仔畜，造成仔畜的红细胞迅速被破坏而溶血，呈急性溶血和黄疸症状，且能致死。因此，通过检验初乳与仔畜红细胞的凝集反应，可决定是否喂养母乳，从而避免新生仔畜溶血。

## 三、输血原则

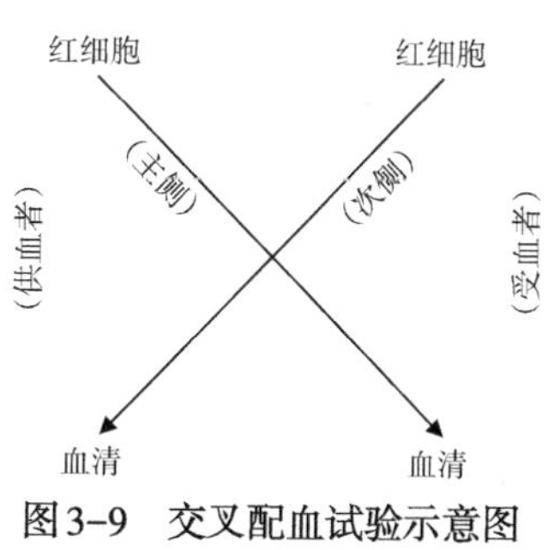

图3-9 交叉配血试验示意图

输血是抢救和治疗某些病畜的重要手段。遵守输血的原则，注意输血的安全、有效，是保证输血安全、高效的重要前提。为了安全起见，在输血之前必须做血型鉴定，只允许输同型血。但在情况紧急下，初次输血时可允许输给家畜少量血型未明的同种血液。在实际工作中，常用交叉配血试验确定能否输血。把供血者的红细胞与受血者的血清进行配血试验，称为交叉配血主侧；把受血者的红细胞与供血者的血清做配血试验，称为交叉配血次侧（图3-9）。如果交叉配血试验的两侧都没有凝集反应，则为配血相合，可以进行输血；如果主侧有凝集反应，则为配血不合，不能输血；如果主侧不发生凝集反应，而次侧有凝集反应，则只能在紧急情况下输血，但输血时速度要慢，输血量也不能太多。输血时要密切观察，一旦发生输血反应，应该立即停止输血。如果两侧反应均为阳性反应时，绝对不能输血。

**案例**

某种猪场一母猪产仔12头，产后当天1头仔猪吃乳6 h后突然死亡，3 h内死亡6头。临床观察，未死亡仔猪精神委顿、畏寒、肌肉颤抖，眼结膜、口腔、皮肤黄染；剖检死亡仔猪，可见皮肤、皮下组织、肠系膜、大小肠表面呈黄色，肝肿胀黄染，膀胱内积聚暗红色尿液。诊断为新生仔猪溶血病。

**问题与思考**

1. 何为新生仔猪溶血病，其发病原因是什么？

2. 如何预防新生仔猪溶血病的发生？

**提示性分析**

1. 本病是指新生仔猪吃初乳后引起的红细胞溶解的一种急性、血管内溶血性疾病。患病仔猪以贫血、黄疸、血红蛋白尿为主要特征，死亡率100 %。发病实质是母仔血型不合。由于胎儿体内有种公猪遗传而来的特定红细胞抗原，胎儿时期有少量红细胞抗原经胎盘进入母体，刺激母体产生特异性抗体，产后在初乳中含量很高，而新生仔猪小肠可直接吸收初乳中的特异性抗红细胞抗体，引发仔猪血管内红细胞凝集反应，引起仔猪大量红细胞溶血，导致仔猪迅速死亡。

2. 预防本病，一是通过观察初乳与仔猪红细胞是否发生凝集反应，如发生，应避免仔猪吃初乳，将仔猪寄养在其他仔猪群内，3～5天后可再让母猪哺乳；二是该母猪下次配种时需更换公猪。

## 思考题

一、名词概念

1.红细胞脆性　2.血液凝固　3.凝血因子　4.等渗溶液　5.血浆渗透压　6.碱储

二、单项选择题

1. 调节红细胞生成的主要体液因素是(　)

A.雄激素　B.雌激素　C.甲状腺激素　D.促红细胞生成素

2. 血浆晶体渗透压明显降低会引起(　)

A.组织液增多　B.组织液减小

C.红细胞膨胀破裂　D.红细胞变小萎缩

3. 血细胞比容是指血细胞(　)

A.与血浆容积之比　B.与血管容积之比

C.与白细胞容积之比　D.占血液的容积百分比

4. 与红细胞的许多生理特征有密切关系的是(　)

A.红细胞的数量　B.血红蛋白的含量

C.红细胞的形态特点　D.红细胞的成熟

5. 枸橼酸钠抗凝血的机制是(  )

A.去掉血浆中纤维蛋白原 B.与血浆中$Ca^{2+}$形成可溶性络合物

C.加强抗凝血酶Ⅲ的作用 D.抑制凝血酶原激活

6. 下列哪种情况不能延缓和防止凝血(  )

A.血液中加入枸橼酸钠 B.血液置于硅胶管中

C.血液中加入肝素 D.血液中加入维生素K

7. 正常情况下,一次失血超过血量的(  )将危及生命。

A.5 % B.10 % C. 20 % D. 30%

8. 血液中与体液免疫功能密切相关的细胞是(  )

A.红细胞 B.血小板 C.嗜中性粒细胞 D.B淋巴细胞

9. 血清与血浆的主要区别是(  )

A.血清中含有纤维蛋白,而血浆中无 B.血浆中含有纤维蛋白原,而血清中无

C.钙离子的有无 D.血清中清蛋白的含量比血浆更多

10. 将血沉快的动物的红细胞放入血沉正常的动物的血浆中,与正常情况相比,红细胞的沉降率将(  )

A.加快 B.减慢 C.在正常范围 D.先不变后加快

三、简述题

1. 简述血液的主要生理功能。

2. 简述血浆主要成分及其生理功能。

3. 简述三类血细胞的主要生理特性及功能。

4. 简述血液凝固的基本生理过程。

5. 简述红细胞的数量是如何维持相对稳定的。

四、论述题

分析正常机体血管内血液不凝固的原因。

# 第4章 血液循环

**本章导读**

## 血液循环的发现

古代人们对于血液运动的认识极为模糊,血液循环的规律,是在经历了漫长的岁月,经过许多科学家的努力,最终才得到阐明的。古希腊的医生虽然知道心脏与血管的联系,但是他们认为动脉内充满了由肺进入的空气。这是因为他们解剖的尸体的动脉中的血液都已流到静脉。古罗马医生盖仑解剖活动物,将一段动脉的上下两端结扎,然后剖开这段动脉,发现其中充满了血液,从而纠正了古希腊流传下来的错误看法。盖仑创立了一种血液运动理论:血液如同涨潮和退潮一样在血管内往复运动,沿着血管涌向身体各部分,使各部分执行生命机能,然后又退回心脏。尽管盖仑的血液运动理论是错误的,但是该学说在一千多年中被信奉为"圣经",不可逾越。

英国医生哈维(1578~1657)早年致力于古典医学著作的研究,发现先辈的著作中对于心脏及血液运动没有一个明晰的概念。他经过十二年的努力,采用八十余种动物进行了活体心脏解剖、结扎、灌注等实验,同时还做了大量人的尸体解剖,积累了很多观察和实验记录的材料,最后于1628年发表了《动物心血运动的解剖研究》,系统地总结了血液循环运动的规律及其实验依据:血液从左心室流出,经过主动脉流经全身各处,然后由腔静脉流入右心室,经肺循环再回到左心室;人体内的血液是循环不息地流动着的,这就是心脏搏动所产生的作用。

恩格斯对哈维的发现给予了高度评价:"哈维由于发现了血液循环而把生理学确立为科学。"

心脏和血管组成机体的循环系统。血液在其中按一定方向往复地流动,构成血液循环(Blood circulation)(图4-1)。血液循环的主要功能是完成体内的物质运输,运输代谢原料和代谢产物,使机体新陈代谢能不断地进行;体内各内分泌腺分泌的激素,或其他体液性因子,通过血液的运输,作用于相应的靶细胞,实现对机体的体液调节;机体内环境理化特性相对稳定的维持和血液防卫机能的实现,也都有赖于血液的不断循环流动。一旦心脏活动停止,血流中断,生命机能就不能正常进行。因此,血液循环是高等动物机体生存的最主要条件之一。

# 第一节　心脏生理

心脏是一个由心肌组织构成并具有瓣膜结构的空腔器官，是血液循环的动力器官。泵血是心脏最重要的生理功能。在整个生命过程中，心脏通过周期性的收缩和舒张，将压力很低的静脉中的血液吸进来，并将其射到压力较高的动脉内，由此而引起瓣膜的规律性启闭活动推动血液向一定方向流动：由心室射入动脉，由静脉回到心房。心脏的泵血功能是在心肌的生物电活动、机械收缩和瓣膜启闭活动的密切配合下实现的。

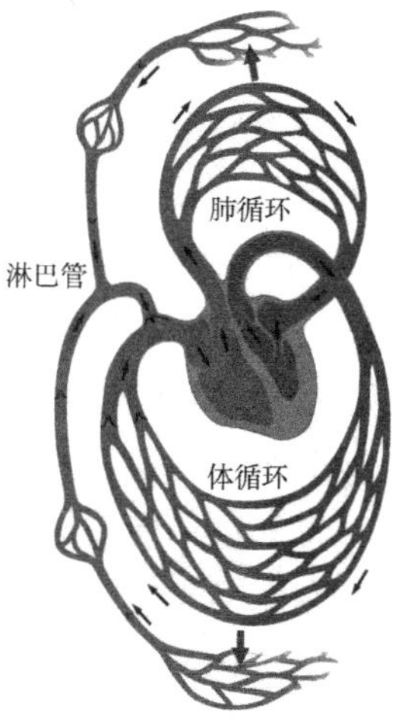


图4-1　循环系统示意图

## 一、心脏的泵血功能

### （一）心脏的泵血机制

1. 心动周期与心率

心脏每收缩和舒张一次，称为一个心动周期（Cardiac cycle）。每分钟心动周期的次数称为心跳频率，简称心率（Heart rate）。所以心动周期的持续时间与心率有关。以健康成年猪的心脏活动为例，如果每分钟平均搏动75次，即每分钟平均有75个心动周期，则每个心动周期持续时间为0.8 s。由于心脏是由心房和心室两个合胞体构成的，因此一个心动周期包括心房收缩和舒张以及心室收缩和舒张四个过程。在一个心动周期中，首先是两个心房同时收缩，接着心房舒张。心房开始舒张时，两个心室几乎同时收缩。两个心室收缩的持续时间要长于心房。继而，心室开始舒张，此时心房仍处于收缩后的舒张状态，即心房和心室共同处于舒张状态。至此一个心动周期完成，接着心房又开始收缩进入下一个心动周期（图4-2）。心房收缩期短，平均仅占0.1 s；心房舒张期0.7 s；心室收缩期占0.3 s，心室舒张期0.5 s。如果心率加快，心动周期就缩短，收缩期和舒张期都相应缩短，但舒张期缩短更明显。由于在心动周期中心室收缩期长，收缩力大，它的收缩与舒张是推动血液循环的主要因素，因此，习惯上所说的心缩期与心舒期，即就心室的收缩期和舒张期而言的。

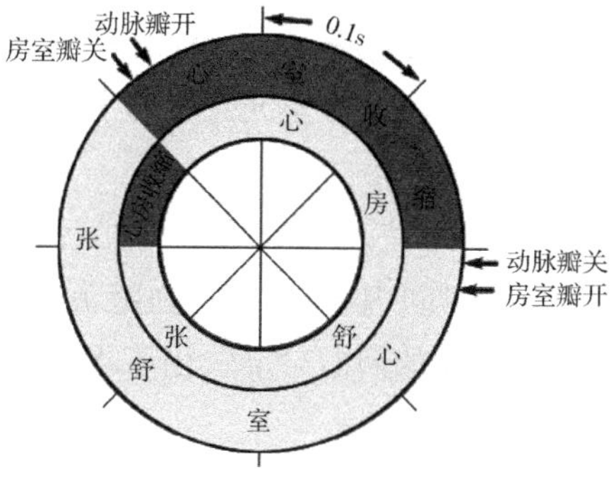


图4-2　心动周期中心房心室活动的顺序和时间关系

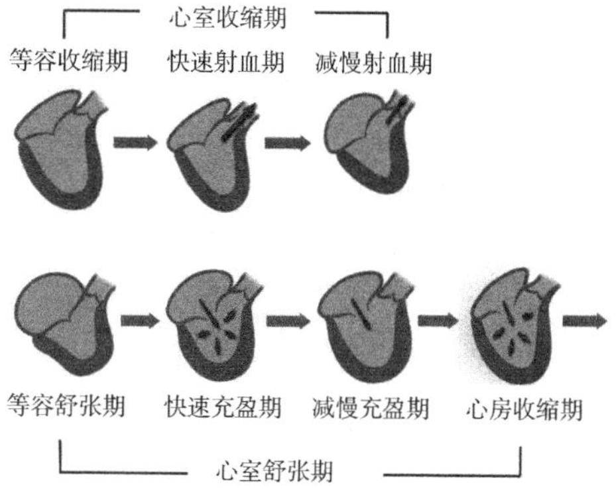


图4-3　心脏泵血过程示意图

2. 心脏的射血过程及心内压力和容积变化

心动周期中，心房和心室的依次收缩和舒张活动，形成心腔内压力变化，压力变化又推动心瓣膜的启闭活动，从而引导血液定向流动(图4-3)。

(1)心室收缩期

①等容收缩期

心房舒张后心室开始收缩，室内压力突然增加，并超过心房内压，往心房方向冲击的血流将房室瓣关闭，血液不会逆流入心房。这时心室刚收缩不久，心室内压力还小于外周动脉血压，半月瓣处于关闭状态。这段时间心室内血量没有变化，即心室容积或心室肌纤维长度不变，所以称等容收缩期。此期心肌纤维虽无缩短，但肌张力及室内压增高极快。

②快速射血期

心室继续收缩，压力急剧上升，当心室内压超过外周动脉血压时，高压血流冲开半月瓣，急速射入主动脉，在此期间心室射出的血量约占整个收缩期射血量的70%，心室容积迅速缩小。假设心率为75次/min，则快速射血期约为0.11 s，相当于整个收缩期的1/3左右。

③减慢射血期

快速射血期之后，心室收缩力量和室内压开始减小，射血速度减慢，称减慢射血期。此时室内压虽已略低于大动脉压，但因心室射出的血液具有较大动能，在惯性作用下逆着压力梯度继续流入主动脉内，心室容积继续缩小，其射出的血量约占整个心室射血期射出血量的30%，但所需时间则占整个收缩期的2/3左右。由于外周血管的阻力作用，血液的动能在主动脉内转变为压强能，使动脉血压略高于心室内压力。

(2)心室舒张期

①等容舒张期

心室收缩完毕，开始舒张时，心室内压急剧下降，高压的主动脉血流冲撞半月瓣将其关闭，阻断血液倒流入心。此时因心室开始舒张不久，心室内压仍高于心房内压，房室瓣还处于关闭状态。由于此时半月瓣和房室瓣均处于关闭状态，心室容积也无变化，故称为等容舒张期。在该期内，由于心肌舒张，室内压急剧下降。

②快速充盈期

等容舒张期后，心室继续舒张，当心室内压下降到低于心房压时，心房内血液顺着房-室压梯度冲开房室瓣，被快速“抽吸”流入心室，心室容量迅速增大，称为快速充盈期。此期因处于全心舒张期，心室内压接近于零，低于静脉压，大静脉内的血液也直接经心房流入心室参与快速充盈，该期进入心室的血量约占充盈量的70 %～80 %，是心室充盈期的主要阶段。

③减慢充盈期

随着心室内血液的充盈，心室与心房、大静脉之间的压力差减小，血液流入心室的速度减慢，这段时期称为减慢充盈期。在减慢充盈期的前半段时间内，仅有少量血液流入心室，此时，大静脉内的血液经心房直接流入心室；但在心室舒张期的后1/3期间，由于下一心动周期心房的收缩，又注入额外的血液到心室，进入一个新的心动周期。

(3)心房的初级泵血功能

心房和心室都舒张时，血液持续不断地从大静脉流入心房。回流入心室的血液，大约

75 %是由大静脉经心房直接流入心室的。心房开始收缩，作为一个心动周期的开始，心房内压力升高，此时房室瓣处于开放状态，心房将其内的血液进一步挤入心室，因而心房容积缩小。心房收缩期间泵入心室的血量约占每个心动周期中心室总回流量的25 %。心房收缩结束后即舒张，房内压回降，同时心室开始收缩。

总的来说，在一个心动周期中，随着心房、心室的收缩与舒张，出现了一系列心房内和心室内压力的变化以及心脏瓣膜的开放与关闭。心瓣膜的开放与关闭，限定了血流方向，保证血液按一定方向流动。而瓣膜的开闭是由瓣膜两侧压力差所决定的，这主要取决于心室的舒缩活动。

### （二）心脏泵血功能的评价

评定心脏泵血功能是否正常，是增强还是减弱，是实践及实验研究工作中经常遇到的问题。以下是一些常用的评定心泵血功能的指标。

1. 每搏输出量和射血分数

一侧心室每次收缩射出的血量，称为每搏输出量(Stroke volume)，简称搏出量。正常情况下，两侧心室的射血量是相等的。心室舒张末期血液充盈量最大，此时的心室容积称为舒张末期容积(End-diastolic volume，EDV)。心室收缩期末，容积最小，此时的心室容积称为收缩末期容积(End-systolic volume，ESV)。舒张末期容积与收缩末期容积之差即为搏出量，是衡量心脏泵血功能的最基本指标。

每搏输出量占心舒末期容积的百分比称为射血分数(Ejection fraction)。心脏在正常范围内活动时，搏出量始终与心舒末期容积相适应。当心舒末期容积增加时，搏出量也相应增加，射血分数基本不变，在安静状态下动物的射血分数，一般为60 %左右。当心肌收缩力增强时，射血分数可达85 %以上。

2. 每分输出量和心指数

每分钟由一侧心室射出的血液总量称为每分输出量，或称心输出量(Cardiac output)。心输出量等于每搏输出量乘以心率。如果心率为75次/min，每搏输出量60 ~ 80 mL，则每分输出量约为5 ~ 6 L/min。每分输出量随着机体活动和代谢情况的变化而变化，在肌肉运动、情绪激动、怀孕等情况下，心输出量增高；机体静息时，代谢率低，心输出量少。

心输出量是以个体为单位计算的，但由于个体差异的存在，不同个体的新陈代谢水平并不相等，个体间直接进行心输出量绝对值的比较是不全面的。群体调查资料表明，与基础代谢率一样，动物静息时的心输出量是与体表面积呈正比的。在静息、空腹情况下，动物单位体表面积的心输出量称为心指数(Cardiac index，CI)。心指数可以进行不同品种与个体间心脏泵血功能的比较。

3. 心力储备

健康动物的心输出量能在机体代谢需要时成倍地增加，表明心脏泵血功能有一定的储备能力。这种心输出量随机体代谢需要而增大的能力，称为心力储备(Cardiac reserve)。心力储备包括心率储备和每搏输出量储备。其中通过提高心率途径实现的，称心率储备；而通过增加每搏输出量途径实现的，称为每搏输出量储备。

在正常生理情况下，动物心率最快可增加到安静状态时的两倍多，因此动用心率储备可使心输出量增加2~2.5倍。每搏输出量的提高,可通过增加心舒末期容积和减少心缩末期容积,即提高射血分数来实现。由于心肌的伸展性较小,而收缩的能力较强,因此每搏输出量储备主要表现在收缩力量的提高上。充分利用心率和每搏输出量的储备能力,可使心输出量提高5~6倍。由此可见,心力储备的大小可反映心脏泵血功能对代谢需要的适应能力,动物通过调教和训练可以提高心力储备,这对骑乘马和役用家畜来说尤其明显。心力储备是反映心脏健康程度的最好指标。

(三)影响心输出量的因素

在机体内,心脏的泵血功能是随不同生理情况的需要而改变的。这种变化是在复杂的神经和体液调节下实现的。心输出量的大小取决于心率和每搏输出量,显然,机体主要是通过对心率和搏出量这两方面的调节来改变心输出量。

1. 搏出量的调节

心脏的搏出量取决于以下三个因素,即前负荷、心肌收缩力和后负荷。

(1)前负荷对搏出量的调节。前负荷是指肌肉收缩以前遇到的阻力或负荷。心室的前负荷是指心舒末期心腔中充盈的血量,它相当于心室舒张末期容量,与静脉回心血量呈正比。静脉回心血量愈多,心室舒张末期容量愈大,这时构成心壁的肌纤维被拉得也愈长。Starling在一百多年前就发现,心脏能自动地调节并平衡心搏出量和回心血量之间的关系;回心血量愈多,心脏在舒张期充盈就愈大,心肌受牵拉也就愈大,心肌收缩的初长度越长,负荷越大,则心室的收缩力量也愈强,搏出到主动脉的血量也愈多,他称此现象为“心的定律”;这种通过心肌细胞本身初长度的改变而引起心肌收缩强度的改变,是一种不需要神经、体液参与的自身调节体制,故称为异长自身调节(Heterometric autoregulation)。异长自身调节的生理意义在于保持静脉回心血量与搏出量之间的动态平衡。

(2)后负荷对搏出量的调节。后负荷是指肌肉收缩以后遇到的阻力或负荷,心室的后负荷是指心室收缩过程中遇到的阻力,即为动脉血压。在心肌收缩能力和前负荷都不变的条件下,动脉血压升高时,后负荷增大,动脉瓣将推迟开放,致使等容收缩期延长,射血期缩短;同时心室肌缩短的程度和速度均减少,射血速度减慢,以致每搏输出量暂时减少(图4-4)。另一方面,由于搏出量减少造成心室内剩余血量增加,充盈度增加,心肌收缩初长度增加,通过自身调节机制可使搏出量恢复正常。

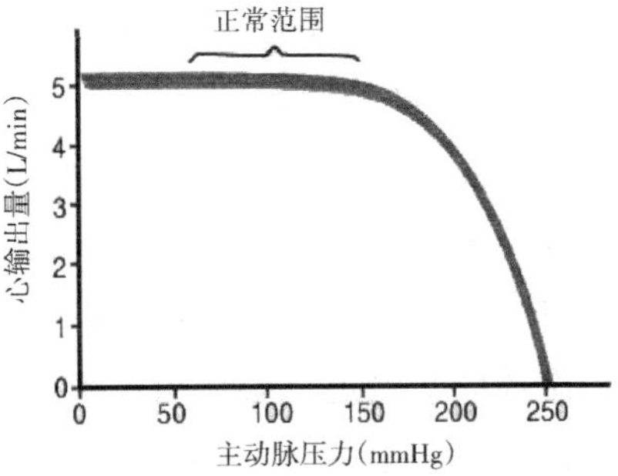

图4-4 后负荷变化(主动脉压力)与心输出量的关系图

如果动脉血压长期持续升高,机体将通过增加心肌收缩力,使其在动脉血压升高的情况下,能够维持适当的心输出量。但这种心输出量的维持是以增加心肌收缩力为代价的,久而久之,心脏将出现逐渐肥厚的病理改变,最终导致泵血功能的减退。当大动脉血压降低时,若其他条件不变,则每搏输出量将增加。根据此理论,临床上用舒血管药物降低动脉血压(后负荷),以改善心脏泵血功能。

(3)心肌收缩能力对搏出量的调节。动物处在运动或使役状态时,搏出量可成倍增加,而此时心脏舒张期容量或动脉血压并不明显增大,即此时心脏收缩强度和速度的变化并不主要依赖于前、后负荷的改变,而主要依靠心肌收缩能力的改变。心肌收缩能力是指决定心肌收缩力量的心肌细胞本身所处的功能状态,受兴奋-收缩偶联过程中各个环节的影响。例如,兴奋时胞浆内$Ca^{2+}$的浓度,横桥循环中各步骤的速率,肌凝蛋白横桥与肌纤蛋白联结体的数量,ATP酶的活性等。这种通过改变心肌收缩能力调节心脏泵血功能的机制,称为等长自身调节(Homeometric autoregulation)。

2. 心率对心泵功能的影响

心输出量是每搏输出量和心率的乘积。在一定范围内,心率的增加可使每分心输出量相应增加。但当心率增加到某一临界值时,由于心脏过度消耗供能物质,会使心肌收缩力降低。其次,心率加快时,舒张期缩短,心室缺乏足够的充盈时间,导致心输出量反而下降。心率过低时,心舒期过长,心室充盈早已接近最大限度,不能再继续增加充盈量和搏出量,故每分心输出量下降。可见心率最适宜时,心输出量最大,过快或过慢,心输出量都会减少。

心率受自主神经的控制,交感神经活动增强时,心率增快;迷走神经活动增强时,心率减慢。影响心率的体液因素主要有循环血液中的肾上腺素、去甲肾上腺素等。此外,心率还受体温的影响,体温升高1℃,心率增快10~18次。

(四)心音

在一个心动周期中,由于心肌的舒缩、瓣膜的启闭、血流的加速与减速对心血管壁的加压和减压作用以及形成的涡流等因素引起的机械振动,可通过周围组织传到胸壁,用听诊器在胸壁的某些部位,可听到该声音,称心音(Heart sounds)。在一个心动周期中,一般可听到两个心音,分别称为第一心音和第二心音。有时还可听到第三和第四心音。

1. 第一心音

第一心音发生在心室收缩期,又称心缩音(Systolic sound),是由房室瓣关闭、心室收缩时血流冲击房室瓣引起心室振动及心室射出的血液撞击动脉壁引起的振动而产生的,其音调较低,持续时间较长。心室收缩力量愈强,第一心音也愈强。通常第一心音可作为心室收缩期开始的标志。

2. 第二心音

第二心音发生在心室舒张期,又称心舒音(Diastolic tone),是由于主动脉瓣和肺动脉瓣迅速关闭,血流冲击大动脉根部及心室内壁振动而形成的。第二心音的音调较高,持续时间短,其强弱可反映主动脉和肺动脉压力的高低。第二心音可作为心室舒张期开始的标志。

3. 第三心音

第三心音发生在快速充盈期末,为一种低频低振幅的心音。是因为在快速充盈期末,血流速度突然发生变化产生的涡流振动心室壁和瓣膜造成的。

4. 第四心音

第四心音很弱,仅能于心音图上见到,是心房收缩推动血液挤进心室冲击心室壁引起振动造成的,故又称心房音。在心房压升高、心室强烈收缩或者心室肥大等情况下可以听到。

听取心音对于临床诊查瓣膜功能有重要的意义。第一心音可反映房室瓣的功能,第二心音可反映半月瓣的功能。瓣膜关闭不全或狭窄时，均可使血液产生湍流而发出杂音，从杂音产生的时间及杂音的性质和强度可判断瓣膜功能损伤的情况和程度。听取心音还可判断心率和心律是否正常。

**案例**

一5周龄沙皮犬来院就诊。主述：病犬精神沉郁，不食，两天后发生呕吐、腹泻，腹泻物腥臭难闻，带血，呼吸急促，喘气、咳嗽。临床检查：牙龈、可视黏膜等苍白，听诊心音杂乱，心区扩大；实验室诊断：Hb、RBC、WBC降低，便潜血阳性，肌酸激酶活性增高，韩国产犬细小病毒病（CPV）试纸检测CPV阳性；住院治疗：两天后死亡。剖检发现：胃肠黏膜出血，肝有瘀血，肿大，心脏扩张，心肌柔软，颜色变淡，心内膜及心肌上有点状出血。确诊为犬心肌炎型细小病毒病。

**问题与思考**

犬病毒性心肌炎对心脏功能的影响？

**提示性分析**

犬病毒性心肌炎对心肌产生病理性损伤，导致其收缩力减弱，心脏泵血力量减小，每搏输出量减少，心输出量减少，整个循环功能下降，致外周可视黏膜苍白，肺充血或出血等，犬心肌炎型细小病毒病多以死亡告终。

## 二、心脏的生物电活动与电生理特性

心动周期中心房、心室有次序地舒缩是通过兴奋-收缩偶联产生的。而兴奋和兴奋传导是以心肌细胞的生物电现象为基础的。依据结构和功能的不同心肌细胞可分为两类：一类是普通心肌细胞，又称工作细胞（Working cardiac cell），包括心房肌细胞和心室肌细胞。他们具有接受外来刺激，产生兴奋并传导兴奋的能力，但不能自主地产生兴奋，因此属于非自律细胞。另一类是特殊分化的心肌细胞，主要是P细胞和浦肯野细胞，此类细胞能自主地、节律地产生兴奋，故属于自律细胞（Rhythmic cell）。自律细胞的特点是具有兴奋性、自律性和传导性，但基本丧失了收缩性。它们分布在窦房结、心房传导组织、房室结、房室束及其分支和心室的传导组织中，构成了心脏的特殊传导系统（图4-5）。P细胞主要存在于窦房结中，而浦肯野细胞则广泛存在于窦房结和房室结以外的左右心脏传导系统中。

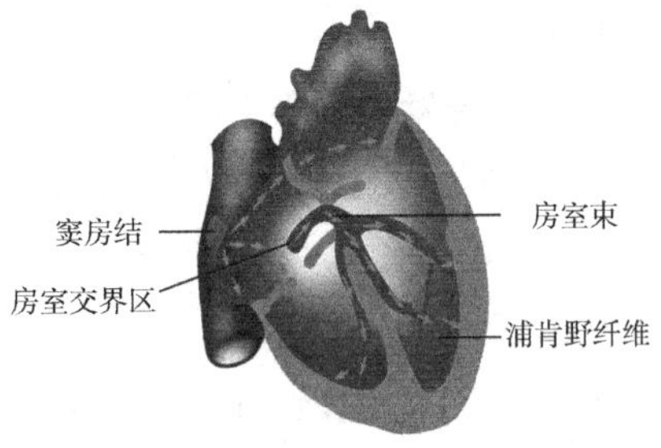


图4-5　心脏的特殊传导系统

### （一）心脏的生物电活动

与神经和骨骼肌细胞相比，心肌细胞的跨膜电位在波形上和形成机制上要复杂得多；不但如此，上述不同类型的心肌细胞的跨膜电位（图4-6），不仅幅度和持续时间各不相同，而且波形和形成的离子基础也有一定的差别;各类心肌细胞电活动的不一致性,是心脏兴奋的产生以及兴奋向整个心脏传播过程中表现出特殊规律的原因。

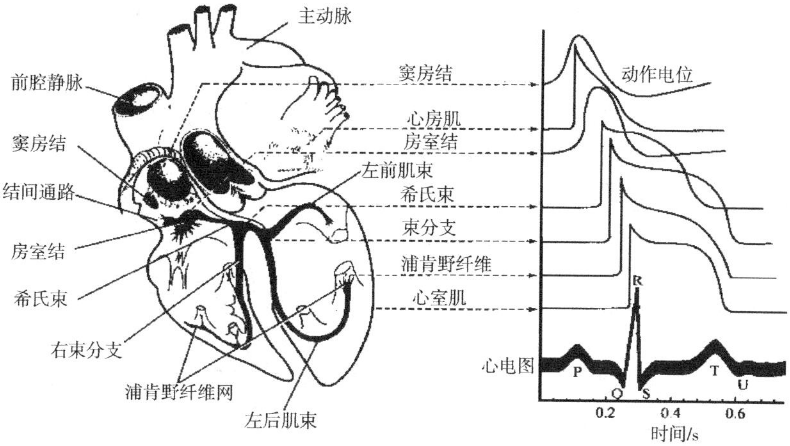


图4-6 心脏各部分心肌细胞的跨膜电位

1. 普通心肌细胞的跨膜电位及其形成机制

以下以心室肌细胞为例,说明普通心肌细胞生物电现象的规律。

(1)静息电位。正常心室肌细胞的静息电位约为-90 mV,即膜内电位较膜外低90 mV,此种状态称为极化。与骨骼肌和神经细胞静息电位形成的机制相同,心室肌细胞在静息时,膜对$K^+$的通透性较高,$K^+$顺浓度梯度由膜内向膜外扩散所达到的平衡电位,即为心肌细胞的静息电位。由于在安静时细胞膜对$Na^+$也有很小的通透性,少量带正电荷的$Na^+$内流,导致静息电位的绝对值较按Nernst公式计算的值小。

(2)动作电位。心室肌细胞受到刺激兴奋后产生的动作电位,也由去极和复极两部分组成,但与骨骼肌相比,其形式比较复杂,时程也长得多(图4-7)。心室肌细胞整个动作电位可分为0、1、2、3、4五个时期,其中0期为去极化过程,1、2、3、4期则为复极化过程。

心室肌细胞动作电位反映了细胞在兴奋过程中膜内外电位差的变化过程,实质上这种电位差的变化是由膜内外各种离子跨膜流动所造成的。在电生理学中,电流的方向是以正离子在膜两侧的流动方向来命名的,正离子外流或负离子内流都可使膜内的正电荷减少,都称外向电流。相反,正离子内流或负离子外流都可使膜内正电荷增加,都称内向电流。在静息细胞中,一切使内向电流增加的机制,均可导致去极化;一切使外向电流增加的机制,均可导致超极化。心室肌细胞动作电位涉及的主要离子为$Na^+$、$Ca^{2+}$与$K^+$(图4-7),动作电位的图形就是这些离子流的综合反映,现按分期叙述于下:

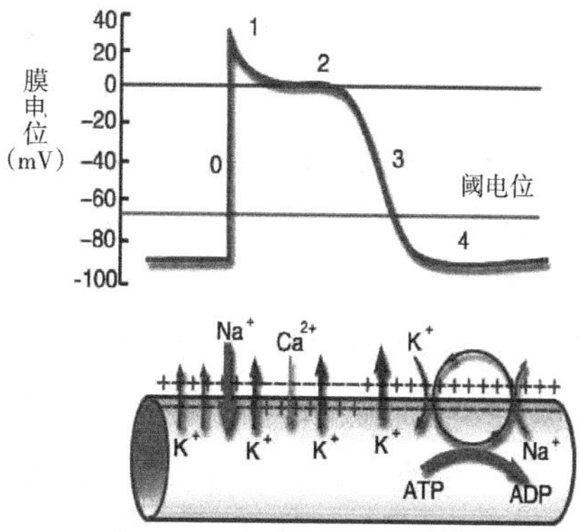


图4-7 心室肌细胞动作电位和主要离子流示意图

①去极过程。去极又称0期去极,表现为膜内电位由-90 mV迅速上升到+20~+30 mV,构成了动作电位的上升支。哺乳动物心室肌细胞的0期去极过程幅度大、速度快,仅1~2 ms就

可完成，去极速度达到200~400 V/s。0期去极的机制是：在动作电位形成的过程中，局部电流刺激使周围未兴奋区细胞膜上的部分$Na^+$通道激活开放，有少量$Na^+$内流造成膜的局部去极化，当去极化达到$Na^+$通道的阈电位水平（约为-70 mV）时，膜上电压依从性$Na^+$通道开放的概率和数量明显增加，膜外$Na^+$顺电、化学梯度快速进入膜内，而进一步去极化。进一步去极化又使膜上有更多的$Na^+$通道开放，造成$Na^+$更多、更快地内流。在膜内电位达到0电位时，膜外$Na^+$仍可随膜内外浓度梯度继续内流，直至接近$Na^+$平衡电位。因为$Na^+$通道激活快，失活也快，开放时间很短，因此称为快通道。心房肌、心室肌和浦肯野细胞都属快反应细胞，它们所形成的电位，称快反应电位。$Na^+$通道可被河豚毒素选择性地阻断。

②复极过程。包括1、2、3、4四个时期，与神经、骨骼肌相比心肌细胞的复极过程要复杂得多，时程要长得多，可持续200~300 ms。

1期复极（快速复极初期），即膜电位由+20 mV快速下降到0电位水平的时期，历时约10 ms。0期去极和1期复极共同构成了动作电位的锋电位。1期复极开始时，膜上快钠通道已经关闭，但在去极过程中有瞬时性的外向$K^+$通道激活，因此有$K^+$的快速外流，而使膜电位快速下降，构成1期复极。

2期复极（缓慢复极或平台期）。此期形成的机制主要是在2期复极中既有$Ca^{2+}$（伴有少量$Na^+$）的内流，又有$K^+$的外流，当内向离子电流和外向离子电流达到动态平衡时形成平台。平台期电位稳定于0 mV可达100~150 ms之久。2期复极初期以$Ca^{2+}$内流为主，而后随时间推移$K^+$外流逐渐增强，导致膜电位逐渐变负。平台期$Ca^{2+}$主要通过L型$Ca^{2+}$通道内流。L型$Ca^{2+}$通道因其激活、失活和复活均缓慢而被称为慢通道。$Ca^{2+}$通道阻断剂（如$Mn^{2+}$、异搏定等）可使平台期提前结束。

平台期是心室肌细胞动作电位区别于神经纤维和骨骼肌动作电位的主要特征，也是心肌细胞动作电位持续时间长，继而有效不应期特别长的主要原因。

3期复极（快速复极末期）。2期复极末，$Ca^{2+}$通道已经失活，内向离子流消失，而膜对$K^+$的通透性恢复并升高，使$K^+$外流，膜内电位向负的方向转化，造成膜的复极，直到复极完成。

4期复极（静息期）。4期时膜电位已恢复至静息电位水平。因心室肌细胞在兴奋过程中有多种离子发生了顺浓度梯度的跨膜转运（包括$Na^+$、$Ca^{2+}$内流，$K^+$外流），膜内外正常的离子浓度梯度发生了变化，这需要通过膜的主动转运，将$Na^+$、$Ca^{2+}$转运到细胞外，$K^+$转运入胞内，使正常的浓度梯度得以恢复，为此后的再次兴奋做准备。在4期复极过程中，$Na^+$的外运和$K^+$的内运是通过$Na^+$-$K^+$泵进行的，$Na^+$-$K^+$泵每次转运活动，可以泵出3个$Na^+$、泵入2个$K^+$，而细胞内$Ca^{2+}$的泵出是通过$Ca^{2+}$-$Na^+$泵交换进行的，转运$Ca^{2+}$的能力来源于$Na^+$的内向性浓度梯度，而$Na^+$内向性浓度梯度的维持还是依靠$Na^+$-$K^+$泵的活动，因此，$Ca^{2+}$的泵出属于继发性主动转运。心室肌细胞动作电位及主要离子活动见图4-7。

2. 自律细胞的跨膜电位及形成机制

（1）浦肯野细胞的跨膜电位及特征。浦肯野细胞动作电位的0、1、2、3期的波形、幅度和形成机制与心室肌细胞的相似，只是持续时间较长，但4期复极（静息期）则不同（图4-8）。浦肯野细胞4期复极时的膜电位，并不稳定于静息电位水平，而是出现缓慢的自动去极现象。因此，浦肯野细胞4期复极（静息期）膜电位就不叫静息电位，而称为舒张期最大电位或最大复极电位。浦肯野细胞的最大复极电位约为-90 mV。随着缓慢的自动去极化，当膜电位达到浦肯野细胞的阈电位(-70 mV)时，快钠通道被激活、开放，即可自动触发一次动作电位。由于浦肯野细胞主要是通过快钠通道的激活而兴奋的，故称为快反应自律细胞。浦肯野细胞4期自动去极的离子基础是由随时间而逐渐增强的内向$Na^+$电流和逐渐衰减的外向$K^+$电流引起的。

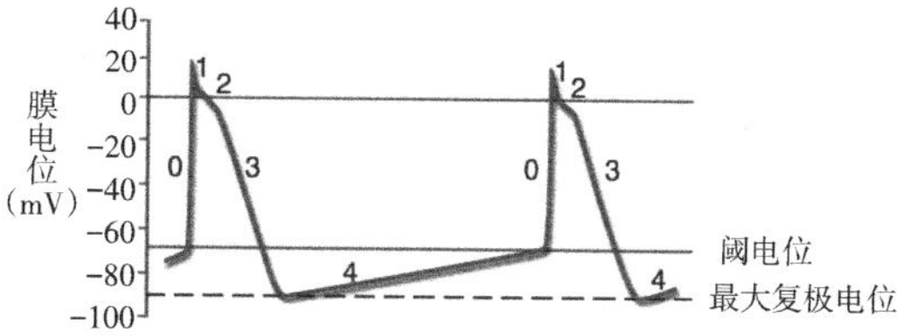

图4-8 浦肯野细胞的动作电位

(2)窦房结P细胞的跨膜电位及特征。与心室肌细胞动作电位相比(图4-9)，P细胞的动作电位由0、3和4期组成，而无1、2期，4期复极与浦肯野细胞相似，也出现缓慢的自动去极现象；动作电位的幅值也小，约70 mV，最大复极电位为-65～-60 mV，所以超射也小。其形成机制为：0期去极是$Ca^{2+}$经L型钙通道内流所致的，0期去极后，$Ca^{2+}$通道逐渐失活，$Ca^{2+}$内流逐渐减少。同时，激活的$K^+$通道造成$K^+$递增性外流，使膜内净负电荷逐渐增加，膜便逐渐复极。4期自动去极机制较为复杂，P细胞4期自动去极是随时间而增长的净内向电流所引起的。这个净内向电流由三部分组成：①时间依赖性的$K^+$外流逐渐衰减(相当于内向电流的逐步增加)；②进行性增强的内向离子流，主要是$Na^+$流；③T型钙通道激活和钙内流。T型钙通道的阈电位为-60～-50 mV，离P细胞最大复极电位很近。窦房结P细胞动作电位及主要离子活动见(图4-10)。因窦房结P细胞动作电位0期去极较慢，历时约10 ms，故将窦房结P细胞称为慢反应自律细胞。

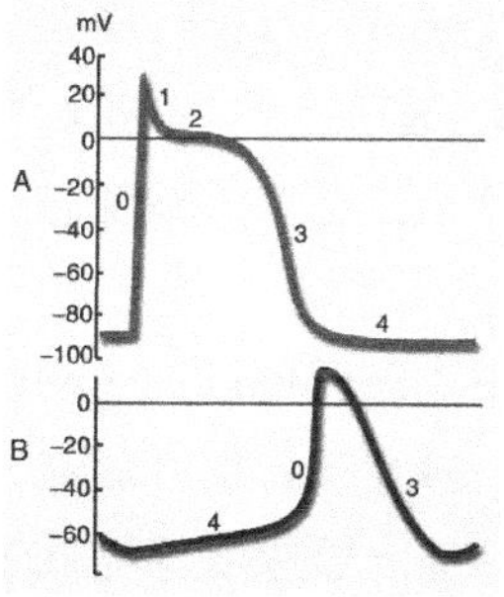

图4-9 心室肌(A)与窦房结P细胞(B)跨膜电位比较

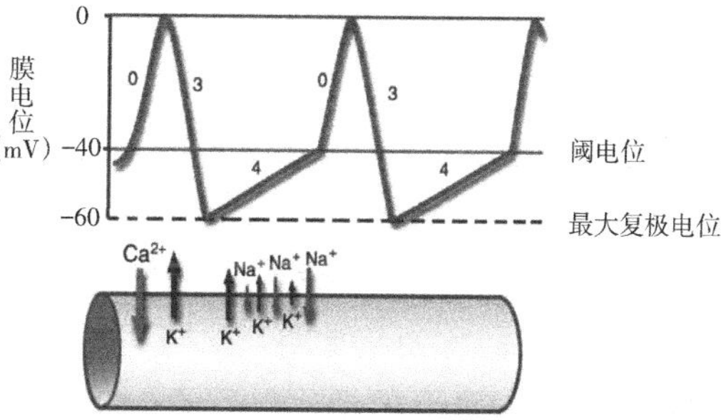

图4-10 窦房结P细胞动作电位和离子流示意图

(二)心肌的生理特性

心肌组织具有兴奋性、自律性、传导性和收缩性4种生理特性。前3种都是以肌膜的生物电活动为基础的，故又称为电生理特性，而收缩性是心肌的一种机械特性。普通工作细胞(心房、心室肌细胞)有兴奋性、传导性和收缩性，无自律性。特殊传导系统自律细胞(浦肯野细胞、P细胞)有兴奋性、自律性和传导性，无收缩性。

1. 兴奋性

心肌细胞受到刺激时产生兴奋(动作电位)的能力，称为心肌的兴奋性。衡量心肌兴奋性高低的指标是阈值，两者关系互为倒数，即阈值高，则兴奋性低，反之亦然。

(1)心肌兴奋性的周期性变化

心肌细胞在一次兴奋过程中其兴奋性不是固定不变的，而是随着其膜电位的变化而发生有规律的变化。其兴奋性变化可以分为以下几个时期(图4-11)。

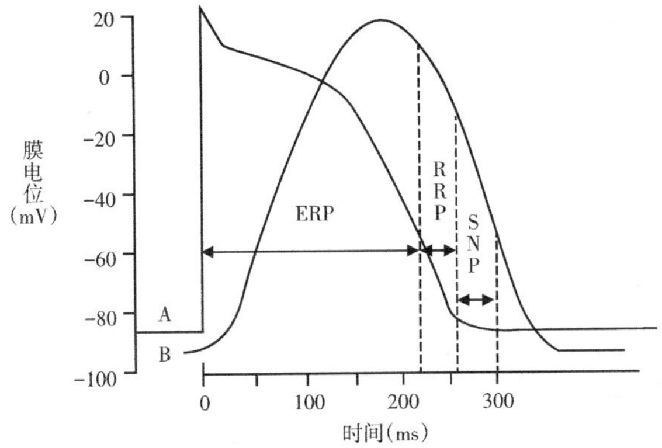


**图4-11 心肌细胞兴奋性的周期性变化及其与机械收缩的关系**
**A代表心肌细胞动作电位，B代表其收缩曲线**
**ERP 有效不应期；RRP 相对不应期；SNP 超常期**

①有效不应期。从0期去极到复极-55 mV这一期间，无论给予心肌多强的刺激都不会产生动作电位，兴奋性等于零，称为绝对不应期。从-55 mV继续复极到-60 mV这段时间内，给予强刺激可使肌膜发生局部的部分去极，也不能产生动作电位，称为局部反应期。因此，从0期去极开始到复极达-60 mV这段时间，给予任何强度刺激都不能产生动作电位，这段时间称为有效不应期。

②相对不应期。从有效不应期刚结束的-60 mV继续复极到-80 mV这段时期，用大于正常阈值的强刺激才能产生动作电位，故称为相对不应期。此时的$Na^+$通道已逐渐复活，心肌细胞的兴奋性仍低于正常，引起兴奋的刺激强度要比阈值大，产生的动作电位的幅度和速度都较正常小，兴奋的传导也慢。

③超常期。从复极-80 mV继续复极到-90 mV这段时间，用阈下刺激就可以产生动作电位，兴奋性高于正常，故称为超常期。此期$Na^+$通道基本恢复到正常备用状态，但开放能力还没有完全恢复正常，故产生的动作电位的0期去极的幅度、速度、兴奋传导速度等仍低于正常。超常期后，膜电位回到静息电位水平，兴奋性也恢复至正常。

与神经细胞和骨骼肌细胞不同，心肌细胞兴奋时的有效不应期较长(250 ms以上)，相当于一次心跳的整个收缩期和舒张早期的总和。在此期内无论用多强的刺激都不会使心脏产生动作电位和收缩，因而一次心跳后，只有在心脏舒张一定时期后才可能产生下一次心跳，从而保证了心脏收缩和舒张交替的节律活动，以实现其泵血功能。

正常心脏是按窦房结自动产生的兴奋进行节律性的活动。如果在心室肌有效不应期之后(相对不应期和超常期之内)，时间上相当于心室舒张的中晚期，心室肌受到一次额外的人工刺激或窦房结以外的病理性刺激时，则心室肌可以产生一次兴奋和一次收缩。此兴奋发生在下次窦房结的正常兴奋到达之前，故称为期前兴奋，随后伴随的心脏收缩称为期前收缩(Premature systole)，又叫早搏(Premature beat)(图4-12)。期前兴奋也有它自己的有效不应期，当紧接在期前收缩后的一次窦房结的兴奋传到心室时，常常正好落在期前兴奋的有效不应期内，因而不能引起心室兴奋和收缩，形成一次“脱失”，必须等到下一次窦房结的兴奋传到心室时才能引起收缩。因此，在一次期前收缩之后往往出现一段较长的心室舒张期，称为代偿间歇（Compensatory pause）（图4-12）。

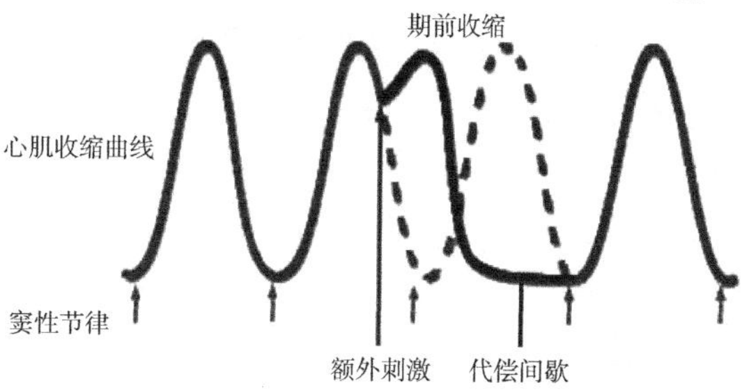


**图4-12 期前收缩与代偿间歇**

（2）影响兴奋性的因素

①静息电位的大小。静息电位绝对值增大，距阈电位的差距就加大，引起兴奋所需的刺激阈值增高，表示兴奋性降低。例如，一定程度的血钾浓度降低时，细胞内电位负值增大，心肌兴奋性下降。反之，静息电位绝对值减小时，兴奋性增高。

②阈电位的水平。阈电位上移，和静息电位之间的差距增大，兴奋性降低；阈电位下移，兴奋性增高。一般情况下，阈电位很少变化。当血钙升高时，心室肌细胞阈电位可上移，导致兴奋性下降。

③$Na^+$通道的性状。$Na^+$通道有备用、激活和失活三种状态。这三种状态的变化取决于膜电位和通道状态变化的时间过程。当膜电位处于正常静息水平时，$Na^+$通道虽然关闭，但处于可被激活的备用状态。在外来刺激或传导而来的局部电流影响下，造成膜两侧电位改变并发生去极时，$Na^+$通道被激活开放，引起$Na^+$快速内流和膜的进一步去极，紧接着$Na^+$通道很快失活关闭，使$Na^+$内流终止。此时$Na^+$通道不能立即被再次激活开放，只有恢复到备用状态后才能再次被激活。$Na^+$通道的激活、失活和复活到备用状态既是电压依赖性的，又是时间依赖性的，即这些状态的变化过程均需要一定的时间，特别是复活过程所需的时间较长。细胞膜上大部分$Na^+$通道是否处于备用状态，是该心肌细胞是否具有兴奋性的前提。

2. 自律性

心肌在没有外来刺激的条件下，能自发地产生节律性兴奋的特性，称自动节律性（Autorhythmicity），简称自律性。单位时间内自动发生兴奋的次数，即兴奋频率，是衡量自律性高低的指标。

（1）正常心肌的自律性

心脏特殊传导系统，包括窦房结、房室交界（结区除外）、房室束、浦肯野纤维等。它们都具有自律性，但各部位的自律性高低不一。以猪为例，窦房结P细胞的自律性最高，70次/min左右，房室交界及其束支次之，40~60次/min，浦肯野纤维最低，20次/min左右。正常情况下，由于窦房结的自律性最高，其冲动按一定顺序传播，依次激发心房肌、房室交界、房室束、心室内传导组织和心室肌兴奋，产生与窦房结一致的节律性活动。因此，窦房结是主导整个心脏兴奋和跳动的正常部位，故称之为正常起搏点（Normal pacemaker）。窦房结引起的正常心跳节律称为窦性节律（Sinus rhythm）。其他部位的自律组织受窦房结的控制，在正常情况下并不表现出它们自身的自动节律性，而只起传导兴奋的作用。只有在某种异常情况下，如它们的自律性增高，或窦房结的兴奋性因传导阻滞不能控制某些自律组织时，才可能自动发出兴奋，因此称为潜在起搏点（Latent pacemaker）。窦房结以外的某个自律组织引起的心跳节律，称为异位节律（Ectopic rhythm）。

窦房结对潜在起搏点的控制可以通过两种方式进行：

抢先占领（Preoccupation）。因窦房结P细胞的自律性高于其他潜在起搏点，当潜在起搏点的4期自动去极尚未达到阈电位水平时，已经被由窦房结先期传来的兴奋所激发而产生动作电位，其自身的自律性无法表现出来，此称为抢先占领。

超速驱动压抑（Overdrive suppression）。在自律性很高的窦房结兴奋驱动下，潜在起搏点以远远超过它们自身自动兴奋的频率"被动"兴奋，称为超速驱动。潜在起搏点长期受窦房结超速驱动，其自身固有的自律性被抑制而无法表现出来，称为超速驱动压抑。一旦窦房结的驱动中断，潜在起搏点则需要经过一定的时间才能从被压抑状态中恢复其自律性，也可引导心脏的自动跳动，只是其频率较窦性心率慢。

（2）影响自律性的因素

①4期自动去极的速度。去极速度快，到达阈电位的时间就缩短，单位时间内爆发兴奋的次数增加，自律性就增高；反之，去极速度慢，到达阈电位的时间就延长，自律性降低。心交感神经兴奋时，其递质可加快4期自动去极的速度，使心率加快（图4-13）。

②最大舒张电位水平。最大舒张电位的绝对值变小，与阈电位的差距就减小，到达阈电位的时间就缩短，自律性增高；反之，最大舒张电位的绝对值变大，则自律性降低（图4-13）。心迷走神经兴奋时，其递质可增加细胞膜对$K^+$的通透性，使最大舒张电位更负，是导致心率减慢的原因之一。

③阈电位水平。阈电位下移，由最大舒张电位到达阈电位的距离缩小，自律性增高；反之，阈电位上移，则自律性降低（图4-13）。

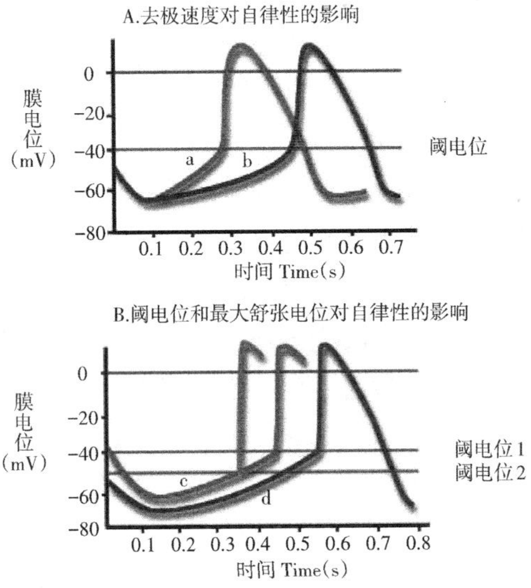


**图4-13 影响自律性的因素**

3. 心肌的传导性和兴奋在心脏内的传导

心肌一处发生兴奋后，由于兴奋部位和邻近安静部位的膜之间存在电位差，产生局部电流，从而刺激安静部位的膜发生兴奋。此外，心肌细胞之间的"闰盘"为低电阻的缝隙连接，局部电流很易通过，引起相邻细胞的兴奋，导致兴奋在心脏的同种细胞和心脏内不同组织间的传导。

（1）心脏内兴奋传导途径和特点

窦房结是心脏的起搏点，由P细胞和过渡细胞组成。P细胞是自律细胞，具有起搏作用，过渡细胞位于窦房结的周边，作用是将P细胞的兴奋传播到相邻的心房肌细胞。心房内兴奋的传播除了由心房肌直接传播外，还可通过心房肌内混杂的浦肯野样细胞的"优势传导通路"进行，从而保证窦房结的兴奋可快速传到左右心房。同时，窦房结的兴奋沿着"优势传导通路"迅速传到房室交界，经房室束（希氏束）传到左右束支，最后经浦肯野纤维到达心室肌（图4-14）。心房和心室间由结缔组织的纤维环隔开，心房肌和心室肌之间也无直接的电联系，心房和心室间唯一传递兴奋的通道是房室结。

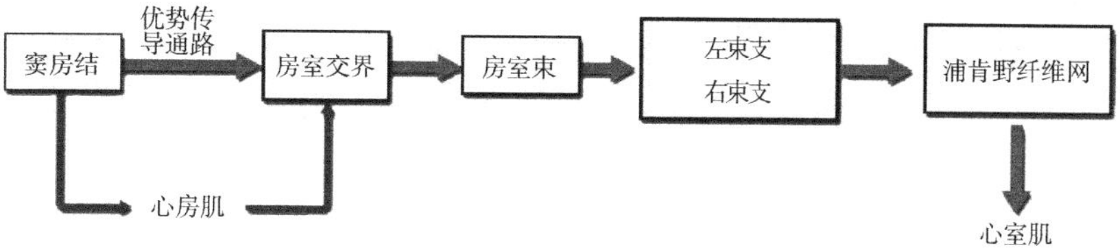


**图4-14　心内兴奋传布途径示意图**

兴奋在心脏不同部位的传导速度不同，从窦房结到心室的传导有快-慢-快的特点。

心房肌的传导速度约0.4 m/s，“优势传导通路”为1.0 ~ 1.2 m/s，传导速度较快，窦房结的兴奋几乎同时传播到左右心房，使两侧心房几乎同时兴奋收缩，形成一个功能合胞体（Functional syncytium）。

房室交界处的细胞体积小，细胞间缝隙连接少，兴奋在房室交界处的传导速度很慢，仅为0.02 ~ 0.05 m/s，使房室交界处传导约需0.1 s。这种窦房结的兴奋在传向心室的过程中，在房室交界处延缓一段时间的现象，称为房-室延搁（Atrio-ventricular delay）。房室交界处是在生理情况下，兴奋由心房进入心室的唯一通道，房室交界处的缓慢传导保证了心房先收缩，将血液进一步挤入心室后心室再开始收缩，即心房心室依次收缩，从而避免房室收缩重叠，有利于心脏的充盈和射血。

兴奋经过房室交界处后，到达房室束，房室束是由浦肯野细胞组成的浦肯野系统，进入室间隔分成左、右束支，并进一步分成分支分布到心室侧壁，最终分支为浦肯野纤维并交织成网，与心室肌细胞相连。浦肯野细胞体积大，有的甚至可超过心室肌细胞，缝隙连接也丰富，其传导速度可达2 ~ 4 m/s，所以兴奋在浦肯野系统中的传导速度很快，仅耗时0.03 s，因此可几乎同时到达心室各部位，从而保证左右心室的同时兴奋收缩。

（2）影响传导性的因素

①结构因素。心肌细胞兴奋传导的速度与细胞的直径有关。直径大，横截面积较大，则对电流的阻力较小，局部电流传播的距离较远，兴奋传导较快。反之，细胞直径较小，则兴奋传导慢。例如，羊的浦肯野纤维直径为70 μm，传导速度为4 m/s，而房室交界细胞直径只有3 ~ 4 μm，传导速度为0.05 m/s。另外，细胞间缝隙连接的数量也是重要因素。在窦房结或房室交界处，细胞间缝隙连接数量少，传导速度慢。

②动作电位0期去极速度和幅度。动作电位去极速度和幅度愈大，其形成的局部电流也愈大，达到阈电位的速度也愈快，使传导速度加快。快反应细胞和慢反应细胞传导速度的差异就是一个例证。

③邻近未兴奋部位的兴奋性。兴奋的传导是相邻细胞膜依次兴奋的过程。因此，邻近未兴奋部位心肌细胞的静息电位与阈电位的差距必然会影响兴奋的传导。当二者的差距扩大时，膜去极化达阈电位水平所需的时间延长，兴奋性降低，传导速度减慢。此外，只有邻近未兴奋部位细胞膜的兴奋性正常，兴奋才能正常传导。若邻近细胞膜已接受了一个刺激产生期前兴奋，且正处于有效不应期内，其兴奋性为零，便不可能再接受刺激产生兴奋，导致传导阻滞；若传导来的兴奋落在期前兴奋的相对不应期或超常期内，则传导减慢。

4. 心肌的收缩性

心肌具有收缩性，即心房、心室工作细胞接受阈刺激或阈上刺激后，具有产生收缩反应的能力。心肌通过收缩为血液循环提供动力。心肌细胞收缩的机制与骨骼肌相同。在正常情况下心肌细胞仅接受来自窦房结的节律性兴奋的刺激而收缩，其收缩时表现为以下特点：

(1)依赖细胞外$Ca^{2+}$的内流。心肌细胞和骨骼肌细胞都以$Ca^{2+}$作为兴奋–收缩偶联的媒介。心肌细胞的肌浆网不发达，$Ca^{2+}$储存量少，兴奋–收缩偶联所需的$Ca^{2+}$一部分由细胞外转运进细胞内。因此，在一定范围内，细胞外液中$Ca^{2+}$的浓度升高，心肌兴奋时$Ca^{2+}$内流增多，心肌收缩力增强；反之则减弱。当细胞外液中$Ca^{2+}$的浓度降低到一定程度时，心肌虽仍然能兴奋，但不能发生收缩，称为兴奋–收缩脱偶联。

(2)不发生强直收缩。与骨骼肌细胞相比，心肌细胞兴奋性变化的特点是有效不应期特别长，相当于心肌收缩时的缩短期和舒张早期之和。在此期间将不会接受任何新的刺激，产生新的兴奋，即心肌细胞收缩后，只有进入舒张中后期后才能接受新的刺激，产生下一次新的收缩。因此不会出现复合收缩的现象，也不会发生强直收缩，只能是一次次收缩、舒张交替进行的单收缩。

(3)“全或无”式收缩。即心脏的收缩一旦引起，它的收缩强度就是近于相等的，而与刺激的强度无关。这是因为心肌细胞之间的闰盘区电阻很低，兴奋易于通过；另外心脏内还有特殊传导系统可加速兴奋的传导，故当某一处心肌细胞兴奋时，可引起组成心房或心室的所有心肌细胞都进行同步收缩，称为“全或无”式收缩。这种方式的收缩力量大，有利于提高心脏的泵血效率。因此，可将心房或心室看成是功能上的“合胞体”。

## 三、心电图

每个心动周期中，由窦房结产生的兴奋，依次传向心房和心室。在兴奋传导过程中，由于已兴奋的膜与暂未兴奋的膜之间，或已复极的膜与尚处于兴奋状态的膜之间存在电位差，因此心脏内兴奋的传导表现为有一定方向、大小和时程的电位变化。这种电位变化可通过周围组织传导到全身，使身体各部位在每一心动周期中都发生有规律的电变化，并可用仪器在体表进行记录。将引导电极置于肢体或躯体一定部位记录到的心电变化曲线，称为心电图(Electrocardiogram, ECG)。它反映的是心脏兴奋的产生、传导和恢复过程中的生物电变化，而与心脏的机械收缩活动无直接关系。因此，心电图是整个心脏在心动周期中各细胞电活动的综合向量变化。

从体表引导出心电的连接方式称为导联。不同导联描记的心电图，具有各自的波形特征。但基本上都包括一个P波，一个QRS波群和一个T波(图4–15)。有时在T波之后还可出现一个小的U波。

1. P波

P波代表两心房的去极化过程。虽然窦房结去极化发生在心房之前，但由于窦房结太小，所产生的电位差不能从体表记录到。P波形小而圆钝，其宽度反映去极化在整个心房传播所需的时间。

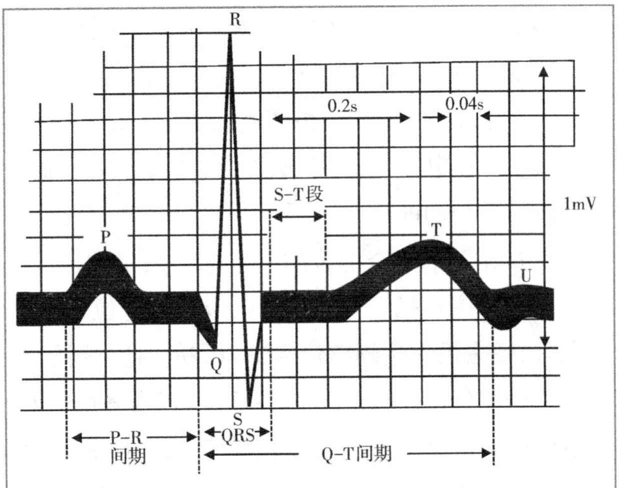

图4–15 正常心电图波形模式图

2. PR间期

PR间期是指从P波的起点到QRS波起点之间的时程。P波和QRS波之间的间期反映去极化从窦房结产生经过房室交界、房室束、束支和浦肯野纤维网到达心室肌所需要的时间。

3. QRS综合波

当去极化在心室肌内传导时，体表上出现的电位变化为QRS综合波，包括三个紧密相连的电位波动：第一个是向下的Q波，随后是高而尖峭的向上的R波，最后是向下的S波。QRS综合波幅度远较P波大，这是因为心室组织的体积大于心房；QRS综合波的时间比P波短，这是因为去极化通过浦肯野纤维和心室肌的传播速度很快。Q、R、S各波的波幅在不同的导联中变化较大。

4. S-T段

在QRS综合波之后，电位回到基线或接近基线，直到T波开始。这个短暂的等电位相S-T段，是心室各部分都处于去极化状态的一个时期，故各引导电极之间不存在电位差。S-T段也反映心室肌细胞动作电位平台期的长短。

5. T波

心室的复极化产生T波，它相当于动作电位的2期末和3期。T波的时程明显长于QRS波。狭窄的QRS综合波是由快速传导的去极化通过心室肌所产生的，而宽的T波则反映心室各细胞不同步的复极化。

6. U波

心电图中有时在T波之后可见一个小的偏转，称为U波。其发生机制不详。一般推测U波与浦肯野纤维网的复极化有关，因为它们的动作电位时程比心室肌长，复极更迟。

7. Q-T间期

从QRS综合波的开始到T波结束，称为Q-T间期，代表心室开始去极至心室完全复极所经历的时间。Q-T间期的时程与心率呈反变关系，心率愈快，Q-T间期愈短。

**案例**

近日接诊一病犬，精神倦怠，反应迟钝，嗜睡，四肢无力。听诊：肠蠕动减弱，心音减弱，心律失常。主诉：病犬5 d前出现腹泻、呕吐且症状非常严重。经当地兽医输液治疗，第3 d腹泻、呕吐症状基本消失，但是病犬仍不食，出现昏睡症状。通过眼观与病史了解，怀疑为低血钾造成的。血清学检测血清钾浓度为2.3 mmol/L（正常值为4.37～5.37 mmol/L）。确诊为犬低血钾症。采取了静脉补钾治疗，2 d后病情好转。

**问题与思考**

低血钾对犬心肌特性的影响？

**提示性分析**

低血钾时，心肌细胞膜对$K^+$的通透性降低，因而静息电位增大，与阈电位距离缩短，心肌细胞兴奋性升高；因0期去极幅度减小，心肌细胞传导性降低；静息时心肌细胞膜对$K^+$的通透性降低，$Na^+$内流相对加快，故快反应细胞的自律性升高；因平台期复极钾外流减慢，$Ca^{2+}$内流减少，故心肌收缩性减弱。但对犬心肌特性的影响与$K^+$降低的程度相关。

# 第二节　血管生理

## 一、血管的种类和功能

血管系统由动脉、毛细血管和静脉3类血管组成。血液从心脏的搏出是间断的，但在血管中的流动是持续的。血液经过毛细血管时与组织细胞进行物质交换，再经静脉流回心脏。所以，血管的功能不仅是运输血液，而且在维持血压、调节血流以及实现与组织细胞的物质交换等方面都有重要的作用。各类血管因管壁结构和所在的位置不同，其功能也各有特点。按组织学结构，可分为大动脉、中动脉、小动脉、微动脉、毛细血管、微静脉、小静脉、中静脉和大静脉等(图4-16)。按生理功能可将血管分为以下几类：

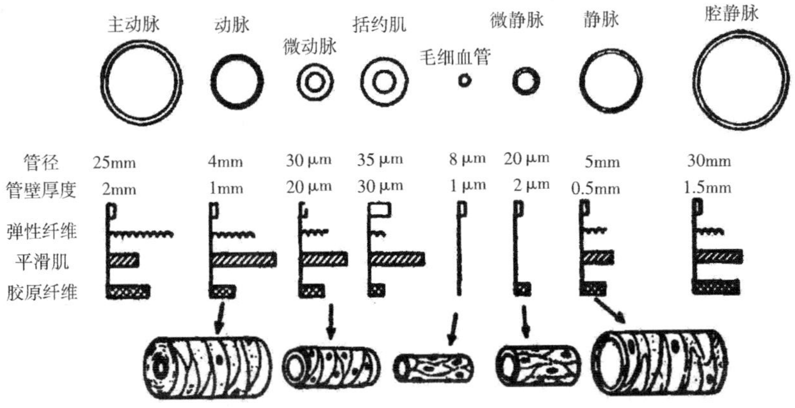


图4-16　各类血管的管径、管壁厚度和几种组织的比例示意图

### (一)弹性贮器血管

弹性贮器血管(Windkessel vessel)是指主动脉、动脉主干及其发出的大分支血管。这些血管管壁厚，富含弹性纤维，有明显的可扩张性和弹性。左心室收缩射血时，主动脉压升高，从心室射出的血液一部分向前流动进入外周，另一部分则储存在大动脉中，使大动脉管壁扩张，同时也将心脏收缩所产生的部分能量以血管壁弹性势能的形式储存起来。当心脏进入舒张期时，主动脉瓣关闭，大动脉管壁的弹性回缩又将这些弹性势能转变为动脉血向前流动的动能。大动脉的这种弹性贮器作用使心室的间断射血得以转化为血液在血管中的连续流动，并减小在心动周期中动脉血压的波动幅度(见后)。

### (二)分配血管

分配血管(Distribution vessel)是指中动脉，即从弹性贮器血管以后到分支为小动脉前的动脉管道，其中膜的平滑肌较多，故管壁收缩性较强，其功能是将血液输送至各器官、组织。

### (三)毛细血管前阻力血管

小动脉和微动脉的管径较小，对血流的阻力较大，称为毛细血管前阻力血管(Precapillary resistance vessel)。微动脉是最小的动脉分支，其直径一般为几十微米。微动脉管壁含有丰富的血管平滑肌，在平时保持一定的紧张性收缩，它们的舒缩活动可引起血管口径的明显变化，从而改变所在器官、组织的血流阻力和血流量，对于维持一定的动脉血压也起到重要的作用。

### (四)毛细血管前括约肌

在真毛细血管的起始部常有平滑肌环绕,称为毛细血管前括约肌(Precapillary sphincter)。实际上,毛细血管前括约肌是末梢微动脉管壁末端的一些平滑肌,属于阻力血管的一部分,它的舒缩活动可以控制毛细血管的开放或关闭,因此可控制毛细血管开放的数量和进入毛细血管的血流量。

### (五)交换血管

交换血管(Exchange vessel)是指真毛细血管。其管壁仅由单层扁平内皮细胞构成,其外只有一薄层基膜包被。毛细血管壁的通透性很高,多种物质都能通过毛细血管转运,是血液和组织液之间进行物质交换的主要场所。

### (六)毛细血管后阻力血管

毛细血管后阻力血管(Postcapillary resistance vessel)是指微静脉。微静脉的管径较小,可对血流产生一定的阻力,但其产生的阻力在血管系统总阻力中只占很小比例。然而,微静脉的舒缩活动可影响毛细血管前阻力和毛细血管后阻力的比值,继而改变毛细血管的血压及血容量以及滤过作用,影响体液在血管内和组织间隙内的分配情况。

### (七)容量血管

容量血管(Capacity vessel)是指静脉血管。与同级的动脉相比较,静脉的数量较多、口径较粗、管壁较薄、可扩张性及容量较大。在安静状态下,60 %~70 %的循环血量容纳在静脉系统中,因此,静脉血管在血管系统中可以发挥血液贮存库的作用,称为容量血管。

### (八)短路血管

在血管床中还存在小动脉和小静脉之间的直接吻合,称为短路血管(Shunt vessel)或动-静脉短路(Arteriovenous shunt),主要分布于末梢等处的皮肤中,在功能上与体温调节有关。在短路血管开放时,小动脉内的血液不经过毛细血管而直接流入小静脉。当环境温度升高时,短路血管开放增多,皮肤血流量增加,因此皮肤温度升高,散热量增加。相反,当环境温度降低时,短路血管关闭,减少皮肤的散热量。

## 二、血流量、血流阻力与血压

血流动力学(Hemodynamics)是流体力学的一个分支,指血液在心血管系统中流动的力学,主要研究血流量、血流阻力、血压以及它们之间的相互关系。由于血管系统是比较复杂的弹性管道系统,血液是含有血细胞与胶体物质等多种成分的液体而不是理想液体,因此血流动力学既具有一般流体力学的共性,又有其自身的特点。

### (一)血流量与血流速度

单位时间内流过血管某一横断面的血量,叫作血流量(Blood flow),或容积速度(Volume velocity),常以mL/min或L/min表示。血流量($Q$)大小主要取决于血管系统两端的压力差($\Delta P$)和血管对血流的阻力($R$)。三者的关系是:$Q=\Delta P/R$。在体循环系统中,$Q$相当于心输出量。按照流体力学规律,在封闭的管道系统内,各个横断面的流量都是相等的,因此,在整个循环系统中，动脉、毛细血管和静脉系统各段血管总横断面血流量也都基本相等，即大致等于心输出量。

血液中一个质点在血管内移动的速度称为血流速度(Blood flow rate)。血液在血管内流动时，其血流速度与血流量呈正比，与血管的截面积呈反比。在整个血管系统中，主动脉的截面积最小，而毛细血管的截面积最大。因此，血流速度在主动脉中最快，可达40~50 cm/s；在毛细血管中最慢，仅达0.05~0.08 cm/s。

(二)血流阻力

血液在血管内流动时所遇到的阻力称为血流阻力(Blood flow resistance)。血流阻力产生于血液流动时所发生的血液与血管壁以及血液内部之间的相互摩擦。这种摩擦必然消耗能量，一般表现为热能散失。因此，血液在血管内流动时压力逐渐降低。血流阻力一般不能直接测量，而是通过测量血流量和血管两端的压力差计算得出的：

根据泊肃叶定律$Q=\triangle P\pi r^4/8\eta l$，又根据欧姆定律$Q=\triangle P/R$，则可计算出血流阻力的方程式，即：

$$R=8\eta l / \pi r^4$$

式中$\eta$为血液黏滞度，$l$为血管长度，$r$为血管半径。

由此可见，血流阻力与血管的长度和血液的黏滞度呈正比，与血管半径的4次方呈反比。由于血管的长度在生理情况下变化很小，因此血流阻力主要由血管半径和血液黏滞度决定。对于某一个器官来说，若血液黏滞度不变，则该器官血流量的多少主要取决于它的阻力血管口径的大小。阻力血管口径扩大时，血流阻力降低，器官血流量增加；反之，当阻力血管口径缩小时，血流阻力升高，器官血流量减少。因此，机体可以通过控制各器官阻力血管的口径而改变血流阻力，从而有效地调节各器官的血流量。

循环系统总的阻力等于动脉、毛细血管和静脉系统阻力的总和。就单根血管而言，毛细血管的半径最小，其单位长度的阻力最大，但是从循环系统各段血管(指大动脉、小动脉、毛细血管、小静脉、大静脉)的总截面来看，由于毛细血管的数量巨大，其总的截面积极大，故毛细血管总的阻力在整个循环阻力中是最低的。单根微动脉的半径虽然大于毛细血管，但全身微动脉的总截面积远小于毛细血管的总截面积，因此在完整机体中微动脉的阻力远高于毛细血管。更为重要的是，交感缩血管神经纤维末梢在小动脉和微动脉上分布的密度最高，对这些血管舒缩(即口径)的影响尤为明显，可使小动脉和微动脉的阻力发生很大的变化。因此，小动脉和微动脉是循环阻力产生的主要部位，在外周阻力的调节中起决定性的作用，故称为阻力血管。

血液黏滞性是决定血流阻力的另一因素，它与血细胞比容、血脂含量、血管半径和温度等因素有关。

(三)血压

1. 血压的概念及其测定

血压(Blood pressure)是指血管内的血液对单位面积血管壁的侧压力，实际上为压强。按照国际标准计算单位规定，压强单位为帕(Pa)或千帕(kPa)，但通常习惯用毫米汞柱(mmHg)来表示，并以大气压为生理零值，1 mmHg=0.133kPa。

血压测定方法有直接和间接测定两种。在生理急性实验中多用直接测量法，即将导管一端插入实验动物动脉血管，另一端与带有U管的水银检压记相连，通过观察U管两侧水银柱高度差值，便可直接读出血压数值。但此法仅能测出平均血压的近似值，不能精确反映心动周期中血压的瞬间变动值。临床上常用听诊法间接测定人肱动脉的收缩压和舒张压。动物血压的间接测定也常用听诊法，或采用压力传感器将压力的变化转换为可直接读取的数值。

2. 血压的形成

(1)血液充盈心血管系统是形成血压的基础。血液充盈的程度决定于血量与血管系统容量之间的相互关系，血量增多，血管容量减少，则充盈程度升高；反之，则充盈程度下降。在狗的实验中，在心跳暂停、血液不流动的条件下，循环系统平均的充盈压约为7 mmHg。

(2)心脏收缩射血是形成血压的原动力。心室收缩所释放的能量，可分解为两个部分：一部分以动能形式推动血液流动；另一部分以势能形式作用于动脉管壁，使其扩张。当心动周期进入舒张期，心脏停止射血时，动脉管壁弹性回缩，将储存于管壁的势能释放出来，转变为动能，继续推动血液向外周流动(图4-17)。由于心脏射血是间断性的，因此在心动周期中，动脉血压出现周期性变化。

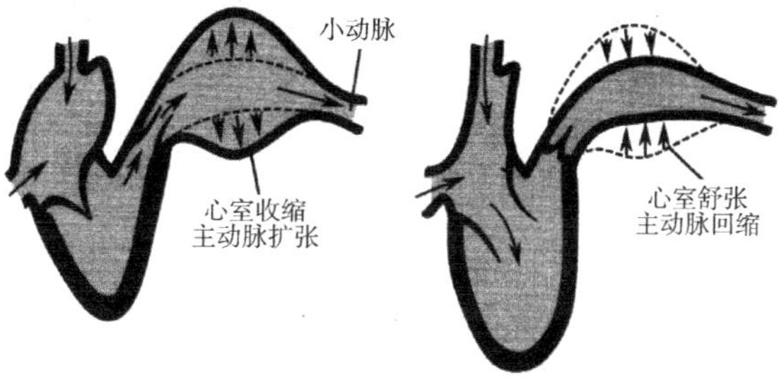


图4-17　主动脉的弹性贮器作用

(3)外周阻力是形成血压的重要因素。如果仅有心室收缩做功，而不存在外周阻力，那么心室收缩的能量将全部表现为动能，射出的血液毫无阻碍地流向外周，对血管壁就不会形成侧压力。可见，血压的形成是在血液充盈心血管系统的基础之上，通过心室收缩射血和外周阻力相互作用的结果。

由于血液从大动脉流向外周并最后回流心房，沿途不断克服阻力而大量消耗能量，所以从大动脉、小动脉至毛细血管、静脉，血压递降，直至能量耗尽，以至当血液返回接近右心房的大静脉时，血压可降至零，甚至还可能是负值，即低于大气压(图4-18)。

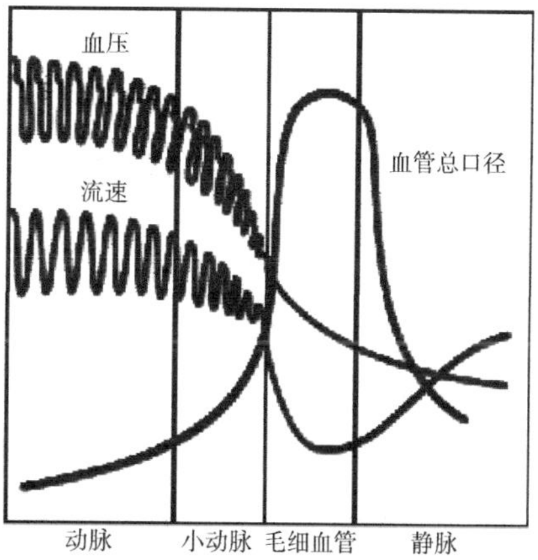


图4-18　血管各段血压、流速和血管总口径的关系示意图

## 三、动脉血压与动脉脉搏

### (一)动脉血压及其正常值

动脉血压(Arterial blood pressure)是动脉内的血液对动脉管壁单位面积的侧压力。通常所说的血压，就是指动脉血压。每一心动周期中，心脏收缩时，动脉血压升高所达到的最高值，称为收缩压(Systolic pressure)，心脏舒张时，动脉血压下降到的最低值，称为舒张压(Diastolic pressure)。收缩压与舒张压之差，称为脉搏压(Pulse pressure)或脉压，它可反映动脉血压波动的幅度。在整个心动周期中，动脉血压的平均值称为平均动脉压(Mean arterial blood pressure，MABP），即一个心动周期中每一瞬间动脉血压的平均值。因心舒期持续时间较心缩期长，故平均动脉压较接近舒张压，大致等于舒张压+1/3脉压（图4-19）。动物血压通常用收缩压和舒张压来表示。例如，马的动脉血压可写为17.29/12.64 kPa（130/95 mmHg）。

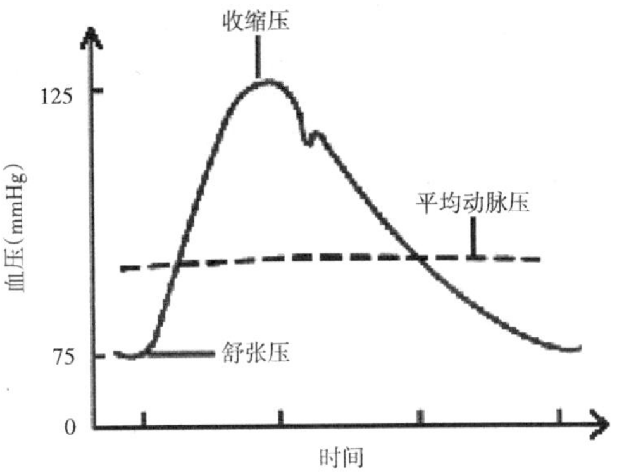

图4-19　收缩压、舒张压和平均动脉压的关系示意图

不同种属动物的动脉血压各不相同，血压正常值（表4-1）受到动物种类、性别、年龄以及生理状态的影响。夜间会降低，雌性低于雄性。从出生经青壮年到衰老，动脉收缩压递增。

表4-1　各种成年动物典型的动脉血压

| 动物种类 | 收缩压 | 舒张压 | 平均动脉压 |
|---|---|---|---|
| 长颈鹿 | 34.58 kPa（260 mmHg） | 21.28 kPa（160 mmHg） | 29.13 kPa（219 mmHg） |
| 马 | 17.29 kPa（130 mmHg） | 12.61 kPa（95 mmHg） | 15.30 kPa（115 mmHg） |
| 牛 | 18.62 kPa（140 mmHg） | 12.64 kPa（95 mmHg） | 15.96 kPa（120 mmHg） |
| 猪 | 18.62 kPa（140 mmHg） | 10.64 kPa（80 mmHg） | 14.63 kPa（110 mmHg） |
| 绵羊 | 18.62 kPa（140 mmHg） | 11.97 kPa（90 mmHg） | 15.16 kPa（114 mmHg） |
| 人 | 15.96 kPa（120 mmHg） | 9.31 kPa（70 mmHg） | 13.30 kPa（100 mmHg） |
| 狗 | 15.96 kPa（120 mmHg） | 9.31 kPa（70 mmHg） | 13.30 kPa（100 mmHg） |
| 山羊 | 18.62 kPa（140 mmHg） | 11.97 kPa（90 mmHg） | 14.63 kPa（110 mmHg） |
| 家兔 | 15.96 kPa（120 mmHg） | 10.64 kPa（80 mmHg） | 13.30 kPa（100 mmHg） |
| 豚鼠 | 13.30 kPa（100 mmHg） | 7.98 kPa（60 mmHg） | 10.64 kPa（80 mmHg） |
| 大鼠 | 14.63 kPa（110 mmHg） | 9.31 kPa（70 mmHg） | 11.97 kPa（90 mmHg） |
| 小鼠 | 14.76 kPa（111 mmHg） | 10.64 kPa（80 mmHg） | 13.30 kPa（100 mmHg） |
| 火鸡 | 33.25 kPa（250 mmHg） | 22.51 kPa（170 mmHg） | 25.27 kPa（190 mmHg） |
| 鸡 | 23.28 kPa（175 mmHg） | 19.29 kPa（145 mmHg） | 21.28 kPa（160 mmHg） |
| 金丝雀 | 29.26 kPa（220 mmHg） | 19.95 kPa（150 mmHg） | 24.61 kPa（185 mmHg） |

资料来源：Swenson M J. Dukes，Physiology of Domestic Animals，1984

（二）影响动脉血压的因素

1. 每搏输出量

在其他因素一定的情况下，每搏输出量增加可使射入动脉内的血量增多，主动脉管壁所受到的侧压力增大，收缩压升高。由于收缩压升高，血流速度加快，则在心室舒张期，大动脉内容纳的血量增加相对不多,导致舒张压升高不明显。因此,当心脏每搏输出量增加时,动脉血压的升高主要表现为收缩压的升高,故脉压增大。反之,当心脏每搏输出量减少时,则主要使收缩压降低,脉压减小。因此,在一般情况下,收缩压的高低主要反映每搏输出量的多少,二者呈正相关。分析血压变化,主要看当时留在血管中的血量相应是增加还是减少。

2. 心率

每搏输出量和外周阻力不变的情况下,心率增快,心舒期缩短,舒张期间流向外周的血量减少,致使心舒末期主动脉内存留的血量增多,舒张压明显升高。由于动脉血压升高,可使血流速度加快,因此,在心缩期内仍有较多的血液从主动脉流向外周。所以,尽管收缩压也升高,但不如舒张压升高明显,表现为脉压减小。反之,心率减慢时,舒张压比收缩压降低的幅度更大,脉压增大。故心率的变化主要影响舒张压的大小,二者呈正相关。

3. 外周阻力

如果心输出量不变而外周阻力增大时,即小动脉和微动脉口径缩小,阻止动脉血液流向外周,使心舒期末主动脉和大动脉内的血量增多,舒张压明显升高。在心室收缩期内,由于动脉血压升高使血流速度加快,留在主动脉的血量增加相对不多,故收缩压的升高不明显,因而脉压也就相应减小。反之,当外周阻力减小时,舒张压比收缩压的降低幅度更大,故脉压增大。因此,在一般情况下,舒张压的高低主要反映外周阻力的大小,二者呈正相关。

血液黏滞度也是构成外周阻力的因素。血液黏滞度增加(如动物脱水、大量出汗时),血液密度加大,与血管壁之间以及血液成分之间的相互摩擦阻力也加大,这些因素都使血流的外周阻力增大,将明显影响舒张压的变化。

4. 主动脉和大动脉的弹性

大动脉管壁弹性扩张主要是起缓冲血压的作用,使收缩压降低,舒张压升高,脉搏压减少。反之,当大动脉硬化,弹性降低,缓冲能力减弱时,则收缩压升高而舒张压降低,使脉搏压加大。

5. 循环血量与血管系统容量的比例

正常机体循环血量与血管容积是相适宜的,使血管内血液保持一定程度的充盈,以显示一定的压力。如在大失血时,循环血量迅速减小,而血管容量未能相应减少,可导致动脉血压急剧下降,危及生命。若血管容量增大而血量不变时,如细菌毒素的作用,使全身小血管扩张,血管内血液充盈度降低,血压急剧下降。

在分析各种因素对血压影响时,都是在假定其他因素不变的情况下,某单个因素变化时对血压变化可能产生的影响。在整体情况下,只要有一个因素发生变化就会影响其他因素的变化,因此,血压的变化是各个因素相互作用的结果,分析时需要综合考虑。在各种因素中,循环血量、动脉管壁弹性以及血液黏滞度等,在正常情况下基本无变化,对血压变化不起经常性的作用;而每搏输出量和外周阻力由于受心缩力和外周血管口径的直接影响,经常处于变化状态。因此,这两项因素是影响血压变化最经常、最主要的因素。动物有机体主要通过神经和体液途径,调节心缩力量和血管的舒缩反应,使血压的变化适应有机体在不同状况下的需要。

**案例**

据报道，脑卒中、心脏意外等心血管疾病导致的死亡已占全球人口死亡的30%，其中62%的卒中病例和49%的心肌梗死病例都是由高血压引起的。第21届国际高血压学会公布，全世界高血压患者约有9亿7220万，相当于成人的26.4%。我国成人高血压患病率为18.8%，全国有高血压患者约1.6亿。我国高血压的特点是"三高三低"，患病率高、增长趋势高、危害性高，同时知晓率低、治疗率低、控制率低。2005年《中国高血压防治指南》指出降压达标是减少心血管事件发生的关键，收缩压降低2 mmHg，可降低缺血性心脏病死亡率7%，降低卒中死亡率10%。

**问题与思考**

高血压发病可能的原因是什么？

**提示性分析**

高血压发病的原因至今未明，高血压发病的生理学基础有二：一是神经元学说，因精神紧张、焦虑、烦躁等情绪变化，导致中枢肾上腺素神经元活动过强，进而兴奋缩血管神经，导致小血管收缩，血流阻力增加，血压升高；二是肾素-血管紧张素-醛固酮系统平衡失调学说，导致血液中血管紧张素释放增加，血管收缩，醛固酮促进肾小管对$Na^+$、水重吸收，血容量增加，血压升高。

（三）动脉脉搏

在每个心动周期中，伴随心脏的收缩和舒张，动脉内的压力和容积发生周期性变化，引起动脉管壁的起伏搏动，称为动脉脉搏(Arterial pulse)，简称脉搏。这种搏动以弹性压力波的形式沿动脉管壁向末梢血管传播出去，就形成脉搏波(Pulse wave)。

1. 动脉脉搏的波形

用脉搏描记仪记录的浅表动脉脉搏的波形图称为脉搏图。因描记方法和部位不同，动脉脉搏的波形有差异，一般包括上升支与下降支两部分(图4-20)。上升支是由于心室快速射血，动脉压力迅速上升，管壁突然扩张而形成的，它在时间上相当于第一心音。心输出量少、射血速度慢、阻力大，则上升速度慢(斜率小)、波幅小；反之，则上升速度快(斜率大)、波幅大。下降支是由于射血后期射血速度减慢，输出量减小，进入动脉的血量减小，故动脉压力降低，动脉弹性回缩，形成下降支前段。随着心室舒张，主动脉压力迅速下降。在主动脉瓣关闭的一瞬间(在时间上相当于第二心音)，血液向心室方向倒流，管壁回缩使下降支急促下降，形成一个小切迹，称为降中峡(Dicrotic notch)。但由于此时动脉瓣已关闭，倒流的血液被主动脉瓣弹回，动脉压再次稍有上升，又形成一个短暂的小波，称为降中波(Dicrotic wave)。随后在心室舒张期，管壁继续回缩，动脉血液继续流向外周，脉搏波形继续下降，形成下降支后段，下降支的形状大体反映外周阻力的高低，如果外周阻力高，则降支前段下降速度较慢，切迹位置较高，如果外周阻力低，则降支前段下降速度较快，切

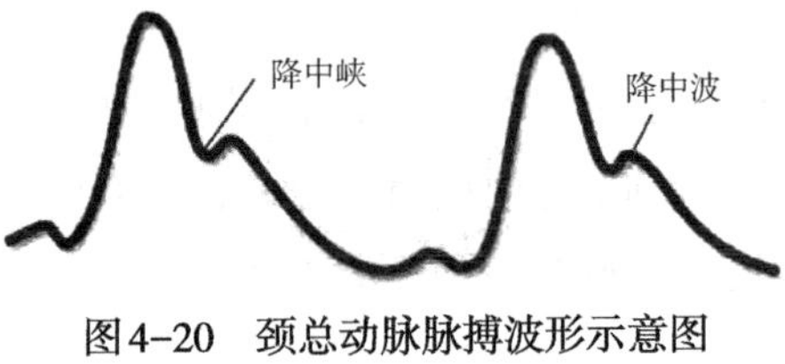

图4-20　颈总动脉脉搏波形示意图

迹位置较低。降中波以后的降支后段坡度小，较平坦。

某些心血管系统疾病会导致动脉脉搏波形的异常。如主动脉粥样硬化时，主动脉顺应性减小，弹性贮器作用减弱，动脉血压的波动幅度增大，脉搏波上升支的斜率和幅度也加大。而主动脉狭窄时，射血阻力大，上升支的斜率和幅度均较小；主动脉瓣关闭不全时，由于心舒期主动脉内血液反流入心室，主动脉血压急剧降低，降支不出现降中峡（图4-21）。

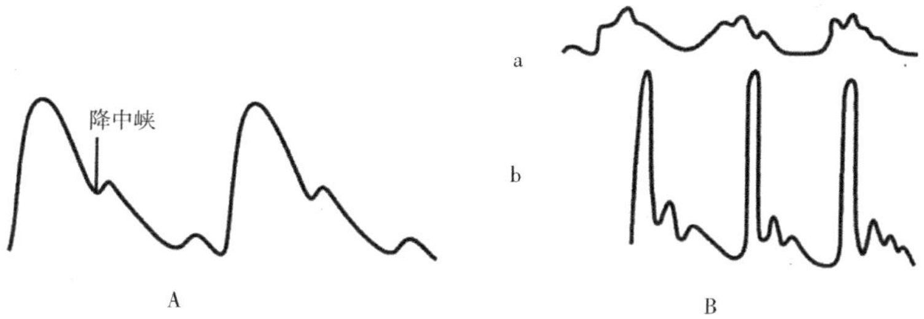


**图4-21　正常和病理情况下的动脉脉搏图**

**A.正常颈总动脉脉搏波形；B.病理情况下的桡动脉脉搏波形**

**（a.主动脉瓣狭窄；b.主动脉瓣闭合不全）**

2. 动脉脉搏波传播速度

脉搏是以波浪形式沿动脉管壁向末梢血管传播出去的，其传播速度远比血流速度快，动脉管壁可扩张性愈大，其传播速度愈慢。由于主动脉的可扩张性最大，故脉搏波在主动脉的传播速度最慢，约为3~5 m/s，大动脉的传播速度为7~10 m/s，小动脉为15~35 m/s。由于小动脉和微动脉阻力大，到毛细血管后，脉搏基本消失。老年人因动脉硬化，动脉顺应性降低，脉搏传播速度可增高到10 m/s。由于动脉脉搏与心输出量、动脉血管弹性以及外周阻力等因素密切相关，因此在某些情况下脉搏可以反映心血管系统的情况。

## 四、静脉血压与静脉回流

### （一）静脉血压

静脉血压（Venous pressure）是指静脉内血液对单位面积血管壁产生的侧压力。当循环血液流过毛细血管之后，其能量已大部分用于克服外周阻力而被消耗，因此到达微静脉部位的血流对管壁产生的侧压力已经很小，血压下降至2.00~2.67 kPa。由于静脉管壁薄，易扩张，容量大，较小的压力变化就能引起较大的容量改变，所以与动脉相比，在整个静脉系统中血压变化的梯度也很小。右心房作为体循环的终点，血压最低，接近于零。

通常把右心房或胸腔内大静脉的血压称为中心静脉压（Central venous pressure），而把各器官静脉的血压称为外周静脉压（Peripheral venous pressure）。中心静脉压的高低取决于心脏射血能力和静脉回心血量之间的相互关系。如果心脏机能良好，能及时将回心的血液射入动脉，则中心静脉压较低；反之，心脏射血机能减弱时，回流的血液淤积于右心房和腔静脉中，致使中心静脉压升高。另一方面，如果回心血量增加或静脉回流速度加快，会使胸腔大静脉和右心房血液充盈量增加，中心静脉压升高。因此，在血量增加，全身静脉收缩，或因微动脉舒张而使外周静脉压升高等情况下，中心静脉压都可能升高。可见，中心静脉压是反映心血管功能的又一指标。测量中心静脉压，分析其变化，有重要的临床意义。中心静脉压过低，常表示血量不足或静脉回流受阻。在治疗休克时，可通过观察中心静脉压的变化来指导输液。如果中心静脉压低于正常值下限或有下降趋势时，提示循环血量不足，可增加输液量；如果中心静脉压高于正常值上限或有上升趋势时，提示输液过快或心脏射血功能不全，应减慢输液速度和适当使用增强心脏收缩力的药物。

### （二）静脉回心血量及其影响因素

单位时间内静脉回心血量的多少取决于外周静脉压与中心静脉压之差，以及静脉对血流的阻力。因此，凡能影响外周静脉压、中心静脉压以及静脉血流阻力的因素，都可影响静脉回心血量。在静脉系统中，血液从微静脉到右心房的压力落差仅约15 mmHg，可见静脉对血流的阻力很小。除此之外，影响静脉回心血量的主要因素有以下几个方面。

1. 心肌收缩力。心肌收缩力是血液在心血管系统内流动的原动力。心脏收缩时将血液射入动脉，舒张时从静脉抽吸血液。如果心肌收缩力越强，则射血时心室排空越完全，心室舒张末期心室内压越低，对心房和大静脉内血液的抽吸力增大，促进静脉回流。当右心衰竭时，右心室收缩力量显著减弱，右心室射出的血液减少，则心舒期右心室内压力升高，右心房流至右心室的血液减少，导致在右心房和大静脉内血液淤积，中心静脉压升高，回心血量减少，动物易出现颈外静脉怒张、肝充血肿大、下肢水肿等体征；当左心衰竭时，左心房压和肺静脉压升高，引起肺淤血和肺水肿。

2. 骨骼肌的挤压作用。当骨骼肌收缩时，可对肌肉内和肌肉间的静脉发生挤压，推动其中的血液推开静脉管内壁上的静脉瓣，促使血液朝心脏方向流动，使静脉回心血流速度加快。由于静脉瓣游离端只朝心脏方向开放，因此，当肌肉舒张时，静脉血不至于倒流（图4-22）。

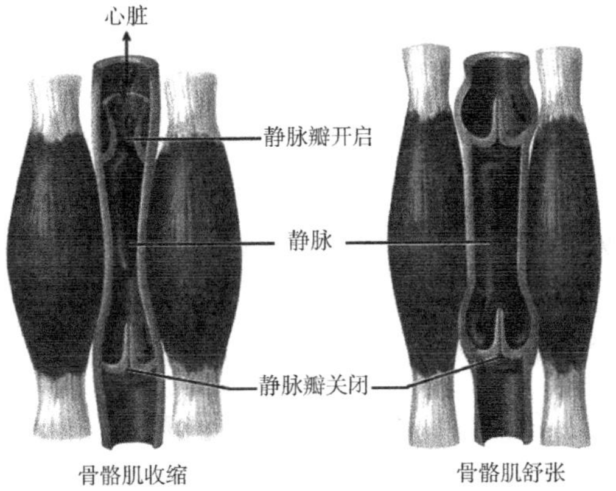


**图4-22　骨骼肌收缩对静脉回心血量的影响**

3. 胸腔负压的抽吸作用。呼吸运动时胸膜腔内压产生的负压变化，是促进静脉回流的重要因素。胸膜腔内的压力始终是负压（低于大气压），始终对胸腔内大静脉及心房产生扩张作用。吸气时，胸腔容积增大，胸膜腔的负压值进一步增大，对胸腔内的大静脉和右心房扩张作用更强，其内的压力进一步降低，对静脉回流抽吸作用增强，静脉回心血量增加；反之，呼气时，胸膜腔的负压值减小，对静脉回流抽吸作用相应减弱，静脉回心血量相应减少。

4. 体位改变。动物从平卧位变为直立位时，心脏水平以下的静脉扩张，容纳的血量增多，静脉回心血量减少；反之，静脉回心血量增多。如人长期平卧或下蹲，突然站立，可因大量血液积滞在心脏水平以下的静脉，导致静脉回心血量过少而发生“头晕眼花”现象。

## 五、微循环

微循环（Microcirculation）是指微动脉和微静脉之间的血液循环，其基本功能是实现血液和组织之间的物质交换。

### （一）微循环的组成

一个典型的微循环（如肠系膜的微循环）是由微动脉、后微动脉、毛细血管前括约肌、真毛细血管、通血毛细血管、动静脉吻合支和微静脉7个部分组成(图4-23)。①微动脉是小动脉的末梢分支,管壁有完整的平滑肌层,其舒缩可影响微循环的血液灌注量,起着控制微循环血流量的"总闸门"作用;②后微动脉是微动脉的分支,管壁只有一层平滑肌细胞,每根后微动脉供血给一根至数根真毛细血管;③真毛细血管由后微动脉以垂直方向分出,是物质交换的主要场所;④毛细血管前括约肌位于真毛细血管起始端,由1~2个平滑肌细胞形成一个环,其舒缩决定着进入每根真毛细血管的血量,在微循环中起"分闸门"的作用;⑤通血毛细血管是后微动脉的直接延伸,其管壁平滑肌很少。通血毛细血管经常处于开放状态,血流速度较快,其主要功能是使血液能快速进入静脉;⑥动静脉吻合支管壁结构与微动脉相似;⑦微静脉为微循环后阻力血管,其舒缩影响微循环的血液输出量,在微循环中起"后闸门"的作用。

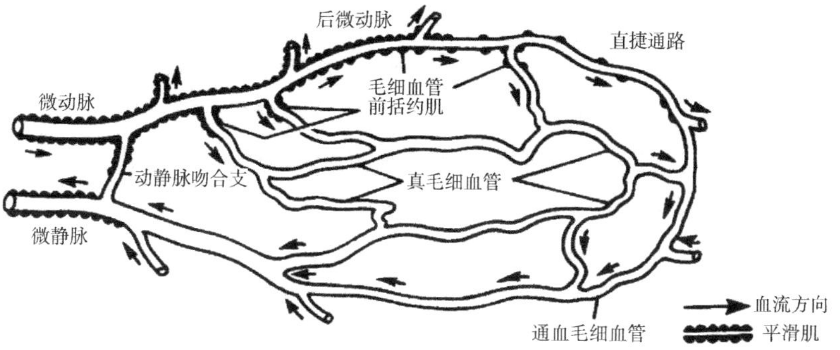


图4-23　微循环模式图

微循环的血液可通过3条途径由微动脉流向微静脉。

1. 动-静脉短路

血液由微动脉经动静脉吻合支直接流回微静脉,没有物质交换功能,又称为非营养通路。动-静脉短路(Arteriovenous shunt)主要分布于末梢等处的皮肤中,在一般情况下,动-静脉短路处于关闭状态,它的开闭活动主要与体温调节有关。当环境温度升高时,吻合支开放,深部组织代谢产生的热量随血流被带到体表,有利于散发热量;环境温度降低,吻合支关闭,有利于保存体内的热量。在多种疾病导致的休克中,动-静脉短路和直捷通路大量开放,患者虽处于休克状态,但皮肤仍较温暖,此即所谓的"暖休克"。此时,由于大量微动脉血液通过吻合支进入微静脉,未与组织细胞进行物质交换,故会加重组织缺氧,使病情恶化。

2. 直捷通路

直捷通路(Thoroughfare channel)是指血液经微动脉、后微动脉和通血毛细血管进入微静脉的通路。直捷通路常见于骨骼肌微循环中,其路径比较短而直,血流阻力较小,流速较快,与组织液进行物质交换较少,且经常处于开放状态。直捷通路的主要功能是使一部分血液经此通路快速流入静脉,以免血液过多地滞留于毛细血管网中,影响回心血量。

3. 营养通路

营养通路(Nutritional channel)是指血液从微动脉经后微动脉、毛细血管前括约肌进入真毛细血管网,再汇入微静脉的通路。真毛细血管网管壁薄,路径迂回曲折(又称迂回通路),穿行于各组织细胞间隙,血流缓慢,与组织接触面广,是完成血液与组织液间物质交换的主要场所。

真毛细血管是轮流交替开放的,一般每分钟交替5~10次,安静时,肌肉中大约只有20%的真毛细血管处于开放状态。其开放与否受毛细血管前括约肌控制,而毛细血管前括约肌的舒缩活动则主要受局部代谢产物的影响。当一处的真毛细血管关闭一段时间后，该处将聚积起较多的代谢产物，这些代谢产物将引起局部毛细血管前括约肌舒张，使相应的真毛细血管开放。与此同时，刚才处于开放状态的真毛细血管，则由于代谢产物被清除，毛细血管前括约肌收缩而进入关闭状态。如此继续下去，就造成了不同部分的毛细血管网的交替开放现象。当组织代谢水平增高时，局部代谢产物增多，开放的真毛细血管数量增加，流经微循环的血液量也增加，以与当时的组织代谢水平相适应。

（二）血液与组织液之间的物质交换

组织细胞之间的空间称为组织间隙，其中充满组织液，是组织细胞直接存在的环境。组织细胞与血液之间以组织液为媒介不断进行物质交换，物质交换的方式主要有：

1. 扩散

扩散是指液体中溶质分子经毛细血管壁顺浓度梯度进行转运的不耗能过程，是血液与组织液之间进行物质交换的最主要形式。毛细血管内外液体中的分子只要直径小于毛细血管壁的孔隙，就能通过管壁进出毛细血管。溶质分子在单位时间扩散的速率与该物质在管壁两侧浓度差、管壁对该物质的通透性及管壁有效交换面积等因素呈正比，与管壁厚度呈反比。由于物质分子扩散的速度远高于毛细血管血流速度，虽然血液流经毛细血管的时间短暂，但血浆和组织液中的各种物质分子仍有足够的时间进行交换。

2. 滤过和重吸收

由于毛细血管壁两侧液体的静水压和渗透压差异，液体中的水分和溶质可从静水压或渗透压高的一侧通过毛细血管壁向渗透压低的一侧发生移动。水分和溶质由毛细血管内向组织液的移动，称为滤过（Filtration），而向相反方向的移动则称为重吸收（Reabsorption）。如果组织液静水压高于血浆，水分子就会通过毛细血管壁以重吸收的方式移入血浆，水中的溶质分子如果直径小于毛细血管壁的孔隙，也可以随同水分子一起移入血浆。血液和组织液之间通过滤过和重吸收方式进行的物质交换，虽然仅占总的物质交换的很少一部分，但在组织液的生成和回流过程中起重要的作用。

3. 吞饮

吞饮（Pinocytosis）是指在毛细血管内皮细胞一侧的液体被毛细血管壁内皮细胞膜包围并摄入细胞内，形成小的吞饮泡。吞饮泡被运送至毛细血管壁内皮细胞的另一侧，并以出胞的方式被排到细胞外。这也是血液和组织液之间通过毛细血管壁进行物质交换的一种方式。一般认为，较大的分子如血浆蛋白等，可以通过这种方式进行交换。

## 六、组织液的生成

组织液是存在于组织细胞间隙内的一种液体，绝大部分呈胶冻状，不能自由流动，因而不会因重力作用而流到身体的低垂部分。但邻近毛细血管的小部分组织液呈溶胶液体状态，可自由流动。组织液中各种离子成分与血浆相同，但其中的蛋白质浓度明显低于血浆。组织液胶冻基质主要由胶原纤维及透明质酸细丝构成，这些成分不影响水及溶质在其中的自由扩散运动。

（一）组织液的生成与回流

在毛细血管中，血浆中的水和营养物质透过毛细血管壁进入组织间隙的过程称为组织液的生成；组织液中的水和代谢产物回到毛细血管内的过程称为组织液的回流。组织液是血浆滤过毛细血管壁而形成的。

1. 决定组织液生成与回流的组织结构基础是毛细血管的通透性

在电镜下可看到，毛细血管壁由单层内皮细胞构成，外面由一层基膜包围，总厚度约0.5 μm，内皮细胞之间相互连接处存在着细微的裂隙，裂隙宽度为6～7μm，被粘多糖类物质（主要是透明质酸）所填充，成为沟通毛细血管内外的许多小孔（图4-24）。毛细血管壁的这一特殊结构，决定了血浆中除血细胞及大分子的血浆蛋白外，血浆中的其他成分均可自由在壁处进出，成为决定组织液生成与回流的结构基础。

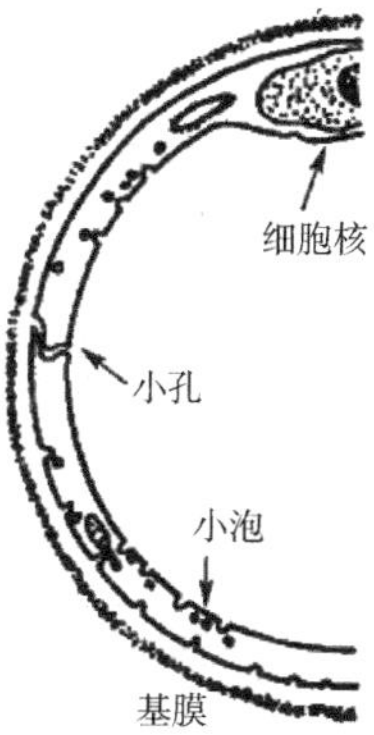

图4-24　毛细血管壁显微结构示意图

2. 决定组织液生成与回流的动力是有效滤过压

液体通过毛细血管壁的滤过和重吸收取决于四个因素：即毛细血管血压、组织液静水压、血浆胶体渗透压和组织液胶体渗透压（图4-25）。其中毛细血管血压和组织液胶体渗透压是促使液体由毛细血管内向血管外滤过的力量，而组织液静水压和血浆胶体渗透压是将液体从毛细血管外重吸收入血管内的力量。滤过的力量和重吸收的力量之差，称为有效滤过压（Effective filtration pressure）。即：

有效滤过压=（毛细血管压+组织液胶体渗透压）-（血浆胶体渗透压+组织液静水压）

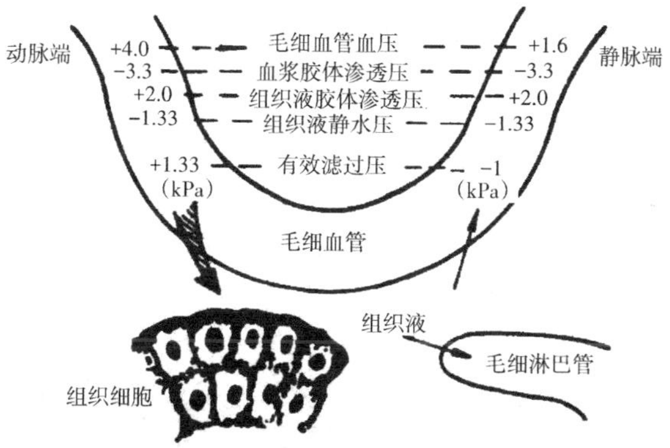

图4-25　组织液生成与回流示意图

+表示使液体滤出毛细血管的力量；-表示使液体重吸收到毛细血管的力量（1 mmHg=0.133 kPa）

由上式可以算出，在毛细血管的动脉端，有效滤过压为正值，约+1.33 kPa（10 mmHg），在毛细血管的静脉端，有效滤过压为负值，约-1 kPa（8 mmHg）。由此可以推断，组织液的生成主要发生在毛细血管的动脉端，从动脉端到静脉端的移行过程中，组织液的生成量逐渐减少，在毛细血管的静脉端组织液又不断地被重吸收，重吸收量占组织液生成量的90 %，另外10 %组织液通过淋巴系统回流入血液（图4-25）。

（二）影响组织液生成的因素

正常情况下，组织液生成和重吸收，保持着动态平衡，使血容量和组织液量能维持相对稳定。一旦与有效滤过压有关的因素发生改变和毛细血管通透性发生变化，将直接影响组织液的生成。

1. 毛细血管血压

毛细血管血压升高，则有效滤过压升高，组织液生成增多；反之，毛细血管血压降低，则有效滤过压降低，组织液生成减少。例如，右心衰竭或长时间静坐时，静脉回流受阻，毛细血管血压逆行性升高，有效滤过压增大，使组织液生成过多，出现组织水肿。

2. 血浆胶体渗透压

当血浆蛋白生成减少（如慢性消耗疾病、肝病等）或蛋白质排出增加（如肾病）时，均可导致血浆蛋白减少，血浆胶体渗透压下降，有效滤过压增大，从而使组织液生成增多，甚至发生水肿。如营养不良性水肿、肝病后期大量腹水等。

3. 毛细血管壁的通透性

如烧伤、过敏反应等，可使毛细血管通透性增大，血浆蛋白可能漏出，使血浆胶体渗透压降低，组织胶体渗透压上升，则有效滤过压增大，促使毛细血管内的液体更多地进入组织间隙，组织液生成增多。此时，如果淋巴回流不足以将积聚的组织液带走，就会出现水肿。

4. 淋巴回流

在正常情况下，淋巴管中的淋巴回流畅通，不仅能把组织液中的少量蛋白质输送回血液循环，而且在组织液生成增多时还能代偿地增加回流，把增多的组织液带走，防止组织液在组织间隙中过多积聚（见后），故可把它看成一种重要的抗水肿因素，如淋巴回流受阻（丝虫病、肿瘤压迫等），可因部分组织液无法顺利回流而致局部水肿。

## 七、淋巴液的生成与回流

淋巴系统是循环系统的一个组成部分，由淋巴管、淋巴结、脾等组成，是组织液回流入血的一条重要的旁路，在正常情况下，约10 %的组织液经此旁路回血。近年来有人认为，毛细淋巴管是广义微循环的一个组成部分。毛细淋巴管的盲端起始于组织间隙，相互吻合成网，并逐渐汇合成大的淋巴管。淋巴管收集全身的淋巴液，最后由右淋巴导管和胸导管导入静脉。

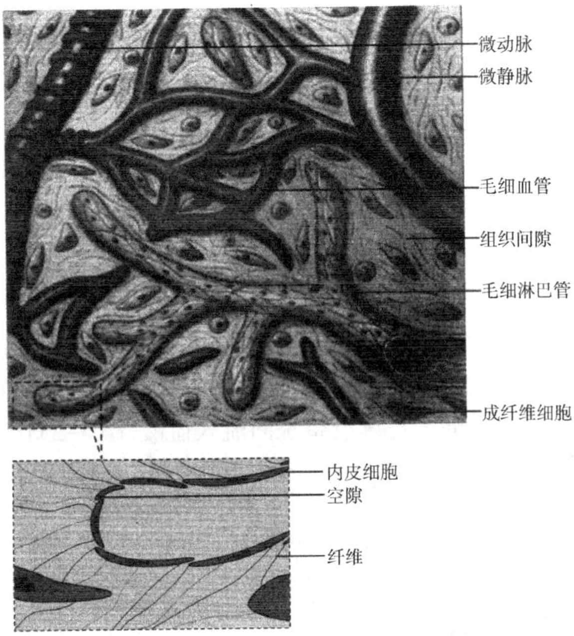

图4-26 毛细淋巴管起始端结构

### （一）淋巴液的生成

组织液进入淋巴管，即成为淋巴液。毛细淋巴管的盲端始于组织间隙，相互吻合成网，其管壁由单层内皮细胞组成，管壁外无基膜，故通透性极高。相邻的内皮细胞边缘呈叠瓦状互相覆盖，形成只向管内开放的单向活瓣（图4-26），在组织液多时，组织的胶原纤维和毛细淋巴管之间的胶原细丝可将互相重叠的内皮细胞边缘拉开，使内皮细胞之间出现较大的缝隙，通透性增大，使组织液（包括其中的血浆蛋白质分子）自由进入毛细淋巴管。毛细淋巴管汇合成集合淋巴管。集合淋巴管壁平滑肌的收缩活动和淋巴管腔内的瓣膜共同作用构成淋巴管泵，能促进淋巴回流。

### （二）影响淋巴液生成和回流的因素

组织液进入毛细淋巴管的动力是组织液与毛细淋巴管内淋巴液之间的压力差。任何能增加组织液压力或降低毛细淋巴管内压力的因素均可增加淋巴液的生成，其中，组织液压力变化是最重要的影响因素。

1. 毛细血管血压升高

毛细血管前、后阻力的比值决定毛细血管血压的高低。在炎症、肌肉运动等情况下，这一比值减小，毛细血管血压升高，组织液生成增多，组织液压力增加，从而使组织液与毛细淋巴管内淋巴液之间的压力差增大，淋巴液生成增加。

2. 血浆胶体渗透压降低

在发生肝脏疾病、某些肾脏疾病或营养不良时，由于血浆蛋白生成减少或大量丢失，使血浆胶体渗透压降低，有效滤过压增大，组织液生成增多，组织液压力增高，从而导致淋巴液生成增多。

3. 毛细血管壁通透性和组织液胶体渗透压增高

在发生冻伤、化学伤、过敏反应时，因局部组织释放大量组织胺、激肽类等炎症介质，使毛细血管壁的通透性增大，部分血浆蛋白渗出，使组织液胶体渗透压增高，有效滤过压增大，组织液生成增多，从而导致组织液压力增高，淋巴液生成增加。由于淋巴液来源于组织液，而组织液是从毛细血管渗出的液体，因此决定淋巴液成分的重要因素是毛细血管壁的通透性。毛细血管壁通透性增高时，由于一部分血浆蛋白进入组织，使淋巴液中的蛋白质含量增多。

4. 肌肉收缩、动脉搏动、外部物体对组织的压迫等可促进淋巴液回流

淋巴管的结构中有平滑肌和瓣膜，因此淋巴管平滑肌收缩和瓣膜的单向开放可共同起“淋巴管泵”的作用。当淋巴管内充满淋巴液而使管壁扩张时，淋巴管平滑肌就收缩，产生压力，推动淋巴液的流动。由于淋巴管壁薄、管内压力低，所以任何来自外部对淋巴管的压力都能推动淋巴液的流动，如淋巴管周围骨骼肌的节律性收缩、相邻动脉的搏动以及外部物体对组织的压迫等，都可成为推动淋巴液回流的动力。反之，淋巴管和淋巴结的急、慢性炎症，肉芽肿形成，丝虫虫体等，均可引起淋巴系统阻塞，使局部淋巴液回流发生障碍，大量的淋巴液滞留在组织间隙内，产生淋巴水肿。

### （三）淋巴液回流的生理意义

1. 回收组织液中的蛋白质

淋巴液回流是组织液中蛋白质回血的唯一途径，从毛细血管动脉端滤出的少量血浆蛋白分子、组织细胞分泌的蛋白质分子，只能经淋巴管运回入血，以维持血浆蛋白的正常水平，并使组织液中蛋白浓度保持较低水平。如果这一途径被阻断，势必使这些蛋白质聚积在组织间隙中，使组织液的胶体渗透压上升，引起水肿。

2. 运输脂肪及其他营养物质

食物被消化后，营养物质经小肠黏膜吸收入血液，脂肪消化产物约80%～90%是由小肠

绒毛的毛细淋巴管吸收并运输到血液的。因此，小肠的淋巴液呈乳糜状。少量的胆固醇和磷脂也经淋巴管吸收并运输进入血液循环。

3. 调节血浆和组织液之间的液体平衡

尽管淋巴液回流的速度缓慢、总量少，但每天仍有2 000～4 000 mL组织液以淋巴液的形式回流入血。因此，淋巴液回流在组织液与血量的平衡中发挥着重要作用。如淋巴液回流受阻，大量淋巴液积滞于局部，可导致组织液增多，循环血量减少。

4. 防御和免疫功能

在淋巴液回流过程中，淋巴结内的大量具有吞噬作用的巨噬细胞，能清除淋巴液中不被毛细血管重吸收的红细胞和细菌等异物。同时，淋巴液中的淋巴细胞和浆细胞还参与机体的免疫反应和防御功能。

**案例**

江苏省丰县某养殖户从外地购入50头6周龄的仔猪，饲养3d后，有6头发病，已死亡1头。临床症状：发病仔猪眼睑、结膜、颈、胸、腹部皮下水肿，卧地不起，四肢划动如游泳状，叫声嘶哑，最后全身抽搐而死。剖检发现胃大弯水肿，肠系膜水肿和肝、脾、肺等组织高度水肿，水肿部触压有波动感，心包、胸腔、腹腔有积液，脑硬膜下充血、水肿。根据临床及解剖症状诊断为仔猪水肿病。

**问题与思考**

从生理学角度解释仔猪水肿病发病的可能原因。

**提示性分析**

无论何种水肿，均是组织液生成增多造成的，仔猪水肿病发生机制可能原因有：毛细血管血压升高，或毛细血管壁通透性增加，或血浆胶体渗透压降低，或淋巴液回流受阻等。其具体发病机制有待研究，但目前人们认为其可能与肠道内β-溶血性埃希氏大肠杆菌及其分泌的毒素关系密切。

## 第三节　心血管活动的调节

心血管活动调节的基本生理意义是维持动脉血压相对稳定，保证各组织器官的血液供应。动物在不同的生理状态下，各组织器官的代谢水平不同，对血流量的需要也不同。心血管的活动不但要满足各组织器官新陈代谢活动的需要，而且还要随着机体活动的变化，对各组织器官之间的血液供应进行调配，以维持内环境的相对稳定和使机体适应内外环境的各种变化。心血管活动的调节包括神经调节、体液调节和自身调节。

## 一、心血管活动的神经调节

心脏和血管平滑肌接受植物性神经支配。机体对心血管活动的神经调节是通过各种心血管反射实现的。

### (一)心血管的神经支配

1. 支配心脏的传出神经

心脏接受心交感神经和心迷走神经(副交感神经)的双重支配。前者使心脏活动增强,后者使心脏活动受到抑制。两侧心交感神经和迷走神经对心脏的支配有所侧重,右侧心交感神经和迷走神经对窦房结的影响占优势,左侧心交感神经和迷走神经对房室交界区的作用较明显。

(1)心交感神经及其作用 。心交感神经节前神经元胞体位于脊髓胸段第1~5节灰质中间外侧柱内,其轴突(节前纤维)在星状神经节或颈交感神经节内与节后神经元发生突触联系,节后神经元发出的节后纤维组成心脏神经丛,进入心脏,支配窦房结、房室交界区、房室束、心房肌和心室肌等心肌细胞。

心交感神经节前神经元轴突末梢释放递质乙酰胆碱(ACh),与心交感神经节后神经元膜上的$N_1$型胆碱受体结合引起其兴奋,心交感神经节后纤维释放递质去甲肾上腺素(Norepinephrine,NA),与心肌细胞膜上相应的肾上腺素能受体($\beta_1$受体)结合,激活腺苷酸环化酶,使细胞内cAMP的浓度升高,使心肌细胞膜对$Ca^{2+}$的通透性增高而对$K^+$的通透性降低,最终结果是:心肌细胞兴奋性升高(正性变兴奋作用)、心率加快(正性变时作用)、房室传导时间缩短(正性变传导作用)、心肌收缩力增强(正性变力作用)。心交感神经对心肌的兴奋作用,可被β受体阻滞剂(如心得宁、心得安等药物)所阻滞。

(2)心迷走神经及其作用。心迷走神经节前神经元胞体位于延髓迷走神经背核和疑核,胞体发出的节前纤维行走于迷走神经干中,到达心脏后与心内神经节神经胞体换元,发出节后纤维支配窦房结、心房肌、房室交界处、房室束及其分支,心室肌也有少量心迷走神经分布,但纤维数量比心房肌少得多。

心迷走神经节前纤维末梢释放ACh,与节后神经元膜上的$N_1$型胆碱受体结合,引起节后神经元兴奋,节后纤维末梢同样释放ACh,ACh与心肌细胞膜上的M型胆碱能受体结合后,使心肌细胞膜对$K^+$的通透性升高(促进$K^+$外流)、对$Ca^{2+}$的通透性降低(抑制$Ca^{2+}$的内流)。其结果是:心肌细胞的兴奋性降低(负性变兴奋作用)、心率变慢(负性变时作用)、心收缩力减弱(负性变力作用)、传导速度减慢(负性变传导作用)。心迷走神经对心脏的抑制效应,可被M型受体阻断剂(如阿托品等)所阻滞。

综上所述,心交感神经和心迷走神经对心脏活动的支配效应是相互拮抗的。动物实验表明,如仅切除两侧的心交感神经,心跳活动将减弱,如仅切除两侧的心迷走神经,心跳活动会加强。由此说明,生理情况下,心交感神经和心迷走神经均会持续发放一定频率的冲动到心脏,控制其活动,这种现象分别称为心交感紧张(Cardiac sympathetic tone)和心迷走紧张(Cardiac vagul tone)。心交感紧张和心迷走紧张常可随着机体生理状态的不同而改变,如动物在相对安静状态下,心迷走紧张占优势,心脏活动处于较弱的水平,当躯体运动加强时,心交感紧张占主导地位，心脏活动加强，但在多数情况下，心迷走紧张作用比心交感紧张作用占较大优势。

(3)支配心脏的肽能神经元。研究表明，心脏中存在有多种肽类神经纤维，它们释放的递质有神经肽Y、血管活性肠肽、阿片肽等。一些肽类递质可与其他递质，如单胺和乙酰胆碱，共存于同一神经元内，并共同释放。这些肽类递质可能参与心肌和冠状血管活动的调节，如血管活性肠肽有增加心肌收缩力和舒张冠状血管的作用，但其具体生理功能目前还不完全清楚。

2. 支配血管的神经

除真毛细血管外，血管壁都有平滑肌分布。平滑肌纤维的收缩、舒张可使血管的管径发生变化，一方面可以影响血压，另一方面又可以调节外周器官中的血流量。血管平滑肌受植物性神经支配，能引起血管平滑肌收缩和舒张的神经纤维，分别称为缩血管神经纤维和舒血管神经纤维。

(1)缩血管神经纤维。缩血管神经纤维都是交感神经纤维，故一般称为交感缩血管神经纤维。其节前神经元位于脊髓胸段和前腰段(1~3腰段)灰质外侧柱内，节前纤维在椎旁神经节和椎前神经节内与节后神经元发生突触联系。椎旁神经节发出的节后纤维支配躯干和四肢的血管；椎前神经节发出的节后纤维支配内脏器官的血管。节前纤维兴奋时，末梢释放乙酰胆碱，与节后神经元膜上的$N_1$型胆碱受体结合，引起节后神经元兴奋，节后纤维末梢释放去甲肾上腺素，作用于血管平滑肌上的α肾上腺素能受体和$\beta_2$肾上腺素能受体。去甲肾上腺素与α受体结合，引起血管平滑肌收缩，与$\beta_2$受体结合导致血管平滑肌舒张。由于去甲肾上腺素与α受体的结合能力比与$\beta_2$受体的结合能力强，故交感缩血管神经纤维兴奋时，主要引起缩血管效应，提高外周阻力而升高血压。在安静状态下，交感缩血管神经也有一定程度的紧张性活动，称为交感缩血管紧张，使血管平滑肌维持相应的收缩，有利于保持一定的外周阻力。

体内几乎所有的血管都有交感缩血管神经纤维分布，但不同部位的血管中交感缩血管纤维分布的密度不同。以皮肤血管中交感缩血管神经纤维分布的密度最大，骨骼肌和内脏的血管次之，冠状血管和脑血管中分布最少。在同一器官中，动脉中缩血管纤维的密度高于静脉，微动脉中密度最高，但毛细血管前括约肌中神经纤维分布很少。机体内多数血管只受交感缩血管神经纤维的单一支配，当交感缩血管紧张增强时，血管平滑肌进一步收缩；当交感缩血管紧张减弱时，血管平滑肌收缩程度降低，血管舒张。

(2)舒血管神经纤维。体内有一部分血管除受交感缩血管神经纤维支配外，还受舒血管神经纤维的支配。舒血管神经纤维主要有交感舒血管神经纤维、副交感舒血管神经纤维、脊髓背根舒血管神经纤维以及血管活性肠肽神经元。

①交感舒血管神经纤维：有些动物如犬、猫、山羊和绵羊等，支配骨骼肌微动脉的交感神经中除有缩血管神经纤维外，还有舒血管神经纤维。交感舒血管神经纤维末梢释放的递质为乙酰胆碱。交感舒血管神经纤维在平时并无紧张性活动，故对外周阻力影响不大。只有在动物处于情绪激动状态和发生防御反应时才发放冲动，引起骨骼肌血管舒张，加之此时内脏等处血管收缩，结果使骨骼肌的血液供应量显著增加。

②副交感舒血管神经纤维：副交感舒血管神经纤维只支配脑膜、消化腺和外生殖器等少数器官血管平滑肌。它行走于相应的脑神经和盆神经中，兴奋时释放的递质是ACh，ACh与血管平滑肌上相应的M型胆碱能受体结合，引起血管舒张。副交感舒血管神经纤维的活动主要对所支配的组织器官的局部血流起调节作用，对循环系统总外周阻力的影响很小。

③脊髓背根舒血管神经纤维：其是皮肤伤害性感觉传入纤维在外周末梢的分支。当皮肤受到伤害性刺激时，感觉冲动一方面沿传入纤维向中枢传导，另一方面可在末梢分叉处沿分支到达受刺激部位邻近的微动脉，使微动脉舒张，局部皮肤出现红晕。这种仅通过轴突外周部位完成的反射，称为轴突反射（Axon reflex）（图4-27）。这种神经纤维也称背根舒血管神经纤维，其释放的递质还不是很清楚，有人认为是P物质，也有人认为是组胺或ATP。轴突反射的作用，主要有助于局部受损伤组织的防御和修补。

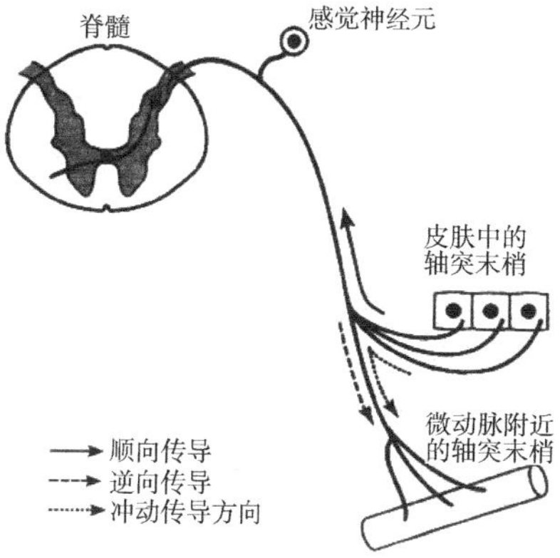

图4-27 轴突反射

④血管活性肠肽神经元：有些自主神经元内有血管活性肠肽（Vasoactive intestinal polypeptide，VIP）和乙酰胆碱共存，例如，支配汗腺的交感神经元和支配颌下腺的副交感神经元等。这些神经元兴奋时，其末梢一方面释放乙酰胆碱，引起腺细胞分泌；另一方面释放血管活性肠肽，引起舒血管效应，使局部组织血流增加，在机能上起着协同作用。

（二）心血管中枢

神经系统对心血管活动的调节是通过各种神经反射来实现的。在生理学中，将与心血管活动有关的神经元集中的部位称为心血管中枢。心血管中枢分布在中枢神经系统自脊髓到大脑皮层的各个水平上，但最基本的心血管中枢位于延髓。它们各具不同的功能，又相互密切联系，使心血管活动协调一致，并与整个机体的活动相适应。

1. 延髓心血管中枢

通过动物实验观察到，在延髓上缘横断脑干后，动脉血压无明显的变化，如果在延髓和脊髓交界处横断脊髓，则动脉血压下降非常明显，证实心血管活动最基本的中枢在延髓。进一步研究证明，延髓心血管中枢至少包括四个部分的神经元（图4-28）：

（1）缩血管区。位于延髓头端的腹外侧部，其轴突下行至脊髓的中间外侧柱，能引起心交感神经和交感缩血管神经纤维的紧张性活动。

（2）舒血管区。位于延髓尾端腹外侧部。它们兴奋后可抑制缩血管区神经元活动，导致交感缩血管紧张性降低，血管舒张。

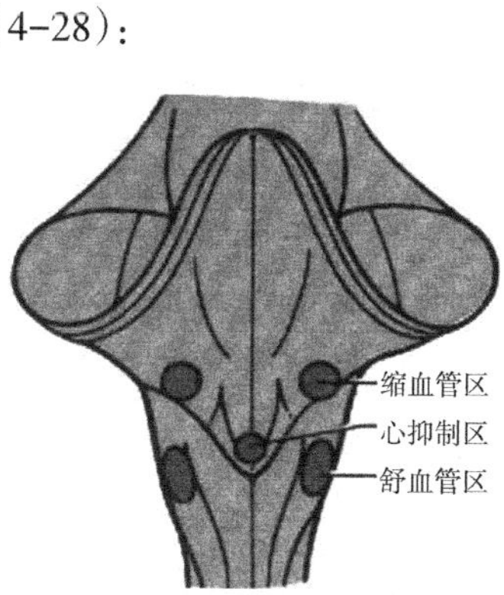

图4-28 延髓心血管中枢示意图（延髓孤束核未标记）

（3）传入神经接替站（延髓孤束核）。延髓孤束核的神经元接受颈动脉窦、主动脉弓和心脏感受器经舌咽神经和迷走神经传入的信息，并发出冲动至延髓和中枢神经系统的其他部位，以影响心血管活动。刺激动物的延髓孤束核引起血压降低;毁损延髓孤束核则导致血压升高。

(4)心抑制区。位于延髓的背核和疑核,这是迷走神经胞体所在地。刺激心抑制区心率变慢,血压降低;损毁心抑制区,切断两侧迷走神经或用M受体阻滞剂阿托品后,心率明显增快。

2. 延髓以上的心血管中枢

在延髓以上的脑干部分以及大脑和小脑中,都存在与心血管活动有关的神经元。它们的调节功能更高级,表现为对心血管活动与机体其他复杂功能之间的整合作用。

(1)下丘脑。下丘脑是一个很重要的整合部位,在体温调节、摄食、水平衡以及发怒、恐惧等情绪反应的整合中,均起重要作用。其中包含着相应的心血管活动的变化。

(2)大脑。大脑的一些部位,特别是边缘系统的结构,如颞极、额叶的眶回、扣带回的前部、杏仁核、隔、海马等,能影响下丘脑和脑干其他部位的心血管神经元的活动,并和机体各种行为的改变相协调。

(3)小脑。刺激小脑的一些部位也可以引起心血管活动的反应。这种效应可能与姿势和体位改变时伴随的心血管活动变化有关。

(三)心血管反射

中枢对心血管活动的调节是通过反射来实现的,当机体处于不同的生理状态,或机体内、外环境发生变化时,可引起各种心血管反射,调节动脉血压、心输出量和各器官血流量,以适应当时机体所处的状态或环境的变化。在各种心血管反射中,颈动脉窦和主动脉弓压力感受性反射被认为是最重要的一种反射。

1. 颈动脉窦和主动脉弓压力感受性反射

(1)反射弧的组成。压力感受性反射的感受器位于颈动脉窦和主动脉弓血管外膜下的感觉神经末梢,能感受动脉血压对血管壁的牵张刺激,称为动脉压力感受器。颈动脉窦的传入神经为窦神经,随舌咽神经进入延髓。主动脉弓的传入神经随迷走神经进入延髓(图4-28),兔的主动脉弓传入神经在颈部自成一束,称为主动脉神经或减压神经,在颅底并入迷走神经干。当动脉血压升高时,血管壁扩张,刺激颈动脉窦和主动脉弓压力感受器,使其发放冲动的频率增加,经窦神经和主动脉神经进入延髓,在孤束核交换神经元。孤束核神经元兴奋,其轴突一方面投射到迷走疑核或背核,兴奋心迷走中枢;另一方面投射到延髓腹外侧部,抑制心交感中枢和交感缩血管中枢。近年来,通过实验证实,窦神经和孤束核还可以将动脉管壁扩张的冲动上传到下丘脑前背侧部,该部有抑制交感和兴奋迷走神经的作用。

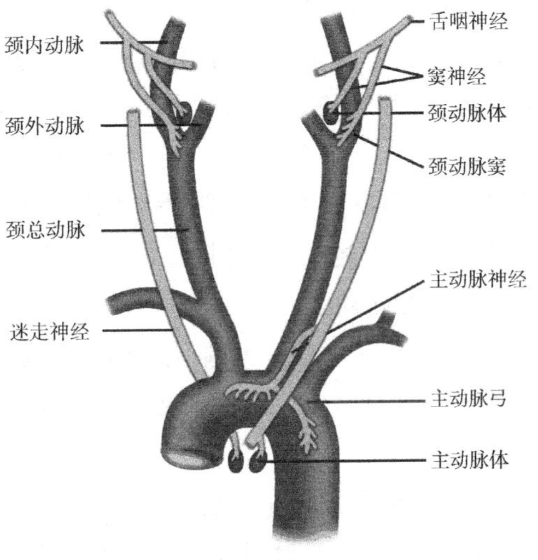


**图4-28 动脉窦区和主动脉弓区的压力感受器与化学感受器及其传入神经示意图**

(2)反射效应。颈动脉窦和主动脉弓压力感受性反射的神经连接见图4-29。当动脉血压突然升高时,颈动脉窦和主动脉弓受到的牵张刺激增强,发放传入冲动增多,通过上述中枢联系机制,使心抑制区和舒血管区紧张加强,缩血管区的紧张减弱,结果使心迷走神经活动增强,而心交感神经和缩血管神经紧张活动减弱,导致心率减慢、心输出量减少、小动脉舒张和外周阻力降低,故动脉血压下降,称为降压反射(Depressor reflex),又称减压反射;反之,当动脉血压突然降低时,压力感受器传入冲动减少,使迷走紧张减弱,交感紧张加强,故血压升高,称为降压反射减弱(Depressor reflex weakened)。一般在安静情况下,动物的动脉血压值高于压力感受器的感受阈值,所以,颈动脉窦和主动脉弓压力感受器会经常不断地向中枢发放冲动,降压反射也经常进行着。这也是迷走神经经常处于紧张性活动状态的原因。

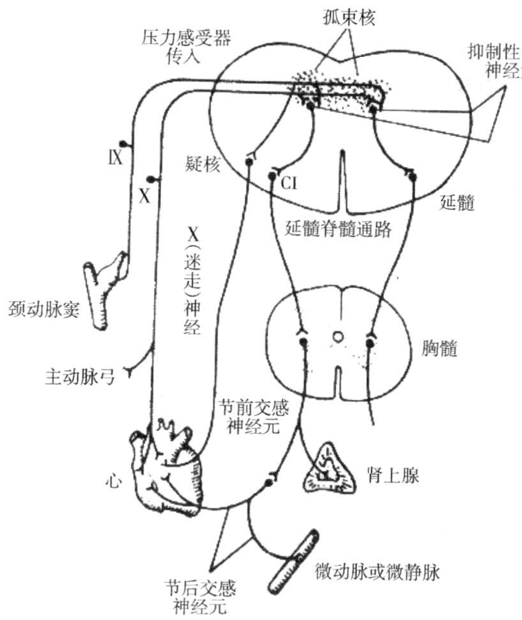


图4-29 颈动脉窦和主动脉弓压力感受性反射的神经连接示意图

(3)反射的特点和生理意义。颈动脉窦和主动脉弓压力感受性反射属于典型的负反馈机制,对动脉血压具有双向调节能力,主要对急骤变化的血压起缓冲作用,尤其在低血压时的缓冲作用更为重要,对缓慢的血压变化不敏感。其生理意义主要在于调节短时间内发生的动脉血压的急剧波动,维持血压的相对稳定。

2. 颈动脉体和主动脉体化学感受性反射

在颈总动脉分叉处和主动脉弓区域,存在一些特殊的感受装置,可感受动脉血中氧分压下降(缺氧)、$CO_2$分压上升和$H^+$浓度过高等化学成分的变化,称为颈动脉体和主动脉体化学感受器。这些化学感受器受到刺激后,其感觉信号分别由窦神经和主动脉神经传入延髓孤束核,然后使延髓内呼吸神经元和心血管活动神经元的活动发生改变,引起缩血管区紧张性升高,也可引起血管收缩,外周阻力增加,心率加快,动脉血压升高。

在正常情况下,化学感受性反射的主要生理意义是调节呼吸运动,对心血管活动并不起明显的调节作用。只有在严重缺氧、窒息、动脉血压过低和酸中毒等情况下才引起血压升高。

3. 心肺感受器引起的心血管反射

心肺感受器主要存在于心房、心室和肺循环大血管壁,引起心肺感受器兴奋的适宜刺激有两类:一类是血管壁的机械牵张刺激,例如,当心房、心室或肺循环大血管中压力升高或血容量增多使之受到牵张时,感受器发生兴奋。另一类是化学物质刺激,如心钠素、前列腺素、激肽等。当心肌缺血、缺氧或负荷增加时,均可引起心钠素、前列腺素或激肽的释放,从而刺激心肺感受器。

大多数心肺感受器兴奋经迷走神经传入,引起的效应是迷走紧张增强,交感紧张降低,最终使心率减慢，心输出量减少。

## 二、心血管活动的体液调节

心血管活动的体液调节是指血液和组织液中的某些化学物质，对心血管活动所产生的调节作用。在这些体液因素中，有些是由内分泌腺分泌的，通过血液循环广泛作用于心血管系统，有些则在组织中形成，主要作用于局部的血管，对局部组织的血流起调节作用。

### （一）肾素－血管紧张素-醛固酮系统

肾素是由肾近球细胞合成和分泌的一种酸性蛋白酶。当循环血量减少、动脉血压降低导致肾血流量减少时，引起肾近球细胞分泌肾素入血液，肾素将血管紧张素原（由肝脏合成和释放入血）水解成10肽的血管紧张素Ⅰ（Angiotensin I, ANG Ⅰ）；血管紧张素Ⅰ在肺循环中被血管紧张素转化酶水解成8肽的血管紧张素Ⅱ；血管紧张素Ⅱ受到血浆或组织中血管紧张素酶A的作用，失去一个氨基酸成为7肽，即血管紧张素Ⅲ。

血管紧张素Ⅰ的生理活性低，但血管紧张素Ⅱ有极强的缩血管作用，约为去甲肾上腺素的40倍，其主要生理作用是升高血压，具体表现在：①缩血管作用。血管紧张素Ⅱ可直接使全身微动脉收缩，外周阻力增大，血压升高，也能使静脉收缩，增加回心血量；②可刺激交感缩血管神经末梢释放递质；③增强交感缩血管中枢的紧张性，参与中枢对压力感受性反射的调节；④与血管紧张素Ⅲ一起刺激肾上腺皮质分泌醛固酮，醛固酮可促进肾小管对小管液中钠和水的重吸收，增加循环血量，也会使血压升高。

总之，肾素-血管紧张素-醛固酮系统是调节动脉血压和循环血量稳态的一个重要调节系统。在正常生理情况下，循环血液中存在低浓度的血管紧张素Ⅱ，可能对维持交感缩血管神经紧张性活动具有一定意义。但在大量失血、失水等情况下，血压迅速下降，肾血流量减少，刺激肾近球细胞分泌大量肾素，增加血液中血管紧张素Ⅱ和Ⅲ的含量，最终促使血压回升和血量增加。

### （二）肾上腺素和去甲肾上腺素

循环血液中的肾上腺素和去甲肾上腺素主要来自肾上腺髓质的分泌。肾上腺素能神经末梢释放的递质去甲肾上腺素也有一小部分进入血液循环。两者在化学结构上都属于儿茶酚胺。肾上腺髓质释放的儿茶酚胺中，肾上腺素约占80 %，去甲肾上腺素约占20 %。二者对心血管活动的作用并不完全相同，这是因为它们和靶细胞上不同的肾上腺素能受体的结合能力不同所致。

肾上腺素对两类肾上腺素能受体均有较强的结合能力。在心脏，肾上腺素与$\beta_1$受体结合，使心率加快、传导速度加快和心缩力增强，导致心输出量增多。在血管，肾上腺素的作用取决于血管平滑肌上$\alpha$和$\beta$肾上腺素能受体分布的情况。例如，肾、胃、肠等内脏的血管平滑肌中$\alpha$受体占优势，肾上腺素引起缩血管效应；而骨骼肌、肝、冠状血管则以$\beta_2$受体占优势，肾上腺素引起舒血管效应，所以对外周阻力影响不大。只有在大剂量时，对血管的收缩效应增大，外周阻力才有所增加。由此可见，肾上腺素主要表现为对心脏的兴奋作用，在临床上常用作强心药。

去甲肾上腺素与血管平滑肌α受体的结合能力最强，与心肌$β_1$受体结合能力次之，与血管平滑肌$β_2$受体结合能力最弱。因此，静脉注射去甲肾上腺素可使全身血管广泛收缩，动脉血压升高。去甲肾上腺素也可与心肌细胞的$β_1$受体结合，使心脏活动加强加快，但因血压的迅速升高又使降压反射活动增强，从而掩盖了去甲肾上腺素对心脏的直接兴奋效应。在临床上，去甲肾上腺素常用作升压药。

### （三）血管升压素

血管升压素是由下丘脑视上核和室旁核神经元合成，沿轴浆运输到垂体后叶贮存并释放入血的。血管升压素可促进肾单位远曲小管和集合管对水的重吸收，故又称为抗利尿激素（Antidiuretic hormone, ADH）。血管升压素作用于血管平滑肌的相应受体，引起血管平滑肌收缩，是已知的最强的缩血管物质之一。但一般情况下血管升压素并不参与血压调节，其在血浆中浓度升高时，主要表现为抗利尿效应；只有当其血浆浓度明显高出正常值时，才引起动脉血压升高，如动物在禁水、失水、失血等情况时，心房和肺血管的容量感受器传入冲动减少，血管升压素释放增加，对维持细胞外液量、血浆渗透压和血压的稳定起着重要的调节作用。

### （四）血管内皮细胞释放的活性物质

1. 舒血管物质

（1）一氧化氮（NO）。又称内皮舒张因子（Endothelium-derived relaxing factor, EDRF），是在一氧化氮合成酶催化下由精氨酸生成的。在动脉血压突然升高时，血流对血管的切应力增大，导致血管内皮细胞释放NO，其使血管扩张，动脉血压回降。

（2）前列环素（环前列腺素）（Prostacyclin）。是血管内皮细胞膜上的花生四烯酸的代谢产物，其半衰期很短（仅为几秒），是一种强烈的血管平滑肌舒张剂，产生松弛血管平滑肌效应。

2. 缩血管物质

血管内皮细胞还能合成和释放多种缩血管物质，总称为内皮缩血管因子（Endothelium-derived contracting factor, EDCF），其中最主要的是内皮素（Endothelin，ET），ET是已知的最强的缩血管物质之一，其缩血管效应是去甲肾上腺素的100倍。在组织和血管损伤时，内皮素的释放量明显增加，产生持久的缩血管效应。

### （五）激肽释放酶－激肽系统

激肽释放酶-激肽系统包括激肽释放酶、激肽原、激肽、激肽受体和激肽酶。激肽释放酶是一组具有激肽原酶活性的血清蛋白酶。它分为两大类，一类存在于血浆中，称为血浆激肽释放酶。它作用于血浆中的高分子激肽原，使之水解为缓激肽。另一类存在于肾、唾液、胰腺等组织中，称为组织激肽释放酶，它作用于血浆中的低分子量激肽原，生成赖氨酰缓激肽，又称血管舒张素，后者经氨基肽酶作用失去赖氨酸成为缓激肽。缓激肽经酶水解后失活。

缓激肽和血管舒张素是已知的最强的舒血管物质，可使血管平滑肌舒张，致使器官的局部血管舒张，血流量增加。

### （六）心房钠尿肽

心房钠尿肽（Atrial natriuretic peptide ，ANP）又称心钠素，是由心房肌细胞合成和释放的

28个氨基酸组成的多肽。有强烈的利尿、排钠作用，并使血管平滑肌舒张而起到降压作用。心钠素还具有对抗肾素-血管紧张素-醛固酮系统和抑制加压素生成和释放的作用。血容量增加时，心钠素增多，通过利尿、排钠途径，调节水盐平衡，减少血容量。

（七）组氨

由组氨酸在脱羧酶的作用下产生。许多组织，特别是皮肤、肺和肠黏膜组织的肥大细胞中，含有大量的组胺。当组织受到损伤或发生炎症以及过敏反应时，均可释放组胺。组胺有较强的舒张血管的作用，并能使局部毛细血管和微静脉管壁的内皮细胞收缩，彼此分开，使内皮细胞间的裂隙扩大，血管壁的通透性明显增加，导致局部组织水肿。

（八）前列腺素

前列腺素（Prostaglandin, PG）是一种二十碳不饱和脂肪酸，其前体是花生四烯酸或其他二十碳不饱和脂肪酸，全身各部的组织细胞几乎都含有生成PG的前体和酶，因此都能产生PG。由于分子结构的差异，PG分为多种类型。各种PG对血管平滑肌的作用是不相同的。例如，$PGF_{2a}$可使静脉收缩；$PGE_2$和$PGI_2$有强烈的舒血管作用，是机体内重要的降血压物质，它们和激肽一起，与体内的血管紧张素Ⅱ和儿茶酚胺等升血压物质的作用相对抗，对维持血压的相对稳定起着重要作用。

## 三、自身调节

在没有外来神经和体液因素的调节作用时，各组织器官的血流量仍能通过局部血管的舒缩活动而得到相应的调节。这种调节机制存在于组织器官或血管自身之中，所以称为自身调节。心泵功能的自身调节已在前面叙述。血管方面的自身调节，有两种不同的学说，简介于下。

（一）代谢性自身调节学说

该学说认为，器官血流量的自身调节主要取决于局部代谢产物的浓度。当代谢产物腺苷、二氧化碳、$H^+$、乳酸和$K^+$等在组织中的浓度升高时，使局部血管舒张，器官血流量增多，代谢产物可充分被血流带走。于是局部代谢产物浓度下降，导致血管收缩，血流量恢复原有水平，使血流量与代谢活动水平保持相互适应。

（二）肌源性自身调节学说

该学说认为，血管平滑肌经常保持一定程度的紧张性收缩活动，是一种肌源性活动。器官的灌注压突然升高时，血管平滑肌受到牵张刺激，肌源性活动加强，器官血流阻力加大，不因灌注压升高而增加血流量。反之，当器官灌注压突然降低时，肌源性活动减弱，血管平滑肌舒张，器官血流阻力减小，器官血流量不因灌注压下降而减少。

**案例**

在生活中，即使是一个健康的成年人，如果长期下蹲后突然起立，也会马上产生眼花、眩晕等特殊感觉，在一般情况下，短时间后会很快恢复正常。但如果是一位心血管系统有疾病的人，如高血压患者，就会出现严重的后果，甚至引起突然死亡，你知道其中的原因吗？

**问题与思考**

从心血管活动调节方面，分析上述现象发生的原因。

**提示性分析**

心血管活动的快速协调稳定，主要受压力感受性反射的调节，其包括降压反射和加压反射两个方面，降压反射起主要调节作用。人长期下蹲后突然起立，由于地心引力的作用，回心血量突然减少，心输出量突然减少，动脉血压突然降低，头部的血液供应突然减少，引起眩晕等特殊感觉，但对一个健康的人而言，加压反射可以迅速启动，使血压迅速升高，迅速恢复头部供血而恢复正常。如是高血压或动脉硬化等患者，则可能导致脑溢血、心肌梗死等严重后果。

**思考题**

一、名词概念

1. 心输出量　2. 射血分数　3. 心力储备　4. 心肌自律性　5. 房室延搁
6. 代偿间隙　7. 收缩压　8. 舒张压　9. 正常起搏点　10. 降压反射

二、单项选择题

1. 心室肌细胞动作电位平台期是下列哪些离子跨膜流动的综合结果(　　)
A.$Na^+$内流，$Cl^-$外流　B.$Na^+$内流，$K^+$外流
C.$Ca^{2+}$内流，$K^+$外流　D.$K^+$内流，$Ca^{2+}$外流

2. 正常心动周期中，下述哪项是正确的(　　)
A.心房收缩期处在心室舒张期内　B.心房舒张期处在心室收缩期内
C.心室收缩期处在心房收缩期内　D.心室舒张期处在心房收缩期内

3. 造成营养不良性水肿的因素是(　　)
A.毛细血管血压升高　B.血浆胶体渗透压降低
C.组织静水压降低　D.毛细血管的通透性升高

4. 心肌不会产生强直收缩，其原因是(　　)
A.心肌是机能合胞体　B. 心肌兴奋后有效不应期特别长
C.心肌有自律性　D.心肌呈"全或无"收缩

5. 心室肌细胞与浦肯野细胞动作电位的主要区别是(　　)
A.0期去极化速率和幅度　B.4期自动去极化的有无
C.平台期复极化机制　D.1期复极化的速率

6. 期前收缩的发生是由于刺激落在兴奋性变化的(　　)

A.绝对不应期内 B.有效不应期内 C.超极化期内 D.相对不应期内

7. 下列有关影响心输出量的因素,叙述错误的是( )

A.与回心血量呈正相关 B.与心肌收缩力呈正相关

C.与血流阻力呈正相关 D.一定范围内,与心率呈正相关

8. 在正常生理情况下,影响收缩压的主要原因是( )

A.心率的变化 B.外周阻力的变化

C.循环血量的变化 D.每搏输出量的变化

9. 心迷走神经兴奋时,下列叙述正确的是( )

A.心率加快 B.心率减慢

C.心肌收缩力增强 D.心输出量增加

10. 心动周期中,心室血液充盈主要是由于( )

A.心房收缩的挤压作用 B.胸膜腔负压的抽吸

C.心室舒张的抽吸 D.骨骼肌的挤压

三、简述题

1. 心肌有哪些生理特性,各有何特点?

2. 影响心输出量的因素有哪些?

3. 组织液的生成及其影响因素有哪些?

4. 动脉血压的形成及影响因素有哪些?

5. 比较肾上腺素和去甲肾上腺素对心血管作用的异同。

四、论述题

1. 在每一心动周期中,心脏的压力、容积、瓣膜开关如何变化?

2. 试述肾素–血管紧张素–醛固酮系统对心血管功能的调节作用。

3. 试述颈动脉窦与主动脉弓压力感受性反射对血压的调节作用。

# 第5章 呼吸系统

**本章导读**

呼吸是生命的基本活动之一，动物从出生的这一时刻开始，无论在清醒状态下，还是在睡眠状态下，呼吸总是不停地进行着，一旦呼吸停止3～5 min，生命也将结束。呼吸是通过呼吸运动来实现的，包括吸气和呼气两个过程，一般情况下，前者是主动的，后者是被动的，其原因何在？为什么人或动物在雾霾的天气，呼吸就会感到困难，出现呼吸不畅、咳嗽不止等症状？雾霾天气对肺部的伤害有多大？雾霾天怎么呼吸才能最低限度地减少对呼吸道及肺的损害？什么是PM2.5，在当今社会它为什么会引起人们如此高的关注？呼吸功能障碍时，为什么动物和人的嘴唇及可视黏膜会发绀？为什么冬天燃烧煤炭或天然气取暖时，容易发生CO中毒，其中毒机制是什么？如何有效防止这类事故的发生？通过对本章的学习，可以获得一些答案。

机体与外界环境之间的气体交换过程，称为呼吸(Respiration)，是维持生命活动的基本生理过程之一。通过呼吸，生物机体从外界环境摄取新陈代谢所需要的$O_2$，并排出机体所产生的$CO_2$。一旦呼吸停止，生命也将结束。

单细胞生物及某些简单的多细胞生物通过细胞膜或体表扩散即可实现与环境的气体交换。较为高等的生物则进化出了专门的呼吸器官，如鱼类的鳃。哺乳动物的呼吸器官高度发达，具有功能完善的肺以及与之配套的呼吸道、呼吸肌等辅助结构。哺乳动物的整个呼吸过程由四个相互衔接的环节组成：(1)肺通气，即肺与大气间的气体交换。(2)肺换气，即肺泡与血液间的气体交换。肺通气与肺换气合称为外呼吸(External respiration)。(3)气体在血液中的运输，通过血液循环将呼吸器官摄取的$O_2$运送到组织细胞，同时把组织细胞产生的$CO_2$运送到肺。(4)组织换气，即组织细胞与血液间的气体交换，组织换气又称内呼吸(Internal respiration)(图5-1)。

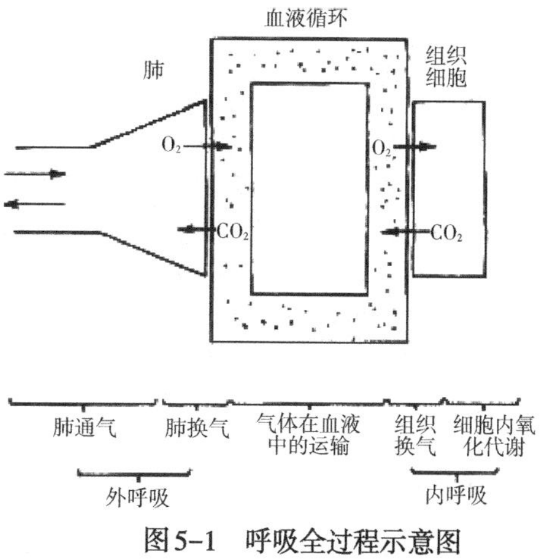


图5-1 呼吸全过程示意图

# 第一节 肺通气

肺通气(Pulmonary ventilation)是指肺与外界之间的气体交换过程。实现肺通气的主要结构基础包括呼吸道、肺泡、胸廓、呼吸肌等。呼吸道是气体进出肺的通道,同时还具有加温、加湿、过滤和清洁吸入气体以及引起防御反射等保护功能;肺泡是肺换气的主要场所;呼吸肌的收缩、舒张,引起胸廓节律性的扩张和回缩,为肺通气提供动力。

## 一、肺通气的原理

气体之所以能进出肺,是由于肺泡和大气压之间存在压力差,这种压力差是由肺的扩大和缩小引起的。肺扩张时,肺容积增大,肺泡内压降低,当低于大气压时,外界气体经呼吸道进入肺,称为吸气;肺缩小时,肺容积减小,肺泡内压升高,当高于大气压时,肺内气体经呼吸道排出体外,称为呼气。

气体进出肺除了取决于肺通气的动力以外,还取决于肺通气的阻力。只有肺通气的动力克服了阻力,才能实现肺通气。

### (一)肺通气动力

肺通气的直接动力是肺内压与大气压之差。因大气压一般不变,故差值取决于肺内压的变化。肺容积的周期性变化可影响肺内压的大小。肺本身不具有主动舒缩的能力,其容积的变化是由胸廓的扩大和缩小引起的。由此可见,肺内压与外界环境之间的压力差是肺通气的直接动力,而呼吸运动(Respiratory movement)即呼吸肌收缩和舒张引起的胸廓有节律的扩大和缩小,则是肺通气的原动力。

1. 呼吸运动

呼吸运动包括吸气运动(Inspiratory movement)和呼气运动(Expiratory movement)。

(1)吸气运动。吸气运动由吸气肌的主动收缩引起,吸气肌主要有膈肌和肋间外肌。当膈肌收缩时,可增大动物胸腔的前后径(图5-2),当肋间外肌收缩时,胸廓的左右径和背腹径加大(图5-3),二者均使胸腔容积增大,肺随之扩张,肺内压下降,当肺内压低于大气压时,气体进入肺内,引起吸气。

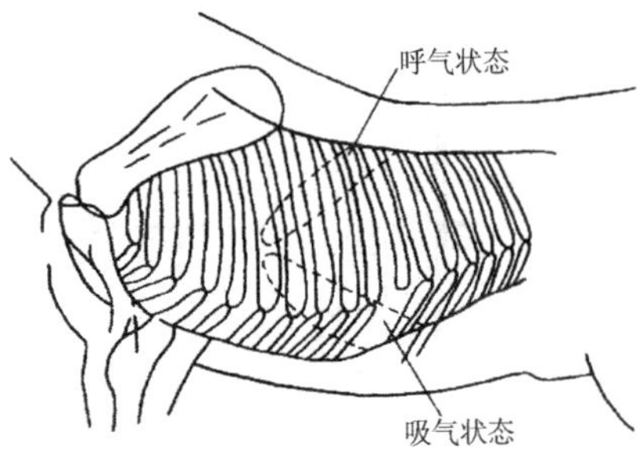


图5-2 膈在吸气运动和呼气运动中的位置

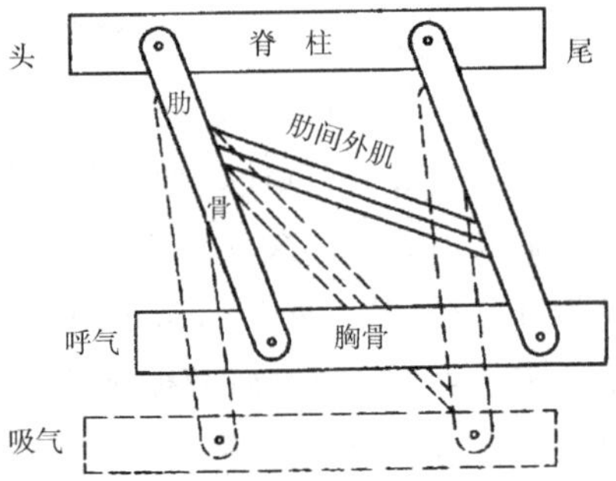


图5-3 肋骨运动模式图

(2)呼气运动。平静呼气时,呼气运动不是由呼气肌(肋间内肌和腹壁肌)收缩引起的,而是因膈肌和肋间外肌的舒张,使胸廓回位,恢复其吸气开始以前的位置,结果胸腔前后、左右及背腹径都缩小，肺也随之回缩，肺内压上升高于大气压，肺内气体经呼吸道排出体外，引起呼气。因此，在平静呼气时，呼气是被动的。只有在用力呼吸时，呼气肌才参与收缩，使胸腔进一步缩小，呼气才成为主动活动。

（3）呼吸类型和呼吸频率。根据参与呼吸运动的主要肌群的主次、活动状况以及胸腹部起伏变化的程度，可将呼吸类型分为三类：以膈肌舒缩为主，腹壁起伏明显的呼吸运动称为腹式呼吸（Abdominal respiration）；以肋间外肌舒缩为主，胸部起伏明显的呼吸运动称为胸式呼吸（Thoracic breathing）；膈肌和肋间外肌均参与呼吸运动，胸腹部起伏均很明显的呼吸运动称为胸腹式呼吸（Thoracic and abdominal breathing），又称混合式呼吸，正常情况下，健康家畜的呼吸多属于这一类型。

动物每分钟的呼吸次数称为呼吸频率（Breathing rate）。呼吸频率可因年龄、外界温度、海拔高度、种别、疾病、新陈代谢以及个体大小等因素的影响而发生变化。部分动物正常呼吸频率见表5-1。

**表5-1 部分动物正常的呼吸频率**

| 动物类别 | 频率（次/min） | 动物类别 | 频率（次/min） |
|---|---|---|---|
| 马 | 8 ~ 16 | 山羊 | 10 ~ 20 |
| 骆驼 | 5 ~ 12 | 猪 | 15 ~ 24 |
| 牛 | 10 ~ 30 | 犬 | 10 ~ 30 |
| 水牛 | 9 ~ 18 | 兔 | 50 ~ 60 |
| 牦牛 | 25 ~ 34 | 鸡 | 22 ~ 25 |
| 鹿 | 8 ~ 16 | 鸭 | 16 ~ 28 |
| 绵羊 | 12 ~ 24 | 鸽 | 50 ~ 70 |

2. 肺内压

肺内压（Intrapulmonic pressure）是指肺泡内的气压。动物在呼吸运动过程中，肺内压呈周期性波动。吸气时，由于肺容积的增大，肺内压下降并低于大气压，外界气体被吸入肺泡，随着肺内气体的增加，肺内压也逐渐升高，至吸气末，肺内压升高到与大气压相等，气流也就停止。相反，在呼气时，肺容积减小，肺内压升高并超过大气压，肺内气体流出肺，随着肺内气体的减少，肺内压也逐渐降低，至呼气末，肺内压又降低到与大气压相等，气流亦随之停止（图5-4）。在呼吸过程中，肺内压变化的程度与呼吸运动的缓急、深浅和呼吸道是否通畅等因素有关。平静呼吸时，肺内压波动较小；用力呼吸或呼吸道不够通畅时，肺内压的波动幅度将显著增大。

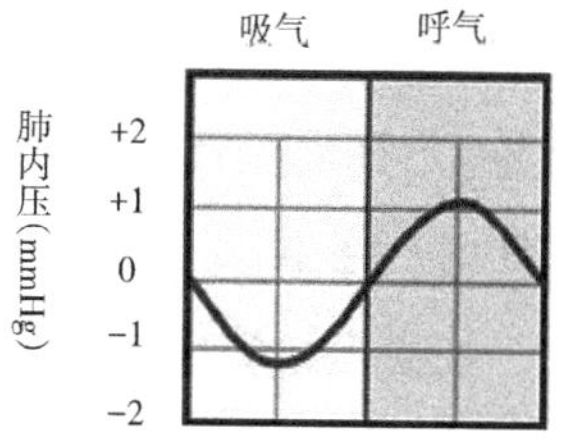

图5-4 呼吸时肺内压的变化

3. 胸膜腔和胸内压

（1）胸膜腔（Pleural cavity）。胸膜腔是由紧贴于肺表面的胸膜脏层和紧贴于胸廓内壁的胸膜壁层形成的一个密闭潜在的空隙。胸膜腔并不是一个空腔，内有少量浆液。这一薄层浆液一方面在两层胸膜之间起润滑作用，减小呼吸运动中两层胸膜互相滑动的摩擦阻力；另一方面，浆液分子之间的内聚力可使两层胸膜紧贴在一起，不易分开；当胸廓扩张时，肺就可以随胸廓的运动而运动。因此，胸膜腔的密闭性和两层胸膜间浆液部分的内聚力有重要的生理意义。

(2) 胸内压(Intrathoracic pressure)。胸内压是指胸膜腔内的压力，又称为胸膜腔内压。由于胸膜腔的壁层外面受到胸廓的保护，不会再受到大气压的作用。而胸膜腔脏层受到了两种方向相反的作用力(图5-5)：一是肺内压，使肺泡扩张，并通过肺泡壁的传递作用于胸膜脏层；二是肺的回缩力，使肺泡缩小。因此，胸膜腔的压力实际上是两种相反的力的代数和，即：

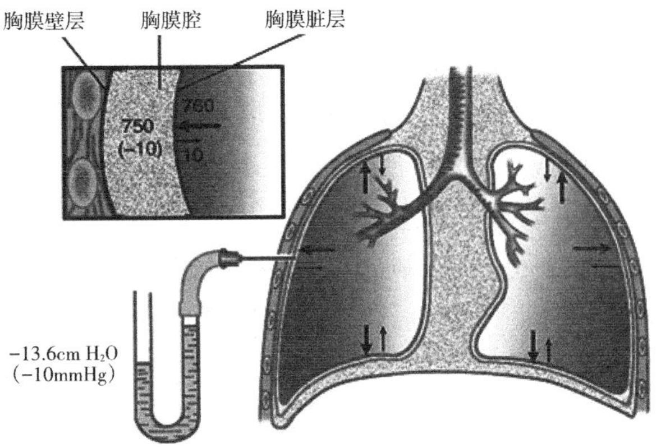


图5-5 胸膜腔负压产生示意图

胸内压=肺内压-肺回缩力

在吸气末或呼气末，呼吸道内气流停止，并且呼吸道与外界环境相通，因此肺内压等于大气压，此时胸膜腔内压=大气压-肺回缩力；在正常吸气或呼气过程中，肺内压的变化较小，基本上约等于大气压，因此，胸内压公式可写成：

胸内压≈大气压-肺回缩力

若以大气压作为生理上的“0”线，则胸内压≈-肺回缩力。由于动物从出生开始，肺回缩力始终是客观存在的，且肺回缩力的大小与肺的扩张程度呈正比。可见，胸内压始终低于大气压，故将胸内压又称为胸内负压。吸气时，肺扩张，肺回缩力增大，胸内压减小(或胸内负压增大)；呼气时，肺缩小，肺回缩力减小，胸内压增大(或胸内负压减小)。

胸内负压的生理意义，一是使肺和小气道维持扩张状态，从而维持肺的通气；二是作用于腔静脉淋巴管、心脏，使心脏趋于扩张，可降低中心静脉压，促进静脉血和淋巴回流及右心充盈，尤其是在做深吸气时，胸内压更低，进一步吸引血液回心；三是作用于食管，有利于呕吐反射。在牛、羊等反刍动物中，对瘤胃内食团逆呕入口腔进行再咀嚼也有促进作用。

如果发生胸壁贯通伤，造成空气进入胸膜腔；或发生肺穿孔，造成肺泡气进入胸膜腔，都会形成气胸，胸内负压消失，两层胸膜彼此分开，肺将因其本身的回缩力而塌陷，呼吸功能被破坏。此时，尽管呼吸运动仍在进行，肺却失去了随胸廓运动而运动的能力，其程度视气胸的程度和类型而异。气胸时肺的通气功能受到妨害，胸腔大静脉和淋巴回流也将降低，甚至因呼吸、循环功能出现严重障碍而危及生命。

**案例**

猎犬,3岁,雄性,体重15 kg,随其主人出猎被野猪咬伤胸部,主人立即用衣服按压住创口后送往医院。经检查,体温38.8 ℃,脉搏130次/min,呼吸62次/min。在胸壁发现三处皮肤伤口,一处为划伤,另两处为不规则皮肤透创。提起不规则皮肤透创,发现倒数第1、第2肋骨骨折,皮下胸腹部被撕咬开约15 cm的创口,透过创口可看见肺组织,肺组织未受损伤。伤犬卧地不起,呼吸严重困难,呈腹式呼吸。诊断为胸壁透创并发开放性气胸和肋骨骨折。

**问题与思考**

1. 何为气胸?气胸对呼吸和循环有何危害?

2. 胸内压的特点及主要作用?

**提示性分析**

1. 胸膜腔封闭性被破坏,气体进入胸膜腔,这种状态称为气胸。外伤导致胸壁破损,胸膜腔与大气直接相通,称为开放性气胸。肺将因其自身的内向回缩力的作用而塌陷,不再随胸廓的运动而节律性扩张和缩小。同时血液和淋巴液回流发生障碍。如不及时治疗则会导致呼吸循环功能衰竭而危及生命。血液及炎症渗出液大量进入胸膜腔也会导致肺扩张受阻,严重时影响肺通气功能。

2. 在正常生理情况下,胸内压始终低于大气压,故称为胸内负压。其生理作用主要表现在,扩张肺,保证肺随胸廓的正常舒缩;促进静脉和淋巴回流,促进血液循环;扩张食道,有利于呕吐和反刍动物反刍。

(二)肺通气的阻力

肺通气的动力需要克服肺通气的阻力才能实现肺通气。肺通气的阻力有两种:一是弹性阻力,包括肺的弹性阻力和胸廓的弹性阻力,是平静呼吸时的主要阻力,约占平静呼吸时总阻力的70%;二是非弹性阻力,包括气道阻力、惯性阻力、组织黏滞阻力,约占总阻力的30%。

1. 弹性阻力与顺应性

弹性阻力是指弹性组织在外力作用下变形时,具有的对抗变形和回位的力量。肺弹性阻力的大小用顺应性表示。顺应性是指在外力作用下弹性组织的可扩张性。肺顺应性大,说明肺的回缩力小,肺易于扩张;肺顺应性小,说明肺的回缩力大,肺不易扩张。可见顺应性($C$)与弹性阻力($R$)呈反比关系,即:

$$C=1/R$$

$C$的大小用单位压力变化($\triangle P$)所引起的容积变化($\triangle V$)来衡量,即:

$$C=\triangle V/\triangle P$$

因肺和胸廓都是弹性组织,所以弹性阻力包括肺的弹性阻力和胸廓的弹性阻力。

（1）肺的弹性阻力。其来自肺组织本身的弹性回缩力和肺泡液-气界面的表面张力，两者均使肺具有回缩的倾向，因此成为肺扩张的弹性阻力。肺泡壁、小气道的管壁等组织富含弹力纤维和胶原纤维。当肺扩张时，这些纤维因被拉长而倾向于回缩。肺扩张程度越大，回缩力也越大。在肺泡内侧存在液-气界面，由于液体分子间的相互吸引，在液-气界面产生表面张力，作用于肺泡壁，驱使肺泡回缩。肺的弹性回缩力仅占肺总弹性阻力的1/3，而肺泡表面张力所形成的回缩力占肺总弹性阻力的2/3。

根据拉普拉斯定律，液泡内由表面张力所形成的回缩力（$P$）与表面张力（$T$）呈正比，与液泡半径（$R$）呈反比，即：

$$P=2T/R$$

如果大小肺泡的表面张力相等，肺泡内压力与肺泡半径呈反比。小肺泡内的压力就会超过大肺泡。如果这些肺泡彼此连通，小肺泡内的气流将流入大肺泡，小肺泡最后塌陷（图5-6），而大肺泡越来越大，肺泡失去稳定性。但在正常机体内并不存在这种现象，这是因为肺泡表面存在着表面活性物质的缘故。肺泡表面活性物质主要由肺泡Ⅱ型细胞合成并分泌，为复杂的脂蛋白混合物，其主要成分是二棕榈酰卵磷脂（Dipalmitoyl phosphatidyl choline，DPPC或Dipalmitoyl lecithin，DPL）。DPPC分子的一端是非极性的脂肪酸，不溶于水；另一端是极性的，易溶于水。因此，DPPC分子垂直排列于肺泡液-气界面，极性端插入液体层，非极性端朝向肺泡腔，形成单分子层分布在肺泡液-气界面上改变了液-气界面的结构，从而大大降低肺泡的表面张力。DPPC密度随肺泡的扩张和缩小而改变，在较小的肺泡中，表面活性物质的密度大，其降低表面张力的作用强，使小肺泡内压力不致过高，防止小肺泡塌陷；在大肺泡中，表面活性物质密度减小，肺泡表面张力增加，可防止肺泡过度膨胀，从而保持肺泡容积的相对稳定（图5-7）。

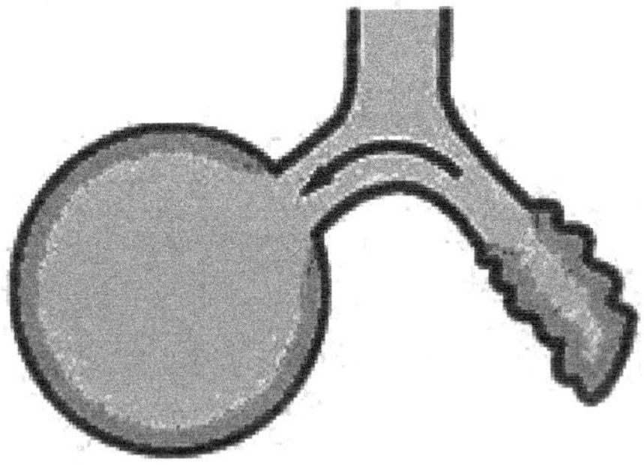

图5-6 相连通的大小不同肺泡内的气流方向

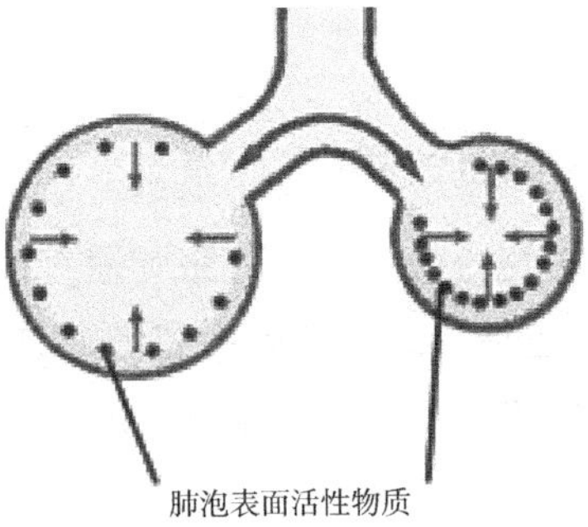


图5-7 肺泡表面活性物质维持肺泡容积的相对稳定

肺泡表面活性物质这种作用的生理意义在于消除上述表面张力对肺通气的不利影响。首先，有助于维持肺泡的稳定性。其次，降低吸气阻力，保持肺的顺应性，减少吸气做功。第三，肺泡表面活性物质还能防止组织液渗入肺泡，避免肺水肿发生。肺泡表面张力的合力指向肺泡腔内，可对肺泡间质产生"抽吸"作用，使肺泡间质静水压降低，组织液生成增加，因而可能导致肺水肿。肺泡表面活性物质可降低肺泡表面张力，减小肺泡回缩力，减弱对肺泡间质的"抽吸"作用，从而能防止肺水肿的发生。

(2)胸廓的弹性阻力。其来自胸廓的弹性回缩力。胸廓的弹性阻力并不是一直存在的,当胸廓处于自然位置时,胸廓几乎不存在弹性回缩力,也就几乎不具有弹性阻力。当吸气时,胸廓被吸气肌牵引向外扩大,胸廓的弹性回缩力向内,它是吸气的弹性阻力,呼气的动力;当呼气时,胸廓被呼气肌牵引向内缩小,其弹性回缩力向外,成为吸气的动力,呼气的弹性阻力。所以胸廓的弹性回缩力既可能是吸气的弹性阻力,也可能是吸气的动力,依胸廓的位置而定。这与肺的弹性回缩力不同,肺的弹性回缩力始终是吸气的弹性阻力。

2. 非弹性阻力

非弹性阻力包括气道阻力、惯性阻力和黏滞阻力。气道阻力来自气体流经呼吸道时气体分子之间和气体分子与气道壁之间的摩擦,是非弹性阻力的主要组成部分,占80 %~90 %。气道阻力受气流速度、气流形式和管径大小的影响。惯性阻力是气流在发动、变速、换向时因气流和组织的惯性所产生的阻止肺通气的力。黏滞阻力来自呼吸时组织相对位移所发生的摩擦。平静呼吸时,呼吸频率较低、气流速度较慢,惯性阻力和黏滞阻力都很小。

阻塞性通气障碍:由于动物气道阻塞或受压迫所致,当气管、大支气管被异物阻塞、受肿瘤压迫时,或小支气管、细支气管被炎性渗出物阻塞时,或慢性炎症黏膜增厚时,均可增大气道阻力,导致肺通气障碍,从而出现呼吸困难等症状。

## 二、肺通气功能的评价

### (一)肺容积和肺容量

肺容积(Pulmonary volume)是指不同状态下肺内容纳的气体量,通常肺容积可分为潮气量、补吸气量、补呼气量和余气量四种基本肺容积,其互不重叠,它们全部相加后等于肺总量(图5-8);肺容量(Pulmonary capacity)是指基本肺容积中两项或两项以上的联合气量,肺容量之间可有重叠,可作为评价肺通气功能的指标。

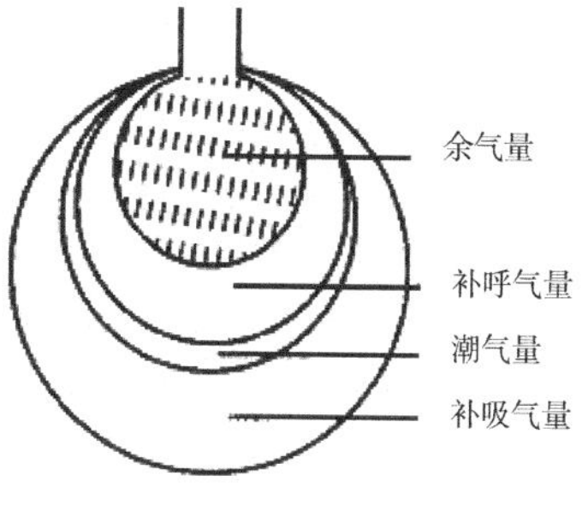

**图5-8　肺的基本容积示意图**

1. 潮气量

潮气量(Tidal volume,TV)是指平静呼吸时每次吸入或呼出的气体量。各种家畜的潮气量约为:马6000 mL;奶牛躺卧时3100 mL,站立时3800 mL;山羊310 mL;绵羊260 mL;猪300~500 mL。劳役、运动时,潮气量各有所增大。

2. 补吸气量

平静吸气末,再尽力吸气所能吸入的气体量称为补吸气量(Inspiratory reserve volume,IRV)。马的补吸气量约为12 L。补吸气量反映吸气的储备量。

3. 补呼气量

平静呼气末,再尽力呼气所能呼出的气体量称为补呼气量(Expiratory reserve volume,ERV)。马约为12 L。补呼气量反映呼气的储备量。

4. 余气量

最大呼气末,残留于肺内不能呼出的气体量称为余气量(Residual volume)或残气量。余气量无论如何用力也无法将其呼出,只能用间接方法测定。马的余气量约为12 L。

5. 机能余气量

平静呼吸末，肺内存留的气体量称为机能余气量（Functional residual capacity，FRC），为余气量和补呼气量之和。机能余气量的值较大（马的达24 L），但在平静呼吸时，肺内气体更新率仅为20 %左右，从而可缓冲呼吸过程中肺泡气中的氧气和二氧化碳分压（$P_{O_2}$和$P_{CO_2}$）的过度变化，使肺泡气和动脉血液中的$P_{O_2}$和$P_{CO_2}$不会随呼吸而发生大幅度的波动，有利于肺换气的正常进行。

6. 肺活量

最大吸气后，尽力呼气所能呼出的最大气量称为肺活量（Vital capacity，VC），是潮气量、补呼气量和补吸气量之和，或肺总量减去余气量。肺活量反映了一次通气的最大能力，在一定程度上可作为肺通气功能的指标。肺活量有较大的个体差异，与躯体的大小、性别、年龄、体征、呼吸肌强弱等因素有关。马的肺活量约为30 L。

（二）肺通气量

肺通气量包括每分通气量（Minute ventilation volume）和肺泡通气量（Alveolar ventilation）。

1. 每分通气量

每分通气量指每分钟吸入肺内或从肺呼出的气体总量，它等于潮气量和呼吸频率的乘积。每分通气量与呼吸的速度和深度有关。动物活动增强时，呼吸频率和呼吸深度都增加，每分通气量相应增大。如马每分通气量为35 ~ 45 L，负重时为150 ~ 200 L。尽力做深快呼吸时，每分钟肺能吸入或呼出的最大气体量为肺最大通气量。它反映单位时间内充分发挥全部通气能力所能达到的通气量，是了解肺通气机能的良好指标。健康动物的肺最大通气量可比平静呼吸时每分通气量大10倍。

比较每分最大通气量与每分通气量，可以了解通气功能的储备能力，后者通常用通气储备量百分比表示，即：

$$\text{通气储备量百分比} = \frac{\text{每分最大通气量} - \text{每分平静通气量}}{\text{每分最大通气量}} \times 100\,\%$$

2. 肺泡通气量

肺泡通气量指每分钟吸入肺泡的新鲜空气量或每分钟与血液进行气体交换的量，又称有效通气量。与每分通气量比较，肺泡通气量比每分通气量小，其差值为无效腔量乘以呼吸频率。因每次吸入的新鲜空气并不全部进入肺泡，其中一部分停留在从鼻至终末细支气管这一段呼吸道内，因而不能与血液进行气体交换。故把这一段呼吸道称为解剖无效腔或死腔。进入肺泡的气体，也可因血流在肺内分布不均而不能都与血液进行气体交换，未能发生交换的这一部分肺泡容量称为肺泡无效腔。肺泡无效腔与解剖无效腔一起合称为生理无效腔。健康动物的肺泡无效腔接近于0，因此每分肺泡通气量可粗略地按下式计算：

每分肺泡通气量 =（潮气量 − 解剖无效腔容量）× 呼吸频率

由于无效腔的客观存在，导致潮气量和呼吸频率发生变化时，对每分通气量和肺泡通气量的影响出现较大差异（表5-2）。在潮气量减半和呼吸频率加倍（浅而快的呼吸），或潮气量加倍而呼吸频率减半（深而慢的呼吸）时，虽肺每分通气量保持不变，但是肺泡通气量却发生明显的变化。所以，在一定范围内，深而慢的呼吸可使肺泡通气量增大，肺泡气体更新率加大，有利于肺的气体交换，浅而快的呼吸不利于肺的气体交换。

表5-2 每分通气量与肺泡通气量的比较

| 呼吸特点 | 呼吸频率（次/min） | 潮气量（mL） | 肺通气量（mL/min） | 肺泡通气量（mL/min） |
|---|---|---|---|---|
| 平静呼吸 | 16 | 500 | 8000 | 5600 |
| 深慢呼吸 | 8 | 1000 | 8000 | 6800 |
| 浅快呼吸 | 32 | 250 | 8000 | 3200 |

**案例**

动物和人在因特殊原因导致呼吸突然停止时，如麻醉、溺水、中毒、触电等，可采用人工呼吸，保证动物或人获得一定量的氧气，而不至于迅速死亡，为病人赢得宝贵的抢救时间。

**问题与思考**

人工呼吸的原理及分类是什么？

**提示性分析**

肺内压的周期性交替升降是引起肺通气的直接动力。根据这一原理，在非自然呼吸停止时，可通过人工呼吸的方法建立肺内压与大气压之间的压力差，使呼吸暂停者获得被动式呼吸，以维持肺通气。人工呼吸是用于自主呼吸停止时的一种急救方法，通过徒手或机械装置使空气有节律地进入肺内，然后利用胸廓和肺组织的弹性回缩力使进入肺内的气体呼出，如此周而复始以代替自主呼吸。人工呼吸方法很多，有口对口吹气法、俯卧压背法、仰卧压胸法，但以口对口吹气式人工呼吸法最为方便和有效。

# 第二节 肺换气与组织换气

## 一、气体交换的原理

混合气体中每种气体分子运动所产生的压力称为分压。当温度相对恒定时，气体分压的大小只决定于其本身的浓度。当不同区域存在分压差时，气体分子将从分压高处向分压低处扩散，直到达到动态平衡，这一过程称为气体的扩散。因此，存在于生物膜两侧的各种气体的分压差是气体交换的动力。分压差越大，单位时间内气体分子的扩散量就越多。

### (一)气体交换过程

1. 气体在肺内的交换

肺泡内气体与肺泡壁毛细血管血液之间，构成呼吸膜(Respiratory membrane)，共有6层结构(图5-9)，包括：①肺泡内表面的液体层及其表面的活性物质；②肺泡上皮；③上皮基底膜；④弹力纤维和胶原纤维构成的网状间隙；⑤毛细血管基底膜；⑥毛细血管内皮。但其总厚度不及1 μm，允许气体分子自由通过。当呼吸膜两侧气体出现分压差时，气体就会由高分压的一侧扩散至低分压一侧(图5-10)。当混合静脉血流经肺毛细血管时，血液$P_{O_2}$为40 mmHg，比肺泡气的104 mmHg低，$O_2$就在分压差的作用下由肺泡气向血液扩散，使血液$P_{O_2}$逐渐上升，最后接近肺泡气的$P_{O_2}$；混合静脉血$P_{CO_2}$为46 mmHg，肺泡气$P_{CO_2}$为40 mmHg，所以，$CO_2$便从血液向肺泡扩散。$O_2$和$CO_2$在血液和肺泡之间的扩散都极为迅速，仅需0.3 s即可达到平衡。在通常情况下，血液流经肺毛细血管的时间约为0.7 s，所以当血液流经肺毛细血管约全长1/3时，肺换气过程已基本完成。可见，肺换气有很大的储备能力。经过气体交换后，肺毛细血管中的静脉血变成了动脉血。

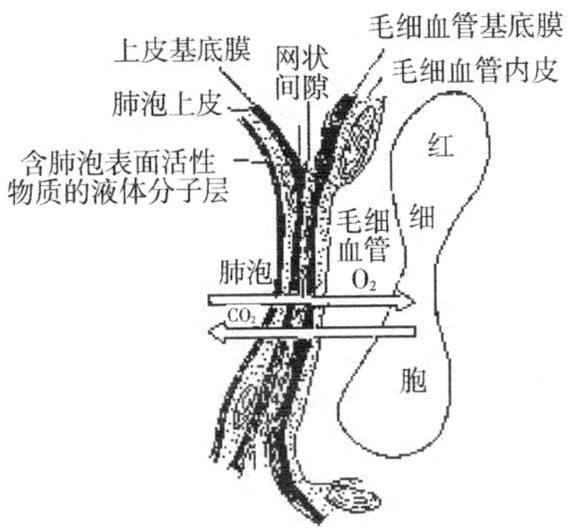


图5-9 呼吸膜结构示意图

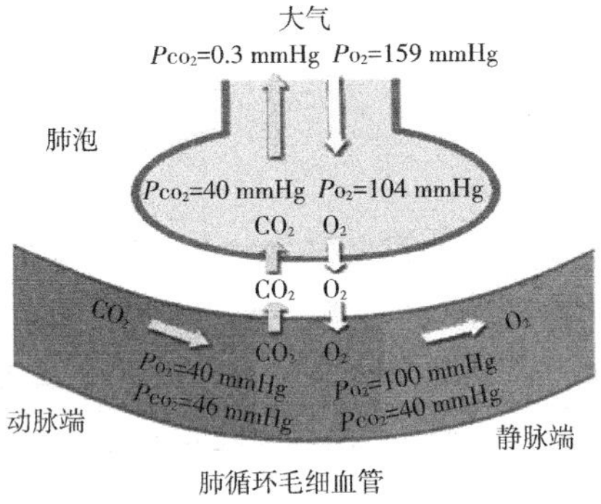


图5-10 肺换气示意图

2. 组织中的气体交换

组织细胞在代谢过程中不断消耗$O_2$并产生$CO_2$，使组织中的$P_{O_2}$总是低于动脉血，而$P_{CO_2}$则高于动脉血。当动脉血液流经全身组织毛细血管时，动脉血中的$O_2$即向组织细胞中扩散，而$CO_2$则由组织细胞扩散入血液。经过气体交换后，毛细血管中的动脉血变成了静脉血。

### (二)影响肺换气的因素

1. 气体的分压差、溶解度和相对分子量

分压差是影响肺换气的最主要因素，分压差越大，气体扩散速度越快。在同样条件下，气体分子的扩散速率还与相对分子质量的平方根呈反比。如果扩散发生在气相与液相之间，则扩散速率还与气体在溶液中的溶解度呈正比。溶解度与相对分子质量的平方根之比为扩散系数，它取决于气体分子本身的特性。以$CO_2$和$O_2$为例，在相同的分压下，$CO_2$的扩散速率要比$O_2$快得多，约为$O_2$的20倍。而肺泡与血液间$P_{O_2}$为$P_{CO_2}$的10倍，如果将气体的分压差、溶解度和分子量综合考虑，$CO_2$的扩散率比$O_2$快约2倍。所以肺换气不足时，通常缺$O_2$显著，而$CO_2$潴留不明显。

2. 呼吸膜的面积和厚度

气体的扩散量和扩散面积呈正相关。正常情况下，呼吸膜的扩散面积大，气体能迅速进行交换。而肺不张、肺实变、肺气肿、肺毛细血管堵塞使呼吸膜面积减少，气体交换量减少。

呼吸膜的厚度不仅影响气体扩散的距离，也影响膜的通透性。气体扩散速率与呼吸膜的厚度呈负相关，呼吸膜愈厚，扩散速率就愈慢。在正常情况下，呼吸膜很薄(<1 μm)，通透性大，而且红细胞与呼吸膜的距离很近，有利于气体交换。在病理情况下，如肺纤维化、肺水肿等，使呼吸膜增厚，将直接影响换气功能。

3. 通气/血流比值

通气/血流比值指每分钟肺泡通气量（*VA*）和每分钟肺血流量（*Q*）之间的比值（*VA*/*Q*）。气体交换是在肺泡和流经肺泡毛细血管的血液之间进行的，因此只有在适宜的*VA*/*Q*情况下才能进行正常的气体交换。如果*VA*/*Q*比值增大，就意味着通气过剩，血流相对不足，部分肺泡气体未能与血液气体充分交换，致使肺泡无效腔增大。反之，*VA*/*Q*比值下降，则意味着通气不足，血流相对过多，部分血液流经通气不良的肺泡，混合静脉血中的气体不能得到充分更新，犹如发生了功能性动–静脉短路。可见，无论*VA*/*Q*比值增大或减小，都会妨碍肺换气，导致机体缺氧和$CO_2$潴留，尤其是缺氧。高等哺乳动物*VA*/*Q*的生理值约为4.2/5=0.84。

**案例**

四川一猪场35日龄仔猪发病，病猪体温41～42 ℃，不食、腹泻、被毛粗乱、共济失调、双耳发凉、耳尖青紫，呼吸困难，腹式呼吸明显。个别病猪腹侧及外阴皮肤出现蓝紫色斑块。病死猪肺组织切片镜检，见肺泡壁增厚，呈间质性肺炎变化和实质变性病理变化。根据临床和组织学检查诊断为仔猪繁殖与呼吸综合征(又名蓝耳病)。

**问题与思考**

仔猪蓝耳病对肺换气功能有何影响?

**提示性分析**

影响肺换气的生理因素包括呼吸膜的厚度、参与换气的肺泡面积、通气/血流比值等，仔猪发生蓝耳病时，通过肺组织病理观察发现肺泡壁增厚，呈间质性肺炎变化和实质变性病理变化，说明呼吸膜的厚度增加、参与换气的肺泡面积减少，将导致肺换气效率降低，引起机体缺氧，最终引起耳尖青紫，部分皮肤出现蓝紫色斑块等特殊临床症状。

## 第三节 气体在血液中的运输

经肺换气摄取的$O_2$通过血液循环被运输到机体各器官组织供细胞利用；由细胞代谢产生的$CO_2$经组织换气进入血液后，也经血液循环被运输到肺部排出体外。因此，$O_2$和$CO_2$的运输是以血液为媒介的。$O_2$和$CO_2$都以物理溶解和化学结合两种形式存在于血液中。虽然血液中以物理溶解形式存在的$O_2$和$CO_2$很少，但很重要，因为必须先有物理溶解才能发生化学结合。在肺换气或组织换气时，进入血液的$O_2$和$CO_2$都是先溶解在血浆中，提高各自的分压，再出现化学结合的；$O_2$和$CO_2$从血液释放时，也是溶解的先逸出，使各自的分压下降，然后化学结合的$O_2$和$CO_2$再分离出来，溶解到血浆中。物理溶解量与其分压和溶解度呈正比，与温度呈反比，物理溶解和化学结合两者之间处于动态平衡。

## 一、氧气的运输

血液中以物理溶解形式存在的$O_2$量仅占血液总$O_2$含量的1.5 %左右，化学结合的约占98.5 %。

### （一）Hb的分子结构

血红蛋白（Hemoglobin，Hb）分子由1个珠蛋白和4个血红素（又称亚铁原卟啉）组成（图5-11）。每个血红素又由4个吡咯基组成一个环，中心为一个$Fe^{2+}$。每个珠蛋白有4条多肽链，每条多肽链与1个血红素相连接，构成Hb单体或亚单位。Hb是由4个单体构成的四聚体。血红素基团中心的$Fe^{2+}$可与氧分子结合而使Hb成为氧合血红蛋白（Oxyhemoglobin，$HbO_2$），其反应如下：

$$Hb + O_2 \underset{P_{O_2}\text{低的组织}}{\overset{P_{O_2}\text{高的肺部}}{\rightleftharpoons}} HbO_2$$

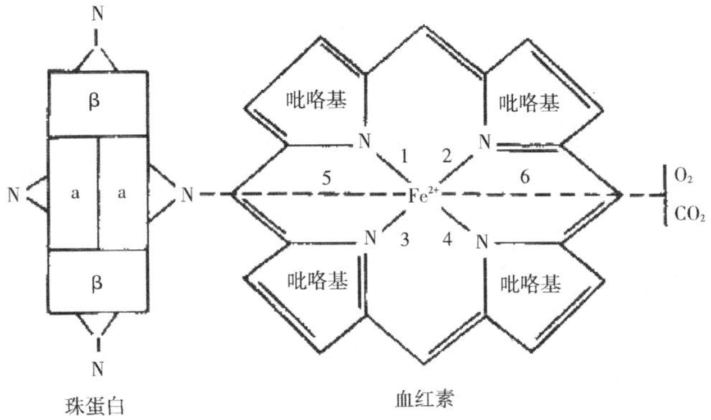


**图5-11 血红蛋白组成示意图**

### （二）氧与血红蛋白结合的特征

1. 反应快、可逆、不需要酶的催化、受$P_{O_2}$的影响

Hb与$O_2$的结合反应快，可逆，不需酶的催化，但可受$P_{O_2}$的影响。当血液流经$P_{O_2}$高的肺部时，Hb与$O_2$结合，形成$HbO_2$；当血液流经$P_{O_2}$低的组织时，$HbO_2$迅速解离，释放出$O_2$，成为脱氧血红蛋白（Deoxyhemoglobin）。

2. Hb与$O_2$的结合称为氧合反应

1个Hb分子含有4个血红素，每个血红素含有一个$Fe^{2+}$，$Fe^{2+}$与$O_2$结合后仍保留亚铁形式，所以将该反应称为氧合反应，而不是氧化反应。

3. 1分子Hb可以和4分子$O_2$结合

前已述及，1分子Hb由1个珠蛋白和4个血红素组成，每1个血红素分子结合1分子$O_2$，所以1分子Hb可以结合4分子$O_2$，1 g Hb可结合约1.34～1.39 mL $O_2$。在100 mL血液中，Hb所能结合的最大$O_2$量称为Hb氧容量（Oxygen capacity）；而100 mL血液中Hb实际结合的$O_2$量称为Hb氧含量（Oxygen content），其值可受$P_{O_2}$的影响；为表示Hb与$O_2$的结合度，常把氧含量占氧容量的百分比称为血红蛋白氧饱和度(Hemoglobin saturation with oxygen),简称氧饱和度(Oxygen saturation)或血氧饱和度(Blood oxygen saturation)。

### (三)氧解离曲线

氧解离曲线(Oxygen dissociation curve)也叫氧离曲线,是表示$P_{O_2}$与血氧饱和度之间关系的曲线(图5-12)。该曲线表示不同$P_{O_2}$时,$O_2$与Hb的结合和解离情况。在一定范围内,血氧饱和度与氧分压呈正相关,但并非是完全的线性关系,而是呈近似"S"形的曲线。

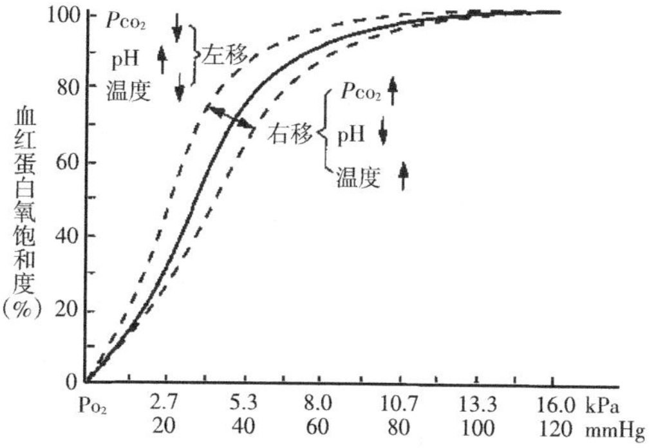


**图5-12 氧解离曲线及主要影响因素**

氧解离曲线呈"S"形的原因与Hb变构效应密切相关。目前认为Hb有两种构型:Hb为紧密型(T型),$HbO_2$为疏松型(R型)。当$O_2$与Hb的$Fe^{2+}$结合后,盐键逐步断裂,Hb分子逐渐由T型变为R型,对$O_2$的亲和力逐渐增加,R型Hb对$O_2$的亲和力为T型的500倍。也就是说,Hb的4个亚单位在结合$O_2$或释放$O_2$时,彼此之间有协同效应,即1个亚单位与$O_2$结合后,由于变构效应,使其他亚单位更易与$O_2$结合;反之,当$HbO_2$的1个亚单位释放$O_2$后,其他亚单位更易释放$O_2$。

氧解离曲线呈"S"形具有重要生理意义,根据其变化趋势和功能,可将曲线分为三段。

1. 氧解离曲线的上段

相当于$P_{O_2}$在60~100 mmHg时的血氧饱和度,反映的是Hb与$O_2$结合的部分。这段曲线的特点是比较平坦,表明在这个范围内$P_{O_2}$的变化对血氧饱和度或血液氧含量影响不大。例如,$P_{O_2}$为100 mmHg时,血氧饱和度为97.4 %,100 mL血液的氧含量约为19.4 mL。如果将吸入气的$P_{O_2}$提高到150mmHg,血氧饱和度为100 %,只增加了2.6 %,这就解释了为何通气/血流比值(*VA/Q*)不匹配时,肺泡通气量的增加几乎无助于$O_2$的摄取。反之,当$P_{O_2}$从100 mmHg下降到70 mmHg,血氧饱和度为94 %,也仅降低了3.4 %。因此,在高原、高空或发生某些呼吸系统疾病时,即使吸入气或肺泡气$P_{O_2}$有所下降,但只要不低于60 mmHg,血氧饱和度仍能维持在90 %以上,血液仍可携带足够量的$O_2$,不致引起明显的低氧血症。

2. 氧解离曲线的中段

相当于$P_{O_2}$在40 ~ 60 mmHg时的血氧饱和度,该段曲线较陡,反映的是安静状态时$HbO_2$释放$O_2$的部分。表明在此范围内,$P_{O_2}$稍有下降,血氧饱和度就明显降低,较多的$O_2$将从$HbO_2$中解离出来。如$P_{O_2}$为40 mmHg时,此时Hb氧饱和度约为75 %,血氧含量约为14.4 mL,即每100 mL血液流经组织时释放5 mL $O_2$,能够满足安静状态下组织的氧需要。

3. 氧解离曲线的下段

相当于$P_{O_2}$在15~40 mmHg时的血氧饱和度,是曲线坡度最陡的一段,反映的是剧烈活动时$HbO_2$释放$O_2$的部分,即$P_{O_2}$稍有下降,$HbO_2$就可大大下降。在组织剧烈活动时,组织耗氧量增加,$P_{O_2}$可降至15 mmHg,$HbO_2$进一步解离,血氧饱和度降至更低的水平,血氧含量仅约为4.4 %,这样每100 mL血液能供给组织15 mL $O_2$,$O_2$的利用系数是安静时的3倍。可见该段曲线也可反映血液中$O_2$的储备。

(四)影响氧解离曲线的因素

Hb与$O_2$的结合和解离主要决定于$P_{O_2}$的高低,除此之外,血液pH、$P_{CO_2}$、温度和有机磷化合物等因素也影响Hb和$O_2$的亲和力,从而影响Hb与$O_2$的结合和解离,直观表现为氧解离曲线的位置偏移(左移或右移)(图5-12),如某种因素使Hb对$O_2$的亲和力降低,在相同的$P_{O_2}$条件下,血氧饱和度降低,曲线右移;反之,则左移。

1. $P_{CO_2}$和pH的影响

血液中$P_{CO_2}$升高或pH降低均可使Hb和$O_2$的亲和力降低,氧解离曲线右移;反之,$P_{CO_2}$降低或pH升高则导致Hb和$O_2$的亲和力增高,氧解离曲线左移。pH和$P_{CO_2}$对Hb氧亲和力的这种影响称为波尔效应(Bohr effect)。波尔效应的发生主要与pH改变时Hb的构象发生变化有关。酸度升高时,$H^+$与Hb多肽链某些氨基酸残基结合,促进盐键形成,使Hb分子构型变为T型,从而降低了Hb对$O_2$的亲和力;酸度降低时,则促使盐键断裂放出$H^+$,Hb为R型,对$O_2$的亲和力增加,曲线左移。波尔效应具有重要的生理意义。在肺部,$CO_2$从血液扩散进入肺泡,血液中$P_{CO_2}$降低,氧解离曲线左移,这有利于Hb与$O_2$的结合。在外周组织中,组织细胞代谢产生的$CO_2$扩散入血液,$P_{CO_2}$分压升高,氧解离曲线右移,有利于Hb与$O_2$的解离。

2. 温度的影响

温度升高,可引起$O_2$的解离增多,氧解离曲线右移;反之温度降低时,促进Hb与氧的结合,曲线左移,不利于$O_2$的释放。温度对氧解离曲线的影响,可能与温度变化会影响$H^+$的活度有关。温度升高时,$H^+$的活度增加,可降低Hb对$O_2$的亲和力;反之,可增加其亲和力。当血液流经剧烈活动的组织时,由于局部组织温度升高,$CO_2$和酸性代谢产物增加,有利于$HbO_2$解离,因此组织可获得更多$O_2$,以适应代谢增加的需要;当静脉血液流经肺泡时,因肺泡内的温度相对较低,可增加Hb对$O_2$的亲和力,加快$HbO_2$的形成,有利于血液从肺泡摄取$O_2$。

3. 2,3-二磷酸甘油酸(2,3-DPG)

2,3-DPG是红细胞无氧糖酵解的产物。当红细胞内2,3-DPG增加时,能降低Hb与$O_2$的亲和力,使氧解离曲线右移;当2,3-DPG浓度降低时,能增加Hb与$O_2$的亲和力,使氧解离曲线左移。其机制可能是由于2,3-DPG与Hb的β链形成盐键,促使Hb向T型转变的缘故。此外,红细胞膜对2,3-DPG的通透性较低,当红细胞内2,3-DPG生成增多时,还可提高细胞内$H^+$的浓度,进而通过波尔效应降低Hb对$O_2$的亲和力。在慢性缺氧、贫血、高山低氧等情况下,红细胞无氧糖酵解加强,红细胞内2,3-DPG增加,氧解离曲线右移,有利于释放较多的$O_2$,改善组织的缺氧状态。

4. Hb自身性质的影响

Hb本身的性质也影响其与$O_2$的亲和力。血液中Hb的数量和质量也直接影响运输$O_2$的能力。如Hb分子中的$Fe^{2+}$氧化成$Fe^{3+}$,Hb便失去运输$O_2$的能力。又如一氧化碳(CO)与Hb结合,占据了$O_2$的结合位点,$HbO_2$含量下降。CO与Hb的亲和力远高于$O_2$,为$O_2$的250倍。这意味着在极低的$P_{CO}$下,CO即可从$HbO_2$中取代$O_2$。此外,当CO与Hb分子中一个血红素结合后,将增加其余3个血红素对$O_2$的亲和力,使氧解离曲线左移,妨碍$O_2$的解离。因此,CO中毒既可妨碍Hb对$O_2$的结合,又能妨碍Hb对$O_2$的解离,危害极大。

**案例**

一母牧犬3岁，体重10 kg，突然发病死亡。主述：早晨用长时间焖在锅内的烫菜水调制碎馍喂犬，约10～20 min后母犬吠叫，行走摇晃，最后倒地，四肢呈游泳样划动，呼吸困难，最后死亡。剖检：皮肤及可视黏膜发绀，血液呈巧克力色且不凝固，肺轻度水肿和气肿，肾轻度肿胀，呈乌紫色。诊断为亚硝酸盐中毒。

**问题与思考**

1. 亚硝酸盐中毒机制是什么？
2. 如何治疗亚硝酸盐中毒？

**提示性分析**

1. 该病主要是因为烫菜水长时间焖在锅内，在慢慢冷却的过程中，硝酸盐迅速转化为亚硝酸盐。亚硝酸盐是一种强氧化剂，当其过多进入血液后，能使血红蛋白中的$Fe^{2+}$被氧化成$Fe^{3+}$，从而使血红蛋白变为高铁血红蛋白，丧失运载$O_2$的能力，引起全身组织缺氧，导致窒息死亡。

2. 该病的治疗要发现迅速，一旦发现症状，立即停用可疑食物，迅速肌肉注射1 %～2 %美蓝注射液（可将$Fe^{3+}$还原为$Fe^{2+}$），每kg体重肌肉注射0.1～0.2 mL。对呼吸衰弱病犬，可用25 %尼可刹米肌肉注射1～3 mL，兴奋呼吸中枢。

## 二、 二氧化碳的运输

### （一）运输形式

血液中的$CO_2$也以物理溶解和化学结合两种形式运输。物理溶解的$CO_2$约占总运输量的5 %，化学结合的$CO_2$约占95 %。化学结合的$CO_2$主要是碳酸氢盐和氨基甲酸血红蛋白。前者约占$CO_2$总运输量的88 %，而后者约占7 %。

1. 碳酸氢盐

从组织扩散入血液的$CO_2$，只有少量在血浆中与水形成$H_2CO_3$，绝大部分进入红细胞，在红细胞内与水反应生成$H_2CO_3$，$H_2CO_3$又进一步解离成$HCO_3^-$和$H^+$，该反应极为迅速（图5-13）。这是因为红细胞内含有较高浓度的碳酸酐酶，在其催化下，$CO_2$与$H_2O$结合生成$H_2CO_3$的反应极为迅速，其反应速率可增加5000倍，不到1s即达平衡。在该反应过程中，红细胞内$HCO_3^-$的浓度不断增加，一部分$HCO_3^-$便顺浓度梯度通过红细胞膜扩散进入血浆，红细胞内负离子因此而减少。红细胞内负离子的减少应伴有等量的正离子外扩散，才能维持电平衡。但红细胞膜不允许正离子自由通过，

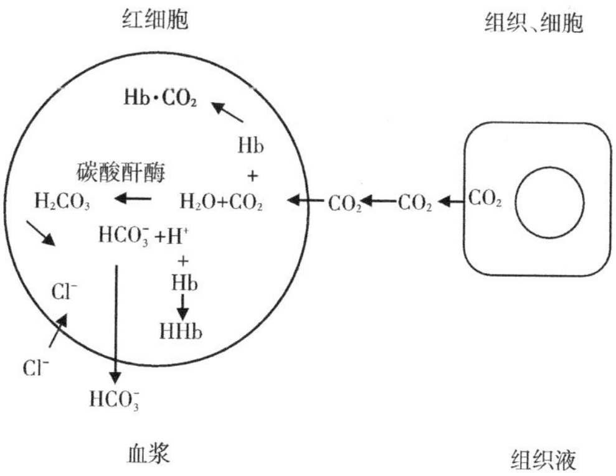


图5-13 $CO_2$在血液中的运输示意图

小的负离子可以通过，$Cl^-$便由血浆扩散进入红细胞，这一现象称为$Cl^-$转移。在红细胞膜上有特异的$HCO_3^-$-$Cl^-$转运体，转运这两种离子进行跨膜交换。这样，$HCO_3^-$便不会在红细胞内堆积，有利于上述反应的进行和$CO_2$的运输。在红细胞内，$HCO_3^-$主要与$K^+$结合，以$KHCO_3$的形式运输$CO_2$；而在血浆中，$HCO_3^-$则主要与$Na^+$结合，以$NaHCO_3$的形式运输$CO_2$。上述反应中产生的$H^+$，大部分和Hb结合，Hb是强有力的缓冲剂。

上述反应是可逆的，在肺部，反应向相反的方向进行。因为肺泡气$P_{CO_2}$比静脉血低，血浆中溶解的$CO_2$首先扩散入肺泡，红细胞内的$HCO_3^-$与$H^+$生成$H_2CO_3$，碳酸酐酶又加速$H_2CO_3$分解成$CO_2$和$H_2O$，$CO_2$从红细胞扩散入血浆，而血浆中的$HCO_3^-$便进入红细胞以补充被消耗的$HCO_3^-$，$Cl^-$则扩散出红细胞。这样，以$HCO_3^-$形式运输的$CO_2$便在肺部被释放出来。

2. 氨基甲酸血红蛋白

由组织进入血液并进一步进入红细胞的$CO_2$，一部分与Hb的氨基结合，生成氨基甲酸血红蛋白，这一反应无需酶的催化，而且迅速、可逆，如下式所示：

$$HbNH_2O_2 + H^+ + CO_2 \rightleftharpoons H\text{-}HbNHCOOH + O_2$$

$CO_2$与Hb的结合较为松散。在外周组织中$CO_2$分压较高，反应向右侧进行；在肺泡中，$CO_2$分压较低，反应向左侧进行，于是$CO_2$从$HbCO_2$释放出来，经肺呼出体外。虽以氨基甲酸血红蛋白形式运输的$CO_2$仅占$CO_2$总运输量的7%左右，而在肺部排出的$CO_2$中却有17.5%是从氨基甲酸血红蛋白释放的，可见该运输形式对$CO_2$排出具有重要意义。

（二）$CO_2$解离曲线

$CO_2$解离曲线是表示血液中$CO_2$含量与$CO_2$分压之间关系的曲线（图5-14）。从图中可以看出，①血液中$CO_2$的含量随$CO_2$分压的上升而上升，几乎呈线性关系。②血$O_2$分压升高时$CO_2$解离曲线下移，这是由于$O_2$与Hb的结合促使了$CO_2$的释放，这一效应称作何尔登效应（Haldane effect）。在外周组织中，由于Hb与$O_2$解离，经何尔登效应促使血液摄取并结合$CO_2$；在肺泡中，由于Hb与$O_2$结合，何尔登效应促使血液释放$CO_2$。可见，$O_2$和$CO_2$的运输不是孤立进行的，而是相互影响的。$CO_2$通过波尔效应影响$O_2$与Hb的结合和释放，$O_2$又通过何尔登效应影响$CO_2$与Hb的结合和释放。

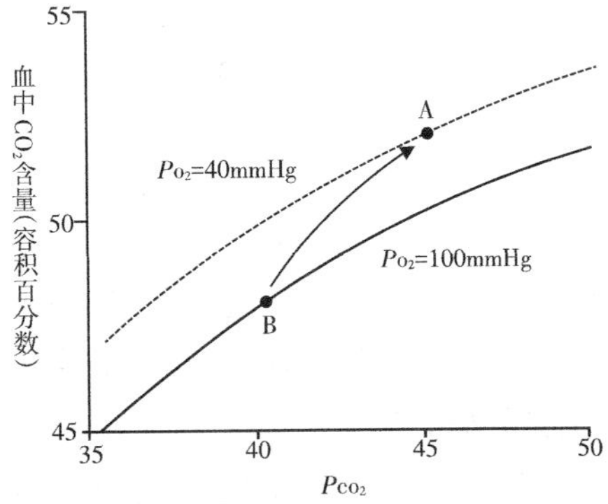


**图5-14 $CO_2$解离曲线**
**A.静脉血；B.动脉血**

# 第四节 呼吸运动的调节

呼吸运动是一种节律性活动，其深度和频率能随机体代谢水平变化而改变。节律性呼吸运动的产生，呼吸的深度和频率随机体内、外环境改变而发生的改变等，都是通过神经系统的调节和控制来实现的。

## 一、呼吸中枢与呼吸节律的形成

### (一)呼吸中枢

呼吸中枢是指中枢神经系统内产生和调节呼吸运动的神经细胞群所在的部位。呼吸中枢分布在大脑皮层、间脑、脑桥、延髓和脊髓等部位,它们在呼吸节律产生和调节中所起作用不同,正常呼吸运动是在各级呼吸中枢的相互配合下进行的。

1. 脊髓

脊髓中支配呼吸肌的运动神经元位于第3~5颈段(支配膈肌)和胸段(支配肋间肌和腹肌等)前角。在动物实验中,在延髓和脊髓间做一横断,便会导致呼吸运动停止。因此认为节律性呼吸运动不是在脊髓产生的,脊髓只是联系高位脑和呼吸肌的中继站和整合某些呼吸反射的初级中枢。

2. 低位脑干

低位脑干指脑桥和延髓。横断动物脑干的实验结果表明,呼吸节律产生于低位脑干,呼吸运动的变化因脑干横断的平面不同而异。在动物中脑和脑桥之间(图5-15,A平面)横断脑干,呼吸节律无明显变化。在延髓和脊髓之间横断(图5-15,D平面),则呼吸运动停止。上述结果表明呼吸节律产生于低位脑干,而高位脑对节律性呼吸运动的产生不是必需的。如果在脑桥上、中部之间横断脑干(图5-15,B平面),呼吸将变慢变深,如再切断双侧迷走神经,吸气便大大延长,仅偶尔被短暂的呼气所中断,这种形式的呼吸称为长吸式呼吸。这一实验结果表明,脑桥上部有抑制吸气的中枢结构,称为呼吸调整中枢。当延髓失去来自这两方面的抑制作用后,吸气活动不能及时中断,便出现长吸式呼吸。再在脑桥和延髓之间横断脑干(图5-15,C平面),不论迷走神经是否完整,长吸式呼吸都消失,而呈喘息样呼吸,表现为不规则的节律性呼吸运动。这些实验结果表明,在脑桥中下部有兴奋吸气的长吸中枢,单独的延髓即可产生节律呼吸。孤立延髓的实验进一步证明延髓可独立地产生节律呼吸。于是在20世纪20到50年代期间,形成了三级呼吸中枢理论,即脑桥上部有呼吸调整中枢,中下部有长吸中枢,延髓有呼吸节律基本中枢。进一步的研究肯定了关于延髓有呼吸节律基本中枢和脑桥上部有呼吸调整中枢的结论,但未能证实脑桥中下部存在着有特定结构的长吸中枢。

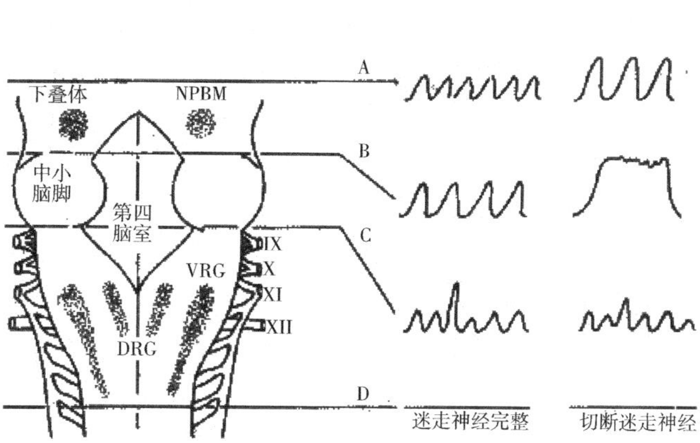


图5-15 脑干呼吸有关核团(左)和在不同平面横断脑干后呼吸的变化(右)示意图

**案例**

一沙漠耶母犬产出仔犬3只，发现仔犬呼吸微弱不匀、张口吸气，且吸气时间较长，脉搏快而弱，可视黏膜青紫，口鼻中有黏液。迅速用纱布擦净口鼻黏液，人工有节律按压胸廓，诱导呼吸，同时每只犬皮下分别注射肾上腺素0.1 mg、尼可刹米0.2 mg。1 h后仔犬呼吸、脉搏正常，开始吃乳。根据临床症状及抢救效果，诊断为新生仔犬假死或窒息症。

**问题与思考**

1. 新生仔犬假死的发生原因？

2. 注射肾上腺素、尼可刹米抢救的理论依据？

**提示性分析**

1. 因多种原因导致母犬分娩难产，致使产程延长，或脐带缠绕胎儿，子宫收缩，最终导致胎盘血液循环障碍，导致胎儿供血不足，引起仔犬缺氧、$CO_2$蓄积，导致仔犬假死或窒息；还有剖腹产时，麻醉母犬时，麻醉药经胎盘进入胎儿体内引起仔犬麻醉也可引起假死。

2. 肾上腺素、尼可刹米可分别兴奋心脏和呼吸中枢，从而发挥抢救作用。

3. 高位脑

呼吸运动还受脑桥以上中枢部位的调节，如大脑皮层、边缘系统、下丘脑等。低位脑干的呼吸调节系统是不随意的自主呼吸调节系统，而高位脑的调控是随意的，大脑皮层可以随意控制呼吸，在一定限度内可以随意屏气或加强加快呼吸等，使呼吸精确而灵敏地适应环境的变化。大脑皮层可通过皮层脊髓束和皮层脑干束控制呼吸运动神经元的活动，以保证呼吸相关的其他功能活动正常进行。下丘脑参与了狗在高温环境中伸舌喘息增加散热的过程；动物激动时，呼吸往往会增强，边缘系统则在该过程中起重要作用。

### （二）呼吸节律的形成

关于正常呼吸节律的形成，目前主要有两种解释，一是起搏细胞学说，二是神经元网络学说。

起搏细胞学说认为，节律性呼吸犹如窦房结起搏细胞的节律性兴奋引起整个心脏产生节律性收缩一样，是由延髓内具有起搏样活动的神经元的节律性兴奋引起的。对新生动物离体脑片制备的研究结果表明，前包钦格复合体中就存在着类似的电压依赖性起搏神经元，但这样的神经元是否存在于成年动物中，目前由于方法学的限制尚难以得到证实。

神经元网络学说认为，呼吸节律的产生依赖于延髓内呼吸神经元之间复杂的相互联系和相互作用。有学者在总结大量实验研究资料基础上提出了多种模型，其中最有影响的是20世纪70年代提出的中枢吸气活动发生器（Central inspiratory activity generator）和吸气切断机制（Inspiratory off-switch mechanism）模型（图5-16）。该模型的核心，就是认为在延髓内存在着一些起着中枢吸气活动发生器和吸气切断机制作用的神经元，前者的活动引起吸气神经元呈渐增性放电，产生吸气；后者的活动增强达到一定阈值时，使吸气活动终止，转为呼气；吸气切断机制的活动减弱时，吸气活动便再次发生，如此周而复始。脑桥PBKF核群的活动和迷走神经肺牵张感受器的传入活动，可促进吸气切断机制的活动，从而促进吸气转为呼气。因此，损毁PBKF核群或切断迷走神经，动物均出现长吸式呼吸。

上述两种学说中，哪一种是正确的或者哪一种起主导作用，至今尚无定论。但是，即使存在起搏细胞，神经元网络对于正常节律性呼吸活动的样式和频率的维持也是必不可少的。实际上，随着动物生长发育成熟，神经元网络的作用愈加重要。

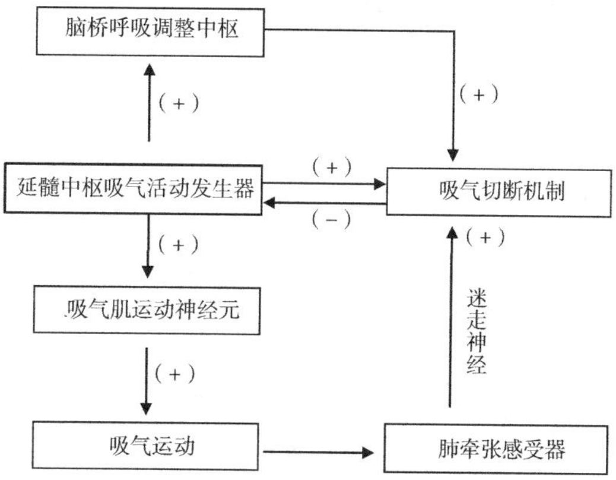


**图5-16　呼吸节律形成机制简化模式图**
**+:表示兴奋；-:表示抑制**

## 二、呼吸的反射性调节

呼吸运动的节律虽然产生于脑，但可受呼吸器官本身以及血液循环等其他器官系统感受器传入冲动的反射性调节。

### （一）肺牵张反射

1868年Breuer和Hering发现，麻醉动物肺充气或肺扩张，则抑制吸气；肺放气或肺缩小，则引起吸气。切断迷走神经，上述反应消失，说明这是由迷走神经参与的反射性活动。这种由肺扩张或肺缩小引起的吸气抑制或兴奋的反射称为黑–伯反射（Hering–Breuer reflex）或肺牵张反射，包括肺扩张反射和肺缩小反射两种类型。

1. 肺扩张反射

肺扩张反射是肺扩张时抑制吸气的反射。感受器位于从气管到细支气管的平滑肌中，是牵张感受器，其阈值低，适应慢。当肺扩张牵拉呼吸道时，感受器兴奋，冲动经迷走神经传入延髓。在延髓内通过一定的神经联系使吸气切断机制兴奋，切断吸气，转入呼气。肺扩张反射的生理意义在于阻止吸气过长过深，加快吸气向呼气转换，使呼吸频率增加，与脑桥呼吸调整中枢共同调节呼吸频率与深度。所以，切断动物迷走神经后，吸气延长、加深，呼吸变得深而慢。有人比较了8种动物的肺扩张反射，发现肺扩张反射有种属差异，其中家兔的最强，人的最弱。

2. 肺缩小反射

肺缩小反射是肺缩小到一定程度时反射性地使呼气停止，引起吸气的反射。感受器同样位于气道平滑肌内，其阈值较高，一般在较大程度的肺缩小时才出现，所以它在平静呼吸调节中意义不大，但对阻止呼气过深和肺不扩张等具有一定作用。

### （二）呼吸肌本体感受性反射

呼吸肌是骨骼肌，其本体感受器是肌梭。当肌梭受到牵张刺激而兴奋时，冲动经背根传入脊髓中枢，反射性地引起受牵拉的肌肉收缩，呼吸运动增强，称为呼吸肌本体感受性反射。该反射在维持正常呼吸运动中起一定作用，尤其在运动状态或气道阻力加大时，可反射性地加强呼吸肌的收缩力，克服气道阻力，以维持正常肺通气功能。

### (三)防御性呼吸反射

由呼吸道黏膜受刺激引起，以清除刺激物为目的的保护性呼吸反射，称为防御性呼吸反射。其感受器分布在整个呼吸道黏膜，受到机械或化学刺激时，引起防御性呼吸反射，以清除异物，避免其进入肺泡。

1. 咳嗽反射

咳嗽反射(Cough reflex)是常见的重要防御性呼吸反射，其感受器位于喉、气管和支气管的黏膜。大支气管以上部位的感受器对机械刺激敏感，二级支气管以下部位对化学刺激敏感。传入冲动经迷走神经传入延髓，触发咳嗽反射。

咳嗽时，先是短促或深吸气，接着声门紧闭，呼气肌强烈收缩，肺内压和胸膜腔内压急剧上升，然后声门突然打开，由于气压差极大，气体便以极高的速率从肺内冲出，将呼吸道内异物或分泌物排出。剧烈咳嗽时，因胸膜腔内压显著升高，可阻碍静脉回流，使静脉压和脑脊液压升高。

2. 喷嚏反射

喷嚏反射(Sneeze reflex)类似于咳嗽反射。但是，其感受器位于鼻黏膜，传入神经是三叉神经，反射效应是腭垂下降，舌压向软腭，而不是声门关闭，爆发性呼出的气体主要从鼻腔喷出，以清除鼻腔中的刺激物。

### (四)化学感受性呼吸反射

化学感受性呼吸反射是指动脉血或脑脊液中的$P_{O_2}$、$P_{CO_2}$和$H^+$浓度的变化通过化学感受器反射性调节呼吸运动，从而维持机体内环境中这些化学因素的相对稳定和机体代谢活动的正常进行。

1. 化学感受器

化学感受器是指其适宜刺激是化学物质的感受器。参与呼吸调节的化学感受器，对血液中$P_{O_2}$、$P_{CO_2}$和$H^+$的浓度变化十分敏感。根据其所在部位不同，可将其分为外周化学感受器和中枢化学感受器。

(1)外周化学感受器(Peripheral chemoreceptor)。其位于颈动脉体和主动脉体，是机体最重要的外周化学感受器(图5-17)。它们能感受动脉血中$P_{O_2}$、$P_{CO_2}$和$H^+$浓度的变化，当动脉血中$P_{O_2}$降低、$P_{CO_2}$或$H^+$浓度升高时，颈动脉体和主动脉体受到刺激产生兴奋，冲动分别经窦神经和迷走神经传入延髓，反射性地引起呼吸加深加快。外周化学感受器对外周血液中$P_{O_2}$的变化十分敏感，对$P_{CO_2}$和$H^+$浓度变化的敏感性较差。在呼吸调节中颈动脉体的作用大于主动脉体。

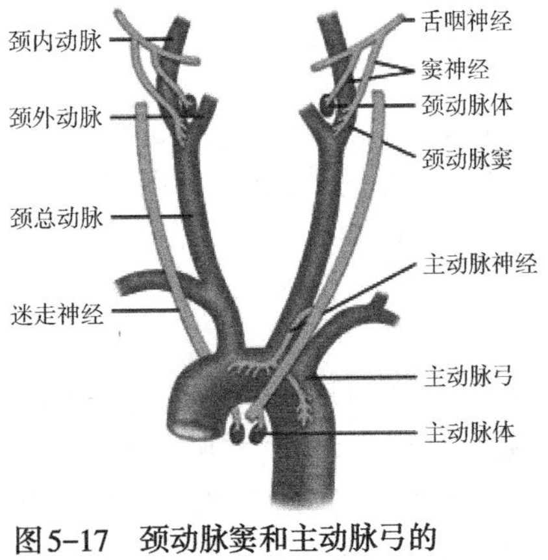


图5-17　颈动脉窦和主动脉弓的压力感受器及化学感受器

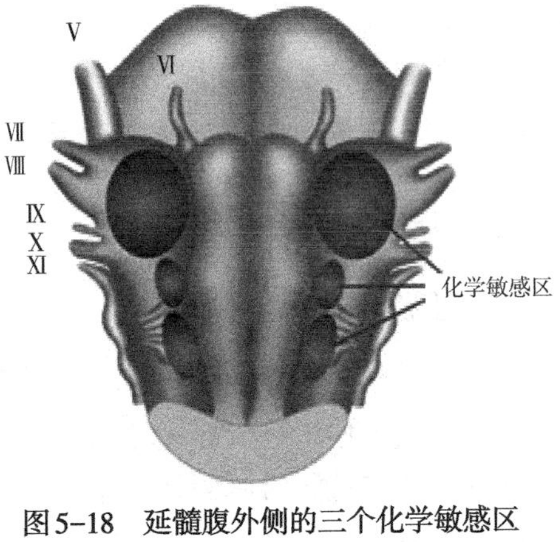


图5-18　延髓腹外侧的三个化学敏感区

(2)中枢化学感受器(Central chemoreceptor)位于延髓腹外侧浅表部位,左右对称,可分为头、中、尾三个区(图5-18)。头区和尾区有化学感受性;中间区不具有化学感受性,但局部阻滞或损伤中间区,可以使动物通气量降低,并使头、尾区受刺激时的通气反应消失,这表明中间区可能是头区和尾区的传入冲动向脑干呼吸中枢投射的中继站。中枢化学感受器的生理刺激是脑脊液和局部细胞外液中的$H^+$。血液中的$CO_2$能迅速通过血-脑屏障,使中枢化学感受器周围液体中的$H^+$浓度升高,从而刺激中枢化学感受器,再引起呼吸中枢兴奋。由于脑脊液中碳酸酐酶含量很少,$CO_2$与水的水合反应很慢,所以对$CO_2$的反应有一定的滞后现象。血液中的$H^+$不易直接通过血-脑屏障,故血液pH的变化对中枢化学感受器的作用较缓慢,也较弱。

中枢化学感受器与外周化学感受器不同,它不感受缺氧的刺激,但对$CO_2$的敏感性比外周化学感受器高,且反应潜伏期较长。中枢化学感受器的作用可能是调节脑脊液中$H^+$的浓度,使中枢神经系统有一个稳定的pH环境;而外周化学感受器的作用主要是在机体缺氧时,维持对呼吸运动的驱动。

2. $CO_2$、$H^+$和低$O_2$对呼吸运动的调节

(1)$CO_2$对呼吸的调节。$CO_2$是调节呼吸运动最重要的生理性化学因素,对呼吸调节起着经常性作用。实验证明,血液中保持一定浓度的$CO_2$是维持呼吸中枢正常兴奋性的必要条件。如过度通气,可出现呼吸暂停。适当地增加吸入气体中$CO_2$的浓度,肺泡气中$P_{CO_2}$随之升高,动脉血中$P_{CO_2}$也升高,引起呼吸加深、加快,肺通气量增加,$CO_2$排出增加,肺泡气和动脉血中的$P_{CO_2}$又恢复到正常水平(图5-19)。但当吸入气体中$CO_2$含量超过一定水平时,肺通气量不再相应增加,致使血液中$P_{CO_2}$显著升高,导致中枢神经系统的活动受到抑制,引起头痛、头昏、呼吸困难,甚至昏迷,出现$CO_2$麻醉。

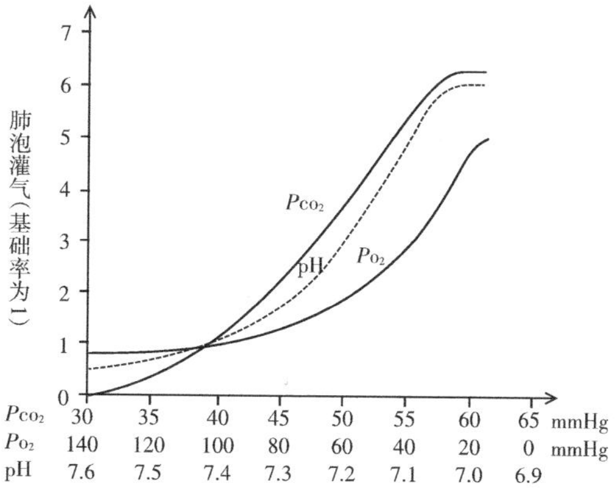


**图5-19　改变动脉血液$P_{CO_2}$、$P_{O_2}$、pH三因素之一而维持另外两个因素正常时的肺泡通气反应**

$CO_2$对呼吸运动的调节是通过两条途径实现的:一是通过刺激中枢化学感受器后,再兴奋呼吸中枢;二是刺激外周化学感受器,冲动经窦神经和迷走神经传入延髓呼吸有关核团,反射性地使呼吸加深加快,增加肺通气。两条途径中主要通过中枢化学感受器而起作用。因为去掉外周化学感受器的作用之后,$CO_2$的通气反应仅下降20%。动脉血中$P_{CO_2}$只需升高2 mmHg时就可刺激中枢化学感受器,出现通气加强反应;如果刺激外周化学感受器,则需要升高10 mmHg。当动脉血$P_{CO_2}$突然大幅度增加时,外周化学感受器在引起快速呼吸反应中可起重要作用,因为中枢化学感受器有可能因$P_{CO_2}$突然大幅度升高而受到抑制,对$CO_2$的敏感性降低,因此外周化学感受器的作用更为重要。

(2)$H^+$对呼吸的影响。动脉血中$H^+$浓度升高导致呼吸加深加快,降低则导致呼吸抑制。$H^+$也可通过刺激外周化学感受器和中枢化学感受器而兴奋呼吸中枢。尽管中枢化学感受器对$H^+$的敏感性远高于外周化学感受器,约为外周化学感受器的25倍。但血液中的$H^+$难以通过血-脑屏障,限制了血液中$H^+$对中枢化学感受器的作用,因此外周化学感受器在$H^+$浓度升

高导致的呼吸反应中起主要作用。但因外周化学感受器对$H^+$的敏感性较低，所以临床上即使是酸中毒时，呼吸运动的变化也不是十分明显。

(3)低$O_2$对呼吸的影响。吸入气体中$P_{O_2}$降低时，肺泡气、动脉血的$P_{O_2}$都随之降低，呼吸运动加深加快，肺通气增加。这一效应完全是通过刺激外周化学感受器所致的。切除外周化学感受器后低$O_2$对呼吸的兴奋效应几乎完全消失。低$O_2$对呼吸中枢的直接作用是抑制，这种抑制作用随低$O_2$程度的加重而增强。但在轻度或中度缺氧时，低$O_2$可以通过对外周化学感受器的刺激而兴奋呼吸中枢，对抗低$O_2$对中枢的直接抑制作用，使呼吸加强。不过在严重低$O_2$时，外周化学感受器反射已不足以克服低$O_2$对中枢的抑制作用，将导致呼吸障碍。

动脉血$P_{O_2}$的轻度下降对呼吸的影响较弱，只有在$P_{O_2}$低于80 mmHg之后通气量才逐渐增大。可见动脉血$P_{O_2}$对正常呼吸的调节作用不大，仅在特殊情况下低$O_2$刺激才有重要意义。如患有严重的肺气肿、肺心病，因肺换气障碍，可导致低$O_2$和$CO_2$潴留。长时间$CO_2$潴留使中枢化学感受器对$CO_2$的刺激作用发生适应，而外周化学感受器对低氧刺激适应慢，这时低氧对外周化学感受器的刺激成为驱动呼吸的主要刺激。

(4)$CO_2$、$H^+$和低$O_2$在影响呼吸中的相互作用

图5-19显示，$CO_2$，$H^+$和$O_2$三个因素中，只改变一个因素而保持其他两个因素不变时的单因素通气效应。由该图可见，三者引起的肺通气反应的程度比较接近。但实际情况不可能是单因素的改变，而其他因素不变。往往是一种因素的改变会引起其余一两种因素相继改变或几种因素的同时改变，三者间相互影响、相互作用，既可发生总和而增强，也可相互抵消而减弱。图5-20为其中一种因素改变，另两种因素不加控制时的变化情况。由此可以看出，$CO_2$的作用最强，而且比单因素作用时还要强些；$H^+$的作用次之；$O_2$的作用最弱。血中$CO_2$分压升高时，$H^+$浓度也随之升高，两者的作用发生总和，使肺通气反应比单独$CO_2$分压升高时大。$H^+$浓度增加时，因肺通气增大使$CO_2$排出增加，所以$CO_2$分压下降，$H^+$浓度也有所降低，两者可部分抵消$H^+$的刺激作用，使肺通气的增加比单独$H^+$浓度升高时小。血中氧分压下降时，也因肺通气量增加，呼出较多的$CO_2$，使$CO_2$分压和$H^+$浓度下降，从而减弱低氧的刺激作用。

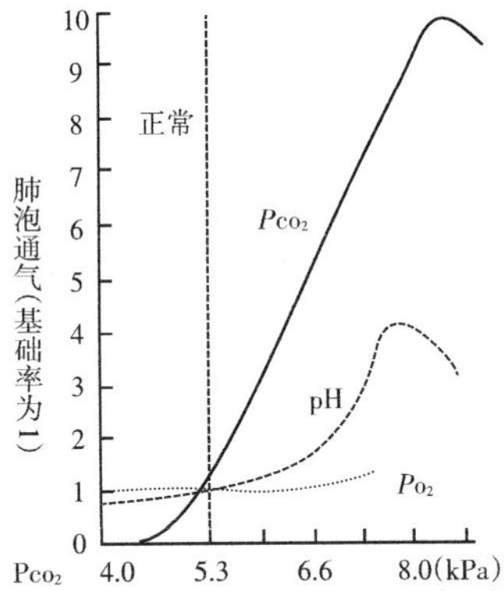


图5-20 改变动脉血液$P_{CO_2}$、$P_{O_2}$、pH三因素之一而不控制另外两个因素时的肺泡通气反应(1 mmHg=0.133 kPa)

**知识点**

两种特殊呼吸形式“潮式呼吸”和“比奥呼吸”的简介。

潮式呼吸是指呼吸由浅慢逐渐加快加深，达高潮后，又逐渐变浅变慢，暂停数秒之后，又出现上述状态的呼吸，如此周而复始，呼吸呈潮水涨落样。潮式呼吸周期可长达30 s～2 min，暂停期可持续5～30 s，需要较长时间才可观察到这种周期性呼吸。

目前认为潮式呼吸产生的基本机制是因为某种原因使呼吸受到刺激，肺通气量增加，呼出过多的$CO_2$，肺泡气$P_{CO_2}$下降，肺部血液$P_{CO_2}$也下降，片刻之后，这种低$P_{CO_2}$血液到达脑部，呼吸因缺少$CO_2$的刺激而开始受到抑制，变慢变浅甚至停止。呼吸的抑制又使肺部血液$P_{CO_2}$升高，$P_{CO_2}$升高的血液随后到达脑，又开始刺激呼吸，呼吸又变快变深，再次使$P_{CO_2}$下降，呼吸再受抑制。如此周而复始，周期性进行。多见于中枢神经疾病、脑循环障碍和中毒等患者，是一种危急症状。

比奥呼吸又称间停呼吸，表现为一次或多次强呼吸后，继以长时间呼吸停止，之后又再次出现数次强呼吸，周期持续时间为10～60 s。多数发生于中枢神经系统疾病，为临终前危急性征象。其原因尚不十分清楚，可能是疾病侵及延髓，损害了呼吸中枢造成的。

**思考题**

一、名词概念

1. 呼吸运动　2. 肺活量　3. 机能余气量
4. 肺泡通气量　5. 通气/血流比值　6. 肺牵张反射

二、单项选择题

1. 切断家兔双侧迷走神经后呼吸运动的改变是(　)
A.呼吸频率加快　B.呼吸幅度减小
C.吸气时间延长　D.呼气时间缩短

2. 肺泡表面活性物质(　)
A.能增加肺泡表面张力　B.使肺的顺应性减小
C.由肺泡Ⅱ型细胞分泌　D.主要成分是二硬脂酰卵磷脂

3. 氧解离曲线是表示哪两项之间关系的曲线(　)
A.Hb含量与氧解离量　B.血氧饱和度和氧含量
C.血氧饱和度与血氧分压　D.血氧含量与血氧容量

4. 肺总容量等于(　)
A.潮气量+肺活量　B.潮气量+机能余气量
C.余气量+肺活量　D.余气量+补吸气量

5. 下列哪种情况会造成氧离曲线右移(　)
A. pH↑、$P_{CO_2}$↑、T↑　B. pH↓、$P_{CO_2}$↑、T↑
C. pH↓、$P_{CO_2}$↓、T↑　D. pH↓、$P_{CO_2}$↓、T↓

6. 下列有关胸内压生理意义的叙述，错误的是(　)
A.牵张肺　B.有利于动物呕吐
C.促进血液回流心脏　D.防止肺水肿

7. 在下列哪一时相中，肺内压等于大气压（ ）

A.吸气初和呼气初　　B.吸气末和呼气初

C.呼气初和呼气末　　D.呼气末和吸气末

8. 呼吸的基本节律产生于（ ）

A.延髓　　B.脑桥　　C.中桥　　D.丘脑

9. 肺牵张反射的传入神经位于（ ）

A.交感神经　　B.迷走神经　　C.膈神经　　D.肋间神经

10. 血液中$P_{CO_2}$变化对呼吸的调节主要是通过（ ）

A.肺牵张反射　　B.直接刺激呼吸中枢

C.刺激脑桥调整中枢　　D.刺激延髓化学感受器

三、简述题

1. 肺泡表面活性物质的生理作用是什么？

2. 胸内压的形成机制及生理作用是什么？

3. 影响肺换气的因素有哪些？

4. 简述肺牵张反射和呼吸肌本体感受性反射的过程及生理意义。

5. 在一定呼吸频率范围内，深而慢的呼吸与浅而快的呼吸相比，哪种通气效率高，为什么？

四、论述题

血中$O_2$、$CO_2$、$H^+$的变化对呼吸运动的调节机制及特点是什么？

# 第 6 章 消化与吸收

**本章导读**

鲁迅先生曾说过一句名言:“牛吃的是草,挤出来的是奶”。你知道其背后的生理学依据吗?牛为什么会反刍和嗳气,而人却不会如此?为什么草食动物能消化和利用纤维素,而人却不能?牛在饲养过程中,为什么可用低廉的人工合成尿素替代日粮蛋白质?为什么在动物饲料中添加人工提取的植酸酶,就可降低动物粪便对环境的污染?为什么人长期紧张、压抑或性格暴躁,就容易患胃病和十二指肠溃疡?要回答这些问题,请在本章的学习过程中去寻找答案。

动物在生长发育过程中,需要不断从外界环境中摄取营养物质供机体利用。机体所需的营养物质除水外,还包括蛋白质、糖类、脂类、无机盐和维生素等。其中蛋白质、糖类和脂类,都是结构复杂的大分子有机物,不能直接被机体利用,必须在消化道内分解为结构简单的小分子物质,才能透过消化道上皮进入血液循环或淋巴循环,供组织细胞利用。食物中的营养物质在消化道内被分解为可吸收的小分子物质的过程,称为消化(Digestion)。消化道各段,如口腔、胃、小肠、大肠等部位都具有消化功能。消化后的产物透过消化道黏膜上皮,进入血液和淋巴循环的过程,称为吸收(Absorption)。消化和吸收是两个紧密联系的过程。不能被消化和吸收的食物残渣,与消化道的脱落上皮及黏膜分泌物等形成粪便,经肛门排出体外。

消化系统除具有消化吸收功能外,还具有内分泌功能。如胃黏膜细胞可以分泌促胃液素,小肠黏膜细胞可以分泌胰泌素、胆囊收缩素等,胰腺的内分泌细胞可以分泌胰岛素、胰高血糖素等。这些胃肠道激素不仅能够在胃肠道局部发挥调节作用,而且对动物的采食、生长及物质代谢也具有重要的调节作用。

## 第一节 概 述

### 一、消化的方式

食物进入口腔后,消化活动随即开始。食物在消化道内通过以下三种方式被消化:机械性消化、化学性消化和微生物消化。

(一)机械性消化

机械性消化(Mechanical digestion)也称物理性消化(Physical digestion),是指通过咀嚼和胃肠平滑肌的舒缩活动来完成的消化活动,其主要作用是将食物磨碎,并使之与消化液充分混合,为化学性消化创造条件;同时使消化道的内容物不断地向消化道后段移送。机械性消化主要包括口腔内的咀嚼、吞咽,胃的运动,肠的运动等。

(二)化学性消化

化学性消化(Chemical digestion)是指在消化液中各种消化酶的作用下,将食物中大分子物质分解为可吸收的小分子物质的过程。如糖类分解为单糖,蛋白质分解为氨基酸,脂类分解为甘油及脂肪酸。

有些植物性食物本身也含有一些酶,能参与化学性消化过程。此外,在养殖业中还广泛采用添加外源性酶制剂的方法,即将一些从微生物中提取的蛋白酶、非淀粉多糖酶等制剂添加到饲料中,以补充动物内源酶的不足,从而提高营养物质在消化道内的消化效率。对一些幼龄动物,在其胃肠道发育和消化能力尚未成熟时,在饲料中添加外源性酶制剂更有助于食物的消化。

(三)微生物消化

微生物消化(Microbial digestion)指由栖居在动物消化道内的微生物对食物进行发酵的过程。在动物的微生物消化过程中,反刍动物瘤胃在微生物消化中占有十分重要的地位。反刍动物瘤胃中寄居着数量巨大的细菌和纤毛虫,这些微生物能分泌淀粉酶、蔗糖酶、蛋白酶、纤维素酶、半纤维素酶等,这些酶可将饲料中的糖类、蛋白质等物质进行分解,最终产生挥发性脂肪酸、$CO_2$、$CH_4$等,一些终产物通过嗳气排出体外。瘤胃中的微生物能直接利用饲料蛋白质分解的氨基酸合成菌体蛋白,还可以利用$NH_3$合成菌体蛋白,也可以合成必需氨基酸、必需脂肪酸和部分B族维生素等供宿主利用。非反刍草食动物如马和兔的盲肠和结肠是进行微生物消化的场所,猪大肠、家禽的嗉囊也能进行少量的微生物消化。

机械性消化、化学性消化和微生物消化是相互依存、相互配合、同时进行的。机械性消化为化学性消化和微生物消化创造条件;化学性消化和微生物消化又在一定程度上影响机械性消化。不同部位的消化道因其结构的不同,消化方式各有侧重。口腔内以机械性消化为主;小肠内以化学性消化为主;而单胃动物(猪、马属动物等)与禽类的大肠、反刍动物(牛、羊、骆驼、鹿等)的瘤胃,则以微生物消化为主。

## 二、消化道平滑肌的特性

(一)一般生理特性

在整个消化道中,除口腔、咽、食管大部分(如马的前2/3;牛和猪几乎全部)和肛门外括约肌是骨骼肌外,其余部分都是由平滑肌组成。消化道平滑肌的舒缩活动既是完成机械性消化的动力,又可促进食物的化学性消化和营养物质的吸收。

消化道平滑肌具有肌肉组织所共有的生理特性,如兴奋性、自律性、传导性和收缩性,但这些特性的表现还具有自身的特点。

1. 兴奋性较低、收缩缓慢

消化道平滑肌的兴奋性比骨骼肌和心肌低。由于其肌质网不发达，细胞内储备的$Ca^{2+}$不多，从细胞外摄取$Ca^{2+}$的能力弱，因此，消化道平滑肌收缩的潜伏期、收缩期和舒张期比骨骼肌所占时间长，收缩较缓慢，而且变异很大。

2. 较大的展长性

消化道平滑肌在微细结构上无Z线、M线和肌小节之分，故能做较大的伸展，而不发生张力变化，这也是胃、大肠、反刍动物的瘤胃等器官可以容纳比本身体积大好几倍的食物，而对胃肠内压力和运动不产生明显影响的原因。

3. 持续的紧张性

消化道平滑肌经常保持一种微弱的持续收缩状态，即具有一定的紧张性。紧张性收缩一方面可使消化道黏膜与食糜紧密接触，利于消化吸收的进行；另一方面还使消化道各部分保持一定的形态和位置。此外，平滑肌的各种收缩活动也都是在紧张性的基础上发生的。

4. 自动节律性

离体的胃肠道平滑肌，在适宜的环境中，仍能进行良好的节律性运动，但其收缩很缓慢，节律性也远不如心肌规则。胃肠道平滑肌的节律性起源于平滑肌本身，在离体条件下也受内在神经系统的调节。

5. 对化学、温度和机械牵张刺激较敏感

消化道平滑肌对电刺激不敏感，但对牵张、温度和化学刺激特别敏感，轻微的刺激常可引起强烈的收缩。在化学刺激中，尤其对乙酰胆碱、肾上腺素敏感。消化道对酸、碱、钙盐和钡盐等各种化学刺激也较敏感。其他因素，如温度的突然变化和轻度的突然牵拉，都能引起平滑肌强烈收缩。

## （二）消化道平滑肌的生物电特性

消化道平滑肌电活动的形式要比骨骼肌复杂得多，其电变化大致可分为三种，即：静息电位、慢波电位和动作电位。

1. 静息电位

将微电极插入胃肠平滑肌细胞内可记录到消化道平滑肌的静息电位，其实测值为−60 ~ −50 mV。胃肠平滑肌细胞静息电位主要由$K^+$的平衡电位形成，$Na^+$、$Cl^-$、$Ca^{2+}$以及生电性钠泵活动也参与了静息电位的产生。消化道平滑肌的静息电位很不稳定，波动性较大。

2. 慢波电位

消化道平滑肌在静息电位的基础上自发产生的一种缓慢的、大小不等的去极化和复极化节律性电位波动称为慢波电位（Slow wave potential）（图6-1），也称为基本电节律（Basal electric rhythm，BER）。慢波电位不引起肌肉的收缩，但可以使静息电位接近阈电位，决定平滑肌的收缩节律，因此，被称为平滑肌起搏电位。

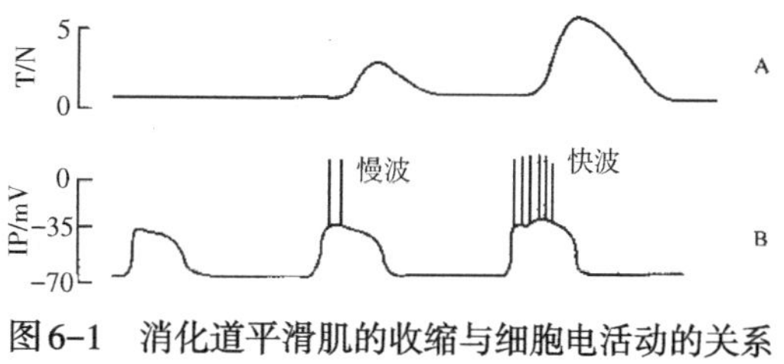


图6-1　消化道平滑肌的收缩与细胞电活动的关系
A：消化道平滑肌的收缩；B：细胞电活动；
T：肌肉收缩张力；IP：细胞内电位

关于慢波产生的离子机制尚不完全清楚。目前认为，其机理可能与胃肠道平滑肌细胞膜上钠泵活动的周期性变化有关。当钠泵活动暂时受抑制时，从细胞内泵出的$Na^+$减少，细胞内的$Na^+$增多，膜出现去极化；当钠泵活动恢复时，膜的极化加强，膜电位又回到原来的水平。新近的资料则显示，慢波的产生主要与$Ca^{2+}$有关。慢波的起步点可能是存在于纵形肌和环形肌之间的Cajal细胞。Cajal细胞是一种兼有成纤维细胞和平滑肌细胞特性的间质细胞，它与两层平滑肌细胞均形成紧密的缝隙连接，可将慢波电位传给平滑肌细胞。

3. 动作电位

也称为快波电位，当慢波电位自动去极化达到阈电位时，会在慢波电位基础上产生一个乃至数个持续时间较短的尖锋形电位变化，也称锋电位。快波电位的产生机制与平滑肌细胞膜上的慢钙通道开放有关，当慢波电位自动去极化达到阈电位时，慢钙通道开放，$Ca^{2+}$内流形成动作电位去极相（上升支），复极相（下降支）因慢钙通道关闭，由$K^+$外流来实现。由于平滑肌动作电位是$Ca^{2+}$内流引起的，而$Ca^{2+}$内流可引起平滑肌收缩，因此，快波电位与平滑肌收缩之间存在很好的相关关系，每个慢波上所出现的锋电位的数目越多，平滑肌收缩就越强（图6-1）。

综上所述，平滑肌的收缩是由动作电位引发的，而动作电位是在慢波的基础上产生的。虽然慢波电位本身不能引起平滑肌收缩，但被认为是平滑肌的起步电位，是平滑肌收缩节律的控制波，它决定胃肠蠕动的方向、节律和速度。

## 三、消化腺的分泌功能

消化腺主要包括唾液腺、胃腺、肠腺、肝脏和胰腺等。消化腺属于外分泌腺，其分泌物通过导管排入消化道内。

消化腺从血液中摄取原料，在细胞内合成分泌物。分泌物从腺细胞内排出主要通过三种方式：①顶浆分泌。即分泌物形成后逐渐在细胞的管腔端积聚，最后把细胞的顶部及其中的分泌物一起排入消化道，如猫颌下腺的某些分泌细胞。②全浆分泌。整个细胞及其中的分泌物全部排入消化道，如小肠腺分泌物的排出，就是通过小肠上皮细胞的脱落而完成的。③局部分泌。细胞通过出胞方式排出分泌物，细胞自身保持完整状态，如胰腺、肝脏和其他大多数消化腺的细胞。腺细胞膜上存在多种受体，当不同的神经递质或激素与之结合后，通过不同的信号转导机制，影响腺细胞的分泌活动。

消化腺的分泌物是消化液，主要由水、无机盐和有机物组成。除胆汁中的有机物主要是胆酸和胆盐外，其他消化液中的有机物主要是消化酶。消化液的主要功能是：①改变消化道内的pH，以适应消化酶活性的需要。②将复杂的食物成分分解为简单的、可被吸收的小分子物质。③稀释食物或消化产物，调节消化道内容物的渗透压，便于黏膜上皮细胞吸收。④通过分泌黏液、抗体和大量液体来保护消化道黏膜。

## 四、消化道的神经支配

支配消化道的神经来自两方面：一方面是消化道管壁内分布的内在神经丛，称为内在神经系统；

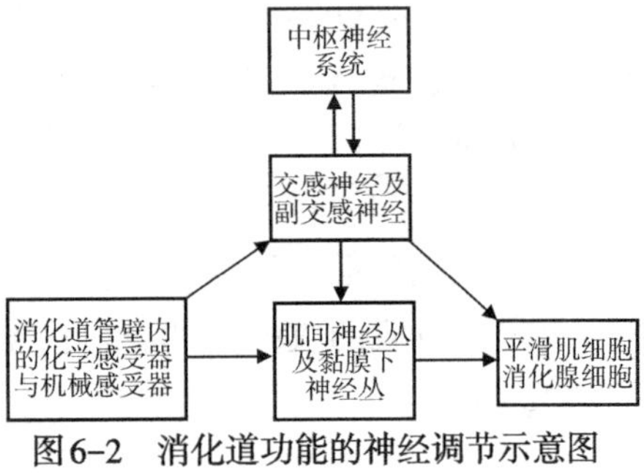


图6-2 消化道功能的神经调节示意图

另一方面是机体植物性神经系统的交感神经和副交感神经，称为外来神经系统；两者相互协调，共同调节消化道功能（图6-2）。

（一）内在神经丛（肠神经系统）

支配胃肠道的内在神经丛也称壁内神经丛，分布在从食管中段到肛门的绝大部分消化管壁内，是由大量的神经元和神经纤维交织而成的复杂网络（图6-3）。其中感觉神经元感受胃肠道内机械、化学和温度等刺激；运动神经元支配胃肠道平滑肌、腺体和血管的活动；还存在大量的中间神经元。内在神经丛的运动神经元分布在胃肠壁的平滑肌细胞和腺体上，其轴突末梢的曲张体含有多种神经调节物质，这些物质可影响周围肌肉和腺体的活动。

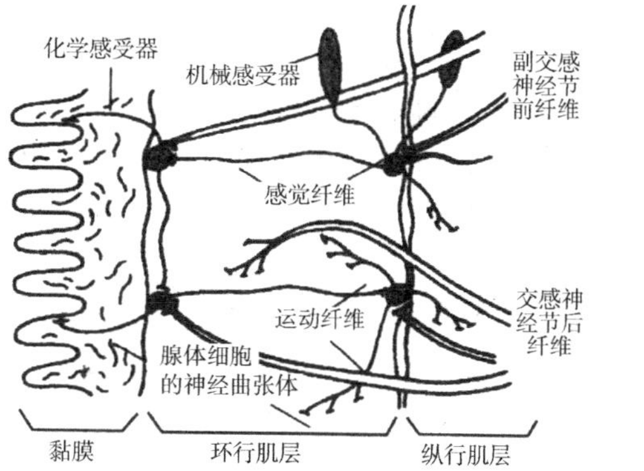


图6-3　胃肠道内在神经丛的感受器与神经纤维分布

内在神经丛主要由两组神经纤维网交织而成，即肌间神经丛与黏膜下神经丛。肌间神经丛位于纵形肌和环形肌之间，又称为欧氏神经丛（Auerbach's plexus），主要支配平滑肌细胞的收缩。其中有以乙酰胆碱和P物质为递质的兴奋性神经元，也有以血管活性肠肽（Vasoactive intestinal peptide，VIP）和一氧化氮为递质的抑制性神经元。黏膜下神经丛分布在消化道黏膜下，又称为麦氏神经丛（Meissner's plexus），其运动神经末梢释放乙酰胆碱和VIP，主要调节腺细胞和上皮细胞功能，以及黏膜下的血管运动。

内在神经丛将消化道内各种感受器、效应细胞、外来神经和壁内神经元紧密联系在一起，其主要功能为调节胃肠运动、腺体分泌和血流。如果切除外来神经，食物对胃肠道的刺激仍能引起胃肠运动及腺体分泌，这主要是通过内在神经丛的局部反射来完成的。但在完整的机体内，内在神经受外来神经的调节。

（二）外来神经系统

支配胃肠道的外来神经系统包括副交感神经和交感神经（图6-4）。除口腔、食管上段和肛门外括约肌外，几乎整个消化道都受副交感神经和交感神经双重支配，其中以副交感神经的作用为主。

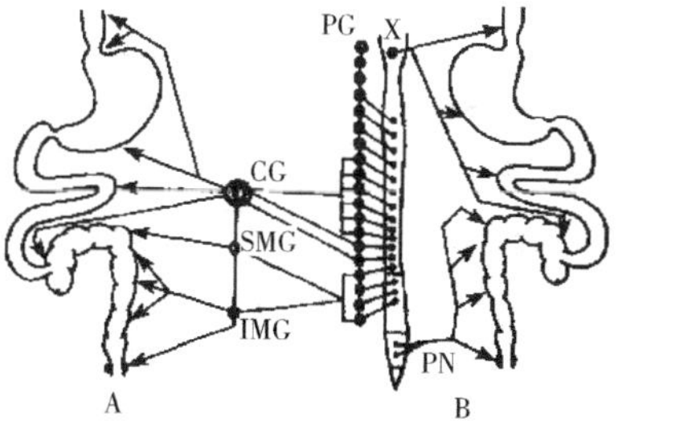


图6-4　交感神经与副交感神经在胃肠道的分布
（A：交感神经分布；B：副交感神经分布）
CG.腹腔神经节；X.迷走神经；SMG.肠系膜前神经；PN.盆神经；IMG.肠系膜后神经；PG.椎前神经节

1. 副交感神经

来自迷走神经和盆神经，其节前纤维进入消化道内，与内在神经丛形成突触，发出节后纤维分布至腺细胞、上皮细胞和平滑肌细胞。大多数副交感神经的节后纤维为胆碱能纤维，当其兴奋时释放的递质是ACh，ACh作用于M型胆碱受体，通常引起胃肠道运动加强，腺体分泌增加。这一作用可被阿托品阻断。近年发现，少数副交感神经节后纤维是非胆碱能、非肾上腺素能纤维，其末梢释放的递质可能为肽类物质，如血管活性肠肽、生长抑素、脑啡肽、P物质等，其作用可能与平滑肌、血管等的舒张活动有关。

2. 交感神经

支配胃肠道的交感神经起源于脊髓胸腰段侧角，经腹腔神经、肠系膜神经节或腹下神经节换元，其节后纤维为肾上腺素能纤维，主要分布在内在神经元上，抑制其兴奋性，或直接支配胃肠平滑肌、血管平滑肌及胃肠道腺细胞。交感神经节后纤维末梢释放的递质是去甲肾上腺素，主要引起胃肠道运动减弱，腺体分泌减少。

胃肠交感神经中约有50%的纤维为传入纤维，迷走神经中约有70%的纤维为传入纤维，因此可及时将胃肠感受器信号传入高位中枢，引起反射调节，如“迷走-迷走”反射。

## 五、消化道的内分泌功能

胃肠道具有多种类型的内分泌细胞，散在分布于胃肠黏膜上皮细胞之间，分泌多种激素和激素类物质，统称为胃肠激素（Gastrointestinal hormone）。这些激素在化学结构上都是由氨基酸残基组成的肽类激素，分子量大约在5 000以内。

### （一）胃肠激素的生理作用

胃肠激素的生理功能主要包括3个方面：①调节消化道的运动和消化腺的分泌。例如，胃泌素促进胃的运动和胃液分泌；抑胃肽则抑制胃的运动和胃液分泌；缩胆囊素（也称胆囊收缩素）引起胆囊收缩、增加胰酶分泌等。②调节其他激素的释放。例如，小肠释放的抑胃肽具有很强的刺激胰岛素分泌作用，其生理意义是防止葡萄糖被吸收后血糖升高过快。此外，生长抑素与VIP对胃泌素的释放起抑制作用，胃黏膜细胞分泌的脑肠肽（Ghrelin）具有刺激生长激素释放的作用。③营养作用。一些胃肠激素具有促进消化道组织代谢和生长的作用。例如，胃泌素能促进胃和十二指肠黏膜的蛋白质合成，从而促进黏膜生长；缩胆囊素能促进胰腺外分泌组织的生长等。现已确认的主要胃肠激素有胃泌素、胰泌素、缩胆囊素、抑胃肽等（表6-1）。

表6-1 四种主要胃肠激素的分泌部位、作用及引起释放的因素

| 激素名称 | 分泌部位 | 主要生理作用 | 释放因素 |
|---|---|---|---|
| 胃泌素（又名促胃液素） | 胃幽门腺及十二指肠G细胞 | 促进胃酸分泌、促进胃运动和胃黏膜生长 | 胃中蛋白质消化产物；胃中高pH；迷走神经兴奋 |
| 胰泌素（又名促胰液素） | 十二指肠S细胞 | 促进胰腺分泌碳酸氢盐，抑制胃泌素释放和胃的分泌 | 十二指肠中的酸性分泌物 |
| 缩胆囊素 | 十二指肠到回肠，主要是十二指肠I型细胞 | 促进胰腺分泌胰酶、促进胆囊收缩、抑制胃排空 | 小肠中的蛋白质和脂肪及其消化产物 |
| 肠抑胃肽 | 十二指肠到空肠上段K细胞 | 抑制胃的运动和胃液的分泌、刺激胰岛素分泌 | 食糜进入十二指肠和空肠 |

### （二）胃肠激素的分泌方式

主要有5种：①内分泌方式。激素通过血液循环到达靶细胞起作用，如胃泌素、缩胆囊素、促胰液素等；②旁分泌方式。激素在细胞外液经过弥散作用，作用于邻近细胞；③胃肠激素作为神经递质发挥作用；④自分泌方式。胃肠激素分泌后再反过来作用于分泌细胞本身；⑤腔分泌方式。激素分泌到消化管腔起调节作用，如胃的D细胞将生长抑素分泌入胃腔，调节胃酸和胃泌素的分泌。

(三)脑-肠肽的概念

近年来的研究证实，一些产生于胃肠道的肽，不仅存在于胃肠道，也存在于中枢神经系统内。而原来认为只存在于中枢神经系统的神经肽，也在消化道中被发现。这种双重分布的肽统称为脑-肠肽(Brain-gut peptide)。已知的脑-肠肽有胃泌素、胆囊收缩素、P物质、生长抑素、神经降压素等20余种。这些肽的双重分布具有很重要的生理意义。如胆囊收缩素在外周对胰酶分泌和胆汁排放具有调节作用，在中枢对摄食具有抑制作用，表明脑内及胃肠内的胆囊收缩素在消化和吸收过程中具有协调作用。

**案例**

刘洁珠等(2011)报道，给育肥猪主动接种0.5 mg/mL和1.5 mg/mL缩胆囊素(CCK)融合蛋白疫苗，试验期(45 d)肉猪平均日增重较空白对照组分别提高5.81 %和7.36 %，采食量分别提高4.04 %和2.53 %。试验证明主动接种CCK融合蛋白疫苗对肉猪生长具有一定促进作用。

**问题与思考**

1. CCK的一般生理作用是什么？
2. CCK融合蛋白疫苗促进动物生长的可能原因是什么？

**提示性分析**

缩胆囊素是1928年由Ivy和Oldbery发现并命名的一种能引起胆囊收缩的胃肠道激素。后来的研究发现CCK还广泛存在于中枢和外周神经系统中，是一种典型的脑-肠肽，除具有促进胆囊收缩和胰酶分泌等基本生理功能以外，还具有抑制摄食行为、影响激素分泌等效应。1973年，Gibbs等发现向体内引入CCK可抑制小鼠的采食，从此CCK引起了营养学家们的极大关注。人们设想通过人工手段降低动物体内CCK含量，以提高动物的采食量，实现促生长的作用。在国内外高度重视畜禽健康养殖和禁止使用激素和抗生素作为动物生长促进剂的今天，在保障畜禽产品安全的前提下，探索通过免疫调控来充分挖掘畜禽生产潜能的方法具有非常重要的意义。

## 第二节 口腔消化

消化从口腔开始，包括采食、咀嚼、吞咽和唾液分泌。口腔内食物停留时间短暂，在此通过咀嚼磨碎食物，混合唾液便于吞咽。杂食动物还可在口腔内开始分解食物中的淀粉。

### 一、采食和饮水

采食是动物最基本的本能，也是动物消化吸收过程中的第一个环节。哺乳动物主要依靠嗅觉和视觉觅食。食物进入口腔后，又依靠味觉、嗅觉和口腔触觉的综合活动来评定食物，并把其中不适合的物质吐出。积极采食是动物健康状况的重要表现，食欲减退常常是疾病的症状之一。

### （一）采食方式

家畜用唇、齿和舌等器官将食物摄入口腔的过程称为采食（Prehension）。不同的动物其采食方式不同。猫和狗通常用前肢按住食物，用门齿和犬齿咬断食物，依靠头、颈的运动把食物送入口中；牛的主要采食器官是舌，舌很长，舌面粗糙，灵活而有力，能伸出口外卷草入口，送至下颌齿和上颌齿龈间挫断，借头部的运动扯断饲草。牛由于缺乏上门齿，放牧时不能啃食短草。绵羊和山羊则靠舌和切齿采食，绵羊的上唇有裂隙，便于啃很短的牧草；猪用吻突掘地寻找食物，并靠尖形的下唇和舌将食物送入口内，人工饲喂时则靠齿、舌和头部的特殊运动采食。马的唇灵活、敏感，是采食的主要器官，放牧时，马依靠上唇将草送至门齿间切断，并依靠头部的牵引动作，把不能咬断的草茎扯断。

饮水时，猫和狗把舌头浸入水中，卷成匙状，将水送入口。其他家畜一般先把上下唇合拢，中间留一小缝，伸入水中，然后下颌下降，舌向咽部后移，使口内形成负压，把水吸入口腔。仔畜吮乳也是靠口腔壁肌肉和舌肌收缩，使口腔形成负压来完成的。

### （二）采食调节

动物采食存在短期调节和长期调节两种方式。短期调节是指进食后数小时内，从饥饿产生到第二次进食的调节；长期调节是指动物在一定的时期内，每天的采食量变化不大，通常不超过10 %，从而较长时间维持体重和身体组成相对稳定，使机体始终维持能量平衡的调节过程。

#### 1. 采食中枢

动物的下丘脑存在调控采食的神经中枢，由摄食中枢（Feeding center）和饱中枢（Satiety center）两部分组成。摄食中枢位于下丘脑的腹外侧区，呈弥散性，与脑的其他部位有神经联系；饱中枢位于下丘脑的腹内侧区（图6-5）。刺激摄食中枢可促进动物采食；刺激饱中枢可使动物停止采食，若破坏饱中枢动物则出现暴食。通常摄食中枢呈持续兴奋状态。采食、消化和代谢等活动可刺激饱中枢，使摄食中枢受到抑制，动物逐渐停止采食。下丘脑是控制采食的初级整合系统，对采食调节发挥关键作用，脑的其他部分也参与采食信号的整合。

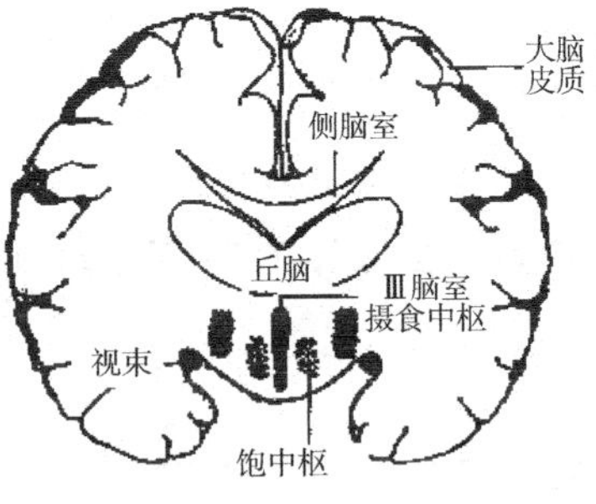

**图6-5　下丘脑摄食中枢和饱中枢的脑切面示意图**

#### 2. 采食活动的反射性调节

（1）短期调节。短期采食调节包括：第一，外界信号经视觉、嗅觉、味觉等传入途径兴奋或抑制采食中枢；第二，食糜刺激胃肠道内的机械、容积、化学、温度、渗透压等感受器，通过迷走神经传入或胃肠激素的作用影响摄食中枢的活动，如缩胆囊素是最重要的传递因子之一，经血液循环直接到达中枢，抑制摄食；第三，消化分解产物，如葡萄糖和挥发性脂肪酸

(Volatile fatty acid, VFA)吸收入血后，刺激血管壁、肝脏的感受器，通过神经传入影响摄食中枢的活动，血糖通过血脑屏障直接作用于饱中枢，血糖浓度升高或降低，使单胃动物采食减少或增加，血糖水平成为单胃动物采食短期调节的主要因素。反刍动物对血糖浓度不敏感，VFA是其反射性调节的主要因素，血中VFA水平降低或升高，采食量增加或减少。

(2)长期调节。摄食的长期调节直接与能量的消耗和摄食之间的平衡有关，这种相关性主要由体脂水平决定，有人认为摄食的长期调节可能是由某些脂肪代谢产物控制的，提出了摄食长期调节的"脂肪恒定"学说，认为游离脂肪酸或其他脂肪代谢产物可能对摄食起长期负反馈调节作用，从而调节动物一定时期内摄食量的相对稳定。参与脂肪代谢的激素种类较多，包括胰岛素、瘦素、生长激素、甲状腺激素、缩胆囊素等，其中胰岛素和瘦素是两个最重要的长期摄食调节激素。

胰岛素是由胰腺B细胞分泌的体内唯一能降低血糖的激素，能促进脂肪合成，增加体脂沉积；瘦素是一种主要由白色脂肪组织分泌的蛋白类激素，其基本作用是调节脂肪代谢，降低机体内脂肪的沉积。瘦素和胰岛素是反映体内脂肪储存量的信号分子，二者关系十分密切，胰岛素可作用于脂肪组织促进瘦素分泌，而瘦素又可抑制胰腺分泌胰岛素。瘦素和胰岛素通过血脑屏障，作用于中枢神经系统，调节摄食量，而摄食量的多少又反过来影响体内脂肪的储存量，从而构成了脂肪细胞与下丘脑摄食中枢之间的反馈联系。当体重增加时，瘦素的分泌增加，并导致摄食减少。相反，当机体处于饥饿或消瘦状态时，瘦素分泌减少，使下丘脑中神经肽Y增加，引起摄食增加。

## 二、唾液分泌

唾液是三对大唾液腺和口腔黏膜表面分布的许多小颊腺的混合分泌物。腮腺由浆液细胞组成，分泌不含黏蛋白的稀薄如水的唾液；颌下腺和舌下腺由浆液细胞和黏液细胞组成，分泌含有黏蛋白的水样唾液；口腔黏膜中的小颊腺由黏液细胞组成，分泌含有黏蛋白的黏稠唾液。

### (一)唾液的性质和成分

唾液为无色透明的黏稠液体，呈弱碱性，不同动物唾液的pH差别较大，例如，猪为7.32，狗和马为7.56，反刍动物为8.1。唾液分泌量较多，在一昼夜内，猪为15 ~ 18 L，羊约10 L，马约40 L，牛达100 ~ 180 L。

唾液由水(98.92 %)、少量无机物和有机物组成。有机物主要为黏蛋白、球蛋白、氨基酸、尿素、尿酸、唾液淀粉酶和溶菌酶等；无机物有钠、钾、钙、硫氰酸盐、氯、氨等；唾液中还有一定量的气体，如氧气、氮气和二氧化碳。肉食动物和牛、羊、马的唾液中一般不含淀粉酶，但哺乳期的幼畜(如犊牛)唾液中含有脂肪分解酶；在狗、猫等动物的唾液中还含有微量的溶菌酶。此外，唾液中还含有多种激素如性激素等，而且其含量随生理状态不同而变化。反刍动物分泌的唾液都含有较多的碳酸氢盐和磷酸盐，呈等渗状态，且具有较强的缓冲能力，但随着分泌速度的加快，碳酸氢盐的含量增加而磷酸盐的含量相对减少；非反刍动物(如狗)的腮腺和颌下腺在基础分泌时产生的唾液含有机质较少，一般都是低渗的，当分泌增加时，$Na^+$、$Cl^-$、$HCO_3^-$的浓度显著上升，最高可接近等渗状态。

### (二)唾液的生成

唾液的生成包括唾液腺的腺细胞分泌原液和原液的无机盐离子在细导管内进行交换两个过程。原液中主要含有唾液淀粉酶或(和)黏蛋白,其离子组成和离子浓度与一般细胞外液相似。当原液通过细导管流向排泄管时,这些离子与细导管周围毛细血管内血液进行交换,同时管壁细胞分泌碳酸氢盐。其中$Na^+$被主动重吸收,并在离子交换过程中,主动分泌$K^+$,因此,唾液中$Na^+$浓度大大降低,而$K^+$浓度则增高;由于$Na^+$的重吸收量一般要超过$K^+$的分泌量,于是在唾液导管内外形成了约-70 mV的电位差,这导致$Cl^-$的被动吸收,所以唾液中$Cl^-$的水平很低。

### (三)唾液的作用

唾液的生理功能主要包括以下几方面:①湿润口腔和食物,便于咀嚼和吞咽;②溶解食物中的某些物质,产生味觉和引起各种反射活动;③唾液淀粉酶可水解淀粉为麦芽糖;④反刍动物唾液中高浓度的碳酸氢盐和磷酸盐具有强大的缓冲能力,能中和瘤胃内微生物发酵所产生的有机酸,借以维持瘤胃内适宜的酸碱度,保证微生物正常活动;⑤反刍动物可随唾液分泌大量的尿素进入瘤胃,参与机体的尿素再循环,减少氮的损失;⑥哺乳期幼畜唾液含有脂肪分解酶(舌脂酶),能水解乳脂形成游离脂肪酸;⑦清洁和保护作用,唾液分泌可经常冲洗口腔中的食物残渣和异物,洁净口腔,其中的溶菌酶有杀菌作用;⑧某些动物(如水牛、狗、猫汗腺不发达)在高温季节可分泌大量稀薄唾液,其中水分的蒸发有助于散热。

### (四)反刍动物的唾液分泌

#### 1. 反刍动物唾液分泌的特点

反刍动物唾液分泌具有分泌量大和腮腺分泌呈连续性的特点。例如,牛一昼夜分泌量可达100 ~ 200 L;绵羊唾液总量可达8 ~ 13 L。反刍动物的腮腺在休息、采食和反刍时都会分泌唾液,而颌下腺与舌下腺只有采食时分泌,例如,牛单侧腮腺的分泌量在休息时约为12 mL/min,采食时为30 ~ 50 mL/min,反刍时为28 ~ 48 mL/min。

#### 2. 反刍动物唾液的主要成分与功能

反刍动物唾液含有大量碳酸氢盐和磷酸盐,pH可达8.1,碱性唾液进入瘤胃可以中和微生物发酵产生的酸,维持瘤胃pH稳定。反刍动物唾液中含有一定数量的尿素氮,如牛混合唾液总氮中尿素氮占77 %。但是,反刍动物唾液中缺少消化酶。

#### 3. 影响反刍动物唾液分泌的因素

影响反刍动物唾液分泌的因素很多,如采食、反刍、热应激时,唾液分泌增多。食物组成对唾液分泌影响最大,如食物中精、粗料比例不同唾液分泌量则不同。

### (五)唾液分泌的调节

唾液的分泌完全受神经反射性调节,包括非条件反射和条件反射。

唾液腺的分泌分为平时分泌和进食时的分泌。在动物安静情况下,唾液腺分泌少量唾液滋润口腔称为基础分泌。进食时唾液腺在神经反射调节下分泌大量唾液,条件反射和非条件反射都参与了这个调节过程。进食前,通过听觉、嗅觉、视觉、味觉和触觉感受到食物以及与进食有关的信息后引起的唾液分泌为条件反射。进食时,食物对口腔黏膜机械性、化学性和温热性刺激引起唾液分泌为非条件反射。

非条件反射调节机理如下：进食时口腔内的感受器兴奋，信息沿第Ⅴ、Ⅶ、Ⅸ、Ⅹ脑神经传入，到达唾液分泌的基本中枢延髓，再通过Ⅶ、Ⅸ等脑神经中的副交感纤维和交感传出纤维到达唾液腺。在条件反射时，与进食有关的外界刺激，如声音、色、香、味和形状通过听觉、视觉、嗅觉、味觉和触觉神经传入延髓唾液分泌中枢，以及下丘脑和大脑皮层，同样再通过Ⅶ、Ⅸ等脑神经中的副交感纤维和交感传出纤维到达唾液腺。

非条件反射和条件反射都表现为副交感神经和交感神经兴奋，其中副交感神经作用是主要的，其末梢释放乙酰胆碱（ACh），与唾液腺细胞膜上的M受体结合，使腺体血管扩张，血流量增加，腺细胞分泌活动增强；交感神经节后纤维兴奋释放去甲肾上腺素与唾液腺细胞膜上的β受体结合，使唾液腺分泌黏稠的唾液，但比副交感神经的作用弱。药物阿托品因可阻断ACh与M受体的结合，使唾液分泌量显著减少。

唾液的分泌还受消化道其他部位的反射性调节，如反刍动物瘤胃内的压力和化学感受器受到刺激，可引起腮腺不断分泌。唾液分泌的质和量可随食物的性质和进食习惯而发生适应性改变。如马吃干草时，唾液的分泌量约为干草重量的4倍，而吃青草时唾液的分泌量仅为青草重量的一半。

## 三、咀嚼

咀嚼（Mastication）是在颌部、颊部肌肉和舌肌的配合运动下，用上下臼齿将食物机械磨碎，并混合唾液的过程。不同动物对食物咀嚼的程度不同。马在饲料被咽下前咀嚼充分；反刍动物采食时咀嚼不充分，待反刍时再咀嚼；肉食动物咀嚼不完全，一般随采随咽。

咀嚼的作用包括：①咀嚼动作将食物磨碎，增加与消化液的接触面积；②使磨磨碎后的食物与唾液充分混合，湿润和润滑食物，形成食团利于吞咽；③咀嚼动作还可以刺激口腔内的各种感受器，反射性引起消化腺的分泌、胃肠运动增强，为下一步的消化准备有利条件。

咀嚼的次数和时间与饲料的性质有关。一般湿的饲料比干的饲料咀嚼次数少，咀嚼时间也比较短。由于咀嚼时，咀嚼肌活动增强，消耗大量能量，因此，有必要对食物进行预先加工，以提高食物利用率。

## 四、吞咽

吞咽（Deglutition）是由口腔、舌、咽和食管肌肉共同参与的一系列复杂的反射性协调活动，是食团从口腔经咽、食道进入胃的过程。

### （一）吞咽动作

食物经咀嚼形成食团后，在来自大脑皮层的冲动影响下，由舌压迫食团向后移送。食团到达咽部时，刺激该部的感受器，引起一系列肌肉的反射性收缩。此时，软腭上举并关闭鼻咽孔，阻断口腔与鼻腔的通路；同时会厌软骨翻转，盖住喉口，呼吸暂停；食管口舒张和前移，并向咽部接近，咽肌收缩，将食团迅速挤入食管。在此过程中，食团刺激了软腭、咽部和食管等处的感受器，发出传入冲动，抵达延髓中枢，中枢的传出冲动引起反射性食管蠕动，推送食团向后移行；食团到达食管末端时，可刺激管壁上的机械感受器，反射性引起食管-胃括约肌舒张，使食物进入胃内。

(二)吞咽的神经调节

吞咽是一种复杂的反射活动。吞咽由咽部周围(主要是软腭部,此外包括咽和食道)的感受器感受刺激而激发,兴奋主要经由三叉神经、舌咽神经和迷走神经传到吞咽的基本中枢——延髓。支配舌、喉、咽部动作的传出神经在三叉神经、舌咽神经和舌下神经中,支配食管的传出神经是迷走神经。

**案例**

邓目华等(2012)报道,在30日龄断奶仔猪饲料中添加脂溶性氨基酸衍生物350 mg/kg,在30 d试验期内,试验组平均日采食量、平均日增重量与不添加对照组相比,分别提高18.96 %、13.61 %。试验证明,高剂量添加生理性诱食剂,能提高断奶仔猪的食欲和采食量,并提高断奶仔猪的生长潜能。

**问题与思考**

何为仔猪诱食剂,其生产价值如何?

**提示性分析**

仔猪诱食剂又称饲料香味剂,是根据仔猪的生理特征和采食习惯,为改善饲料适口性、诱食性及饲料转化率,提高饲料品质而添加到饲料中的一种添加剂。在养猪生产中,仔猪早期断奶是影响生长的重要环节,早期断奶时因环境、营养和心理应激等因素,使仔猪在一段时间内采食较少,免疫力下降,消化不良,造成仔猪腹泻、生长迟缓等"断奶综合征"。因此,设法提高断奶仔猪采食量,降低早期断奶对仔猪消化等功能的危害具有十分重要的意义。

## 第三节　胃内消化

### 一、单胃内的消化

胃是消化道中最膨大的部分。胃的消化功能主要体现在两方面:一是通过分泌胃液来实现化学性消化,另一方面是通过胃的运动进行机械性消化。此外,食物进入胃后,通过刺激胃壁和黏膜上的机械和化学感受器,可反射性地引起肠道和消化腺的活动,为下一步消化做准备。胃不仅具有重要的消化功能,而且兼有暂时储存食物的作用。

(一)胃的功能结构

单胃动物的胃一般分为四个区:贲门区、幽门区、胃体区和胃底区(图6-6)。按生理功能,胃黏膜一般可分为贲门腺区、胃底腺区和幽门腺区,贲门腺区分布在胃与食管连接处,腺细胞分泌碱性的黏液。胃底腺区分布在占全胃黏膜2/3的胃底和胃体部,是胃的主要消化区，由主细胞、壁细胞和黏液细胞组成，三种细胞分别分泌胃蛋白酶原、盐酸和黏液。此外，壁细胞还分泌内因子(Intrinsic factor)。幽门腺区分布在幽门部，腺细胞分泌碱性黏液。胃液(Gastric juice)是由这三种腺体和胃黏膜上皮细胞的分泌物构成的。

在胃黏膜上，还散在分布着一些内分泌细胞，如位于幽门腺区分泌胃泌素的G细胞、分泌生长抑素的D细胞、分泌胰多肽的PP细胞等。

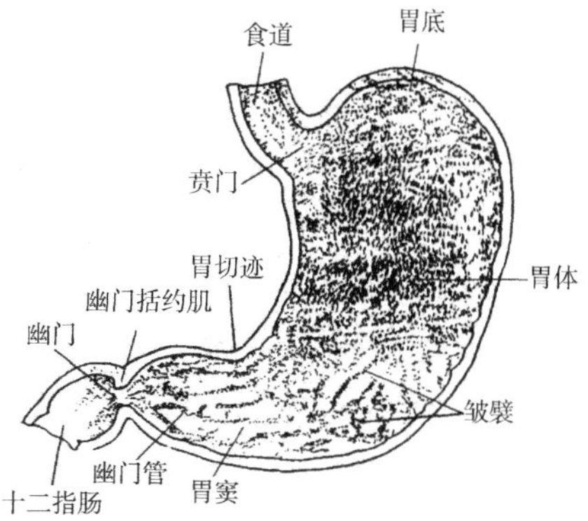

图6-6 胃的功能结构

(二)胃液的性质、成分及作用

胃液是胃黏膜各腺体所分泌的混合液，纯净的胃液是无色、透明、pH为0.9 ~ 1.5的强酸性液体，主要成分包括盐酸、胃蛋白酶原、黏蛋白、内因子、电解质和水等。

1. 盐酸

也称胃酸，由胃底腺区的壁细胞分泌。盐酸在胃液中大部分以游离方式存在，称为游离酸；小部分与蛋白质结合，称结合酸，二者合称总酸。

盐酸的主要生理作用是：①激活胃蛋白酶原，使之变成有活性的胃蛋白酶。②为胃蛋白酶提供适宜的酸性环境，同时使蛋白质变性而易于消化。③具有一定的杀菌作用，可杀死随食物进入胃内的微生物。④盐酸进入小肠后，能促进胰液、小肠液和胆汁的分泌，并刺激小肠运动。⑤盐酸进入十二指肠前段所形成的酸性环境有助于$Fe^{2+}$和$Ca^{2+}$的吸收。

壁细胞分泌盐酸的基本过程是$H^+$和$Cl^-$由壁细胞分别通过不同的细胞机制分泌到胃腔内而形成。其转运过程如图6-7所示，壁细胞胞浆内的$H_2O$解离生成$H^+$，$H^+$被位于顶端膜上的质子泵($H^+$-$K^+$-ATP酶)泵出至分泌小管腔内，同时驱动一个$K^+$从分泌小管腔进入胞浆；在碳酸酐酶的催化下，细胞内的$H_2O$迅速与$CO_2$结合，形成$H_2CO_3$，随即又分解为$H^+$和$HCO_3^-$。生成的$HCO_3^-$在细胞底侧与$Cl^-$进行交换而进入血液，$Cl^-$进入胞浆，通过细胞顶膜上特异的$Cl^-$通道进入分泌小管腔，与$H^+$形成HCl。分泌小管内$K^+$的存在是质子泵分泌的前提。$K^+$是在壁细胞受刺激时，经细胞顶膜上的$K^+$通道由胞浆进入分泌小管的，而细胞底侧上的$Na^+$-$K^+$泵可使细胞外的$K^+$通过与细胞内的$Na^+$进行交换而进入细胞内，以补充由顶膜丢失的部分$K^+$。由于质子泵已被证实是各种因素引起胃酸分泌的最后通路，因此，选择性抑制质子泵的药物(如奥美拉唑)已被临床用于抑制胃酸分泌。

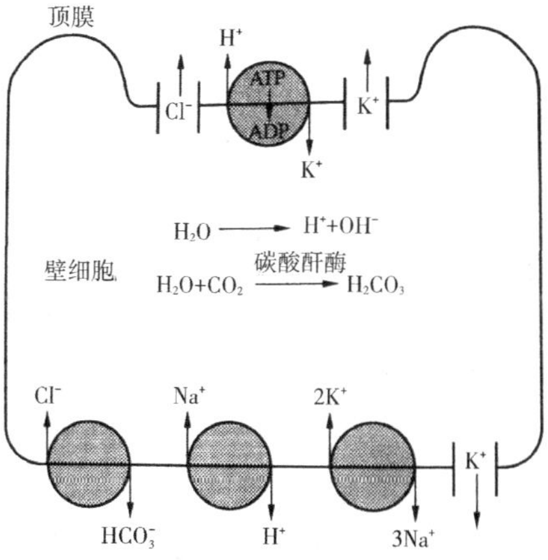

图6-7 壁细胞分泌盐酸示意图

2. 胃蛋白酶原

胃蛋白酶原(Pepsinogen)主要由主细胞分泌，以胃蛋白酶原的形式分泌入胃腔内，在胃酸作用下转变为具有活性的胃蛋白酶。已激活的胃蛋白酶对胃蛋白酶原也有激活的作用，称为自身激活作用。胃蛋白酶是胃液中最重要的消化酶，在较强的酸性条件下，能使蛋白质分解为胨和胨及少量的氨基酸。哺乳动物的胃蛋白酶最适pH为2，随着pH的升高，其活性逐渐降低，pH上升到6以上时，酶便失去活性。此外，胃蛋白酶对乳汁中的酪蛋白有凝固作用，这对哺乳期的幼畜较为重要，因为乳汁凝固成块后在胃中停留时间延长，有利于充分消化。

胃液中的消化酶除胃蛋白酶外，还存在其他一些数量较少的酶，如胃脂肪酶、胃淀粉酶、凝乳酶等，但作用较弱。

3. 黏液和碳酸氢盐

黏液是由胃黏膜表面上皮细胞、胃底腺的黏液细胞、贲门腺和幽门腺细胞共同分泌的，其主要成分为糖蛋白。黏液有不溶性黏液与可溶性黏液之分。可溶性黏液较稀薄，由胃腺分泌，胃运动时，可溶性黏液与胃内容物混合，起润滑食物及保护黏膜免受食物机械损伤的作用。不溶性黏液由表面上皮细胞持续自发地分泌，具有较高的黏滞性和形成凝胶的特征，内衬于胃腔表面成为厚约1 mm的黏液层。不溶性黏液除具有与可溶性黏液相似的作用外，还与胃黏膜上皮细胞分泌的$HCO_3^-$一起构成黏液-碳酸氢盐屏障（Mucus-bicarbonate barrier）。该屏障的主要作用在于：当胃腔中的$H^+$向胃壁扩散时，与胃黏膜上皮细胞分泌的$HCO_3^-$在黏膜中相遇，发生表面中和作用，使黏液层内出现由内向外的pH梯度，腔侧面pH低，胃壁黏膜则处于中性或偏碱性状态，有效防止了胃酸和胃蛋白酶对胃黏膜的侵蚀。

4. 内因子

内因子（Intrinsic factor）为壁细胞分泌的一种糖蛋白，能与维生素$B_{12}$结合成复合物，使维生素$B_{12}$在运送到回肠途中不被消化液中的水解酶所破坏，到达回肠后，内因子与回肠黏膜特殊受体结合，促进维生素$B_{12}$吸收入血。维生素$B_{12}$是生成红细胞的必需原料。如果患萎缩性胃炎，由于内因子缺乏可继发巨幼红细胞性贫血症。

### （三）胃液分泌的调节

胃液的分泌包括基础分泌和消化期分泌两种类型。空腹12～24 h后的胃液分泌为基础分泌，基础分泌呈昼夜节律，清晨分泌量最低，夜间分泌量高，分泌物中酶很少，几乎没有盐酸，主要是黏液。消化期分泌一般按食物刺激感受器的部位和先后可以人为地将其分为3个时期，即：头期、胃期、肠期。

1. 头期

用“假饲实验”证明。事先将动物的食管切断，并在胃部安装瘘管，食物从口腔进入食道后，随即从食管切口处流出体外，未进入胃内，故称“假饲”（图6-8）。当假饲动物进行咀嚼或吞咽后5～10 min胃液开始分泌，并可持续分泌2～4 h。若切断支配胃的迷走神经，假饲时就不出现胃液分泌。由此可见，在进食过程中，仅在食物刺激头部（口腔）感受器时就能够反射性地引起胃液分泌，故称头期。头期分泌包括条件反射性分泌和非条件反射性分泌两种机制。这两种反射的传入途径与进食引起唾液分泌的传入途径相同，反射中枢在延髓、下丘脑、边缘叶和大脑皮质，迷走神经是这些反射的传出神经。

实验证明，迷走神经兴奋除了直接刺激胃液分泌外，还使幽门部G细胞释放胃泌素，通过胃泌素间接促进胃液分泌。进一步研究表明，支配G细胞的迷走神经末梢释放的递质不是乙酰胆碱，而是一种肽类物质——蛙皮素（Bombesin），也称为胃泌素释放肽（Gastrin releasing peptide，GRP）。

头期胃液分泌的特点是：潜伏期长，分泌持续时间长，分泌量大，酸度高，消化力强（富含胃蛋白酶）。

2. 胃期

食物进入胃后，可通过以下途径引起胃液分泌：①食物刺激胃底与胃体部的机械感受器，通过迷走-迷走神经长反射（Vago-vagal reflex）和壁内神经丛的局部反射引起胃液分泌。②食物刺激幽门部的机械感受器，通过壁内神经丛或食物中的化学成分直接作用该部的化学感受器，均可使G细胞释放胃泌素，使胃液分泌增多。此外，进食后由于食物的缓冲作用，提高了胃内pH（达4.5左右），解除了胃酸对G细胞分泌的抑制作用，从而有利于胃泌素的释放。

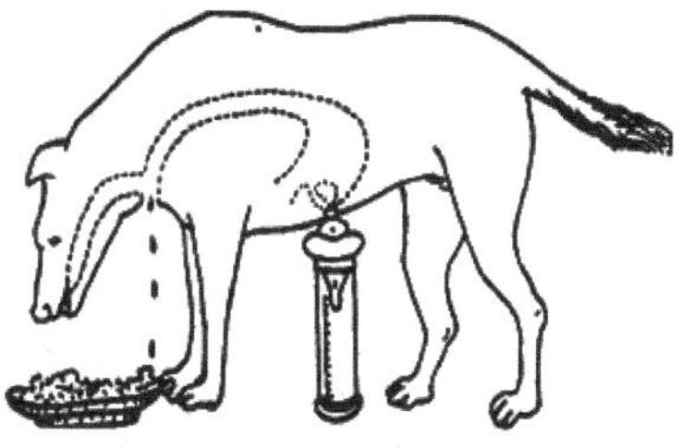

图6-8 假饲试验

胃期胃液分泌的特点是：酸度较高，分泌量多，但含酶量较头期少，消化力较头期弱。

3. 肠期

肠期是指食糜进入十二指肠后，能继续刺激胃液分泌。实验表明，将食物由瘘管直接灌注到十二指肠内，也可引起胃液分泌的少量增加。切断支配胃的外来神经后，食物对小肠的作用仍可引起胃液分泌，表明肠期的胃液分泌主要是通过体液调节机制而实现的。在十二指肠黏膜内有少量G细胞，受食糜刺激后可分泌少量胃泌素，从而促进胃液分泌。在食糜的作用下，小肠黏膜还可能释放一种"肠泌酸素"（Entero-oxyntin），刺激胃酸分泌。

肠期胃液分泌的特点是：作用时间短，酸度低，分泌量少，消化力弱。

实际上，胃液分泌的三个时期在时间上是互相重叠、紧密联系的一个整体，都受神经和体液因素的双重调节，但头期以神经调节为主，胃期受神经及体液调节的协同作用，肠期以体液调节为主。

## （四）胃的运动及排空

1. 胃运动的主要形式

胃运动的主要形式为容受性舒张、紧张性收缩和蠕动。

（1）容受性舒张。当咀嚼和吞咽时，食物刺激咽和食管等处的感受器，通过迷走神经反射性地引起胃壁平滑肌紧张性降低和舒张，称为胃的容受性舒张（Receptive relaxation）。

容受性舒张可使胃的容积达到空腹时的30倍，适合大量食物的涌入，而胃内压变化不大，使胃能更好地完成容纳和储存食物的功能。胃的容受性舒张是通过迷走神经的传入和传出通路而实现的反射性调节（迷走-迷走反射），切断动物的双侧迷走神经，容受性舒张即不再出现。此反射中，迷走神经传出纤维末梢释放的递质可能是血管活性肠肽（VIP）或一氧化氮（NO）。

（2）紧张性收缩。是以胃壁平滑肌长时间收缩为特征的运动，称为紧张性收缩（Tonic contraction）。这种收缩缓慢而有力，可使胃内压升高，压迫食糜向幽门部移动，并可使食糜紧贴胃壁，促进胃液渗进食物。另外，紧张性收缩有维持胃腔内压、保持胃的正常形态和位置的作用。

（3）蠕动。蠕动（Peristalsis）是指胃壁肌肉呈波浪形，有节律地向幽门推进的舒缩运动。蠕动波始于胃体中部，深度和速度较小，在向幽门传播的过程中，波的速度和深度均逐渐增加,在胃窦部蠕动变得极为有力,推动一些小颗粒食糜(直径小于2 mm)进入十二指肠。胃的反复蠕动有利于食糜与消化液的充分混合,并可增强胃对食糜的机械磨碎作用。

2. 胃运动的调节

(1)神经调节。胃受交感神经和迷走神经的双重支配。迷走神经兴奋时,末梢释放ACh,使胃蠕动加强加快;交感神经兴奋时末梢释放去甲肾上腺素,胃蠕动减弱。在正常情况下,以迷走神经对胃运动的调节作用为主。食物对胃壁的机械、化学刺激可通过壁内神经丛局部引起平滑肌紧张性加强,蠕动波传播速度加快。

胃运动的反射性调节不仅有非条件反射,也有条件反射。如动物看到食物的外形或嗅到食物的气味,均会引起胃运动加强。

(2)体液调节。许多胃肠道激素参与了胃运动的调节。胃泌素、胃动素等都能促进胃运动;促胰液素、胆囊收缩素、抑胃肽等都能抑制胃运动。

3. 胃的排空

食糜由胃排入十二指肠的过程称为胃的排空(Gastric emptying)。胃排空的速度必须与小肠消化和吸收的速率相适应。草食动物胃的排空比肉食动物慢,反刍动物的胃几乎终生都未排空。胃排空的速度取决于食物的性质和动物的状况。一般来说,稀的或流体食物比稠的或固体食物排空快,粗硬的食物在胃内滞留的时间较长;动物惊恐不安、疲劳时,胃的排空就会被抑制;在三大主要的营养成分中,糖类较蛋白质排空快,蛋白质又比脂肪类排空快。

胃排空主要取决于胃与十二指肠之间的压力差,压力差的大小又主要取决于胃内压的变化。胃的运动是胃排空的原动力。胃排空受到来自胃和十二指肠两方面因素的影响。

(1)胃内促进胃排空的因素。胃的内容物导致胃扩张,对胃壁产生机械性刺激,通过壁内神经反射或迷走-迷走反射,加强胃的运动,促进胃排空。食物的扩张刺激以及食物的某些成分(主要是蛋白质消化产物),可引起胃幽门腺G细胞释放胃泌素,后者能促进胃的运动,因而能促进胃排空。

(2)十二指肠内抑制胃排空的因素。在十二指肠壁上存在着多种感受器,酸、脂肪、高渗溶液及机械扩张均可以刺激这些感受器,反射性地抑制胃运动,引起胃排空减慢,此反射称为肠-胃反射(Entero-gastric reflex)。食糜中的胃酸、脂肪等消化产物进入十二指肠后,还可刺激小肠黏膜释放多种激素如胰泌素、肠抑胃肽等,抑制胃运动和胃排空。

**案例**

福建一猪场,存栏母猪150头,育成猪872头。2013年1~3月期间,陆续死亡育成猪48头,母猪7头。兽医现场发现,发病期间经常下雨,堆放饲料的房屋漏雨,饲料发生轻微霉变,畜主觉得可惜,将其与其他饲料掺拌使用。临床检查:病猪表现为精神沉郁,食欲不振乃至废绝,口渴喜饮水,呼吸急促,可视黏膜黄染或苍白,粪便呈黑色糊状,个别有呕吐现象。剖检病死母猪发现胃黏膜有大量溃疡灶,表面覆盖黄褐色坏死组织,胃底穿孔,腹腔内有大量呈酱油色积液,黄曲霉毒素测试呈阳性。确诊为霉变饲料引起猪胃溃疡。

**问题与思考**

本病例猪胃溃疡的发病机理是什么？

**提示性分析**

因霉变饲料中含有大量的黄曲霉毒素能引起胃黏膜充血、损伤，甚至糜烂，导致胃黏膜释放出大量组织胺，使胃壁毛细血管扩张；同时刺激胃泌素分泌及迷走神经大量释放乙酰胆碱，均刺激胃酸大量分泌；与此相反，保护性黏液却极度减少或缺乏；结果胃蛋白酶自身消化增强，从而导致溃疡加重，甚至胃穿孔，一旦穿孔引起急性弥漫性腹膜炎，则无法治愈，多以死亡告终。

## 二、复胃内的消化

复胃消化（Digestion in complex stomach）是反刍动物重要的生理特点。复胃由瘤胃、网胃、瓣胃和皱胃四个部分构成（图6-9）。前三个胃的黏膜无腺体，不分泌胃液，合称前胃；其中瘤胃和网胃关系极为密切，故合称为网瘤胃。只有皱胃衬有腺上皮，是真正有胃腺的胃，故又称为真胃。前胃具有独特的反刍、嗳气及微生物发酵等特点。

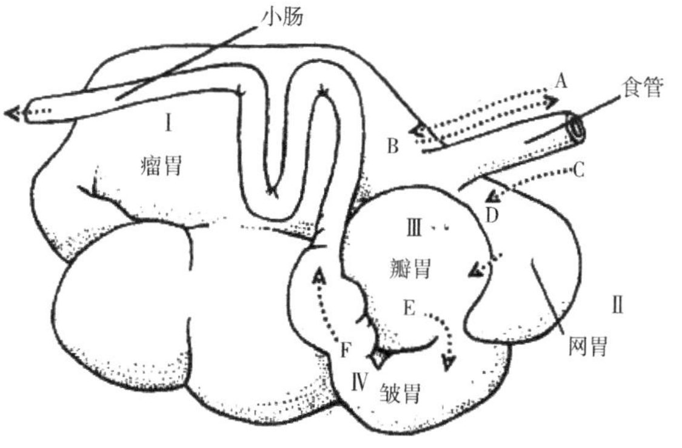


图6-9 反刍动物复胃示意图（虚线示食物经过途径）

### （一）前胃的消化

瘤胃、网胃、瓣胃在反刍动物的整个消化过程中占有特别重要的地位。饲料内可消化的干物质有70 %～85 %在此消化，其中起主要作用的是瘤胃内的微生物。

1. 瘤胃内容物的性状

一般情况下，瘤胃内容物有明显的分层现象，比较稳定。摄入的精料大部分沉入底部；粗料分布在瘤胃背囊。瘤胃水分含量高，平均含量为85 %～90 %，干物质的含量低，平均为10 %～15 %。在消化过程中瘤胃内容物会连续不断地离开瘤胃，每小时流出瘤胃的食物与瘤胃总容积之比，称为瘤胃稀释率（Dilution rate），它与微生物生长呈正相关，而且影响瘤胃挥发性脂肪酸各成分比例。

2. 瘤胃内环境的基本特点

瘤胃通过多种调节途径为微生物活动提供优越的环境，瘤胃可看作是一个供嫌气性微生物高效率繁殖的活体发酵罐。

（1）营养。日粮摄入、贮存和发酵为瘤胃微生物繁殖提供了充足的营养，而瘤胃稳定的消化代谢为微生物营养的动态平衡提供了环境条件。

(2)水代谢。瘤胃稳定的含水量源自外界摄入和唾液,其渗透压和血液水平接近,水和瘤胃保持稳定的双向扩散。因此,瘤胃可以作为机体的“蓄水池”。

(3)瘤胃的pH。瘤胃中的pH比较稳定,一般为5.5~7.5。pH对瘤胃微生物影响比较大,不同微生物适应不同的pH环境。若pH低于6.5,纤维素细菌的活动明显降低,pH低于6.0时,乳酸菌增加,进而引起乳酸堆积。瘤胃纤毛虫的活动也取决于pH,当pH下降至5.5时,数量显著减少,降至5时则完全消失。pH通过唾液来调节,间接受日粮中的精粗料比例的影响。

(4)瘤胃的温度。瘤胃温度一般高于体温,一般维持在38.5~41 ℃之间。

(5)瘤胃的厌氧环境。瘤胃内充满了$CO_2$,高度缺乏$O_2$。这对维持瘤胃厌氧微生物区系的稳定和功能具有重要意义。

3. 瘤胃内微生物的种类及作用

瘤胃内的微生物主要是厌氧的细菌、纤毛虫和真菌,其种类非常复杂,数量巨大,微生物总体积占瘤胃液的3.6%左右。据测定,1 g瘤胃内容物中,含细菌约为$10^{10}$~$10^{11}$个,纤毛虫约$10^5$~$10^6$个。尽管纤毛虫的数量比细菌少得多,但由于其个体大,因此在瘤胃内所占的容积大致与细菌相当。真菌占瘤胃微生物总数的8 %,其在消化植物细胞壁的过程中起着重要作用。瘤胃微生物种类及数量随食物性质、饲喂制度和动物年龄的不同,发生较大变化。

在比较稳定的环境条件下,瘤胃内各种微生物和宿主之间保持动态平衡,构成瘤胃微生物的生态体系。瘤胃微生物区系的相对稳定在保证机体正常的生理功能的同时,也可限制外来微生物入侵。

(1)细菌。细菌是瘤胃微生物中数量最多、作用最重要的部分,主要有乳酸菌、纤维素菌、蛋白质分解菌、蛋白质合成菌和维生素合成菌等。这些细菌随着食物性质、采食时间和宿主状态变化而变化。

大多数细菌能发酵食物中的一种或几种糖类,作为生长的能源。可溶性糖类如六碳糖、二糖和果聚糖等发酵最快,淀粉和糊精较慢,纤维素和半纤维素发酵最慢,特别是食物中含较多木质素时,发酵率不足15 %。不能发酵糖类的细菌,常利用糖类分解后的产物作为能源。

细菌还能利用瘤胃内的有机物作为碳源和氮源,转化为它们自身的成分,然后在皱胃和小肠中其被消化,供宿主利用。有些细菌还能利用非蛋白含氮物,如酰胺和尿素等,转化为它们自身的蛋白质。微生物蛋白质的营养价值较高,其中富含多种必需氨基酸。因此,在反刍动物食物中适当添加尿素、铵盐等,可增加微生物蛋白质的合成。但是,尿素在瘤胃脲酶的作用下,分解迅速,产生氨的速度约为微生物利用速度的4倍,因此,添加尿素的量不宜过多,以免瘤胃内氨储积过多,发生氨中毒。成年牛一昼夜进入皱胃的微生物蛋白质约100 g,约占牛日粮中蛋白质最低需要量的30 %。

(2)纤毛虫。瘤胃内纤毛虫种类很多,包括均毛虫属、前毛虫属、双毛虫属、密毛虫属、内毛虫属和头毛虫属等。瘤胃中的纤毛虫含有多种酶,有分解糖类的酶、蛋白分解酶以及纤维素分解酶。它们能发酵糖、果胶、纤维素和半纤维素,产生乙酸、丙酸、乳酸、$CO_2$和氢等,也能降解蛋白质,水解脂类,氢化不饱和脂肪酸或使饱和脂肪酸脱氢。

瘤胃纤毛虫不产生囊胞,若长期暴露于空气中或处于不良条件下,就不能生存。因此,幼畜瘤胃中的纤毛虫主要通过与亲畜接触或与其他反刍动物直接接触获得天然的接种来源。通常犊牛生长到3~4个月,瘤胃中才出现各种纤毛虫。瘤胃内纤毛虫的种类和数量随食物不同而发生显著变化。喂饲富含淀粉的日粮时内毛虫属增多,日粮中含纤维多时,双毛虫属增多。其次,瘤胃内pH变化也影响纤毛虫的数量。当pH降至5或更低时,纤毛虫的活力降低,数量减少或完全消失。此外饲喂次数也对纤毛虫的数量有影响,饲喂次数多,数量亦增多。

反刍动物在瘤胃缺少纤毛虫的情况下,通常也能良好生长。但在营养水平较低时纤毛虫对宿主是十分有益的。纤毛虫进入皱胃和小肠后,首先虫体本身所含的蛋白质、糖原被宿主消化利用。纤毛虫体蛋白含有丰富的赖氨酸等必需氨基酸,其品质超过菌体蛋白。其次,纤毛虫喜好捕食食物中的淀粉和蛋白质颗粒,并储存于体内,进入小肠后,随着纤毛虫的解体,淀粉和蛋白质颗粒再被宿主消化吸收,从而提高了饲料的消化和利用率。纤毛虫体蛋白的生物价(91 %)比细菌(74 %)高,所以,纤毛虫是宿主所需营养的来源之一,约可为宿主提供动物性蛋白需要量的20 %。

(3)真菌。瘤胃真菌含丰富的纤维素酶、木聚糖酶、糖苷酶、半乳糖醛酸酶和蛋白酶等,对纤维素有强大的分解能力。真菌还可以利用食物中的碳、氮源合成胆碱和蛋白质等,进入消化道后段被利用。

实际上,宿主与瘤胃微生物之间、微生物与微生物之间存在共生关系。宿主为微生物生长提供理想的场所和营养来源,同时微生物帮助宿主消化食物中的某些营养物质,尤其是宿主自身不能消化的纤维素、半纤维素等,为宿主提供消化产物及微生物蛋白。纤毛虫能吞噬和消化细菌,利用细菌作为营养源,还利用菌体酶来消化营养物质。在个别情况下,瘤胃内纤毛虫完全消失时,细菌数量会显著增加,使瘤胃内消化代谢过程仍能维持原有水平。反刍动物与瘤胃微生物之间、微生物与微生物之间的共生关系是动物在长期进化过程中形成的。

4. 瘤胃中营养物质的消化代谢过程

食物进入瘤胃后,在微生物作用下,发生一系列复杂的消化和代谢过程,产生挥发性脂肪酸(VFA),合成微生物蛋白、糖原和维生素等,供机体利用。

(1)糖的消化与代谢。反刍动物食物中的纤维素、果聚糖、戊聚糖、淀粉、果胶物质、蔗糖、葡萄糖等糖类物质,均能被微生物发酵。但可溶性糖发酵速度最快,淀粉次之,纤维素和半纤维素较缓慢。纤维素是反刍动物饲料中的主要糖类,含量约为40 %~45 %,在瘤胃内经细菌和纤毛虫的协同作用,分解生成纤维二糖,继而分解成葡萄糖,然后经乳酸和丙酮酸生成VFA、甲烷和二氧化碳。VFA主要是乙酸、丙酸和丁酸。

一般情况下,乙酸、丙酸和丁酸的比例大体为7∶2∶1。瘤胃内VFA的含量约为60~120 mmol/L。三种酸的比例随食物种类的不同而发生显著变化。当日粮中粗饲料较多、营养价值较低时,乙酸、丙酸的比例升高,丁酸比例降低,VFA的含量降至57.8 mmol/L;日粮中的蛋白食物增多时,乙酸比例下降,丁酸比例上升,甲烷产量减少,VFA的含量可超过100 mmol/L。

VFA产生后,可被瘤胃壁吸收进入血液循环,部分VFA在瘤胃上皮细胞内被氧化利用。瘤胃微生物在发酵糖类的同时,还能够把分解出来的单糖和双糖转化成自身的糖原。待瘤胃微生物随食糜进入皱胃和小肠时,微生物被皱胃内盐酸杀死,所含的糖原经酶水解为单糖,再被动物吸收利用,成为反刍动物机体的葡萄糖来源之一。

(2)含氮物的消化代谢。反刍动物瘤胃内含氮物质的消化非常复杂,一般分为含氮物的降解和氨的形成、微生物蛋白的合成、尿素再循环三个过程。

①含氮物的降解和氨的形成。反刍动物食物中的含氮物质包括蛋白氮和非蛋白氮(铵盐、尿素、酰胺等)两类。食物蛋白进入瘤胃后,约有50%~70%被细菌和纤毛虫的蛋白酶水解为肽类和氨基酸,大部分氨基酸在微生物脱氨基酶作用下,生成$NH_3$、$CO_2$、短链脂肪酸和其他酸类;非蛋白氮物质也能被微生物释放的脲酶分解生成$NH_3$及其他物质,而且分解速度十分快。

②微生物蛋白的合成。瘤胃微生物能直接利用含氮物的降解产生氨作为氮源、糖类发酵提供的碳源(VFA)合成微生物生长所必需的氨基酸,再生成微生物蛋白质;微生物也可直接利用食物蛋白降解形成的少量肽和氨基酸合成微生物蛋白质,但氨是合成微生物蛋白质的主要氮源。

瘤胃微生物利用氨合成氨基酸时需要能量和碳链,除VFA是主要的碳链来源外,二氧化碳和糖也是碳链的来源。糖同时还是能量的主要供给者。由此可见,瘤胃微生物在合成蛋白质的过程中与氮代谢和糖代谢是密切相关的。

③尿素再循环。瘤胃中的氨除了被微生物合成菌体蛋白外,其余的则被瘤胃壁吸收,经门脉循环进入肝脏,经鸟氨酸循环生成尿素;尿素一部分经血液循环被运送到唾液腺,随唾液分泌重新进入瘤胃,还有一部分通过瘤胃壁又弥散进入瘤胃内,剩余的则随尿排出;进入瘤胃的尿素被微生物重新分解为氨和其他物质,可被微生物再利用,通常将这一循环过程称为尿素再循环(Urea recirculation)。这种内源性的尿素再循环,对于提高饲料中含氮物质的利用率具有重要意义,尤其在低蛋白日粮的条件下,反刍动物依靠尿素再循环可以节约氮的消耗,保证瘤胃内氮的浓度,有利于瘤胃微生物蛋白的合成,同时使尿中尿素的排出量降到最低水平。

(3)脂肪的消化和代谢。食物中的脂肪大部分被瘤胃微生物彻底水解,生成甘油和脂肪酸等物质。甘油发酵生成丙酸,少量被转化成琥珀酸和乳酸;不饱和脂肪酸经加水氢化,转变成饱和脂肪酸。因此反刍动物的体脂和乳脂所含的饱和脂肪酸比单胃动物要高得多,如单胃动物体脂中饱和脂肪酸占36%,而在反刍动物中则高达55%~62%。瘤胃微生物可利用VFA合成脂肪酸,特别是少量特殊的长链、短链的奇数碳脂肪酸和偶数碳支链脂肪酸。脂肪酸的合成受食物成分的制约,当食物中脂肪含量少时,合成作用增强;反之,当食物中脂肪含量高时,会减少脂肪酸的合成。

(4)维生素的合成。瘤胃微生物能合成多种B族维生素,其中硫胺素绝大部分存在于瘤胃液中,40%以上的生物素、泛酸和吡哆醇也存在于瘤胃液中,能被瘤胃吸收。叶酸、核黄素、尼克酸和维生素$B_{12}$等大都存在于微生物体内。此外瘤胃微生物还能合成维生素K。幼年反刍动物,由于瘤胃发育不完善,微生物区系不健全,有可能患B族维生素缺乏症;对于成年反刍动物而言,当日粮中钴缺乏时,瘤胃微生物不能合成足够的维生素$B_{12}$,易出现食欲抑制,幼畜生长不良等症状。

(5)气体的产生。在瘤胃微生物的强烈发酵过程中,不断产生大量气体。牛一昼夜产生气体

600～1300 L，主要是$CO_2$和$CH_4$，还含有少量的$N_2$及微量的$H_2$、$O_2$和$H_2S$，其中$CO_2$占50％～70％，$CH_4$占30％～40％。气体的产量和组成随食物种类和饲喂时间不同而有显著的差异。

犊牛出生后几个月内，瘤胃内的气体以甲烷为最多；随着日粮中纤维素含量的增加，$CO_2$的量也增加。到六月龄时，达到成年牛的水平。正常动物瘤胃内$CO_2$的量比$CH_4$多，但饥饿或胀气时，$CH_4$的量大大超过$CO_2$的量。

5. 前胃运动及其调节

成年反刍动物的前胃能自发地产生周期性运动，其各部分的运动，在神经和体液因素的调控下，密切联系、相互配合、协调运动。

（1）网胃的双向收缩。前胃的运动从网胃两相收缩开始。第一相收缩力量较弱，只收缩一半，然后舒张或不完全舒张，此收缩作用将漂浮在网胃上部的粗糙食物压向瘤胃。第二相收缩十分强烈，其内腔几乎消失，主要作用是将细软的食糜压入瓣胃。如果网胃内有铁钉等异物存在，易造成创伤性网胃炎和心包炎。动物反刍时，在两相收缩之前再出现一次额外的附加收缩。

（2）瘤胃的双向收缩。在网胃第二相收缩尚未终止时，瘤胃即发生收缩。瘤胃收缩先从瘤胃前部开始，收缩波沿前背囊依次向后背囊传播，然后转入后腹囊，接着又由腹囊由后向前传播，最后止于瘤胃前部。这种收缩，叫瘤胃的第一次收缩或称"A"波，它使食物在瘤胃内按着由前向后，再由后向前的顺序和方向移动并混合。有时在"A"波之后，瘤胃还发生第二次收缩或称"B"波。B波运动方向与A波相反，通常起始于后腹盲瘤胃，向上经后背盲囊、前背盲囊，最后到达主腹囊，B波收缩的作用是协助嗳气，其频率在采食时为"A"波的2/3，而在静息时约为"A"波的1/2。

通常可在左侧肷部通过听诊或触诊来检查瘤胃运动的频率和运动强度。一般情况下，瘤胃运动频率为：休息时平均为1.8次/min，进食时增加，平均可达2.8次/min，反刍时约为2.3次/min，每次收缩15～25 s。

（3）瓣胃运动。瓣胃运动是与网瘤胃的运动互相协调的。网胃收缩时，网瓣口开放，一部分食糜快速流入瓣胃。网胃收缩之后，瓣胃沟首先收缩，网瓣口关闭，迫使新进来的食糜进入瓣胃叶片之间。瓣胃沟收缩通常与瘤胃背囊收缩同步，恰好在网胃两相收缩时的间歇期，瓣胃体和叶片也在此时发生1～2次间歇性收缩，迫使瓣胃体的食糜进入瓣胃沟，继而通过开放的瓣皱口进入皱胃。瓣胃内食糜离开瓣胃的速度，受网瘤胃和皱胃内容物容积的影响，当网瘤胃内容物多或皱胃内容物少时，瓣胃内食糜转移速度加快。食糜的物理性状，也明显影响食糜离开瓣胃的速度。食糜中较稀薄的成分经瓣胃沟很快送进皱胃，而较浓稠的成分则留在瓣叶间，瓣胃和叶片的收缩起研磨作用。由于瓣胃的"滤过"作用，其内容物比网瘤胃的干燥得多（含水50％～60％），因此不适于微生物消化，如瓣胃运动机能减弱时，极易发生瓣胃阻塞。

瓣胃内具有许多叶片，黏膜表面积大，有强大的吸收功能。但此功能的意义尚待深入研究。在食糜送进皱胃之前，残存的VFA和碳酸氢盐已被吸收，避免了对皱胃的不良影响，维持着皱胃良好的消化功能。

（4）前胃运动的调节。反刍动物前胃运动具有自动节律性。这种节律性运动受神经和体液的调节。前胃运动的基本中枢位于延髓，高级中枢位于大脑皮层，传出冲动经迷走神经和交感神经传到前胃，支配其节律性活动。切断两侧迷走神经后，食糜不能由瘤胃和网胃进入瓣胃和皱胃，前胃各部出现彼此没有任何连贯性和协调性的收缩，如再刺激迷走神经的外周端，可引起前胃各部的有力收缩；刺激交感神经的外周端，可抑制前胃各部的收缩。

食物刺激口腔感受器（如咀嚼）或前胃的张力和化学感受器，能反射性地引起前胃运动加速并增强。刺激网胃的感受器还可以引起逆呕和反刍。消化管各部的状态对前胃运动也有影响。例如，当皱胃充满时，瓣胃运动减弱减慢；当瓣胃充满时，瘤胃和网胃运动减弱；刺激十二指肠感受器常引起前胃运动的抑制。

前胃运动也受大脑皮层的控制。当某些外来的刺激如噪声、生人出现时，会通过听、视等感觉通路反射性地引起瘤胃运动的减弱和反刍停止。而不受干扰、处于安静状态的反刍动物，其副交感神经较为活跃，胃的运动也更强。

胃肠道激素如促胰液素、缩胆囊素等对瘤胃运动有抑制性作用，胃泌素对瘤胃运动有兴奋作用。当日粮中精料过多而粗料不足时，皱胃内容物中VFA含量过高，导致皱胃运动抑制。

6. 嗳气、反刍和食管沟反射

嗳气、反刍和食管沟反射是反刍动物在前胃运动过程中，所伴随发生的反刍动物所特有的消化活动，具有各自特殊的生理意义。

（1）嗳气。瘤胃中的气体通过食管向外排出的过程，叫嗳气（Eructation）。瘤胃发酵产生的气体，约1/4通过瘤胃壁吸收入血后经肺排出，一部分气体被瘤胃内微生物所利用，但大部分气体是靠嗳气排出的。牛每小时约嗳气17～20次。嗳气的次数取决于气体产生的速度，正常情况下，瘤胃内所产生的气体和通过嗳气等排出的气体之间维持相对平衡。如产生的气体多，不能及时排出，可形成瘤胃急性鼓气。如牛在过量采食鲜嫩青绿食物后，易产生瘤胃鼓气。

嗳气是一种反射活动。由于瘤胃内气体增多，瘤胃背囊壁所受压力增大，刺激了瘤胃背囊和贲门括约肌处的牵张感受器，经迷走神经传到延髓嗳气中枢。中枢信息经迷走神经传出引起背囊收缩，由后向前推进，压迫气体进入瘤胃前庭，同时前肉柱与瘤胃肉褶收缩，阻挡液体状食糜前涌，贲门区液面下降，贲门口舒张，气体向前和向腹面流动而进入食管。然后，贲门口关闭，食管肌几乎同时收缩，迫使食管内气体进入咽部。这时因鼻咽括约肌闭锁，迫使大部分气体经口腔逸出，也有一小部分气体通过开放的声门进入气管和肺，并经过肺毛细血管吸收入血。

（2）反刍。反刍（Rumination）是指反刍动物将没有充分咀嚼而咽入瘤胃内的食物经浸泡软化和一定时间的发酵后，在休息时返回口腔仔细咀嚼的特殊消化活动。反刍分为四个阶段：逆呕、再咀嚼、再混入唾液和再吞咽。反刍是动物在进化中逐渐发展起来的一种生物学适应，其生理意义在于动物可以在短时间内尽快地摄取大量食物，贮存于瘤胃中，然后在安全的地方，休息时将食物逆呕回口腔，充分咀嚼，借以避免在采食时受到各种肉食动物的侵袭。其功能是将食物嚼细并混入大量唾液，以便更好地消化。

反刍动物在发育过程中，反刍的出现与摄取粗饲料有关。犊牛大约从出生后的20～30

周开始选食饲草，瘤胃也开始具备发酵的条件，这时动物开始出现反刍。成年动物反刍一般发生在休息的时候。反刍多在采食后0.5 ~ 1 h开始，每个食团的再咀嚼时间为40 ~ 50 s。一次反刍通常可持续40 ~ 50 min，然后间隔一段时间再开始下一次反刍。成年牛一昼夜大约进行6 ~ 8次反刍，幼畜次数更多。反刍时间也与食物的种类有关，采食谷物类食物反刍时间最短，采食秸秆类食物时每天反刍时间可长达10 h。反刍易受环境因素和健康因素的影响，惊恐、疼痛等因素干扰反刍，使反刍受到抑制；动物处在发情期时，反刍减少；因疾病导致消化异常时，反刍减少甚至停止。因此，反刍是反刍动物健康的重要标志之一。

反刍的关键是逆呕，它是在网胃两次收缩之前发生的一次附加收缩，使一部分胃内容物上升到贲门口，然后贲门扩张，动物关闭声门吸气，胸内负压加大，食管内压下降，胃内容物被驱入食管，由食管的逆蠕动将食物以大约1 m/s的速度返回口腔，这一过程叫逆呕。

逆呕是一个复杂的反射活动，由于粗糙食物刺激了网胃、瘤胃前庭和网胃沟（食管沟）黏膜感受器，经迷走神经传到延髓的逆呕中枢，中枢的兴奋经迷走神经、膈神经、肋间神经等传到网胃壁、网胃沟、食管、呼吸肌，引起逆呕动作，进而开始反刍。当网胃和瘤胃中的食糜经过反刍和发酵变成细碎颗粒时，一方面对瘤胃前庭和网胃等的刺激减弱，另一方面细碎的小颗粒食糜转入瓣胃和皱胃，刺激其感受器，反射性抑制网胃收缩，逆呕停止，进入反刍的间歇期。在间歇期内，瓣胃和皱胃的食糜相继进入小肠，解除了食糜对瓣胃和皱胃的刺激，使其对网胃收缩的抑制作用渐渐解除。当网胃、瘤胃前庭和网胃沟黏膜感受器再次受到食物刺激时，逆呕重新开始，进行新一轮的反刍。

（3）食管沟反射。从食管末端到瓣胃入口有一条食管沟。幼畜在吃奶时，吸吮动作反射性地使食管沟的两侧闭合成管状，使乳汁直接从食管进入瓣胃，再经瓣胃沟流进皱胃，这种反射称为食管沟反射。食管沟反射与吞咽动作是同时发生的，感受器分布在唇、舌、口腔和咽部的黏膜上，传入神经为舌咽神经、舌下神经和三叉神经咽支，中枢位于延髓，与吸吮中枢紧密相关。传出神经为迷走神经。食管沟闭合的程度与吸吮方式有密切关系。犊牛用人工哺乳器慢慢地吸吮时，食管沟闭合严密；但从桶中饮乳时，由于缺乏吸吮刺激，食管沟反射降低，部分乳汁会漏入瘤胃。由于幼畜的网瘤胃发育不完善，不能排出漏入的乳汁，乳汁长时间存留在这些部位易发生酸败，引起幼畜腹泻。

在哺乳期，反刍动物的食管沟有极其重要的作用。断奶后伴随着年龄增长，食管沟反射逐渐减弱。但在成年反刍动物中其仍具有某些生理作用。如动物在脱水或血浆渗透压增高时，垂体分泌大量抗利尿激素（ADH）可刺激食管沟反射，保证动物的饮水快速到达小肠，以减少其在网瘤胃滞留，及时补充体液；饮服某些液体成分可较好地诱发食管沟反射，如10 % $NaHCO_3$可引起牛、0.5 %$CuSO_4$溶液可引起绵羊食管沟反射。根据上述原理，在兽医实践中，先给上述溶液，再投药，能使药物直接经食管沟进入皱胃发挥作用。

### （二）皱胃消化

皱胃黏膜上具有能分泌胃液的腺体，其功能与单胃动物相类似。皱胃胃液中含有胃蛋白酶、凝乳酶（幼畜）、盐酸和少量黏液，酶的含量和盐酸浓度随年龄而有所变化。尤其是幼畜凝乳酶的含量比成年家畜高得多。胃蛋白酶的含量随幼畜的生长逐渐增多，酸度也逐渐升高。绵羊的皱胃液pH变动于1.0 ~ 1.3；牛胃液的pH为2.0 ~ 4.1，相当于总酸度的0.2 % ~

0.5 %,与单胃动物的胃液相比酸度明显较低。

皱胃的胃液分泌是持续进行的。这与食糜不断从瓣胃流入皱胃有关,皱胃分泌的胃液量和酸度,取决于从瓣胃进入皱胃内容物的容量和其中挥发性脂肪酸的浓度,而与食物的性质关系不大。这是因为进入皱胃的食物经过瘤胃内发酵,已经失去原有的特性。

皱胃胃液分泌的神经体液调节与单胃相似。副交感神经兴奋时,胃液分泌增多。皱胃黏膜含有丰富的胃泌素,可促进胃液分泌。胃泌素的分泌同样受迷走神经和皱胃内食糜酸度的影响。迷走神经兴奋或酸度降低,均使胃泌素释放增加;相反,则胃泌素分泌减少。十二指肠产生的促胰液素和胆囊收缩素能减弱皱胃的运动与分泌。

**案例**

一本地黄牛,早上外出放牧时,偷吃了大量玉米与红薯,中午该牛烦躁不安,嗳气次数增多,频频努责并排出少量稀软粪便,迅速发展为张口呼吸,腹部特别是左上腹部迅速膨大,左侧肷部突起。瘤胃叩诊呈鼓音,腹壁紧张;压诊瘤胃有弹性,压后不留痕;听诊瘤胃蠕动音增强。诊断为原发性急性瘤胃鼓气。

**问题与思考**

1. 简述反刍动物瘤胃内糖的消化过程。
2. 简述急性瘤胃鼓气的发病原因及一般治疗原则。

**提示性分析**

1. 反刍动物瘤胃内发生着强烈的微生物消化反应,纤维素或其他可溶性糖,可被瘤胃微生物发酵分解为葡萄糖、丙酮酸和乳酸,最后彻底发酵分解为挥发性脂肪酸(乙酸、丙酸、丁酸)、$CH_4$和$CO_2$等。

2. 急性瘤胃鼓气多因牛采食大量易发酵产气的青绿食物,造成在瘤胃细菌的参与下过度发酵,迅速产生大量气体,致使瘤胃急剧增大,从而压迫胃壁血管,使其吸收气体能力减弱,嗳气反射受到抑制,胃壁急性扩张,出现反刍、嗳气及排泄机能障碍。一般治疗原则:排气减压,缓泻止酵,急则治标,缓则治本,对症治疗,标本兼治。治标就是通过瘤胃穿刺术或瘤胃部切开术和应用制酵剂等药物使气体排出和减少气体的产生。

## 第四节　小肠内消化

小肠内消化是整个消化过程中最重要的环节,是胃内消化的延续。胃内酸性食糜到达小肠后,经过胰液、胆汁、小肠液的化学性消化和小肠运动的机械性消化后,大分子营养物质分解为可被吸收的小分子物质,消化过程基本完成,并被小肠吸收。食物在小肠中的停留时间一般为3～8 h,随食物的性质不同而有所变化。

## 一、胰液

胰液由胰腺的外分泌部所分泌，胰腺附着在十二指肠外侧，属壁外腺，兼有外分泌和内分泌的功能。外分泌部由腺泡细胞和小导管细胞所组成，分泌的胰液从胰腺导管排入十二指肠，具有很强的消化能力，是机体内最重要的消化液。

### （一）胰液的性质

纯净的胰液是无色透明的碱性液体，pH为7.8～8.4，渗透压与血浆相等。家畜（肉食动物除外）的胰液是连续分泌的，如马一昼夜的分泌量约为7 L，牛为6～7 L，猪为8 L，狗为0.2～0.3 L。

### （二）胰液的主要成分及作用

胰液的主要成分包括水、无机物和有机物。无机物中以碳酸氢盐含量最高，由胰腺小导管细胞所分泌，有机物主要是消化三种营养物质的消化酶，由腺泡细胞所分泌，包括胰淀粉酶、胰脂肪酶、胰蛋白分解酶、胰脱氧核糖核酸酶等。

1. 碳酸氢盐

主要作用是中和随食糜进入十二指肠的胃酸，使肠黏膜免受胃酸侵蚀，同时也为小肠内各种消化酶提供适宜的弱碱性环境。

2. 胰蛋白分解酶

胰液中的蛋白分解酶包括两大类：

（1）肽链内切酶。它们能水解蛋白质分子内部的肽键，主要有胰蛋白酶（Trypsin）、糜蛋白酶（Chymotrypsin）及少量弹性蛋白酶（Elastase）等。这些酶最初分泌出来时均以无活性的酶原形式存在。胰蛋白酶原分泌到十二指肠后迅速被小肠腺分泌的肠激酶（又名肠致活酶）（Enterokinase）激活，变为有活性的胰蛋白酶。胰蛋白酶被激活后，它能迅速将糜蛋白酶原及弹性蛋白酶原等激活。胰蛋白酶也有较弱的自身激活作用。胰蛋白酶和糜蛋白酶的作用很相似，都能水解蛋白质为腖和胨。当两者共同作用时，可进一步将腖和胨分解为小分子多肽和氨基酸。糜蛋白酶还有较强的凝乳作用。

（2）肽链外切酶。它们能水解肽链两端的肽键，如羧肽酶（Carboxy-peptidase）等。进入十二指肠的羧肽酶原被胰蛋白酶激活后，能水解多肽为分子更小的肽和游离氨基酸。

在正常情况下，胰液中的蛋白水解酶并不消化胰腺本身，除了是以酶原的形式分泌外，还因为胰腺泡细胞在分泌胰蛋白酶的同时，还分泌胰蛋白酶抑制物（Trypsin inhibitor），该抑制物在pH 3～7的环境内可以和胰蛋白酶以1∶1的比例结合，使胰蛋白酶不具有活性，从而防止胰蛋白酶原在胰腺内被激活而发生自身消化。

3. 胰淀粉酶

能将食物中的淀粉、糖原和大部分碳水化合物水解成二糖（麦芽糖）和少量三糖。胰淀粉酶作用的最适pH为6.7～7.0，其作用效率高、速度快。

4. 胰脂肪酶

能将食物中的中性脂肪分解成脂肪酸、甘油一酯和甘油。胰脂肪酶作用的最适pH为7.5～8.5。此外，胰液中还含有胆固醇酯酶和磷脂酶$A_2$，能分别水解胆固醇和卵磷脂。

### （三）胰液分泌的神经体液调节

在非消化期，胰液很少分泌，进食开始后胰液分泌开始。食物刺激头、胃、肠各部感受器时均可引起胰液分泌。其分泌受神经和体液的双重调节，以体液调节为主。

1. 神经调节

与胃液分泌调节基本一样，根据食物刺激部位的先后，也可分为头期、胃期、肠期（图6–10）。食物的形状、气味、颜色对头部感受器，食物的理化性状对口腔、食管、胃和小肠的机械及化学性刺激，通过条件反射和非条件反射，均可引起胰液分泌。反射的传出神经主要是迷走神经，迷走神经可通过末梢释放乙酰胆碱，直接作用于胰腺细胞，也可通过引起胃泌素释放，间接引起胰液的分泌。迷走神经兴奋引起胰液分泌的特点是：酶的含量很高，水分和碳酸氢盐含量很少。

2. 体液调节

调节胰液分泌的体液因素主要有三种：促胰液素、缩胆囊素和胃泌素（图6–10）。

（1）促胰液素　其是由于酸性食糜进入十二指肠，刺激黏膜内的S细胞释放的一种肽类激素。此激素主要作用于胰腺小导管的上皮细胞，使其分泌大量的水分和碳酸氢盐，但对腺泡细胞分泌酶的促进作用很小。

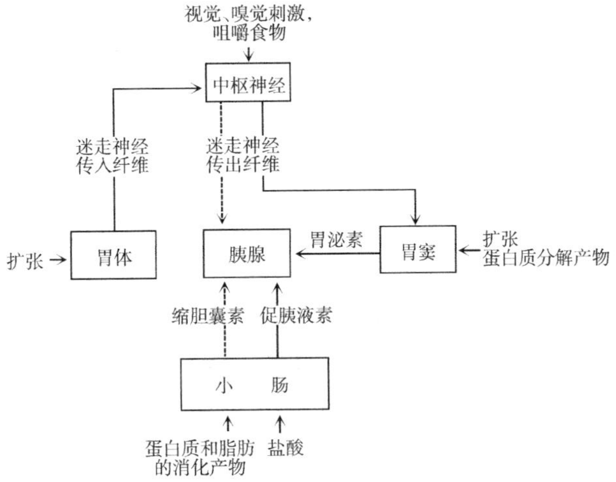


图6–10　胰液的神经体液调节示意图

（2）缩胆囊素　其是蛋白质分解产物、盐酸、脂肪及其分解产物刺激十二指肠和空肠上段黏膜I细胞分泌的又一种肽类激素。其主要作用是促进胆囊收缩和胰液中各种酶的分泌，所以又称它为促胰酶素。近年来研究发现，在某些动物中缩胆囊素也可刺激胰腺分泌电解质和水。

（3）胃泌素　其是由幽门黏膜和十二指肠黏膜G细胞释放的一种肽类激素，对胰液中水和碳酸氢盐的促分泌作用较弱，而对酶的促分泌作用较强。

**案例**

金毛犬，雌性，3岁，19.8 kg，体型较胖。在就诊的前一天出现精神沉郁，食欲废绝，呕吐并伴有腹泻。触诊病犬的腹壁可以感觉到腹壁紧张，病犬有抗拒触诊的表现。眼结膜检查可见贫血、黄疸，病犬严重脱水。生化检查：白细胞总数增多，中性粒细胞比例增大，血清淀粉酶、脂肪酶指标均高于正常值2倍以上，谷丙转氨酶、谷草转氨酶也均高于正常值。诊断为犬急性胰腺炎。

**问题与思考**

1. 胰液含有的主要消化酶及作用特点是什么?

2. 犬急性胰腺炎对机体产生的危害有哪些?

**提示性分析**

1. 胰液中的酶主要有胰淀粉酶、胰脂肪酶、胰蛋白分解酶、胰脱氧核糖核酸酶等。其中,胰蛋白分解酶作用比较特殊,正常生理情况下,在进入十二指肠前均以无活性的酶原形式存在,在小肠内肠激酶的启动下,先后被激活后才发挥消化作用。

2. 在病理因素的刺激下,胰腺内大量胰液淤积,胰腺细胞内的胰蛋白酶可能在进入十二指肠前被激活,随后此酶会激活其他的蛋白消化酶,这些蛋白酶对胰腺本身进行自身消化,短期内引起胰腺的炎症和坏死。同时消化酶会进入血液,进而导致全身性病变,比如出现全身性炎症反应、血压降低、弥漫性血管内凝血、中枢神经系统损伤、肺水肿、呼吸困难、肾脏以及其他器官的衰竭。

## 二、胆汁

### (一)胆汁的性质和成分

胆汁是由肝细胞分泌的一种味苦、有色、黏稠的碱性液体。由于动物解剖结构的差异,有胆囊的动物(牛、猪、狗等),肝细胞分泌的肝胆汁在消化期直接经胆总管排入十二指肠。而在非消化期,胆汁经肝胆管流入胆囊暂时储存,胆囊壁具有分泌黏蛋白、吸收水分和碳酸盐的作用,所以胆囊胆汁比肝胆汁浓稠。马、驴、鹿、骆驼等动物没有胆囊,仅有粗大的胆管,肝脏分泌的肝胆汁几乎连续排入十二指肠。

胆汁的颜色由所含胆色素的种类和浓度决定,由肝脏直接分泌的肝胆汁呈金黄色或橘棕色,而在胆囊贮存过的胆囊胆汁则因浓缩使颜色变深。胆汁中的胆色素是血红蛋白的分解产物,包括胆绿素及其还原产物胆红素、胆素原等。

胆汁除含水分外,还含有胆色素、胆盐、胆固醇、卵磷脂、脂肪酸、无机盐等成分,除胆汁酸、胆盐和碳酸氢钠与消化作用有关外,胆汁中的其他成分都可看作是排泄物。

### (二)胆汁的生理作用

胆汁中不含消化酶。胆汁的作用主要通过胆盐发挥。胆盐的作用包括:①作为乳化剂,能降低脂肪的表面张力,使脂肪裂解为脂肪微滴,分散在肠腔内,从而大大增加了与胰脂肪酶的接触面积,加速了脂肪的水解;②胆盐可形成微胶粒。肠腔中的脂肪分解产物如脂肪酸、甘油一酯等均可掺入微胶粒中,形成水溶性复合物(混合微胶粒),便于脂肪分解产物的吸收;③胆盐作为胰脂肪酶的辅酶,能增强脂肪酶的活性;④胆盐能促进脂溶性维生素(维生素A、D、E、K)的吸收;⑤胆盐可刺激小肠运动。

（三）胆汁分泌和排出的调节

胆汁的分泌和排出受神经和体液因素的调节，但以体液调节为主。

采食动作或食糜刺激胃和小肠，能反射性地引起肝胆汁分泌增加，并使胆囊收缩加强，胆囊胆汁和肝胆汁流入十二指肠。该反射的传出神经是迷走神经。迷走神经不仅可通过末梢释放乙酰胆碱直接作用于肝细胞和胆囊平滑肌细胞，使胆囊收缩、胆汁分泌增加，也可通过迷走神经–胃泌素间接发挥作用。

调节胆汁分泌的体液因素主要包括四个方面：①胰泌素作用于胆管系统，引起胆汁分泌量和碳酸氢盐含量增加，而胆盐不增加；②缩胆囊素能刺激胆囊平滑肌强烈收缩，使胆汁大量排入十二指肠；③胃泌素经血液循环作用于肝细胞和胆囊，使肝胆汁分泌增加、胆囊收缩，胃泌素还可刺激壁细胞分泌盐酸，由盐酸作用于十二指肠黏膜S细胞，使之分泌胰泌素，间接促进胆汁分泌；④胆汁中的胆盐排入小肠后，绝大部分可由小肠黏膜吸收入血，通过门静脉回到肝脏，刺激肝细胞分泌胆汁，这一过程称为胆盐的肠–肝循环（图6–11），经胆盐肠–肝循环进入肝脏的胆盐是肝细胞分泌胆汁的主要刺激物。

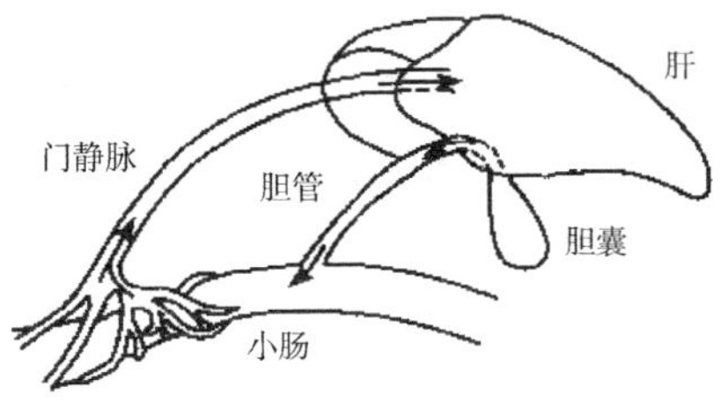

图6–11 胆盐的肠–肝循环

## 三、小肠液

小肠液是由十二指肠腺和小肠腺分泌的。十二指肠腺分布于十二指肠上段的黏膜下层，分泌富含黏液和水的黏稠度很高的碱性液体。小肠腺分布于全部小肠的黏膜层内，分泌液构成了小肠液的主要部分。

（一）小肠液的性质、成分和作用

小肠液是一种弱碱性、微混浊的液体，pH为7.6 ~ 8.7。小肠液中除含有大量水分外，无机物的含量和种类一般与体液相似，仅碳酸氢钠含量高。小肠液中的有机物主要是黏液和多种消化酶。小肠液的分泌量变动很大，大量的小肠液可以稀释消化产物，利于营养物质的吸收。小肠液分泌后，又很快被小肠绒毛重吸收，小肠液的这种循环交流，为小肠内营养物质的吸收提供了媒介。小肠液中还常混有大量脱落的肠上皮细胞、白细胞以及由肠上皮细胞分泌的免疫球蛋白。

近年来认为，真正由小肠腺分泌的酶只有肠激酶一种，小肠液中的其他多种酶并非由小肠腺所分泌，而是来源于小肠黏膜上皮，包括：①肠肽酶，主要是氨基肽酶，可进一步水解多肽成三肽、二肽或氨基酸；②肠淀粉酶、肠脂肪酶，量少，补充胰淀粉酶、胰脂肪酶的不足；③双糖酶，主要是蔗糖酶、麦芽糖酶、乳糖酶等，可分解双糖为单糖。小肠液中的酶将营养物质进一步分解成为可被吸收的小分子，起到了非常重要的作用。

小肠液中的酶发挥消化作用有两种方式：由肠腺分泌的肠激酶和淀粉酶在肠腔内发挥作用，如同唾液、胃液、胰液中的消化酶一样，与食糜充分混合后在消化管内发挥作用，这种消化方式称腔期消化。腔期消化的营养物质一般得不到完全水解，仅使食糜中的大分子物质形成短链聚合物。肠黏膜上皮分泌的肠肽酶、双糖酶等，则以化学键与上皮细胞顶点膜相连，成为肠黏膜表面的结构。当腔期消化产物接触小肠黏膜时，小肠黏膜上的酶使其进一步水解为小分子物质而被吸收，这种在肠上皮细胞表面进行的消化过程称为膜期消化，是腔期消化的继续和补充，其生理作用远大于腔期消化。

小肠液中除含有消化酶外，还含有大量的碳酸氢盐，可保护肠黏膜免受机械性损伤和胃酸的侵蚀，也为小肠内各种酶发挥作用提供适宜的弱碱性环境。

（二）小肠液分泌的调节

小肠液的分泌仍受神经体液因素调节，以局部神经反射最为重要。进入小肠的食糜对黏膜局部的机械性和化学性刺激通过肠壁内神经丛引起局部反射，导致小肠液的分泌增加。小肠黏膜对扩张刺激最为敏感。进入小肠内的食糜量和肠液分泌量呈正比。刺激迷走神经可引起十二指肠腺分泌增加，交感神经兴奋则抑制十二指肠腺的分泌。胃肠激素中，胃泌素、胰泌素、缩胆囊素和血管活性肠肽都有刺激小肠分泌的作用。

## 四、小肠的运动

（一）小肠运动的形式及其作用

小肠的运动功能是由外层较薄的纵形肌和内层很厚的环形肌共同舒缩完成的。运动形式包括消化期的紧张性收缩、分节运动和蠕动以及消化间期的周期性的移行性运动复合波。

1. 紧张性收缩

紧张性收缩是其他运动形式有效进行的基础，也是维持小肠基本形状和一定肠内压的基础。小肠紧张性收缩减弱时，肠腔扩张，肠内容物的混合和推送减慢；相反，小肠紧张性收缩增强时，食糜在小肠内的混合和推移过程加快，有利于吸收的进行。

2. 分节运动

分节运动是一种以环形肌为主的节律性收缩和舒张的运动。主要发生在食糜所在的一段肠管上。当小肠被食糜充盈时，肠壁的牵张刺激使环形肌以一定的间隔在许多点同时收缩和舒张，把食糜和肠管分割成许多节段；数秒钟后，收缩处与舒张处交替，原收缩处舒张，而原舒张处收缩，使原来的节段分为两半，而相邻的两半又混合成一个新的节段；如此反复进行（图6-12）。分节运动只发生在消化期。小肠各段分节运动的频率不同，小肠前段频率较高，后段较低，呈现递减梯度。这种递减梯度现象与平滑肌的慢波电位从十二指肠到回肠末端逐渐降低有关。

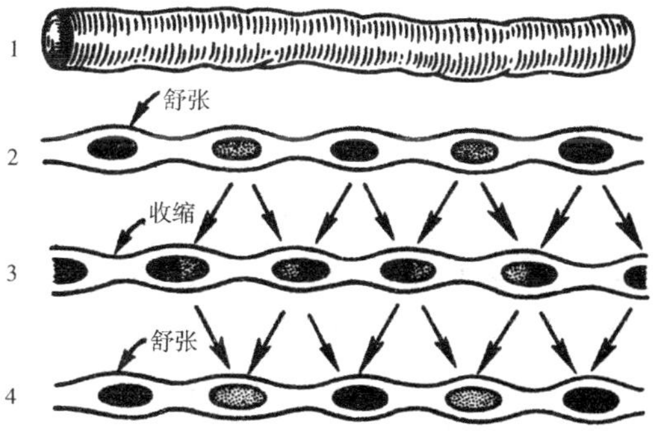


图6-12 小肠分节运动示意图

分节运动的作用主要在于使食糜与消化液充分混合，便于消化酶对食物进行化学性消化；同时使食糜与肠壁紧密接触，为消化分解产物的吸收创造良好的条件；以及挤压肠壁，有助于血液和淋巴的回流。

3. 蠕动

蠕动（Peristalsis）是一种环形肌和纵形肌相互协调的连续性缓慢推进性运动。蠕动通常重叠在节律性分节运动之上，两者经常并存。小肠各段都可产生蠕动，一般从十二指肠开始，先是纵形肌收缩，当纵形肌的收缩完成一半时，环形肌便开始收缩；而当环形肌收缩完成时，纵形肌的舒张完成一半。小肠的蠕动波很短，一般只能推进很短一段距离，然后消失。蠕动的意义在于使分节运动作用后的食糜向后推移，到达一个新肠段，再开始分节运动。小肠蠕动的速度很慢，约0.5～2 cm/s，每个蠕动波只把食糜推进约数厘米后即停止。

此外，小肠还有一种传播速度很快、传播距离较远的蠕动，称为蠕动冲（Peristaltic rush），它可把食糜从小肠始端一直推送到小肠末端，有时还可至大肠，其速度为2～25 cm/s。在十二指肠与回肠末端常常出现与蠕动方向相反的逆蠕动（Antiperistalsis），食糜可以在这两段内来回移动，有利于食糜的充分消化和吸收。

4. 移行性运动复合波

移行性运动复合波（Migrating motor complex，MMC）是发生在消化间期或禁食期的一种强有力的蠕动性收缩，传播很远，有时能传播至整个小肠。MMC起始于胃或十二指肠，沿着肠管向肛门方向缓慢移行，随着传播距离的增加其移行速度逐渐减慢，有时MMC到达回肠前就消失了，有时能传播至小肠末端。每60～90 min发生1次，当一个波群到达回盲肠时，另一个波群又在胃或十二指肠处发动。MMC的生理意义尚不清楚，一般认为其在推送小肠内未消化的食物残渣离开小肠和控制小肠前段肠管内细菌的数量方面起重要作用。

### （二）回盲括约肌的机能

回肠末端与盲肠交界处的环形肌增厚，起着括约肌的作用，称为回盲括约肌。回盲括约肌的主要机能是防止回肠内容物过快地进入大肠，因而有利于小肠内容物的充分消化和吸收。当食物进入胃时，可通过胃-回肠反射引起回肠蠕动，在蠕动波到达回肠末端时，括约肌便舒张、部分小肠内容物由回肠入结肠。此外，回盲括约肌还能有效地阻止大肠内容物向回肠倒流而污染小肠。

### （三）小肠运动的调节

肠内的机械和化学刺激作用于肠壁感受器，通过壁内神经丛的局部反射途径可引起小肠平滑肌的蠕动。在一般情况下，迷走神经的传出冲动对整个小肠运动起兴奋作用，交感神经对小肠运动则起抑制作用。但两种神经的效应也依小肠当时的机能状态而异，如果小肠平滑肌紧张性已经很高，则无论刺激迷走神经或交感神经，都将对小肠平滑肌运动产生抑制作用；反之，则都产生促进作用。体液因素中，胃泌素和胆囊收缩素可兴奋小肠运动，而胰高血糖素、促胰液素和肾上腺素则抑制小肠运动。

**案例**

于明等（2013）报道，猪低磷日粮中添加500 FTU/kg植酸酶，可使小麦、高粱、稻谷中的总磷表观消化率分别提高27.6 %、47.8 %、41.8 %，饲料中钙、蛋白质消化率均有所提高，试验期猪日增重近10个百分点。研究表明，植酸酶可促进猪的生长性能，提高磷的消化吸收率，降低磷的排放。

**问题与思考**

1. 饲料中添加植酸酶的作用原理是什么？

2. 降低养殖过程中磷的排放量，对环境保护有何意义？

**提示性分析**

1. 在养猪生产中，植物性饲料占饲料的90 %。植物性饲料中磷的60 %～80 %以植酸磷的形式存在，而在猪的消化道中自身不分泌可消化利用植酸磷的酶，因而植酸磷难以被消化利用，且植酸磷还影响其他营养物质的利用率，例如，降低矿物质元素的吸收利用率，降低蛋白质的利用率。饲料中添加剂植酸酶既可以分解植酸磷，释放出磷，还可以增加其他养分的利用率，从而促进猪的生长性能。

2. 如不设法提高植物性饲料中的植酸磷的利用率，任意排出体外，不但会造成磷的浪费，而且还会给环境造成严重污染，据推测一个万头猪场每年可向周围环境排放的磷高达31 t，含磷过多的污水流入江河、池塘和海洋，使藻类等浮游生物大肆繁殖，导致水中溶氧量降低并产生多种毒素，严重危害生态环境。

# 第五节　大肠内消化

## 一、大肠液的分泌

大肠液是由大肠黏膜表面的柱状上皮细胞及杯状细胞分泌的富含黏蛋白和碳酸氢盐的液体，其pH为8.3～8.4。碳酸氢盐的作用在于中和大肠内微生物发酵产生的酸，这在草食和杂食家畜中尤为重要。黏蛋白的作用是润滑粪便和保护大肠黏膜不被粗糙的消化残渣损伤。大肠液的分泌主要由大肠内容物对肠黏膜的机械刺激引起。刺激副交感神经(盆神经)可引起远端大肠分泌明显增加，刺激结肠的交感神经能使大肠分泌减少。

## 二、大肠内的微生物消化

### (一)肉食动物大肠内的消化

食糜中没有被小肠消化吸收的蛋白质，可被大肠中的腐败菌分解生成吲哚、粪臭素、酚等有毒物质。这些物质一部分被吸收入血在肝脏中解毒后随尿排出体外，另一部分则随粪便排出。在小肠中没有被消化的脂肪和糖类，在大肠内也经细菌作用，分解为脂肪酸、甘油、草酸、甲酸、丁酸、甲烷及$CO_2$等。

### (二)草食动物大肠内的消化

草食动物的大肠(主要是盲肠和结肠)内含有丰富的微生物，在很大程度上类似反刍动物的瘤胃，因此，大肠内的消化对草食动物，特别是马属动物和兔等单胃草食动物，具有十分重要的意义。

草食动物大肠的容积很大，与反刍动物的瘤胃相似，能维持适于微生物生存的条件，以保证最佳的发酵作用。可溶性糖（淀粉、双糖等）和大多数不溶性糖（纤维素和半纤维素）以及蛋白质等，是大肠微生物发酵的主要底物。大肠微生物的主要作用是：①将纤维素、半纤维素等分解为挥发性脂肪酸（VFA），供大肠吸收；②利用大肠内容物中未消化的食物蛋白质、非蛋白含氮物合成微生物蛋白，但其生物利用率较低；③合成B族维生素和维生素K，可被大肠黏膜少量吸收利用。

实验证明：马大肠微生物消化，可消化食糜中40 %～50 %的纤维素、39 %的蛋白质、24 %的糖。其中对纤维素的有效消化率为反刍动物的60 %～70 %。反刍动物的盲肠和结肠也能消化食物中15 %～20 %的纤维素。可见，大肠内纤维素的微生物消化是草食动物消化的一个重要环节，马属动物所需要的能量至少有一半是由盲肠和结肠发酵与吸收的营养物质所提供的。

（三）杂食动物大肠内的消化

食物中纤维素和未被小肠消化的可溶性糖在发酵菌的作用下，产生有机酸（VFA）和气体（$CH_4$、$CO_2$、$H_2$）等；蛋白质、氨基酸等则在腐败菌的作用下，分解为吲哚、粪臭素、氨等。大肠内细菌也能合成B族维生素和维生素K。

## 三、大肠运动与排便

（一）大肠运动

大肠运动与小肠运动相似，其特点是运动微弱、缓慢，对刺激的反应也较迟钝，运动强度也较弱。这些特点有利于大肠内微生物的活动和粪便的形成。

1. 盲肠运动

肉食动物盲肠不发达，而草食和杂食动物盲肠发达，盲肠能进行类似小肠分节运动的节律性收缩，但频率和速度比小肠低。盲肠的生理功能是搅拌和揉捏内容物，没有推进作用。进食过程常使这种运动加快和增强。盲肠中出现的第二种运动是强烈的推进运动。这种运动以不规则的间隔周期性出现，其作用是把盲肠内容物送入结肠。盲肠的第三种运动是蠕动，它使内容物在盲肠中缓慢地移动，最终送入结肠。猫、狗、牛、羊、马等还可在盲肠出现逆蠕动，以延缓内容物在盲肠中停留的时间。猪一般不发生盲肠逆蠕动。

2. 结肠运动

结肠运动形式有三种：袋状往返运动，分节或多袋推进运动，蠕动、逆蠕动和集团运动。

（1）袋状往返运动。这是在空腹时最多见的一种运动形式，由环形肌无规律地收缩所引起，使结肠形成多个袋状结构，并使结肠袋中的内容物向两个方向做短距离位移，但不向前推进。在结肠后段，这种运动与形成卵圆形的粪块有关。袋状往返运动类似小肠的分节运动。

（2）分节或多袋推进运动。指一个结肠袋或一段结肠收缩，将其内容物推送到下一段的运动。进食后这种运动增多，其作用是将结肠内容物缓慢地向肛门方向推进。在这种运动之后，随之出现排便。

（3）蠕动、逆蠕动和集团运动。结肠蠕动由稳定的收缩波所组成。蠕动能使内容物以每分钟几厘米的速度向肛门端推进。收缩波远端的肠肌保持舒张状态，收缩波近端的肠肌则保持收缩状态，使该段肠段闭合并排空。结肠蠕动与小肠蠕动的不同之处是有强大的向后推进力量。

在大肠还有一种推进速度很快，且推进距离很远的蠕动，称为集团运动（Mass peristalsis）。它可能是食糜进入十二指肠，由内在神经丛产生的十二指肠-结肠反射引起的。

牛、羊、马、猫、狗等的结肠前段可发生逆蠕动，而猪则不发生。

（二）粪便形成及排便

1. 粪便形成

食物残渣在大肠停留约10 h，其中大部分水被大肠黏膜吸收，其余的经过细菌的发酵和腐败作用，形成粪便（Feces）。粪便的成分除包含食物残渣外，还包括消化管的脱落上皮、大量细菌、消化液的残余物（黏液、胆汁等），以及经肠壁排泄的矿物质（如钙、铁、镁、汞）等。

2. 排粪反射

排粪（Defecation）是一种复杂的反射性活动，其基本中枢在脊髓，但受到高位中枢，尤其是大脑皮层的控制。当大肠内粪便积聚到一定量时，刺激了肠壁内的感受器，冲动经盆神经和腹下神经传至腰荐部脊髓排粪中枢，同时上传到大脑皮层，产生排粪欲；中枢发出的兴奋通过盆神经引起结肠和直肠收缩，肛门内括约肌舒张；与此同时，冲动也经相应的脊神经传出，引起腹肌、膈肌收缩，而阴部神经的冲动减少，肛门外括约肌也舒张，结果腹内压增加，肛门打开，将粪便排出体外。

排粪动作受大脑皮层的控制。家畜能随意进行或抑制排粪，也能建立排粪的条件反射。除狗、猫外，家畜能在行进状态下排粪。

# 第六节 吸 收

## 一、吸收的部位

消化道不同部位的吸收能力和吸收速度不同。在口腔和食管内，食物基本上是不被吸收的。在胃内，食物的吸收也很少。单胃动物可吸收酒精和少量的水分；而反刍动物的前胃能吸收相当数量的挥发性脂肪酸和氨。大肠具备一定的吸收功能，但肉食动物吸收能力有限，只有结肠段可吸收水分、电解质和在小肠来不及吸收的少量营养物质；而草食动物和杂食动物的大肠吸收能力则较强，特别是对VFA的吸收。

小肠吸收的物质种类多且量大，是吸收的主要场所，其原因有：①大部分营养物质，特别是三大营养物质在小肠内已分解为可吸收的小分子物质。②小肠的吸收面积大。小肠黏膜具有环形皱褶，皱褶上有大量微细的指状突起，即小肠绒毛；每条绒毛表面被覆一层柱状上皮细胞，每个柱状上皮细胞肠腔面的细胞膜向外突出，形成许多微绒毛，使细胞表面呈毛刷状。由于环形皱褶、绒毛和微绒毛的存在，最终使小肠的吸收面积比原有的面积增加了约600倍（图6-13 A）。③小肠绒毛的结构特殊，有利于吸收。绒毛内有毛细血管、毛细淋巴管（乳糜管）、平滑肌纤维和神经纤维网等结构（图6-13 B），该毛细血管的内皮细胞上有小孔和隔膜，有利于被吸收的物质进入毛细血管；乳糜管有利于脂肪的吸收和转运；平滑肌的收缩可加速血液、淋巴液的流动，有助于吸收。④食糜在小肠内停留的时间较长，有充分的吸收时间。

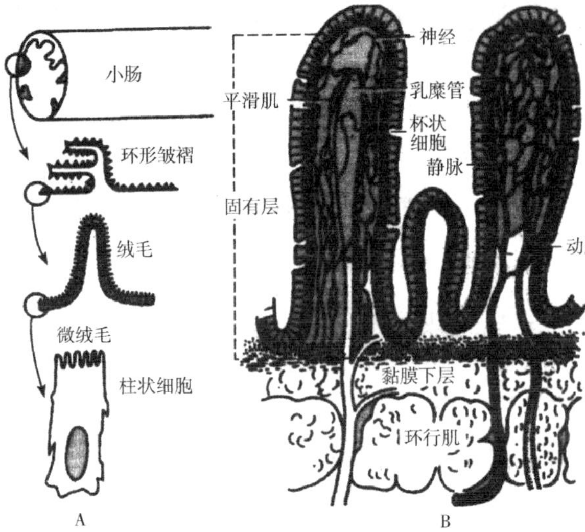


图6-13 小肠的皱襞、绒毛和微绒毛模式图
A. 表面积逐级放大；B. 小肠绒毛的结构

## 二、吸收的途径和机制

### （一）吸收途径

营养物质和水可通过两条途径进入血液和淋巴：一是跨细胞吸收途径（Transcellular absorption），即通过绒毛柱状上皮细胞的腔面膜进入细胞内，再通过细胞底侧面的膜进入血液和淋巴；二是旁细胞吸收途径（Paracellular absorption），即营养物质或水通过细胞间的紧密连接，进入细胞间隙，然后再转入血液和淋巴（图6-14）。

### （二）吸收机制

营养物质吸收的主要机制为主动吸收和被动吸收。营养物质通过膜的方式包括单纯扩散、易化扩散、主动转运和胞饮等（见第二章中细胞膜跨膜物质转运）。

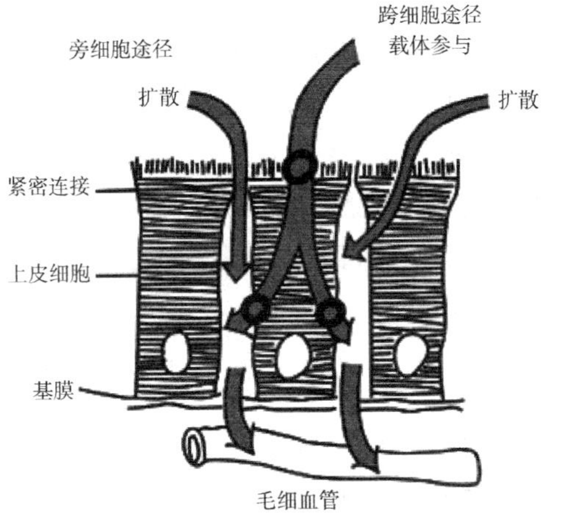


图6-14 小肠黏膜吸收水和小肠的溶质的两条途径

## 三、主要营养物质的吸收

在小肠中被吸收的营养物质不仅包括来源于食物的各种营养成分，还包括由各种消化腺分泌入消化管内的大量水分、无机盐和一些有机物。

### （一）水的吸收

水分的吸收是被动的。各种溶质，特别是氯化钠的主动吸收所产生的渗透压梯度是水分吸收的主要动力。细胞膜和细胞间的紧密连接对水的通透性都很大，在十二指肠和空肠上部，水的吸收量很大，但该段消化液的分泌量也很大，因此，水的净吸收量较小。在回肠，离开肠腔的液体比进入的多，从而使肠内容物的容积大大减少。到达结肠的内容物中水分已很少，因此，结肠吸收的水分并不多。

### （二）糖的吸收

食物中的多糖类物质（如淀粉、糊精等）经过消化酶的水解，必须降解为单糖才能被小肠吸收。被吸收的单糖绝大部分是葡萄糖，另外还有少量的半乳糖、果糖、甘露糖等己糖以及木糖、核糖等戊糖。各种单糖的吸收速率有很大差别，已糖吸收很快，而戊糖则很慢。在已糖中，又以半乳糖和葡萄糖吸收最快，果糖次之，甘露糖最慢。单糖吸收后，绝大部分经门静脉输送至肝脏，也有一些单糖经淋巴输送入血液循环中。

葡萄糖的吸收是一个耗能过程，能量来源于$Na^+$泵对ATP的水解，属于继发性主动吸收。在肠黏膜上皮细胞的纹状缘上存在着一种钠依赖性葡萄糖转运载体，它能选择性地将葡萄糖（或半乳糖）从纹状缘的肠腔面转运到细胞内，然后再扩散入血液。

葡萄糖转运载体上含有1个单糖结合位点和2个$Na^+$结合位点，上述位点被结合后，形成$Na^+$-载体-葡萄糖复合体，通过转运载体蛋白的变构转位，使复合体从肠腔面转向细胞浆面，并向细胞内释放出糖分子和$Na^+$。进入细胞内的$Na^+$被上皮细胞基底膜或侧膜上的$Na^+$泵泵至细胞间隙，以维持细胞内外的$Na^+$梯度，保证转运载体蛋白不断转运$Na^+$进入细胞，同时带动单糖的转运。进入细胞内的葡萄糖随着浓度的升高，在小肠上皮细胞基底膜上另一类葡萄糖转运载体的帮助下，通过易化扩散方式进入细胞间液，再转入血液中（图6-15）。由于葡萄糖不能通过细胞紧密连接，因而阻止了葡萄糖通过扩散作用回到肠腔内。上述转运过程反复进行，不断把肠腔中的葡萄糖转运入血液，完成葡萄糖的吸收过程。由于该转运过程需要$Na^+$的参与，并且需要$Na^+$泵的运转来维持细胞内外的$Na^+$梯度，所以将葡萄糖的这种转运方式又称为钠偶联转运或葡萄糖的继发性主动转运。此机制除了直接吸收葡萄糖等特定物质外，还有一个重要的间接作用就是吸收水和$Na^+$等电解质。

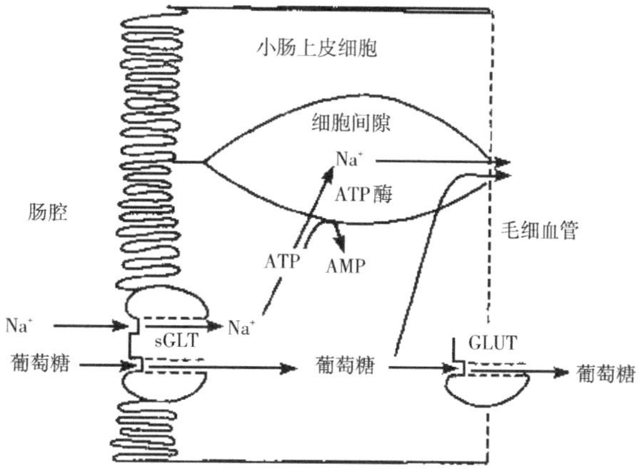

图6-15 小肠上皮细胞吸收葡萄糖的机制

（三）蛋白质的吸收

蛋白质经消化分解成氨基酸后，几乎全部被小肠吸收。氨基酸的吸收机制与葡萄糖相似，也是通过继发性主动转运而被吸收的。目前在小肠壁上已确定出4种特殊的钠依赖性氨基酸转运载体，分别转运中性、酸性、碱性氨基酸和中性氨基酸中的脯氨酸和羟脯氨酸。此外，还存在非钠依赖性的氨基酸转运机制。一些实验证明，吡哆醛（维生素$B_6$）参与氨基酸的主动转运过程，维生素$B_6$缺乏时，氨基酸的吸收不良。

近年来研究表明，小肠的纹状缘上还存在有二肽和三肽的转运系统，许多二肽和三肽也可完整地被小肠上皮细胞吸收，而且这种转运系统的吸收效率可能比氨基酸更高，蛋白质消化产物的吸收可能主要以二肽和三肽的形式进行，真正以游离氨基酸的形式吸收的量很少。进入细胞内的二肽和三肽，可被细胞内的二肽酶和三肽酶进一步分解为氨基酸，之后再经扩散进入血液。

（四）脂类的吸收

脂肪消化产物为甘油、脂肪酸、甘油一酯等，后两者可掺入胆盐微胶粒中，形成混合微胶粒，其通过胆盐的作用到达微绒毛，释放出其内的脂类消化产物，它们顺浓度梯度扩散入细胞，胆盐则留在肠腔内，形成新的混合微胶粒，反复转运脂类消化产物，最后在回肠被吸收。进入肠上皮细胞后的脂肪酸、甘油一酯重新合成新甘油三酯，再与肠上皮细胞合成的脱辅基蛋白结合，形成乳糜微粒，通过出胞过程进入绒毛内乳糜管（图6-16）。

此外，中、短链甘油三酯水解产生的脂肪酸和甘油一酯，由于脂溶性较高，在小肠上皮细胞中不再转化成甘油三酯，可直接扩散进入绒毛内的毛细血管。

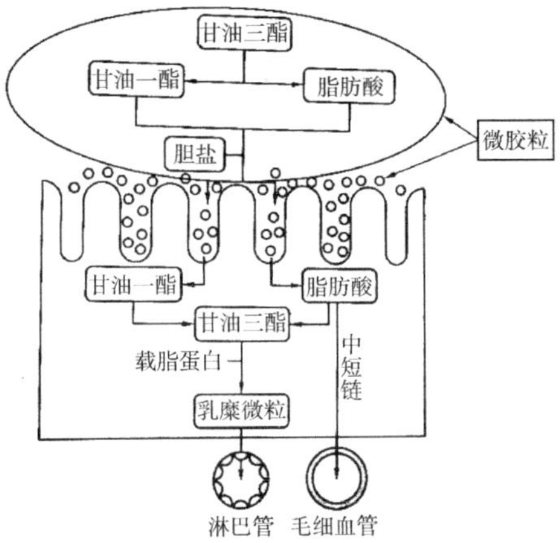


图6-16 脂肪消化产物吸收示意图

（五）挥发性脂肪酸的吸收

在大肠和反刍动物的瘤胃内，食物中的纤维素和其他糖类在微生物发酵下产生挥发性脂肪酸（VFA），主要在瘤胃和大肠前段以扩散方式吸收。

瘤胃吸收VFA的机制尚不完全清楚。人们曾提出如下设想：VFA作为一种有机酸，在瘤胃正常的pH（5.5～7.5）环境中，大部分以负电荷的离子状态（$AC^-$）存在。这种离子难以透过上皮细胞膜，但在瘤胃内发生的$CO_2$水化过程中释放出的氢离子，可为离子态的VFA转变为分子态的VFA（HAC）不断提供$H^+$来源。

$$CO_2+H_2O \rightarrow H^+ + HCO_3^-, \quad AC^- + H^+ \rightarrow HAC$$

由于瘤胃内剧烈发酵过程中不断产生$CO_2$等气体，所以上述反应保持向右进行。HAC比$AC^-$的脂溶性大，易于跨膜转运，因此，VFA可顺着浓度差由瘤胃腔进入瘤胃上皮细胞。这样，每吸收一分子VFA，瘤胃腔中就出现一个$HCO_3^-$，它既可以透过上皮细胞（与$Cl^-$交换），也可以与瘤胃液中的$Na^+$生成碳酸氢盐，形成瘤胃内的缓冲体系，维持其pH稳定。被吸收入上皮细胞的VFA有3种去向：①通过基底膜进入血液；②在细胞内被代谢；③又解离为$AC^-$后经基底膜扩散入血。网胃和瓣胃内吸收VFA的过程与瘤胃内相同，只是吸收量很少（图6-17）。

各种VFA的吸收速度排序为：丁酸最快，丙酸次之，乙酸最慢。

马、猪、兔等家畜大肠内微生物发酵纤维素所产生的VFA，也经历与瘤胃内相似的过程被吸收。

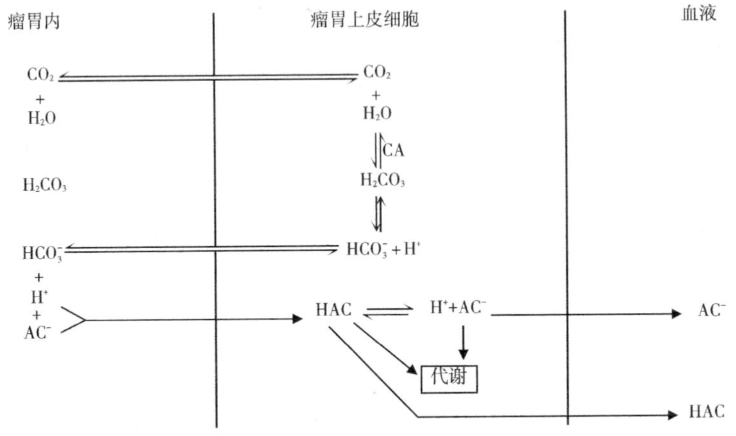


图6-17 VFA吸收途径示意图

(六)维生素的吸收

大多数维生素在小肠上段被吸收。水溶性维生素以扩散方式进行,但维生素$B_{12}$必须与胃底腺壁细胞分泌的内因子结合成复合物,到达回肠与回肠黏膜上皮细胞,与内因子受体结合而被主动吸收。脂溶性维生素(包括维生素A、D、E、K)的吸收机制与脂类相似,也需要胆盐的协助。

(七)无机盐的吸收

一般地说,一价盐类如钠、钾、铵盐的吸收很快,多价盐类则吸收很慢。凡能与钙结合而形成沉淀的盐,如硫酸盐、磷酸盐、草酸盐等,则不能被吸收。

1. $Na^+$的吸收

$Na^+$吸收的主要部位在小肠,肠内容物中95 %～99 %的钠可吸收入血,单位面积吸收的$Na^+$以空肠最多、回肠次之、结肠最少。

$Na^+$吸收有3种机制:①钠偶联转运系统(如钠依赖性葡萄糖转运载体);②钠、氯同向转运;③简单扩散,即$Na^+$借肠腔和上皮细胞之间的电化学梯度,由肠腔扩散入血。

2. $Ca^{2+}$吸收

小肠各段都能吸收钙,但主要发生在十二指肠和空肠前段。钙吸收属于主动转运,$Ca^{2+}$通过小肠黏膜刷状缘上的钙通道进入上皮细胞,然后由细胞基底膜上的钙泵泵至细胞外,并进入血液。

肠黏膜细胞微绒毛上有一种与钙有高度亲和性的钙结合蛋白,参与钙的转运,并促进钙的吸收。肠内容物的pH对钙的吸收有重要影响,在pH约为3时,钙呈离子状态,吸收最好,因此,胃酸对钙的吸收有促进作用。维生素D通过促进钙结合蛋白的合成促进钙的吸收。脂肪酸对钙的吸收也有促进作用。

3. 磷的吸收

磷在小肠各段以主动和被动两种机制被吸收,主动吸收主要受维生素D的调节。磷的吸收一方面受肠中pH影响,pH低时有利于吸收;另一方面则取决于饲料中磷的状态,饲料中相当部分的磷以植酸磷形式存在,由于消化液中缺乏植酸酶系统而无法利用。如在日粮中添加外源植酸酶,可提高磷的吸收利用。

4. 铁的吸收

铁主要在十二指肠和空肠被吸收。小肠上皮细胞能够合成一种转铁蛋白释放入肠腔。转铁蛋白与肠腔内的铁离子结合成复合物,然后以受体介导的入胞方式进入上皮细胞内。转铁蛋白在细胞内释放出$Fe^{2+}$后,又重新释放到管腔。进入胞内的铁,一部分在细胞基底膜以主动转运的形式泵至细胞外,并进入血液;其余的则与胞内的铁蛋白结合并储存于细胞内,所以肠黏膜是铁的贮库。胃酸与维生素C因可使铁以$Fe^{2+}$形式存在而促进铁的吸收。

**案例**

便秘是妊娠母猪常发病之一，一些地区的规模化猪场母猪便秘的发生率可高达30%以上，对生产危害极大。便秘常引起母猪产前顽固性不食，或引起难产或产死胎；便秘还会导致母猪产后乳房炎、子宫炎、低泌乳力或无乳综合征等疾病。妊娠母猪便秘不仅影响母猪的健康和生产性能，对仔猪的成活率和生长发育也有着极其严重的影响。

**问题与思考**

1. 从生理角度分析妊娠母猪易发便秘的原因。

2. 饲养管理上如何预防本病的发生?

**提示性分析**

1. 一方面母猪怀孕后期胎儿生长发育加快，子宫容量、重量改变巨大，加大了对直肠壁的压迫，导致直肠蠕动减少，粪便在直肠内停留时间延长，水分被过度吸收，造成母猪便秘；另一方面，由于胎儿的生长发育，对营养的需求增加，通过母体内分泌调节，母体本身的消化吸收功能增强，加快了大肠对水的吸收，也易引发便秘。

2. 饲养管理上，增加青绿饲料供给量；提供充足的饮水；控制圈舍温度，特别是夏天防暑降温；妊娠中后期适当增加母猪的运动量和光照时间；预防热源性疾病的发生，如附红细胞体、弓形体病等；临产前1～2周，适当使用人工盐或1%～2%的糖蜜蜂水，以润肠通便。

**思考题**

一、名词概念

1.微生物消化　2.反刍　3.胃紧张性舒张

4.胆盐肠-肝循环　5.尿素再循环　6.黏液-碳酸氢盐屏障　7.膜期消化

二、单项选择题

1. 引起胰泌素释放最强的物质是(　)

A.蛋白质　B.盐酸　C.胆盐　D.淀粉

2. 胰泌素能促进胰腺分泌(　)

A.大量的水分和碳酸氢盐，而酶的分泌含量小

B.大量的水分，而碳酸氢盐和酶的分泌含量很小

C.大量的水分和碳酸氢盐，而酶的分泌含量很高

D.少量的碳酸氢盐，水分和酶的分泌含量很高

3. 容受性舒张是通过下列哪一途径实现的(　)

A.迷走神经末梢释放的血管活性肠肽　B.交感神经兴奋

C.迷走神经末梢释放的ACh　D.抑胃肽的释放

4. 下列因素中,哪一种可促进胃排空( )

A.胃泌素 B.肠-胃反射 C.胰泌素 D.抑胃肽

5. 下列关于胃黏液-碳酸氢盐屏障的叙述,不正确的是( )

A.使胃黏膜表面处于中性或偏碱性状态

B.防止胃酸及胃蛋白酶对胃黏膜的侵蚀

C.由黏膜及胃黏膜分泌的$HCO_3^-$组成

D.与胃黏膜屏障是同一个概念

6. 对脂肪和蛋白质的消化,作用最强的消化液是( )

A.唾液 B.胃液 C.胰液 D.小肠液

7. 使胃蛋白酶原转变为胃蛋白酶的激活物是( )

A.$Na^+$ B.$Cl^-$ C.HCl D.内因子

8. 引起胃液分泌的内源性物质是( )

A.去甲肾上腺素 B.肾上腺素 C.促胰液素 D.ACh

9. 阻断ACh作用的药物能使( )

A.唾液分泌增多 B.胃液分泌增多 C.胰液分泌增多 D.胃肠运动减弱

10. 下列哪项不属于胃液的作用( )

A.杀菌 B.激活胃蛋白酶原

C.水解蛋白质 D.对淀粉进行初步消化

11. 缩胆囊素(CCK)对胰液分泌物的作用是( )

A.促进酶分泌 B.促进无机盐分泌

C.抑制作用 D.无影响

12. 草食动物大肠内微生物可将简单物质合成( )

A.维生素A B.维生素D C.维生素E D.维生素K和B

## 三、简述题

1. 营养物质有哪些消化方式?
2. 胃液和胰液的主要成分及作用是什么?
3. 四种主要胃肠激素的生理作用是什么?
4. 胃和小肠运动的主要形式及作用是什么?
5. 小肠为什么是营养物质吸收的主要场所?

## 四、论述题

1. 猪进食后胃液分泌的特点及调节机制是什么?
2. 综述反刍动物瘤胃微生物的消化过程。

# 第 7 章　能量代谢与体温调节

**本章导读**

机体在物质代谢过程中伴随着的能量释放、转移和利用，称为能量代谢。生物体内物质代谢中释放的能量除供给骨骼肌收缩、组织细胞的活动利用外，其他最终都将转化为热能，并用以维持恒温动物的体温。本章在能量代谢部分主要介绍机体能量的来源、去路、基础代谢和静止能量代谢、影响能量代谢的因素等。

高等动物机体都有一定温度，但机体各部位温度不同。体温一般是就机体内部温度而言的，它是机体在代谢过程中不断产生热能的结果。鸟类和哺乳类动物属于恒温动物，其体温是相对恒定的，体温相对恒定的维持有赖于机体产热过程和散热过程的平衡。本章在体温调节部分主要介绍动物的产热与散热、体温调节、恒温动物对环境的适应等内容。

## 第一节　能量代谢

任何活的有机体在其生命活动过程中都要消耗能量。动物机体不能直接利用太阳能、电能和机械能，只能利用食物中蕴藏的化学能。机体在摄入三大营养成分——糖类、脂肪和蛋白质的同时，也就获得了各类营养成分中所含的能量。当食物中的营养物质在体内分解时，这些能量就会释放出来，满足各种生命活动的需要。可见，物质在体内合成或分解时，同时伴有能量的转移和释放，能量形式的变换也必然伴有物质的变化，物质的转化与能量转化是紧密相连而不可分的。通常把机体在物质代谢过程中伴随着的能量释放、转移和利用，称为能量代谢（Energy metabolism）。

各种物质在体内代谢过程中所发生的变化以及能量释放、转移问题，将在生物化学课程中讲授。生理学在讨论能量代谢时主要从整体出发，着重研究机体能量“收支”的平衡，包括能量代谢测定的原理与方法、基础代谢等问题。

## 一、能量的来源与利用

### (一)饲料中主要营养物质的能量转化

动物的一切活动,如呼吸、心跳、血液循环、肌肉活动、神经活动、生长、繁殖、使役等均需能量。动物所需能量主要来自食物三大养分中的化学能。动物通过摄食活动从外界获得食物,通过消化吸收过程将食物中的能量进行转化,同时利用能源物质分子碳氢键中释放出来的能量,去完成自身的各种生命活动。食物中的能量主要来源于糖、脂肪、蛋白质三大营养物质中所蕴藏的化学能。糖、脂肪、蛋白质在体内氧化供能的途径不同,但有相同的规律。它们氧化释放的能量有50 %以上迅速转化为热量,其余不足50 %的转移到体内储存。

1. 糖

糖是机体主要的能量来源,且葡萄糖(Glucose)是机体糖代谢的中心。根据体内供氧情况不同,糖分解供能的途径各异。在氧供应充分的情况下,葡萄糖经有氧氧化,被完全分解为二氧化碳和水,释放大量的能量,1 mol葡萄糖完全氧化后的能量可合成38 mol的三磷酸腺苷(Adenosine triphosphate,ATP),能量转化效率为66 %。在体内,绝大多数的组织细胞通过有氧氧化获得能量。在氧供应不足时,葡萄糖只能通过无氧酵解分解为乳酸,释放的能量较少。经无氧酵解,1 mol葡萄糖可产生能合成2 mol ATP的能量,能量转化效率仅为3 %。糖酵解过程释放出的能量虽少,却是机体唯一不需氧的能量供给途径,有其自身重要的意义。此外,某些细胞(如成熟的红细胞)由于缺乏有氧氧化的酶系,也主要靠糖酵解来供能。脑组织所需能量主要来自糖的有氧氧化,脑组织耗氧量大,而且糖原的储存量极少,因此脑组织对缺氧非常敏感且对血糖依赖性高,机体缺氧、低血糖均可引起脑功能活动障碍,出现昏迷甚至抽搐等低血糖休克现象。

食物中的糖由小肠吸收后主要以肝糖原和肌糖原的形式储存,其中肌糖原主要用于满足骨骼肌在紧急情况下的需要;肝糖原主要用于维持血糖水平相对稳定,但糖原储存量较少。当机体处于饥饿状态使储存的糖原消耗殆尽时,脂肪则成为主要的供能物质。

2. 脂肪

脂肪(Fat)在体内的主要功能是储存和供给能量。体内的脂肪储存量比糖多。当氧化供能时,每摩尔脂肪所释放的能量约为糖有氧氧化的2倍。当机体需要时,在酶的催化下,储存的脂肪分解为脂肪酸和甘油。脂肪酸经过活化和β-氧化,逐步分解为乙酰辅酶A,然后进入糖的有氧氧化途径,被彻底分解并释放能量,但脂肪不能在机体缺氧的条件下供能。

3. 蛋白质

氨基酸是构成蛋白质(Protein)的基本单位。机体中由消化道吸收和自身组织蛋白分解产生的氨基酸,主要用于合成细胞成分、酶和激素等物质,其次才是提供能量。无论是由肠道吸收的氨基酸,还是由机体组织蛋白分解所产生的氨基酸,都主要用于组织细胞的自我更新、修复,或用于合成酶、激素等生物活性物质。只有在某些特殊情况下,如长期不能摄食或消耗极大而体内糖原、脂肪储备又被耗竭时,机体才会依靠蛋白分解供能,以维持必要的生理功能。当细胞的蛋白质储存超量时,体液中多余的氨基酸则在肝脏中被降解,并转化为糖、脂肪或供能。由于氨基酸在体内分解中氧化不完全,一部分氨基酸通过转氨基作用,经鸟氨酸循环形成尿素,由肾脏滤过随尿液排出,所以1 mol的蛋白质在体内经生物氧化所产生的能量大约与1 mol葡萄糖生成的能量相近。

（二）食物中能量在体内的划分和利用

动物摄入的食物能量伴随着养分的消化、代谢过程，发生一系列转化，根据能量守恒和转化定律可将食物能量相应地划分为若干部分（图7-1）。

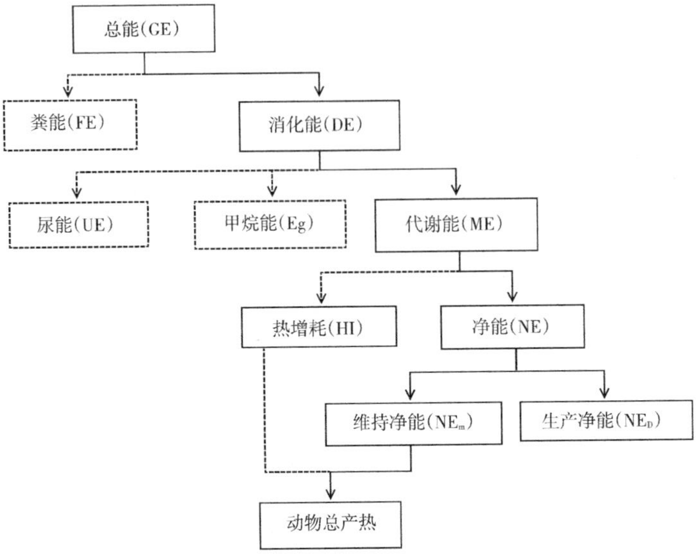


**图7-1 食物能量在动物体内的分配**
**（……不可用的能量，—可用的能量）**

1. 总能（Gross energy，GE）

总能是指饲料中有机物质完全氧化燃烧生成二氧化碳、水和其他氧化物时释放的全部能量，主要为碳水化合物、粗蛋白质和粗脂肪能量的总和。对上述三大有机物而言，氧化释放的能量主要取决于碳和氢与外来氧的结合，分子中碳、氢含量越高，氧含量越低，则能量越高；碳氢比越小，氧化释放的能量越多。因此，三大有机物的能值以碳水化合物最低，蛋白质次之，脂肪最高。同时，动物摄入的食物不可能完全被动物机体消化、吸收和利用，细分起来，总能又由消化能和粪能组成。

2. 消化能（Digestible energy，DE）

消化能是指食物可消化养分所含的能量，即动物摄入食物的总能与粪能之差。粪能（Energy in feces）为粪中养分所含的能量。正常情况下粪便主要由未被消化吸收的食物养分、消化道微生物及其代谢产物、消化道分泌物和经过消化道排泄的产物以及消化道脱落细胞组成。在实际生产中，凡是能影响饲料消化的因素均能影响消化能值。

3. 代谢能（Metabolizable energy，ME）

代谢能是指食物的消化能和扣除尿能以及消化道可燃气体能量后剩余的能量。其中尿能（Energy in urine，UE）是尿中有机物所含有的能量，主要来自蛋白质代谢产物，如尿素、尿酸、肌酐等。此外，食物在消化过程中，消化道微生物发酵产生的气体也会造成部分能量损失，即为消化道可燃气体能量（Energy in gaseous products of digestion，Eg），是不能被动物机体利用的部分，实际上在代谢能中能被机体利用的能量是扣除热增耗以后的净能。

4. 净能(Net energy,NE)

净能是指食物中用于动物维持生命和生产的能量,即食物的代谢能减去热增耗(Heat increment,HI)。热增耗又称食物的特殊动力效应(Food specific dynamic effect,SDE),是指动物进食后,由食物引起机体产生“额外”热量的现象,主要包括消化过程产热、营养物质代谢做功产热,以及饲料在胃肠道发酵产热等。在实际生产中只有净能才是被用于维持家畜本身基础代谢活动、随意运动、生长、泌乳、产毛等各种生产活动的能量。此外,在冷应激环境中,热增耗对体温的维持是有益的;相反,在炎热环境中,热增耗将成为动物机体的负担,机体需要消耗能量将其散去以防止体温过高。

## 二、能量代谢的测定原理和方法

热力学第一定律指出:能量在由一种形式转化为另一种形式的过程中既不增加,也不减少。这是所有形式的能量(动能、热能、电能及化学能)相互转化的一般规律,也就是能量守恒定律。机体的能量代谢也遵循这一规律,即在整个能量转化过程中,机体所利用的蕴藏于食物中的化学能与最终转化成的热能和所做的外功,按能量来折算是完全相等的。因此,测定在一定时间内机体所消耗的食物,或者测定机体所产生的热量与所做的外功,都可测算出整个机体的能量代谢率(单位时间内所消耗的能量)。

### (一)与能量代谢测定有关的几个概念

为了计算机体的能量代谢率,需了解几个与能量代谢有关的概念,主要包括食物的热价、氧热价和呼吸商。

1. 食物的热价

每克食物完全氧化时所释放的热量,称为食物的热价(Caloric value),分为生物热价和物理热价。前者指食物在体内经生物氧化所释放的热量,后者指食物在体外燃烧时所释放的热量。三大营养物质的热价见表7-1。糖、脂肪的生物热价和物理热价相等,而蛋白质的生物热价低于物理热价,这是由于蛋白质在体内未能被完全氧化造成的,有一部分包含在尿素、肌酐等分子中的能量从尿中排出。

**表7-1　三大营养物质氧化时的几种数据**

| 营养物质 | 热价(kJ/g) | | 耗$O_2$量 | $CO_2$产量 | 氧热价 | 呼吸商 |
|---|---|---|---|---|---|---|
| | 物理热价 | 生物热价 | (L/g) | (L/g) | (kJ/L) | |
| 糖 | 17.2 | 17.2 | 0.83 | 0.83 | 21.1 | 1.00 |
| 蛋白质 | 23.4 | 18.0 | 0.95 | 0.76 | 18.9 | 0.80 |
| 脂肪 | 39.8 | 39.8 | 2.03 | 1.43 | 19.6 | 0.71 |

2. 氧热价

某种食物氧化时,消耗1 L氧所产生的热量,叫作该物质的氧热价(Thermal equivalent of oxygen)。氧热价在能量代谢测算方面有重要意义,因为按照化学反应的定比关系,测知了氧热价,就可以从量上表示某物质氧化时的耗氧量和产热量之间的关系,即根据机体在一定时间内的耗氧量,就可以推算出能量消耗率。

3. 呼吸商

营养物质在体内氧化时将消耗$O_2$，同时产生$CO_2$。单位时间内机体的$CO_2$产生量与$O_2$的消耗量比值称为呼吸商(Respiratory quotient, RQ)。即：

$$RQ=\frac{CO_2\text{产量(mol 数或mL数)}}{O_2\text{耗量(mol 数或mL数)}}$$

由于糖、脂肪和蛋白质三者含碳、氢、氧比例不同，它们氧化时所需氧量以及二氧化碳产生量并不相同，其呼吸商也就不同。糖的呼吸商为1.0，脂肪的呼吸商约为0.71，蛋白质为0.80。动物食物不是单纯的一种营养物质，而是包括糖类、脂肪、蛋白质三大类。在正常生理条件下，它们在体内以不同比例氧化分解，此时测定的呼吸商为混合呼吸商。如果测得呼吸商接近1，则反映体内氧化利用的主要物质是糖；如呼吸商靠近0.71，则氧化利用的主要物质是脂肪，因此，呼吸商的测定在估计机体能量来源方面有重要意义。蛋白质的呼吸商是间接计算得到的。由于蛋白质在体内未被彻底氧化，而且它氧化分解的途径细节有些还不十分清楚，所以只能通过蛋白质分子的碳和氢被氧化时的需氧量和二氧化碳产生量间接算出呼吸商，其计算值为0.80。

一般情况下，家畜体内能量主要来源于糖和脂肪的氧化，蛋白质的因素可忽略不计。为方便计算，常根据糖和脂肪按不同比例混合时所产生的$CO_2$量与耗$O_2$量计算出相应的呼吸商，称为非蛋白呼吸商(Non-protein respiratory quotient, NPRQ)，见表7-2。

**表7-2 不同比例糖、脂肪混合物的非蛋白呼吸商和氧热价**

| 非蛋白呼吸商 | 氧化的百分比/% | | 氧热价(kJ/L) | 非蛋白呼吸商 | 氧化的百分比/% | | 氧热价(kJ/L) |
|---|---|---|---|---|---|---|---|
| | 糖 | 脂肪 | | | 糖 | 脂肪 | |
| 0.70 | - | 100 | 19.62 | 0.86 | 54.1 | 45.9 | 20.41 |
| 0.71 | 1.10 | 98.9 | 19.64 | 0.87 | 57.5 | 42.5 | 20.46 |
| 0.72 | 4.75 | 95.2 | 19.69 | 0.88 | 60.8 | 39.2 | 20.51 |
| 0.73 | 8.40 | 91.6 | 19.74 | 0.89 | 64.2 | 35.8 | 20.56 |
| 0.74 | 12.0 | 88.0 | 19.79 | 0.90 | 67.5 | 32.5 | 20.61 |
| 0.75 | 15.6 | 84.4 | 19.84 | 0.91 | 70.8 | 29.2 | 20.67 |
| 0.76 | 19.2 | 80.8 | 19.89 | 0.92 | 74.1 | 25.9 | 20.71 |
| 0.77 | 22.8 | 77.2 | 19.95 | 0.93 | 77.4 | 22.6 | 20.77 |
| 0.78 | 26.3 | 73.7 | 19.99 | 0.94 | 80.7 | 19.3 | 20.82 |
| 0.79 | 29.0 | 70.1 | 20.05 | 0.95 | 84.0 | 16.0 | 20.87 |
| 0.80 | 33.4 | 66.6 | 20.10 | 0.96 | 87.2 | 12.8 | 20.93 |
| 0.81 | 36.9 | 63.1 | 20.15 | 0.97 | 90.4 | 9.58 | 20.98 |
| 0.82 | 40.3 | 59.7 | 20.20 | 0.98 | 93.6 | 6.37 | 21.03 |
| 0.83 | 43.8 | 56.2 | 20.26 | 0.99 | 96.8 | 3.18 | 21.08 |
| 0.84 | 47.2 | 52.8 | 20.31 | 1.00 | 100 | - | 21.13 |
| 0.85 | 50.7 | 49.3 | 20.36 | | | | |

(二)能量代谢的测定原理和方法

1. 直接测热法(Direct calorimetry)

因为机体消耗的能量以热能的形式散发出体外，所以，将动物置于热量计(如测热室)中，直接测定单位时间内机体散发的总热量，此热量就是能量代谢率，这就是直接测热法。由于直接测热法用的测热室装置复杂，操作困难，难以推广使用，所以一般都采用间接测热法来研究能量代谢。

2. 间接测热法（Indirect calorimetry）

间接测热法比较简单易行，并且准确，是研究动物营养、环境生理和内分泌实验常用的方法。该方法是通过测定机体在单位时间内的耗氧量和二氧化碳排出量来计算机体的产热量。其理论依据是化学中的定比定律，即在一般化学反应中，反应物的量与产物的量之间呈一定的比例关系。例如，葡萄糖氧化时，反应式为：

$$C_6H_{12}O_6 + 6O_2 \longrightarrow 6CO_2 + 6H_2O + \text{热量}$$

无论糖在体外燃烧或是在体内氧化，1 mol葡萄糖都要消耗6 mol的氧，产生6 mol的水，产生的热量也相等，这就是一种定比关系。测知了一个数据，就可计算相关的量。间接测热法就是利用这种定比关系，查明机体在一定时间内氧化糖、脂肪和蛋白质的数量，而计算出该段时间内机体所释放出来的热量。

间接测热法的具体计算步骤如下：

通过测定机体一段时间内的耗氧量和二氧化碳排出量来计算呼吸商。现今已有多种仪器设备，用以测定动物的耗氧量和二氧化碳排出量。为了便于比较，所测气体量应换算成标准状况下气体容积，然后计算出呼吸商（混合呼吸商）。

测定一定时间内蛋白质、糖和脂肪的产热量，应首先计算蛋白质的产热量。由于尿中含氮物质主要是蛋白质的分解物，因此可以通过测定一定时间内尿氮量来计算体内被氧化的蛋白质量。蛋白质平均含氮量为16 %，如有1 g尿氮产生，则应有6.25 g蛋白质被氧化分解。求出蛋白质的量乘上蛋白质的生物热价，即得到蛋白质的产热量，再计算糖和脂肪的产热量。为此需计算非蛋白呼吸商，计算方法是从总耗氧量中减去蛋白质氧化时的耗氧量，从二氧化碳的排出量中减去蛋白质分解时二氧化碳产生量，然后计算的呼吸商即为非蛋白质呼吸商，具体计算过程如下：

蛋白质耗氧量=尿氮量×6.25×0.95（每克蛋白质氧化耗氧量）

蛋白质$CO_2$产生量=尿氮量×6.25×0.76（每克蛋白质氧化$CO_2$产生量）

非蛋白呼吸商=（总$CO_2$产生量 － 蛋白质$CO_2$产生量）/（总耗氧量 － 蛋白质耗氧量）

科学工作者已研究出糖和脂肪以不同百分比氧化时的呼吸商及其相应的氧热价，将其绘制成非蛋白呼吸商和氧热价表（表7–2），计算时使用已十分方便。计算出非蛋白呼吸商后，可查表将其中耗氧量乘上相应呼吸商的氧热价，即可得到糖和脂肪的产热量。将蛋白质产热量和糖及脂肪产热量相加，即可算出机体一定时间的总产热量。在实际工作中，常采用简化的计算方法，即测定一定时间内机体的耗氧量和二氧化碳排出量，并求出呼吸商（混合呼吸商），然后在非蛋白呼吸商表中查出该呼吸商的氧热价，这里用非蛋白呼吸商代替混合呼吸商，将耗氧量乘上氧热价，得出机体在该时间内的产热量。上述计算没有把蛋白质计算在内，因为在一般情况下，蛋白质消耗较少，可以忽略，而且实验证明简化方法和上述的精确测定结果误差仅为1 %～2 %，所以简化法是方便实用的测定方法。从以上讨论可知，呼吸商的测定在计算能量代谢率和机体能量来源方面具有重要意义，但在应用呼吸商测算能量代谢时，还必须注意以下几点。

体内糖、脂肪和蛋白质在代谢时的互相转化可影响呼吸商数值。如糖在体内转化为脂肪时，呼吸商变大，甚至超过1.0，这时由于糖分子中含氧多，当一部分糖转化为脂肪时，原来糖分子中的氧即有剩余，这些氧可以参加机体代谢中的氧化反应，相应地减少了从外界摄取氧的数量，因而呼吸商变大。如在畜禽肥育时，体内积累脂肪，呼吸商常高于1.0。反之，如果脂肪转化为糖，呼吸商可能低于0.7。在正常饲养过程中，动物日粮并不是单一的，它们包含有糖、脂肪和蛋白质，是混合日粮，三者在体内以不同比例被氧化，所以机体呼吸商常在0.7～1.0之间变动。

反刍动物呼吸商的测定值要校正。因为反刍动物瘤胃中食物发酵可以产生大量二氧化碳和甲烷，这些气体主要通过嗳气出现在呼出气体当中。与中间代谢产生的二氧化碳混在一起，从而使呼吸商变大，因此，需要校正。有两种校正办法：一是从总产热量中减去发酵产生的热量即为真正代谢产热。估计瘤胃中每产生1 L甲烷，就有9.42 kJ (2.25 kcal)热量释放，故测定发酵过程中甲烷产生量即可算出发酵产热量。二是从二氧化碳排出总量中减去发酵产生的二氧化碳量，即得代谢二氧化碳的量。根据体外发酵产生二氧化碳和甲烷的比为2.6∶1，测定甲烷产生量就可计算二氧化碳产生量。从瘤胃气体分析结果看，刚刚饲喂后这两种气体之比为2.6∶1或稍高一些，上述的比值可以用来估计瘤胃内二氧化碳的产生量。动物剧烈运动或重度使役时可影响呼吸商测定值。强烈的肌肉收缩活动时，氧一时供应不足，糖酵解增多，将有大量乳酸进入血液，乳酸可和碳酸氢盐缓冲系统起反应，产生大量二氧化碳由肺排出，呼吸商将变大。

## 三、基础代谢与静止能量代谢

### （一）基础代谢（Basal metabolism）

基础代谢是指人或动物在清醒而极端安静状态下，排除肌肉活动、食物特殊热效应及环境温度等影响下的能量代谢。基础代谢率是指单位时间内的基础代谢。影响代谢率的因素除上述四个主要因素外，年龄、性别、身高、身体质量、体表面积、妊娠、月经、哺乳、疾病、体温、长期禁食、激素水平和睡眠等因素都会影响代谢率。在动物方面，确切的基础状态很难达到。因此，测定静止的能量代谢更为常用。为了比较不同的人或动物的代谢率，需要确定一个标准状态来测定代谢率，这种状态应该尽可能地控制影响代谢率的因素。在临床上和生理学实验中，规定受试者至少有12 h未进食，在室温20 ℃中静卧休息0.5 h、保持清醒状态、不进行脑力和体力活动等条件下测定的代谢率称为基础代谢率（Basal metabolism rate, BMR）。在这种情况下既没有能量的输入，又没有做功，人或动物所消耗的能量全部转化为热能散发出来，而能量的来源则是体内贮存的物质。基础代谢率意味着在单位时间内维持清醒状态的生命活动所需的最低能量消耗。这些能量绝大部分用于维持心脏、肝、肾等内脏器官的活动。

### （二）静止能量代谢（Resting energy metabolism）

基础能量代谢的概念用于描述机体在基础状态下的能量代谢情况。对于畜体而言，让动物保持与人体相似的状态有很大困难，因此，衡量动物的基础能量代谢只能采用静止能量代谢的概念来描述。静止能量代谢是指动物在一般的畜舍或实验条件下，早晨饲喂前休息时的能量代谢水平。这时，许多家畜的消化道并不处于排空后的状态，动物所处的环境温度也不一定适中。静止能量还包括一定量的特殊动力作用产生的能量，以及用于生产和体温调节的能量。对不同的哺乳动物而言，其代谢率不符合体表面积的规律，因为个体大小悬殊，为减少误差，则以代谢身体质量——身体质量的0.75次幂来计算能量代谢率，公式如下：

$$Q = KW^{0.75}$$

式中，$Q$为静止能量代谢率[kJ/(kg·d)]，$W$为身体质量(kg)，指数取0.75是为方便计算，$K$为常数，因动物而不同，奶牛为117、绵羊为72.4、猪为68.1、兔为64.7。

（三）影响畜体能量代谢的因素

1. 影响静止能量代谢的因素

（1）个体大小。动物体格越小，它的代谢产热越多。例如，兔每千克体重消耗的能量比马多4倍左右，猫是狗的2倍。这是因为小动物的单位体重比大动物的占有较大的体表面积，而体热又是通过体表面积发散的，因而小动物的单位体重散失的热量较多，为了维持体温，就必须多产热。但同样大小的动物，静止能量代谢率未必一样，如食肉动物的静止能量代谢率比同样大小的非食肉动物高，这表明静止能量代谢受很多因素影响，体表面积只是其中之一。

（2）性别。动物性成熟后在同样条件下，公畜的静止能量代谢率比母畜的代谢率高，如公猪比母猪高20 %；公牛比母牛高10 %～26 %，公鸡比母鸡高20 %～30 %。母畜在不同生理情况下，静止能量代谢也有所不同。发情期静止能量代谢率上升；怀孕末期增强特别显著，泌乳期比干乳期可高出30 %～60 %。

（3）年龄。幼年时静止能量代谢率比成年高，成年后则维持在一定水平且相当平稳。之后，随年龄的增加，静止能量代谢率逐渐下降，如30月龄的母猪比2月龄的母猪低2.7倍，30月龄的母牛比2月龄的母牛低1.6倍。静止能量代谢率最高时期与机体增重最快时期相符合。

（4）营养状况。营养状况优良的动物其静止能量代谢率比不良者高，如营养状况好的兔比不良的兔高31 %，表明营养不良，代谢率下降。

2. 影响能量代谢的几个因素

（1）食物的特殊动力效应。实验证明，动物在采食后的一段时间内，虽然同样处于安静状态，但其产热量却比采食前有明显增加，这种由于摄食使机体产生"额外热量"的现象叫作食物的特殊动力效应。它的机制现在还不是十分清楚。研究发现，若吃的全部是蛋白质食物，则额外产生的热量可达30 %，其效应在摄食1～2 h后开始，持续时间可达8 h；以糖和脂肪为主时，产热量可增加4 %～6 %，一般混合食物为10 %左右，其效应持续时间较短。食物的特殊动力效应的机制目前仍在研究之中。过去曾经认为可能是由于进食刺激，引起肠道和消化腺活动加强所致，但实验结果发现消化系统的活动引起代谢率增加的产热量是很少的。现在认为，肝脏对蛋白质进行代谢处理时，在脱氨基反应过程中，消耗了能量，这可能是额外热量产生的主要原因。其主要论据是有人将氨基酸注入静脉内，可出现和经口给予时相同的代谢率升高现象。

（2）肌肉活动的影响。肌肉是机体主要产热器官，据估测，动物在安静时，其产热量占全身总产热量的20 %，运动或使役时，肌肉产热量可高达总产热量的90 %。所以机体任何轻微的活动，均可提高能量代谢率。由于骨骼肌的活动对能量代谢的影响最为显著，因此在冬季增强肌肉活动量对维持体温相对稳定有重要作用。

(3)神经-内分泌的影响。机体在惊恐等神经紧张状况下，能量代谢将显著升高。这是由于在神经紧张的情况下，骨骼肌紧张性增强，产热量增加的结果。另一方面，由于神经紧张，能引起刺激代谢的激素分泌释放增多，激怒、寒冷时，肾上腺素分泌增加，它可增加组织耗氧量，使机体产热量增加。在低温条件下，机体迅速做出反应，产热量增加，是交感神经和肾上腺髓质协同调节的结果。甲状腺素能加速大部分组织细胞的氧化过程，使机体耗氧量和产热量均明显增加。如缺乏甲状腺素，能量代谢率可降低40 %，而甲状腺素过多可使能量代谢率增加100 %。

(4)环境温度的影响。环境温度与动物的能量代谢有着极为密切的关系。哺乳动物安静时，其能量代谢在20～30 ℃的环境中最为稳定，此时机体肌肉松弛。当环境温度低于20 ℃时，寒冷刺激可反射性引起战栗和肌肉紧张增强，使代谢率增加，在10 ℃以下，代谢率增加更为显著。当环境温度为30～45 ℃时，代谢率逐渐增加与体内的化学反应过程加速、发汗、呼吸、循环功能增强有关。

**案例**

2012年3月，珠海一宠物医院接诊1只11岁的雄性金毛犬，体重30.6 kg，主诉：该犬近期体温正常，但平时在家爱睡觉，反应迟钝，不如往常兴奋好动，消瘦，食欲减少，挑食。临床检查：皮肤发黄、可视黏膜苍白、口腔溃疡。血液检查：血清总胆固醇含量为362 mg/dL(正常值:84～287 mg/dL)，血清$T_4$浓度为11.6 nmol/L(正常值:41.5～143 nmol/L)，血清$T_3$浓度为0.9 nmo1/L(正常值1.3～3.6 nmol/L)。根据该犬的年龄、临床症状，结合血液检验结果，确诊该犬患甲状腺机能减退症，俗称甲减。

**问题与思考**

1.甲减时，犬为什么出现嗜睡、反应迟钝等临床症状？

2.甲减时，机体逐渐消瘦的原因？

**提示性分析**

甲状腺机能减退系甲状腺激素合成与分泌不足，导致以全身新陈代谢率降低为特征的内分泌性疾病，老龄动物易发。因体内甲状腺激素不足，导致动物大多数组织的耗氧率下降，基础代谢降低，ATP生成减少，产热减少，体温有降低的趋势，甲状腺功能低下患畜的基础代谢率比正常情况低20 %以上；同时甲状腺素是神经系统功能活动正常所必需的激素，甲状腺功能低下，中枢神经系统的兴奋性降低。

## 第二节　体温及其调节

不同种类的动物体内都具有一定的温度，这就是体温(Body temperature)。体温是进行新陈代谢和正常生命活动的重要条件。体温既是新陈代谢的结果，又是保证机体进行新陈代谢和正常生命活动的重要条件。

## 一、动物的体温

### (一)变温动物和恒温动物

较低等的脊椎动物如爬行动物(蛇类)、两栖动物(青蛙)和鱼类,以及无脊椎动物,其体温随环境温度改变而改变,不能保持相对恒定,这些动物叫作变温动物或冷血动物。变温动物对环境温度变化的适应能力较差,到了寒季,其体温降低,各种生理活动也都降至极低的水平。进化至较高等的脊椎动物如鸟纲和哺乳纲动物,逐渐发展了体温调节功能,能够在不同温度的环境中保持体温的相对恒定,这些动物叫作恒温动物或温血动物。还有一些哺乳动物如刺猬等,则介于以上两类动物之间:在暖季,体温能保持相对恒定;到了寒季则体温降低,蛰伏而冬眠。

### (二)恒温动物的体表温度和体核温度

恒温动物并非是体温恒定不变,而是在一个相对狭小的范围内保持恒定,即便是同一种动物,同一时间不同部位的温度也有可能并不相同。通常将动物的体温分为体表温度(Shell temperature)和体核温度(Core temperature)两种。动物的外周组织即表层,包括皮肤、皮下组织等的温度称为体表温度,也称表层温度。动物体表由于和外界环境联系密切,故体表温度受外界环境影响较大,不稳定,波动较大,各部分的温差也较大。机体深部(心、肺、脑和腹腔内脏等处)的温度称为体核温度,也称深部温度。体核温度比体表温度高,且比较稳定,各部位之间的差异也较小。

生理学上所说的体温是指身体深部的平均温度。但其测量比较困难,动物直肠温度接近机体深部温度,且比较稳定,可以代表机体体温的平均值。在生理学和畜牧兽医实践中,多以直肠温度代表体温。健康畜禽的直肠温度见表7–3。

表7–3　部分动物的正常体温(直肠温度)

| 动　物 | 平均/℃ | 范围/℃ | 动　物 | 平均/℃ | 范围/℃ |
|---|---|---|---|---|---|
| 骆驼 | 37.5 | 34.2~40.7 | 猪 | 39.2 | 38.0~40.0 |
| 马 | 37.6 | 37.2~38.6 | 狗 | 38.9 | 37.0~39.0 |
| 骡 | 38.5 | 38.0~39.0 | 兔 | 39.5 | 38.5~39.5 |
| 驴 | 37.4 | 37.0~38.0 | 猫 | 38.6 | 38.0~39.5 |
| 黄牛 | 38.3 | 37.5~39.0 | 豚鼠 | 38.5 | 37.8~39.5 |
| 水牛 | 37.8 | 37.5~39.5 | 大白鼠 | 39.1 | 38.5~39.5 |
| 乳牛 | 38.6 | 38.0~39.3 | 小白鼠 | 38.2 | 37.0~39.0 |
| 肉牛 | 38.3 | 36.7~39.1 | 鸡 | 41.7 | 40.6~43.0 |
| 犊牛 | 39.0 | 38.5~39.5 | 鸭 | 42.1 | 41.0~42.5 |
| 牦牛 | 38.3 | 37.0~39.7 | 鹅 | 41.0 | 40.0~41.3 |
| 绵羊 | 39.1 | 38.5~40.5 | 火鸡 | 40.6 | 40.1~41.2 |
| 山羊 | 39.1 | 37.6~40.0 | 鸽 | 41.7 | 41.3~42.2 |

### (三)恒温动物体温的波动范围

恒温动物的体温相对稳定,但并非绝对恒定不变。在正常生理状况下,体温可随昼夜、年龄、性别、运动状态等在一定范围内变动,称为生理性波动,其变化幅度一般在1 ℃左右。

1. 随昼夜波动

体温常在一昼夜间有规律地周期性波动。白天活动的动物,体温在清晨2:00～6:00最低,午后13:0～18:00最高,波动的幅值可达1 ℃左右。牛的直肠温度昼夜波动约为0.5 ℃,放牧绵羊为1 ℃,驴可达2 ℃。夜间活动的正好相反。这种波动与动物的睡眠和觉醒有关,也是自然界光线、温度等因素周期性变化对机体代谢影响的结果。

2. 随年龄波动

通常幼年动物的代谢旺盛,体温高于成年动物。新生或早产动物由于体温调节机制发育还不完善,调节体温的能力弱,老年动物因基础代谢率低,循环功能弱,它们的体温容易受到环境温度的影响而变动,体温较成年动物低。因此在动物的饲养管理中,应加强对新生和老年动物的保温和护理。

3. 随性别波动

性别差异在性成熟时开始出现。在相同条件下,雄性动物的静止能量代谢率比雌性高,体温比母畜的高。雌性动物由于具有性周期,随着机体中激素的周期性变化,其体温也发生周期性的波动。发情时体温升高,排卵时体温下降,排卵后体温升高,生产中可据此来了解母畜是否排卵。雌性动物体温的周期性波动与性激素的周期性分泌有关,尤其与孕激素及其代谢产物的变化相吻合。

4. 随运动状态波动

动物在运动和使役时,肌肉活动,代谢加强,产热量也显著增加,若散热不及时,可导致体温升高。在剧烈的运动或劳役时,体温可升高1～2 ℃,如马在奔驰时,其体温可升高到40～41 ℃,经休息后即可恢复正常。因此,在实践中测定体温之前,需要让动物安静一段时间。

5. 其他因素引起体温的波动

环境喧闹、情绪激动、精神紧张、外界温度变化、进食以及地理气候等因素对体温均有影响;麻醉药物可抑制体温调节中枢或影响传入神经路径的活动,同时还能扩张皮肤血管、加强散热、降低体温、减弱机体对环境的适应能力。

## 二、机体的产热与散热

恒温动物之所以能够维持正常体温的相对稳定,是在体温调节机制的调控下,使产热过程和散热过程处于动态平衡的结果。如果机体的产热量大于散热量,体温就会升高,散热量大于产热量则体温就会下降。当机体的产热与散热达到动态平衡时,则可使体温稳定在一定的水平上。

### (一)产热过程

1. 产热器官

机体的一切组织细胞在进行活动时均可产生热量,由于新陈代谢水平的不同,各组织器官产生的热量有所差异。机体主要的产热器官是内脏、骨骼肌和脑。动物处于安静状态时,主要产热器官是内脏,其中以肝脏代谢最为旺盛,产热最多,心、脾、肾、肠等次之。当动物运动或使役时骨骼肌为主要的产热器官,其产热量可达总产热量的2/3以上。草食动物消化道中的食物,由于微生物的发酵分解也可以产生大量的热能,这些热能是此类动物体热的重要来源。

2. 产热形式

在正常情况下，动物通过新陈代谢过程产生的热量来维持体温。但在寒冷环境中，散热量的增加会导致体温下降，为了维持体温的恒定，动物机体主要依靠战栗性产热（Shivering thermogenesis）和非战栗性产热（Non-shivering thermogenesis）来增加产热量，以维持体温。这是自主性体温调节中机体的两种主要产热形式。

（1）战栗性产热，又称寒战性产热。战栗是指在寒冷环境中骨骼肌发生不随意的节律性收缩，屈肌和伸肌同时收缩，基本上不做外功，收缩的能量全部转化成热能，此时机体代谢率可增加4～5倍，产热量很高。

（2）非战栗性产热，又称代谢产热或非寒战性产热，该产热方式与肌肉收缩无关。一方面，寒冷刺激使机体肾上腺素、去甲肾上腺素和甲状腺激素等分泌增多，促进机体组织器官（特别是肝脏）产热增加；另一方面，激活了脂肪分解的酶系统，使脂肪分解、氧化而产生热量。尤其以褐色脂肪组织产热量增加最多，其产热量约为非战栗产热的70 %，是机体的有效热源。由于新生动物不能发生战栗，所以非战栗产热对于新生动物体温的维持尤为重要。非战栗产热发生在细胞水平，涉及食物的氧化分解、ATP及磷酸肌酸的降解等能量代谢的许多环节，且需要大量的氧。

3. 温度适中范围

机体的代谢强度随环境温度的变化而改变。环境温度低，代谢加强；环境温度高，代谢适当降低。在适当的环境温度范围内，动物的代谢强度和产热量在生理的最低水平而体温仍能维持恒定，这种环境温度的范围称为动物的温度适中范围（Thermal neutral zone），又称等热范围或代谢稳定区。实践中，在温度适中范围内饲养动物最为适宜和经济。如果气温过低，机体需要通过提高代谢强度与增加产热量来维持体温，使食物营养的消耗增加；反之，气温过高时，机体需要耗能散热，从而降低动物的生产性能。一些动物的温度适中范围如表7-4。

**表7-4 部分动物的温度适中范围**

| 动物种类 | 温度适中范围（℃） | 动物种类 | 温度适中范围（℃） |
|---|---|---|---|
| 牛 | 16~24 | 豚鼠 | 25 |
| 猪 | 20~23 | 大鼠 | 29~31 |
| 绵羊 | 10~20 | 兔 | 15~25 |
| 犬 | 15~25 | 鸡 | 16~26 |

动物的温度适中范围随种属、品种、年龄及管理条件而有差异。温度适中范围的下限温度称为临界温度，耐寒、被毛密集或皮下脂肪厚实动物的临界温度较低；幼年动物的临界温度高于成年动物，这与其皮毛较薄、体表面积与体重比例大而易于散热，以哺乳为主，产热较少有关。高于温度适中范围上限的外界温度，称为过高温度。此时机体代谢增强，通过增加皮肤血流量和发汗来加强散热，甚至不能有效地调节而导致体温升高（图7-2）。

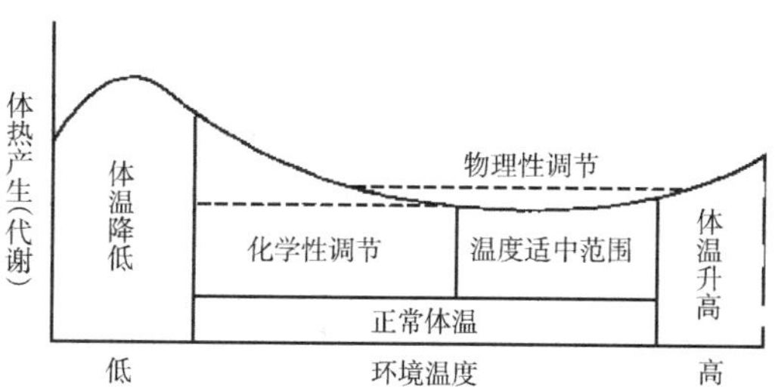


图7-2 环境温度与体热产生的关系

## （二）散热过程

### 1. 散热器官

动物的主要散热器官是皮肤。经过皮肤散发的热量占全部散热量的75 %～85 %，此外动物还可通过呼吸器官、消化器官和泌尿器官等向外散热。

### 2. 散热方式

动物散热的方式主要有传导、辐射、对流和蒸发四种，前三种只在体表温度高于外界环境温度时才发挥作用，一旦环境温度接近或高于体表温度，蒸发散热就成为唯一的散热方式。

（1）传导（Conduction）散热。传导散热是指机体的热量直接传给同它接触的较冷物体的一种散热方式。机体深部的热量主要由血液流动将其带到机体表面的皮肤，再由后者直接传给同它相接触的物体，如地面、圈舍的墙壁等。由于动物平时躺卧在冷凉地面上的时间不多，传导不是热量丢失的主要形式。但在某些情况下，可因传导而散失大量热量，使体温降低。如绑定在金属手术台上的麻醉动物，新生仔猪卧在水泥地面上等，均会导致散失大量热量。

（2）辐射（Radiation）散热。辐射散热是指温度较高的物体以红外线（热射线）的形式，将热量传给外界的一种散热形式。机体在常温安静状态下，约有60 %的热量是以辐射形式散发的。辐射散热量的多少主要决定于皮肤同环境间的温差以及机体的有效散热面积。当皮肤温度高于环境时，其差值愈大，散热愈多；当环境温度高于皮肤温度时，机体反而要吸收环境的热量。因此，若动物在炎热季节受烈日照射，可使体温升高，发生日射病，而在寒冷时节，照射阳光或靠近热源，则有利于动物保暖。机体有效散热面积越大，散热量就越多。机体四肢表面积比较大，因此在辐射散热中有重要作用。

（3）对流（Convection）散热。对流散热是机体通过与体表接触的气体或液体流动来交换和散发热量的一种方式。动物机体周围总是围绕有一层同皮肤接触的空气，机体的热量首先传给这一层空气，由于空气不断流动（对流），带走体热，并发散到空间。对流是传导散热的一种特殊形式，对流散热量的多少决定于体表和空气之间的温差和风速的大小。空气越冷，风速越大，对流散热量越多；相反，对流散热量越少。覆盖动物皮肤表层的被毛，其间空气不易流动，且干燥空气是热的不良导体，因而有利于体温的保存。所以，冬季动物换上浓密厚实的毛羽，有利于防寒保暖和维持体温。对于饲养的动物，冬天应该减少空气对流，夏天应加强舍内的通风，有利于体温的调节。

（4）蒸发（Evaporation）散热。蒸发散热是指体内的水分在皮肤和黏膜（主要是呼吸道黏膜）表面由液态转化为气态，同时带走大量热量的一种散热方式。每蒸发1 g水可带走2.44 kJ热量，因此蒸发散热是一种十分有效的散热方式。当环境温度高于皮肤温度时，机体通过辐射、传导和对流的方式不但不能散热，相反从外界环境吸收热量。此时，蒸发散热就成了机体唯一的散热方式。蒸发散热可分为不显汗和出汗两种方式。

不显汗蒸发是指有少量水分经常从皮肤表面、呼吸道和口腔黏膜等部扩散和蒸发。安静状态下的哺乳动物在中等温度（<30 ℃）和湿度条件下，大约有25 %的热量是由这种方式散发的，其中通过皮肤蒸发的热量约占2/3，通过呼吸道蒸发的约占1/3。幼年动物的不显汗蒸发的速率比成年动物大，因此，在缺水时，幼年动物更容易发生脱水。不显汗蒸发是一种很有效的散热途径，有些动物如犬、牛、猪，虽有汗腺结构，但在高温环境下也不能分泌汗液，此时，它们必须通过热喘呼吸和增加唾液分泌，经呼吸道和唾液的水分蒸发来增强散热。

出汗蒸发是指通过汗腺分泌汗液的活动，汗液在蒸发表面上形成明显汗滴而蒸发。动物在安静状态下，当环境温度达30 ℃以上时，或环境温度虽低而肌肉活动加强，体内温度明显升高时，汗腺便分泌汗液以散热。汗液中水分占99 %以上，而固体成分则不到1 %。固体成分中，大部分为NaCl，也有少量KCl、尿素等。刚从汗腺细胞分泌出来的汗液与血浆是等渗的，但在流经汗腺管腔时，由于$Na^+$、$Cl^-$被重吸收，最后排出的汗液是低渗的(0.3 % NaCl)。汗腺管腔对$Na^+$的重吸收也受醛固酮的调节。例如，当动物剧烈运动或环境温度超过30 ℃时，汗腺发达的动物大部分体热随汗液蒸发散发到环境。

蒸发散热有明显的种属特异性。马属动物汗腺受交感肾上腺能纤维支配，能够大量出汗；牛有中等的出汗能力；绵羊虽可发汗，但以热喘呼吸散热为主；鸟类没有汗腺；狗的汗腺在高温下不能分泌汗液，也主要通过热喘呼吸来加强蒸发散热。热喘呼吸时动物的呼吸浅而快，频率可达200～400次 / min，潮气量减少，气体在无效腔中快速流动，唾液分泌量明显增加，避免通气过度导致的碱中毒。啮齿动物既不进行热喘呼吸，也不发汗，而是通过向被毛上涂抹唾液或水来蒸发散热的。

## 三、体温的调节

外界环境温度或机体功能状态时时刻刻都可能发生变化，这些变化都可以使体温产生波动，但恒温动物能够在体内外环境温度发生变化时始终保持自身的体温相对恒定，这是由于此类动物体内有完善而精确的体温调节机制，主要通过神经和体液调节机体的产热和散热过程，使得体温处于恒定状态。

### (一)神经调节

图7-3显示了神经调节体温的基本过程，下丘脑体温调节中枢包括调定点(Set point)神经元在内，属于控制系统。它的传出信息控制着产热器官(如内脏、骨骼肌等)及散热器官(如皮肤血管、汗腺等)受控系统的活动，使机体深部温度维持在一个稳定水平。体温总会受到内外因素如运动、代谢、气温等的影响，这些因素影响体温后均会被机体温度感受器所感受，然后传递到调定点，通过下丘脑体温调节中枢整合调控后可建立当时条件下的体热平衡，从而维持体温恒定。

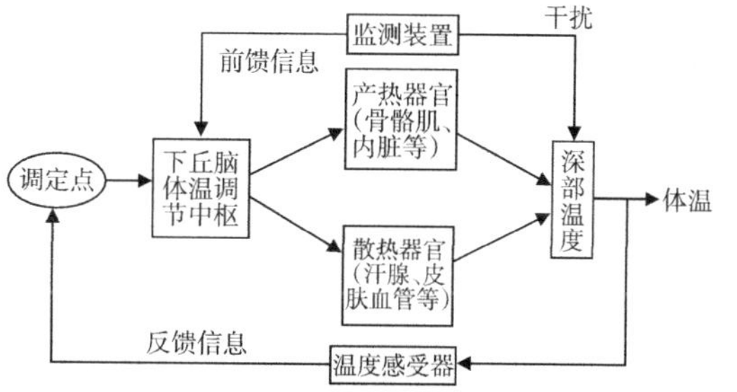


**图7-3　体温调节示意图**

1. 温度感受器

对温度敏感的感受器称为温度感受器，温度感受器分为外周温度感受器(Peripheral thermoreceptor)和中枢温度感受器(Central thermoreceptor)。

(1)外周温度感受器。外周温度感受器存在于机体皮肤、黏膜和腹腔内脏中，是游离的神经末梢。温度感受器分为冷觉感受器和热觉感受器，分别感受寒冷和温热的刺激。当局部温度升高时，热觉感受器兴奋，反之冷觉感受器兴奋。通过狗、猫、猴实验发现，冷觉感受器在皮肤温度低于30 ℃时开始发放冲动，27 ℃时发放的冲动频率最高，热觉感受器在皮肤温度超过30 ℃时开始发放冲动，47 ℃时发放的冲动频率最高。皮肤的冷觉感受器数量较多，是热觉感受器的4～10倍，其主要作用可能是使机体对外界的冷刺激较敏感，防止体温下降。

内脏器官也有温度感受器。实验中将电热器埋藏在羊腹腔内并加热至43~44 ℃,可观察到羊呼吸频率和蒸发散热迅速增加,加热3~5 min后,动物开始喘息,使下丘脑温度下降。说明内脏温度升高可引起明显的散热反应。

(2)中枢温度感受器。中枢温度感受器是指存在于中枢神经系统内对温度变化敏感的神经元,主要分布于脊髓、延髓、脑干网状结构以及下丘脑内。在局部组织温度升高时冲动发放频率增加的神经元称为热敏神经元(Warm-sensitive neuron),而当局部组织温度降低时冲动发放频率增加的神经元称为冷敏神经元(Cold-sensitive neuron)。实验表明,在脑干网状结构和下丘脑弓状核中以冷敏神经元居多,而在视前区-下丘脑前部(Preoptic-anterior hypothalamus,PO/AH),热敏神经元的数目较多。局部脑组织温度变动为0.1 ℃时,这两种神经元的放电频率就会发生改变,而且不出现适应现象。在脊髓、延髓、脑干网状结构以及皮肤、内脏中的温度变化的传入信息主要向下丘脑PO/AH传送,这表明下丘脑PO/AH是体温调节的中心部位。

(3)体温调节中枢。参与调节体温的神经元分布于从脊髓到大脑皮质的中枢神经系统中,但通过多种恒温动物分段切除脑的实验发现,只要保持下丘脑及其以下的神经结构完整,动物虽然在行为方面可能出现障碍,但仍具有维持恒定体温的能力。如果破坏下丘脑,则动物不再具有维持体温相对恒定的能力。这说明调节体温的基本中枢在下丘脑。通过局部破坏或电刺激下丘脑等实验观察到,破坏PO/AH,散热反应消失,体温升高;刺激PO/AH,则引起散热反应,而且战栗受到抑制;破坏下丘脑后部,体温下降,产热反应受抑制;刺激下丘脑后部,则引起战栗。由此推测,下丘脑前部主要是散热中枢,而下丘脑后部主要是产热中枢。

(4)体温调定点学说。体温之所以保持相对稳定,目前多用体温调定点学说来解释。体温调定点学说认为,体温的调节就像一个恒温器的调节,PO/AH区的温度敏感性神经元起着调定点的作用。其中热敏神经元随体温升高活动增强,可引起散热反应;冷敏神经元随体温降低活动增强,可引起产热反应。热敏神经元活动引起的散热速率和冷敏神经元活动引起的产热速率正好相等时的温度阈值即为体温调定点。体温调定点学说的关键内容是"体温调定点的高低决定体温的高低"。如正常情况下,机体的体温调定点在37 ℃左右,体温就在37 ℃左右,如果体温偏离此数值,机体通过改变热敏神经元和冷敏神经元的活动调节产热和散热量,以维持体温的相对恒定。

当某种原因引起调定点上移,则出现发热。例如,临床上致热源所致发热,致病菌或某些内源性致热源作用于下丘脑PO/AH区的温度敏感神经元,使热敏神经元的温度阈值升高,而冷敏神经元的温度阈值下降,只有在更高的温度下热敏神经元与冷敏神经元引起的散热和产热活动才能保持平衡,也就是说调定点上移(如39 ℃)。此时机体通过战栗、皮肤血管收缩等方式使产热增加,散热减少,直至体温上升到39 ℃。如果致热因素不消除,机体的产热和散热过程就在此温度水平上保持相对的平衡。只有当致热因素消除后,体温调定点下移至正常水平(37 ℃),机体通过发汗、皮肤血管舒张等方式使散热大于产热,直至体温回落到37 ℃。应该明确的是,发热时体温调节功能并无障碍,而只是由于调定点上移,体温才被调节到发热水平。

### (二)体液调节

甲状腺素和肾上腺素是直接参与体温调节的最重要激素。当动物暴露在寒冷的环境中时,其肌肉将随意或不随意地颤抖,以增加产热量。此时肾上腺素分泌增加,糖的分解加强,产热增加，同时采食量增加。若动物长期处于寒冷的环境中，则通过增加甲状腺素的分泌来提高基础代谢率使体温升高；如果动物长期处于热紧张状态，则通过降低甲状腺的功能，降低基础代谢率，致摄食量下降、嗜睡以减少产热。

（三）产热与散热的调节反应

机体体温能维持相对恒定状态，这是内环境保持稳定的一种表现。当体内外温度发生变化时，有可能使体温升高或降低，这时机体通过温度调节系统，发出控制信息调节产热和散热过程，以维持体温的相对恒定。

1. 循环系统的调节反应

通过辐射、传导和对流等物理散热机制所散失热量的多少取决于皮肤和环境之间的温度差，而皮肤温度则为皮肤血流量所控制；机体的体温调节机构通过交感神经系统控制着皮肤血管的口径，增减皮肤血流量以改变皮肤温度。寒冷时，交感神经兴奋使皮肤血管收缩，皮肤血流量减少，皮温降低，皮肤和环境之间温差减小，于是传导、对流、辐射散热均减少；与此同时，由于四肢深部的静脉和动脉是相伴而行的，这样的解剖关系相当于一个热量逆流交换结构（图7-4）。因动脉血温度高，回流的静脉血温度较低，两者之间由于存在温度差而进行热量交换。逆流交换的结果是，动脉血带到末梢的热量，有一部分又被带回机体深部，由于皮肤血管收缩，血液转向深部动脉周围的静脉回流，使这种逆流热交换效率更高。如果机体处于炎热环境中，从皮肤返回心脏的血液主要由皮肤表层静脉来输送，此时逆流交换机制将不再起作用（图7-5）。

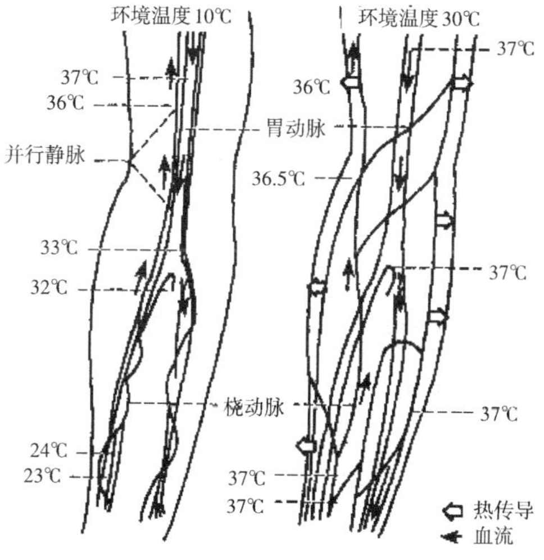


图7-4　“逆流”热交换示意图

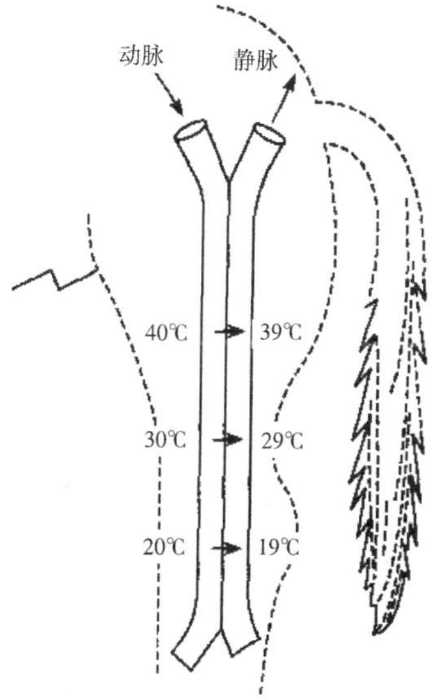


图7-5　后肢血管的逆流热量交换

2. 汗腺分泌

当通过辐射、对流以及不显汗的蒸发等都不能阻止体温继续上升时，如动物处于高温环境中或剧烈活动时，主要依靠汗腺分泌的汗液蒸发带走大量的热量。出汗的调节有明显的种属差异。出汗是由于温热作用于皮肤温度感受器引起汗腺的反射性活动。寒冷刺激作用于皮肤冷感受器可迅速抑制出汗。出汗的调节中枢在下丘脑，它既接受来自皮肤温感受器的刺激，更重要的是直接接受流入中枢的血液温度的信息。当环境温度增高时反射性引起支配汗腺的交感胆碱能神经兴奋，末梢释放神经递质乙酰胆碱，机体开始出汗，当环境温度接近体温或高于体温时出汗则成为唯一有效的散热机制。

3. 行为性体温调节

动物还存在行为性体温调节(Behavioral thermoregulation)。如寒冷时采取蜷缩姿势或集堆以减少散热面积，仔猪和小鸡主动趋向热源。若长期处于寒冷环境中，则被毛生长加厚，皮下脂肪蓄积，从而增加体表的绝热作用。许多动物夏季寻找阴凉场所，减少吸收太阳辐射热，在炎热和潮湿的环境中，动物常伸展肢体，伏卧不动，尽量减少肌肉运动，降低代谢率。

## 四、恒温动物对环境的适应

动物的体温调节机能虽然很完善，但这种能力毕竟有一定的限度，如果环境温度变化超过了它们的调节能力，体温就难以维持恒定，甚至被冻死或热死。

### (一)动物的耐热与抗寒

家畜对高热环境的适应能力是很有限的，不同畜种对炎热的适应能力不同。

骆驼的耐热能力最强，在供给充足的饮水情况下，可长期耐受炎热而干燥的环境，它对高温的主要调节方式是加强体表的蒸发散热。

绵羊有较好的耐热能力。对高温的体温调节方式主要是喘息，出汗也有一定的作用。气温在32 ℃时，其直肠温度开始升高，当达到41 ℃时，出现喘息。外界温度高达43 ℃而相对湿度不超过65%时，绵羊一般可耐受几个小时。

猪对高温的耐受能力较差。气温为30 ~ 32 ℃时，成年猪直肠温度开始升高，在相对湿度超过65%的35 ℃环境中，猪就不能长时间耐受。当直肠温度升高到41 ℃时是猪的致死临界点，容易发生虚脱。由于猪耐热能力弱，尤其仔猪耐热能力更弱，夏季应注意采取降温措施，人工协助猪体散热。此外，还要避免长途驱赶。

马汗腺发达，皮肤较薄，耐热能力较强。气温在30 ~ 32 ℃时，呼吸次数增加，但不出现喘息，调节方式主要是出汗。

家畜的耐寒能力比耐热能力强得多。例如，气温接近体温(35 ~ 40 ℃)时，大多数家畜都不能长时间耐受，但气温比体温低20 ~ 30 ℃，甚至更低时，一般都能维持体温于正常水平。牛、马和绵羊在气温降到-18 ℃时，都能有效地调节体温。猪的抗寒能力比其他家畜弱得多，成年猪在0 ℃环境中一般不能持久地维持体温。1日龄猪在1 ℃环境中停留2 h就将陷入昏睡状态。

### (二)动物对高温与低温的适应

当家畜较长时期地处于寒冷或炎热环境中，或一年中季节性温差变化时，或由寒带(或热带)地区迁入热带(或寒带)地区时，初期可通过各种体温调节机制保持体温恒定，随后则发生不同程度的适应现象。适应可分为3类，即环境适应、风土驯化及气温适应。

1. 环境适应(Environmental adaptation)

指动物短期(通常数月)生活在超常环境温度(寒冷或炎热)中所发生的适应性反应。主要表现为酶活性和代谢率的变化，使产热过程适应已变化的温度环境。其他表现则出于环境温度因素的重复刺激使生理反应逐渐减弱，从而使习惯的动物能在此温度环境中保持正常体温。

2. 风土驯化(Acclimatization)

指随着季节性变化机体发生的对环境温度的适应。表现为被毛厚度和血管收缩性发生变化等,以增强机体对外界温度的适应能力。如在夏季到冬季的过程中,动物的新陈代谢并没有增高,有的反而降低,但被毛增厚,皮肤血管的收缩性改善,增强了机体的保温性能。所以,在冬季仍能保持体温的恒定。

3. 气温适应(Climatic adaptation)

经过自然选择和人工选择,动物的遗传性发生了变化,不仅本身对当地的温度环境表现了良好的适应,而且能遗传给后代,成为该品种的特点。如寒带品种的动物有较厚的被毛和皮下脂肪层,保温效率高,在较冷的条件下无须代谢增高,体温也能保持正常水平并很好地生存。

**案例**

2008年8月的一天,新疆某兵团饲养的1头荷斯坦奶牛突然发病。临床症状:病牛全身发抖、站立不稳,张口喘气、流涎;临床检查:眼结膜充血、口腔和舌面干燥,呼吸促迫,听诊心搏节律失常,脉细弱,直肠体温测定42 ℃。畜主告知当日气温高达41 ℃。临床治疗:用浓度为25 %的盐酸氯丙嗪肌肉注射15 mL,同时用复方氯化钠溶液加维生素C静脉输液,2000 mL/次,间歇3~4h,再输液1次。第二天症状缓解,精神逐渐恢复。根据临床症状、天气情况及治疗效果,该病被诊断为奶牛热射病。

**问题与思考**

1. 奶牛体温上升至42 ℃的原因是什么?

2. 体温过高时,对病畜可采用哪些物理方法降低体温?

3. 为什么要使用盐酸氯丙嗪进行治疗?

**提示性分析**

1. 热射病是因奶牛生活在潮湿闷热和通风不良的环境中,由于环境高热的刺激,引起体温调节中枢、呼吸中枢和水盐代谢平衡紊乱,机体内产热多、散热少,体内积热,体温升高,导致心血管和中枢神经系统机能障碍的一类疾病。本病例中,由于环境温度达41 ℃,辐射、对流、传导散热减少甚至停止,蒸发散热不足以散发体内过多的热量,致使体温升高至42 ℃,并伴随出现相应的一系列临床症状。

2. 对于高烧病畜,常可通过物理降温方法帮助机体散热降低体温,如给病畜全身和头部泼大量的凉水或给病畜用凉水灌肠以增加传导散热、用电风扇给圈舍通风以增加对流散热等。

3. 盐酸氯丙嗪属于中枢抑制药,具有镇静、镇吐、降低体温及基础代谢的药理作用。

## 思考题

### 一、名词概念

1.食物的热价 2.氧热价 3.呼吸商 4.基础代谢率 5.体温 6.温度适中范围

### 二、单项选择题

1. 下列组织器官中糖原储存量最多的是( )

A.肌肉 B.腺体 C.脑组织 D.肝脏

2. 下列各种物质中既是重要的储能物质,又是直接的供能物质的是( )

A.蛋白质 B.脂肪 C.葡萄糖 D.三磷酸腺苷

3. 下列选项中对能量代谢率影响最为显著的是( )

A.温度 B.湿度 C.精神活动 D.肌肉运动

4. 体温调节的基本中枢位于( )

A.下丘脑 B.中脑 C.脑桥 D.延髓

5. 动物机体内能促进产热的最重要的激素是( )

A.肾上腺素 B.肾上腺皮质激素 C.甲状腺激素 D.性激素

6. 给高热动物用酒精擦浴是( )

A.增加辐射散热 B.增加传导散热 C.增加对流散热 D.增加蒸发散热

7. 动物在休息时或静止状态下体内温度最高的器官是( )

A.大脑 B.肝脏 C.肾脏 D.心脏

### 三、简述题

1. 基础代谢与静止能量代谢有何不同?
2. 影响机体能量代谢的因素有哪些?
3. 简述造成体温生理性波动的因素。
4. 动物机体产热和散热有哪些主要方式?

### 四、论述题

动物机体是如何通过神经、体液调节来维持体温相对恒定的?

# 第 8 章 泌尿

**本章导读**

动物从外界摄入的各种物质经过新陈代谢过程，最终转变为代谢终产物而排出体外以维持内环境稳态。肾脏是最重要的排泄器官，其基本的功能单位肾单位与集合管共同完成泌尿功能。肾单位包含肾小体和肾小管两部分，血液经过肾小体的滤过作用生成原尿，再经肾小管的重吸收和分泌作用形成终尿。肾脏的泌尿功能受到肾脏自身、神经和体液的调节。形成的终尿进入膀胱贮存，达到一定量时通过排尿反射排出体外。

## 第一节 概 述

### 一、排泄和排泄途径

动物将体内新陈代谢产生的代谢终产物、进入体内过多或不需要的物质（如异物、药物及其代谢产物或毒物）等经血液循环运输到排泄器官排出体外的过程称为排泄（Excretion）。未经消化吸收的食物残渣经由肛门排出体外的过程不属于排泄。

就陆栖脊椎动物而言，具有排泄功能的器官有肾脏、肺、肝、肠道和皮肤，因此排泄的途径有四条：①呼吸系统，以气体的形式通过呼吸排出 $CO_2$、少量水分和一些挥发性物质；②皮肤，以汗液的形式排出部分水分、无机盐和尿素等；③消化系统，以粪便的形式将肝脏排入肠道的胆色素以及肠黏膜分泌的一些无机盐（钙、镁和铁等）排出体外；④泌尿系统，以尿的形式排出大量代谢终产物和异物，如尿素、尿酸、肌酸、肌酐和药物等，以及部分摄入过量的和代谢产生的水、电解质等。因为经由肾脏排泄的物质不仅数量大，而且种类多，所以肾脏是机体最重要的排泄器官。

### 二、肾脏的功能概述

在神经体液的调节下，肾脏在尿的生成过程中，通过控制尿液的质和量，参与机体稳态（包括水、电解质、渗透压和酸碱平衡等）的调节。此外，肾脏还具有内分泌功能，能分泌诸如肾素、促红细胞生成素等多种生物活性物质。

（一）泌尿功能

肾脏通过生成和排出尿液，清除体内代谢产生的大部分代谢终产物及进入体内的异物。肾脏血流量占全身血流量的1/5～1/4，如猪肾小球滤液每分钟约生成120 mL，一昼夜总滤液量为170～180 L。滤液经肾小管时，99 %被重吸收。葡萄糖、氨基酸、维生素、多肽类物质和少量蛋白质，在近曲小管几乎被全部重吸收，而肌酐、尿素、尿酸及其他代谢产物，经过选择，或部分重吸收，或完全排出。肾小管尚可分泌排出药物及毒物，如酚红、对氨马尿酸、青霉素类、头孢霉素类等；药物若与蛋白质结合，则可通过肾小球滤过而排出。

（二）维持内环境相对恒定

1. 调节体内水和渗透压平衡

调节机体水及渗透压平衡的部位主要在肾小管。近曲小管为等渗性重吸收，是重吸收$Na^+$及分泌$H^+$的重要场所。在近曲小管中，葡萄糖及氨基酸被完全重吸收，$HCO_3^-$重吸收70 %～80 %，水及$Na^+$的重吸收为65 %～70 %。滤液进入髓袢后进一步被浓缩，约25 % NaCl和15 %水被重吸收，远曲小管及集合管对水不通透，但能吸收部分$Na^+$，因此小管液维持在低渗状态。

2. 调节电解质浓度

肾小球滤液中含有多种电解质，当滤液进入肾小管后，$Na^+$、$K^+$、$Ca^{2+}$、$Mg^{2+}$、$HCO_3^-$、$Cl^-$和$PO_4^{3-}$等大部分被重吸收，根据机体的需要，以起到维持动物体生命活动的作用。

3. 调节机体酸碱度

动物机体血浆的酸碱度取决于其$H^+$浓度。大部分哺乳动物血液的pH一般稳定在7.35～7.45之间。生命活动中，随着机体细胞的代谢不断产生酸性或碱性物质，但机体pH始终保持稳定，这主要依靠体内各种缓冲系统和肺、肾的调节来实现。肾脏对酸碱平衡的调节主要是通过肾小管细胞的活动来实现的，肾小管细胞可分泌$H^+$、$K^+$和$NH_3$，通过排酸或保碱的作用来维持$HCO_3^-$的浓度，调节血液pH使之相对恒定。

（三）内分泌功能

除泌尿功能之外，肾脏也是重要的内分泌器官，可分泌多种生物活性物质，对机体代谢过程产生调节作用。

1. 肾素

由近球小体近球细胞分泌，它能激活血浆中的血管紧张素原转化为有活性的血管紧张素。而血管紧张素能刺激血管收缩和肾上腺皮质分泌醛固酮，醛固酮能调节肾小管对$Na^+$、$K^+$及水的重吸收，起调节体液及电解质平衡的作用。

2. 红细胞生成素

由肾脏系膜细胞分泌，能促进红骨髓产生并释放红细胞。

3. 羟化维生素$D_3$

肾脏有一种特殊的酶，即1，α-羟化酶，能将经肝羟化酶作用形成的25-OH-$D_3$羟化形成1,25-$(OH)_2$-$D_3$，其具有高度活性，可促进小肠（或肾小管）对钙、磷的吸收（重吸收），动员骨钙和磷释放入血，参与机体钙、磷代谢调节。

4. 前列腺素

肾乳头间质细胞能分泌前列腺素（$PGE_2$、$PGI_2$），参与局部或全身血管活动和机体多种功能的调节，主要使肾脏局部血管舒张、肾血流量增加等。

## 三、肾脏的功能结构特点

### （一）肾单位和集合管

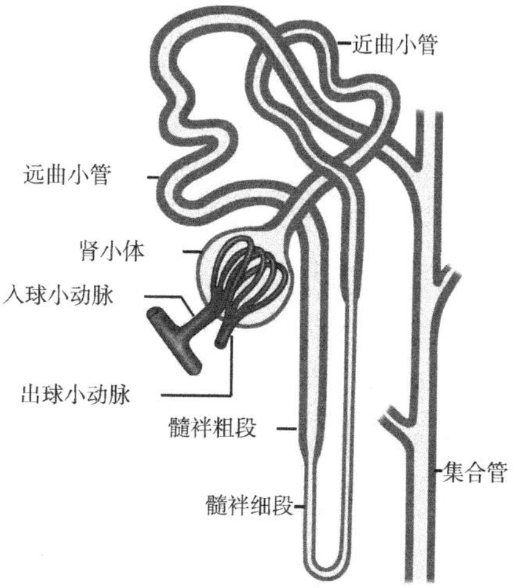


图8-1 肾单位示意图

肾单位是肾的基本功能单位，它与集合管共同完成泌尿功能。肾单位由肾小体（Renal corpuscle）和肾小管（Renal tubule）组成（图8-1）。肾小体包括肾小球（Glomerulus）和肾小囊（Bowman′s capsule）两部分。肾小球是一团毛细血管网，其峡谷端分别与入球小动脉和出球小动脉相连（图8-2）。肾小球的包囊称为肾小囊，由肾小管盲端膨大凹陷形成，有两层上皮细胞，内层（脏层）紧贴在毛细血管壁上，外层（壁层）与肾小管壁相连，两层上皮之间的腔隙称为囊腔，与肾小管管腔相通。血浆中某些成分通过肾小球毛细血管网向囊腔滤出；滤出时必须通过肾小球毛细血管内皮细胞、基膜和肾小囊脏层上皮细胞，这三者构成肾小球滤过膜（图8-3）。

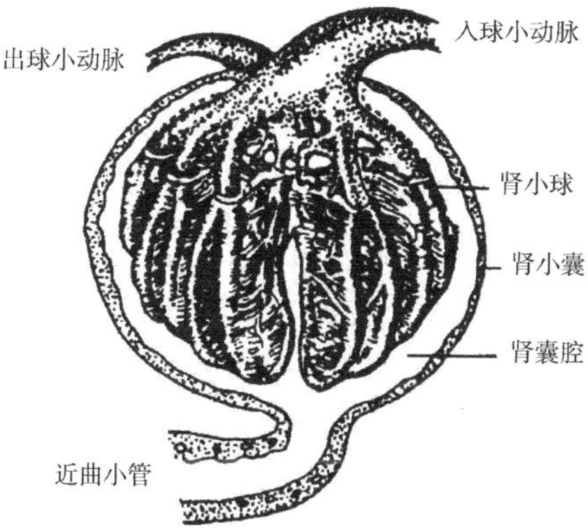


图8-2 肾小体结构示意图

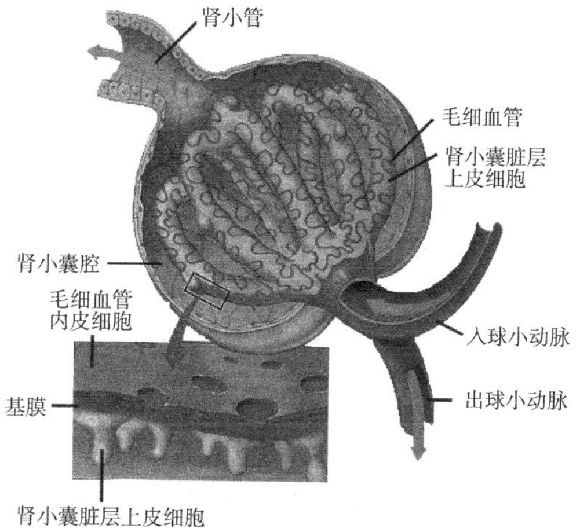


图8-3 肾小球滤过膜示意图

肾小管由近球小管、髓袢和远球小管三部分组成（图8-1）。近球小管包括近曲小管和髓袢降支粗段。髓袢由髓袢降支和髓袢升支组成；前者包括髓袢降支粗段（也是近球小管的组成部分）和降支细段；后者是指髓袢升支细段和升支粗段（也是远球小管的一部分）。远球小管包括髓袢升支粗段和远曲小管。远曲小管末端和集合管相连。

集合管不包括在肾单位内，但在功能上和远球小管密切相关，它在尿生成过程中，特别是在尿的浓缩过程中起着重要作用，每一集合管接受多条远曲小管来的液体。许多集合管又汇入乳头管，最后形成的尿液经肾盏、肾盂和输尿管进入膀胱。

肾单位按其所在部位不同，可分为皮质肾单位和近髓肾单位（髓旁肾单位）两类（图8-4）。

皮质肾单位主要分布于外皮质层和中皮质层。这类肾单位的肾小球体积较小，入球小动脉的口径比出球小动脉的粗,两者口径之比约为2∶1;出球小动脉进一步再分为毛细血管后,几乎全部分布于皮质部分的肾小管周围;髓袢较短,只达外髓质层,有的甚至不到髓质。

近髓肾单位分布于靠近髓质的内皮质层。这类肾单位的肾小球体积较大,髓袢长,可深入到内髓质层,有的甚至到达乳头部;出球小动脉不仅形成缠绕邻近的近曲小管或远曲小管的网状毛细血管,而且还形成细而长的U形直小血管。直小血管可深入到髓质,并形成毛细血管网包绕髓袢升支和集合管。近髓肾单位和直小血管的这些解剖特点,决定了它们在尿的浓缩与稀释过程中起着重要作用。

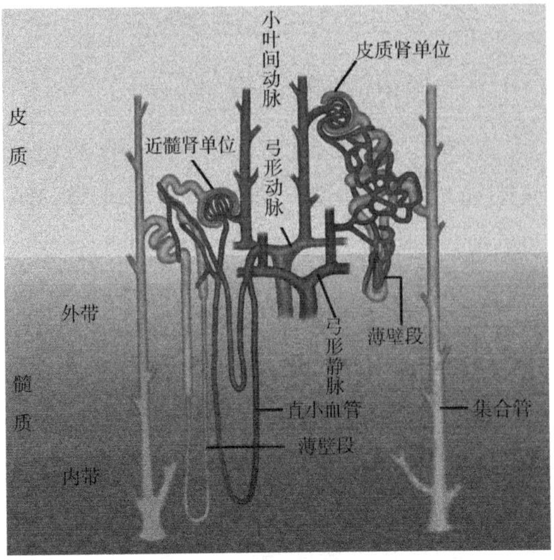

图8-4 肾单位和肾血管的示意图

不同动物肾脏中这两类肾单位的数目和比例不同,与其水代谢强度有关。猪、河马、象、驯鹿等动物的皮质肾单位多,水代谢率高,近髓肾单位不超过15%;马、驴和牛等近髓肾单位为20%~40%,水代谢率较低;羊、骆驼等的近髓肾单位为40%~80%,水代谢率更低。

(二)近球小体

近球小体(Juxtaglomerular apparatus)由近球细胞、球外系膜(间质)细胞和致密斑三者组成(图8-5),近球小体主要分布在皮质肾单位。近球细胞是位于入球小动脉的中膜内的肌上皮样细胞,内含分泌颗粒,分泌颗粒内含肾素。球外系膜细胞是指入球小动脉和出球小动脉之间的一群细胞,具有吞噬功能。致密斑位于远曲小管的起始部分,此处的上皮细胞变为柱状细胞,局部呈现斑纹隆起,称为致密斑,致密斑与入球小动脉和出球小动脉相接触。致密斑可感受小管液中NaCl含量的变化,并将信息传递至近球细胞,调节肾素的释放。

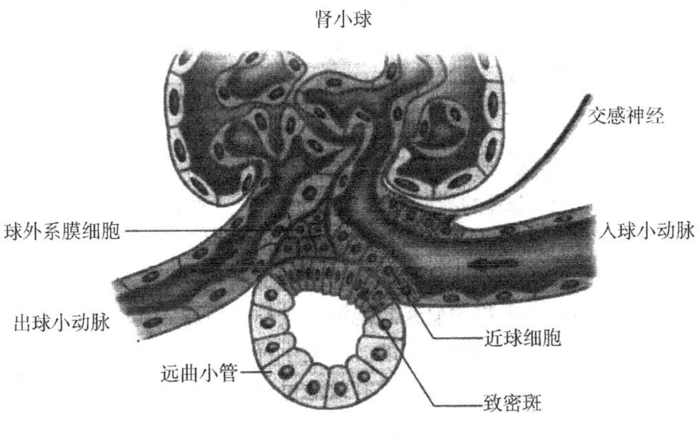

图8-5 近球小体示意图

(三)肾脏的血液循环特点

1. 肾脏的血管分布及其特点

肾动脉从腹主动脉直接分出,管径粗且短,血流量大,占心输出量的1/5~1/4,而两个肾脏只占体重的0.3 %~0.7 %。所以肾脏是机体供血量最丰富的器官,这是尿液成为"有源之水"的结构基础。肾脏内的血液分布不均匀,其中约94 %的血液分布在肾皮质层,5 %~6 %分布在外髓,其余不到1 %的血液供应内髓。

肾动脉进入肾门后逐级分支:叶间动脉—弓形动脉—小叶间动脉—入球小动脉—肾小球毛细血管—出球小动脉—再次分为毛细血管,其缠绕在肾小管和集合管周围(近髓肾单位的出球小动脉还分出U形直小血管)—汇合成小叶间静脉—弓形静脉—叶间静脉—肾静脉,最后出肾门。

肾内有两级毛细血管网,第一级是入球、出球小动脉之间的肾小球毛细血管网,此处毛细血管血压较高(皮质肾单位更明显),有利于血浆滤过生成原尿。出球小动脉再次分支缠绕在肾小管周围形成第二级毛细血管网,此处毛细血管血压较低,有利于肾小管内物质的重吸收。近髓肾单位的出球小动脉除形成第二级毛细血管外,还形成细长的U形直小血管,与髓袢和集合管伴行深入到髓质。直小血管的升支和降支在髓质不同水平均有吻合支,这有利于髓质渗透压梯度的维持。

2. 肾血流量的调节

(1)肾血流的自身调节。当动脉血压在一定范围内(10.7~24 kPa)波动时,肾血流量仍保持相对稳定。肌源学说认为,肾小球入球小动脉平滑肌的紧张性能随肾动脉血压变化而发生相应舒缩反应。当血压升高时,血管收缩,阻力增大,血流量不会显著增加;相反,血压降低时血管舒张,血流量不会明显减少。当血压变化很大,超出自身调节的范围时,肾血流量就会随全身血压的变化而变化。

(2)神经体液调节。交感神经兴奋引起肾血管收缩,血流量减少;去甲肾上腺素、血管紧张素和抗利尿激素均能引起肾血管收缩,血流量减少。而前列腺素可使肾血管舒张,使血流量增加。

### (四)肾脏的神经支配

肾交感神经主要从脊髓发出,其纤维经腹腔神经丛支配肾动脉(尤其是入球小动脉和出球小动脉的平滑肌、肾小管和释放肾素的颗粒细胞)。肾交感神经末梢释放去甲肾上腺素,调节肾血流量、肾小球滤过率、肾小管的重吸收和肾素的释放。一般认为,肾缺乏副交感神经支配。

## 第二节 尿的生成

尿液的生成包括三个环节(图8-6):①肾小球对血浆的滤过作用,形成原尿;②肾小管和集合管对小管液的选择性重吸收;③肾小管和集合管的分泌与排泄作用。

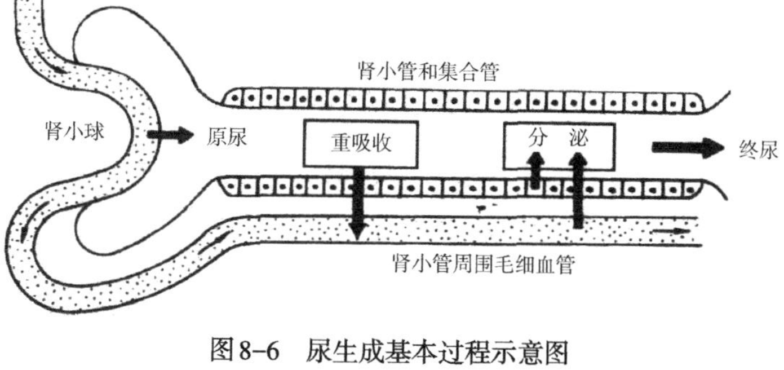


图8-6 尿生成基本过程示意图

## 一、肾小球的滤过功能

血液流经肾小球毛细血管时，血浆中的水和小分子溶质，包括少量分子量较小的血浆蛋白，滤入肾小囊腔形成原尿的过程，称为肾小球的滤过作用。微穿刺实验证明，原尿中除不含血细胞和血浆蛋白外，其他成分与血浆基本相同，所以原尿近似于血浆的超滤液。

单位时间内（每分钟）两侧肾脏生成的原尿量称为肾小球滤过率（Glomerular filtration rate，GFR）；单位时间内（每分钟）两肾的血浆流量称肾血浆流量（Renal plasma flow, RPF）。肾小球滤过率与肾血浆流量的比值，称滤过分数（Filtration fraction）。据测定，50 kg的猪，肾小球滤过率为100 mL/min，肾血浆流量为420 mL/min，肾小球滤过分数约24 %。由此表明，流经肾的血浆约有1/4经滤过进入肾小囊腔中形成原尿。肾小球滤过作用的发生取决于两个因素：一是肾小球滤过膜的通透性；二是肾小球的有效滤过压。其中，前者是原尿产生的前提条件或结构基础，后者是原尿滤过的必要动力。

### （一）滤过膜及其通透性

肾小球滤过膜由三层结构构成，形成滤过原尿的主要机械屏障。①内层是毛细血管的内皮细胞。内皮细胞上有许多直径50～100 nm的小孔，称为窗孔（Fenestration），它可防止血细胞通过，但对血浆蛋白的滤过可能不起阻留作用。②中间层是非细胞性的基膜，是滤过膜的主要滤过屏障。基膜是由水合凝胶（Hydrated gel）构成的微纤维网结构，水和部分溶质可以通过微纤维网的网孔。有人把分离的基膜经特殊染色证明有4～8 nm的多角形网孔。微纤维网孔的大小可能决定着分子大小不同的溶质何者可以滤过的问题。③外层是肾小囊的上皮细胞。上皮细胞具有足突，相互交错的足突之间形成裂隙。裂隙上有一层滤过裂隙膜（Filtration slit membrane），膜上有直径4～14 nm的孔，它是滤过的最后一道屏障。通过内、中两层的物质最后将经裂隙膜滤出，裂隙膜在超滤作用中也很重要。

滤过膜各层含有许多带负电荷的物质，其主要为糖蛋白。如血管内皮细胞表面富含带负电荷的糖蛋白（如唾液酸蛋白等）。这些带负电荷的物质就构成了滤过膜的电学屏障，对带负电荷的血浆蛋白等大分子产生静电屏障作用，限制它们的滤过。但在病理情况下，滤过膜上带负电荷的糖蛋白的减少或消失，就会导致带负电荷的血浆蛋白滤过量比正常时明显增加，从而出现蛋白尿。

一般而言，有效半径小于2.0 nm的中性分子可自由滤过，如葡萄糖的有效半径为0.36 nm，它可以被完全滤过；有效半径大于4.2 nm的物质不能滤过。有效半径在2.0～4.2 nm之间的物质随着有效半径的增加，滤过量逐渐减少。有效半径约为3.6 nm的血浆白蛋白因带负电荷而难以滤过。机械屏障与电学屏障作用使滤过膜对血浆物质的滤过具有高度选择性，这对原尿的生成起着决定性的作用。

### （二）有效滤过压

肾小球滤过作用的发生，其动力是滤过膜两侧的压力差。这种压力差称为肾小球的有效滤过压。

有效滤过压是由四种力量的数量和来决定的：肾小球毛细血管血压，它是促使血浆透过滤过膜的力量，囊内液胶体渗透压也是推动血浆滤过的动力，而血浆胶体渗透压和肾小囊内压是阻止血浆透过滤过膜的力量(图8–7)。肾小囊滤过液中蛋白浓度很低,其胶体渗透压可忽略不计。因此,肾小球毛细血管血压是滤出的唯一动力,而血浆胶体渗透压和囊内压则是滤出的阻力。所以,有效滤过压=肾小球毛细血管压–(血浆胶体渗透压+囊内压)。

在正常情况下,肾小球毛细血管的平均血压约6.0 kPa,血浆胶体渗透压在入球小动脉端约为2.7 kPa,肾小囊内压约1.3 kPa,因而在滤过膜处存在着约2.0 kPa(约15 mmHg)的有效滤过压,结合肾小球滤过膜的通透性,滤过作用在肾小球入球小动脉端则可正常发生。

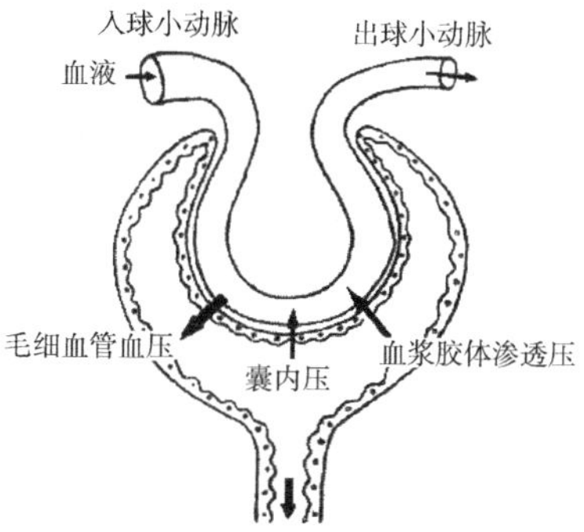


**图8–7　肾小球有效滤过压示意图**

肾小球毛细血管内的血浆胶体渗透压不是固定不变的。在血液流经肾小球毛细血管时,由于不断生成滤过液,血液中血浆蛋白浓度就会逐渐增加,血浆胶体渗透压也随之升高。因此,有效滤过压也逐渐下降。当有效滤过压下降到零时达到滤过平衡,滤过便停止了。由此可见,不是肾小球毛细血管全段都有滤过作用,只有从入球小动脉端达到滤过平衡这一段才有滤过作用。滤过平衡越靠近入球小动脉端,有效滤过的毛细血管长度就越短,有效滤过压和面积就越小,肾小球滤过率就越低。相反,滤过平衡越靠近出球小动脉端,有效滤过的毛细血管长度就越长,有效滤过压和滤过面积就越大,肾小球滤过率就越高。如果达不到滤过平衡,全段毛细血管就都有滤过作用。

### (三)影响肾小球滤过的因素

从肾小球滤过作用发生机制不难分析,影响肾小球滤过的因素主要有滤过膜的通透性、滤过面积、肾小球毛细血管血压、血浆胶体渗透压、囊内压和肾血浆流量。

1. 滤过膜的通透性和滤过面积

在正常情况下,滤过膜的通透性和滤过面积相对稳定,对滤过影响不大。在病理情况下,如发生急性肾小球肾炎时,肾小球毛细血管管腔变窄或阻塞,滤过膜增厚,通透性降低,滤过面积减小,有滤过功能的肾小球减少,滤过率降低,出现少尿或无尿现象。慢性肾小球肾炎时,滤过膜基层损伤、破裂,上皮细胞的负电荷基团减少,足状细胞的突起融合或消失,使滤过膜的机械屏障和电学屏障作用减弱,通透性增加,血浆蛋白甚至血细胞也会漏入肾小囊,出现蛋白尿或血尿。

2. 肾小球毛细血管血压

肾小球毛细血管血压受全身动脉血压影响,并与入球小动脉和出球小动脉的舒缩状态有关。当动脉血压在正常范围波动时,依靠肾小球毛细血管的自身调节作用,肾血流量维持相对稳定,肾小球毛细血管血压亦维持相对稳定,肾小球滤过率基本不变。但在大失血等情况下,血压明显下降,超出了肾脏的自身调节范围,肾小球毛细血管血压随之下降,有效滤过压降低,滤过功能减弱,原尿生成量减少,终尿量相应减少。在高血压晚期,入球小动脉硬化而缩小,肾小球毛细血管血压可明显降低,有效滤过压减小,导致尿少。

3. 肾小球囊内压

在正常情况下,肾小球囊内压是比较稳定的。肾盂或输尿管结石、肿瘤压迫或其他原因引起的输尿管阻塞，都可使肾盂内压显著升高。此时囊内压也将升高，致使有效滤过压降低，肾小球滤过率因此而减少。有些药物在肾小管液中结晶析出，或某些疾病溶血过多导致血红蛋白堵塞肾小管，也会造成囊内压升高而影响肾小球滤过。

4. 血浆胶体渗透压

在正常情况下，血浆胶体渗透压通常变化不大。但若因静脉大量输入0.9 %的NaCl溶液，或当肝功能受损及长期饥饿而引起血浆蛋白的浓度明显降低时，血浆胶体渗透压降低，有效滤过压升高，肾小球滤过率升高，原尿生成增多。

5. 肾血浆流量

肾血浆流量对肾小球滤过率有很大影响，主要影响滤过平衡的位置。如果肾血浆量加大，肾小球毛细血管内血浆胶体渗透压上升速度减慢，滤过平衡就靠近出球小动脉端，有效滤过压和滤过面积就增加，肾小球滤过率将随之增加。相反，当肾血浆流量减少时，血浆胶体渗透压的上升速度加快，滤过平衡就靠近入球小动脉端，有效滤过压和滤过面积就减少，肾小球滤过率将减少。在剧烈运动、严重缺氧和中毒性休克等病理情况下，由于交感神经兴奋，入球小动脉收缩，肾血流量显著减少，肾小球滤过率也显著减少。

## 二、肾小管与集合管的重吸收功能

原尿进入肾小管后称为小管液。小管液在流经肾小管和集合管时，其中大部分水和有用的物质被重吸收回血液的过程，称为肾小管和集合管的重吸收（Reabsorption）作用。

### （一）重吸收的特点

1. 选择性重吸收

肾小管和集合管对原尿中物质的重吸收表现为选择性重吸收。如原尿中的水99 %以上被重吸收；葡萄糖、$Na^+$和$HCO_3^-$等，则可全部或大部分被重吸收；尿素和磷酸根被部分重吸收；肌酐等代谢产物则不被重吸收而全部排出体外。这种选择性重吸收，既保留了对机体有用的物质，又清除了对机体有害的物质，实现了对机体内环境的净化。

2. 有限性重吸收

肾小管的重吸收功能有一定限度。当血浆中某些物质浓度过高，使滤液中该物质含量过高而超过肾小管重吸收限度时，尿中则出现该物质。如当血糖浓度过高，滤液中葡萄糖含量超过肾小管重吸收限度时，终尿中即出现葡萄糖，称为糖尿。

### （二）重吸收的部位、途径和方式

1. 部位

肾小管各段和集合管都具有重吸收功能，近端小管重吸收的物质种类多、数量大，是重吸收的主要部位。小管液中的葡萄糖、氨基酸等营养物质几乎全部在近端小管被重吸收；80 %～90 %的$HCO_3^-$、65 %～70 %的水、$Na^+$、$K^+$和$Cl^-$等，也在此重吸收。余下的水和盐类绝大部分在髓袢细段、远端小管和集合管处被重吸收（图8-8）。虽然这些部位重吸收的量较近端小管少，但与机体内水、电解质平衡和酸碱平衡的调节密切相关。

2. 途径

重吸收的途径有跨细胞途径和细胞旁途径两种。以前者为主，指重吸收物质需经肾小管细胞膜转运入细胞内，再转入血液的途径；经肾小管上皮细胞间的紧密连接处直接进入细胞间隙而被重吸收，此为细胞旁途径。细胞旁途径在水和溶质的转运中，为跨细胞途径的补充，如随着电解质的重吸收造成细胞间质局部高渗，小管腔中的水在渗透压的作用下，经细胞间的紧密连接直接进入细胞间隙而被重吸收，即为细胞旁重吸收。

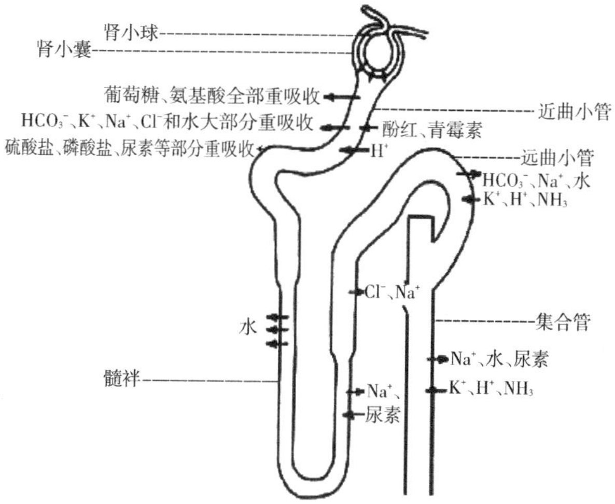


**图8-8 各种重吸收和分泌示意图**

3. 方式

重吸收的方式有主动重吸收和被动重吸收两种。主动重吸收是指肾小管和集合管上皮细胞在耗能的情况下，将小管液中的溶质逆电-化学梯度转运到管周组织液并进入血液的过程，如葡萄糖、氨基酸等重吸收。被动重吸收是指小管液中的物质顺电-化学梯度和顺渗透压差，从管腔内转运至管周组织液并进入血液的过程。如尿素顺浓度差和$Cl^-$顺电位差从小管液中扩散至管周组织液，水在渗透压差的作用下被重吸收等。

主动重吸收和被动重吸收之间有着密切的联系，如$Na^+$的主动重吸收，使小管液内电位降低，形成小管内外的电位差，$Cl^-$即顺电位差而被动重吸收；随着NaCl向管外的不断转运，使管周组织液渗透压升高而小管液中渗透压降低，渗透压差又促使水的被动重吸收。

（三）主要物质的重吸收

1. $Na^+$、$Cl^-$的重吸收

原尿中99 %以上$Na^+$被重吸收入血，除髓袢降支粗段外，肾小管各段和集合管对$Na^+$均具有重吸收能力，其中，近球小管是$Na^+$、$Cl^-$重吸收的主要部位，重吸收量为65 %～70 %，髓袢重吸收量为20 %～30 %，远曲小管和集合管重吸收量约为12 %。肾小管各段重吸收$Na^+$机制各不相同，下面重点介绍近端（球）小管的重吸收过程。

65 %～70 %的$Na^+$由近端（球）小管主动重吸收，大部分$Cl^-$的重吸收是与$Na^+$相伴的。肾小管上皮细胞的管腔膜对$Na^+$的通透性大，小管液中的$Na^+$浓度比细胞内高，$Na^+$顺浓度差扩散入细胞内，随即被管周膜和基侧膜上的$Na^+$泵泵入组织液。随着细胞内的$Na^+$被泵出，小管液中的$Na^+$又不断地进入细胞。伴随$Na^+$的重吸收，细胞内呈

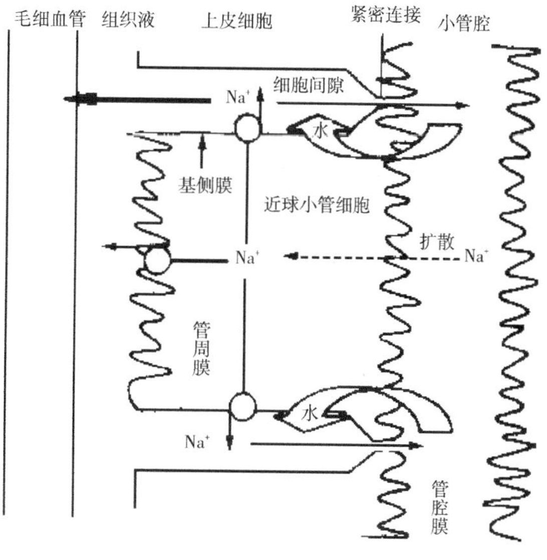


**图8-9 $Na^+$在近球小管重吸收示意图**

正电位，管腔内呈负电位，加之小管液中的$Cl^-$浓度比小管细胞内高，$Cl^-$顺电位差和浓度差进入上皮细胞及管周组织液。$Na^+$、$Cl^-$进入管周组织液，使其渗透压升高，促使小管液中的水进入上皮细胞及管周组织液，使细胞间隙的静水压升高，促使$Na^+$和水通过基膜进入相邻的毛细血管而被重吸收。部分$Na^+$和水也可能通过紧密连接回漏到小管腔内（图8–9）。故在近端小管，$Na^+$的重吸收量等于主动重吸收量减去回漏量，$Na^+$的这种重吸收方式又称为“泵–漏”模式（Pump–leak model）。

2. $K^+$的重吸收

原尿中的$K^+$绝大部分（90 %以上）被肾小管重吸收回血液，其中67 %左右在近球小管被重吸收，而终尿中的$K^+$主要是由远曲小管和集合管分泌的。研究发现，小管液中$K^+$浓度为4 mmol/L，大大低于细胞内$K^+$浓度（150 mmol/L），因此在管腔膜处$K^+$重吸收是逆浓度梯度进入细胞内的，属于主动转运过程，但其机理尚不完全清楚。

3. $HCO_3^-$的重吸收

$HCO_3^-$在血浆中以$NaHCO_3$形式存在，滤液中的$NaHCO_3$进入肾小管后解离成$Na^+$和$HCO_3^-$，小管液中的$HCO_3^-$是以$CO_2$的形式间接被重吸收的。$HCO_3^-$的重吸收量占滤过总量的99 %以上，近端小管重吸收80 %～90 %，其余的多数在远曲小管和集合管被重吸收。

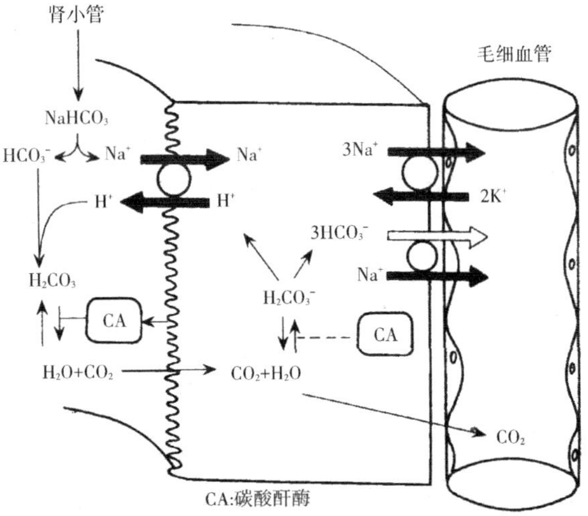

图8–10 $HCO_3^-$的重吸收示意图

$HCO_3^-$不易透过管腔膜，其重吸收是与上皮细胞的$H^+$–$Na^+$交换偶联进行的。通过$Na^+$–$H^+$交换，$H^+$由细胞内分泌到小管液中，其与$HCO_3^-$结合生成$H_2CO_3$，在碳酸酐酶（Carbonic anhydrase，CA）作用下，$H_2CO_3$迅速分解为$CO_2$和$H_2O$。$CO_2$是高度脂溶性物质，能迅速通过管腔膜扩散入细胞内，在胞内碳酸酐酶作用下，$CO_2$与细胞内的$H_2O$结合生成$H_2CO_3$，$H_2CO_3$又解离成$H^+$和$HCO_3^-$。$H^+$通过$Na^+$–$H^+$交换从细胞分泌到小管液中，$HCO_3^-$则与$Na^+$一起转运回血（图8–10）。由此可以看出，肾小管重吸收$HCO_3^-$不是以$HCO_3^-$的形式直接进行，而是以$CO_2$的形式间接重吸收；肾小管上皮细胞每分泌1个$H^+$就可使1个$HCO_3^-$和1个$Na^+$重吸收，这对体内的酸碱平衡调节有重要作用。

4. $Ca^{2+}$的重吸收

$Ca^{2+}$经旁细胞和跨细胞两条途径被重吸收。经肾小球滤过的钙，约70 %在近球小管被重吸收，20 %在髓袢被重吸收，9 %在远球小管和集合管被重吸收，只有不到1 %的$Ca^{2+}$随尿液排出体外。

近球小管对$Ca^{2+}$的重吸收，约80 %经旁细胞途径进入细胞间隙，约20 %经跨细胞途径被重吸收。上皮细胞内的$Ca^{2+}$浓度远低于小管液中的$Ca^{2+}$浓度，且细胞内电位相对小管液为负，这一电化学梯度可驱使$Ca^{2+}$从小管液扩散进入上皮细胞内。细胞内的$Ca^{2+}$经基底侧膜上的

$Ca^{2+}$-ATP酶和$Na^+$-$Ca^{2+}$交换机制逆电化学梯度转运出细胞。髓袢降支细段和升支细段对$Ca^{2+}$不通透，仅髓袢升支粗段能重吸收$Ca^{2+}$。升支粗段小管液为正电位，该段基底侧膜对$Ca^{2+}$也有通透性，故可能存在被动重吸收，也存在主动重吸收。在远球小管和集合管处，小管液为负电位，$Ca^{2+}$的重吸收是跨细胞途径的主动转运。

5. 葡萄糖和氨基酸的重吸收

小管液中葡萄糖、氨基酸在近球小管处全部被重吸收。肾小球滤过液中的葡萄糖浓度与血糖浓度相同，但在正常尿中几乎不含葡萄糖，这说明葡萄糖全部被肾小管重吸收回到了血中。实验表明，重吸收葡萄糖的部位仅限于近球小管，尤其在近球小管前半段。其他各段肾小管都没有重吸收葡萄糖的能力。因此，如果在近球小管以后的小管液中仍含有葡萄糖，则尿中将出现葡萄糖。

葡萄糖、氨基酸的重吸收是一种需借助于$Na^+$-葡萄糖同向转运机制的过程，小管液中$Na^+$和葡萄糖与同向转运体蛋白结合后，被转入细胞，属于继发性主动转运。小管基底膜上的葡萄糖转运体将葡萄糖转运入细胞间隙(图8-11)。

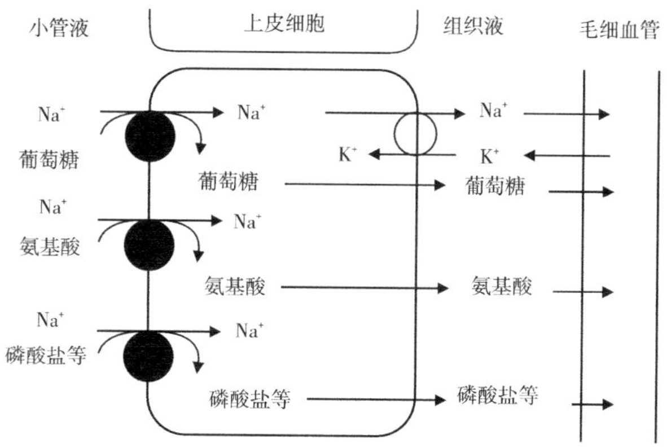


**图8-11 近端小管对葡萄糖、氨基酸和磷酸盐的重吸收示意图**

近球小管对葡萄糖的重吸收有一定的限度，当小管液中的葡萄糖过多，超出近球小管的重吸收极限时，尿中就开始出现葡萄糖，此时的血浆葡萄糖浓度称为肾糖阈(Renal glucose threshold)。血浆葡萄糖浓度超过肾糖阈后，尿中葡萄糖排出率则随血浆葡萄糖浓度的升高而相应增高。

小管液中氨基酸的重吸收与葡萄糖重吸收的机制相似。小管液中的少量小分子血浆蛋白，是通过肾小管上皮细胞的吞饮作用被重吸收的。

6. 水的重吸收

肾小球超滤液的水99 %被重吸收，仅1 %最后被排出体外。其中65 %～70 %的水在近球小管被重吸收，髓袢降支细段和远曲小管各段重吸收量约10 %，其余在集合管被重吸收。水的重吸收是被动的，靠渗透作用进行。水重吸收的渗透梯度存在于小管液和细胞间隙之间。这是由于$Na^+$、$Cl^-$、$K^+$、葡萄糖和氨基酸被重吸收进入细胞间隙后，降低了小管液的渗透性，提高了细胞间隙的渗透性。在渗透作用下，水便从小管液通过紧密连接和跨细胞两条途径不断进入细胞间隙，造成细胞间隙的静水压升高。由于管周毛细血管内的静水压较低，胶体渗透压较高，水便通过肾小管周围组织间隙进入毛细血管而被重吸收。

远球小管和集合管对水的重吸收主要受抗利尿激素的调节。

## 三、肾小管与集合管的分泌与排泄功能

分泌是指小管上皮细胞将本身代谢产物分泌到小管腔的过程；排泄是指小管上皮细胞将源于血液的某些物质转运至小管腔的过程，例如，不经过滤过作用的青霉素、利尿药等。实际中二者并不做严格区分，因为都是小管上皮细胞将体内物质转运到小管腔内。肾小管和集合管主要分泌$H^+$、$NH_3$和$K^+$，对维持体内酸碱平衡和电解质平衡具有重要意义。

### （一）$H^+$的分泌

健康动物血浆的pH保持在7.35～7.45范围内，而尿液的pH介于5.0～7.0之间，最大的变动范围为4.5～8.0，这表明肾脏有排酸或排碱的作用。原尿的pH基本上与血浆的pH相等，流经肾小管和集合管后，其pH发生了显著的变化，说明肾小管对尿液的酸碱度变化起着重要的调节作用，这一作用是通过肾小管的泌$H^+$作用实现的。

各段肾小管和集合管都可分泌$H^+$，但约80 %的$H^+$是在近曲小管分泌的。由细胞代谢产生的或由小管液进入细胞的$CO_2$，在碳酸酐酶的催化下，生成$H_2CO_3$，其解离为$H^+$和$HCO_3^-$。细胞管腔膜上的$H^+$泵主动将$H^+$分泌到小管液中，同时将小管液中的$Na^+$重吸收入细胞（图8-12）。$H^+$的分泌与$Na^+$的重吸收呈逆向转运，称为$H^+$-$Na^+$交换（Hydrogen-sodium exchange）。细胞内生成的$HCO_3^-$扩散至管周组织液，与其中的$Na^+$生成$NaHCO_3$回到血中。分泌入小管液的$H^+$与其内的$HCO_3^-$生成$H_2CO_3$，其分解出$CO_2$又扩散入细胞，在细胞内再生成$H_2CO_3$，如此往复（图8-10），实现对$NaHCO_3$的重吸收。$NaHCO_3$是体内重要的碱储备，由此表明，泌$H^+$活动的进行，具有排酸保碱的功能，对维持体内酸碱平衡非常重要。

### （二）$NH_3$的分泌

哺乳动物血浆$NH_3$浓度显著低于尿$NH_3$浓度，这表明尿中的$NH_3$主要是肾小管和集合管产生和分泌的。在正常情况下，$NH_3$主要由远曲小管和集合管分泌。在酸中毒时，近端小管也可分泌$NH_3$。细胞内的$NH_3$主要来源于谷氨酰胺的脱氨基反应。$NH_3$是脂溶性物质，其扩散的方向朝着pH较低的方向进行，故易于通过细胞膜扩散入小管液中（$H^+$浓度较高）。进入小管液的$NH_3$与其中的$H^+$结合成$NH_4^+$，$NH_4^+$的生成减少了小管液中的$H^+$，有助于$H^+$的继续分泌。$NH_4^+$是水溶性的，不能通过细胞膜，与小管液中的$Cl^-$结合生成$NH_4Cl$随尿排出（图8-12）。由此可见，$NH_3$的分泌与$H^+$的分泌有相互促进作用，同时也可促进$NaHCO_3$的重吸收，从而促进了肾小管上皮细胞排酸保碱的作用。

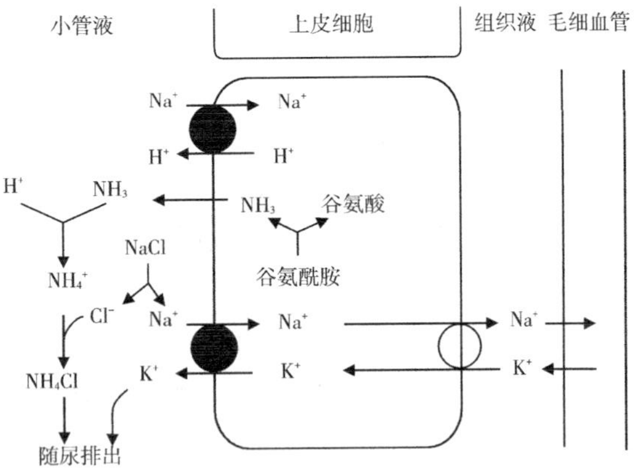


图8-12 $H^+$、$NH_3$和$K^+$分泌关系示意图

### （三）$K^+$的分泌

小管液中的$K^+$绝大部分被肾小管各段和集合管重吸收入血，只有极少部分从尿排出。

尿液中的$K^+$主要是由远曲小管和集合管分泌的。$K^+$分泌的动力主要包括两方面，一是远曲小管和集合管具有主动重吸收$Na^+$的作用，$Na^+$的重吸收使管腔内成为负电位，电位梯度成为$K^+$从细胞分泌至管腔的动力；二是基侧膜的$Na^+$泵活动促使组织液中的$K^+$进入细胞，增加了细胞内和小管液之间的$K^+$浓度差，有利于$K^+$进入小管液（图8-12）。$Na^+$的重吸收与$K^+$的分泌之间的相互关系，称为$K^+$-$Na^+$交换。由于$K^+$-$Na^+$交换和$H^+$-$Na^+$交换都是$Na^+$依赖性的，故二者呈竞争性抑制，即当$H^+$-$Na^+$交换增强时，$K^+$-$Na^+$交换则减弱；反之，$H^+$-$Na^+$交换减弱时，$K^+$-$Na^+$交换则增强。

若远曲小管和集合管细胞$K^+$-$Na^+$交换活动增强，因$H^+$-$Na^+$交换受到抑制，$H^+$分泌量减少，小管液中$HCO_3^-$的重吸收减少，其与$K^+$结合形成$KHCO_3$随尿排出，结果产生排碱保酸的作用，使机体pH降低。在正常生理情况下，肾小管和集合管泌$H^+$、泌$NH_3$和泌$K^+$活动处于一定的生理平衡状态，共同参与对机体pH的调节作用，使pH稳定在7.35～7.45的范围内。

（四）其他物质的分泌

血浆中有些物质，既可从肾小球滤过，又可由肾小管分泌，如肌酐和对氨基马尿酸；有的物质进入体内，如青霉素、酚红等则主要由肾小管分泌入管腔。酚红是一种对机体无害的酸碱指示剂，进入体内的酚红大部分由近球小管上皮细胞主动排入小管中。因此，临床上可采用酚红排泄试验来检查肾小管分泌功能是否正常。

**案例**

一金毛犬，4岁，体重36 kg，主诉病犬1 d前开始食欲减退，不愿活动，全身衰弱无力，站立时背腰拱起，行走困难，只能小步前进，尿频、尿有红色；临床症状：体温39.8 ℃，轻轻压迫肾区时，犬表现不安，躲避或抗拒检查；尿液化验结果显示尿液中蛋白质含量增高、尿沉渣中可见有透明的管型，有上皮管型及散在的红细胞、白细胞和病原菌。采取肌肉注射氨苄青霉素（或氯霉素），10～20 mg/kg，每日2～3次。（亦可肌肉或静脉注射环丙沙星、恩诺沙星和洛美沙星等），2 d后病情好转。初步诊断：系病毒、细菌及其毒素作用于肾脏所引起的肾小球肾炎。

**问题与思考**

犬患肾小球肾炎时，为什么出现上皮管型及红细胞、白细胞？

**提示性分析**

在肾炎的中后期，由于肾小球毛细血管的基底膜变性、坏死，结构疏松或出现裂隙，使血浆蛋白和红细胞漏出，形成蛋白尿和血尿，并使血液胶体渗透压降低，血液液体成分渗出，水肿更为严重。由于肾小球缺血，引起肾小管也缺血，结果肾小管上皮细胞发生变性、坏死，甚至脱落。渗出、漏出物及脱落的上皮细胞在肾小管内凝集形成各种管型。肾小球滤过机能降低，水、钠潴留和血容量增加；严重时，由于肾脏的滤过机能障碍，使机体内代谢产物（非蛋白氮）不能及时从尿中排除而蓄积，可引起尿毒症（氮质血症）。

# 第三节　尿的浓缩与稀释

## 一、尿液浓缩和稀释的概念

尿液的渗透压可由于体内缺水或水过剩等不同情况而出现大幅度的变动：当体内缺水时，机体将排出渗透压明显高于血浆渗透压的高渗尿，即尿被浓缩；当体内水过剩时，将排出渗透压低于血浆渗透压的低渗尿，即尿被稀释。研究人员用冰点法测定了肾组织的渗透压，结果表明，肾皮质组织液的渗透压与血浆渗透压相同，肾髓质组织液则为高渗，且从外髓区到乳头区渗透压不断升高，呈现出明显的渗透梯度。所以，根据尿液的渗透压可以了解肾的渗透压和稀释能力。肾脏对尿液的浓缩和稀释能力，在维持体液平衡和渗透压稳定中有极为重要的作用。

## 二、尿液浓缩和稀释的原理

### （一）逆流交换与逆流倍增的概念

物理学中逆流是指两个并列的管道，其中液体流动的方向相反，如图8-13所示，甲管中液体向下流，乙管中液体向上流。如果甲乙两管下端是连通的，而且两管间的隔膜允许液体中的溶质或热能在两管间交换，便构成了逆流系统。在逆流系统中，由于管壁通透性和管道周围环境的作用，就会产生逆流倍增现象。

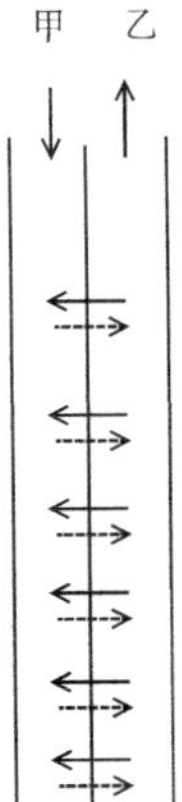


图8-13　逆流系统示意图

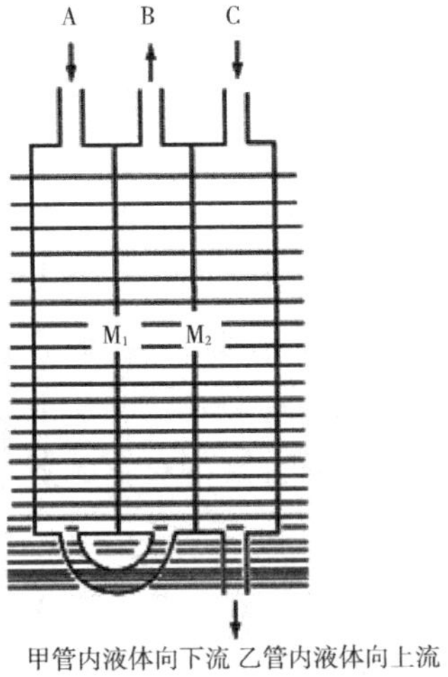


图8-14　逆流倍增模型示意图

逆流倍增现象可根据图8-14的模型来理解。模型中含有钠盐的液体从A管流进，通过管下端的弯曲部分又折返流入B管，然后从B管反向流出，构成逆流系统。溶液流动时，由于$M_1$膜能主动将$Na^+$由B管泵入A管，而$M_1$膜对水的通透性又很低，因此，A管中溶液向下流动过程中将不断接受由B管泵入的$Na^+$，于是$Na^+$的浓度不断增加（倍增）。结果A管中溶液自上而下的渗透浓度会越来越高，到A管下端的弯曲部分时$Na^+$浓度达到最大值。而液体折返从B管底部向上流动时，$Na^+$浓度则越来越低。这样，不论是A管还是B管，从上而下溶液的渗透浓度均逐渐升高，即出现了逆流倍增现象，形成了渗透梯度。如果有渗透浓度较低的溶液从

C管向下流动，而且$M_2$膜对水通透性高，对溶质不通透，水将因渗透作用而进入B管。这样一来，C管内溶液的浓度会逐渐增加，C管下端流出的液体就变成了高渗溶液。

### （二）肾髓质高渗梯度的形成

肾皮质组织液的渗透压与血浆渗透压相同。肾髓质组织液则为高渗，并且由外髓向肾乳头渗透压逐渐升高，呈现出明显的渗透梯度（图8-15）。肾髓质高渗梯度的形成，目前主要用逆流交换与逆流倍增作用来解释。目前主要用肾小管各段对水和溶质通透性不同（表8-1）和逆流倍增现象来解释。

**表8-1　兔肾小管不同部分的通透性**

| 肾小管部分 | 水 | $Na^+$ | 尿素 |
|---|---|---|---|
| 髓袢升支粗段 | 不易通透 | $Na^+$主动重吸收 | 不易通透 |
| 髓袢升支细段 | 不易通透 | 易通透 | 中等通透 |
| 髓袢降支细段 | 易通透 | 不易通透 | 不易通透 |
| 远曲小管 | 有ADH时水易通透 | $Na^+$主动重吸收 | 不易通透 |
| 集合管 | 有ADH时水易通透 | $Na^+$主动重吸收 | 皮质与外髓部不易通透，内髓部易通透 |

1. 外髓高渗梯度的形成

在外髓部，由于髓袢升支粗段能主动重吸收$Na^+$和$Cl^-$（图8-16），而对水不通透，故升支粗段内小管液向皮质方向流动时，管内NaCl浓度逐渐降低，小管液渗透浓度逐渐下降；而升支粗段外围的组织液则变成高渗液。髓袢升支粗段位于外髓部，故外髓部的渗透梯度主要是由升支粗段$Na^+$的重吸收所形成的。

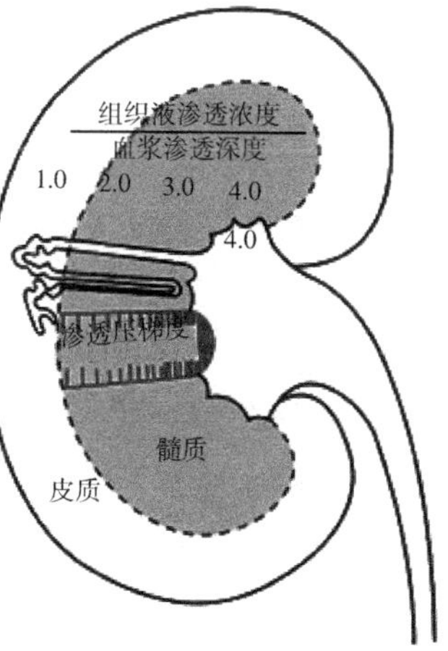


图8-15　肾髓质渗透梯度示意图

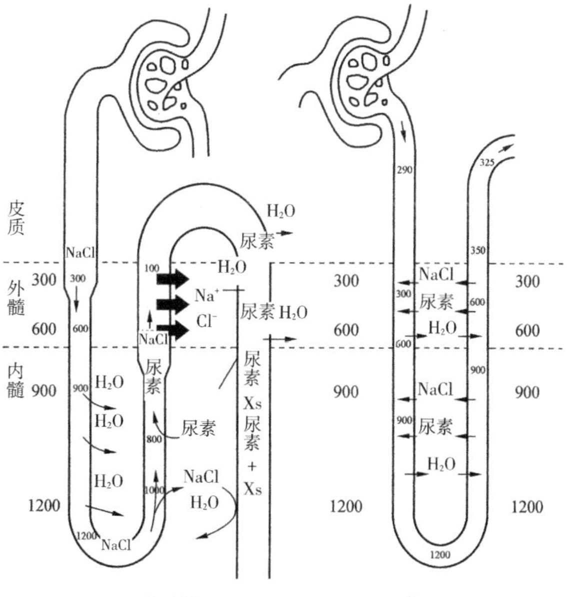


图8-16　尿浓缩机制示意图

2. 内髓高渗梯度的形成

内髓高渗梯度的形成，主要决定于两个因素：

（1）远曲小管及皮质部和外髓部集合管的选择性通透能力。远曲小管及皮质部和外髓部的集合管对尿素不易通透，但在抗利尿激素作用下，其对水通透性增加，由于外髓部高渗，水被重吸收，使小管液中尿素的浓度逐渐升高。当小管液进入内髓部集合管时，由于管壁对尿素的通透性增大，小管液中尿素就顺浓度梯度通过管壁向内髓部组织间液扩散，造成了内髓部组织间液中尿素浓度的增高，渗透浓度也因之而增高。

(2)髓袢降支细段的选择性通透能力。髓袢降支细段对水通透，而对$Na^+$和尿素不通透，由于髓质间的高渗透压，小管液中的水不断进入组织间隙，小管液中$Na^+$浓度及渗透压逐渐升高，到降支顶点转折处达最高值。在髓袢升支细段，管壁对水不通透，而对$Na^+$和尿素通透，$Na^+$顺浓度梯度而被动扩散至内髓部组织间液，从而提高内髓部组织间液的渗透浓度。这样，降支细段与升支细段就构成了一个逆流倍增系统，使内髓部组织间液形成了渗透梯度。

由此可见，内髓部高渗梯度是由内髓部集合管扩散出来的尿素以及髓袢升支细段扩散出来的$Na^+$共同建立起来的。

另外，尿素在髓袢和集合管之间的再循环，参与了内髓部高渗梯度的维持。因为升支细段对尿素具有中等的通透性，所以从内髓部集合管扩散到组织间液的尿素可以进入升支细段，而后流过升支粗段、远曲小管、皮质部和外髓集合管，又回到内髓部集合管处再扩散到组织间液，因而有维持内髓部高渗梯度的作用(图8-16)。

### (三)肾髓质高渗梯度的维持——直小血管的作用

直小血管的功能可用逆流交换现象来理解。图8-17是逆流交换的示意图。在图A中，U形管的升、降支之间不能进行热量交换，所以降支中的冷水在流到热源以前得不到加温，升支中的水温在离开热源以后也不能降低。在图B中，U形管的升、降支之间中间隔着一层管壁，水不能从管壁通过，但热量可以自由通过，这样，冷水流过U形管时，升、降支之间能够交换热量，所以降支中的冷水在进入热源以前就被升支管壁透过来的热量所加温，而升支中的水则因热量不断透入降支而降温。这样，冷水流过U形管时，从热源带走的热量就很有限，所在热源损失掉的热量也很少。

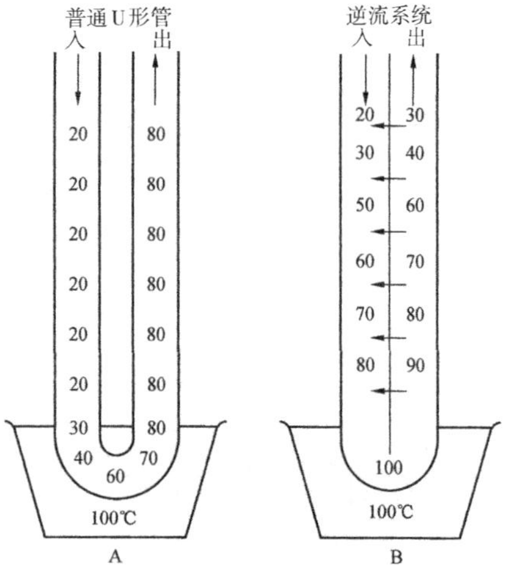


图8-17 逆流交换作用的简单物理模型示意图

如上所述原理，通过肾小管的液体也具有上述的逆流作用，不断有溶质(NaCl和尿素)进入髓质组织间液形成渗透梯度，也不断有水被肾小管和集合管重吸收至组织间液。因此，必须把组织间液中多余的溶质和水除去才能保持髓质渗透梯度。通过直小血管的逆流交换作用就能保持髓质渗透梯度。直小血管的降支和升支是并行的细血管，这个结构构成逆流系统。在直小血管降支进入髓质的入口处，其血浆渗透浓度约为300 mOsm/kg · $H_2O$。由于直小血管对溶质和水的通透性高，当它在向髓质深部下行过程中，周围组织间液中的溶质就会顺浓度梯度不断扩散到直小血管降支中，而其中的水则渗出到组织间液，使血管中的血浆渗透浓度与组织间液达到平衡。因此，愈向内髓部深入，降支血管中的溶质浓度愈高。在折返处，其渗透浓度可高达1 200 mOsm/kg · $H_2O$。如果直小血管降支此时离开髓质，就会把进入直小血管降支中的大量溶质流回循环系统，而从直小血管内出来的水保留在组织间液中。这样，髓质渗透梯度就不能维持。由于直小血管是逆流系统。因此，当直小血管升支从髓质深部返回外髓部时，血管内的溶质浓度比同一水平组织间液的高，溶质又逐渐扩散回组织间液，并且可以再进入降支，这是一个逆流交换过程。因此当直小血管升支离开外髓部时，只把多余的溶质带回循环中。此外，通过渗透作用，组织间液中的水不断进入直小血管升支，又把组织间液中多余的水随血流返回循环。这样就维持了肾髓质的渗透梯度(图8-15)。

## 三、尿的浓缩与稀释过程

尿的浓缩与稀释发生在远曲小管和集合管。集合管与髓袢并行，穿过髓质至肾乳头，髓质的高渗梯度为水的重吸收提供动力。但要实现尿的浓缩，另外还需具备集合管上皮细胞对水的通透性，而集合管对水的通透性受到抗利尿激素(ADH)的调控。

### (一)尿液的浓缩

尿液的浓缩是由于小管液中的水被重吸收而溶质仍留在小管液中造成的。水重吸收的动力来自肾髓质渗透梯度(图8-15)，在机体缺水而抗利尿激素分泌增加时，远曲小管和集合管对水通透性增加，小管液从外髓集合管向内髓集合管流动时，由于髓质集合管周围组织的渗透梯度所引起的渗透作用，水便不断进入高渗的组织间液，使小管液不断被浓缩而变成高渗液，形成浓缩尿。

### (二)尿液的稀释

尿液的稀释是由于小管液的溶质被重吸收而水不易被重吸收造成的。这种情况主要发生在髓袢升支粗段。前已述及，髓袢升支粗段能主动重吸收$Na^+$和$Cl^-$，而对水不通透，故水不被重吸收，造成髓袢升支粗段小管液为低渗。当体内水过剩而抗利尿激素释放被抑制时，集合管对水的通透性非常低。因此，髓袢升支的小管液流经远曲小管和集合管时，NaCl继续被重吸收，使小管液渗透浓度进一步下降，形成低渗小管液，造成尿液的稀释。

上述表明，髓质的渗透梯度是浓缩尿的动力，而抗利尿激素的存在与否是浓缩尿的条件。

## 四、影响尿浓缩和稀释的因素

### (一)髓质间隙高渗压的影响

髓质间隙高渗压对尿浓缩和稀释有重大作用。如升支粗段主动重吸收$Na^+$是形成髓质渗透压梯度的重要因素，影响升支粗段主动重吸收$Na^+$既能影响髓质间隙高渗压的形成，还能进而影响尿的浓缩和稀释。例如，临床上应用的某些利尿剂，其作用主要是抑制髓袢升支粗段对$Na^+$的主动重吸收，使髓质间隙高渗程度下降，水的重吸收减少，产生利尿作用。

### (二)集合管通透性的影响

集合管对水通透性的改变可影响尿的浓度，而对集合管通透性影响最大的是抗利尿激素。当抗利尿激素分泌不足或远曲小管、集合管对抗利尿激素反应低下时均可导致其对水通透性降低，浓缩功能减弱和尿量异常增多，因而产生“尿崩症”。

（三）直小血管血流量的影响

在正常情况下，直小血管内的血流缓慢对保持肾髓质间隙的高渗压有重要作用。如果肾血流加快或增多，将带走肾髓质间隙中的溶质（主要是NaCl），以致不能保持肾髓质的高渗状态，尿的浓缩能力降低。

**案例**

一雪橇犬，7岁，多尿、多饮、多食且伴有腹泻。B超检查发现肝肿大；血液检查发现血糖达8.4 mmol/L以上（正常3.9～6.2 mmol/L），尿糖呈强阳性。低精蛋白锌胰岛素皮下注射（最初剂量为0.5～1.0 U/kg体重），口服甲糖宁，每次0.2～1.0 g，每天3次（或用优福糖，0.2 mg/kg 体重，每天1次）。1天后好转，一周后恢复。初步诊断：该雪橇犬患糖尿病。

**问题与思考**

为何患糖尿病动物会出现多尿和多饮现象？

**提示性分析**

小管液中的溶质所引起的渗透压，可抵抗肾小管重吸收水分的力量。如果小管液溶质浓度很高，渗透压很大，就会妨碍肾小管特别是近球小管对水的重吸收，糖尿病犬的小管液中葡萄糖含量增多，肾小管不能将葡萄糖完全重吸收回血，小管液渗透压因而增高，结果妨碍了水和$Na^+$的重吸收。水的重吸收减少，导致尿量增多。

## 第四节　肾脏泌尿功能的调节

机体对尿生成过程的调节包括对肾小球滤过功能和肾小管与集合管的重吸收及分泌作用的调节。关于肾小球滤过功能的调节主要体现在肾血流量的自身调节和神经体液调节，通过调节肾小球滤过率影响尿的生成。

### 一、肾内自身调节

肾内自身调节包括肾血流量和肾小球滤过的自身调节、小管液中溶质浓度的影响和球-管平衡等。

（一）肾血流量和肾小球滤过率的自身调节

在正常情况下，虽然动脉血压可以发生显著波动，但肾脏通过内在反馈调节机制仍然可以保持肾血流量和肾小球滤过率的稳定。肾脏在离体条件下，用血液灌注（灌注压80～180 mmHg或者10.7～24 kPa），能仍然保持这种机制。这种在没有外来神经和体液因素作用的情况下,肾血液量和肾小球滤过率维持相对稳定的现象,称为肾的自身调节。其调节机制有两种解释。

一是肌源学说,该学说的观点认为:肾小球入球小动脉平滑肌的紧张性,有随血压变化而变化的特性。当肾灌注压在80~180 mmHg范围内升高时,入球小动脉血管平滑肌受到的牵张刺激增强,平滑肌的紧张性升高,血管口径相应地缩小,血流阻力相应地增大,对抗灌注压的升高,使流入的血量不致增多,保持肾血流量的相对稳定。当灌注压降低时则发生相反的过程,肾血流量也保持相对稳定。但当灌注压超出80~180 mmHg范围时,则超出了肾血流量的自身调节能力,肾血流量将随血压的变化而变化。在实验中用平滑肌松弛药罂粟碱后,肾血流量的自身调节能力消失,这为肌源学说提供了有力证据。

二是管-球反馈(Tubuloglomerular feed back),其全称是肾小管-肾小球反馈,是指每一个肾单位对其肾小球滤过率进行自身调节的一种机制。管-球反馈的感受部位是近球小体的致密斑部分。当一个肾单位的远端小管中小管液的流量和成分(主要是NaCl含量)发生改变时,其信息可被致密斑捕捉,并将信息传递给管-球反馈的效应部位肾小球,其效应是入球小动脉阻力的改变,进而导致肾小球滤过率的改变。这种小管液流量和小管液NaCl含量的变化影响肾血流量和滤过率的现象称为管-球反馈。管-球反馈机制可能与肾脏局部的肾素-血管紧张素系统有关,当小管液流量增加时,致密斑发出信息刺激颗粒细胞释放肾素,肾素-血管紧张素系统活动加强,生成的血管紧张素Ⅱ增多,使肾小球入球小动脉收缩,肾小球滤过率降低,滤过系数变小。反之,肾素-血管紧张素系统活动减弱,入球小动脉舒张,肾小球滤过率升高。

### (二)小管液中溶质的浓度

小管液中溶质所呈现的渗透压,是对抗肾小管重吸收水分的力量。如果小管液溶质浓度很高,渗透压很大,就会妨碍肾小管特别是近球小管对水的重吸收,使尿量增加。这种由于小管液溶质含量增多,渗透压增高,使肾小管对水的重吸收减少而尿液增多的现象,称为渗透性利尿(Osmotic diuresis)。例如,糖尿病患者的多尿,就是由于小管液中葡萄糖含量增多,肾小管不能将葡萄糖完全重吸收回血,小管液渗透压因而增高,妨碍了水的重吸收,使尿量增加。临床上可使用肾小球能滤过而又不被肾小管重吸收的物质,如甘露醇,来提高小管液中溶质的浓度,借以达到利尿、消肿的目的。

### (三)球-管平衡

正常情况下,近端小管的重吸收率与肾小球滤过率之间有着密切的联系。实验表明,无论肾小球滤过率增多或者减少,近端小管的重吸收率始终占滤过率的65%~70%,此现象称为球-管平衡(Glomerulotubular balance)。球-管平衡的生理意义在于使尿中排出的溶质和水不致因肾小球滤过率的增减而出现大幅度的变动。

球-管平衡与近端小管对$Na^+$的定比重吸收有关。近端小管对$Na^+$的重吸收率是滤过率的65%~70%,从而决定了滤液的重吸收率总是占肾小球滤过率的65%~70%。定比重吸收机制与管周毛细血管的血压和胶体渗透压变化有关。在肾血流量不变的前提下,当肾小球滤过率增加时,进入近端小管周围毛细血管的血量减少,毛细血管血压降低而胶体渗透压增高，组织液加速进入毛细血管，从而有利于肾小管对$Na^+$和水的重吸收，使重吸收率仍达肾小球滤过率的65 %～70 %；如果肾小球滤过率减少，则发生相反的变化，重吸收率也为肾小球滤过率的65 %～70 %。

球-管平衡在某些情况下可能被打乱。例如，当发生渗透性利尿时，近球小管重吸收率减少，而肾小球滤过率不受影响，这时重吸收率就会小于65 %～70 %，尿量和尿中的NaCl排出量明显增多。

## 二、神经调节

一般认为，肾脏没有或极少有副交感神经分布，而主要受交感神经支配。肾交感神经兴奋时，通过影响肾小球血流量、肾素的分泌和肾近球小管的重吸收而调节尿的生成。肾交感神经兴奋时：①入球小动脉和出球小动脉收缩，而前者血管收缩比后者更明显，因此，肾小球毛细血管的血浆流量减少和肾小球毛细血管的血压下降，肾小球的有效滤过压下降，肾小球滤过率减少；②刺激近球小体中的颗粒细胞释放肾素，导致循环中的血管紧张素Ⅱ和醛固酮含量增加，增加肾小管对$Na^+$和水的重吸收；③增加近球小管和髓袢上皮细胞重吸收$Na^+$、$Cl^-$和水。微穿刺表明，低频率低强度电刺激肾交感神经，在不改变肾小球滤过率的情况下，可增加近球小管和髓袢对$Na^+$、$Cl^-$和水的重吸收。这种作用可被$\alpha_1$肾上腺素受体拮抗剂所阻断，表明肾交感神经兴奋时其末梢释放去甲肾上腺素，作用于近球小管和髓袢细胞膜上的$\alpha_1$肾上腺素能受体，增加$Na^+$、$Cl^-$和水的重吸收，抑制肾交感神经活动则有相反的作用。

## 三、体液调节

### （一）抗利尿激素

#### 1. 抗利尿激素的作用

抗利尿激素（Antidiuretic hormone，ADH）又称血管升压素（Vasopressin，VP），是由9个氨基酸残基组成的小肽，它是下丘脑的视上核和室旁核的神经元分泌的一种激素。它在细胞体中合成，经下丘脑-垂体束运输到神经垂体释放入血发挥作用。抗利尿激素的主要作用是提高远曲小管和集合管上皮细胞对水的通透性，增加这两个部位对水的重吸收，使尿液浓缩，尿量减少（抗利尿）。

#### 2. 抗利尿激素的作用机制

抗利尿激素与远曲小管和集合管上皮细胞管周膜上的血管加压素Ⅱ型受体（$V_2$受体）结合后，激活膜内的腺苷酸环化酶，使上皮细胞中cAMP的生成增加；cAMP的生成增加，激活上皮细胞中的蛋白激酶，蛋白激酶的激活，使位于管腔膜附近的含有水通道的小泡镶嵌在管腔膜上，增加管腔膜上的水通道，从而增加水的通透性。当抗利尿激素缺乏时，管腔膜上的水通道可在细胞膜的凹陷处集中，后者形成吞饮小泡进入胞浆，称为内移（Internaliza-

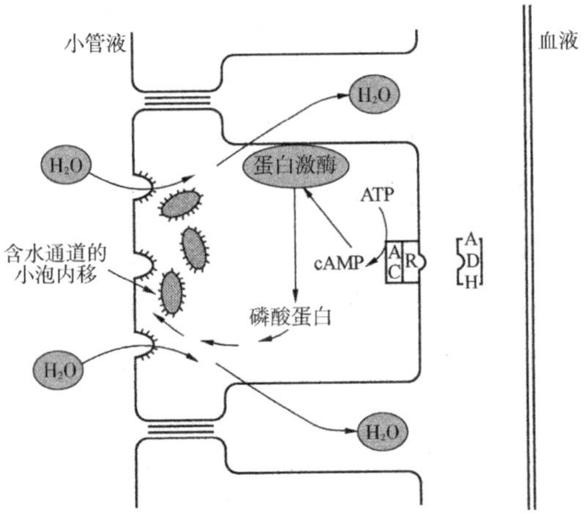

图8-18　抗利尿激素的作用机制示意图

tion)。因此,管腔膜上的水通道消失,对水就不通透。这些含水通道的小泡镶嵌在管腔膜或从管腔膜进入细胞内,就可调节管腔内膜对水的通透性(图8-18)。水可自由通过基侧膜,因此,水通过管腔膜进入细胞后自由通过基侧膜进入毛细血管而被重吸收。

3. 抗利尿激素分泌的调节

血浆晶体渗透压升高、循环血量减少和血压降低,均可刺激ADH的分泌和释放增多;反之,则抑制其分泌和释放。其中,血浆晶体渗透压是影响ADH分泌和释放的主要因素。

(1)血浆晶体渗透压。下丘脑视上核和室旁核及其周围区域存在渗透压感受器,这些细胞对血浆晶体渗透压,尤其是对NaCl浓度的改变非常敏感。

在动物大量出汗或病理情况下发生严重的呕吐、腹泻后,导致体内水分丢失,血浆晶体渗透压升高,刺激下丘脑晶体渗透压感受器,使视上核和室旁核细胞分泌、神经垂体释放的ADH增加,促进远曲小管和集合管对水的重吸收,尿液浓缩,水排出减少,有利于血浆晶体渗透压恢复到正常范围;相反,如动物短时间内大量饮用清水,血浆晶体渗透压降低,抗利尿激素分泌减少,导致尿液被稀释,尿量增加,从而使机体内多余的水排出体外。动物大量饮用清水使ADH分泌减少引起尿量明显增多的现象,称为水利尿。水利尿是临床上用来检测肾稀释能力的一种常用实验。

(2)循环血量和动脉血压。机体失血后,循环血量减少,对左心房和胸腔大静脉壁上的容量感受器刺激减弱;同时心输出量减少,血压降低,对主动脉弓压力感受器的刺激减弱,两者经迷走神经传入中枢的冲动减少,反射性地使ADH分泌和释放增多,水重吸收增多,尿量减少,有利于血容量和血压的恢复。大量静脉输液后,循环血量增多,对容量感受器的刺激增强;心输出量增多,血压升高,对压力感受器的刺激增强,两者均可使经迷走神经传入的冲动增加,反射性地抑制ADH的分泌和释放,使水的重吸收减少,尿量增多,以排出体内过剩的水分。

## (二)醛固酮

1. 醛固酮的作用

醛固酮由肾上腺皮质球状带分泌。其作用主要是促进远曲小管和集合管上皮细胞对$Na^+$的重吸收;同时促进$Cl^-$、水的重吸收以及$K^+$的分泌,因而具有保$Na^+$、排$K^+$和增加细胞外液容量(血容量)的作用。

2. 醛固酮的作用机制

醛固酮进入远曲小管和集合管的上皮细胞后,与胞浆受体结合,形成激素-受体复合物;后者通过核膜,与核中的DNA特异性结合位点相互作用,调节特异性mRNA转录,最后合成多种醛固酮诱导蛋白(Aldosterone-induced protein)。醛固酮诱导蛋白可能是:①管腔膜的$Na^+$通道蛋白,从而增加管腔的$Na^+$通道数量;②线粒体中合成ATP的酶,增加ATP的生成,为上皮细胞活动($Na^+$泵)提供更多的能量;③基侧膜的$Na^+$泵,增加$Na^+$泵的活性,促进细胞内的

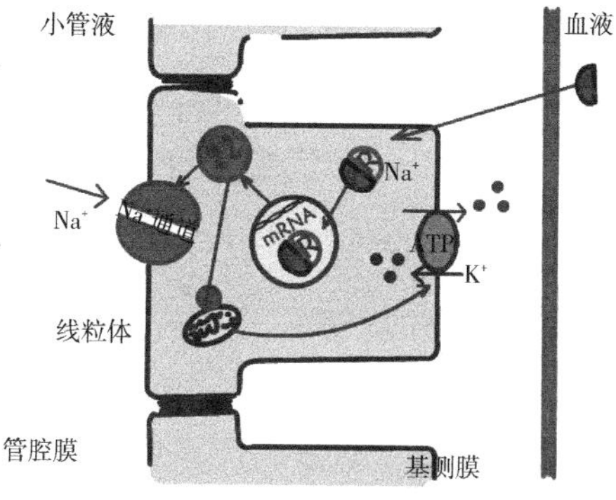


图8-19 醛固酮作用机制的示意图

$Na^+$从细胞出来和$K^+$进入细胞，提高细胞内的$K^+$浓度，有利于$K^+$分泌（图8-19）；由于$Na^+$重吸收增加，造成了小管腔内的负电位，有利于$K^+$的分泌和$Cl^-$的重吸收。结果，在醛固酮的作用下，远曲小管和集合管对$Na^+$的重吸收增强的同时，$Cl^-$和水的重吸收增加，导致细胞外液量增多；$K^+$的分泌量增加。

3. 醛固酮分泌的调节

醛固酮的分泌主要受肾素-血管紧张素-醛固酮系统和血$K^+$、血$Na^+$浓度的调节。

（1）肾素-血管紧张素-醛固酮系统。肾素主要是由近球小体中的颗粒细胞分泌的。它是一种蛋白水解酶，能催化血浆中的血管紧张素原转化成血管紧张素Ⅰ（10肽），其可被肺组织中的血管紧张素转换酶水解生成血管紧张素Ⅱ（8肽），血管紧张素Ⅱ可受到血浆或组织中的氨基肽酶作用，形成血管紧张素Ⅲ（7肽），血管紧张素Ⅱ、Ⅲ均可刺激肾上腺皮质球状带合成和分泌醛固酮。

肾素的分泌受多方面因素的调节。目前认为，肾内有两种感受器与肾素分泌的调节有关。一个是入球小动脉处的牵张感受器，另一个是致密斑感受器。当循环血量减少时，肾血流量减少，肾入球小动脉血压降低，对入球小动脉壁的牵张刺激减弱，牵张感受器兴奋，肾素释放量增加；同时，由于入球小动脉的压力降低和血流量减少，流经致密斑的$Na^+$含量减少，刺激致密斑感受器兴奋，肾素释放量也可增加。此外，颗粒细胞受交感神经支配，肾交感神经兴奋时也能引起肾素的释放量增加，肾上腺素和去甲肾上腺素也可直接刺激颗粒细胞，促使肾素释放增加。

由以上叙述可见，肾素分泌的量，决定了血浆中血管紧张素的浓度。血管紧张素的浓度又决定了血浆中醛固酮的水平，通常情况下，肾素、血管紧张素和醛固酮在血浆中的水平保持一致，构成一个相互关联的功能系统，称为肾素-血管紧张素-醛固酮系统（图8-20）。

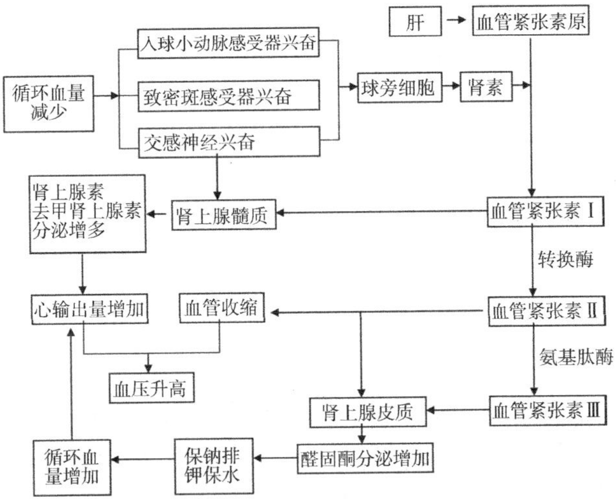


**图8-20 肾素-血管紧张素-醛固酮系统**

（2）血$K^+$和血$Na^+$浓度。血$K^+$浓度升高和血$Na^+$浓度降低，可直接刺激肾上腺皮质球状带，增加醛固酮的分泌，导致保$Na^+$排$K^+$，从而维持了血$K^+$和血$Na^+$浓度的平衡；反之，血$K^+$浓度降低，或血$Na^+$浓度升高，则醛固酮分泌减少。醛固酮的分泌对血$K^+$浓度升高十分敏感，血$K^+$仅增加0.5～1.0mmol/L就能引起醛固酮分泌，而血$Na^+$浓度必须降低很多才能引起同样的反应。

## （三）其他激素

1. 心房钠尿肽

心房钠尿肽（Atrial natriuretic peptide，ANP）是心房肌细胞合成的激素。循环中的心房钠尿肽是由28个氨基酸残基组成的。它有明显的促进NaCl和水的排出作用。其作用机制可能包括：①抑制集合管对$Na^+$的重吸收。心房钠尿肽与集合管上皮细胞基侧膜上的心房钠尿肽受体结合，使管腔膜上的$Na^+$通道关闭，抑制$Na^+$重吸收，增加$Na^+$的排出；②使出球小动脉，尤其是入球小动脉舒张，增加肾血浆流量和肾小球滤过率；③抑制肾素的分泌；④抑制醛固酮的分泌；⑤抑制抗利尿激素的分泌。

2. 前列腺素（Prostaglandin, PG）

在动物实验中，从肾动脉内灌注前列腺素$PGE_2$和$PGI_2$可导致肾小动脉舒张，增加肾血流量；在肾内，$PGE_2$和$PGI_2$还可抑制近球小管和髓袢升支粗段对$Na^+$的重吸收，导致尿钠排出增多；在集合管，$PGE_2$和$PGI_2$还可对抗血管抗利尿激素的作用，导致尿量增加。

3. 甲状旁腺素（Parathyroid hormone，PTH）

PTH对肾有如下作用：抑制近曲小管对磷酸盐的重吸收，促进其排泄；促进远曲小管和集合管对$Ca^{2+}$的重吸收，降低尿钙；增强肾小管细胞内羟化酶的活性，促进25-（OH）-$D_3$转变为1,25-$(OH)_2$-$D_3$，进而促使对$Ca^{2+}$的吸收。

4. 降钙素（Calcitonin，CT）

CT可抑制肾小管对钙、磷的重吸收，促进二者的排泄，还抑制肾羟化酶的活性，阻碍25-（OH）-$D_3$的活化，从而抑制钙的吸收。

综上所述，肾通过生成尿液，在参与维持内环境理化性质的相对稳定中发挥重要作用，具体体现在以下几方面。

1. 保留有用的物质，排泄代谢产物

通过肾小球滤过、肾小管和集合管的选择性重吸收和分泌作用，对动物有用的物质几乎全部或大部分得以重吸收；体内蛋白质和核酸等的代谢产物如肌酐、尿素、尿酸和其他含氮物质，代谢产生的非挥发性酸如硫酸、磷酸生成的盐，进入体内的异物以及过剩的水和电解质等，则随尿液排出体外，使血液和内环境得以“净化”。

2. 保持体液渗透压和容量的相对稳定

肾主要通过对尿液的浓缩和稀释来控制水分的排出量，进而控制体液的渗透压和容量。当动物缺水时，血浆晶体渗透压升高，ADH分泌和释放增多，水重吸收增加，尿液被浓缩，以最大程度地保留水分，从而有助于体液高渗透压状态的纠正；但在水分过剩时，体液容量增多，渗透压降低，ADH分泌释放减少或停止分泌，水重吸收减少，尿液极度稀释，以排出过剩的水分，使体液的渗透压和容量又逐渐恢复到正常。

3. 维持电解质和酸碱平衡

体液中的$Na^+$、$K^+$、$Ca^{2+}$和$Mg^{2+}$等都具有特定的生理功能。电解质平衡的维持，主要是通过肾小管对这些离子的选择性重吸收作用来完成的。肾还能通过肾小管和集合管的分泌活动，参与维持体液酸碱平衡。如近端小管在分泌$H^+$的同时，重吸收$HCO_3^-$以保持体内的碱储备；远曲小管和集合管分泌$H^+$和$NH_3$的作用，可促进体内非挥发性酸的排出。在动物摄入或代谢产生的酸、碱性物质增多时，肾小管则通过加强其分泌作用，使过剩的酸或碱及时排出，以保持体液的酸碱平衡。

**案例**

一小型犬,主诉该犬半个月前开始精神萎靡,饮水量和尿量显著增大,尿检未发现蛋白和葡萄糖,但发现尿比重为1.002,禁水1 h后尿量和比重均无明显变化;皮下注射抗利尿激素后好转。初步诊断为尿崩症。

**问题与思考**

1. 抗利尿激素的来源及作用?

2. 犬患尿崩症后为什么会导致尿量激增?

**提示性分析**

1. ADH由下丘脑视上核和室旁核分泌,经神经垂体释放入血,主要作用是增加远曲小管和集合管对水的通透性,促进小管液中水的重吸收,使尿生成量减少。

2. 多种原因(如脑损伤、感染等)可导致下丘脑抗利尿激素分泌减少或停止分泌,引起肾小管重吸收水的功能障碍,从而引起多尿、口渴、多饮及排出低比重尿液的症状。本病多由于下丘脑–神经垂体部位的病变所致,但部分病例无明显病因。

# 第五节　尿的排出

尿的生成是连续发生的过程。集合管流出的尿汇入乳头管,再进入肾盂。由于压力差和肾盂的收缩,尿被送入输尿管,输尿管的周期性蠕动将其运送至膀胱。膀胱内储存的尿达到一定量时,引起排尿反射,尿液经尿道排出体外。因此,排尿是间歇性的。

## 一、膀胱与尿道的神经支配

膀胱逼尿肌和内括约肌受交感神经和副交感神经支配。由骶髓发出的盆神经中含副交感神经纤维,它的兴奋可使逼尿肌收缩、膀胱内括约肌松弛,促进排尿。交感神经纤维由腰髓发出,经腹下神经到达膀胱。它的兴奋则使逼尿肌松弛、内括约肌收缩,阻抑尿的排放。但在排尿活动中交感神经的作用比较次要。

膀胱外括约肌受阴部神经(由骶髓发出的躯体神经)支配,它的兴奋可使外括约肌收缩。这一作用受意识控制。至于外括约肌的松弛,则是阴部神经活动的反射性抑制所造成的。

上述三种神经也含有传入纤维。膀胱充胀感觉的传入纤维在盆神经中;传导膀胱痛觉的纤维在腹下神经中;而传导尿道感觉的传入纤维在阴部神经中(图8–21)。

## 二、排尿反射

肾脏生成的尿液经输尿管到达膀胱,暂时贮存起来。当膀胱内的尿液蓄积到一定量时,引起排尿反射(Micturition reflex),将尿液排出体外。

膀胱内无尿时,膀胱内压为零。当膀胱尿量充盈到一定程度时,膀胱壁的牵张感受器受到刺激而兴奋。冲动沿盆神经传入到达骶髓的排尿反射初级中枢;同时,冲动也上行达大脑皮质的排尿反射高级中枢,产生尿意。如条件允许排尿,由排尿反射高级中枢发出的冲动加强初级中枢的兴奋。经盆神经传出冲动增多,引起逼尿肌收缩、内括约肌松弛,尿液进入后尿道。后尿道感受器受到尿液刺激,冲动沿阴部神经传入脊髓初级排尿中枢后使其活动增强,再经传出神经使逼尿肌加强收缩,外括约肌松弛。于是,尿液被强大的膀胱内压驱出。尿液对尿道的刺激可进一步反射性地加强排尿中枢活动,这是一种典型的正反馈,它使排尿反射一再加强,直至尿液排完为止。此外,在排尿时,腹肌和膈肌的强大收缩也产生较高的腹内压,协助排尿。

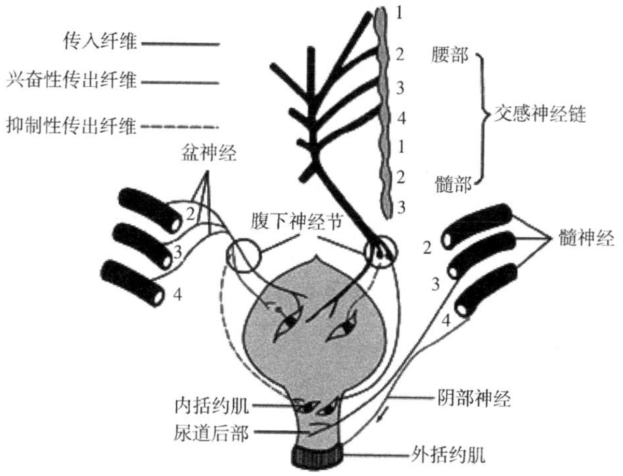

图8-21 膀胱和尿道的神经支配

由于排尿反射直接受大脑皮质控制,容易形成各种排尿的条件反射。因此,在人工饲养条件下的动物管理中,可以通过训练动物在一定的地点和在一定的时间排尿,以利厩舍的卫生。

排尿反射发生障碍时,可出现排尿异常,临床上常见的有尿频、尿潴留和尿失禁。排尿次数过多者称为尿频,常常是由于膀胱炎症或机械性刺激(如膀胱结石)而引起的;膀胱中尿液充盈过多而不能排出者称为尿潴留,其多数情况是由于腰骶部脊髓损伤使排尿反射初级中枢的活动发生障碍所致;当脊髓受损,以致初级中枢与大脑皮质的高级排尿中枢失去联系时,排尿便失去了意识控制,可出现尿失禁。

**案例**

一犬,主诉厌食,不愿活动,烦躁不安,呻吟,站立时背腰拱起,行走困难,常做排尿动作;检查触碰该犬腹部,犬敏感,腹壁紧张,扭头顾腹,挣扎。腹部B超检查,发现膀胱液性暗区有强光点存在,伴有明显的声影,且小的强回声光点随探头抖击膀胱而上下浮沉;初步诊断该犬患膀胱结石。麻醉患犬前15 min,以0.05 mg/kg剂量肌肉注射阿托品,麻醉后从尿道口插入导尿管,导出膀胱内尿液,再注入含适量抗生素和普鲁卡因的温生理盐水,使膀胱适当充盈、尿路浸润麻醉。结石排出后,向膀胱内注入含80万单位青霉素的温生理盐水20 mL,防止尿路感染。第二日起灌服速尿,并服肾石通,一周后恢复。

**问题与思考**

为何膀胱结石会导致排尿异常?

**提示性分析**

膀胱壁上分布有牵张感受器,容易受到结石反复刺激而兴奋。冲动沿盆神经传入,到达骶髓的排尿反射初级中枢;同时,冲动上传至脑干和大脑皮质的排尿反射高位中枢,并产生排尿欲。因此,膀胱结石可引起疼痛、尿频等排尿异常现象。

## 思考题

一、名词概念

1.排泄　　2.有效滤过压　　3.抗利尿激素

4.肾糖阈　　5.渗透性利尿　　6.水利尿

二、单项选择题

1. 下列哪种物质不能由肾小球滤过(　　)

A. 葡萄糖　　B.NaCl　　C.KCl　　D.血浆蛋白

2. 肾近曲小管对$Na^+$的重吸收是(　　)

A.与氢泵有关的主动重吸收　　B.与钠泵有关的主动重吸收

C.由电位差促使其被动重吸收　　D.由浓度差促使其被动重吸收

3. 肾脏在下列哪个部位对水进行调节性重吸收(　　)

A.髓袢升支细段　　B.髓袢降支粗段　　C.集合管　　D.近曲小管

4. 抗利尿激素的作用部位是(　　)

A.髓袢升支细段　　B.髓袢降支粗段　　C.集合管和远曲小管　　D.近曲小管

5. 葡萄糖的重吸收常与哪种离子同向转运(　　)

A.$K^+$　　B. $Na^+$　　C. $H^+$　　D. $Cl^-$

6. 肾素–血管紧张素–醛固酮系统激活后,下述叙述正确的是(　　)

A.醛固酮分泌减少　　B.小动脉紧张性降低

C.肾对钠盐排出量减少　　D.肾对钾盐的排出量减少

7. 酸中毒时常伴有高血钾,主要是由于(　　)

A. $Na^+$–$H^+$交换增加而$Na^+$–$K^+$交换减少

B.$Na^+$–$H^+$交换减少而$Na^+$–$K^+$交换增加

C.$Na^+$–$H^+$交换和$Na^+$–$K^+$交换都增加

D.$Na^+$–$H^+$交换和$Na^+$–$K^+$交换都减少

8. 动物大量出汗引起尿量减少,主要是因为(　　)

A.血浆晶体渗透压升高使ADH释放增加

B.血浆晶体渗透压降低使ADH释放减少

C.血浆胶体渗透压升高使肾小球滤过率下降

D.交感神经兴奋使ADH释放增加

9. 在下列哪种情况下肾小球滤过率基本保持不变(　　)

A. 血浆胶体渗透压降低　　B. 囊内压升高

C. 滤过膜的通透性增大　　D. 动脉血压在80 mmHg至180 mmHg范围内波动

10. 引起ADH分泌最敏感的因素是(　　)

A. 循环血量减少　　B. 血浆晶体渗透压增高

C. 血浆胶体渗透压升高　　D. 疼痛刺激

三、简述题

1. 简述肾脏的主要功能。

2. 肾小球的滤过作用受哪些因素的影响?

3. 抗利尿激素和醛固酮的主要生理作用是什么?

四、论述题

动物一次性大量饮用清水或给动物大剂量静脉输入生理盐水后,尿液有何变化,为什么?

# 第 9 章 骨骼肌的收缩功能

**本章导读**

肌细胞最基本的功能是将化学能转变为机械能。骨骼肌细胞由肌原纤维构成,肌原纤维又由粗、细肌丝构成,它们形成规则的几何排列,肌小节是肌肉收缩和舒张的基本单位。肌肉的收缩机制是肌丝滑行,兴奋-收缩偶联是关键环节,后者的偶联因子是$Ca^{2+}$,结构基础是三联体。肌肉的收缩效能受到肌肉的前负荷、后负荷和肌肉本身收缩能力的影响。

动物的各种运动,主要是靠肌细胞的收缩来完成的。体内具有收缩功能的肌细胞分为两类:一类是附着在骨骼上的骨骼肌,占动物体重的40 %,受躯体运动神经直接控制,完成躯体随意运动,又称为随意肌;另一类是心肌和平滑肌,分布于心脏、胃肠、血管、子宫等内脏器官,受植物性神经支配,称为非随意肌。从显微结构上来看,骨骼肌、心肌和平滑肌在结构、收缩特征和神经控制方面各有其特点,但收缩机制却基本一致。有关心肌和平滑肌的功能和特性,在各个相应的章节中已介绍,本章重点介绍骨骼肌的生理特征及肌肉收缩的发生机制。

## 第一节 骨骼肌的功能结构

### 一、骨骼肌的解剖结构

家畜体内大约有300块以上的骨骼肌。每一块完整的骨骼肌都包括肌外膜(Epimysium)、肌束膜(Perimysium)、肌束、肌内膜(Endomysium)、肌细胞(肌纤维)五部分(图9-1)。肌细胞是骨骼肌的基本结构单位和功能单位,每个肌束内一般含有20 ~ 300个肌纤维,每条肌纤维的数量和粗细与骨骼肌的部位和运动精度有关。

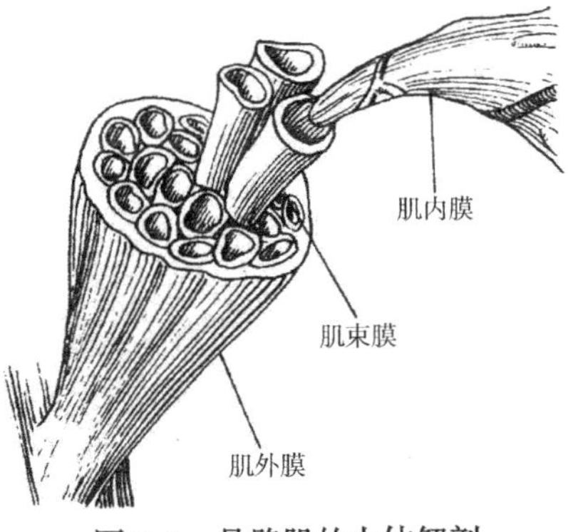

**图9-1 骨骼肌的大体解剖**

### 二、骨骼肌的显微结构

骨骼肌由大量成束的肌纤维组成,每条肌纤维就是一个肌细胞。肌纤维是一种特殊分化的细胞，呈细长圆柱形，两端逐渐变细，长度在1～340 mm之间。肌纤维的直径与动物种类、肌肉类型、训练状况、营养状况、成熟程度和纤维类型密切相关。

肌纤维外有细胞膜，也称肌膜，内有细胞质、细胞器以及肌原纤维，骨骼肌细胞为多核细胞，平均每个细胞含100～200个细胞核。肌细胞的细胞质在成分上和功能上与其他细胞类似，但肌红蛋白却为骨骼肌细胞所特有。快肌细胞在进行生理活动过程中，需要消耗大量氧来进行有氧代谢生成能量，这些氧需肌红蛋白供给。肌肉中所含肌红蛋白的量决定肌肉的颜色，与动物活动时对氧需求量有关。潜水哺乳动物如鲸、海豹的肌肉由于含有大量肌红蛋白而呈棕红色，肌红蛋白储存的氧可以使这些动物长时间潜在水下。骨骼肌细胞在结构上最突出的特点是含有大量高度有序排列的肌原纤维和肌管系统，是肌肉进行机械活动、耗能做功的结构基础。

（一）肌原纤维和肌小节

每个肌细胞都含有上千条直径为1~2 μm、沿细胞长轴走行的肌原纤维（Myofibril）。肌原纤维在肌细胞内平行排列，在光学显微镜下呈现有规则的明暗相间的横纹，暗带（A带）较宽，宽度较固定，不论肌肉处于静止、受到被动牵拉还是进行收缩时，它都保持1.5 μm的宽度；明带（I带）的宽度可因肌原纤维所处状态而变化，舒张时较宽，收缩时变窄。在I带正中有一条暗纹，叫Z线（间膜）。A带中间有一条亮纹，叫H带。H带正中可见一条深色线，叫M线（中膜）。肌原纤维上两条相邻Z线之间的区域称为肌小节（Sarcomere），其包含着中间的暗带和两侧各1/2的明带。肌小节是肌细胞收缩和舒张的基本单位，它的长度随肌肉舒缩可在1.5~3.5 μm之间变动（图9–2）。

电子显微镜下观察发现，肌原纤维由两种不同类型的肌丝组成，一种为粗肌丝（Thick myofilament），一种为细肌丝（Thin myofilament）。肌小节的暗带长度与粗肌丝相等，暗带中央的M线是将粗肌丝固定的细胞骨架蛋白。明带由细肌丝构成，细肌丝长约1 μm，一端固定于Z线，一端以游离状态插入暗带的粗肌丝之间，与粗肌丝重叠交错。其中未与粗肌丝重叠的部分，对应形成明带；与粗肌丝重叠的部分，对应形成暗带的一部分。M线两侧没有细肌丝插入的部分则形成H带（图9–3）。

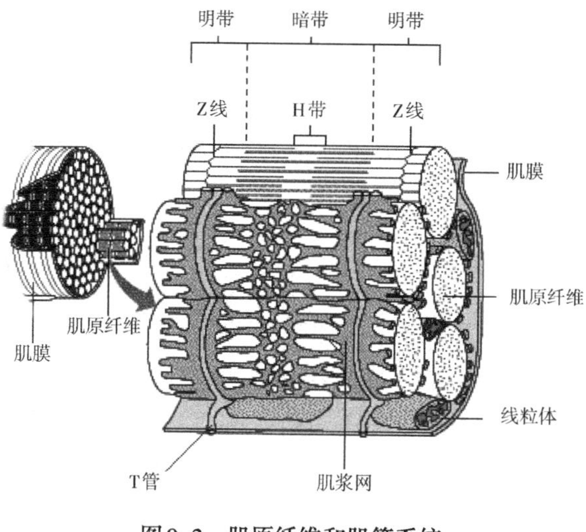


图9–2　肌原纤维和肌管系统

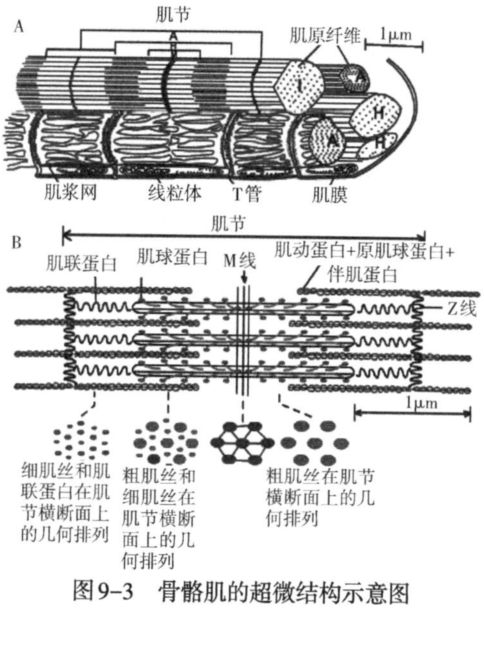


图9–3　骨骼肌的超微结构示意图

（二）肌管系统

在每一条肌原纤维周围都包绕着膜性囊管状结构并形成肌管系统。这些囊管状结构包括两种来源和功能都不相同的管道系统（图9-2）：一组为横管系统（T管），它们的走行方向和肌原纤维相垂直，由肌细胞膜向内凹陷而成，是细胞膜的延续，它们形成一个闭合的管道而不与胞浆相通，穿行在肌原纤维之间，并在Z线的附近形成环绕肌原纤维的管道；横管之间可相互沟通，且内腔通过肌膜凹陷处的小孔与细胞外液相通。另一组为纵管系统，也称肌浆网（L管），它们的走行方向和肌小节平行，且主要包绕每个肌小节的中间部分。它们也相互沟通，但不与细胞外液或胞浆沟通，在接近肌小节两端的横管时管腔膨大，称为终末池，这种结构使纵管以较大的面积和横管相靠近。每一横管和来自两侧肌小节的纵管终末池，构成三联管结构。横管和纵管的膜在三联管结构处并不接触，中间被胞浆隔开，它们之间的功能联系取决于一定的信息转导。

三联管信息转导由横管系统和纵管系统共同完成。横管系统是将肌膜上动作电位的信息传入细胞内部的中介结构；纵管系统和终末池是通过$Ca^{2+}$的贮存、释放和再积聚，触发肌小节的收缩和舒张；而三联管结构正是把肌细胞膜的电变化和细胞内的收缩过程衔接或偶联起来的关键部位。因此，三联管是兴奋-收缩偶联的结构基础，而$Ca^{2+}$被认为是启动兴奋-收缩偶联的因子。

## 三、肌丝的蛋白质分子结构

（一）粗肌丝

粗肌丝主要由肌凝蛋白（又名肌球蛋白，Myosin）分子构成，每一条粗肌丝含200～300个肌凝蛋白分子，每一个肌凝蛋白又分为头部和杆状部，形似豆芽（图9-4A）。杆状部朝向M线平行排列，形成粗肌丝的主干；头部则有规律地伸出粗肌丝主干表面，形成横桥（Cross-bridge）（图9-4B）。横桥的主要作用有：①具有ATP酶活性，可分解ATP释放能量，作为横桥摆动和做功的能量来源；②具有与细肌丝上的肌动蛋白可逆结合的能力。横桥一旦与肌动蛋白结合即分解ATP，使横桥摆动，拖动细肌丝向M线滑行，引发肌肉收缩。由此可见，横桥与肌动蛋白的相互作用，是引起肌丝滑行的必要条件。

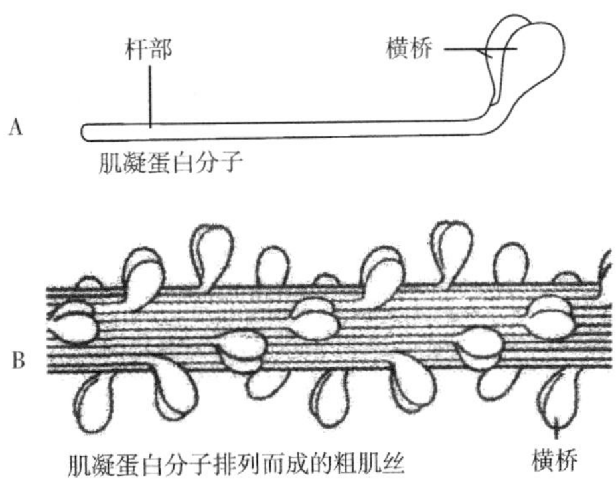


**图9-4 粗肌丝分子结构示意图**

（二）细肌丝

细肌丝至少由三种蛋白质组成，包括肌动蛋白、原肌球蛋白和肌钙蛋白，其中60 %是肌动蛋白（Actin，亦称肌纤蛋白）（图9-5）。肌动蛋白分子单体呈球状，但它们在细肌丝中则聚合成双螺旋状，成为细肌丝的主干。肌动蛋白、肌球蛋白直接参与肌丝滑行，合称为收缩蛋白。原肌球蛋白和肌钙蛋白并不直接参与肌丝间的相互作用，但可影响和控制收缩蛋白质之间的相互作用，故被称为调节蛋白。其中原肌球蛋白（Tropomyosin）也呈双螺旋结构，在细肌丝中和肌动蛋白双螺旋并行。在肌肉安静时原肌球蛋白的位置正好处在肌动蛋白和横桥之间，阻碍了它们之间的相互作用；肌钙蛋白（Troponin），并不直接和肌动蛋白分子相连接，而是以一定的间隔出现在原肌球蛋白的双螺旋结构上。肌钙蛋白分子呈球形，含有三个亚单位，即原肌球蛋白结合亚单位（TnT）、钙结合蛋白亚单位（TnC）及抑制亚单位（TnI）。亚单位T的作用是使整个肌钙蛋白分子与原肌球蛋白结合；亚单位I的作用是在亚单位C与$Ca^{2+}$结合时，将信息传递给原肌球蛋白，引起后者的分子构型改变，解除对肌动蛋白与横桥结合的阻碍作用。

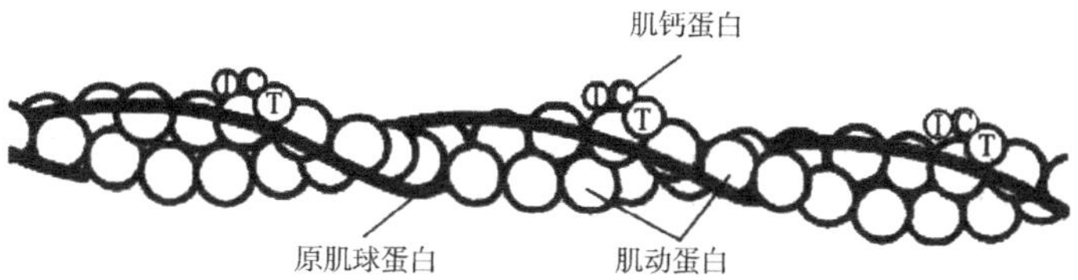


图9-5　细肌丝分子结构示意图

## 第二节　骨骼肌的生理特性

骨骼肌有兴奋性、传导性和收缩性等生理特性。兴奋性是一切活组织都具有的共性，传导性是肌肉组织和神经组织的共性，而收缩性则是肌肉组织独有的特性。骨骼肌的兴奋性显著高于心肌和平滑肌，在正常情况下，它接受躯体运动神经传来的神经冲动而兴奋，发生兴奋后出现较短的不应期。骨骼肌的传导速度比心肌和平滑肌快，但肌纤维任何一点发生兴奋只能局限在同一条肌纤维传播，而不能传播到其他肌纤维，这一特点是神经系统对骨骼肌进行精细调节的重要条件。骨骼肌兴奋后，外形上表现缩短现象，称收缩性，它的特点是强度大、速度快，但不能持久。

### 一、骨骼肌的收缩形式

#### （一）等张收缩和等长收缩

肌肉兴奋后可发生长度和张力两种机械性变化。肌肉收缩时长度发生变化而张力不变的，称为等张收缩（Isotonic contraction）；张力发生变化而长度不变的，称等长收缩（Isometric contraction）。机体内部肌肉收缩都包括两种程度不同的混合收缩。肌肉长度变化可以完成各种运动，张力变化可以负荷一定的重量。

#### （二）单收缩和强直收缩

在实验条件下，肌肉受到单个刺激产生一次收缩，称单收缩（Monopinch），它是一切复杂肌肉活动的基础。一个单收缩过程包括潜伏期、缩短期和舒张期。潜伏期是从刺激到肌肉开始收缩的一段时间。这期间进行神经-肌肉间的兴奋传递和肌肉兴奋的最初阶段，即发生兴奋-收缩偶联过程。从肌肉开始收缩到收缩至最大程度的时期称为缩短期，此时肌纤维内发生肌丝滑行，产生张力和缩短的变化。随后出现舒张期，是肌肉收缩的恢复期（图9–6）。

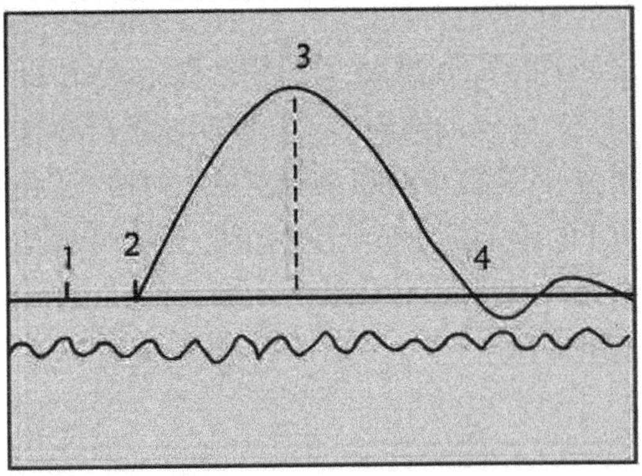


图9–6 肌纤维的单收缩
1.给予刺激 1–2.潜伏期 2–3.收缩期 3–4.舒张期

机体内来自运动神经的冲动不是单一的，而是一连串的，如果成串冲动的间隔时间很短，那么在前一次单收缩没有完成之前就接受又一次冲动刺激而发生再一次收缩，两次收缩就可能发生总和现象，如果总和发生在前一次单收缩的舒张期内，称为不完全总和，如果总和发生在前一次单收缩的收缩期内，则称为完全总和。当冲动或刺激的频率增加到一定数值时，将使许多单收缩融合在一起，肌肉持续处于收缩状态，称为强直收缩（Tetanus），强直收缩也分为不完全强直收缩和完全强直收缩两种情况。正常机体内骨骼肌的收缩都是不同程度的强直收缩（图9–7）。

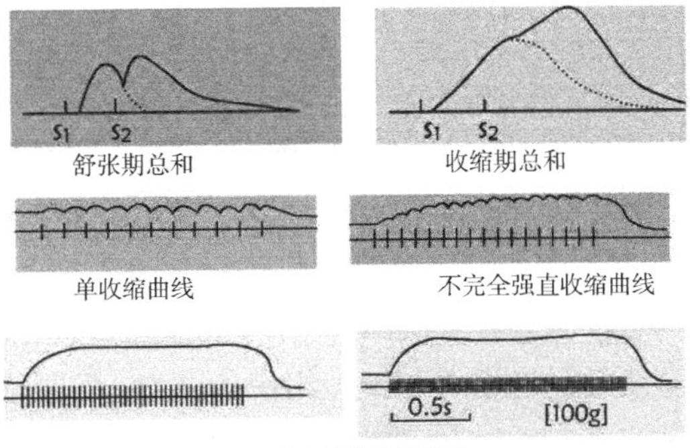


图9–7 单根肌纤维收缩的总和

## 二、影响骨骼肌收缩的主要因素

影响骨骼肌收缩的主要因素有3个：即前负荷、后负荷和肌肉收缩能力。前负荷和后负荷是外部作用于骨骼肌的力，而肌肉收缩能力则是骨骼肌自身内在功能状态。

### （一）前负荷

肌肉在收缩前所承受的负荷，称为前负荷（Preload）。在前负荷作用下，肌肉收缩前肌纤维即被拉长，此时的长度称为初长度（Initial length）。前负荷的大小决定了肌肉的初长度。在一定范围内，前负荷增加，初长度增加，肌张力也增加，二者呈正变关系，这是因为随着初长度的增加，粗肌丝的横桥与细肌丝结合的数量逐渐增多的缘故。当前负荷和初长度增加到一定程度时，产生的肌张力最大，称为最大张力。使肌肉产生最大张力的前负荷，称为最适前负荷，此时的肌肉长度称为最适初长度。在最适初长度时，横桥与细肌丝结合的数量最多，因而收缩力最强，做功效率最大。继续增加前负荷，肌肉初长度进一步增加，但肌张力反而减小，呈反变关系。因为超过最适初长度时，细肌丝从粗肌丝之间滑出，与粗肌丝的重叠程度减少，导致横桥与细肌丝结合数量减少，因而肌肉收缩力减弱，如细肌丝全部从粗肌丝中滑出，肌肉不再产生收缩。

### （二）后负荷

肌肉收缩时所承受的负荷，称为后负荷（Afterload），它是肌肉收缩的阻力或做功对象。在前负荷不变的情况下，后负荷增加，肌肉首先增加张力以克服后负荷，呈等长收缩。当肌张力增加到与后负荷相等时，才有肌肉长度的缩短和负荷的移动，此时肌张力不再增加，呈等张收缩。在肌肉处于最适初长度时，在一定范围内，肌肉张力逐渐增大，同时也可有肌肉长度的缩短，均可做功，一般当后负荷相当于最大张力的30 %左右时，肌肉的输出功率最大。

（三）肌肉收缩能力

肌肉本身的功能状态也影响肌肉收缩的效能，这种不依赖前、后负荷而影响肌肉收缩效能的肌肉内在特性称为肌肉收缩能力(Contractility)。在其他条件不变时，肌肉收缩能力增强，既可增加肌肉收缩张力，又可增加收缩速度，从而提高肌肉做功效率。肌肉收缩能力主要决定于兴奋-收缩偶联过程中胞质内$Ca^{2+}$的水平、横桥的ATP酶活性和肌细胞内各种功能蛋白的表达水平等。体内多种神经递质、体液因素、疾病时的病理变化及一些药物，主要通过调节肌肉收缩能力来影响肌肉收缩效能，如$Ca^{2+}$、肾上腺素可使肌肉收缩能力增强，而缺氧、酸中毒可使肌肉收缩能力降低。

**案例**

小型贵宾犬，头胎，产仔4只。产后第四天，该犬四肢震颤抽搐，站立不稳，喜卧。临床诊断：皮温升高，体温39.3 ℃。给予皮下注射维丁胶性钙、氨基比林，口服液体钙等治疗，小狗恢复良好。诊断：产后缺钙。

**问题与思考**

1. 根据临床检查分析病犬产后缺钙的原因。
2. 为什么产后缺钙需要维丁胶性钙治疗？

**提示性分析**

小型犬产后缺钙比较多见，特别是头胎，胎儿数量多，妊娠后期胎儿的发育消耗大量的钙，分娩后哺乳又大量消耗母体中的钙，使血钙浓度骤然下降，极易引发该病。由于骨骼肌的震颤抽搐，体内产热增多，热量在体内急剧积蓄，引起体温升高，呼吸急促等症状。对于产后缺钙严重，快速补充钙剂是最好的办法，建议采取静脉滴注葡萄糖酸钙或皮下注射维丁胶性钙。

## 第三节　骨骼肌的收缩过程和机制

在完整机体内，骨骼肌的收缩是在中枢神经系统控制下完成的。在正常生理情况下，当控制骨骼肌的运动神经兴奋时，骨骼肌也立刻兴奋，二者之间的信息是如何传递的？骨骼肌兴奋的标志是产生动作电位，动作电位又是如何触发骨骼肌纤维产生机械收缩的？下面分别介绍。

## 一、神经-肌肉间的兴奋传递

### (一)神经-肌肉接头的结构

神经-肌肉接头(Neuromuscular junction,也称运动终板,Motor end plate)由运动神经末梢和与它相对应的骨骼肌细胞膜所构成,是运动神经元将兴奋传递给骨骼肌细胞的关键部位。神经-肌肉接头由接头前膜、接头间隙和接头后膜三部分组成。前膜轴浆中有许多含有乙酰胆碱(ACh)的囊泡,接头间隙约50 nm,接头后膜(终板膜)上存在$N_2$型ACh受体,能与ACh特异结合。终板膜上还存在有大量的胆碱酯酶,可迅速水解ACh,使其作用消除(图9-8)。

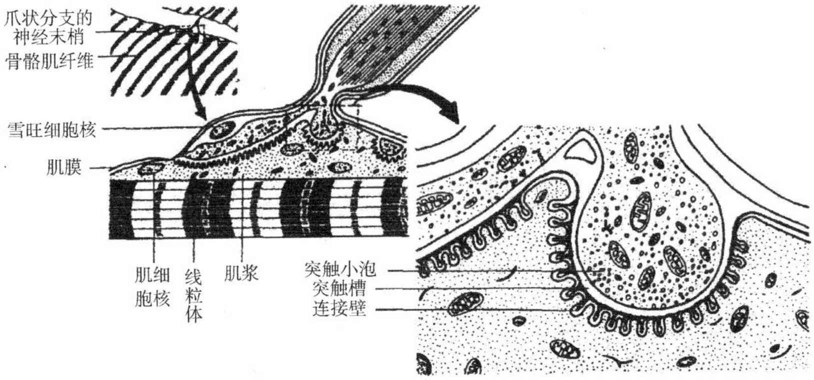


图9-8 神经-肌肉接头处的超微结构示意图

### (二)神经-肌肉接头处的兴奋传递过程

神经-肌肉的兴奋传递在接头处(也即运动终板)完成,主要步骤如图9-9所示。

1. 当神经冲动传到神经末梢时,立即引起接头前膜去极化和膜上电压门控式$Ca^{2+}$通道开放,改变接头前膜对$Ca^{2+}$的通透性。膜外的$Ca^{2+}$进入膜内,使囊泡破裂释放ACh到接头间隙,这种形式称为量子式释放(Quantal release)。据估算,一次动作电位能使200~300个囊泡内的ACh全部释放,约有$10^7$个ACh分子进入接头间隙。

2. ACh扩散到终板膜与$N_2$型受体结合,使终板膜的离子通透性发生变化,引起$Na^+$大量内流,同时有少量$K^+$外流,导致终板膜去极化,形成终板电位(End-plate potential,EPP)。终板电位属于局部电位,不具有“全或无”特性,其电位大小与接头前膜释放的ACh量呈正比。

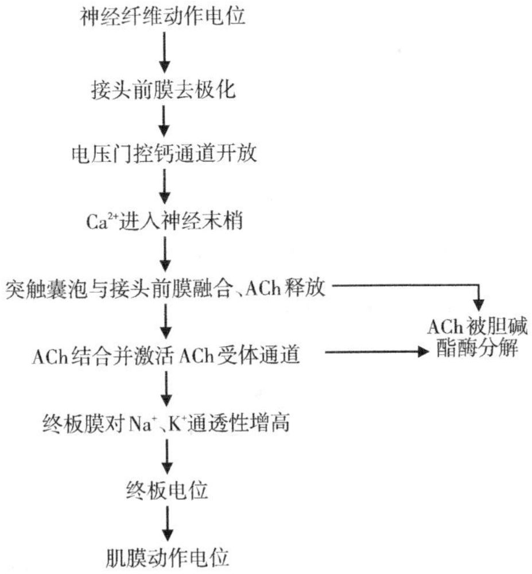


图9-9 神经-肌肉接头处兴奋传递的主要步骤

3. 随着ACh释放量增加,终板电位随之增大,并使邻近肌膜去极化到阈电位水平,使肌膜爆发动作电位。动作电位通过局部电流迅速传遍整个肌细胞,从而引起骨骼肌细胞的兴奋。

4. 终板膜上的胆碱酯酶可在1~2 ms内使ACh迅速水解成乙酸和胆碱而失去活性。

### (三)神经-肌肉接头处兴奋传递的特点

与神经纤维上兴奋的传导不同,神经-肌肉接头处的兴奋传递具有以下特点。

1. 一对一传递

在正常情况下，一次神经冲动到达后释放的ACh数量较多，其产生的终板电位能超过肌细胞产生动作电位所需阈电位的3～4倍。因此，在正常情况下每一次神经冲动都能可靠地使肌细胞兴奋和收缩一次，也就是说，神经-肌肉接头处的兴奋传递是一对一的。此外，每次神经冲动所释放的ACh在引起一次肌肉兴奋后，可迅速被存在于接头后膜上的胆碱酯酶所降解，避免了ACh持续作用于终板膜产生持续的去极化，这是保证神经-肌肉接头一对一传递的另一条件。

2. 单向传递

即兴奋只能由接头前膜传递给接头后膜，不能反传。因为ACh存在于运动神经轴突末梢的囊泡内，它只能从接头前膜释放，再与接头后膜的受体结合。

3. 时间延搁

神经-肌肉接头的兴奋传递过程复杂，历经电-化学-电环节，因此耗时较长，一次兴奋传递需0.5～1.0 ms。

4. 易受环境变化及药物的影响

凡能影响接头传递过程中不同环节的因素，均可影响兴奋传递过程。例如，箭毒、银环蛇毒可特异性地阻断终板膜上的$N_2$受体与ACh结合，使神经-肌肉接头的传递功能丧失，肌肉松弛；有机磷农药中毒或新斯的明可抑制胆碱酯酶活性，使ACh不能及时水解，在接头处大量堆积，导致肌细胞持续兴奋和收缩，从而出现肌肉震颤；而有机磷农药中毒的特效解毒剂——解磷定，则是通过使失活的胆碱酯酶复活而发挥作用的。

**案例**

蝴蝶犬，雄性，5岁，体重5 kg。晚上在外面玩耍回到家突然四肢抽搐，大小便失禁，频繁呕吐，呕吐物伴有很浓的韭菜味，经打听该小区当日下午喷洒过农药。入院时患犬精神萎靡、全身肌肉剧烈抽搐且大量流涎。临床检查：体温41.2 ℃，粪尿失禁，皮肤弹性降低，心搏加速，瞳孔缩小，病情危急，结合患犬病史及发病症状，给予吸氧、镇静、解毒（解磷定）、保肝、营养支持和利尿等治疗，三天后患犬康复出院。诊断：有机磷农药中毒。

**问题与思考**

1. 根据临床检查分析病犬中毒的原因。

2. 为什么有机磷农药中毒需要使用解磷定治疗？

**提示性分析**

有机磷农药能抑制胆碱酯酶的活性，使胆碱酯酶失去分解乙酰胆碱的能力，造成乙酰胆碱大量蓄积，其结果引起胆碱能受体活性紊乱，而使有胆碱能受体的器官功能发生障碍。解磷定等解毒药在体内能与磷酰化胆碱酯酶中的磷酰基结合，将其中胆碱酯酶游离，恢复其水解乙酰胆碱的活性，故又称胆碱酯酶复活剂。作用特点是消除肌肉震颤和痉挛的作用快，但对消除流涎、出汗现象的作用差。

## 二、兴奋–收缩偶联

### (一)兴奋–收缩偶联的基本过程

肌细胞膜兴奋触发肌纤维收缩的生理过程称为兴奋–收缩偶联。这一过程包括三个主要步骤:电兴奋通过横管系统传向肌细胞深处;三联管结构处信息的传递;肌浆网(即纵管系统)对$Ca^{2+}$的释放与再聚积(图9–10)。

1. 当肌细胞膜兴奋时,动作电位可沿着凹入细胞内的横管膜传导,引起横管膜产生动作电位。

2. 当动作电位传到终末池时,激活T管和L型$Ca^{2+}$通道,L型$Ca^{2+}$通道发生构型改变,激活终末池膜上$Ca^{2+}$释放通道开放。

3. 终末池内的$Ca^{2+}$大量进入肌浆,足够与肌钙蛋白亚单位C结合达到饱和,触发肌丝的相对滑行,肌肉收缩。

4. 当肌浆中$Ca^{2+}$浓度升高时,肌浆网上的$Ca^{2+}$泵被激活,使肌浆网释放的$Ca^{2+}$在与肌钙蛋白亚单位C短暂结合后,最终全部被$Ca^{2+}$泵逆浓度梯度转运回肌浆网中(由分解ATP获得能量),致使肌浆中$Ca^{2+}$浓度下降到静息时的浓度。

5. 肌钙蛋白与原肌球蛋白的构象也随之恢复静息时的状态,重新阻碍横桥与肌动蛋白的结合,细肌丝从粗肌丝中滑出,肌肉舒张。

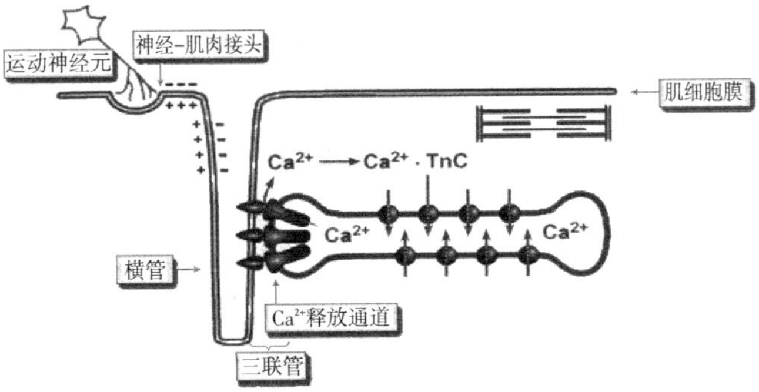


图9–10 $Ca^{2+}$在兴奋–收缩偶联中的作用

### (二)肌浆中$Ca^{2+}$ 浓度变化机制

当动作电位经过神经–肌肉接头引起肌膜兴奋后,所产生的动作电位可通过横管系统一直进入细胞,引起肌浆网膜的去极化,激活肌浆网膜上$Ca^{2+}$通道,细胞膜对$Ca^{2+}$通透性突然升高,使肌浆网内$Ca^{2+}$快速释放,导致胞质中$Ca^{2+}$浓度升高,从而引发肌丝滑行的一系列过程。肌纤维的动作电位消失后,肌浆网膜恢复极化状态。肌浆网膜在ATP供能情况下,经$Ca^{2+}$泵的主动转运,将胞质中的$Ca^{2+}$回收到肌浆网内,使胞质内的$Ca^{2+}$浓度重新下降。这时,与肌钙蛋白亚单位C结合的$Ca^{2+}$重新解离,细肌丝从粗肌丝中滑出,肌纤维转入舒张状态。

## 三、骨骼肌收缩机制–肌丝滑行学说

### (一)肌丝滑行学说

19世纪50年代初,Huxley等根据骨骼肌微细结构的形态学特点以及它们在肌肉收缩时长度的变化,提出肌肉的收缩机制–肌丝滑行学说(Myofilament sliding theory),作为肌肉收缩原理的解释。根据这一学说，肌纤维收缩时，肌节的缩短并不是因为肌微丝本身的长度有所改变，而是由于两种穿插排列的肌微丝之间发生滑行运动，即肌动蛋白细肌丝像“刀入鞘”一样地向肌球蛋白粗肌丝之间滑进，结果使明带缩短，暗带不变，H带变窄，Z线被牵引向A带靠拢，于是肌纤维的长度缩短(图9-11)。

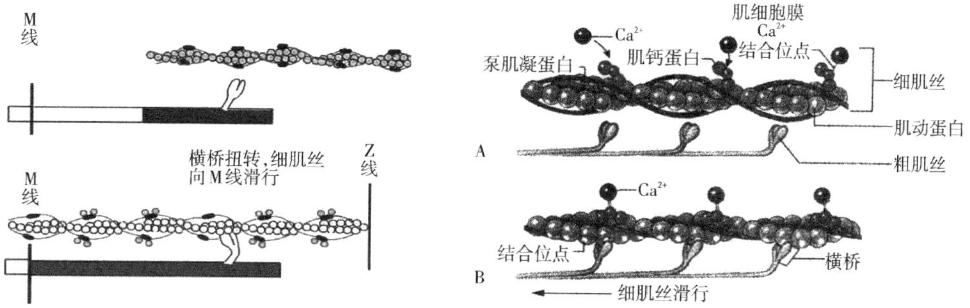


**图9-11 肌丝滑行示意图**

**A:肌肉舒张 B:肌肉收缩**

（二）肌肉收缩的基本过程

肌肉收缩的基本过程是在肌动蛋白与肌球蛋白的相互作用下，将分解ATP释放的化学能转变为机械能的过程，能量转换发生在肌球蛋白头部与肌动蛋白之间。其主要过程包括以下几个步骤(图9-12)：

1. 横桥头部具有ATP酶活性，在肌肉处于舒张状态时，横桥结合的ATP被分解，产生的ADP和无机磷酸仍留在头部；此时，横桥处于高势能状态，其方位与细肌丝垂直，并对细肌丝中的肌动蛋白有高度亲和力，但并不能与肌动蛋白结合，因为细肌丝上肌钙蛋白与原肌球蛋白的复合物掩盖了肌动蛋白的活化位点。

2. 当肌浆内$Ca^{2+}$浓度升高时，肌钙蛋白与$Ca^{2+}$结合并发生构象变化，这种变构导致肌钙蛋白抑制亚单位(TnI)与肌动蛋白的结合减弱，使原肌球蛋白向肌动蛋白双螺旋沟槽的深部移动，从而暴露肌动蛋白的活化位点，使横桥头部与肌动蛋白结合。

3. 肌动蛋白与横桥头部的结合造成横桥头部构象的改变，使头部向桥臂方向摆动，并拖动细肌丝向M线方向滑动，从而将横桥头部储存的能量(来自ATP的分解)转变为克服负荷的张力并使肌小节缩短，在横桥头部发生变构和摆动的同时，ADP和无机磷酸便与之分离。

4. 在ADP解离的位点，横桥头部马上结合一个ATP分子，横桥头部对肌动蛋白的亲和力明显降低，促使它与肌动蛋白解离。横桥头部与肌动蛋白解离后，便分解与之结合的ATP为ADP和无机磷酸，并恢复垂直于细肌丝的高势能状态。此时如果肌浆内$Ca^{2+}$浓度较高，便又可与下一个新的肌动蛋白活化位点结合，重复上述收缩过程。如果肌浆内$Ca^{2+}$浓度降低到静息水平，则肌钙蛋白C与$Ca^{2+}$解离，肌钙蛋白与原肌球蛋白复合物恢复原来的构象，竖起的横桥头部便不能与肌动蛋白上新的位点结合，肌肉进入舒张状态。

上述横桥与肌动蛋白结合、摆动、复位和再结合的过程，称为横桥周期(Cross-bridge cycling)。在横桥周期中，细肌丝不断向暗带中央移动，如果肌肉负荷受阻，则会产生张力。与横桥移动相伴随的是ATP的分解和化学能向机械能的转换，是肌肉收缩的能量来源。横桥周期在一个肌小节以至整个肌肉中都是非同步进行的，这样肌肉产生恒定的张力和持续的缩短。参与循环的横桥数目和横桥周期的长短对肌肉收缩的效能(如收缩张力的大小、收缩速度和缩短长度等)起决定性作用。

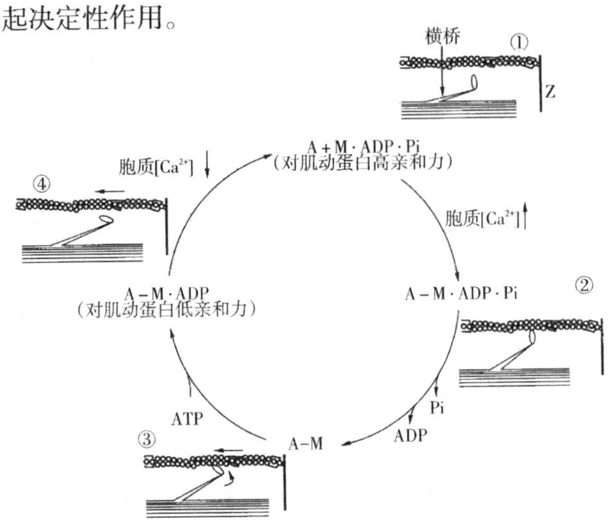


图9–12 肌肉收缩过程及能量转换图解

图9–12中,①→②过程:ATP水解为ADP+Pi,肌球蛋白获能,旋转,垂直于肌动蛋白纤维;在依赖$Ca^{2+}$的条件下,肌钙蛋白结合$Ca^{2+}$,肌动蛋白发生旋转,暴露与肌球蛋白结合的位点。②→③过程:肌球蛋白头部结合于相邻的肌动蛋白纤维,肌动蛋白与横桥头部的结合造成横桥头部构象改变,使头部向桥臂方向摆动,并拖动细肌丝向M线方向滑动,同时ADP和无机磷酸便与之分离。③→④过程:肌球蛋白头部结合ATP,减弱肌动蛋白与肌球蛋白的结合。④→①过程:胞浆$Ca^{2+}$浓度降低,减少与肌钙蛋白结合,肌动蛋白恢复静息状态时的构象,肌球蛋白与肌动蛋白分离。

**案例**

西施犬,雌性,3岁,未绝育,体重6.6 kg。主人发现该犬精神不好,食欲突然下降,不愿意活动,喜卧;行走步态不稳,行走几步后突然趴在地上,无论主人怎么呼唤都不能站起来,只是摇尾。临床检查:体温37.7 ℃,呼吸60次/min,较急促,心率60次/min。有站立意识,勉强行走2~3步后即坐下,几秒钟后突然卧倒;后肢肌肉松弛;四肢无力,本体反射尚可,扣腰反射增强。实验室血液常规、血液生化检查均未见异常。影像学检查:腹部右侧位X线平片检查和腹部各器官B超检查未见异常。使用新斯的明进行诊断性治疗后肌力恢复。诊断:获得性重症肌无力。

**问题与思考**

1. 根据临床检查分析病犬肌无力的原因。
2. 为什么新斯的明能恢复肌力?

**提示性分析**

重症肌无力是一种自身免疫性疾病,病犬体内产生了抗ACh受体的抗体,使骨骼肌终板的ACh门控通道数量不足或功能障碍。虽然运动神经末梢释放的ACh数量未减少,但ACh不能与受损的ACh门控通道结合,因而影响神经–肌肉接头的信息传递,导致严重的肌肉无力。新斯的明是一种抗胆碱酯酶药,可延长ACh作用时间。

## 思考题

### 一、名词概念

1.肌肉收缩能力　　2.兴奋–收缩偶联　　3.强直收缩　　4.终板电位

### 二、单项选择题

1. 骨骼肌兴奋–收缩偶联中起关键作用的离子是(　)

A.$Na^+$　　B.$K^+$　　C.$Ca^{2+}$　　D.$Cl^-$

2.关于骨骼肌收缩机制的叙述，下列错误的是(　)

A.引起兴奋–收缩偶联的是$Ca^{2+}$　　B.细肌丝向粗肌丝滑动

C.$Ca^{2+}$与横桥结合　　D.横桥与肌动蛋白结合

3. 骨骼肌收缩和舒张的基本功能单位是(　)

A.肌原纤维　　B.细肌丝　　C.肌纤维　　D.肌小节

4. 骨骼肌细胞中横管的功能是(　)

A.$Ca^{2+}$的贮存库　　B.$Ca^{2+}$进出肌纤维的通道

C.使兴奋传向肌细胞的深部　　D.使$Ca^{2+}$与肌钙蛋白结合

5. 神经–肌肉接头处的化学递质是(　)

A.肾上腺素　　B.去甲肾上腺素　　C.γ–氨基丁酸　　D.乙酰胆碱

6. 将细胞膜的电变化和肌细胞内的收缩过程偶联起来的关键部位是(　)

A.横管系统　　B.纵管系统　　C.纵管终末池　　D.三联体

7. 在完整机体内，骨骼肌的收缩一般属于(　)

A.等张收缩　　B.等长收缩　　C.等长收缩+等张收缩　　D.单收缩

8. 在神经–肌肉接头部位释放ACh产生终板电位的过程中，参与的通道是(　)

A.化学门控通道　　B.电压门控通道　　C.机械门控通道　　D.细胞间通道

9. 有机磷农药中毒出现骨骼肌痉挛主要是由于(　)

A.ACh释放减少　　B.ACh释放增多

C.终板膜上的受体增多　　D.胆碱酯酶活性降低

10. 骨骼肌收缩的肌丝滑行原理的直接证据是(　)

A.暗带长度不变，明带和H带缩短　　B.暗带长度缩短，明带和H带不变

C.明带和暗带的长度均缩短　　D.明带和暗带的长度均无明显缩短

### 三、简述题

1. 简述神经–肌肉接头的兴奋传递过程及特点。

2. 简述$Ca^{2+}$在骨骼肌收缩和舒张中的作用。

### 四、论述题

试用肌丝滑行学说解释肌肉收缩的机制。

# 第10章 神经系统

**本章导读**

机体的生命活动需要各器官、系统相互协调共同完成。神经系统是调控体内各生理活动按一定规律进行的重要网络体系,同时,还能对体内外各种环境变化做出迅速、精准和完善的调节,以维持体内外环境的稳态。神经系统包括中枢神经系统(脑、脊髓)和周围神经系统,其基本结构、功能单位是神经元。神经系统的功能部位能够感知和接受环境变化,并将变化转变为神经电信号,经不同级别的神经传导和处理,在中枢神经系统经分析加工,最后整合成完整的指令信息,通过传出神经将指令传布到相应的效应器官并得以执行。机体可以利用神经系统将后天所获得的信息通过条件反射,形成思维和行为“定势”,以适应生存环境。

本章选用与神经系统有关的具体案例,进行了分析说明,有利于了解神经系统的基本功能,进一步提高对神经系统的认识,提高人类科学利用动物特殊功能的水平,同时更好地保护和拯救濒危动物,增强动物对环境的适应能力和生存能力。

神经系统是动物体内起主导作用的调节系统。体内各器官、系统的功能不同,但彼此间相互联系,在神经系统的直接或间接调控下,协调统一地完成整体功能活动,并对体内、外各种环境变化做出迅速而完善的适应性改变,共同维持正常生命活动。神经系统一般分为中枢神经系统和周围神经系统两大部分,前者指脑和脊髓部分,后者则为脑和脊髓以外的部分。

## 第一节 神经元与神经胶质细胞的一般功能

神经系统的功能繁多、复杂,但最基本的组成元件只有神经元和神经胶质细胞。神经元和神经胶质细胞以及其生存的内环境共同组成神经功能网络,是神经系统发挥调节整合作用的结构基础。

### 一、神经元和神经纤维

#### (一)神经元的基本结构及功能

神经元(Neuron)即神经细胞,是神经系统最基本的结构和功能单位。神经元可分为胞体和突起两部分（图10-1）。胞体位于脑、脊髓和神经节中，是整个神经元代谢活动的中心和接受、整合信息的部位。突起分为树突（Dendrite）和轴突（Axon），树突是原浆性突起，一般短而粗，分支多，短的分支扩大了神经元接受信息的面积，并将信息传给胞体。轴突由胞体的轴丘发出，细而长，仅有一条，长的轴突外包裹着髓鞘或神经膜，称为神经纤维（Nerve fiber）。

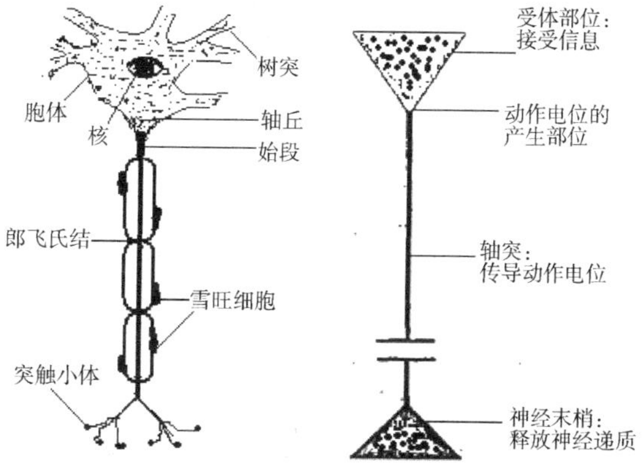


图10-1 神经元的结构及功能部位

1. 神经元的功能部位

从功能学的角度来看，一个神经元一般可分为四个功能部位(图10-1)。

(1)胞体或树突膜上的受体部位。神经元的胞体及树突膜上的受体能够特异性结合某些化学物质，引起膜的局部兴奋或抑制。

(2)产生动作电位的起始部位。由于轴突的起始段或起始郎飞氏结膜的兴奋阈值最低，因此当受体接受化学物质刺激后产生局部电位达到其兴奋阈值时便产生可扩布的动作电位。

(3)传导动作电位的部位。轴突能够传导神经冲动，通过轴突使神经冲动在胞体与神经末梢间进行传导。

(4)释放递质的部位。当动作电位传至神经末梢时，可促使储存在神经末梢内的递质向胞外释放，作用于效应器或下一个神经元。

2. 神经元的基本功能

神经元的基本功能有：①感受机体内、外环境的各种刺激而引起兴奋或抑制；②对不同来源的信息进行分析、整合，然后通过传出通路把信号传到一定组织、器官，产生一定的生理效应；③有些神经元能够分泌激素，将神经系统中传来的神经信息转变为激素信息，如下丘脑中的某些神经元可以分泌激素。

(二)神经纤维的分类及功能特征

1. 神经纤维的分类

神经纤维的分类方法较多。根据神经纤维的分布，可将其分为中枢神经纤维和外周神经纤维；根据结构，可将其分为有髓神经纤维和无髓神经纤维；根据传导方向，可将其分为传入神经纤维、联络神经纤维和传出神经纤维。但生理学上通常按照以下两种方法进行分类：

(1)根据电生理学特性分类。主要根据神经纤维动作电位传导速度和锋电位的时程等方面的差异，将哺乳类动物的周围神经纤维分为A、B、C三类，其中A类纤维又可分为α、β、γ、δ四个亚类。

(2)根据神经纤维的直径和来源分类。可将传入神经纤维分为Ⅰ、Ⅱ、Ⅲ、Ⅳ四类。其中Ⅰ类纤维又可分为$Ⅰ_a$和$Ⅰ_b$两种亚类。

上述两种分类方法间存在着相互交叉和重叠，但不完全相同，一般情况下，第一分类法用于传出纤维，第二分类法用于传入纤维，二者的对应关系如表(表10-1)。

表 10-1 哺乳动物周围神经纤维的分类

| 第一种纤维分类 | 来源 | 纤维直径/μm | 传导速度/(m/s) | 第二种纤维分类 |
|---|---|---|---|---|
| A类(有髓纤维) | | | | |
| $A_\alpha$ | 本体感觉、躯体运动 | 13 ~ 22 | 70 ~ 120 | $I_a$、$I_b$ |
| $A_\beta$ | 皮肤的触压觉传入纤维 | 8 ~ 13 | 30 ~ 70 | Ⅱ |
| $A_\gamma$ | 梭内肌的传出纤维 | 4 ~ 8 | 15 ~ 30 | |
| $A_\delta$ | 皮肤痛、温、触、压觉 | 1 ~ 4 | 12 ~ 30 | Ⅲ |
| B类(有髓纤维) | 植物神经节前纤维 | 1 ~ 3 | 3 ~ 15 | |
| C类(无髓纤维) | | | | |
| sC | 植物神经节后纤维 | 0.3 ~ 1.3 | 0.7 ~ 2.3 | |
| drC | 后根中痛、温、触、压觉 | 0.4 ~ 1.2 | 0.6 ~ 2.0 | Ⅳ |

注：$I_a$类纤维较粗，为肌梭的传入纤维；$I_b$纤维较细，为腱器官的传入纤维。

2. 神经纤维的功能和特征

神经纤维的主要功能是传导兴奋，在其上传导的兴奋称为神经冲动。有髓神经纤维的直径较粗，主要传导躯体的感觉和运动方面的信息，使机体对感受到的内、外环境因素的刺激迅速做出适应性反应。无髓神经纤维多见于支配内脏器官，由于没有髓鞘，所以传导信息的速度较缓且持续时间较长，与内脏器官功能状态的维持有关。

神经纤维传导兴奋的特征：

①完整性。神经纤维传导兴奋的必要条件是结构和功能的完整。如果神经纤维受损伤或被切断，局部使用麻醉药、冷冻等破坏其完整性，均可使兴奋传导受阻。

②绝缘性。在一条神经干内，包含许多条传入和传出神经纤维。但各条纤维传导兴奋时，表现为各条神经纤维上的神经冲动彼此隔绝、互不干扰的特性。这主要是因为组成髓鞘的神经胶质细胞具有绝缘作用，保证了神经调节作用的精确性。

③双向传导。在离体实验条件下，刺激神经纤维上的任何一点，兴奋就从刺激的部位开始沿着纤维向两端传导，可以在神经干两端记录到动作电位，说明局部电流可在刺激处向两端扩布。但在体内自然情况下，由于神经冲动是由胞体传向末梢，因而表现为传导的单向性，但这并不代表神经纤维只能做单向传导，而是由突触的极性决定了在体神经纤维传导的单向性。

④相对不疲劳性。在实验条件下，用50 ~ 100次/s的电刺激连续刺激蛙的神经9 ~ 12 h，神经纤维依然保持产生、传导兴奋的能力，即表现为相对不疲劳的特性。这是因为神经纤维传导兴奋时耗能较少，也不存在神经递质耗竭。相比之下，突触传递则容易发生疲劳，因为突触传递涉及递质耗竭的问题。

⑤不衰减性。神经纤维在传导冲动时，不论传导距离多长，其传导冲动的大小、频率和速度始终不变，这一特点称为传导的不衰减性。这也是动作电位“全或无”特征的体现，保证了神经调节的及时、准确。

不同种类的神经纤维，其传导速度不同(表10-1)，主要与以下几个因素有关。

①纤维的直径。一般神经纤维的直径越大，它的传导速度越快。这是因为直径较大时，神经纤维的内阻较小，局部电流的强度和空间跨度较大；还有，在较粗的神经纤维上$Na^+$通道分布密度较高，$Na^+$通道开放时进入膜内的$Na^+$电流大，形成的动作电位传导就快。

②髓鞘。有髓神经纤维传导速度远快于无髓神经纤维。因为无髓神经纤维的兴奋是以局部电流的方式顺序传导，而在有髓神经纤维中，郎飞氏结的结间段轴突外面包裹着髓鞘，其下面的轴突膜几乎不存在$Na^+$通道，而郎飞氏结处髓鞘很薄，电阻小，且轴突膜存在有高密度的电压门控$Na^+$通道，兴奋只能从一个郎飞氏结跳跃式地传导到下一个郎飞氏结，加快了兴奋的传导速度，这种传导方式称为跳跃式传导（Saltatory conduction）。有髓纤维跳跃式传导参与的跨膜离子流动数量和耗能较少，是一种高效低耗的传导方式。

③温度。在一定的范围内，神经纤维的传导速度随温度降低而减慢，当温度降至0℃时，即终止传导，这是临床上利用低温进行局部麻醉的理论依据。恒温动物有髓神经纤维的传导速度比变温动物同类纤维传导速度快。

## （三）神经纤维的轴浆运输

神经元轴突内的胞浆称为轴浆。轴浆在胞体与轴突末梢之间处于流动的状态为轴浆流动。这种在轴突内借助轴浆流动而在胞体与轴突末梢之间运输物质的现象称为轴浆运输（Axoplasmic transport）。

用同位素标记的氨基酸注射到蛛网膜下隙中，可观察到注射物先被胞体摄取，并先出现在胞体，再依次出现在轴突近端和远端的胞浆内。轴浆是流动的，并具有双向性（图10-2）。自胞体向轴突末梢的轴浆运输称为顺向轴浆运输；自轴突末梢向胞体的轴浆运输称为逆向轴浆运输。结扎神经纤维，在近胞体端和远胞体端都会出现物质堆积，且胞体端的堆积大于轴突末梢端。用显微镜观察组织培养或在体的神经纤维，可见有颗粒在轴浆内双向流动。切断轴突，远近侧的轴突发生变性，同时胞体也变性，由此可见胞体对维持轴突结构和功能的完整性十分重要，而胞体的蛋白质合成也受逆向轴浆流动的反馈调节。

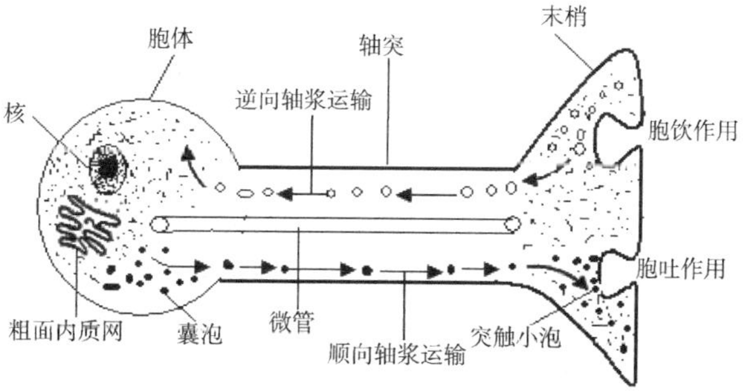


**图10-2 轴浆运输模式图**

## （四）神经的营养性作用及神经营养因子

### 1. 神经的营养性作用

神经对所支配的组织能发挥两个方面的作用。一方面是传导神经冲动，使兴奋抵达末梢时，突触前膜释放神经递质，递质作用于突触后膜并改变其所支配组织的功能活动，这种作用称为神经的功能性作用。另一方面神经末梢还能经常性释放某些物质，持续地调整被支配组织的内在代谢活动，产生其持久性的结构、生化和生理变化，称为神经的营养性作用（Trophic action）。神经的营养性作用在正常生理状况下不易被察觉，但在神经切断后能够明显表现出来。

神经营养性作用的研究主要是在运动神经上进行的。实验证明切断运动神经后，肌肉内糖原合成减慢、蛋白质分解加速，肌肉因失去神经的营养性作用而出现萎缩；如将神经缝合再生，则肌肉内糖原合成加速、蛋白质分解减慢而合成加快，肌肉逐渐恢复，这是肌肉重新得到神经的营养性作用的结果。在脊髓灰质炎患者中，如受害的前角运动神经元丧失功能，则所支配的肌肉将发生明显萎缩，就是这个道理。

神经的营养性作用与神经冲动无关。设法持续用局部麻醉药阻断神经冲动的传导，并不能使其所支配的肌肉发生内在代谢变化。目前认为，营养性作用是由于末梢经常释放某些营养性因子，作用于其所支配的组织而完成的。如神经切断的部位靠近肌肉，则肌肉的内在代谢改变发生较早；如切断的部位远离肌肉，则其内在代谢改变发生较迟。因为前一种情况下营养性因子耗尽快，而后一种情况耗尽慢。营养性因子借助轴浆流动由神经元胞体流向轴突末梢，然后由轴突末梢释放到所支配的靶器官。因此神经的营养性作用是通过神经末梢释放的某些营养性因子实现的。

2. 支持神经的营养性因子（Neurotrophin，NT）

神经元能生成营养性因子维持所支配组织的正常代谢与功能，反过来，神经所支配的组织和星形胶质细胞也能产生支持神经元的神经营养性因子。这些因子都是蛋白质类物质，它们和神经末梢的特异性受体结合，然后被末梢摄入，经逆向轴浆运输抵达胞体，促进胞体生成相关的蛋白质，从而维持神经元的生长、发育和功能的完整性。

目前已发现并分离到多种神经营养性因子，其中较重要的有神经生长因子（Nerve growth factor，NGF）、脑源性神经营养性因子（Brain-derived neurotrophic factor，BDNF）、神经营养性因子3（Neurotrophic factor 3，NT-3）和神经营养性因子4/5（NT-4/5），还包括促进神经元生长的白血病抑制因子（Leukemia inhibitory factor, LIF）、胰岛素样生长因子I（Insulin-like growth factor，IGF-I）、转化生长因子（Transforming growth factor，TGF）、成纤维细胞生长因子（Fibroblast growth factor ，FGF）等。

## 二、神经胶质细胞

神经胶质细胞广泛存在于中枢和外周神经系统，数量庞大。中枢神经系统内的胶质细胞主要包括星形胶质细胞、少突胶质细胞、小胶质细胞、室管膜细胞等（图10-3）。外周神经系统的胶质细胞主要有包绕轴索形成髓鞘的雪旺细胞和脊神经节的卫星细胞。

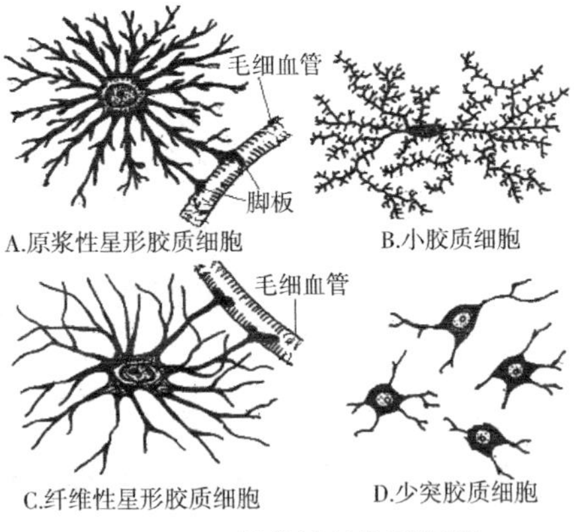

图10-3　部分神经胶质细胞

### （一）神经胶质细胞的生理特性

神经胶质细胞与神经元的不同在于：神经胶质细胞也有细胞突起，但其胞质突起不分树突和轴突；神经胶质细胞存在膜电位变化，但不能产生动作电位；神经胶质细胞终生具有分裂增殖的能力。神经胶质细胞的生理特性体现在以下几方面。

1. 膜电位

神经胶质细胞的膜电位变化缓慢，惰性大，故称惰性静息电位，比相应的神经元膜电位大。神经胶质细胞膜电位几乎完全取决于细胞外$K^+$浓度，而$Na^+$、$Cl^-$浓度的改变不能使静息电位发生明显改变。因为神经胶质细胞的细胞膜仅对$K^+$有通透性，而对其他离子则完全不通透，故静息电位完全依靠于$K^+$扩散平衡电位。

2. 去极化与复极化

神经胶质细胞接受电刺激或机械刺激后不会发生动作电位，虽有去极化（约40 mV）与复极化，但没有主动的再生式电流产生。电流仅随电压按比例变化，而膜电阻不变。它不能像神经元的冲动那样进行传导，不是膜兴奋性质的表现，其离子通透性并未变化。

3. 神经胶质细胞间的连接

所有神经胶质细胞间均有缝隙连接。蛙、水蛭、蝾螈和组织培养的哺乳类动物的缝隙连接都是电耦合的，电耦合有助于细胞内发生的离子不平衡的恢复，也有代谢上的相互作用。当一些神经胶质细胞由于$K^+$增加而发生去极化，而另一些神经胶质细胞则未发生这种变化时，两者之间即有电位差，低电阻偶合对于神经胶质细胞间的电流传导是必需的，这种电流可被细胞外电极在组织表面引导出来。

神经胶质细胞与神经元之间是否存在类似突触样的连接也引起了人们的重视。有学者用免疫电镜观察到大鼠的脑垂体中有γ-氨基丁酸（GABA）、脑啡肽和P物质免疫反应阳性神经元末梢与胶质细胞形成突触样结构。表明至少有部分胶质细胞的活动受神经支配，它们的细胞膜表面必然存在着与其神经递质相对应的受体。

### （二）神经胶质细胞的功能

1. 支持作用

星形胶质细胞以其长突起在脑和脊髓内交织成网或互相连接构成支架。神经胶质细胞还可填充在神经元间的空隙中，它们与神经元紧密相邻，支持神经元的胞体和纤维。

2. 修复和再生作用

神经胶质细胞具有分裂增殖能力，尤其是神经元因缺氧、损伤而发生变性或死亡时，胶质细胞特别是星形胶质细胞能通过有丝分裂大量增生，填补神经元死亡造成的缺损，从而起到修复和再生作用。但过度增生则有可能引发脑瘤。

3. 物质代谢和营养性作用

神经元几乎全被胶质细胞包围，两种细胞之间的间隙十分狭窄，其中充满的细胞间液是神经元直接生存的微环境。星形胶质细胞的多数突起，末端膨大而形成血管周足，终止于毛细血管壁上，其余的突起则穿行于神经元之间，贴附于神经元的胞体和树突上，对神经元运输营养物质和排出代谢产物有一定的影响。此外，星形胶质细胞还能产生神经营养性因子，来维持神经元的生长、发育和生存，并保持其功能的完整性。

4. 绝缘和屏障作用

少突胶质细胞和雪旺细胞分别形成中枢与外周神经纤维的髓鞘，均可防止神经冲动传导时的电流扩散，使神经元活动互不干扰。另外，神经胶质细胞参与了血-脑屏障的形成。电镜观察发现，星形胶质细胞的部分突起末端膨大而形成血管周足，与毛细血管的内皮紧密相接，这些血管周足几乎包被了脑毛细血管表面积的70 %～80 %，是构成血-脑屏障的重要组成部分（图10-4）。

5. 稳定神经系统细胞外液中的$K^+$浓度

神经元膜内、外侧$Na^+$与$K^+$的跨膜运动，是形成跨膜电位的离子机制。神经元的电活动可引起$K^+$外流增加，使细胞外液中$K^+$浓度升高，而星形胶质细胞则通过加强自身膜上$Na^+$-$K^+$泵的活动，把细胞外液中积聚的$K^+$泵入细胞内，再通过缝隙连接将其分散到其他神经胶质细胞内，从而缓冲了细胞外液中$K^+$的过分增多，有助于神经元活动的正常进行。

6. 参与神经递质及生物活性物质的代谢

脑内星形胶质细胞能摄取γ-氨基丁酸和谷氨酸，可消除两种递质对神经元的持续作用，同时可通过星形胶质细胞的代谢，将两种递质再转变成神经元可重新利用的递质前体物质。此外，星形胶质细胞还能合成并分泌生物活性物质，如血管紧张素原、前列腺素及多种神经营养因子等。神经胶质细胞通过对神经递质的摄取或生物活性物质的合成与分泌，从而实现对神经元功能的调节。

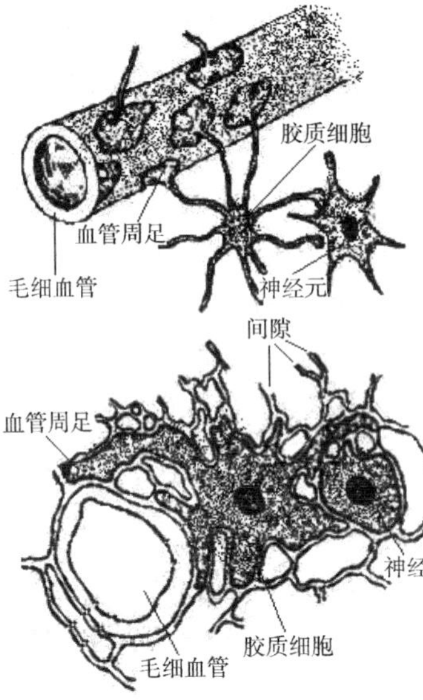


图10-4 胶质细胞与神经元及毛细血管的关系

7. 参与神经免疫调节

神经胶质细胞在中枢神经系统内可以发挥免疫调节作用。当神经系统发生病变时，小胶质细胞转变为吞噬细胞进入受损区，抵御神经组织感染或损伤。星形胶质细胞作为中枢神经系统的抗原呈递细胞，外来抗原可与星形胶质细胞膜上特异性的主要组织相容性复合体结合，将处理过的外来抗原呈递给T淋巴细胞并使之激活，产生免疫反应。

**案例**

60日龄的鸡，站立不稳，被其他鸡践踏，影响饮水和进食，不久两腿前后伸直，最终死亡。通过血清学检查诊断为疱疹病毒感染，组织学检查一侧坐骨神经变粗。初步诊断：马立克氏病。

**问题与思考**

病鸡为什么两腿前后伸直？

**提示性分析**

病毒主要侵害外周神经，以坐骨神经和臂神经多见，以小淋巴细胞和浆细胞弥散、浸润为特征，并常伴有水肿，或有髓鞘变性和雪旺细胞增生，所以剖检可见神经肿胀变粗。当坐骨神经受损时，由于传导肌肉收缩的神经纤维受到抑制，病鸡一侧腿发生不完全或完全麻痹，肌肉不能收缩，只能伸张，所以呈“劈叉”姿势，此为典型症状。

# 第二节　神经元间的信息传递

神经调节是通过神经反射来进行的，一个神经元可以和上万个其他神经元构成联系，神经元之间及神经元与效应器之间相互接触并传递信息的部位，称为突触(Synapse)。兴奋从一个神经元传递给另一个神经元依靠突触传递而完成。突触传递(Synapse transmission)是指突触前神经元的信息，通过突触，传递给突触后神经元的过程。

## 一、突触的基本结构及分类

### (一)突触的基本结构

经典突触的结构由突触前膜、突触间隙和突触后膜三部分组成。前一个神经元的轴突末梢分成许多小支，每个小支的末梢膨大呈球状而形成突触小体，突触小体内含有较多的线粒体和大量的突触小泡，突触小泡内含有兴奋性递质或抑制性递质。线粒体内含有合成递质的酶。突触前膜是前一神经元轴突末梢的一部分轴突膜，而与此相对应的后一个神经元的树突、胞体或轴突膜称为突触后膜，两膜之间存在着20~40 nm的突触间隙，突触后膜上存在着与神经递质相对应的特异性受体或化学门控通道(图10-5)。

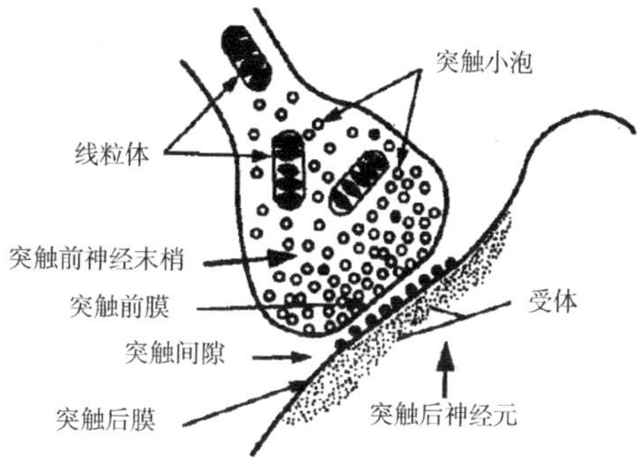

图10-5　突触的微细结构

### (二)突触的分类

1. 按神经元间联系部位分类

常见的联系有：①轴-树型突触，一个神经元的轴突末梢和下一个神经元的树突发生接触；②轴-体型突触，一个神经元的轴突末梢与下一个神经元的胞体发生接触；③轴-轴型突触，一个神经元的轴突末梢与下一个神经元的轴突末梢发生接触(图10-6)。近几年的研究还发现了其他类型的突触，如树突-树突、树突-胞体、树突-轴突、胞体-树突、胞体-轴突、胞体-胞体等。

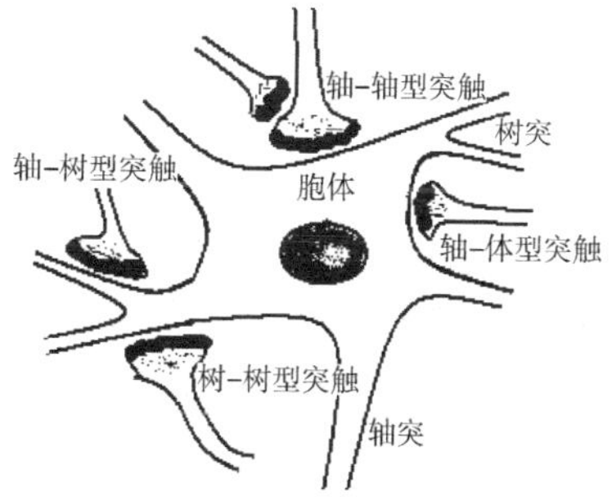

图10-6　突触联系方式示意图

2. 按突触传递信息的方式分类

可分为化学性突触和电突触。化学性突触是通过突触前神经元的末梢分泌化学物质，使突触后膜的离子通透性发生变化，引起突触后膜电位变化的一类突触；电突触的突触前膜和突触后膜紧紧贴在一起形成缝隙连接，两层膜之间的间隙仅2~3 nm，电流经过此处很容易从一个细胞流到另一个细胞，其突触前神经元的轴突末梢内无突触小泡，也无神经递质。

3. 按突触的功能分类

可分为兴奋性突触和抑制性突触。神经冲动经过兴奋性突触的传递，引起突触后膜去极化，产生兴奋性突触后电位；经过抑制性突触的传递，引起突触后膜超极化，产生抑制性突触后电位。

由于神经元数量多，接触方式各异，在神经系统中，广泛存在的是化学性突触(Chemical synapse)。除此之外，在大脑皮质感觉区的星状细胞、小脑的篮状细胞和星状细胞、视网膜的水平细胞和双极细胞等处的神经元之间，还存在电突触(Electrical synapse)、混合性突触(Mixed synapse)和交互性突触(Reciprocal synapse)等(图10-7)。

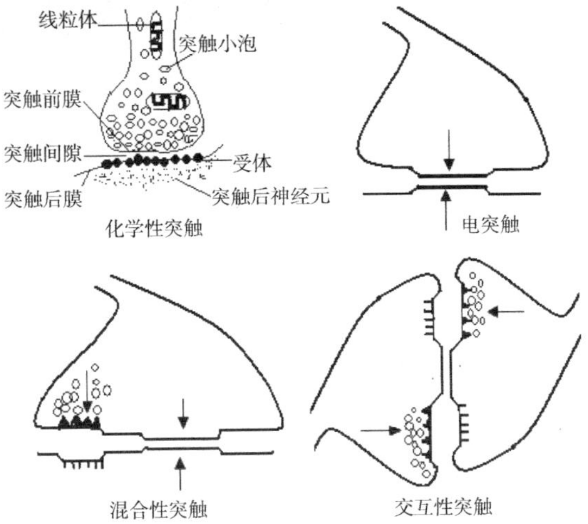

图10-7 突触类型示意图

## 二、化学性突触传递

### (一)经典突触的信息传递

经典突触传递的效应与突触后电位的产生有密切关系。

1. 突触传递的基本过程

(1)突触前过程。主要包括：①突触前神经元兴奋、动作电位抵达神经末梢，引起突触前膜去极化；②去极化使前膜结构中电压门控$Ca^{2+}$通道开放，产生$Ca^{2+}$内流；③突触小泡向前膜移动，与前膜接触、融合；④小泡内神经递质以胞吐方式释放入突触间隙。

(2)突触后过程。主要步骤有：①从间隙扩散到达突触后膜的递质，作用于突触后膜的特异性受体或化学门控通道；②突触后膜离子通道开放或关闭，引起跨膜离子流动；③突触后电位(Postsynaptic potential，PSP)产生，引起突触后神经元兴奋性的改变；④递质与受体作用之后立即被分解或移除。

从以上全过程来看，化学性突触传递是一个电-化学-电的过程；也就是说，突触前神经元的生物电活动，通过诱发突触前神经末梢化学递质的释放，最终导致突触后神经元的电活动变化。兴奋性突触兴奋导致突触后膜局部去极化，而抑制性突触兴奋导致突触后膜超极化。

2. 兴奋性突触后电位与抑制性突触后电位

(1)兴奋性突触后电位。突触前膜释放兴奋性递质，经过突触间隙的扩散与突触后膜上受体结合，提高突触后膜对$Na^+$和$K^+$(特别是$Na^+$)的通透性，发生净的内向电流($Na^+$内流大于$K^+$外流)，使突触后膜去极化，突触后神经元的兴奋性提高。这种去极化电位称为兴奋性突触后电位(Excitatory postsynaptic potential, EPSP)(图10-8)。

兴奋性突触后电位是局部兴奋，它的大小取决于突触前膜释放的递质量。当突触前神经元传来神经冲动数量增加(发生时间总和)或参与活动的突触数目增多(发生空间总和)时，递质释放量增多。由递质作用所形成的兴奋性突触后电位通过总和使电位幅度增大，若增大到阈电位水平时，便可在突触后神经元轴突始段处诱发动作电位，引起突触后神经元兴奋。如果未能达到阈电位水平，虽不能产生动作电位，但由于该局部兴奋电位能提高突触后神经元的兴奋性，使之容易发生兴奋，这种现象称为突触后易化(Postsynaptic facilitation)。

谷氨酸是中枢神经系统比较重要的兴奋性递质，在突触后膜上与有关的谷氨酸受体结合产生兴奋性突触后电位。

(2)抑制性突触后电位。突触前膜释放抑制性递质，与突触后膜受体结合后，可提高突触后膜对$Cl^-$和$K^+$的通透性，尤其是$Cl^-$的内向电流，使突触后膜发生超极化，突触后神经元兴奋性下降，这种超极化电位称为抑制性突触后电位( Inhibitory postsynaptic potential, IPSP)(图10-8)。抑制性突触后电位与兴奋性突触后电位在时程上相似，但使突触后神经元膜电位距离阈电位更远，因而更难产生动作电位。

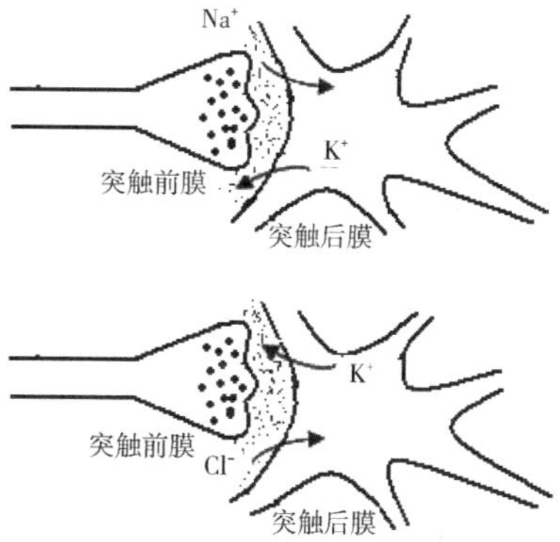

图10-8 EPSP和IPSP产生机制示意图

γ-氨基丁酸(GABA)和甘氨酸(Gly)二者是中枢神经系统重要的抑制性递质。在各类中枢神经元上记录到的抑制性突触后电位均可被γ-氨基丁酸的拮抗剂和甘氨酸的拮抗剂所阻断。

3. 突触后电位的整合

在中枢神经系统内，一个神经元常与大量的其他神经元构成突触联系。在无数突触中，有的是兴奋性的，有的是抑制性的，且其活动有强弱之分。中枢神经元可以不断地接受来自突触输入的不同性质和强度的冲动，神经元将每一瞬间发生的所有抑制性突触后电位与兴奋性突触后电位不断进行空间和时间总和，并加以精确整合平衡。突触后神经元的状态实际上取决于同时产生的抑制性突触后电位与兴奋性突触后电位的总和(代数和)。如果兴奋性突触后电位占优势并达阈电位水平时，突触后神经元产生兴奋；相反，若抑制性突触后电位占优势，突触后神经元则呈现抑制状态。

(二)非突触性化学传递

除上述神经元间的经典信息传递外，在神经系统内还存在一些非突触性化学传递(Non-synaptic chemical transmission)(图10-9)。某些神经元间的信息传递并无特定的突触结构。当神经元受到刺激后，将所含的神经递质释放到周围的细胞外液中，以扩散的方式到达邻近的或较远的靶细胞，与其相应受体结合而调节其功能。应用荧光组织化学方法进行观察，发现肾上腺素能神经元的轴突末梢有许多分支，形成串珠状的膨大结构，称为曲张体(Varicosity)，它的内部有大量的含有递质的小泡，当神经冲动到达曲张体时，递质从其中释放出来，以弥散方式到达邻近或稍远的靶细胞而发挥生理效应，由于这种化学传递不是通过典型的突触结构进行信息传递的，所以称非突触性传递。研究表明，在中枢神经系统中也存在这种传递方式，如在黑质中的多巴胺能纤维和中枢内的5-羟色胺能纤维有许多曲张体，以非突触性化学传递方式传递信息。

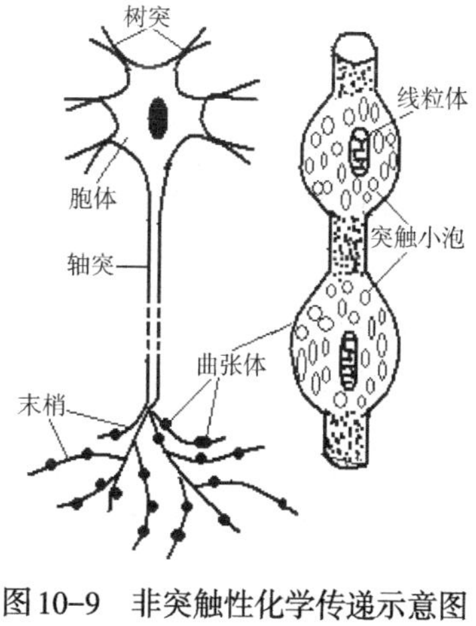

图10-9 非突触性化学传递示意图

非突触性化学传递与经典的突触传递相比，有以下几个特点：①不存在突触前膜与突触后膜的特化结构；②一个曲张体释放的递质可作用于多个靶细胞，不存在化学性突触那样一对一的支配关系；③曲张体释放的递质经弥散方式到达靶细胞需要较长时间(大于1 s)；④曲张体与靶细胞之间的距离至少在200 nm以上，有的可达几十微米；⑤递质弥散到相应范围内能否发生传递效应，取决于相应范围的效应细胞膜上有无相应的受体。

### (三)化学性突触传递的特征

1. 单向传递

兴奋在神经纤维上的传导是双向的，但突触传递冲动只能从突触前神经元沿轴突传递到下一个神经元的胞体或突起，表现为单向性，因为只有突触前膜才能释放神经递质，反射发生时，兴奋只能沿反射弧的传入神经元经中间神经元，然后传向传出神经元。

2. 总和作用

突触前膜传来一次冲动及其引起递质释放的量，一般不足以使突触后神经元产生动作电位，如果同一突触前神经末梢连续传来一系列冲动，或许多突触前末梢同时传来一排冲动，都可以促使释放较多递质，当达到兴奋性突触后电位的阈值时，就能激发突触后神经元产生动作电位，这种现象称为兴奋总和作用。同样，若传来的是抑制性冲动，可以发生抑制总和作用。这种总和作用可从时间和空间上去理解：①随着时间的延续，递质不断被释放，一次一次作用达到突触后电位的阈值，称为时间性总和。②同一时间内从各个方向传来的冲动达到阈电位，称为空间性总和。抑制性突触后电位与兴奋性突触后电位也可以相互抵消即发生代数和的总和。

3. 突触延搁

突触传递以递质为中介，需经历递质的释放、扩散及对突触后膜的作用等过程，需要消耗较长的时间，称为突触延搁(Synaptic delay)。据测定神经冲动通过一个突触需0.3～0.5 ms，比在神经纤维上神经冲动的传导慢得多。

4. 兴奋节律的改变

突触前神经元发放冲动的频率与突触后神经元的兴奋频率，往往并不相同。一般情况是突触前神经元兴奋多次，突触后神经元才兴奋一次。

5. 对内环境变化的敏感性和易疲劳性

因突触间隙与细胞外液相通，因此内环境变化可影响突触传递，如缺氧、$CO_2$增多、pH改变、注射麻醉剂以及服用某些药物等，均可改变突触的传递能力。如茶碱可以提高突触后膜对兴奋性递质的敏感性，士的宁则起阻抑作用。此外，在反射活动中，突触是反射弧中最易疲劳的部位，可能与信息传递过程中递质的耗竭有关。

### (四)神经递质与受体

1. 神经递质

化学性突触传递是由神经递质介导的信息传递。神经递质是由突触前神经元合成并在末梢处释放，特异性地作用于突触后神经元或效应器细胞上的受体，使信息从突触前神经元传递到突触后神经元的一些化学物质。只有符合以下条件的化学物质才是神经递质：①突触前神经元应具有合成递质的前体物质和酶系统，能合成递质并贮存在囊泡内；②当兴奋抵达突触前神经末梢时，囊泡内递质能释放入突触间隙；③递质经突触间隙作用于突触后膜上的特异受体，产生相应的生理效应；④在突触部位存在着能使递质失活的酶或其他使递质移除的机制；⑤有特异的受体激动剂和拮抗剂能分别模拟或阻断该递质的突触传递作用。

（1）主要的外周神经递质

①乙酰胆碱（Acetylcholine，ACh）。现已明确，植物性神经全部节前纤维、副交感神经节后纤维、部分交感神经节后纤维（支配汗腺和骨骼肌血管等交感神经节后纤维）和躯体运动神经纤维都是以释放ACh作为递质的。凡是释放ACh作为递质的神经纤维，均称为胆碱能纤维（Cholinergic fibers）。植物神经节前纤维和运动神经纤维所释放的ACh的作用，与烟碱的药理作用相同，称为烟碱样作用（N样作用）；副交感神经节后纤维所释放的ACh的作用，与毒蕈碱的药理作用相同，称为毒蕈碱样作用（M样作用）。

②去甲肾上腺素（Noradrenalin,NA或Norepinephrine,NE）。在动物机体中绝大多数交感神经节后纤维是以释放去甲肾上腺素作为递质的。凡是释放NA作为递质的神经纤维，称为肾上腺素能纤维（Adrenergic fibers）。在外周，除交感神经舒血管纤维和支配汗腺的交感神经胆碱能纤维外，其余的交感神经节后纤维末梢释放的递质均为NA。NA与不同部位的受体结合后，可产生兴奋性或抑制性的兴奋。

③嘌呤类或肽类递质。植物性神经的节后纤维除胆碱能纤维和肾上腺素能纤维外，还有第三类纤维，其末梢释放的递质是嘌呤类或肽类化学物质。第三类纤维主要分布于胃肠，其神经元细胞体位于壁内神经丛中。目前认为，嘌呤能或肽能神经的主要作用是使肠肌细胞超极化和肠肌舒张。

（2）主要的中枢神经递质

①乙酰胆碱（ACh）。ACh是中枢神经系统的重要递质，主要分布在脊髓、脑干和大脑皮质内的运动神经元、脑干网状结构上行激动系统、丘脑皮质投射神经元、纹状体和边缘系统的梨状区、杏仁核、海马等部位，其作用多数为兴奋，引起抑制效应的较少见。ACh参与对机体感觉和运动功能、心血管活动、呼吸运动、摄食与饮水、觉醒和睡眠、镇痛、学习和记忆等功能活动的调节。

②单胺类。单胺类递质是指多巴胺、去甲肾上腺素和5-羟色胺。多巴胺主要是由黑质产生，沿黑质-纹状体系统分布，在纹状体内储存，是锥体外系统的重要递质，它与躯体运动协调有关，一般起抑制性的作用。去甲肾上腺素主要由中脑网状结构、脑桥的蓝斑核和延髓网状结构的腹外侧的神经元产生。产生于蓝斑核而前行投射到大脑皮质的去甲肾上腺素能纤维，与维持醒觉有关；产生于延髓网状结构而投射到下丘脑和边缘系统的去甲肾上腺素能纤维，与情绪反应和下丘脑内分泌调节功能有关；从脑干后行到脊髓的去甲肾上腺素能纤维，与躯体运动和内脏活动调节有关。5-羟色胺主要由脑干背侧正中线附近的中缝核群产生。其纤维向前投射到纹状体、丘脑、下丘脑、边缘系统和大脑皮质，与睡眠、情绪反应及调节下丘脑的内分泌功能有关；后行纤维到达脊髓，与躯体运动和内脏活动的调节有关。

③氨基酸类。现已明确存在氨基酸类递质。例如，谷氨酸、天门冬氨酸、甘氨酸和γ-氨基丁酸。谷氨酸是兴奋性递质，广泛分布于大脑皮质和脊髓内，与感觉冲动的传递及大脑皮质内的兴奋有关。甘氨酸在脊髓腹角的闰绍细胞浓度最高，引起突触后膜超极化，产生突触后

抑制。γ-氨基丁酸在大脑皮质的浅层和小脑的浦肯野细胞中含量较高，引起突触后膜超极化，产生突触后抑制。γ-氨基丁酸还可在脊髓内能引起突触前膜去极化，产生突触前抑制。

④肽类。神经元能分泌肽类化学物质，例如，视上核和室旁核神经元分泌升压素和催产素，下丘脑内其他肽能神经元能分泌多种调节腺垂体活动的多肽等。这些肽类物质都称为神经激素。但现已知，这些肽类物质可能也是神经递质。例如，室旁核有向脑干和脊髓投射的纤维，具有调节交感和副交感神经活动的作用(其递质为催产素)，并能抑制痛觉(其递质为升压素)。

脑内具有吗啡样活性的多肽，称为阿片样肽。阿片样肽主要包括β-内啡肽、脑啡肽和强啡肽三类。脑啡肽有甲硫氨酸脑啡肽和亮氨酸脑啡肽两种。微量的脑啡肽可使大脑皮层、纹状体和中脑周围灰质神经元的放电受到抑制。脑啡肽在脊髓背角浓度很高，可能与调节痛觉纤维传入活动有关。

脑内还有胃肠肽及其他肽类物质存在，如胆囊收缩素、促胰液素、胃泌素、胃动素、血管活性肠肽、P物质、神经降压素、血管紧张素Ⅱ等。胆囊收缩素有抑制摄食行为的作用；P物质可能是第一级感觉神经元释放的兴奋性递质，与痛觉的传入活动有关；神经降压素在边缘系统中存在。

⑤气体分子。气体分子属于非经典神经递质。近年来研究发现，一氧化氮(NO)和一氧化碳(CO)均可作为神经递质发挥信息传递作用。某些神经元含有NO合成酶，该酶能使精氨酸生成NO，生成的NO从一个神经元弥散到另一神经元，然后作用于鸟苷酸环化酶并提高其活性，从而发挥生理效应。CO的作用与NO相似。

(3)神经调质

神经调质(Neuromodulator)是指神经元产生的另一类化学物质，它能调节信息传递的效率，起到增强或削弱递质的效应。调质发挥的作用称为调制作用(Modulation)，用以区别递质的传递作用。在有些方面，神经递质和神经调质的界限并不十分明确，很多活性物质既可以作为递质传递信息，又可以作为调质对信息的传递过程起调制作用。

2. 主要的神经递质受体系统

(1)胆碱能受体。凡是能与乙酰胆碱结合的受体称为胆碱能受体(Cholinoceptor)，其广泛分布于中枢和外周神经系统。根据药理特性，胆碱能受体分为毒蕈碱受体(Muscarinic receptor，M受体)和烟碱受体(Nicotinic receptor，N受体)两大类(图10-10)。

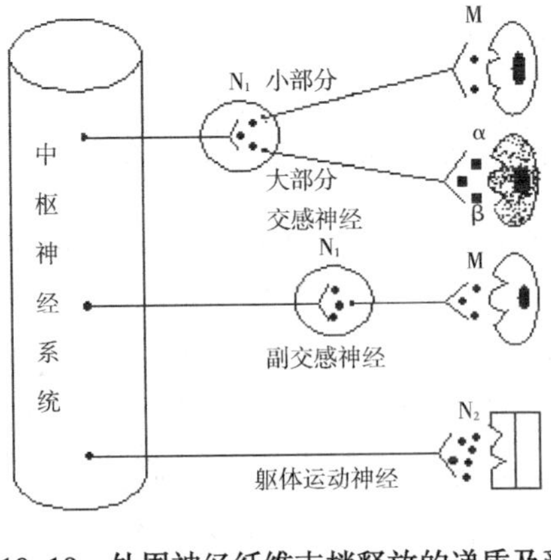


图10-10 外周神经纤维末梢释放的递质及受体

①毒蕈碱受体。可以和乙酰胆碱结合，也可以和毒蕈碱结合，产生相同的效应，这种作用称为毒蕈碱样作用。大多数副交感神经节后纤维和少数交感神经节后纤维支配的效应细胞上有毒蕈碱受体。乙酰胆碱与毒蕈碱受体结合后，可产生自主神经节后胆碱能纤维兴奋的效应：心脏活动受到抑制，支气管、消化道平滑肌、膀胱逼尿肌和瞳孔括约肌收缩，消化腺和汗腺分泌增加，骨骼肌血管舒张等。阿托品是毒蕈碱受体的阻断剂。

②烟碱受体。与乙酰胆碱和烟碱都可结合，产生相同的效应，这种作用称为烟碱样作用。烟碱受体是一种乙酰胆碱门控通道，乙酰胆碱与烟碱受体结合时不仅引起节后神经元的兴奋，还可引起骨骼肌细胞兴奋。因为烟碱受体分为$N_1$和$N_2$两种亚型，$N_1$受体存在于自主神经节突触后膜上，$N_2$受体存在于神经-骨骼肌接头后膜上。筒箭毒碱能阻断$N_1$和$N_2$受体，六烃季铵主要阻断$N_1$型受体，十烃季铵主要阻断$N_2$型受体。

(2)肾上腺素能受体。凡是能与肾上腺素(E)和去甲肾上腺素(NE)结合的受体称为肾上腺素能受体(Adrenoceptor)。多数的交感神经节后纤维末梢支配的效应器细胞膜上具有肾上腺素能受体。肾上腺素能受体可分为α和β两种(图10-10)，α受体可分为$\alpha_1$和$\alpha_2$两种亚型，β受体分成$\beta_1$、$\beta_2$和$\beta_3$三个亚型。所有的肾上腺素能受体均为G-蛋白偶联受体。

肾上腺素能受体广泛分布于中枢和周围神经系统。中枢去甲肾上腺素能神经元的主要功能是参与心血管活动、情绪、体温、摄食和觉醒等方面的调节；中枢肾上腺素能神经元的主要功能是参与心血管活动的调节。在外周，多数交感节后纤维末梢支配的效应器细胞膜上都有肾上腺素能受体，肾上腺素能受体兴奋后的效应可为兴奋性的或抑制性的，这取决于效应细胞上肾上腺素能受体的类型。NE对α受体的作用较强，对β受体的作用则较弱，E对α和β受体的作用都很强；而异丙肾上腺素主要对β受体有强烈的作用。

一般而言，NE或E与α受体(主要是$\alpha_1$受体)结合产生的平滑肌效应主要是兴奋性的，包括血管、子宫、虹膜辐射状肌等的收缩；但也有抑制性的，如小肠舒张。NE或E与β受体(主要是$\beta_2$受体)结合产生的平滑肌效应主要是抑制性的，包括血管、子宫、小肠和支气管等的舒张；但与心肌$\beta_1$受体结合产生的效应却是兴奋性的。$\beta_3$受体主要分布于脂肪组织，与脂肪的分解有关。

(3)突触前受体。受体不仅存在于突触后膜，还存在于突触前膜。存在于突触前膜的受体称为突触前受体。突触前受体的作用主要是调节神经末梢的递质释放。例如，肾上腺素能纤维末梢的突触前膜存在α受体，当末梢释放的NE在突触前膜超过一定量时与突触前α受体结合，从而反馈抑制末梢合成和释放NE，调节末梢递质的释放量。

突触前膜的α受体不同于突触后膜的α受体，前者为$\alpha_2$型，后者为$\alpha_1$型。肾上腺素能纤维末梢的突触前膜上，存在$\alpha_2$受体和$\beta_2$受体。当$\alpha_2$受体被激活时，能反馈性抑制NE的释放，为负反馈作用；当$\beta_2$受体激活时，通过正反馈调节引起NE的释放增多。

(4)中枢内其它递质受体。中枢递质种类复杂，相应的受体种类也较多，各种受体都有其相应的激动剂和拮抗剂。除胆碱能受体、肾上腺素受体外，还有多巴胺受体、5-羟色胺受体、兴奋性氨基酸受体、甘氨酸受体、阿片受体等。

**案例**

洛伊维是一位研究心脏药理学的教授，据说洛伊维曾经反复做一个梦，后来按梦中提示开展了一个著名的生理学实验，证明了乙酰胆碱(ACh)是神经递质这一伟大发现。这个试验就是生理学经典的蛙心灌流试验：把两只青蛙心脏离体，A蛙保留迷走神经,B蛙去迷走神经,用灌满生理盐水的玻璃管把两离体心脏连接起来(A蛙灌流液可经玻管流经B蛙),当刺激A青蛙的迷走神经时,A蛙心脏跳动受到抑制,从A蛙来的灌流液流经B蛙后,B蛙的心脏跳动也受到明显抑制。洛伊维据此推断,迷走神经兴奋时释放某种化学物质使两心脏活动受到抑制,他称这种物质为迷走素。后经英国生理学家戴尔证实,这种物质叫乙酰胆碱,他证明了这种物质属于内源性物质。1936年,洛伊维与戴尔共同获得诺贝尔生理学或医学奖。

**问题与思考**

1. ACh受体的类型及作用有哪些?

2. 外周迷走神经ACh释放增多时,对内脏器官有哪些调节作用?

**提示性分析**

1. ACh受体分为毒蕈碱受体(M受体)和烟碱受体(N受体)两大类,烟碱受体分为$N_1$和$N_2$两种亚型。

2. 外周迷走神经ACh释放增多时将导致心脏活动受到抑制,血管舒张,心输出量降低,血压降低;支气管平滑肌收缩,肺通气功能减弱;消化液分泌增多,胃肠运动增强;促进膀胱平滑肌收缩,促进排尿;刺激胰岛素分泌,促进糖、脂肪及蛋白质的合成。

### 二、电突触传递

电突触的结构基础是缝隙连接(Gap junction)。连接处相邻两细胞膜间隔只有2~3 nm,此处膜不增厚,突触膜两侧轴浆内无突触小泡,两侧膜上有沟通两细胞胞质的水相通道蛋白,允许带电离子通过,这种水相通道电阻很低,局部电流可以直接从中传导,故传递速度快,几乎不存在潜伏期,并且信息传递是双向的。电突触可存在于轴突与胞体、轴突与树突、树突与树突、胞体与胞体之间。电突触传递的意义在于促使许多细胞产生同步化活动。

## 第三节 反射活动的一般规律

### 一、反射与反射弧

神经系统中神经元的数量庞大,突触联系形成复杂网络,递质受体种类繁多,但神经活动是依赖具有规律性的反射活动而进行的。

#### (一)反射的概念

反射(Reflex)是神经系统功能活动的基本方式,是指在中枢神经系统参与下,机体对内外环境变化所做出的规律性应答。从感受器接受刺激到效应器发生反应所经历的时间称为反射时。一个最简单的反射只通过一个突触,称为单突触反射(Monosynaptic reflex),如腱反射。这种反射的反射时最短，参与的中枢范围较窄；但大多数反射需要经过两个以上的突触，称为多突触反射(Multisynaptic reflex)，其反射时较长，反射较复杂，参与的中枢范围极广。

（二）反射弧的组成

反射活动的基本单位是反射弧(Reflex arc)。反射弧是由感受器、传入神经、反射中枢、传出神经和效应器五个部分组成(图10-11)。感受器一般是神经末梢的特殊结构，可将适宜刺激通过换能，转变为神经冲动进行传导。机体内的感受器分布广泛，种类繁多。传入神经由传入神经元突起所构成，突起包括位于周围的突起和中枢的突起，这些神经元的胞体位于背根神经节和脑神经节内，它们的周围突起与感受器相连，感受器接受刺激转变为神经冲动，神经冲动沿周围突起传向胞体，再沿中枢突起传向反射中枢。反射中枢通常是指中枢神经系统内调节某一特定生理功能的神经元群，反射活动越复杂，分布的区域越广；相反，较简单的反射活动，参与的中枢分布较狭窄。传出神经是指中枢传出神经元的轴突构成的神经纤维。效应器是指产生效应的器官，如肌肉和腺体等。

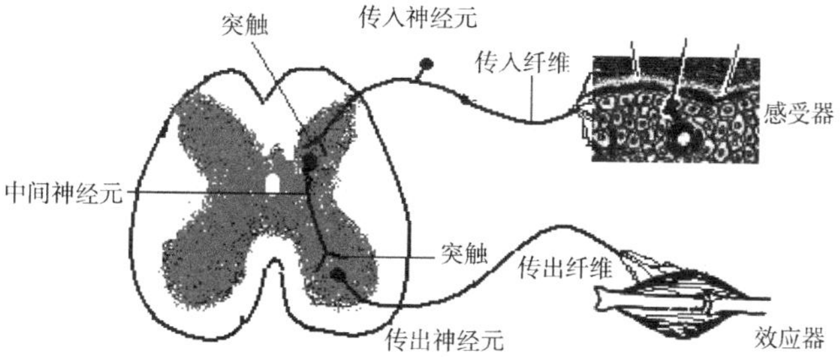


图10-11 反射弧的组成

（三）反射的分类

反射分为条件反射和非条件反射两类。非条件反射是动物在进化过程中形成并遗传给后代的反射，如躯体反射中的角膜反射、屈肌反射、伸肌反射，内脏反射中吸吮反射、降压反射、肺扩张反射等。条件反射是在非条件反射的基础上，机体通过后天学习和训练而建立起来的一种反射，是反射的高级形式。非条件反射和条件反射的主要区别在于：①非条件反射是先天性遗传性反射；条件反射是后天获得性反射；②刺激性质：非条件反射是非条件刺激，条件反射是条件刺激；③参与反射活动的中枢：非条件反射无须大脑皮质的参与即可完成，条件反射必须有大脑皮质参与；④非条件反射是简单、固定的，条件反射是复杂、易变的；⑤非条件反射数量有限，条件反射数量无限；⑥非条件反射适应范围窄，条件反射适应范围广。

## 二、中枢神经元的联系方式

根据神经元在反射弧中的不同作用，分为传入神经元、中间神经元和传出神经元三种，中间神经元的数量最多。中间神经元通过突触联系的方式主要有单线式、辐散式、聚合式、链锁式和环状式等几种(图10-12)。

1. 单线式联系

单线式联系是指一个突触前神经元仅与一

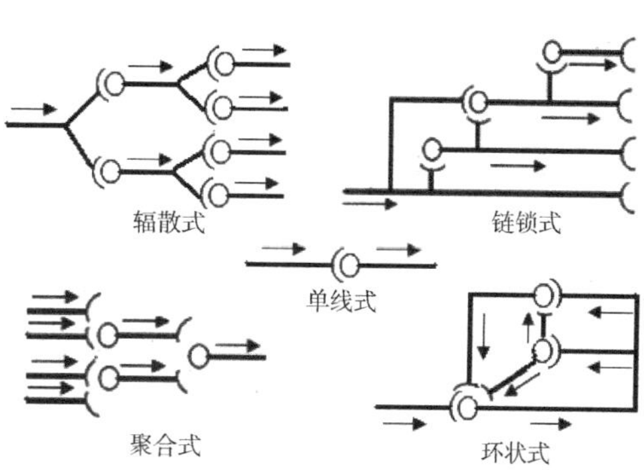


图10-12 中间神经元的联系方式

个突触后神经元发生突触联系。这种联系方式使信息传递路径单一，信息到达位置准确，可大大提高中枢对信息的分辨能力。如视网膜中央凹处的一个视锥细胞常只与一个双极细胞形成突触联系，而该双极细胞也只与一个神经节细胞形成突触联系，此种联系方式使视锥细胞具有高效的分辨能力。一般情况下，单线式联系很少见。

2. 辐散式联系

一个神经元可通过其轴突末梢分支与其他许多神经元建立突触联系，称为辐散式联系。辐散式联系可使传入神经元的信息扩布到许多神经元，导致许多神经元同时兴奋或抑制，从而扩大中枢信息的影响范围。辐散式联系多存在于感觉传导通路中。

3. 聚合式联系

许多神经元的轴突末梢共同与同一个神经元的胞体或突起建立突触联系，称为聚合式或称会聚式联系。聚合式联系可使许多神经元的作用集中到同一神经元，从而发生整合或总和作用。聚合式联系多见于传出通路。

4. 链锁式与环状式联系

中间神经元之间的联系多种多样，有的呈链锁式，有的呈环状式。兴奋通过链锁式联系，可扩大作用的空间范围；兴奋通过环式联系，可以形成反馈回路，若为正反馈可使兴奋得到加强和时间上的延续，产生后发放现象；若为负反馈，则使兴奋减弱，或及时终止。

## 三、中枢内兴奋传播的特征

兴奋在中枢内传递时，需要通过一次以上的突触传递，由于突触本身的结构特点和化学递质等多种因素的影响，神经中枢内的兴奋传递要比神经纤维上的兴奋传导复杂得多，其特征如下。

1. 单向传递

兴奋通过突触传递只能是单向传递，即从突触前神经元传向突触后神经元而不能逆向传递，这是因为神经递质只能由突触前膜释放来影响突触后膜。但应指出，突触后神经元也能释放一些化学物质（如NO、前列腺素、多肽等），逆向作用于突触前膜，改变突触前神经元递质释放的过程。因此从突触后的信息沟通的角度看，影响是双向的，但兴奋的传递是单向的。

2. 中枢延搁

兴奋在中枢部分传递时所需时间较长的现象，称为中枢延搁。据测定，兴奋通过一个突触约为0.3～0.5 ms，比兴奋在神经纤维上传导同样的距离要慢得多，这是因为突触传递的过程包括突触前膜释放递质、递质扩散和递质作用于突触后膜等多个环节。因此，中枢延搁的实质就是突触延搁。反射活动中通过的突触数目越多，延搁时间越长。

3. 总和

在突触传递中，突触前末梢的一次冲动引起释放的递质不多，只引起突触后膜的局部去极化，产生兴奋性突触后电位，如果同一突触前末梢连续传来多个冲动（时间总和），或多个突触前末梢同时传来一排冲动（空间总和），突触后神经元可将所产生的突触后电位总和，达到阈电位水平，产生动作电位。如果总和未达到阈电位水平，此时膜电位与静息状态下相比，兴奋性有所提高，表现为易化。因此，中枢内兴奋的总和就是突触的总和。

4. 兴奋节律的改变

在兴奋传递过程中，突触前神经元发放冲动的频率与突触后神经元的兴奋频率，往往并不相同。这是由于突触后神经元的兴奋节律不仅受传入冲动频率的影响，也与其本身的功能状态、中间神经元的功能以及联系方式对它的影响有关。因此，传出神经元的兴奋节律最终取决于各种因素的综合效应。

5. 后发放

在某些反射活动中，刺激停止后，传出神经仍继续发放冲动，使效应器活动持续一段时间，这种现象称为后发放(After discharge)。发生后发放的神经结构基础是中间神经元的环状式联系。

6. 对内环境变化的敏感和易疲劳性

突触间隙与细胞外液是相通的，内环境理化因素的变化，如机体缺氧、二氧化碳增多、注射麻醉剂以及服用某些药物后，突触传递的某些环节易受这些变化的影响而改变突触传递的能力。突触部位是反射弧中最易发生疲劳的环节。实验表明，用较高频率电刺激连续刺激突触前神经元时，几秒钟后突触后神经元放电频率即很快下降，而突触前神经元在数小时内放电频率不会减少，突触传递易疲劳的原因可能与递质耗竭和代谢产物的蓄积有关。疲劳的出现，是防止中枢过度兴奋的一种保护性抑制。

## 四、中枢抑制

反射中枢内的兴奋和抑制过程都是主动性的活动，二者的相辅相成是反射活动协调的基础。中枢抑制(Central inhibition)产生的部位主要在突触，因此中枢抑制实际上是突触抑制，可分为突触后抑制(Postsynaptic inhibition)与突触前抑制(Presynaptic inhibition)。

### (一)突触后抑制

突触后抑制是由抑制性中间神经元释放抑制性递质引起的。通常是抑制性中间神经元与后继神经元构成抑制性突触，突触前膜释放抑制性递质，突触后神经元产生抑制性突触后电位，产生抑制效应。根据抑制性神经元被兴奋的方式不同，可分为传入侧支性抑制与回返性抑制两种形式。

(1)传入侧支性抑制。传入纤维的冲动在兴奋一个中枢神经元的同时，经侧支兴奋另一抑制性中间神经元，通过该抑制性神经元活动，转而抑制另一中枢神经元。这种抑制称为传入侧支性抑制(Afferent collateral inhibition)。例如，屈肌反射的传入神经进入脊髓后，一方面可直接兴奋屈肌运动神经元，同时通过侧支兴奋抑制性中间神经元，通过突触后抑制作用抑制伸肌运动神经元，以使在屈肌收缩的同时，伸肌舒张(图10-13)。传入侧支性抑制又称交互抑制，存在于脊髓和脑，是中枢神经

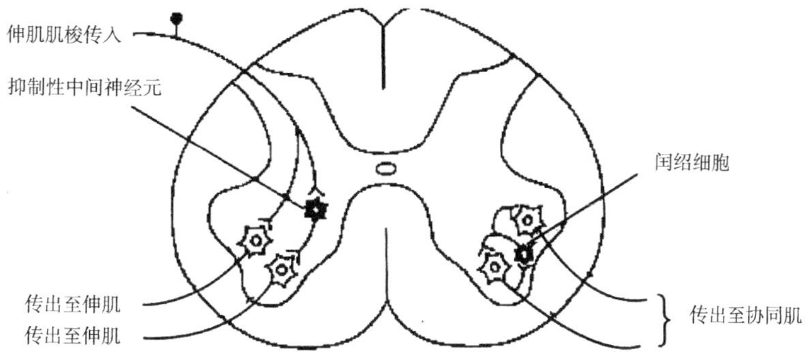


图10-13 传入侧支性抑制和回返性抑制示意图

系统最基本的活动方式之一，其意义在于使不同中枢之间的活动相互制约，保证了体内各种反射活动的协调。

(2)回返性抑制。是指某一中枢的神经元兴奋时，其传出冲动沿轴突外传的同时，还经轴突侧支兴奋另一个抑制性中间神经元，后者释放抑制性递质，反过来抑制原先发生兴奋的神经元及同一中枢的其他神经元，这种现象称回返性抑制(Recurrent inhibition)。例如，脊髓前角运动神经元发出轴突支配骨骼肌时，也在脊髓内发出侧支兴奋闰绍细胞。闰绍细胞是抑制性中间神经元，兴奋时释放甘氨酸，回返性抑制原先发动兴奋的神经元和其它同类神经元(图10-13)。回返性抑制是一种负反馈，它能使神经元的活动及时终止，也促使同一中枢内许多神经元的活动同步化。

(二)突触前抑制

由于兴奋性神经元的轴突末梢在另一个神经元轴突末梢的影响下，释放的兴奋性递质减少，使突触后神经元产生的兴奋性突触后电位(EPSP)变小，由此所致的抑制过程为突触前抑制。

突触前抑制的结构基础为3个神经元形成“轴-轴-体串联型”突触形式。如图10-14所示，轴突末梢A与运动神经元构成轴-体突触，轴突末梢B与末梢A构成轴-轴突触，但与运动神经元不直接形成突触。若只兴奋末梢A，则引起运动神经元产生一定大小的EPSP；若只兴奋末梢B，则运动神经元不发生反应。若末梢B先兴奋，一定时间后末梢A再兴奋，则运动神经元产生的EPSP将明显减少。这种抑制是通过神经元B的活动，使突触前膜(轴突末梢A)预先去极化，从而使其兴奋性递质释放减少，突触后运动神经元EPSP减少所产生的抑制效应，也称之为去极化抑制。

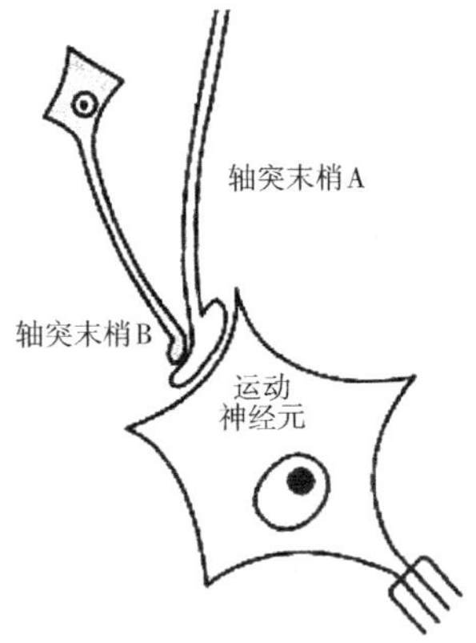

图10-14 突触前抑制神经元联系方式

突触前抑制在中枢神经系统内广泛存在，尤其多见于感觉传入途径。它的生理意义是控制从外周传入中枢的感觉信息，使感觉更加清晰和集中，因此，对调节感觉传入活动有重要作用。

## 五、中枢易化

易化是指某些生理过程变得更容易发生的现象。在中枢内，如果一个神经元使另一个神经元的兴奋性升高，但并不能引起这个神经元兴奋，则称第二个神经元被易化(Facilitated)。中枢易化(Central facilitation)是指中枢内某一个被易化的中枢的兴奋变得更容易发生的现象。中枢易化可分为突触前易化和突触后易化。突触后易化表现为突触后膜EPSP的总和，这是由于前一个刺激引起突触后膜去极化，使膜电位靠近阈电位水平，如果在此基础上再出现一个刺激，就较容易达到阈电位水平而爆发动作电位。突触前易化与突触前抑制具有同样的结构基础。

# 第四节 神经系统的感觉功能

动物机体通过各种感受器接受内外环境的刺激，转化为传入神经上的电位变化（神经冲动），沿着感觉神经传入中枢神经系统，经过多次神经元交换，最后在大脑皮质特定区域，通过各感觉中枢的分析整合产生特定感觉。所以机体的感觉是由感受器、传入系统和大脑皮层感觉中枢三部分共同完成的，机体的感觉有视觉、听觉、嗅觉、味觉、躯体感觉和内脏感觉等。

## 一、感受器

感受器（Receptor）指能感受内外环境的刺激，并将刺激的能量转化为神经冲动的转化装置。感受器接受刺激发生兴奋的客观指标是发放神经冲动，在传入神经上记录到一系列"全或无"的动作电位。感受器的基本功能是转换能量，能够将各种形式刺激的能量转换为有信息意义的神经冲动，所以也称为生物换能器。

### （一）感受器的分类

1. 根据感受器所在的部位分类

（1）外感受器。位于皮肤和头部，能感受外界环境的变化，如光、声、位置、味和触、压、温、冷、痛等感受器。它们的活动常引起清晰的感觉，并能精确定位。

（2）内感受器。分布在心脏、血管、内脏、肌肉、关节、脑等各处，接受体内的各种刺激。它们的活动往往不产生意识感觉或仅产生不能精确定位的模糊感觉，如心房的容量感受器、动脉管壁的压力感受器、颈动脉体化学感受器、细支气管壁的肺牵张感受器和脑内渗透压感受器等。

2. 根据感受器所能接受的刺激性质分类

感受器可根据它们所能接受的刺激性质分为机械感受器、温度感受器、伤害性刺激感受器、光感受器和化学感受器等。

### （二）感受器的一般生理特性

各种感受器虽然在结构和功能方面不尽相同，但具有某些共同的特性。

1. 感受器的适宜刺激

感受器对于刺激具有特殊的敏感性，每种感受器只对特定能量形式的刺激发生反应，这种形式的刺激为该感受器的适宜刺激。如视网膜只对一定波长和亮度的光波刺激敏感；味蕾只对水溶性的化学物质刺激敏感。所有刺激的强度若达不到一定的阈值，将不产生感觉。引起感觉所需要的最小刺激强度称为感觉阈（Sensory threshold），感觉阈受刺激作用的时间和作用面积的影响。感觉阈并不是固定不变的，一定状况下，感觉阈将发生一定程度的变化。如安静和嘈杂的环境听觉的感觉阈就不同，前者的听觉阈低，后者的听觉阈高。对同一种性质的两个刺激，其刺激强度的差异必须达到一定程度时才能使机体有感觉上的差异，并将其辨别出来，这种刚能使感觉分辨清楚的两个刺激强度的最小差异称为感觉辨别阈（Sensory threshold of discrimination）。

2. 感受器的换能作用

感受器能将不同形式刺激的能量转化为传入神经上的动作电位，称为感受器的换能作用。感受器在受到适宜刺激后，通过跨膜信息传递，感受器细胞内产生的局部电位变化，称为感受器电位；在相应的感觉神经末梢上产生的局部电位变化，称为发生器电位。如果某种感受器仅由神经末梢构成，则发生器电位就是感受器电位，其换能的部位和产生神经冲动的部位相同。发生器电位或感受器电位是传入神经的膜或感受器细胞的膜进行跨膜信息传递的结果，和体内大多数细胞一样，感受器细胞对外来不同刺激信息的跨膜传递，也是通过膜通道蛋白或G-蛋白偶联受体把外界刺激转变为跨膜电信息的。

感受器电位和发生器电位都是一种局部性电位，不具有“全或无”特征，不能远距离地传导，其产生的幅度与外界刺激强度呈正比，但可进行总和。当这些电位总和达到传入神经膜电位去极化的阈电位水平时，就会在传入纤维上产生可扩布的动作电位。一旦产生动作电位，就意味着完成了感受器的换能作用。

3. 感受器的编码作用

感受器把外界环境刺激转换成动作电位时，不仅是能量形式的转换，更重要的是把包含环境变化的信息也移到了新的电信号中，即动作电位的序列之中，这就是感受器的编码作用。感受器的编码作用表现在对外界刺激“质” 和“ 量”的编码两个方面。

(1)“质”的编码。主要取决于刺激的性质和被刺激的感受器，还取决于传入冲动到达的高级中枢的部位，即由信号所传导的通路来决定。由于感受器细胞在进化过程中的高度分化，使得某一感觉细胞变得对特定物质的刺激或该物质属性特别敏感，由此产生的传入信号又只能按特定的途径到达特定的皮层结构，引起特定的感觉。感觉的种类取决于传入冲动所到达高级中枢的部位，而高级中枢的兴奋部位取决于被兴奋的感受器及传入通路的神经类型。感觉的产生不仅在感受器部位有编码，在感觉的中枢神经网络传输与分析过程中也要不断进行编码。信息每通过一次神经元间的交换，就要进行一次编码，并有可能受来自其他信息源的影响，使信息不断地得到处理。

(2)“量”的编码。由于动作电位的“全或无”特征，刺激强度不可能通过动作电位的幅度大小或波形的改变来表现。刺激强度主要靠单一神经纤维上神经冲动的频率高低和参与信息传输的神经纤维数目来编码。如给皮肤触、压刺激，随着刺激强度的增大，传入神经上动作电位的频率随之增高，发生动作电位的传入神经纤维数目也会逐渐增多。

4. 感受器的适应现象

感受器受到刺激，感觉冲动发放的频率不仅与刺激强度有关，同时还与刺激持续作用的时间有关。在一定强度的适宜刺激下，刺激较长时间后，感受器发放的冲动频率会逐渐减少，甚至完全不发生兴奋，这一现象称为感受器的适应。适应是感受器的一个功能特点，“入幽兰之室久而不闻其香”从感觉的角度讲的就是适应。适应的程度因感受器的类型不同而有很大差异。按出现适应现象的快慢可分为快适应感受器和慢适应感受器。

嗅觉和触觉感受器在接受刺激时，仅在刺激开始后的短时间内有传入冲动发放，以后刺激继续作用，但传入冲动的频率很快下降，属于快适应感受器。快适应感受器对刺激变化敏感，有利于感受器和中枢再接受新刺激，增强机体对环境的适应能力。

牵张感受器、痛觉感受器和颈动脉窦的压力感受器都属于慢适应感受器，它们的特点在于当刺激持续存在时，仅在刺激开始后不久出现感受器电位和传入冲动频率的轻微下降，以后在较长时间内维持在这一水平。慢适应有利于机体某些功能进行持久而恒定的调节，或者向中枢发放有害的刺激信息，以达到保护机体的目的。

感受器适应的机制比较复杂，可发生在感觉信息转换的不同阶段。感受器的换能过程、离子通道的功能状态以及感受器细胞与感觉神经纤维之间的突触传递特性等，均可影响感受器的适应。适应并非疲劳，对某一强度的刺激产生适应之后，如增加刺激强度，又可引起传入冲动的增加。

## 二、脊髓的感觉传导与分析功能

来自躯体的感觉信息经初级传入纤维通过脊神经背根进入脊髓后，可循不同的上行通路传向脑的高位中枢。其感觉传导路径大致可分为两大类：浅感觉传导和深感觉传导。

### （一）感觉传导通路

1. 浅感觉传导通路

传导浅感觉（痛觉、温度觉和轻触觉）的传入纤维，由背根的外侧进入脊髓，在后角更换神经元后，再发出纤维在中央管前交叉到对侧，分别经脊髓-丘脑侧束（传导痛、温度觉）和脊髓-丘脑前束（传导轻触觉）上行抵达丘脑（图10-15）。浅感觉传导路径的特点是：先交叉，后上行。因此，在脊髓半离断的情况下，离断水平以下对侧躯体的痛觉、温度觉和粗略触-压觉发生感觉功能障碍。

头面部的浅感觉经三叉神经传入脑桥后，传导轻触觉的纤维止于三叉神经核，而传导痛、温度觉的纤维止于三叉神经脊束核。二者换元后，交叉到对侧前行，经脑干各部至丘脑更换第三级神经元投射到大脑皮质的躯体感觉区。

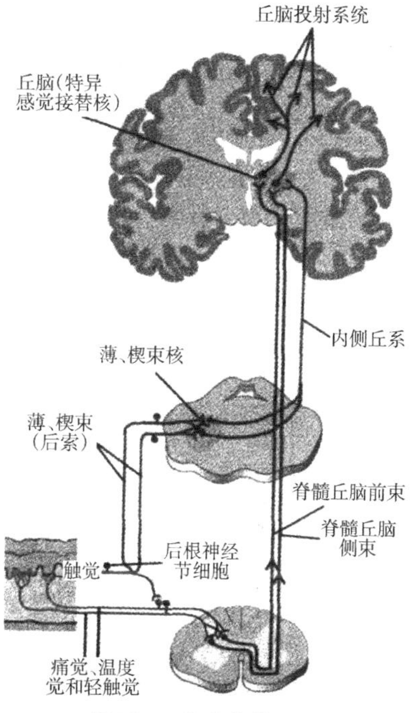

图10-15　躯干、四肢感觉传导通路示意图

2. 深感觉传导通路

传导深感觉（肌肉本体感觉和深部压觉）的传入纤维，由背根内侧进入脊髓，即在同侧背索中上行，抵达延髓下部薄束核与楔束核，更换神经元后，再发出纤维交叉到对侧，经内侧丘系至丘脑（图10-15）。深感觉传导通路的特点是：先上行后交叉。在脊髓半离断的情况下，深感觉的障碍发生在离断的同侧。

## 三、丘脑及其感觉投射系统

### （一）丘脑核团的分类

大脑皮层不发达的动物，丘脑是感觉的最高级中枢；大脑皮层发达的动物，丘脑成为重要的感觉传导的换元接替站。丘脑的功能核团有三类。

1. 感觉接替核

感觉接替核是机体所有特定感觉（嗅觉除外）纤维投射到大脑皮层特定区域的中继换元

部位,直接接受除嗅觉外各种感觉的上行传入投射纤维,换元后投射到大脑皮层感觉区。各种感觉功能在丘脑内有严格的定位,例如,后腹核接受躯干、肢体、头面部来的纤维,换元后投射到大脑皮层的感觉运动区。内侧膝状体为听觉传导通路的换元站,外侧膝状体为视觉传导通路的换元站。

2. 联络核

联络核不直接接受感觉的纤维投射,而接受感觉接替核和其他皮层下中枢来的纤维投射,换元后投射到大脑皮层的某一特定区域。其功能与各种感觉信息在丘脑和大脑皮层之间的联系协调有关。主要包括丘脑枕核、外侧腹核和丘脑前核等。

3. 非特异投射核

主要是髓板内核群,接受脑干网状结构的上行纤维投射,经多突触接替后,弥散地投射到整个大脑皮层,起着维持和改变大脑皮层兴奋状态的作用。主要包括中央中核、束旁核、中央外侧核等。

(二)丘脑感觉投射系统

根据上述核群换元后的纤维投射到大脑皮质的特征和引起的功能不同,把丘脑的感觉投射系统,分为特异性投射系统和非特异性投射系统(图10–16)。

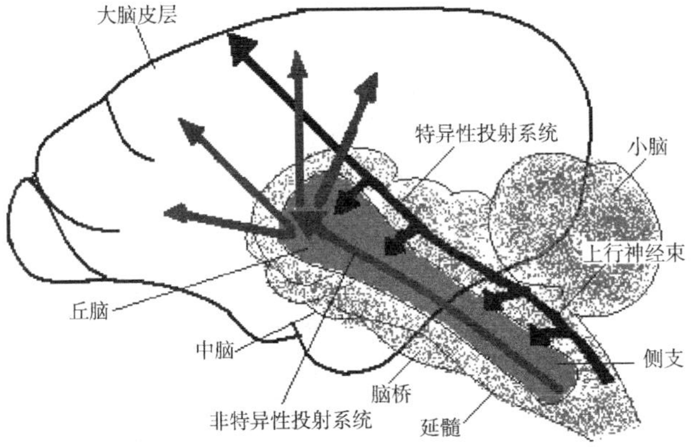


**图10–16 特异性及非特异性投射系统**

1. 特异性投射系统及其作用

机体的各种感觉(嗅觉除外)传入的冲动在丘脑的感觉接替核换元后,投射到大脑皮质的特定区域,产生特定感觉的功能系统,称为特异性投射系统。经典的感觉传导通路由三级神经元的接替完成。第一级神经元位于脊神经节或有关的脑神经感觉神经节内;第二级神经元位于脊髓背角或延髓的有关神经核内;第三级神经元在丘脑的感觉接替核内。特异性投射系统在丘脑接替核换元后点对点投射到大脑皮质的特定区域,其上行投射纤维主要在大脑皮质特定区的第四层,并与神经元形成突触联系,通过中间神经元的接替,与大锥体细胞的胞体形成兴奋性突触联系。特异性投射系统的主要功能是引起特定的感觉,并激发大脑皮层产生传出神经冲动。如损坏某一特异性传导通路,仅引起某种特定感觉障碍,但动物仍保持清醒。

2. 非特异性投射系统及其作用

特异性投射系统的第二级神经发出侧支与脑干网状结构的神经元发生突触联系,在此多次换元后上行达丘脑的髓板内核群，最后弥散性投射到大脑皮质的广泛区域，称为非特异性投射系统。非特异性投射系统上行纤维进入皮层后反复分支，终止于各层，与各层神经元的树突形成突触联系，不存在专一的投射关系。

非特异性投射系统的功能是维持或改变大脑皮质的兴奋状态，以维持机体较长时间的觉醒而不昏睡，为产生特定的感觉提供条件。在脑干网状结构内，存在着具有上行唤醒作用的功能系统，在正常情况下，由于各种感受器在受到足够强的刺激时，均可使之激活，引起动物的唤醒和觉醒状态的脑电图改变，故称之为脑干网状结构上行激动系统。该系统主要是通过非特异性投射系统发挥作用的。该系统对催眠和麻醉药较敏感，受损后会出现昏睡不醒。所以，只有在非特异性投射系统维持大脑皮层清醒状态的基础上，特异性投射系统才能发挥作用，形成清晰的特定感觉。

### （三）大脑皮质的感觉分析功能

大脑皮质是感觉分析的最后和最高级中枢部位。各种感觉传入冲动最终都到达大脑皮质，在此进行信息加工和整合，最后形成感觉和意识。不同的感觉纤维投射到大脑皮质后有一定的区域分布，此区域称为该感觉在大脑皮质的代表区或该感觉的皮质中枢。

#### 1. 大脑皮质形成感觉的结构基础

对中央后回皮质结构和功能的研究发现，大脑半球外侧面等处的新皮质分为6层结构，即分子层、外颗粒层、外锥体细胞层、内颗粒层、内锥体细胞层和多形细胞层。细胞以纵向的柱状排列构成感觉皮质的最基本功能单位，即感觉柱。每个感觉柱的直径为200 ~ 500 μm，大约含有10 000个神经元的脑体，一个柱状结构是一个传入–传出信息的整合处理单位。感觉传入信息主要在柱内被垂直方向连接的突触进行加工处理。

#### 2. 体表感觉区

全身体表感觉在大脑皮质的投射区主要位于中央后回，称为第一体表感觉区，在该区主要调控全身痛、温、触压以及位置觉和运动觉等体表感觉。体表感觉区的感觉定位明确，性质清晰，体表感觉区具有以下特征。

（1）交叉分布，即一侧体表的感觉分布在对侧皮质的相应区域，但头面部是双侧性的。

（2）定位准确，投射区的空间安排呈倒置分布，前肢代表区在顶部，后肢代表区在中部，头面部代表区在底部。但头面部代表区的内部安排是正立的。

（3）皮质投射区域的大小与感觉的灵敏度相关，感觉越灵敏，分布面积越大。如感觉灵敏度高的拇指、食指和唇的皮质代表区面积大，而感觉迟钝的背部皮质代表区面积小。

在高等动物之中还存在第二体表感觉区，位于中央前回与岛叶之间，面积远比第一体表感觉区小。其分布特点为正立、双侧、定位准确性差。此部位对感觉只能做比较粗糙的分析，可能与痛觉产生有较密切的关系。

#### 3. 本体感觉区

中央前回既是运动区，又是本体感觉的代表区。在较低等的哺乳类动物（猫、兔等），体表感觉区与运动区基本重合在一起，称为感觉运动区。进化较高等的动物（猴、猩猩），体表感觉区与运动区逐渐分离，前者位于中央后回，后者位于中央前回，但这种分化并不是绝对的。

4. 内脏感觉区

内脏感觉的投射区位于第一体表感觉区、第二体表感觉区、运动辅助区和边缘系统等皮质部位，它与体表感觉区有较多的重叠，但投射区小，且不集中。内脏感觉通常有性质模糊、定位不准确的特点。

5. 特殊感觉区

特殊感觉区包括视觉区、听觉区、嗅觉区和味觉区。视觉区位于皮质的枕叶，来自两侧视网膜的视神经纤维在视交叉处全部(低等动物)或部分交叉(高等动物)投射到对侧的视觉区；听觉区位于颞叶，听觉投射是双侧性的，即一侧皮质代表区与双侧耳蜗感受功能有关，故一侧代表区受损不会引起全聋；嗅觉的皮质投射区位于边缘叶的前底部，包括梨状区皮质前部、杏仁核的一部分和海马；味觉投射区位于中央后回头面部感觉投射区的下方。

(四)痛觉

痛觉(Pain)是机体受到伤害性刺激时所产生的一种复杂感觉，常伴有不愉快的情绪活动和防御反应。作为机体受损害时的报警系统，痛觉具有保护性作用，同时伴有自主神经的反应，如肾上腺素的分泌、血压升高等。痛觉常是许多疾病的一种症状，剧烈的疼痛还可引起休克，故认识疼痛的产生及其规律具有重要意义。

1. 痛觉产生的外周机制

(1)致痛物质。化学刺激、机械刺激、电刺激、创伤、炎症等，只要达到伤害性强度时，均能引起痛觉。这些不同的伤害性刺激，可通过共同机制(释放或生成某些化学物质)而使痛觉产生。将参与疼痛发生和发展过程的化学物质称为致痛物质。受伤害组织局部的细胞和痛觉感受器均可参与致痛物质的生成、释放。致痛物质的作用主要是激活致敏痛觉感受器，导致痛觉或痛觉过敏。已知的致痛物质有$K^+$、$H^+$、ATP、前列腺素、P物质、白三烯、5-羟色胺、组胺和白介素等。

(2)痛觉感受器。痛觉感受器是游离的神经末梢，从表面上看没有固定的适宜刺激，任何过强的刺激，都会导致其兴奋。痛觉感受器实质上是一种化学感受器，在受到致痛物质的刺激后，通过换能作用，最终转变为传入神经上的动作电位。痛觉感受器几乎不存在适应现象，某些刺激还可能会使痛觉感受器敏感化，出现痛觉过敏现象。痛觉感受器接受伤害性刺激后，把刺激的信息转化为传入神经上的动作电位，并将刺激的性质、强度和持续的时间等转移到动作电位的不同组合中。在这个过程中，实现对信息的初步处理，然后经痛觉传导通路投射到相应的皮质区形成痛觉。

2. 痛觉产生的中枢机制

来自躯体痛觉的传入纤维进入脊髓后，一部分在后角换元并发出纤维交叉至对侧，经脊髓丘脑侧束上行，抵达丘脑的感觉接替核；头面部的痛觉冲动则由三叉神经传导，沿三叉神经丘脑束上行至脑桥水平与脊髓丘脑侧束会合，最后投射到大脑皮质的第一体感区，引起有定位特征的痛觉并激发运动性反应。另一部分痛觉传入纤维在脊髓内弥散上行，经脊髓网状纤维、脊髓中脑纤维和脊髓丘脑内侧部纤维，抵达脑干网状结构和丘脑髓板内核群，再投射到大脑皮质第二体表感觉区和边缘系统，引起定位不明确的慢痛和痛的自主神经性反应及情绪反应。

内脏痛的传入神经主要经背根进入脊髓，然后与躯体传入神经以同一上行途径，经丘脑投射到大脑皮质第二体表感觉区和边缘系统。

3. 皮肤痛觉

伤害性刺激作用于皮肤时，可出现快痛和慢痛两种性质的痛觉。快痛是一种急性痛，即尖锐的刺痛，它的特点是产生和消失迅速、感觉清楚，定位明确。慢痛是一种强烈而难以忍受的“烧灼痛”，一般在刺激作用0.5 ~ 1.0 s后才产生，特点是定位不太明确，持续时间较长，常伴有心血管系统和呼吸系统的反应。在动物有外伤时，这两种痛觉相继出现，不易明确区分；但有皮肤炎症时，常以慢痛为主。

4. 深部痛觉

深部的组织骨膜、肌肉、韧带、肌腱等处的痛反应称为深部痛觉。深部痛觉一般表现为慢痛，其特点是定位不明确，还伴有恶心、出汗和心血管自主神经反应等现象。深部痛觉最普遍的形式为肌肉痛，因为在肌腱、关节和骨等部位受到损伤性刺激时，可反射性引起邻近骨骼肌收缩，肌肉的收缩使疼痛进一步加剧，缺血也是引起肌肉痛的主要原因。

5. 内脏痛与牵涉痛

内脏痛是伤害性刺激作用于内脏器官所引起的。内脏痛觉通过自主神经内的传入神经传入脊髓，沿着躯体感觉同一通路前行，经脊髓丘脑束和感觉投射系统到达大脑皮质。内脏痛是临床上常见的病理性疼痛。其特征为：疼痛的定位不明确，对刺激的分辨较差，发生缓慢，持续时间较长，伴有自主神经活动的变化；机械性牵拉、痉挛、缺血与化学性刺激是诱发内脏痛的主要原因。

牵涉痛是内脏疾病引起体表一定部位发生疼痛或痛觉过敏的现象。例如，发生胆囊炎、胆结石时，可出现右肩胛部疼痛；肾结石可引起腹股沟区的疼痛；在阑尾炎初期，动物常感上腹部或脐区疼痛。牵涉痛并非内脏痛所特有，深部躯体痛、牙痛也可以引起牵涉性疼痛。

产生牵涉痛的机制，目前有会聚学说和易化学说。会聚学说认为，患病内脏的传入纤维与被牵涉部位的皮肤传入纤维，由同一背根进入脊髓同一区域，聚合于同一脊髓神经元，并由同一纤维上传入脑，在中枢内分享共同的传导通路。由于大脑皮层习惯识别来自皮肤的刺激，因而误将内脏痛当作皮肤痛，故产生了牵涉痛（图10–17）。易化学说认为，内脏痛觉的传入纤维的侧支在脊髓与接受体表痛觉传入的同一背角神经元构成突触联系，从患病内脏传来的冲动可提高该神经元的兴奋性，从而对体表传入冲动产生易化作用，使微弱的体表刺激成为致痛刺激产生牵涉痛（图10–17）。

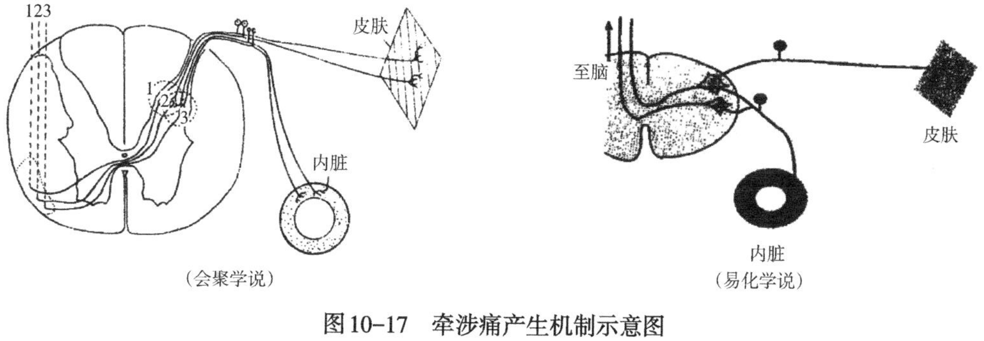


图10–17　牵涉痛产生机制示意图

(五)嗅觉和味觉

1. 嗅觉

嗅觉是空气中的物质分子或溶于水及脂质的刺激物作用于鼻黏膜中的嗅细胞，经嗅细胞换能后传导冲动至大脑眶额皮质嗅中枢引起的一种特殊感觉。大多数动物，在发现和获取食物以及其他的生命活动过程中，嗅觉是极为重要的。嗅细胞是嗅觉感受器，它是唯一起源于中枢神经系统且能直接感受环境中化学物质的神经元。嗅细胞是双极细胞，位于上鼻道及鼻中隔后上部的嗅上皮中。由于其部位较深，平静呼吸时的气流不易达到该处，故对一些不太浓的气味，要用力吸气，使气流深入到嗅上皮才能进行分辨。嗅细胞顶部有5～6条短纤毛，底部有由无髓纤维组成的嗅丝，传入筛板进入嗅球。

嗅觉的阈值低，适应很快，当某种气味突然出现时，可引起明显的嗅觉，若这种气味物质持续存在，对该气味的嗅觉很快减弱甚至消失。对这一气味适应后，对其他气味仍敏感。空气中的气味分子通过呼吸被鼻腔中的黏液吸收，扩散至嗅纤毛并与表面膜的受体结合，激活G–蛋白，使细胞膜cAMP生成，引起膜上的$Na^+$通道开放，$Na^+$内流，产生去极化性的感受器电位，总和达到阈电位，产生的动作电位在轴突膜传导，电信息传向嗅小球，继而传向大脑眶额皮质。眶额皮质的活动一般右侧大于左侧，所以，两侧的嗅皮质是不对称的。眶额皮质嗅觉中枢兴奋，引起嗅觉并进入记忆。由于来自不同类型气味受体的信息组合成与特定气味相对应的模式，最终在大脑皮质整合，引起特有的主观嗅觉感受。

在机体受到不同气味的刺激时，嗅觉纤维上传神经冲动除产生相应的嗅觉外，还可投射到边缘系统，引起体内其他功能活动发生变化，如嗅到喜爱的食物气味时可刺激食欲的产生。

2. 味觉

味觉是味觉感受器受到刺激时，传入信息经孤束核和丘脑传递，在大脑皮质的味中枢产生特定的感觉。分布于舌背和舌缘、口腔和咽部黏膜表面的味蕾是味觉的感受器。味蕾是由味觉细胞、支持细胞和基底细胞组成的，细胞顶部有纤毛，是感受味觉的关键部位。味觉细胞平均每10天更换一次。味觉系统能感受和区分多种味道。众多的味道都是由酸、甜、苦和咸四种基本味觉组合而成的。

味觉也有适应现象，一种味觉刺激适应后，对其他的味觉没影响。不同味觉细胞受到刺激后，产生味觉电换能的机制不全相同。咸和酸的刺激可通过化学门控式$Na^+$通道开放，$Na^+$内流引起味觉细胞产生感受器电位。糖与味觉细胞膜上的受体结合后，激活G–蛋白，进而使腺苷酸环化酶激活，使细胞内cAMP增多，对$K^+$的通透性降低而产生感受器电位。目前，许多味觉刺激的换能机制尚不清楚。味觉细胞产生的感受器电位通过突触传递引起感觉神经末梢产生动作电位，经面神经、迷走神经和舌咽神经中的纤维传入，在延髓孤束核换元后，经丘脑特异感觉接替核换元，再投射到中央后回底部味皮质，中枢通过来自四种基本味觉的神经传入信息的不同组合来辨别各种味觉。

当味觉感受器受到持续和强烈的刺激时，由Ⅶ、Ⅸ和Ⅹ脑神经中的味觉纤维传入冲动在延髓孤束核换元后，其中部分纤维经丘脑感觉接替核换元后投射到皮质顶叶和岛叶，部分纤维则投射到下丘脑，在产生特定感觉和内脏反应的同时，中枢整合后的信息经三叉神经的泪腺神经传出，使泪腺分泌大量的泪液，该过程称为味觉–泪反射。与此同时，口腔中的痛觉感受器亦可受到刺激，冲动传入大脑皮质引起痛觉。经皮质整合后的信息，一方面可协调味觉–泪反射活动，另一方面还可以反射性地引起头颈部汗腺分泌大量汗液，即引起味觉性发汗。机体的味觉不仅能辨别不同的味道，同时个体喜好的味道可引起愉快的心理和精神反应，从而在进食过程中增加食欲，摄入的营养物质相应增多，故味觉同时也与摄取营养成分和调节内稳态有关。

# 第五节　神经系统对躯体运动的调节

躯体运动是行为的基础。动物日常的行为活动，主要是以骨骼肌的活动为主，在运动过程中，骨骼肌的舒缩活动，不同肌群之间的相互配合，均有赖于神经系统的调节。一般来说，调节躯体运动的神经结构从低级到高级，可分为脊髓、脑干下行系统和大脑皮质运动区三个水平。此外，小脑和基底神经节是两个重要的皮层下运动调控机构（如图10–18）。

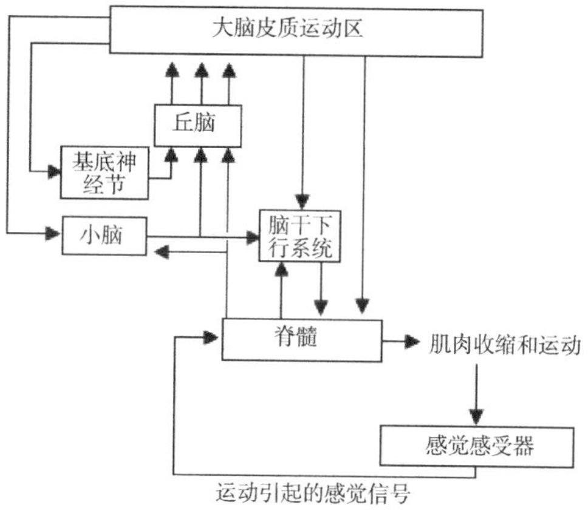


图10–18　运动系统各结构间相互关系示意图

## 一、脊髓对躯体运动的调节

脊髓是调节躯体运动的最基本中枢，可完成一些比较简单的运动反射，如屈肌反射、牵张反射等，但这些反射是动物机体完成复杂躯体反射的基础。

### （一）脊髓的运动神经元和运动单位

在脊髓腹角有α和γ运动神经元，其末梢释放的递质都是乙酰胆碱。脊髓α神经元不仅接受来自皮肤、肌肉和关节等处的外周传入信息，同时接受从大脑皮质到脑干的下传信息，将这些信息整合后产生一定的传出冲动，直达所支配的骨骼肌，因此，将α运动神经元称为脊髓反射的最后公路。γ运动神经元的胞体分散在α神经元之间，支配骨骼肌的梭内肌纤维，其常以较高的频率持续放电，兴奋性高，主要功能是调节肌梭对牵张刺激的敏感性。

α运动神经元大小不等，胞体直径从几十微米到150 μm，小α神经元支配慢肌纤维，大α神经元支配快肌纤维，其轴突末梢在骨骼肌中分成许多小支，每一小支支配一根骨骼肌纤维。在正常情况下，当神经元兴奋时，兴奋可传导到受它支配的所有肌纤维并引起收缩。由一个脊髓α运动神经元及其所支配的全部肌纤维所构成的功能单位，称为运动单位。运动单位的大小差别很大，有的由几根肌纤维组成，有的可达上千根，大运动单位有利于产生较大的肌张力，小运动单位参与肌肉的精细运动。一个运动单位的肌纤维可以和其他运动单位的肌纤维交叉分布，使其所占空间范围比该单位肌纤维横截面积的总和大10～30倍。因此，即使只有少数运动神经元活动，在骨骼肌中产生的张力也是均匀的。

(二)牵张反射

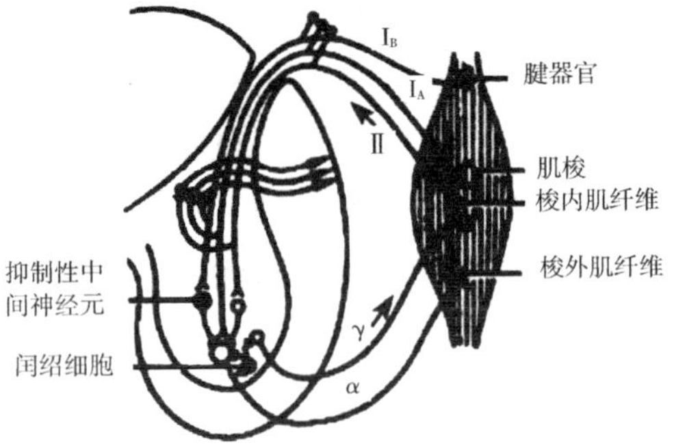

图10-19 牵张反射示意图

骨骼肌受到外力牵拉而伸长时,可反射性引起被牵拉的肌肉收缩,称为牵张反射(Stretch reflex)。牵张反射有两种类型,腱反射(Stretch reflex)和肌紧张(Muscle tonus)(图10-19)。

1. 腱反射

腱反射是指快速牵拉肌腱时发生的牵张反射,又称为位相性牵张反射。它表现为被牵拉肌肉快速而明显的缩短,如叩击股四头肌的肌腱,可使股四头肌因牵拉而发生快速的反射性收缩,称为膝跳反射。腱反射是单突触反射,反射时很短,约0.7 ms,与肌肉的收缩几乎是同步性的。临床上通过检测腱反射的机能,来了解神经系统的某些功能状态。若腱反射减弱或消失,常提示反射弧的某一部分受损;若腱反射亢进,则提示控制脊髓的高级中枢可能发生病变。

2. 肌紧张

肌紧张是缓慢而持续牵拉肌腱时所引起的牵张反射,又称紧张性牵张反射。它表现为被牵拉的肌肉持续而轻度地收缩,以阻止被过度拉长。肌紧张的反射弧与腱反射相似,但为多突触反射,不是同步性收缩,是肌肉中的肌纤维轮流收缩产生的,所以不易发生疲劳。肌紧张是维持躯体姿势最基本的反射活动,是姿势反射的基础。肌紧张反射弧的任何部分如果损伤,可出现肌张力的减弱或消失,这时肌肉松弛,无法维持身体的正常姿势。

3. 反射弧构成

牵张反射的反射弧显著的特点是感受器和效应器都在同一肌肉中(图10-19)。感受器是肌肉中的肌梭,肌梭呈梭形,外面包有一层结缔组织膜,膜内有2~12条特殊的肌纤维,称梭内肌纤维,一般肌纤维为梭外肌纤维。梭内肌纤维的中间部分是感受装置,两端是收缩部分,肌梭与梭外肌纤维平行排列,呈并联关系,它是长度感受器,能感受肌长度的变化。

肌梭传入纤维有两种,分别为Ⅰ类纤维和Ⅱ类纤维。牵张反射的中枢主要在脊髓内。当肌肉被拉长时,肌梭感受器兴奋,产生的冲动经肌梭传入纤维传到脊髓,直接或间接地与脊髓腹角α和γ运动神经元构成兴奋性突触联系。α运动神经元兴奋引起被牵拉的肌肉收缩,从而完成牵张反射;γ运动神经元兴奋引起梭内肌收缩,可提高肌梭感受器的敏感性,从而加强牵张反射。

腱器官是肌肉内另一种感受装置,它分布于肌腱胶原纤维之间,与梭外肌纤维呈串联关系。它能感受肌张力的变化,是一种张力感受器。一般当肌肉受到牵拉时,首先兴奋肌梭而发动牵张反射,引起受牵拉的肌肉收缩,当牵张的力量进一步加大,可兴奋腱器官,使牵张反射受到抑制,以避免被牵拉的肌肉损伤。

(三)屈肌反射和对侧伸肌反射

1. 屈肌反射

在伤害性刺激作用于肢体皮肤的感受器时,受刺激一侧的肢体出现回缩反应,表现为屈肌收缩而伸肌舒张，称为屈肌反射（Flexor reflex）。由于该反射通常由伤害性刺激引起，故又称痛反射。该反射可避免机体受到进一步的伤害性刺激，具有重要的保护作用。这是动物最原始的防御反射。屈肌反射的强弱与刺激强度有关，屈肌反射是一种通过若干中间神经元的多突触反射，其反射弧的传出部分可通向许多肌群（图10-20）。

2. 对侧伸肌反射

在引起屈肌反射的刺激强度达到一定强度时，同侧肢体发生屈肌反射的同时，还出现对侧肢体的伸肌兴奋和屈肌抑制，关节伸直，称为对侧伸肌反射（Crossed reflex）。这是由于屈肌反射中枢的中间神经元兴奋，在兴奋同侧屈肌运动神经元的同时，其侧支横过脊髓，兴奋对侧的伸肌运动神经元所致（图10-20）。该反射的意义在于当一侧躯体屈曲时，对侧肢体伸直以支持体重，使身体维持直立姿势而不至于跌倒。

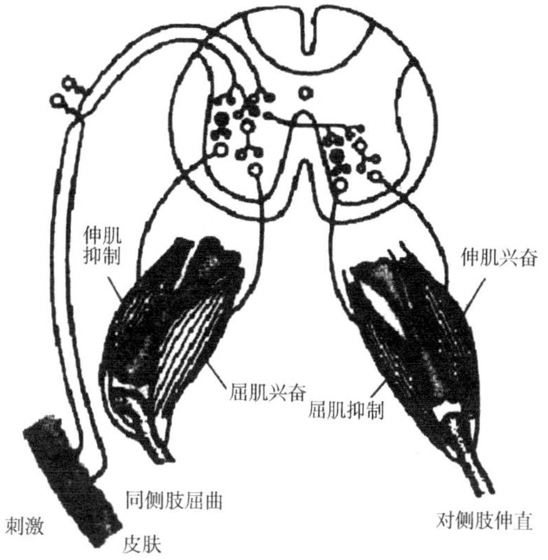


**图10-20　屈肌反射和对侧伸肌反射示意图**
**（实心点表示抑制性突触，空心点表示兴奋性突触）**

（四）脊休克

在脊髓水平可完成许多运动反射，平时由于脊髓受高位中枢控制，其本身具有的功能不易表现出来。脊休克（Spinal shock）指动物在脊髓与高位中枢之间离断后，反射活动能力暂时丧失进入无反应状态的现象。在脊髓第5颈段水平以下切断脊髓，可保留高位中枢通过膈神经对呼吸运动的控制，这种脊髓与高位中枢离断的动物称为脊动物（Spinal animal）。

脊休克主要表现为横断面以下脊髓所支配的躯体和内脏反射活动减退甚至消失，如骨骼肌紧张性降低甚至消失，外周血管扩张，动脉血压下降，粪、尿潴留。脊休克发生一段时间后，以脊髓为中枢的一些反射活动逐渐恢复，恢复时间的长短与不同动物脊髓反射对高位中枢的依赖程度有关，如青蛙在脊髓离断后数分钟内反射即可恢复，犬在数天后恢复。在脊髓反射恢复过程中，较简单、原始的反射首先恢复，如屈肌反射、腱反射等，较复杂的反射恢复较慢，如对侧伸肌反射、搔扒反射等。血压也逐渐回升到一定水平，并具有一定的排便和排尿能力。但恢复的反射活动不能很好地适应机体功能活动变化的需要，且离断水平以下的知觉和随意运动能力将永久丧失。

脊休克的产生并不是切断损伤的刺激所致的，因为反射恢复后如果再一次切断脊髓，脊休克现象不会重现。脊休克产生的原因可能是由于离断的脊髓突然失去了高位中枢的紧张性调节作用，主要指大脑皮质、前庭核和脑干网状结构的下行纤维对脊髓的易化作用。脊休克的产生与恢复，说明脊髓可以完成某些简单的反射活功，但在正常情况下，脊髓的活动受高位中枢的调节和控制。

（五）节间反射

脊动物在反射的后期可出现复杂的节间反射。节间反射（Intersegmental reflex）是指脊髓某些节段神经元发出的轴突与邻近上下节段的神经元发生联系，通过上下节段之间神经元的协同活动所进行的一种反射活动。如伤害刺激动物腰背皮肤，可引起后肢发生一系列的有节奏性的搔扒动作，称为搔扒反射(Scratching reflex)。

**案例**

一只3岁萨摩耶成年犬，晚上外出运动时，被一小车撞击，造成第5和第6颈椎粉碎性骨折，65 %错位，四肢及胸以下躯体失去知觉和运动功能。诊断为高位截瘫。

**问题与思考**

1. 试述脊髓的主要功能。

2. 脊休克期间患者功能活动有何改变？脊休克后哪些功能可恢复或部分恢复？

**提示性分析**

1. 脑通过脊髓各种上、下行传导束神经纤维的冲动传导实现与躯干和四肢的功能联系。脊髓离断后，损伤部位以下躯体将丧失感觉和运动的功能。

2. 膈神经由颈3～5颈丛发出，在安静状态下，由膈肌收缩增加的胸廓容积为通气量总量的80 %，因此，犬第5、6颈椎受损后，呼吸活动仍能基本维持，但横断面以下脊髓支配的躯体和内脏反射活动减退或消失，出现脊休克的系列改变。脊休克发生一段时间后，以脊髓为基本中枢的反射活动可逐渐恢复，如屈肌反射、腱反射等，血压也可回升到一定水平，排便和排尿能力有所恢复，但恢复的反射活动不能很好地适应机体功能活动变化的需要。

## 二、 低位脑干对躯体运动的调节

低位脑干包括延髓、脑桥和中脑，通过上行、下行传导束沟通大脑、小脑和脊髓间的联系。起源于脑干的各下行传导束对脊髓的功能进行控制。脑干除了对自身的信息加工外，还是低位中枢和高位中枢联系的桥梁。在脑干的中央有许多纵横交织的神经纤维和散在其中的大小不等的神经元胞体，称为脑干网状结构。脑干是调节肌紧张的重要中枢，还可完成某些姿势和运动反射。

### (一)脑干网状结构易化区和抑制区

高位中枢下传冲动都要对脑干网状结构的活动产生控制作用，该结构是大脑皮质通过脑干调节肌紧张和随意运动的主要部位。实验证实，刺激延髓网状结构腹内侧区域，对反射性运动和刺激皮质诱发的运动都有抑制作用，基于该区域有抑制肌紧张和肌肉运动的功能，称为抑制区，该区域和发出的纤维组成的功能系统称为脑干网状结构抑制系统。抑制作用是双侧性的，以同侧为主。该区域缺乏紧张性活动，其活动有赖于大脑皮质运动区、纹状体和小脑前叶蚓部传入冲动的始动作用。这些区域不仅加强网状结构抑制区的活动，而且对网状结构易化区也有抑制作用，使肌紧张减弱(图10-21)。

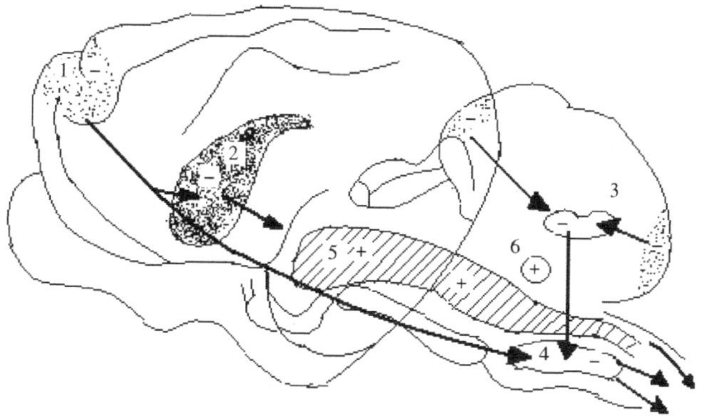


图10-21 脑干网状结构下行易化(+)和抑制(-)系统示意图

**抑制作用的途径:4为网状结构抑制区,发放下行冲动抑制脊髓牵张反射,这一区域接受大脑皮质(1)、尾状核(2)和小脑(3)传来的冲动。**

**易化作用的途径:5为网状结构易化区,发放下行冲动加强脊髓牵张反射。6为延髓的前庭核,有加强脊髓牵张反射的作用。**

刺激延髓网状结构背外侧、脑桥和中脑的中央灰质及被盖等区域,对反射性运动和刺激皮质引起的运动有加强作用,有加强肌紧张和肌肉运动的功能,称为易化区,该区域和发出的纤维组成的功能系统称为脑干网状结构易化系统。易化作用也是双侧性的,易化区兴奋可使牵张反射增强及时程延长。由于该区不断接受各种上行感觉通路侧支的冲动传入,具有一定的紧张性活动。皮质运动区、前庭核和小脑前叶两侧部的活动可加强该区域的兴奋作用。易化系统的主要作用是加强抗重力肌的肌紧张。

易化区和抑制区是调节肌紧张的中枢部位,两者的活动互相颉颃而对立统一,以维持正常的肌紧张。在正常情况下,易化系统的活动强度略大于抑制系统,在肌紧张的平衡调节中,易化区略占优势。

(二)去大脑僵直

脑干网状结构易化系统和抑制系统的活动既对立又统一,在调节全身骨骼肌的紧张性和完成各种运动的过程中具有重要作用。在中脑上、下丘之间横断脑干的去大脑动物,会出现四肢伸直、头尾昂起和脊柱挺硬的角弓反张现象称为去大脑僵直(Decerebrate rigidity)。去大脑僵直现象是由于切断了大脑皮层和纹状体等部位与脑干网状结构的功能联系,抑制区失去了高位中枢的始动作用,使抑制区的活动水平下降,而易化区虽然失去了和高位中枢的一些联系,但前庭核对易化区的作用依然存在,易化区本身存在自发活动,所以易化区的活动明显占优势(图10-22、10-23)。

去大脑僵直的产生机制有α僵直和γ僵直两种。前者是由于高位中枢的下行性作用直接或间接通过脊髓中间神经元提高α运动神经元的活动而出现的僵直;后者是高位中枢的下行性作用首先提高γ运动神经元的活动,使肌梭传入冲动增多,转而增强α运动神经元的活动而出现的僵直。

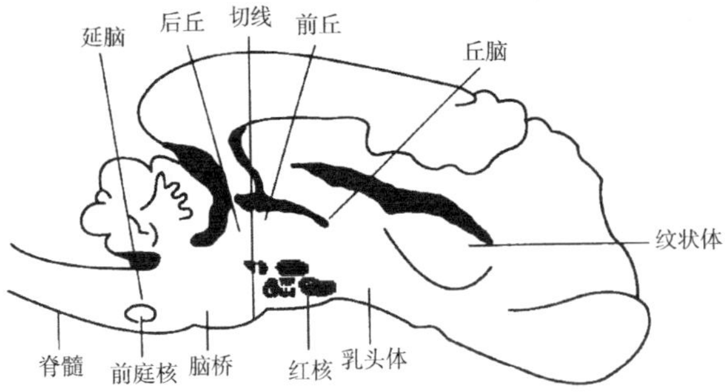


图10-22 切断兔脑干引起去大脑僵直的平面图

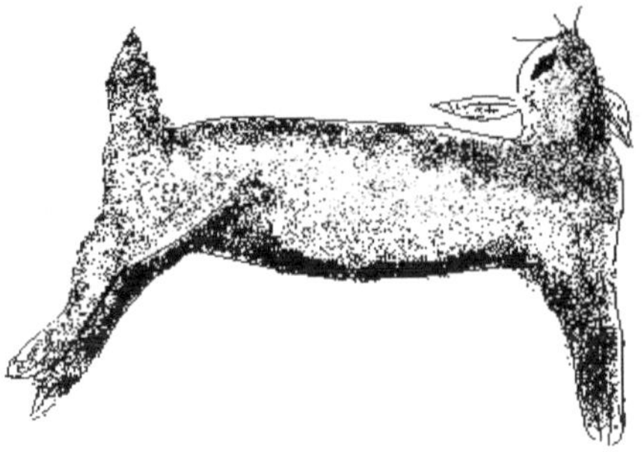

图10-23 兔去大脑僵直

(三)脑干对姿势的调节

中枢神经系统调节骨骼肌的肌紧张或产生相应运动，以保持或改正动物躯体在空间的姿势，称为姿势反射(Postural reflex)。不同的姿势反射与不同的中枢水平相关联。上述由脊髓整合的牵张反射和对侧伸肌反射是最简单的姿势反射。由脑干整合而完成的姿势反射有状态反射、翻正反射等。

1. 状态反射

当机体头部在空间的位置改变或头部与躯干相对位置发生变化时，反射性地引起躯体肌紧张发生变化的过程称状态反射(Attitudinal reflex)。前者称颈紧张反射(Tonic neck reflex)，后者称为迷路紧张反射(Labyrinthine tonic reflexes)。

迷路紧张反射是内耳迷路的椭圆囊、球囊的传入冲动对躯体伸肌紧张性的反射性调节，其反射中枢主要是前庭核。伴随头部的运动，头部在空间的位置变化是耳石膜因受重力刺激的不同引起的，传入冲动达前庭核，经前庭脊髓束传出冲动，导致躯体肌紧张发生变化以维持平衡。

颈紧张反射是头部和躯干的相对位置改变引起的。刺激颈部的关节、韧带和肌肉的本体感受器传入冲动至颈部脊髓，传出冲动对四肢肌肉的紧张性进行调节。其反射中枢在延髓。

2. 翻正反射

正常动物可保持站立姿势，将其推到后又可迅速翻正过来，此现象为翻正反射。如使动物四足朝天从空中落下，动物在坠落过程中首先头颈扭转，使头部位置翻正，然后前肢和躯干跟随着扭转过来，接着后肢也扭转过来，最后四肢安全着地。这一反射活动，最先是由于头部在空间的位置不正常，刺激视觉和内耳迷路，从而引起头部的位置翻正，然后头部翻正后，头与躯干的位置相对不正常，刺激颈部关节韧带及肌肉，从而使躯干的位置也翻正。翻正反射的中枢在中脑，作用是使机体非随意地保持正常的姿势和平衡。

## 三、小脑对躯体运动的调节

根据小脑的传入、传出纤维的联系，可将小脑划分成三个主要的功能部分，即前庭小脑、脊髓小脑和皮质小脑(皮层小脑)，它们对躯体运动的调节有不同的作用(图10-24)。

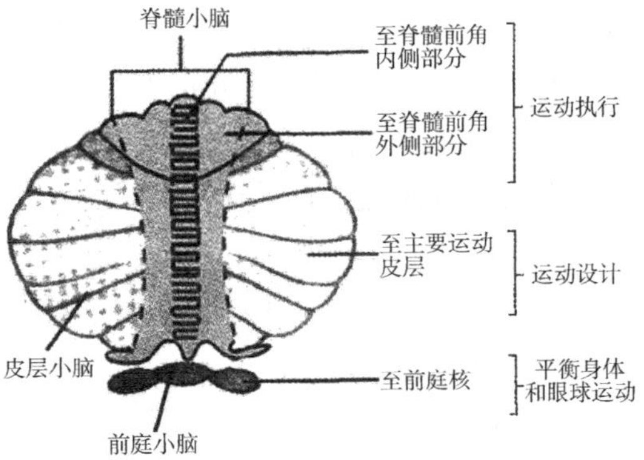


图10-24 小脑的功能分区

1. 维持身体平衡

主要是前庭小脑的功能。前庭小脑主要由绒球小结叶构成，它与前庭器官及前庭核活动有密切联系。前庭小脑的主要功能是参与维持身体平衡。动物切除绒球小结叶后，平衡功能严重失调，身体倾斜，站立不稳，但其随意运动仍能协调，能很好地完成进食动作。

2. 调节肌紧张

这主要是脊髓小脑的功能。脊髓小脑包括小脑前叶和后叶的中间带区，小脑前叶对肌紧张起主要的调节作用，小脑后叶中间带主要协调随意运动，但对肌紧张也有调节作用。小脑前叶对肌紧张的调节有易化和抑制双重作用，这可能是通过脑干网状结构易化区和抑制区而实现的。在进化过程中，小脑对肌紧张的抑制作用逐渐减弱，而易化区作用则逐渐增强。因此，小脑受到损伤后，表现为肌张力降低，肌无力等症状。

3. 协调随意运动

主要是脊髓小脑后叶中间带和皮质小脑的功能。后叶中间带接受脑桥纤维的投射，与大脑皮质运动区构成环路联系，因而与协调随意运动有关。皮质小脑也与大脑的广大区域形成反馈环路。小脑受损后，协调性动作发生障碍，随意运动的力量、方向及准确度发生变化，不能完成精巧动作，行走不稳，动作笨拙等。

## 四、基底神经节对躯体运动的调节

1. 基底神经节的组成

基底神经节(Basal ganglia)是皮质下一些核团的总称，包括尾状核、壳核、苍白球、丘脑底核、黑质和红核。前三者称为纹状体，苍白球是较古老的部分，称为旧纹状体，而尾状核和壳核进化较新，称为新纹状体。黑质可分为致密部和网状部。苍白球是基底神经节与其他部分广泛纤维联系的中心(图10-25)。

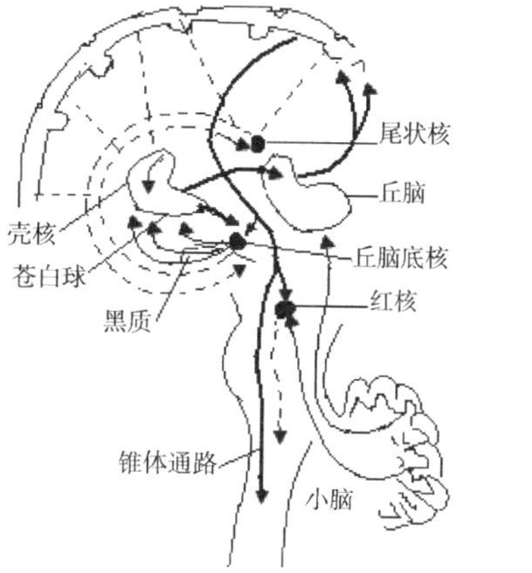

图10-25 基底神经节及其纤维联系示意图

2. 基底神经节的环路联系

基底神经节接受大脑皮质的纤维投射，其传出纤维经丘脑腹前核和腹外侧核接替后又回到大脑皮质，构成基底神经节与大脑皮质之间的回路，该回路可分为直接通路和间接通路两条途径。直接通路是指从大脑皮质的广泛区域到纹状体再由纹状体纤维经苍白球内侧部接替后，到达丘脑腹前核和腹外侧核，最后返回大脑皮质运动前区和前额叶的通路。大脑皮质对纹状体是兴奋性的作用，而从纹状体到苍白球内侧部以及从苍白球内侧部再到丘脑的纤维都是抑制性的。直接通路一旦激活，苍白球内部的紧张性活动会受抑制，从而减弱了对丘脑腹前核和腹外侧核的紧张性抑制作用，丘脑和大脑皮质的活动增加，这种现象称为去抑制。

间接通路是指直接通路中的纹状体与苍白球内侧部之间插入苍白球外侧部，苍白球外侧部到丘脑底核的投射纤维都是抑制性的。当间接通路被激活时，丘脑底核的活动加强。丘脑底核到达苍白球内侧部的纤维为兴奋性的，递质是谷氨酸，结果使丘脑腹前核和腹外侧核以及大脑皮质的活动减少。间接通路的作用可部分抵消直接通路对丘脑和大脑皮质的兴奋作用。

3. 基底神经节的功能

目前,人们对基底神经节功能的认识仍不十分清楚,认为其可能参与运动的设计和程序编制,将一个抽象的设计转换为一个随意运动。基底神经节与随意运动的产生和稳定、肌紧张的调节和本体感觉传入信息的处理等都有关。此外,基底神经节中某些核团还参与自主神经活动的调节、感觉传入、心理行为和学习记忆等功能活动。

## 五、大脑皮质对躯体运动的调节

大脑皮质是调节躯体运动的最高级中枢,对运动的发动起重要作用,其信息经下行通路最后抵达脊髓前角和脑干的运动神经元来控制躯体运动。

大脑皮质中与躯体运动密切相关的区域称为大脑皮质运动区。高等动物的大脑皮质运动区主要包括中央前回、运动前区、运动辅助区和后部顶叶皮质等区域。在大脑皮质运动区垂直切面上,可以看到该区细胞与皮质感觉区类似,呈纵向柱状排列,组成大脑皮质的基本功能单位,称为运动柱(Motor column)。一个运动柱可以控制同一关节的多块肌肉,且一块肌肉可接受几个运动柱的控制。

### (一)大脑皮质主要运动区

包括中央前回和运动前区,是控制躯体运动最重要的区域,来自本体感受器和前庭器官的神经冲动在此分析、整合,经皮质脊髓束和皮质核束下行以调节机体的姿势和随意运动。主要运动区有以下功能特征:①对躯体运动的调节支配具有交叉的性质,即一侧皮质主要支配对侧的骨骼肌。但头面部的肌肉支配是双侧性的,如咀嚼运动、脸上部位运动都是双侧性的。②具有精确的功能定位,即一定部位皮质的刺激引起一定部位骨骼肌的收缩。功能代表区的大小与运动的精细复杂程度有关,运动越精细而复杂的肌肉,其代表区也越大,动物的咀嚼和四肢所占的区域较大。③倒置支配,从运动区的定位可以看出,皮层的一定区域支配一定部位的肌肉,定位安排是倒置的。下肢代表区在顶部,上肢、躯干部在中间,头、面部肌肉代表区在底部,但头部代表区内部的支配仍为正立。

### (二)运动传导通路

1. 皮层脊髓束

指由皮层发出,经内囊、脑干到达脊髓前角的下行运动传导束。

(1)皮层脊髓侧束。皮层脊髓侧束的纤维在延髓锥体下部交叉到对侧,在脊髓外侧索下行纵贯脊髓全长,与脊髓前角外侧部分的神经元构成突触联系。脊髓前角外侧的运动神经元控制四肢远端的肌肉,与精细和技巧性的运动有关。

(2)皮层脊髓前束。皮层脊髓前束的纤维在延髓锥体不交叉,在同侧脊髓前索下行。前束只下降到胸部,然后逐节段交叉到对侧。到达对侧前角后,通过中间神经元的接替,再与前角内侧的运动神经元形成突触联系。通过前角内侧的运动神经元控制躯干和四肢近端的肌肉,尤其是屈肌,与姿势的维持和肢体运动有关。

2. 皮层脑干束

指由皮层发出,经内囊到达脑干躯体运动神经核的传导束。下行过程中,大部分纤维终止于双侧脑神经躯体运动核,少部分纤维完全交叉,至对侧支配面神经核和舌下神经核。

3. 其他运动传导通路

皮层脊髓束、皮层脑干束，除直接控制脊髓和脑干运动神经元外，还发出侧支，并与一些直接起源于运动皮层的纤维一起，经脑干的某些核团接替后，形成顶盖脊髓束、网状脊髓束、前庭脊髓束，其功能与皮层脊髓束相似，主要参与肢体近端肌肉运动的调节和姿势调节。

（三）锥体系和锥体外系

大脑皮质对躯体运动的调节是通过锥体系（Pyramidal system）和锥体外系（Extrapyramidal system）协调完成的（图10-26）。

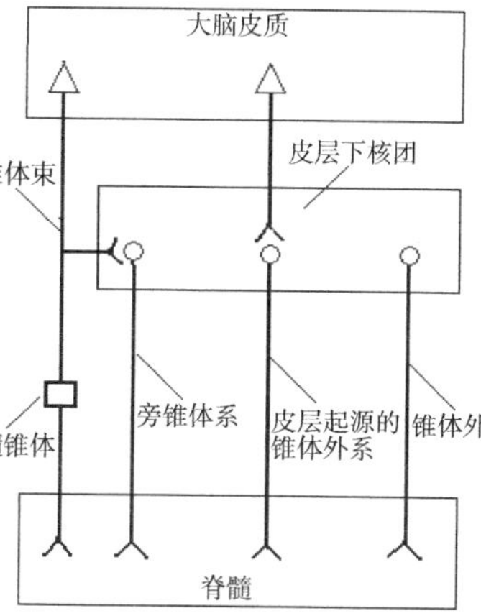


图10-26　锥体系和锥体外系的示意图

1. 锥体系

锥体系是由皮层运动区发出、经延髓锥体下行到对侧脊髓前角的传导系，由皮层脊髓束（又称锥体束）和皮层脑干束组成。锥体束的下行纤维可与脊髓α运动神经元和γ运动神经元发生直接突触联系，并有兴奋性和抑制性两种突触。在随意运动时，锥体束通过这种单突触联系，可激活α运动神经元，支配梭外肌，以发动肌肉运动。同时，又可引起γ运动神经元的兴奋，通过γ环路调整肌梭的敏感性，以配合肌肉运动，通过两者协同来控制肌肉的收缩。10 %～20 %的下行纤维与脊髓腹角和脑神经核运动神经元之间直接发生单突触联系。80 %～90 %的运动神经元之间经过一个以上的中间神经元的接替。这种单突触联系支配前肢的运动神经元比支配后肢的运动神经元多，支配肢体远端肌肉的运动神经元多于支配近端肌肉的运动神经元。支配肌肉精细运动的运动神经元与锥体束下行纤维之间的单突触联系最多。

锥体系对躯体运动的管理作用主要是发动随意运动，调节精细动作，保持运动的协调性。此外，还有加强肌紧张的作用。如将猴延髓锥体的左（右）半侧纤维切断，动物表现为右（左）侧肌紧张减退，出现迟缓性麻痹，表明锥体束的正常功能是加强肌紧张。

2. 锥体外系

锥体外系是指锥体系以外的调节躯体运动的后行传导系统。它可分为皮层起源的锥体外系和旁锥体外系。前者是指由大脑皮质下行，并通过皮层下核团接替，转而控制脊髓运动神经元的传导系统。后者是指由锥体束侧支进入皮层下核团，转而控制脊髓运动神经元的传导系统。它与锥体系的主要区别在于：①其后行传导途径不通过延髓锥体。②其作用不能直接迅速抵达脊髓腹角运动神经元和脑神经核运动神经元。锥体外系为多级神经元链，涉及脑内许多结构，如大脑皮质、纹状体、红核、网状结构以及小脑等。它们之间有复杂的纤维联系，形成许多环路，最后主要通过红核脊髓束和网状脊髓束等影响脊髓腹角运动神经元。锥体外系的主要功能是调节肌紧张，协调各部肌群的运动和维持身体的姿势。

正常的随意运动是在锥体系和锥体外系的协同配合下完成的。由于锥体系和锥体外系皮层起源互相重叠，而且锥体束下行经脑干时发出许多侧支进入皮层下核团调节锥体外系的活动。所以，从皮质到脑干之间的通路损伤而引起的运动障碍，往往难以区分究竟是锥体系还是锥体外系的功能受损。临床上的锥体束综合征，实际上是这两个系统合并损伤的结果。在家畜中，锥体系不发达，锥体外系较发达。

**案例**

一农户养殖的羊,1.5岁,一段时间以来,吃草缓慢,反应迟钝,跟不上群,不断地做转圈运动,在大脑颞顶叶部位采用手术治疗,病情好转。初步诊断:羊脑包虫病。

**问题与思考**

为什么羊会出现转圈运动?

**提示性分析**

脑包虫病是由于多头绦虫的幼虫寄生于羊的脑、脊髓内引起脑炎、脑膜炎及一系列神经症状疾病。寄生部位不同导致症状各异,寄生虫寄生于大脑颞顶叶时,由于压迫大脑运动功能区域和视神经,导致病羊向病侧做旋转运动,对侧视觉常发生障碍;寄生部位为大脑额叶的病羊低头前奔,遇到障碍物顶住不动;虫体寄生在小脑时,运动失调,不能保持平衡;寄生在脊髓,出现步态不稳,肢体麻痹。虫体越大,症状越明显,甚至出现死亡。

# 第六节 神经系统对内脏活动的调节

调节内脏活动是通过植物神经系统实现的,由于它们的活动不受意识的控制,所以称为自主神经系统(Autonomic nervous system)。植物性神经主要是指支配内脏器官的传出神经,根据结构特点的不同,主要包括交感神经(Sympathetic nerve)和副交感神经(Parasympathetic nerve)(图10-27)。

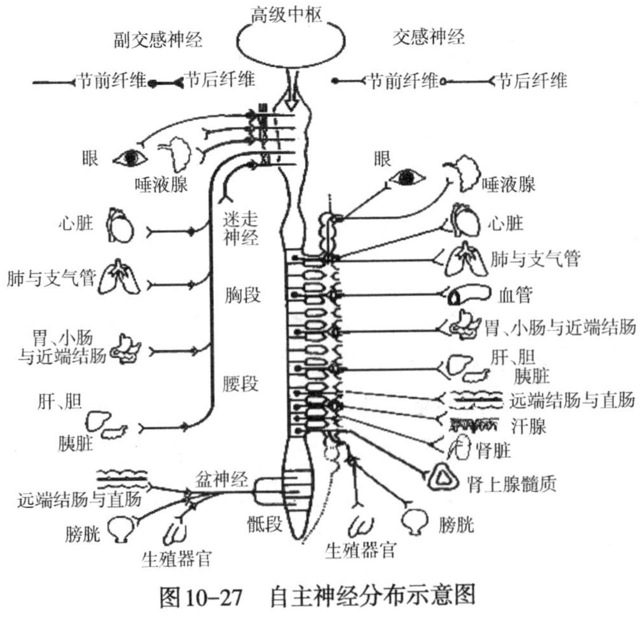


图10-27 自主神经分布示意图

## 一、交感和副交感神经

### (一)交感神经和副交感神经的结构特征

1. 起源

交感神经起源于整个胸段和腰段1~3节段的脊髓灰质侧角,节前神经元的轴突经前根发出,通过交通支进入交感神经节;副交感神经一部分起源于脑干第Ⅲ、Ⅶ、Ⅸ、Ⅹ对脑神经核,另一部分起源于脊髓骶段侧角2~4节的部位。

2. 节前纤维和节后纤维

从中枢神经系统发出的自主神经纤维,绝大多数在外周神经节内交换神经元后,再由节内神经元发出纤维支配到效应器官,因此有节前纤维和节后纤维之分。交感神经的节前纤维短,节后纤维长,而副交感神经的节前纤维长,节后纤维短。肾上腺髓质只有交感神经节前纤维支配(图10-28)。

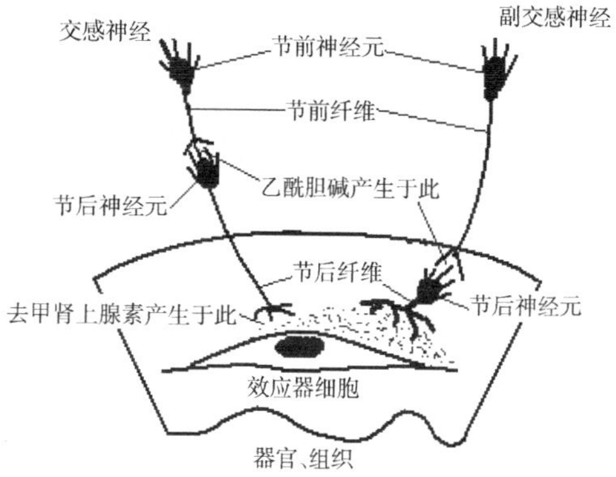


图10-28 交感和副交感神经节前、节后纤维及有关递质

3. 分布

交感神经分布极为广泛,几乎支配全身所有的内脏器官,而副交感神经分布较局限,皮肤和肌肉的血管、一般的汗腺、竖毛肌、肾脏和肾上腺髓质等不受副交感神经的支配。

4. 反应范围

交感神经对刺激引起的反应较弥散,而副交感神经兴奋影响的范围较局限。因为交感神经一条节前纤维可以和交感神经节内的几十个节后神经元发生突触联系,而副交感神经一条节前纤维常与副交感神经节内1~2个神经元发生突触联系。交感神经节后纤维不但可直接支配效应器细胞,还可支配效应器官壁内神经节细胞。如胃和小肠内多数交感神经节后神经元的纤维支配器官壁内的神经节细胞。由此看来,交感和副交感神经的相互作用,可以发生在器官壁内神经节细胞水平上,而不一定发生在效应器细胞水平上。

### (二)交感神经和副交感神经的功能特点

自主神经系统的功能在于调节心肌、平滑肌和腺体的活动,其调节功能是通过不同的递质和受体实现的。总体而言,交感和副交感神经的功能有以下特点:

1. 双重支配

除少数器官外,一般组织器官都受交感和副交感神经的双重支配。但交感和副交感神经的作用往往是相互颉颃的。如交感神经对心脏起兴奋作用,而副交感神经(迷走神经)则发挥抑制作用;交感神经抑制胃肠平滑肌运动,副交感神经(迷走神经)则增强其运动。通过正反两方面调节内脏活动以适应机体的需要。有时交感和副交感神经的作用是一致的,如交感和副交感神经对唾液腺的分泌都有促进作用,但二者的作用是有差别的,交感神经引起唾液腺分泌量少而黏稠的唾液,副交感神经引起唾液腺分泌量多而稀薄的唾液。

2. 紧张性作用

自主神经对器官的支配，一般具有持久的紧张性作用，即在静息状态下自主神经经常发放低频的神经冲动支配效应器的活动。例如，切断支配心脏的副交感神经（迷走神经）时，心率就加快。这表明副交感神经（迷走神经）经常有紧张性冲动传出来，对心脏发生持续的抑制作用；又如切断心交感神经时，则心率减慢，这表明心交感神经的活动也具有紧张性。一般认为自主神经的这种紧张性作用来源于中枢，而中枢的紧张性则来源于神经反射和体液因素等，经常发出紧张性的传出冲动所致。如血压压力感受器的传入冲动引起的降压反射对维持自主神经的紧张性起着重要作用。

3. 自主神经的外周作用与效应器的功能状态有关

刺激迷走神经，使原来处于收缩状态的胃幽门部舒张，使原来处于舒张状态的胃幽门部收缩。刺激交感神经，可使无孕子宫舒张，有孕子宫收缩。

4. 对整体生理功能调节的意义

交感神经系统的活动比较广泛，常以一个完整的系统参加机体反应。交感神经的活动常伴有肾上腺髓质激素的分泌增加，这一功能系统称为交感–肾上腺髓质系统。该系统在机体处于运动状态时占优势，总的作用趋势是减少机体的储备力量。出现心率加快，皮肤和腹腔内脏器官血管收缩，外周阻力增大，循环血量增多；支气管舒张，肺的通气量增大；肾上腺髓质分泌的激素增多，糖原和脂肪的分解加快，能量供应增强。该系统动员机体许多器官的潜在功能，以适应机体内、外环境的急剧变化，维持机体内环境的相对稳定。

副交感神经的活动相对比较局限，常伴有胰岛素的分泌增加，这一功能系统称为迷走–胰岛素系统。该系统在机体处于安静状态时占优势，总的作用趋势是增加机体的储备力量。出现胃肠道的运动和消化腺的分泌加强，蛋白质、脂肪和糖原的合成加快。迷走–胰岛系统的作用在于促进消化、吸收与合成代谢，加强机体的排泄和生殖功能，积蓄能量，对机体起保护作用。

## 二、内脏活动的中枢调节

从低级中枢到高级中枢，即脊髓、脑干、下丘脑和大脑边缘叶都存在着调节内脏活动的中枢，但是，它们对内脏活动的调节能力却有所不同。

### （一）脊髓对内脏活动的调节

交感神经和部分副交感神经，起源于脊髓灰质的侧角内，因此，脊髓是调节内脏活动的初级中枢，完成简单的内脏反射活动。脊髓中枢可以完成最基本的反射调节如对排粪反射、排尿反射、血管的张力反射等功能的调节。在整体内，脊髓的自主神经活动受高位中枢的控制，如在脊休克过后，内脏反射活动可以逐渐恢复，但这些反射活动尚不能很好地适应正常生理功能的需要。

### （二）脑干对内脏活动的调节

部分副交感神经由延髓发出，延髓网状结构中存在许多与呼吸运动、消化活动和心血管活动有关的神经细胞群，其是调节呼吸运动、血液循环和消化道功能活动的基本反射中枢，完成比较复杂的内脏反射活动。如果延髓受到损伤，可导致各种生理活动失调，严重时可引起呼吸、心跳等生命活动立即停止，引起死亡。因此延髓有"生命中枢"之称 。

（三）下丘脑对内脏活动的调节

下丘脑作为调节内脏活动的较高级中枢，含有参与调节内脏活动的神经核团，如视前核、视上核、视交叉上核、室旁核、弓状核、结节核和乳头体等。它能把内脏活动和其他生理活动相联系，进行细微和复杂的整合，以调节体温、水平衡、摄食、内分泌、情绪反应和生物节律等重要生理过程。

1. 体温调节

视前区有对体温升高和降低敏感的神经元，因此体温调节的整合中枢在下丘脑。在机体受到寒冷刺激体温有所下降时，下丘脑的神经元兴奋，经交感神经传出的冲动增多，能够使甲状腺激素、肾上腺素等分泌增多，糖原和脂肪的分解加强，产生的热量增多。同时交感神经兴奋引起外周血管收缩，散热减少，使体温恢复正常，并保持相对稳定状态。反之，体温升高时刺激下丘脑，引起散热增多而产热减少。

2. 水平衡调节

机体由于饮水量不足或大量出汗会导致循环血量减少，使细胞外液量明显减少、血浆渗透压升高。血浆渗透压升高刺激下丘脑外侧的饮水中枢，也叫渴中枢，从而产生渴觉和饮水行为。通过控制抗利尿激素的合成和分泌以及促进远曲小管和集合管对水分的重吸收，驱使动物大量饮水。通过这些途径的共同协调，来实现机体的水平衡。

3. 摄食行为调节

摄食行为是动物维持机体生存的本能行为之一。通过实验证明用电极刺激下丘脑的外侧区，食欲增加，饮食量增多而逐渐肥胖，提示该区内存在一个摄食中枢。用电极刺激下丘脑的腹内侧核，动物拒绝摄食，为饱中枢的部位。血糖水平的高低调节摄食中枢和饱中枢的活动，摄食中枢和饱中枢之间具有交互抑制的关系，这主要取决于摄食中枢和饱中枢神经元对葡萄糖的利用程度。如糖尿病患者，血糖水平很高，但由于胰岛素分泌不足，使神经元对葡萄糖的利用率降低，食欲增加。

4. 情绪生理反应时内脏活动的调节

情绪是人或动物对客观事物所表达的一种心理体验和某种形式的躯体行为表现。情绪活动过程中伴随发生一系列生理变化。心理反应的不同客观上是由自主神经活动和内分泌功能的改变而引起的。

自主神经系统的情绪反应，一般表现为交感神经系统活动相对亢进。在动物发动防御反应时，可出现骨骼肌血管舒张、胃肠运动抑制、皮肤和内脏血管收缩、血压上升和心跳加快、呼吸加深加快等交感活动的改变。这些改变可使机体各器官的血流量重新分配，骨骼肌得到充足的血液供应。有些情绪生理反应，副交感神经系统活动表现为相对亢进，如食物的气味可刺激嗅觉从而增强消化液分泌和加强胃肠道运动。

涉及内分泌系统情绪生理反应的激素种类很多。当机体处于应激状态时，情绪生理反应表现为痛苦、恐惧、焦虑和疼痛等，刺激下丘脑释放一些激素，使血液中糖皮质激素和促肾上腺皮质激素浓度升高，还可以引起肾上腺素、生长素、甲状腺激素和催乳素等浓度改变。

但长期的情绪反应，会导致自主功能紊乱和内分泌失调。

5. 对腺垂体功能活动的调节

下丘脑有许多神经元具有分泌功能，可分泌多种激素，进入血液，并通过垂体门脉循环到腺垂体，促进或抑制腺垂体各种激素的合成和分泌，进而调节其他内分泌腺的活动。

6. 生物节律控制

生物节律是机体内的自主活动能按一定的时间顺序发生有节奏和规律的周期性变化。下丘脑的视交叉上核及同其相联系的松果体和垂体是生物节律的控制中枢部位，它们组成下丘脑-松果体-垂体节律系统，来调控机体内功能活动的时序性和节律性。根据周期的长短可分为日周期、月周期、年周期等。日周期是最重要的生物节律，如血细胞数、体温、睡眠与觉醒等都有日周期的变动。研究表明，视交叉上核是控制日周期的关键部位，若损毁动物视交叉上核，机体的昼夜节律即消失。

（四）大脑边缘系统对内脏活动的调节

大脑皮质对内脏功能活动的调节，是通过大脑新皮层和边缘系统的共同作用来实现的，二者是调节内脏活动的高级中枢。主要整合和精确调节来自大脑皮质以下的内脏中枢和各种内脏反射的信息，使内脏活动与机体整体功能保持一致。

1. 新皮层

新皮层指大脑半球外侧的结构。在动物实验中电刺激新皮层，除能引起躯体运动外，也能引起内脏活动的改变。如用电刺激皮层的活动区及周围区域，不仅产生不同部位的躯体运动，还可引起血管的舒缩活动、汗腺分泌、呼吸运动和消化道运动及唾液分泌的改变。

2. 边缘系统

边缘系统是与内脏活动最密切的皮层结构，边缘系统由边缘叶和皮层下结构组成。边缘叶是指大脑半球内侧面皮质与脑干连接部和胼胝体旁的环周结构，主要包括海马、穹窿、扣带回、海马回等。边缘叶连同与其密切联系的岛叶、颞极、眶回等皮层，以及杏仁核、隔区、下丘脑、丘脑前核等统称为边缘系统（图10-29）。

大脑边缘系统是内脏活动的重要调节中枢，而且还与情绪（Emotion）、记忆功能有关。用电刺激边缘系统不同部位，内脏活动变化是双向的。如表现为血压升高或降低；心率加快或减慢；呼吸加快或抑制。不像初级中枢的活动那样局限和单一化，说明边缘系统是初级中枢活动的高位控制中枢，通过促进或抑制各低级中枢的活动来调控内脏的复杂活动。

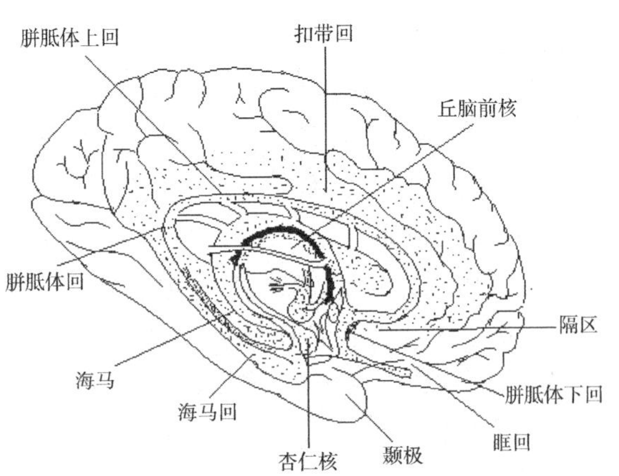


图10-29 大脑边缘系统示意图

**案例**

重庆一肉牛场从内蒙古自治区新进架子牛200头，入场后牛群大部分相继发病，体温升高，精神沉郁，咳嗽，呼吸急促，不食，个别牛腹泻便血。病危牛剖检：肺脓肿，出血；肠道出血，肠黏膜脱落，肺组织中分离到支原体，腹腔液中分离出大肠杆菌，血检附红细胞体阳性。诊断：牛长途运输应激综合征。

**问题与思考**

应激反应时动物植物性神经系统的功能状况如何？与病牛各种病理症状的关系是什么？

**提示性分析**

动物应激时，一是交感神经系统过度兴奋，而副交感神经活动相对减弱，交感-肾上腺髓质机能亢进，分泌大量肾上腺素和去甲肾上腺素入血；二是下丘脑-腺垂体-肾上腺皮质机能亢进，糖皮质素分泌亢进。交感神经系统过度兴奋可引起心动过速，支气管舒张，肺通气功能增强，但消化机能受到全面抑制，所以病牛不食；糖皮质素分泌亢进时，引起免疫机能降低，胃液过度分泌，导致各种病原微生物在体内繁殖，发生传染性疾病，同时引起胃肠道出血及黏膜脱落等相关症状。

# 第七节 脑的高级功能

大脑皮质是各种生命活动的最高级中枢，不仅具有调节机体的感觉、躯体运动和内脏活动的功能，还具有复杂的整合功能，如觉醒和睡眠、学习和记忆、条件反射等。条件反射是大脑皮质活动的基本形式。大脑皮质的活动常伴有生物电的变化，用于研究觉醒和睡眠等皮质的功能活动。

## 一、条件反射

前面多次述及，反射活动是中枢神经系统的基本活动形式。巴甫洛夫把反射活动分为非条件反射(Unconditioned reflex)和条件反射(Conditioned reflex)。

### (一)非条件反射和条件反射

非条件反射是动物在种族进化过程中，适应内外环境变化，通过遗传而获得的先天性反射，是动物生下来就有的。这种反射有固定的反射弧，反射比较恒定，不易受外界环境影响而发生改变，只要有一定强度的相应刺激，就会出现规律性的特定反应，其反射中枢大多数在皮质下部位。例如，食物进入动物口腔，就会引起唾液分泌；机械刺激角膜就会引起眨眼等活动，都属于非条件反射。非条件反射的数量有限，只能保证动物的各种基本生命活动的正常进行，很难适应复杂的环境变化。

条件反射是动物在出生后的生活过程中，适应于个体所处的生活环境而逐渐建立起来的反射，它没有固定的反射弧，容易受环境影响而发生改变或消失。因此，在一定的条件下，条件反射可以建立，也可以消失。条件反射的建立，需要有大脑皮质的参与，是比较复杂的神经活动，其生理功能是使动物具有预见性，能更好地适应复杂的环境变化。

（二）条件反射的形成

条件反射是机体在后天的生活过程中，以非条件反射为基础而逐渐建立起来的。以猪吃食为例，食物进入口腔引起唾液分泌，这是非条件反射。在这里，食物是引起非条件反射的刺激物，叫作非条件刺激，如果食物入口之前或同时，都人为响以铃声，最初铃声和食物没有联系，只是作为一个无关的刺激出现，铃声并不引起唾液分泌。但由于铃声和食物总是同时出现，经过反复多次结合之后，只给铃声刺激也可以引起唾液分泌，形成了条件反射。这时的铃声就不再是吃食的无关刺激了，而成为食物到来的信号。因此，把已经形成条件反射的无关刺激（铃声）叫作信号。可见，形成条件反射的基本条件为：第一，无关刺激与非条件刺激在时间上的反复多次结合。这个结合过程叫作强化（Reinforcement）；第二，无关刺激必须出现在非条件刺激之前或与其同时出现；第三，条件刺激的生理程度比非条件刺激要弱；第四，条件反射的形成与动物的生理状况和环境因素有关。要建立铃声引起唾液分泌的良好条件反射，必须保证动物健康、清醒并保持良好食欲状态，避免环境嘈杂。例如，动物饥饿时，由于饥饿加强了摄食中枢的兴奋性，食物刺激的生理强度就大大提高，从而更容易形成条件反射。

（三）条件反射的消退、泛化与分化

条件反射建立后，若只反复进行条件刺激，而不用非条件刺激加以强化，经过一段时间后，条件刺激逐渐减弱甚至消失，称为条件反射的消退（Extinction of conditioned reflex）。如铃声形成食物性条件反射后，若只用铃声进行条件刺激，不用食物进行强化，重复多次后，猪听到铃声就不会再引起唾液的分泌。条件反射的消退是大脑皮质及有关中枢内的兴奋过程逐渐转变为抑制过程的结果。非条件刺激是否与条件刺激反复结合是条件反射建立和消退的关键因素。

在一种条件反射建立初期，一些与条件刺激相类似的信号也能同样获得条件反射的效果，称为条件反射的泛化（The generalization of conditioned reflex）。条件反射泛化的机制是条件刺激引起的大脑皮质兴奋过程向外扩散并波及一定范围，在此范围内，类似的条件刺激和非条件刺激的皮质及有关中枢的兴奋点接通而建立暂时联系。如果条件反射多次重复，只强化条件刺激，而对类似条件刺激的其他刺激不予强化，类似的刺激就不再引起条件反射，这种现象称为条件反射的分化（Differentiation of conditioned reflex）。分化的形成是由于类似刺激得不到强化，使大脑皮质产生抑制性反应，这种抑制过程称为分化抑制（Differential inhibition）。分化抑制是大脑皮质对各种传入冲动具有高度精确分辨能力的生理基础。动物借助它把内外环境中相似的信息区分开来，只对某些有信号意义的刺激发生兴奋性反应，而对其他的类似刺激发生抑制性反应。

（四）条件反射的生物学意义

在生命活动中，单纯的非条件反射是不存在的，且在生活过程中，非条件反射是无法适应多变的环境的。机体在复杂多变的环境中，只有不断地在非条件反射的基础上建立新的条件反射，使条件反射与非条件反射密切地联系在一起，才能对环境变化进行精确的适应。所以无限的条件反射的建立、消退、泛化和分化，大大增强了机体活动的预见性、灵活性和精确性，提高了机体适应和改造环境的能力，具有重要的生物学意义。

## 二、动力定型

动物机体在一系列有规律的条件刺激与非条件刺激结合作用下，经过反复、多次的强化，神经系统内各个条件刺激按严格的序列和时间呈现，表现出一整套有规律的条件反射活动，将这一整套反射活动称为动力定型(Dynamic stereotype)。由于这一系列的条件刺激，使大脑皮质的活动定型化，故名动力定型。人们常说的“习惯成自然”和“熟能生巧”，实际上就是动力定型的表现。动力定型形成后，只要给予这一系列刺激中的第一个刺激，这一套条件反射就能自动相继发生，所以动力定型又称自动化的条件反射系统。动力定型可大大节省动物的脑力和体力消耗，减轻动物大脑皮质的负担而提高功效。

在正常的饲养管理制度下，使动物经常接受一定规律的条件刺激和非条件刺激，反复强化，就可建立一整套适应于其生活环境的条件反射。如通过训练，使宠物狗养成定时定点的排尿、排粪。使动物的饲养管理尽可能做到有规律，从而减轻皮层及皮层下高级中枢调节、整合活动的负担，使其生理活动最大限度地适应环境。在大型奶牛场，在固定的时间，奶牛会在转盘式挤奶器旁排队等候挤奶，这些有规律的饲养管理，有利于提高畜牧业生产。

由于动力定型的形成，使大脑皮质细胞只需消耗较少的能量，就可完成复杂的工作。如果环境改变，就需改变旧的定型以建立新的定型，必须消耗更多的能量才能完成。例如，对家畜定质、定量和定时的饲喂，由于日久建立起了巩固的动力定型，可使消化系统的活动更好地进行。如果骤然改变饲喂制度，使原来的动力定型破坏，就可能引起消化机能的障碍。因此，畜牧生产实践中，一是要建立一定的饲养管理制度，以建立和巩固动力定型，以提高畜禽生产性能；二是在不得不调整饲养管理制度，而改变已有的动力定型时，要有一个逐渐适应的过程，在尽量不影响畜禽生产性能的同时，又有利于新的动力定型建立。

## 三、神经活动类型

在畜牧兽医业生产实践中，动物在形成条件反射的速度、强度、精细程度和稳定性等方面，或对疾病的抵抗力及对药物的敏感性和耐受性等方面，都存在着明显的个体差异，这种差异常常是由神经系统，特别是大脑皮质的调节和整合活动的个体特点所决定的。神经系统调节活动的个体特点在生理学中叫神经活动类型，即神经型(Nervous type)。

动物神经型的个体差别，是依据神经元兴奋和抑制活动的能力大小、均衡程度和相互转化的难易程度等进行判断的。据此可将家畜的神经型分为兴奋型、活泼型、安静型和抑制型4种基本类型。它们之间还有许多介于两者之间的过渡类型。

1. 兴奋型

神经元有较强的活动能力，且兴奋活动的能力显著强于抑制活动，行为上表现为急躁、暴烈、活泼、不易受约束和带有攻击性。能迅速地建立条件反射，而且比较巩固，但条件反射的精细程度和对类似刺激的辨识能力差。

2. 活泼型

神经元的活动能力较强，兴奋和抑制两种神经活动发展得比较均衡，而且较容易和较迅速发生相互转化。表现得活泼好动，对周围微小的变化能迅速发生反应，善于适应环境的变化，这是生理上最好的神经型。

3. 安静型

神经元的活动能力较强，兴奋和抑制两种神经过程发展得比较均衡，但互相转化较为缓慢。表现得安静、细致、温顺而有节制，对周围环境的变化反应冷淡，能很好地建立条件反射，但形成的速度较慢。

4. 抑制型

神经元的活动能力很差，抑制活动的能力显著大于兴奋活动。表现为胆怯、不好动，易于疲劳，常常畏缩不前和带有防御性。难以形成条件反射，形成也不易巩固，不易适应变化的环境，难以胜任较强或较持久的活动，是生理上最差的类型。

神经型理论对畜牧兽医业生产实践有重要的指导意义。动物的神经型与生产性能密切相关，活泼型个体生产性能最高，安静型次之，兴奋型较差，抑制型最差。抑制型个体对致病因素的抵抗力差，发病率高，病程长和临床症状比较严重，对药物的耐受剂量一般较低，治疗效果差，痊愈和康复都很缓慢；活泼型和安静型个体与抑制型恰好相反；兴奋型的个体对疾病的抵抗力和恢复能力均比抑制型好，但不如活泼型和安静型。

## 四、觉醒和睡眠

觉醒和睡眠是哺乳动物生命活动中能相互转化的两个必要过程。觉醒和睡眠随昼夜周期而交替出现，这种现象是生物体周期性活动规律的典型范例。觉醒时，机体对内、外环境刺激的敏感度增高，能有意识地去认识和适应环境的变化。睡眠时，机体对内、外环境刺激的敏感度降低，对外界因素变化的反应能力减弱或暂时消失。一般在睡眠时，植物性神经系统的功能活动仍存在，而脑的一些高级功能，如学习、记忆等都停止，意识暂时丧失，一切感觉功能减退，肌紧张减弱。不过，这些功能随着觉醒的出现会迅速恢复，睡眠具有可唤醒性，这就是睡眠与麻醉的不同之处。睡眠使体力和精力得到恢复。睡眠发生障碍会导致中枢神经系统的功能失常。

### （一）觉醒

觉醒时，机体处于有意识的状态，能感知自身的状况和环境的改变，并以适当的行为与外界发生主动联系，来适应环境的变化。觉醒状态的维持与脑干网状结构上行激动系统的作用有关。觉醒可分为脑电觉醒和行为觉醒两种状态，脑电觉醒状态是指脑电图波形由睡眠时的同步化慢波变为觉醒时的去同步化快波，而行为上不一定呈觉醒状态；行为觉醒是指各种新异刺激引发的探究性行为能力。特异性投射系统、非特异性投射系统及某些中枢核团的活动与觉醒的产生有关。研究表明，神经递质对觉醒的维持发挥重要作用，中脑黑质——纹状体内的多巴胺，脑桥和蓝斑内的去甲肾上腺素，脑干网状结构和大脑皮质内的乙酰胆碱等，都与觉醒状态的维持有关，乙酰胆碱和去甲肾上腺素主要维持脑电觉醒，多巴胺维持行为觉醒（图10-30）。

(二)睡眠的时相

睡眠时意识逐渐消失，呼吸减慢，心率减慢，血压下降，机体失去对环境变化的精确感受能力。根据不同的脑电图波形特点，睡眠分为慢波睡眠与快波睡眠。

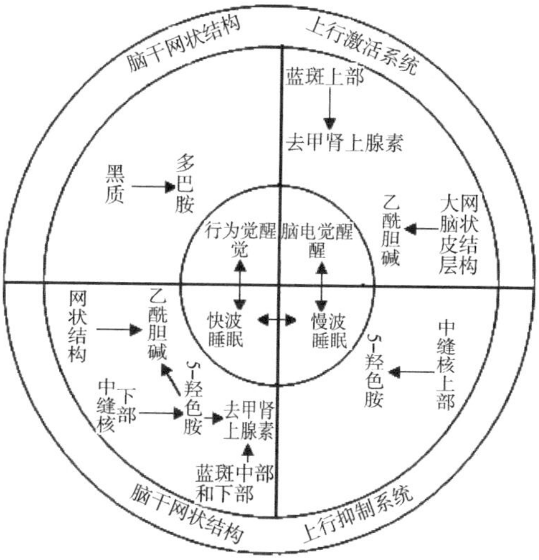

图10-30　觉醒和睡眠的产生及转换机制示意图

1. 慢波睡眠

脑电图呈现同步化的高振幅慢波时相，称为慢波睡眠，也称为同步睡眠。夜间的睡眠多数处于这种睡眠状态，主要表现为：①脑的神经元放电活动减弱，大脑皮质神经元的活动高度同步。②机体的感觉功能减退，肌张力减弱。③副交感神经的功能活动占优势，机体进入休整修复状态。④生长素的分泌增多，促进机体内的合成代谢。因此慢波睡眠的主要作用是消除机体的疲劳，恢复体力，促进机体的生长发育。

2. 快波睡眠

脑电波呈现去同步化的低振幅快波时相，称为快波睡眠，也称为去同步睡眠。这种睡眠状态主要表现为：①眼球快速转动。②机体的感觉功能进一步减退，肌张力减弱至完全松弛。③自主神经系统活动不稳定，呈不规则的短时性变化，如呼吸快而不规则，瞳孔时大时小。④脑内蛋白质的合成加速。

整个睡眠过程中，慢波睡眠与快波睡眠可互相转化。睡眠开始时，先进入慢波睡眠，持续一段时间后再进入快波睡眠。快波睡眠持续时间很短，之后又转入慢波睡眠，两个时相如此反复转化4～5次。越接近睡眠后期，快波睡眠持续时间越长。在正常情况下，慢波睡眠与快波睡眠均可直接转入觉醒状态，但觉醒状态只能进入慢波睡眠，不能直接进入快波睡眠。

(三)睡眠发生机制

睡眠不是觉醒的简单终止，是中枢内特定的神经结构和神经递质作用的结果。在下丘脑、延髓网状结构和前脑的基底部，在这些睡眠区用一定频率的电流刺激，可引起慢波睡眠，慢波睡眠与脑干5-羟色胺递质系统的活动有关。电刺激脑桥的网状结构可诱导快波睡眠，快波睡眠主要与脑内的去甲肾上腺素、5-羟色胺及乙酰胆碱有关。实验表明，睡眠中枢存在于脑干尾端，它们的上行冲动作用于大脑皮层，与脑干网状结构上行激活系统相对抗，诱导睡眠，称为脑干网状结构上行抑制系统。上行抑制和上行激活两个系统的功能处于动态平衡，调节睡眠与觉醒的周期性相互转化。

**案例**

凡是经过人们有意识的培养训练,用于在国境口岸检查动植物及其产品和入境旅客携带的行李的工作犬,称之为检疫犬。常用的检疫犬种有比格犬、史宾格犬、拉布拉多犬等。谢建勋报道(2007),2006年福州机场检疫犬全年共截获货物643批次,占旅检总截获量的21.17 %。其中,检出二类疫情2批次、一般性有害生物4批次;在不开包的情况下,对旅客行李搜检率一般在70%以上,是传统的人工抽查、X光机抽检等方式所无法比拟的。

**问题与思考**

1. 训练检疫犬的生理学依据是什么?

2. 给动物建立良好的条件反射应考虑哪些因素?

**提示性分析**

1. 训练检疫犬主要是根据犬的嗅觉特别敏锐的生理特点,人们通过有计划的科学训练,给参训犬建立一系列精确的条件反射的过程。

2. 给动物建立良好的条件反射应考虑"强化设计、无关刺激出现的时间、条件刺激的生理强度、动物的生理状况和环境状况"等因素。

**思考题**

一、名词概念

1.突触　2.突触传递　3.神经递质　4.感受器　5.牵张反射　6.去大脑僵直　7.脊休克　8.动力定型

二、单项选择题

1. 植物神经节前纤维释放的递质是( )

A.肾上腺素　B.乙酰胆碱　C.γ-氨基丁酸　D.多巴胺

2. 可被阿托品阻断的受体是( )

A.$N_1$受体　B.$N_2$受体　C.M受体　D.N受体

3. 骨骼肌受外力牵拉时,引起受牵拉肌肉收缩的反射活动称( )

A.牵张反射　B.屈肌反射　C.伸肌反射　D.状态反射

4. 兴奋性突触后电位属于( )

A.动作电位　B.阈电位　C.静息电位　D.局部电位

5. 下列生理反应中属于交感神经系统兴奋后出现的是( )

A.心率减慢　B.瞳孔缩小

C.肾上腺髓质激素分泌增加　D.肺通气量减小

6. 调节摄食行为的基本中枢位于( )

A.大脑皮质　B.下丘脑　C.脑桥　D.延髓

7. 在中脑前后丘之间切断脑干的家兔会出现(　)

A.伸肌与屈肌紧张性均降低　B.伸肌与屈肌紧张性均增强

C.伸肌紧张性降低　D.伸肌紧张性增强

8. 神经冲动引起轴突末梢释放递质所必需的内流离子是(　)

A.$Ca^{2+}$　B.$Na^{+}$　C.$K^{+}$　D.$Cl^{-}$

三、简述题

1. 简述条件反射与非条件反射的区别。

2. 试述牵张反射的类型及原理。

3. 简述小脑对躯体运动的调节。

4. 阐述去大脑僵直的表现和发生机制。

四、论述题

1. 概述突触传递的过程与原理。

2. 概述交感神经和副交感神经的结构和功能特征。

# 第11章 内分泌

**本章导读**

内分泌系统是机体重要的调控系统之一，其生理功能的正常进行，是机体长期协调健康活动的根本保障。如内分泌功能异常，常引起动物机体发生代谢、发育及功能性等综合征病变。有些人患“大脖子病”，有些小孩出生后发育不全、智力低下，即所谓的“呆小症”，你知道其病因吗？我们国家专门立法，必须食用“加碘盐”，你知道其立法依据是什么吗？你知道1966年，《人民日报》头版头条报道《我国在世界上第一次人工合成结晶胰岛素》后，为什么在全世界引起了巨大的轰动吗？许多人认为，这是中国人与诺贝尔生理学奖距离最近的一次伟大科学贡献。要了解这些内容，通过本章的学习，可以找到一些答案。

内分泌(Endocrine)是相对于外分泌而言的，是指内分泌细胞所分泌的特殊化学物质直接进入血液或其他体液，以血液或体液为媒介对靶细胞产生调节效应的过程。内分泌系统由经典的内分泌腺和散在分布于全身的内分泌细胞或兼有内分泌功能的细胞组成。动物机体主要的内分泌腺有垂体、甲状腺、甲状旁腺、肾上腺、胰岛、性腺和松果体等。散在的内分泌细胞分布广泛，胃肠道黏膜、下丘脑、心脏、血管、肺、肾脏、胎盘和皮肤等器官组织的某些细胞都有内分泌功能。

内分泌系统与神经、免疫系统构成体内重要的调节系统，它们各具独特功能，又相互交联，形成复杂的调节网络，从不同角度加工、处理、储存和整合信息，共同维持内环境的稳态。

## 第一节 概 述

### 一、激素及其作用方式

#### (一)激素的概念

激素一词是由英国生理学家Bayliss和Starling在1902年发现促胰液素(Secretin )后于1905年创用的。激素(Hormone)是指由内分泌腺或散在分布的内分泌细胞分泌的，经血液或体液传递信息的高效能的生物活性物质。内分泌系统通过激素发挥调节作用。随着科学的发展，激素的概念变得越来越广，如有些腺体的分泌物直接释放到体外，引起其他个体的行为或生理活动的改变，这类物质称外激素(Exohormone )，如昆虫的性外激素。

（二）激素作用的方式

激素作为细胞与细胞之间传递信息的化学信号物质，可经组织液的局部扩散或血液循环发挥调节作用，接受激素信息的细胞、组织和器官分别称为靶细胞、靶组织和靶器官。根据激素到达靶细胞或靶组织的方式，激素的作用主要有以下四种方式（图11-1）。

1. 远距分泌

体内大多数激素通过血液的运输到达远距离的靶组织或靶细胞而发挥作用，称为远距分泌（Telecrine）或血运分泌。如垂体分泌的多种促激素、甲状腺素、肾上腺皮质素等都是通过血液运输而发挥作用的。

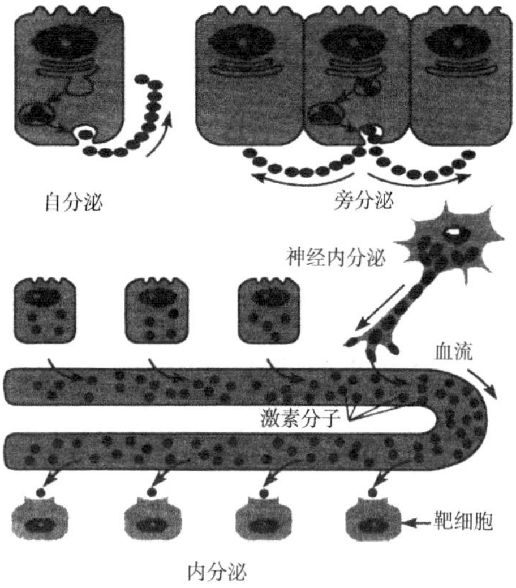


**图11-1　激素作用方式**

2. 旁分泌

某些激素不经血液运输，而由组织液扩散作用于邻近细胞而发挥作用，称为旁分泌（Paracrine）。如幽门腺G-细胞分泌的胃泌素可经过组织液扩散直接作用于邻近的平滑肌细胞，促进其运动。

3. 自分泌

内分泌细胞所分泌的激素在局部扩散，并作用于该内分泌细胞而发挥反馈作用，称为自分泌（Autocrine）。如下丘脑分泌的多种促激素释放激素可抑制其自身的分泌，产生负反馈调节作用。

4. 神经内分泌细胞

下丘脑有多种神经细胞既能产生和传导神经冲动，又能合成和释放激素，故称神经内分泌细胞，所产生的激素称神经激素，可沿轴突借轴浆流动运送至末梢而释放入血液，称为神经分泌（Neurosecretion）。

## 二、激素的分类

激素的种类很多，来源复杂，通常按其化学结构可分为三类。

（一）含氮类激素

此类激素分子结构中含有氮元素，包括蛋白质类（如胰岛素、甲状旁腺激素和腺垂体分泌的激素）、肽类（如神经垂体激素、降钙素、胰高血糖素等）及胺类（如肾上腺素、去甲肾上腺素和甲状腺激素）激素。机体内大多数激素属于含氮激素。

（二）类固醇激素

此类激素常以胆固醇为原料合成，其基本结构为环戊烷多氢菲（甾体结构），又名甾体激素（图11-2）。肾上腺皮质和性腺分泌的激素，如皮质醇、醛固酮、雌激素、孕激素以及雄激素等属于此类。胆钙化醇（维生素$D_3$）是在体内由皮肤、肝脏和肾脏等器官联合作用形成的胆固醇衍生物，称为固醇类激素，其作用特征和方式与类固醇激素相似。

(三)脂肪酸衍生物

总称为前列腺素,结构上都是含20个碳原子的不饱和脂肪酸衍生物(图11-3)。如前列腺素、血栓素和白细胞三烯等。主要在局部组织中发挥其各自的生物效应。

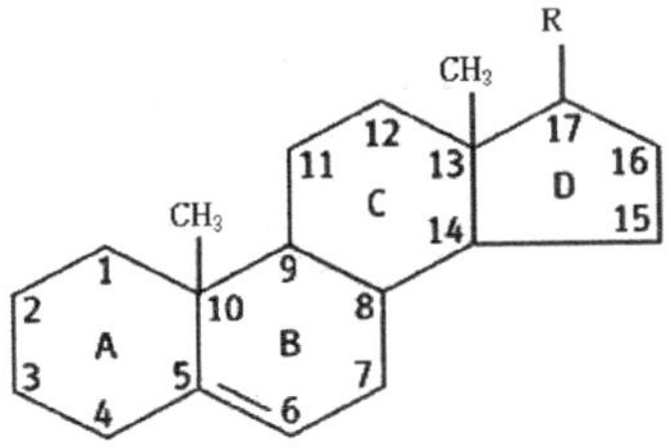

图11-2　甾体的一般结构

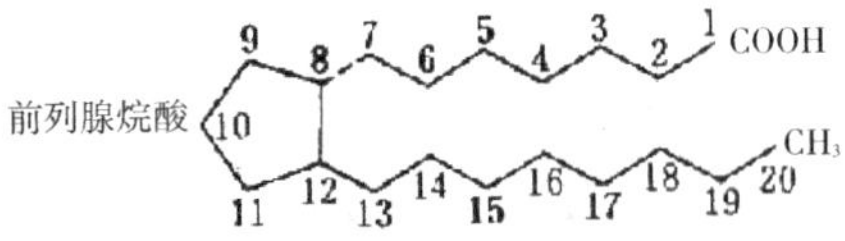


图11-3　各类前列腺素的基本化学结构

## 三、激素的一般作用特征

机体内的激素种类繁多,作用复杂,作用范围广泛,能促进生长发育、调节新陈代谢、维持内环境稳定、调控生殖过程、参与应激和免疫反应等。但激素在对靶细胞发挥调节作用的过程中,具有以下共同特点。

(一)信息传递作用

内分泌系统以激素在细胞之间进行信息传递,不论是何种激素,只能对靶细胞的生理生化过程起加强或减弱的作用,如甲状腺激素的产热作用,生长激素促进生长发育等。在这些作用中,激素既不能添加成分,也不能提供能量,仅仅起将生物信息传递给靶细胞的"信使"作用,从而调节靶细胞固有的生理生化反应。它在信息传递完成以后,便被分解失活。

(二)相对特异性

激素具有选择地作用于靶细胞的特性,称为激素作用的特异性。激素特异性的本质是因为靶细胞表面或胞浆或胞核内存在着与该激素发生特异性结合的受体。激素作用的特异性是内分泌系统实现有针对性的调节功能的基础。

体内激素作用的特异性强弱不同,因此,激素的作用范围有很大的差别。有些激素只局部作用于某一靶腺或者靶细胞,如促甲状腺激素只作用于甲状腺的腺泡细胞;而有些激素的作用范围大,靶器官和靶细胞数量多而广泛,如性激素、生长激素、甲状腺激素等。

(三)高效能生物放大作用

激素是高效能的生物活性物质。在生理状态下,血液中激素的浓度很低,常以pg或ng/mL计量。但微量的激素却具有显著作用。例如,1 mg甲状腺激素可使机体增加产热约4184 kJ。因此,若某内分泌腺分泌的激素稍有过多或不足,便可引起该激素调节的功能明显异常,临床上分别称为该内分泌腺的功能亢进或功能减退。

激素的高效能作用与激素的作用机制有关。激素与受体结合后,通过引发细胞内的信号转导程序,经逐级放大,形成效能极高的生物放大系统。例如,1分子的胰高血糖素,能激活1万分子的磷酸化酶,其作用于肝糖原,可分解生成$3\times10^6$分子葡萄糖,其生物效应放大了300万倍。

(四)激素间的相互作用

内分泌系统是一个有机的整合系统,激素与激素之间往往存在着相互影响,表现为竞争作用、协同作用、拮抗作用和允许作用,以维持机体功能活动的稳态。

1. 竞争作用

化学结构相似的激素可竞争同一受体结合位点,它取决于激素与受体的亲和力和激素的浓度。如孕酮与醛固酮受体亲和力很小,但当孕酮浓度升高时则可与醛固酮竞争同一受体而减弱醛固酮的生理作用。

2. 协同作用

协同作用表现为多种激素联合作用时产生的效应大于各激素单独作用时所产生效应的总和。如生长激素、糖皮质激素、肾上腺素与胰高血糖素等具有升高血糖的协同作用。

3. 拮抗作用

胰高血糖素和胰岛素通过各自作用的酶系以相反方向影响糖代谢,前者促进糖原分解使血糖升高;后者促进糖原合成,使血糖降低,表现出不同程度的拮抗作用。

4. 允许作用

有的激素本身并不能直接对某些细胞,组织和器官产生生物效应,但在它存在的条件下,却可使另一种激素的作用明显增强,这种现象称为激素的允许作用。如糖皮质激素本身对血管平滑肌无收缩作用,但在糖皮质激素存在时儿茶酚胺的缩血管作用大大加强。

## 四、激素的作用机制

激素将调节信息传递给靶细胞的过程十分复杂。激素的化学性质不同,作用机制随之改变。下面主要介绍含氮激素与类固醇激素的作用机制。

(一)含氮激素作用机制——第二信使学说

第二信使学说是Sutherland等于1965年提出来的。该学说认为,信息跨膜传递的基本过程是:①激素将调节信息由内分泌细胞带到靶细胞膜是第一信使,与靶细胞膜上具有立体构型的专一性受体结合。②激素与受体结合后,激活膜内侧的腺苷酸环化酶(Adenyl cyclase, AC)系统。③在$Mg^{2+}$的参与下,AC催化ATP转变为环磷酸腺苷(cAMP),cAMP是第二信使,信息由第一信使传递给第二信使。④cAMP作为第二信使(Second messenger),激活胞质中无活性的cAMP依赖性蛋白激酶,继而激活细胞内各种底物蛋白的磷酸化反应,引起细胞特定的生理效应,

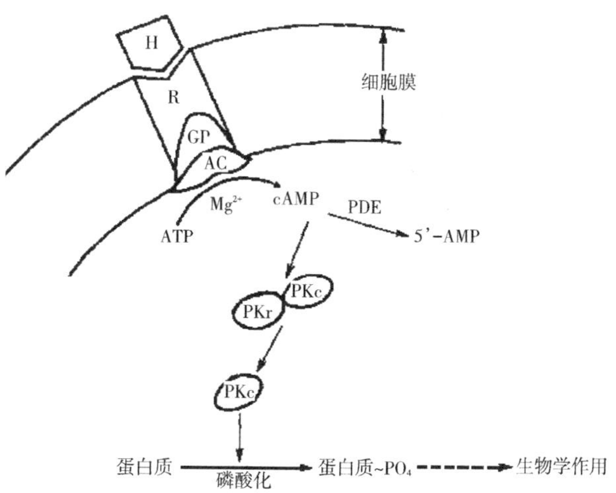


图11-4 含氮激素作用机制示意图

H.激素;R.受体;GP.G-蛋白;AC.腺苷酸环化酶;PDE.磷酸二酯酶
PKr.蛋白激酶调节亚单位;PKc.蛋白激酶催化亚单位

如腺细胞分泌、肌细胞收缩等(图11-4)。cAMP在完成第二信使作用后,被细胞内的磷酸二酯酶降解成为5′-磷酸腺苷而失活。

膜受体是一类跨膜蛋白分子,主要有G-蛋白偶联受体、酪氨酸激酶受体和鸟苷酸环化酶受体等。研究表明,cAMP并不是唯一的第二信使,作为第二信使的化学物质还有cGMP、三磷酸肌醇($IP_3$)、二酰甘油(DG)、$Ca^{2+}$等。

(二)类固醇激素作用机制——基因表达学说

类固醇激素分子小,为脂溶性,可通过细胞膜进入细胞内,与胞质受体结合,形成激素-胞质受体复合物,使受体变构,同时获得穿过核膜的能力而进入核内与核受体结合形成激素-核受体复合物。此复合物结合在染色质的非组蛋白的特异位点上,从而启动或抑制该部位的DNA转录,促进或抑制mRNA的形成,结果诱导或减少某种特定蛋白质(主要是酶)的合成,从而发挥激素相应的生理效应。也有的类固醇激素在进入细胞后,直接经胞质进入核内与核受体结合,调节基因表达。这一过程称为类固醇激素作用的基因调节机制,也称为基因表达学说(图11-5)。

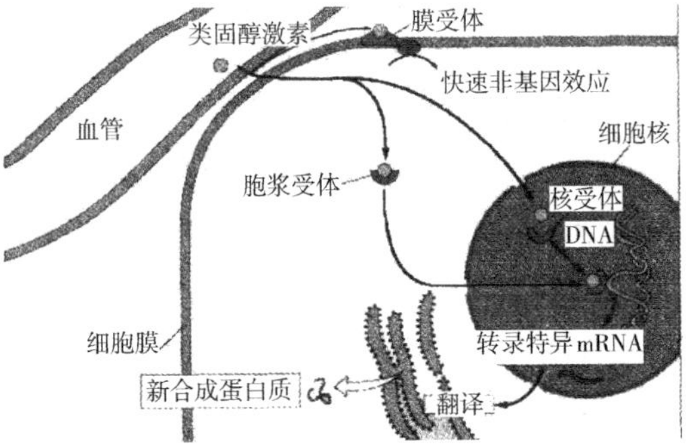

图11-5 类固醇激素作用机制——基因表达学说

## 五、激素分泌的调节

激素是内分泌系统实现调节作用的基础,其在机体内的分泌量主要受到体液和神经因素的严密调控,且以体液因素调控为主。

(一)体液调节

1. 激素的反馈调节

下丘脑-腺垂体-靶腺轴调节系统是控制激素分泌稳态的高级整合途径,也是激素分泌相互影响的典型实例(图11-6)。一般而言,高位激素对下位内分泌细胞活动具有促进性调节作用;而下位激素对高位内分泌细胞活动多表现抑制性调节作用。在调节轴系统中,分别形成长反馈、短反馈、超短反馈等闭合式自动控制环路。长反馈是指在调节环路中终末靶腺或组织所分泌的激素对上位腺体活动的反馈影响;短反馈是指腺垂体所分泌的激素对下丘脑分泌活动的反馈影响;超短反馈则是指下丘脑分泌的激素反过来作用于下丘脑,调控它本身的分泌活动。三种方式的激素反馈调节以负反馈调节为主。通过这种闭合式自动控制环路,能维持血液中各级别激素水平的相对稳定。调节环路中任一环节发生障碍,都将破坏这一轴系统激素分泌水平的稳态。

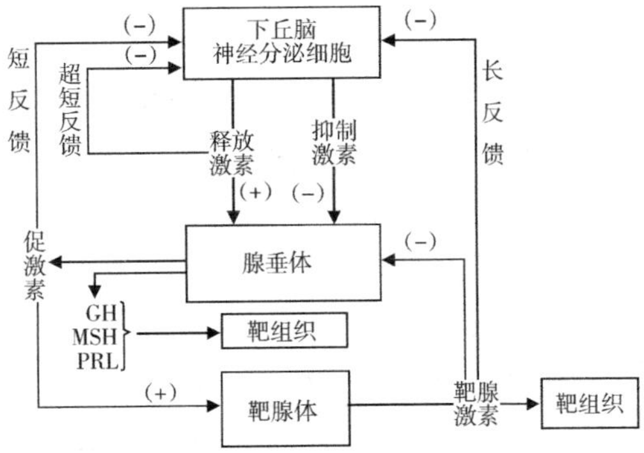

图11-6 激素分泌反馈调节示意图

2. 代谢产物浓度的反馈调节

很多激素都参与体内物质代谢过程的调节，而物质代谢引起血液中某些物质浓度的变化又反过来调节相应激素的分泌水平，形成直接的反馈调节，以维持该激素的正常分泌和血中代谢产物浓度的相对稳定。例如，胰岛素能降低血糖浓度，而血糖浓度升高或降低可直接促进或抑制胰岛素的分泌。

（二）神经调节

许多内分泌腺有直接的神经支配，如胰岛和肾上腺髓质等，当支配内分泌腺的神经活动发生变化时，内分泌腺的活动也相应改变，形成神经反射性调节机制。下丘脑通过其广泛的神经联系，以及它所含有的多种神经分泌细胞，成为神经系统与内分泌系统联系的枢纽，中枢神经信息在此可转变为激素信息，起着换能神经元的作用，在对内分泌系统和机体许多功能活动的整合中起重要的调节作用。

# 第二节 下丘脑与垂体的分泌

## 一、下丘脑与垂体的功能联系

下丘脑和垂体位于大脑基底部，两者在结构和功能上的联系非常密切，可将它们看作一个下丘脑-垂体功能单位，这个功能单位包括下丘脑-神经垂体系统和下丘脑-腺垂体系统（图11-7）。

1. 与神经垂体的联系

下丘脑与神经垂体有直接的神经联系。下丘脑的视上核和室旁核的神经纤维下行到神经垂体，形成下丘脑-垂体束。神经垂体不含腺细胞，不能合成激素，它所释放的激素由下丘脑视上核和室旁核内的神经内分泌大细胞合成，沿下丘脑-垂体束通过轴浆运输到神经垂体储存并释放。由此，构成下丘脑-神经垂体系统。

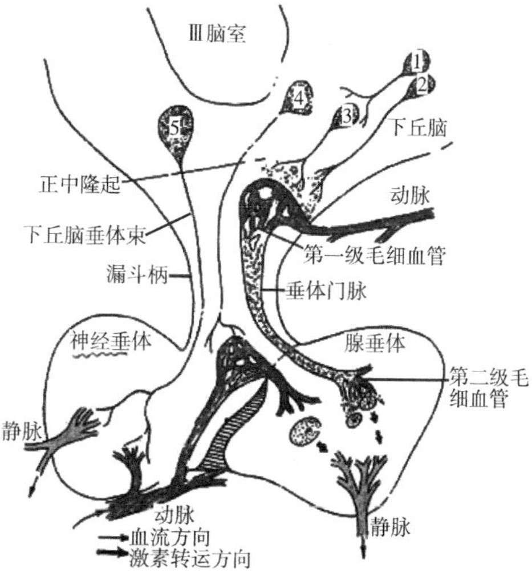


**图11-7 下丘脑-垂体功能单位**

**1、2、3、4：神经内分泌小细胞；5：神经内分泌大细胞**

2. 与腺垂体的功能联系

下丘脑与腺垂体之间没有直接的神经联系，主要通过垂体门脉系统发生功能联系。垂体动脉进入下丘脑的正中隆起形成第一级毛细血管网，然后汇合成数条门微静脉进入腺垂体，又形成第二级毛细血管网，最后汇合成垂体静脉离开腺垂体。这种下丘脑与腺垂体之间独特的血管联系，称为垂体门脉系统（Hypophysioportal system）。下丘脑基底部存在一个促垂体区，包括正中隆起、弓状核、腹内侧核、视交叉上核及室周核等多个神经核团，其内分布着多种神经内分泌小细胞，其轴突投射到正中隆起，轴突末梢与垂体门脉系统的第一级毛细血管网接触,可将促垂体区内神经元合成分泌的下丘脑调节肽释放进入门脉系统,从而调节腺垂体的分泌活动,构成下丘脑–腺垂体系统,又称下丘脑–腺垂体轴。

## 二、下丘脑促垂体区的内分泌功能

### (一)下丘脑促垂体区分泌的激素及作用

下丘脑促垂体区内的神经分泌小细胞分泌的多种肽类激素,经垂体门脉系统到达腺垂体,调节腺垂体的内分泌活动。把下丘脑促垂体区分泌的肽类激素,称为下丘脑调节肽(Hypothalamic regulatory peptide,HRP)。目前发现的下丘脑调节肽至少有9种,其化学结构和主要作用见表11–1。

**表11–1 下丘脑调节肽的化学性质与主要作用**

| 激素名称 | 英文缩写 | 作用腺细胞 | 化学性质 | 主要作用 |
|---|---|---|---|---|
| 促甲状腺激素释放激素 | TRH | 腺垂体 | 3肽 | 促进腺垂体分泌促甲状腺激素 |
| 促性腺激素释放激素 | GnRH | 腺垂体 | 10肽 | 促进腺垂体分泌黄体生成素、卵泡刺激素 |
| 生长激素释放激素 | GHRH | 腺垂体 | 44肽 | 促进腺垂体分泌生长激素 |
| 生长激素释放抑制激素(生长抑素) | GHIH(SS) | 腺垂体 | 14肽 | 抑制腺垂体分泌生长激素 |
| 促肾上腺皮质激素释放激素 | CRH | 腺垂体 | 41肽 | 促进腺垂体促肾上腺皮质激素的分泌 |
| 催乳素释放因子 | PRF | 腺垂体 | 31肽 | 促进腺垂体催乳素的分泌 |
| 催乳素释放抑制因子 | PIF | 腺垂体 | 多巴胺 | 抑制腺垂体催乳素的分泌 |
| 促黑激素释放因子 | MRF | 腺垂体 | 5肽 | 促进腺垂体促黑激素的分泌 |
| 促黑激素释放抑制因子 | MIF | 腺垂体 | 3肽 | 抑制腺垂体促黑激素的分泌 |

### (二)下丘脑促垂体区分泌的调节

下丘脑促垂体区分泌受神经和激素的调节,以激素调节为主。

1. 神经调节

内外环境的各种刺激通过神经系统传送到下丘脑,影响下丘脑激素的释放。如在应激状态下,各种应激刺激可促进TRH的释放;吮吸乳头可反射性引起下丘脑PRF增加和PIF降低。

下丘脑肽能神经元与来自中枢神经系统其他部位的神经元,如中脑、边缘系统和大脑皮层发出的神经纤维有广泛的突触联系,其神经递质主要有肽类物质和单胺类物质两大类。肽类物质包括脑啡肽、β–内啡肽、神经降压素、P物质、血管活性肠肽等。单胺类物质有多巴胺、去甲肾上腺素和5–羟色胺(5–HT)等,它们较集中地分布在下丘脑促垂体区正中隆起附近。它们对下丘脑调节肽的释放有明显的调节作用(表11–2),如注射脑啡肽或β–内啡肽可促进TRH和GnRH的释放,而对CRH和GHRH的释放有抑制作用。

**表11–2 神经递质对几种下丘脑调节肽分泌的影响**

| 递 质 | TRH | GnRH | GHRH | CRH | PRF |
|---|---|---|---|---|---|
| 去甲肾上腺素 | ↑ | ↑ | ↑ | ↓ | ↓ |
| 多巴胺 | ↓ | ↓(–) | ↑ | ↓ | ↓ |
| 5–羟色胺 | ↓ | ↓ | ↑ | ↑ | ↑ |

注:↑表示增加分泌,↓表示减少分泌,(–)表示不变

2. 激素调节

下丘脑调节肽对腺垂体细胞的分泌功能有重要的调节作用，腺垂体分泌的激素又调节各自靶组织的活动，在机体内构成了下丘脑、腺垂体与三个重要靶腺（甲状腺、肾上腺皮质和性腺）组成的三个水平的功能轴（图11-8）：下丘脑-腺垂体-甲状腺轴、下丘脑-腺垂体-肾上腺（皮质）轴和下丘脑-腺垂体-性腺轴。在功能轴的各环节中，既有下丘脑对腺垂体、腺垂体对靶腺下行调节的关系，又有长反馈、短反馈和超短反馈三个层次的上行反馈调节，且以负反馈为主，构成闭合自动控制环路，使功能轴的功能活动及相应激素水平维持稳态。

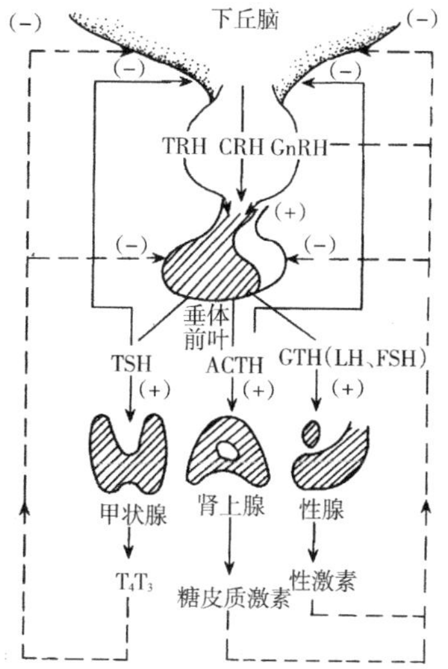


图11-8 下丘脑-腺垂体三大功能轴示意图

## 三、腺垂体的内分泌功能

目前发现腺垂体至少分泌7种激素，其中，促甲状腺激素（Thyroid-stimulating hormone, TSH）、促肾上腺皮质激素（Adrenocorticotrophic hormone,ACTH）、卵泡刺激素（Follicle-stimulating hormone,FSH）与黄体生成素（Luteinizing hormone,LH ）均有各自的靶腺，分别形成：下丘脑-腺垂体-甲状腺轴、下丘脑-腺垂体-肾上腺皮质轴和下丘脑-腺垂体-性腺（睾丸或卵巢）轴。腺垂体的这些激素通过促进靶腺分泌激素而发挥作用，所以也把这些激素统称为“促激素”。腺垂体还分泌生长激素（Growth hormone,GH）、催乳素（Prolactin,PRL）与促黑激素（Melanocyte- stimulating hormone,MSH），它们直接作用于靶细胞，从而调节物质代谢、个体生长、乳腺发育与泌乳以及黑色素代谢等生理活动。

### （一）生长激素

生长激素是一种具有种属特异性的单链蛋白质激素，有种间差异。人、鼠、牛羊、猪、鲸、犬、兔和猴的GH分子质量在22 000～48 000之间，各种动物GH的氨基酸序列不同，其中人与猴、猪与鲸、牛与羊的分子结构较为相似。

1. 生长激素的作用

GH的主要生理作用是促进物质代谢和生长发育（图11-9）。GH对机体各组织器官均有影响，特别是对骨骼、肌肉及内脏器官的作用尤为显著，因此也称为躯体刺激素（Somatotropin）。GH还参与机体的应激反应。

（1）促生长作用。GH促进骨、软骨、肌肉及其他组织细胞分裂增殖，促进蛋白质合成。幼年时若缺乏GH，则生长发育停滞，人或动物会患侏儒症；而GH过多则会患巨人症。成年期若GH分泌过多，由于长骨的骨骺已钙化不能再生长，只有软骨成分较多的部位，如面部骨骼、手足肢端骨骼恢复生长，以致出现手足粗大、下颌突出，同时内脏器官，如肝和肾等也增大，称肢端肥大症。

GH并不直接刺激细胞生长，而是作用于肝脏、肾脏、肌肉等器官和组织使其产生一种称为生长介素（Somatomedin，SM）的多肽物质，SM再直接作用于细胞。SM的化学结构与胰岛素相似并具有活性,故又称为胰岛素样生长因子(Insulin-like growth factor,IGF),目前已分离出两种SM,即IGF-Ⅰ和IGF-Ⅱ。IGF-Ⅰ是含有70个氨基酸的多肽,而IGF-Ⅱ是含有67个氨基酸的多肽。通过IGF-I介导实现GH的促生长作用,而IGF-Ⅱ则主要在胚胎期生成,对胎儿的生长发育起重要作用。肝脏作为GH重要的靶组织,是产生IGF-Ⅰ最主要的部位,因此认为下丘脑-垂体-肝脏轴作为生长轴的主轴,是调控动物生长发育的关键。

(2)调节代谢。GH能促进蛋白质合成,促进脂肪分解和升高血糖。同时,使机体的能量来源由糖代谢向脂肪代谢转移,促进生长发育和组织修复。GH可促进氨基酸进入细胞,加强DNA、RNA的合成,促进机体呈氮的正平衡;GH可激活对激素敏感的脂肪酶,促进脂肪分解,增强脂肪酸的氧化,提供能量,并使组织特别是肢体的脂肪量减少;还能抑制外周组织摄取和利用葡萄糖,减少葡萄糖的消耗,升高血糖水平。GH分泌过多时,可因血糖升高而引起糖尿,称为垂体性糖尿。

2. 生长激素分泌的调节

(1)下丘脑对GH分泌的调节。GH的分泌受下丘脑GHRH和GHIH的双重调控(图11-9)。GHRH经常性地促进GH的分泌,而GHIH则抑制其分泌。GH呈脉冲式分泌,这是GHRH和GHIH共同协调作用的结果。在整体条件下GHRH对GH分泌的促进作用占主要地位。

(2)反馈调节。GH对下丘脑GHRH和腺垂体GH的分泌有负反馈调节作用,GHRH对其自身释放也有负反馈调节作用。IGF-I能刺激下丘脑释放GHIH,从而抑制GH的分泌。IGF-I还能直接抑制垂体细胞GH的基础分泌和GHRH刺激的GH分泌,说明IGF-I可通过下丘脑和腺垂体两个水平对GH分泌进行负反馈调节。

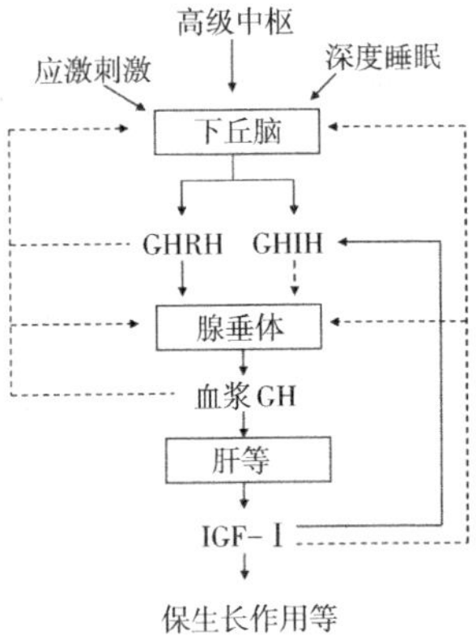


**图11-9 生长激素分泌调节示意图**

**实线表示促进作用;虚线表示抑制作用**

(3)其他因素。除了上述的调控机制外,还有许多因素可以影响GH的分泌。如低血糖、血中氨基酸和脂肪酸增多、运动、饥饿及应激刺激,均可引起GH分泌增多。某些激素如甲状腺激素、雄激素、雌激素等可促进GH分泌,而皮质醇则抑制GH分泌。昼夜节率和年龄变化也可影响GH的分泌。白天觉醒时,血中GH的水平较低,夜间深睡时,血中GH水平可升高若干倍。GH分泌还有明显的年龄性变化,胎儿的血浆GH水平比母体高,新生幼畜血中GH水平比胎儿更高,以后逐渐降低,到初情期后降到接近成年水平。

(二)催乳素

催乳素在结构上与GH相似,也是一种单链肽类激素。各种动物PRL的分子结构和分子质量均不完全相同,有种间差异。

1. 催乳素的生理作用

PRL的作用极为广泛。在哺乳动物中,PRL的主要作用是促进乳腺的发育和乳汁的生成,还可促进生长、调节水盐代谢和性腺功能。PRL能促进雄性哺乳动物前列腺及精囊的生长,增强LH对间质细胞的作用,使睾酮的合成增加。血中高浓度PRL抑制性腺的发育和功能活动。应激状态下,血液中PRL与ACTH、GH浓度同时增加,共同参与应激反应。在禽类中,

PRL可促进嗉囊的发育和分泌，对具有抱窝遗传性的禽类来说能诱发抱窝，抑制卵泡发育。

2. 催乳素分泌的调节

PRL的分泌主要受下丘脑PRF和PIF的双重调节。PRF促进PRL的分泌，PIF抑制PRL的分泌，平时以PIF的抑制作用为主。TRH对PRL分泌也有促进作用。血中高水平的PRL可反馈性地促进下丘脑正中隆起分泌多巴胺，抑制PRF和PRL的分泌。PIF虽然还未分离成功，但已证明多巴胺可能是一种PIF。哺乳期每次哺乳或挤乳时，由于吮吸或按摩乳头，能反射性地刺激PRL分泌。此外，脑内的5-羟色胺、阿片肽、血管活性肽、血管紧张素Ⅱ等均可刺激PRL的分泌。

(三)促激素

促激素包括促甲状腺素(TSH)、促肾上腺皮质素(ACTH)、卵泡刺激素(FSH)、促黄体生成素(LH)、促黑激素(MSH)。TSH的生理作用是促进甲状腺腺细胞的生长，促进甲状腺合成并释放甲状腺激素。ACTH是一个含39个氨基酸的多肽，由阿黑皮素原经酶分解而来，生理作用主要是促进肾上腺皮质腺细胞增生和肾上腺皮质激素的合成与释放。FSH和LH统称促性腺激素(Gonadotropin)，在LH和性激素的协同作用下，FSH可促进雌性动物卵泡细胞生长发育并分泌卵泡液；作用于雄性动物睾丸，促进生精上皮的发育、精子的生成和成熟，对雄性动物而言，FSH又名配子生成素(Gametogenetin)。在畜牧实践中，FSH常用于诱导母畜发情排卵和超数排卵，治疗卵巢机能疾病等。LH在FSH的协同作用下，可促进卵巢合成雌激素，促进卵泡发育成熟并排卵，促进排卵后的卵泡转变成黄体并分泌孕激素。LH能促进睾丸间质细胞增殖并合成雄激素，因而在雄性动物又称为间质细胞刺激素(Interstitial cell-stimulating hormone，ICSH)。上述促激素的分泌调节将在其他相关章节中叙述。

MSH主要生理作用是促使黑素细胞生成黑色素。体内黑素细胞分布于皮肤、毛发、眼球虹膜及视网膜色素层内。位于表皮与真皮之间的黑素细胞的胞浆中有特殊的黑色素小体，内含酪氨酸酶，可催化酪氨酸转变成黑色素。MSH促进哺乳动物和人黑色素的合成，使皮肤与毛发的颜色加深。

MSH的分泌主要受下丘脑促黑素释放因子(MRF)和促黑素释放抑制因子(MIF)的调控。MRF促进MSH的分泌，MIF则有抑制作用，平时以MIF的抑制作用占优势。MSH也可通过反馈调节腺垂体MSH的分泌。

## 四、下丘脑神经垂体的内分泌功能

神经垂体不含腺细胞，不能合成激素，它所释放的激素由下丘脑视上核和室旁核神经内分泌细胞合成，以轴浆运输方式经下丘脑-垂体束运送至神经垂体储存。神经垂体激素有两种：抗利尿激素(Antidiuretic hormone，ADH)和催产素(Oxytocin，OXT)。在适宜刺激下，神经末梢将囊泡内的神经垂体激素以胞吐的方式释放入血。

(一)抗利尿激素

抗利尿激素主要由下丘脑的视上核合成，又称血管加压素，与催产素的结构相似，都是含8个氨基酸的短肽激素。其作用是：①抗利尿作用(见第八章)；②升血压作用(见第三章)。

ADH的分泌调节主要受血浆晶体渗透压、循环血量、血压的改变所引起的反射性调节控制(见第八章)。

(二)催产素

催产素主要由下丘脑室旁核合成,又名缩宫素。OXT与ADH的分子结构类似,有相互交叉的生理作用,但较弱。

1. 生理作用

(1)刺激子宫肌收缩。促进子宫在交配和分娩时收缩,前者促使精子通过雌性生殖道到达受精部位,有利于受精卵的形成;后者促使胎儿及胎衣的排出,对分娩后母体子宫出血及子宫复位有重要作用。

(2)促进乳腺排乳。在哺乳期OXT能使乳腺腺泡周围的肌上皮细胞收缩,将乳汁排出。吸吮乳头或挤乳时可诱导OXT释放,从而加速乳汁从腺泡中排出。

在临床上,OXT在分娩困难时可用来助产,也用于阻止产后子宫出血。

2. 分泌调节

OXT分泌主要受神经反射性调节。交配或分娩时对阴道、子宫颈的刺激,可反射性地引起OXT释放;产后仔畜吮吸乳头的刺激通过乳头和皮肤感受器将信息经传入神经传至下丘脑室旁核,使OXT合成增多,并促进神经垂体释放OXT入血。在畜牧生产中,良好的环境和操作能使母牛形成良性排乳条件反射,引起OXT释放,提高产奶量。

**案例**

任改仙等(2007)报道,1只17 kg、9月龄沙皮犬1个多月来每天喝水很多,排尿多,尿液稀薄。体温39.2~39.5 ℃,特殊化检查各项指标基本正常,仅尿比重为1.004~1.005(参考值1.001~1.065)。根据犬临床表现及持续排出低比重尿现象,初步诊断为犬尿崩症。采用肌注垂体后叶素3~4 mg/次进行诊断性治疗,结果排尿量及排尿次数迅速减少,饮水量也减少。通过口服人医用醋酸去氨加压素片和肌注噻嗪类利尿剂治疗两周,结果该犬排尿及饮水情况恢复正常。该犬被确诊为中枢性尿崩症。

**提问与思考**

中枢性尿崩症发病原因是什么?

**提示性分析**

下丘脑神经垂体能分泌和释放抗利尿激素,其可作用于肾单位中的远曲小管和集合管,增加对水的通透性,促进原尿中水的重吸收,起到抗利尿作用,是尿液浓缩的调节性因素。可能因为老龄功能退行病变,或机械损伤,或颅内肿瘤等原因引起下丘脑神经垂体分泌和释放抗利尿激素减少甚至停止分泌而引发本病。

# 第三节　甲状腺的分泌

哺乳动物甲状腺位于喉后方，气管的两侧和腹面，分左右两叶，中间由峡部相连。甲状腺的主要结构是由单层立方上皮围成的大小不等的圆形或椭圆形腺泡（或滤泡）和滤泡间细胞团，腺泡上皮细胞是甲状腺激素合成与释放的部位。腺泡腔是激素的储存库，使甲状腺素成为机体唯一的一种储存于细胞外的激素。在甲状腺组织中，还有滤泡旁细胞（又名C细胞），可分泌降钙素（图11-10）。

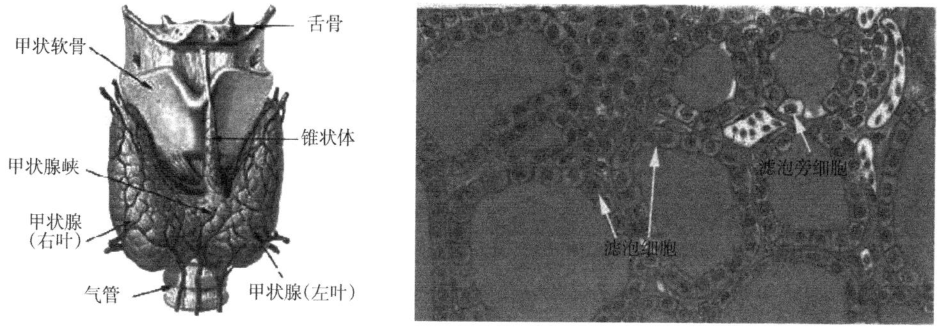


图11-10　甲状腺结构图

## 一、甲状腺激素的合成与代谢

甲状腺的主要功能是合成和释放甲状腺激素（Thyroxine）。甲状腺激素为碘化酪氨酸的衍生物，具有生物活性的有甲状腺素，又称四碘甲腺原氨酸（$T_4$）和三碘甲腺原氨酸（$T_3$），在腺体或血液中$T_4$含量较$T_3$多，约占总量的90 %，但$T_3$的生物学活性较$T_4$强约5倍，是甲状腺激素发挥生理作用的主要形式。另外，甲状腺也可合成极少量生物活性极低的逆-三碘甲腺原氨酸（逆-$T_3$）或反-$T_3$（r-$T_3$）（图11-11）。

### （一）甲状腺激素的合成

甲状腺激素合成的主要原料是碘和酪氨酸。碘主要来源于食物，酪氨酸来源于腺泡上皮细胞分泌的甲状腺球蛋白。甲状腺激素的合成过程包括四个步骤（图11-12）：

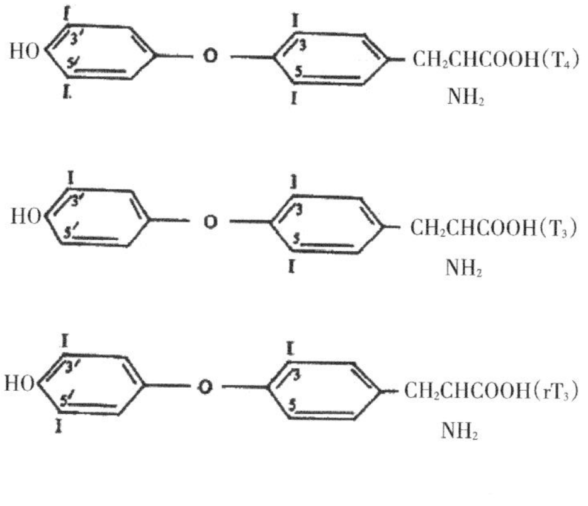


图11-11　甲状腺激素的化学结构

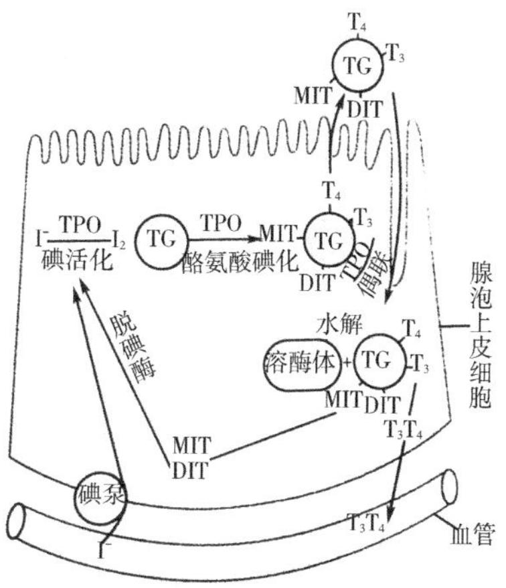


图11-12　甲状腺激素的合成

1. 腺泡的聚碘

由肠吸收的碘，以$I^-$的形式存在于血液中，甲状腺内$I^-$浓度比血液中高20～25倍。$I^-$的转运是继发性主动转运过程，在甲状腺腺泡上皮细胞基膜上可能存在一种$I^-$转运蛋白。TSH能促进甲状腺的聚碘过程。

2. $I^-$的活化

进入腺泡上皮细胞的$I^-$，在腺泡上皮细胞内过氧化酶的催化下被活化，$I^-$变成I和$I_2$，或与过氧化酶形成某种复合物。$I^-$活化后才能取代酪氨酸残基上的氢原子。

3. 酪氨酸的碘化

腺泡上皮细胞可生成一种大分子糖蛋白——甲状腺球蛋白（Thyroglobulin，TG），酪氨酸碘化发生在TG分子上。在甲状腺腺泡细胞内过氧化酶的催化下，甲状腺球蛋白酪氨酸残基上的氢原子被碘原子或碘分子取代，生成一碘酪氨酸（Monoiodotyrosine,MIT）残基和二碘酪氨酸（Diiodotyrosine,DIT）残基。这一过程称为酪氨酸碘化。

4. 碘化酪氨酸的偶联

碘化后生成的MIT和DIT，同样在过氧化酶的催化下，两分子DIT偶联生成四碘甲腺原氨酸，即甲状腺素（$T_4$），1分子MIT与1分子DIT偶联则生成三碘甲腺原氨酸（$T_3$）。$T_3$、$T_4$统称为甲状腺激素。在一个甲状腺球蛋白分子上，$T_4$与$T_3$之比为20∶1。这种比值常受碘含量的影响。当甲状腺内碘化活动增强时，DIT含量增加，$T_4$含量也相应增加；缺碘时MIT增多，则$T_3$含量明显增加。

（二）甲状腺激素的储存、释放、运输和代谢

1. 储存

合成的$T_4$和$T_3$以甲状腺球蛋白的形式储存于腺泡腔的胶质中，其储存量很大。

2. 释放

在适宜刺激下，甲状腺上皮细胞通过胞饮作用将腺泡腔中的甲状腺球蛋白吞入细胞内，在溶酶体蛋白水解酶的作用下，将MIT、DIT、$T_3$、$T_4$从甲状腺球蛋白分子中水解出来。MIT、DIT在脱碘酶的作用下迅速脱碘，可再循环利用。对脱碘酶不敏感的$T_3$和$T_4$则由滤泡细胞底部分泌到血液中。甲状腺分泌的甲状腺激素中90%以上是以$T_4$形式存在的。

3. 运输

$T_3$、$T_4$释放入血后，主要以蛋白质结合的形式存在，呈游离形式存在的$T_4$和$T_3$仅分别占0.03 %和0.3 %。但只有游离型的甲状腺激素才能进入组织，发挥其生理效应。

4. 代谢

血浆中$T_4$的半衰期约为6～7 d，$T_3$约为1.5 d。肝、肾、垂体、骨骼肌是甲状腺激素降解的主要部位。脱碘是$T_3$和$T_4$降解的主要方式。80 %的$T_4$在外周组织脱碘酶的作用下生成$T_3$，成为血液中$T_3$的主要来源。

## 二、甲状腺激素的生理作用

甲状腺激素作用广泛，几乎对各组织细胞均有影响，其主要作用是促进物质和能量代谢，促进生长发育。

(一)对代谢的影响

1. 产热效应

甲状腺激素可促进糖和脂类的分解代谢，提高基础代谢率，使大多数器官和组织如肝、肾、心脏和骨骼的耗氧量和产热量增加，但对成年动物和人的脑和性腺等组织无此影响。甲状腺激素调节机体的代谢水平以维持哺乳动物和鸟类体温的恒定，因此很多在冷环境中生活的哺乳动物摄食量较大，大部分食物被用于产热。$T_3$、$T_4$的产热效应有一定的差别，$T_3$的产热作用比$T_4$强3～5倍，但作用持续时间较短。甲状腺激素的产热效应与靶组织细胞$Na^+$-$K^+$-ATP酶活性升高密切相关。

甲状腺激素分泌过多时，机体的代谢率升高，出现烦躁不安、心率加快，对热环境难以忍耐、体重降低等反应。与此相反，甲状腺激素分泌不足时，机体的代谢率降低，出现智力迟钝、心率降低、肌肉无力、对冷环境异常敏感、体重增加等变化。

2. 对蛋白质、糖和脂肪代谢的影响

(1)蛋白质代谢。甲状腺激素对蛋白质的作用依剂量而变，生理剂量的甲状腺激素促进蛋白质的合成，尿氮减少，而高剂量的甲状腺激素促进蛋白质的分解，特别是加速骨骼肌蛋白的分解，并可促进骨的蛋白质分解，导致血钙升高和骨质疏松，氮的排泄量增加。

(2)糖代谢。甲状腺激素促进小肠黏膜对糖的吸收，增强肝糖原分解，抑制糖原合成，并可加强肾上腺素、胰高血糖素、皮质醇和GH的升糖作用。由于甲状腺激素也可加强外周组织对糖的利用，因此也有降血糖作用。但升糖效应总体大于降糖效应，因此，甲状腺功能亢进时，血糖常常升高，有时出现糖尿。

(3)脂肪代谢。甲状腺激素促进脂肪酸氧化，增强儿茶酚胺和胰高血糖素对脂肪的分解作用；对胆固醇的作用有双重性，一般分解作用要强于合成作用。

甲状腺功能亢进时，由于对糖、蛋白质和脂肪的分解代谢增强，所以患者常感饥饿，食欲旺盛，且明显消瘦。

3. 对水和电解质的影响

甲状腺激素对毛细血管正常通透性的维持和细胞内液的更新有调节作用。甲状腺功能低下时，毛细血管的通透性增大，水和钠滞留在组织间液增多，细胞间黏蛋白增多，引起组织黏液性水肿，补充甲状腺激素后水肿可消除。

(二)对生长发育的影响

甲状腺激素是机体生长、发育和成熟的重要激素，特别是对脑和骨的发育尤为重要。人的克汀病即“呆小症”，是由于幼年期甲状腺激素缺乏所出现的智力低下和体格矮小症状，这有别于GH缺乏所引起的侏儒症，后者的智力发育是正常的。切除甲状腺的蝌蚪，生长与发育停滞，不能变态成蛙，若及时给予甲状腺激素，又可恢复生长发育。若甲状腺机能亢进，血液中甲状腺激素水平增高，所有的脊椎动物都会出现早熟性发育。甲状腺激素对生长和发育的影响与动物的年龄有关，年龄越小，影响越显著。

此外，甲状腺激素还能促进生殖系统的发育，促进生殖和泌乳。如甲状腺激素分泌不足可使动物的生殖功能受损，如受精率降低、发情紊乱、流产和死胎等。

（三）对神经系统的影响

甲状腺激素对已分化成熟的神经系统也有作用。甲状腺功能亢进时，中枢神经系统的兴奋性增高，表现为不安、过敏、易激动、失眠多梦及肌肉颤动等症状。甲状腺功能低下时，中枢神经系统兴奋性降低，出现感觉迟钝、反应缓慢、记忆力减退、嗜睡等症状。

（四）对心血管系统的影响

甲状腺激素可使心率增快、心肌收缩力增强，心输出量增大；同时小血管扩张（组织耗氧量增多），外周阻力降低，结果收缩压增高，舒张压降低，脉压增大。研究表明，甲状腺激素增强心脏活动是由于它们直接作用于心肌，促使心肌细胞的肌质网释放 $Ca^{2+}$ 及增加心肌细胞膜上β-肾上腺素能受体的数量和亲和力的缘故。

## 三、甲状腺激素分泌的调节

甲状腺激素的合成和释放主要受“下丘脑-腺垂体-甲状腺轴”的调节。此外，甲状腺的分泌还存在一定的神经调节和自身调节（图11-13）。

1. 下丘脑-腺垂体-甲状腺轴对甲状腺的调节

一方面，下丘脑TRH神经元接受神经系统其他部位传来的信息，把环境因素与TRH神经元活动联系起来，然后TRH神经元通过释放TRH，经垂体门脉系统作用于腺垂体，促进TSH的合成和释放；经血液循环TSH到达甲状腺刺激甲状腺腺泡细胞增生，并促进甲状腺激素的合成与释放，使血中 $T_3$、$T_4$ 浓度增高。

另一方面，血液中游离的 $T_3$、$T_4$ 浓度变化，对下丘脑TRH的分泌、腺垂体TSH的分泌起着经常性负反馈调节作用。当 $T_3$、$T_4$ 浓度增高，可抑制下丘脑TRH的分泌，刺激腺垂体促甲状腺激素细胞产生一种抑制性蛋白，使TSH的合成与分泌减少，并降低腺垂体对TRH的反应，血中 $T_3$ 和 $T_4$ 的浓度随之降低；反之亦然。

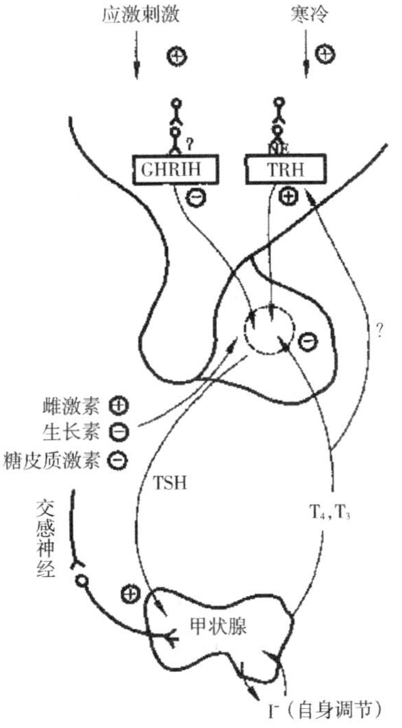

图11-13 甲状腺激素分泌调节示意图

由此形成TRH、TSH、$T_3$、$T_4$ 分泌的反馈自动控制环路（图11-13），使下丘脑-腺垂体-甲状腺轴活动及各效应激素处于稳态。

2. 植物性神经对甲状腺激素分泌的作用

研究发现，甲状腺内分布有交感神经和副交感神经纤维，甲状腺腺泡细胞膜上存在α、β-肾上腺素能受体和M-胆碱能受体。刺激交感神经可使甲状腺激素合成、分泌增加，刺激副交感神经胆碱能纤维可使甲状腺激素合成、分泌减少。目前认为，植物性神经的调节作用主要是在内、外环境变化引起机体应急反应时，对甲状腺的功能起调节作用。

3. 自身调节

甲状腺能根据碘供应的情况，调整自身对碘的摄取和利用以及甲状腺激素的合成与释放，这种调节完全不受TSH影响，故称自身调节。其是一个有限度的、缓慢的调节方式。如食物中长期缺碘则可引起甲状腺激素分泌不足，对TSH的负反馈调节减弱甚至丧失，血中

TSH水平过高，甲状腺过度增生而形成单纯性甲状腺肿（又称大脖子病），通过在食盐中加碘则可预防此病。

甲状腺分泌的自身调节，其作用在于使甲状腺的功能适应食物中碘供应量的变化，以保证腺体内合成激素量的相对稳定。

**案例**

吴迪等（1991）报道，在南京地区黑白花奶牛日粮中添加碘化钾20 mg/（头·d），饲喂70 d后，发现奶牛平均日产奶量20.1 kg，比不添加碘化钾奶牛日产奶量高7.7 %，且添加碘化钾奶牛血清中$T_3$、$T_4$含量显著高于不添加奶牛的含量。结果提示，南京地区春冬季节日粮中添加适量碘化钾[20 mg/（头·d）]，可显著提高奶牛的产奶性能。

**问题与思考**

1. 奶牛日粮中添加碘化钾后，血清$T_3$、$T_4$含量升高的原因是什么？

2. 奶牛日粮中添加适量碘化钾后，奶牛产奶量升高的原因是什么？

**提示性分析**

1. 甲状腺的基本功能是利用碘和酪氨酸合成甲状腺激素（$T_3$、$T_4$），日粮中添加碘化钾，有利于提高血清中碘含量，为甲状腺合成$T_3$、$T_4$提供了充足的原料。

2. 乳腺泌乳是一个复杂的生理过程，受GH、PRL、$T_4$、糖皮质激素等多种激素的调节，其中血液中甲状腺激素（$T_4$）水平适度升高，能促进体内蛋白的合成，促进脂肪的氧化分解，促进糖的吸收及组织利用，提高机体新陈代谢，对乳的生成有显著的促进作用。

# 第四节　肾上腺的分泌

肾上腺位于肾脏的前线，由位于外侧的皮质和内侧的髓质构成，皮质由外向内分别由球状带、束状带和网状带组成。皮质和髓质无论在胚胎发生、形态结构还是在生理功能各方面都是两个不同的内分泌腺。

## 一、肾上腺皮质激素

肾上腺皮质分泌的激素统称为类固醇（甾体）激素，包括盐皮质激素（Mineralocorticoid）、糖皮质激素（Glucocorticoids）和性激素（Sex hormone）3类，分别由肾上腺皮质不同层上皮细胞所分泌。球状带分泌盐皮质激素，主要是醛固酮（Aldosterone）；束状带分泌糖皮质激素，主要是皮质醇（Cortisol）和皮质酮（Corticosterone）；网状带分泌性激素，主要是雄性激素，也有少量雌激素。

关于醛固酮的生理作用和分泌调节在第八章中已经介绍，有关性激素的知识将在第十二章中讨论。本节着重讨论束状带所分泌的糖皮质激素。

### (一)糖皮质激素的生理作用

糖皮质激素的作用广泛而复杂，对多种器官、组织都有影响。

1. 对物质代谢的影响

糖皮质激素对糖、蛋白质、脂肪和水盐代谢均有作用。

(1)糖代谢。糖皮质激素是调节体内糖代谢的重要激素之一，有显著的升血糖作用。这是因为皮质醇可促进蛋白质分解、抑制外周组织对氨基酸的利用，加速糖异生，使糖原储存增加。同时通过抗胰岛素作用，降低肌肉和脂肪等组织对胰岛素的反应性，使外周组织对葡萄糖的利用减少，导致血糖升高。

(2)蛋白质代谢。糖皮质激素能促进肝外组织，特别是肌肉组织蛋白质的分解，加速氨基酸转移至肝，成为糖异生的原料。糖皮质激素分泌过多会引起生长停滞、肌肉消瘦、骨质疏松、皮肤变薄、淋巴组织萎缩等症状。

(3)脂肪代谢。糖皮质激素促进脂肪分解和脂肪酸在肝内氧化，抑制外周组织对葡萄糖的利用，利于糖原异生。但全身不同部位的脂肪组织对糖皮质激素的敏感性不同，四肢敏感性较高，面部、肩、颈、躯干部位敏感性较低却对胰岛素(它能促进脂肪合成)的敏感性较高。因此，肾上腺皮质功能亢进或过多使用糖皮质激素时，可使脂肪在体内重新分布，在人类表现出面部、肩颈、躯干部脂肪增多，呈现所谓的“满月脸”“水牛背”，而四肢脂肪相对减少消瘦，形成特殊的向心性肥胖。

(4)水盐代谢。皮质醇有较弱的储钠排钾作用，即对肾远球小管和集合管重吸收$Na^+$和排出$K^+$有轻微的促进作用。糖皮质激素还可增加肾小球血流量，使肾小球滤过率增加，促进水的排出。糖皮质激素分泌不足时，机体排水功能低下，严重时可导致“水中毒”，补充糖皮质激素后可使症状缓解。

2. 对其他组织器官的作用

(1)血细胞。糖皮质激素可使血液中红细胞、血小板和中性粒细胞的数量增加，而淋巴细胞和嗜酸性粒细胞减少。

(2)血管系统。糖皮质激素通过增强血管平滑肌对儿茶酚胺的敏感性(即允许作用)，有利于提高血管的张力和维持血压。糖皮质激素还可降低毛细血管壁的通透性，减少血浆的滤出，有利于血容量的维持。

(3)神经系统。糖皮质激素可提高中枢神经系统的兴奋性。肾上腺皮质功能低下、糖皮质激素分泌不足时，动物表现出精神萎靡的症状。

(4)消化系统。糖皮质激素促进多种消化液和消化酶的分泌。胃消化活动中，糖皮质激素能增加胃酸及胃蛋白酶原的分泌，还能提高胃腺细胞对迷走神经和胃泌素的反应性。

此外，糖皮质激素还有增强骨骼肌收缩、抑制骨的形成、促进胎儿肺表面活性物质的合成等作用。大剂量的糖皮质激素还具有抗炎、抗过敏、抗中毒、抗休克和退热的作用，是临床应用糖皮质激素治疗多种疾病的依据。

3. 在应激反应中的作用

当动物受到各种有害刺激(或应激刺激)，如缺氧、创伤、手术、饥饿、疼痛、寒冷以及精神紧张等,血液中促肾上腺皮质激素(ACTH)和糖皮质激素含量立即升高,从多方面调整机体对有害刺激的适应性和抵御能力,这一现象称为应激反应(Stress)。应激反应发生的机制十分复杂,目前仍不十分清楚。在应激反应中,除腺垂体-肾上腺皮质系统参加外,交感-肾上腺髓质系统也参加,血中儿茶酚胺含量也显著增加;同时,血液中GH、PRL、胰高血糖素、β-内啡肽、抗利尿激素及醛固酮等激素的含量也升高,说明应激反应是以ACTH和糖皮质激素分泌增加为主的,多种激素参与的使机体抵抗力增强的非特异性反应。

### (二)糖皮质激素分泌调节

糖皮质激素的分泌分为基础分泌和应激分泌两种形式。前者是指在生理状态下的分泌,后者是指当应激刺激时机体发生适应性反应时的分泌。但无论是基础分泌还是应激分泌,均由下丘脑-腺垂体-肾上腺皮质轴进行调节。

下丘脑促垂体区神经细胞合成释放的促肾上腺皮质激素释放激素(CRH),能促使腺垂体合成、分泌ACTH,ACTH可促进肾上腺皮质增生,并促进糖皮质激素的分泌;ACTH同时也刺激束状带和网状带生长发育。

在下丘脑-腺垂体-肾上腺皮质轴中,还存在着反馈调节。当垂体分泌的ACTH在血中浓度达到一定水平时通过短反馈作用于下丘脑CRH神经元,抑制CRH的释放;当血液中糖皮质激素浓度升高时也可通过长反馈作用于下丘脑和腺垂体,抑制CRH和ACTH的分泌(图11-14);目前尚未确定是否存在CRH对CRH神经元的超短反馈调节。但在应激状态下,可能是因为下丘脑和腺垂体对反馈抑制的敏感性降低,使这些负反馈作用暂时失效,结果使ACTH和糖皮质激素的分泌大大增加。

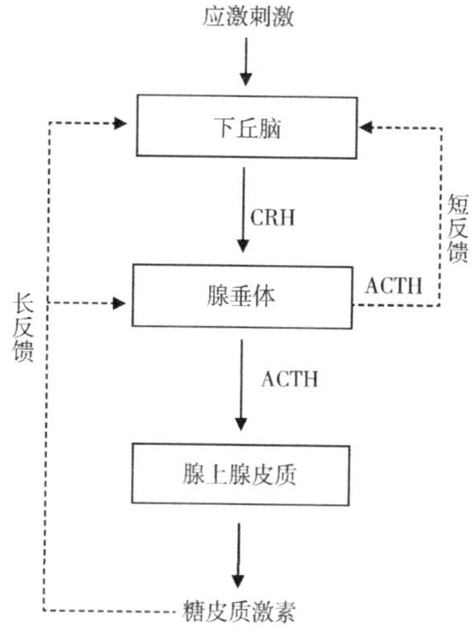


**图11-14 糖皮质激素分泌的调节示意图**
**实线表示促进作用;虚线表示抑制作用**

值得注意的是,由于糖皮质激素对下丘脑-腺垂体存在负反馈作用,在临床中如长期大量使用糖皮质激素治疗疾病时,可抑制腺垂体分泌ACTH,使动物肾上腺皮质发生萎缩,分泌功能停止。如果突然停用糖皮质激素,则可因患畜ACTH水平很低和肾上腺皮质萎缩,血中内源性糖皮质激素水平低下,而出现肾上腺皮质危象,甚至危及生命。因此,在治疗中最好是糖皮质激素与ACTH交替使用,在停药时,要逐渐减量,缓慢停药。

## 二、肾上腺髓质激素

肾上腺髓质与交感神经节的胚胎发生同源,因此,肾上腺髓质实际是交感神经系统的延伸部分,在功能上相当于无轴突的交感神经节后神经元,组成交感-肾上腺髓质系统。肾上腺髓质嗜铬细胞主要分泌肾上腺素(Epinephrine,E)和去甲肾上腺素(Noradrenaline,NE)两种激素,它们都是以酪氨酸为原料,在一系列酶的作用下合成的。肾上腺髓质嗜铬细胞内的苯乙醇胺氮位甲基移位酶(PNMT)可使去甲肾上腺素甲基化成肾上腺素。正常情况下,肾上腺髓质释放入血液的肾上腺素与去甲肾上腺素的比例大约为4∶1。

### （一）肾上腺髓质激素的生理作用

肾上腺素和去甲肾上腺素的生理作用广泛而多样，其主要生理作用已在有关章节中分别介绍。现简要列表总结如下（表11-2）。

表11-2 肾上腺素与去甲肾上腺素的生理作用

| 器官系统 | 肾上腺素 | 去甲肾上腺素 |
|---|---|---|
| 心肌 | 心率增快，心收缩力增强，心输出量增加（常作临床强心药） | 离体心率增快，在体心率减慢(降压反射的作用) |
| 血管 | 皮肤、胃肠、肾脏等血管收缩；冠状血管、骨骼肌血管舒张。总外周阻力稍减。血压升高(主要因心输出量增加) | 全身血管广泛收缩；总外周阻力显著增加。血压显著升高(主要因外周阻力增大) |
| 支气管平滑肌 | 舒张 | 舒张，作用较弱 |
| 胃肠活动 | 抑制 | 抑制，作用较弱 |
| 代谢 | 血糖增高，血游离脂肪酸增多，产热作用增加兴奋 | 同肾上腺素，但作用较弱 |
| 中枢神经系统 | 兴奋 | 同肾上腺素，但作用较弱 |

当机体遭遇特殊紧急情况时（如畏惧、逃跑、争斗、剧痛、缺氧、失血和脱水等），交感-肾上腺髓质系统机能亢进，肾上腺髓质分泌大量的肾上腺素和去甲肾上腺素，以增强机体对特殊紧急情况的适应能力，称为应急反应（Emergency reaction）。应急反应的发生机制目前仍不十分清楚，但比较肯定的是应急反应是由于交感神经系统兴奋和肾上腺髓质机能被激活而引发的，由此导致肺通气功能增加，循环功能增强，血流发生重新分配，骨骼肌、心肌血流量增多，肝糖原和脂肪分解加强以提供能量等，这些反应都有利于机体应对紧急情况。

需要指出的是，应急与应激是两个不同但有关联的概念。引起应急反应的刺激，同样也引起应激反应，应激反应偏重于加强机体对伤害性刺激的基础耐受力，应急反应则偏重于提高机体对紧急情况的警觉性和应变能力，两者既有区别又相辅相成，往往同时发生，共同使机体的适应能力更加完善。

### （二）髓质激素分泌的调节

支配肾上腺髓质的神经属交感神经节前纤维，其末梢释放乙酰胆碱，通过N型胆碱受体引起肾上腺髓质释放肾上腺素和去甲肾上腺素。ACTH与糖皮质激素也可增强肾上腺髓质细胞某些合成酶的活性，促进肾上腺素和去甲肾上腺素的合成与分泌。

肾上腺髓质激素的分泌也存在负反馈调节。当血中肾上腺素和去甲肾上腺素的浓度增加到一定程度时，又可反馈性抑制肾上腺髓质细胞内的某些合成酶的活性，使肾上腺素和去甲肾上腺素合成和释放减少，使血中其浓度下降；反之亦然。

**案例**

2013年6月重庆潼南县某猪场200多头30日龄仔猪，发生高烧（体温41 ℃以上）、咳嗽、喘气等临床症状，1周内已死亡12头。当地兽医怀疑为猪蓝耳病，用土霉素、$V_{B_{12}}$、$V_C$、地塞米松拌水口服，用药3 d后，临床症状没有缓解，反而出现更多死亡数量，3 d内又死亡21头。剖检病死猪发现：胃、小肠黏膜出现大面积溃疡灶，并有严重的胃穿孔现象。立即停用地塞米松，仅用土霉素、$V_{B_{12}}$、$V_C$兑水口服，结果用药3d后，症状好转，并且逐渐停止死亡。本案例判断为大量使用地塞米松引起的不良作用所致。

**问题与思考**

1. 病猪大量使用地塞米松后，为什么易发生胃溃疡、胃穿孔病变？

2. 传染性疾病为什么不宜使用地塞米松？

**提示性分析**

1. 地塞米松为人工合成的糖皮质激素，具有很强的生物学活性，能强烈促进胃酸及胃蛋白酶原的分泌，由于胃酸及胃蛋白酶的过度形成，导致自身消化增强，引发胃溃疡、胃穿孔等严重病变。

2. 由于糖皮质激素能使淋巴细胞数量减少，产生抗免疫效应。传染病，特别是免疫抑制性传染病要禁用此类药物。

# 第五节 胰岛的内分泌

胰岛是散在于胰腺外分泌细胞之间的许多内分泌细胞群的总称，像海洋中的一个个小岛一样，故称胰岛。胰岛细胞可分为5种类型：A细胞约占胰岛细胞的20 %，分泌胰高血糖素（Glucagon）；B细胞约占75 %，分泌胰岛素（Insulin）；D细胞约占5 %，分泌生长抑素；PP细胞数量很少，分泌胰多肽；$D_1$细胞极少，可能分泌血管活性肠肽。本节主要介绍胰岛素和胰高血糖素。

## 一、胰岛素

胰岛素为含51个氨基酸残基的小分子蛋白质，相对分子量为5 808。我国科学工作者于1965年在世界上首先用化学方法人工合成了具有高度生物活性的胰岛素，为人类医学的进步做出了巨大贡献。血液中胰岛素部分以游离形式存在，部分与血浆蛋白结合。半衰期为5～6 min，主要在肝脏灭活。

### （一）胰岛素的生理作用

胰岛素是促进合成代谢、维持血糖相对稳定的重要激素。

1. 对糖代谢的作用

胰岛素促进组织细胞对葡萄糖的摄取和利用，加速葡萄糖合成为糖原并储存在肝和肌肉中，抑制糖异生，促进葡萄糖转变为脂肪酸，储存于脂肪组织中，结果使血糖水平下降。胰岛素缺乏时血糖浓度升高，如超过肾糖阈，引起糖尿病，糖从尿中排出。

2. 对脂肪代谢的作用

胰岛素促进肝脏合成脂肪酸，然后转运到脂肪细胞储存，还能促进葡萄糖进入脂肪细胞转变为脂肪（以面部、肩、颈、躯干部位脂肪细胞对胰岛素最为敏感）。同时胰岛素抑制脂肪组织中脂肪酶活性，抑制脂肪分解。如胰岛素缺乏时，糖利用受阻而由脂肪分解供能，生成大量酮体，引起酮血症与酸中毒；脂肪代谢紊乱使血脂增加，引起动脉硬化，导致心、脑血管系统疾病。

3. 对蛋白质代谢的作用

胰岛素既促进蛋白质合成，又抑制蛋白质分解。它促进细胞对氨基酸的摄取、增加DNA和RNA的生成及蛋白质的合成、抑制蛋白质分解和糖原异生，有利于细胞的生长。胰岛素对机体生长的促进作用是与GH的作用相辅相成的。

（二）胰岛素分泌的调节

1. 血糖水平

胰岛素的分泌主要取决于血糖水平。进食之后血糖升高，血糖可直接作用于胰岛B细胞，刺激胰岛素的分泌，使血糖进入细胞内合成糖原；还可作用于下丘脑，通过迷走神经兴奋引起胰岛素分泌增加，使血糖水平不会过高。当血糖水平下降时，胰岛素的分泌减少，使血糖水平不会过低。

此外，血中游离脂肪酸、酮体和多种氨基酸（主要为精氨酸和赖氨酸）含量增多时，也可促进胰岛素的分泌。

2. 激素的作用

实验发现，口服葡萄糖引起的胰岛素分泌反应大于静脉注射葡萄糖引起的反应，提示其与胃肠激素的作用有关。在胃肠激素中，胃泌素、促胰液素、缩胆囊素、抑胃肽等均可促进胰岛素的分泌，其中以抑胃肽的作用最强。胃肠激素与胰岛素分泌之间的关系形成"肠-胰岛轴（Entero-insular axis）"，其重要生理意义在于"前馈"性调节胰岛素的分泌。当食物还在肠道内消化时，已通过刺激胃肠激素的分泌使胰岛素分泌增加，使机体预先做好准备，能及时处理即将被吸收的各种营养成分。

GH、甲状腺激素、糖皮质激素等可通过升高血糖浓度间接引起胰岛素的分泌。胰岛A细胞分泌的胰高血糖素和D细胞分泌的生长抑素均可通过旁分泌途径作用于B细胞，前者促进胰岛素分泌，后者则起抑制作用。肾上腺素和去甲肾上腺素也有抑制其分泌的作用。

3. 神经调节

胰岛受迷走神经与交感神经支配。迷走神经兴奋时，通过乙酰胆碱作用于B细胞M-受体，直接促进胰岛素的分泌；迷走神经还可通过刺激胃肠激素间接促进胰岛素的分泌。交感神经兴奋时，则通过去甲肾上腺素作用于B细胞α-受体，抑制胰岛素的分泌。

## 二、胰高血糖素

胰高血糖素是由胰岛A细胞分泌的含29个氨基酸的直链多肽。在血浆中半衰期为5～10 min，主要在肝内灭活，在肾中也可降解。

### （一）胰高血糖素的生理作用

胰高血糖素的作用与胰岛素相反，可促进肝糖原分解和糖异生，使血糖水平升高。它还可促进脂肪和蛋白质分解，增强心肌收缩力，抑制胃肠道平滑肌的运动。另外，胰高血糖素可促进胰岛素和胰岛生长抑素的分泌。

### （二）胰高血糖素分泌的调节

1. 血中代谢物质的作用

影响胰高血糖素分泌的主要因素是血糖，低血糖可促进其分泌，血中氨基酸增加也可促进其分泌。

2. 激素的作用

胰岛素可通过降低血糖浓度间接引起胰高血糖素的分泌，但胰岛素和D细胞分泌的生长抑素也可通过旁分泌直接作用于邻近的A细胞，抑制胰高血糖素的分泌。在胃肠道激素中，缩胆囊素和胃泌素可促进胰高血糖素分泌，胰泌素则有抑制作用。

3. 神经调节

在迷走神经兴奋时，通过乙酰胆碱作用于A细胞M-受体，抑制胰高血糖素的分泌；在交感神经兴奋时，则通过去甲肾上腺素作用于A细胞β-受体，促进胰高血糖素的分泌。

**案例**

一雌性7岁鹿犬，主述两个月前该犬有3.5 kg，现在仅重2.5 kg，近一周来夜间要上厕所2～3次，每次从厕所出来都要喝水，白天不愿运动，感觉浑身无力；临床检查：体温38.6 ℃，呼吸、心率正常；空腹采血做生化检测，血糖19.1 mmol/L，其他指标正常。诊断：犬老年性糖尿病。

**问题与思考**

1. 糖尿病时，动物为什么采食、饮水量增加，而体重减轻？

2. 机体有哪些激素参与维持血糖的稳定？

**提示性分析**

1. 胰岛素缺乏是引起动物糖尿病发生的主要原因。胰岛素的主要生理作用是促进蛋白质、脂肪及糖原合成，具有强烈的降血糖效应，体内缺乏时，血糖浓度显著升高，血浆晶体渗透压升高，引起高渗性利尿作用和强烈的口渴感，因而出现多尿、多饮现象；因蛋白质合成减少，而分解加快，故体重减轻。

2. 胰岛素是体内唯一降血糖的激素，胰高血糖素、生长激素、甲状腺激素、糖皮质激素及肾上腺素具有升血糖效应，糖皮质激素升血糖作用最强。

# 第六节 调节钙磷代谢的激素

钙和磷是对机体正常功能活动至关重要的元素，血浆钙离子水平与机体的多种重要生理功能密切相关，如兴奋组织正常兴奋性的维持及骨代谢平衡的维持等。体内直接参与钙、磷代谢调节的激素主要有3种：甲状旁腺激素、维生素$D_3$和降钙素。它们通过对骨、肾脏和肠3种靶组织和器官的作用，维持血中钙、磷水平的相对稳定。

## 一、甲状旁腺激素

甲状旁腺激素（Parathyroid hormone，PTH）是由甲状旁腺主细胞合成分泌的激素。PTH是由84个氨基酸组成的直链多肽。

### （一）甲状旁腺激素的生理作用

PTH是调节血钙和血磷水平最重要的激素，可使血钙水平升高，血磷水平降低。

1. 对骨的作用

PTH可动员骨钙入血，使血钙浓度升高。其作用包括快速效应与延迟效应两个时相。快速效应在PTH作用后数分钟即可出现，其作用机制是使骨细胞膜对$Ca^{2+}$的通透性迅速增高，骨液中的$Ca^{2+}$进入细胞，然后钙泵活功增强，将$Ca^{2+}$转运至细胞外液中，使血钙水平升高。延迟效应在PTH作用后12～14 h出现，经数天甚至几周后才达高峰，其效应是通过激活破骨细胞的活动、抑制成骨细胞的活动而实现的，加速骨组织的溶解，使钙、磷进入血液。两个时相相互补充，不仅能保证机体对血钙的急需，而且能使血钙较长时间维持在一定的水平。

2. 对肾的作用

PTH能抑制近球小管对磷酸盐的重吸收，增加尿磷排出，使血磷水平下降。同时，PTH促进远球小管对钙的重吸收，减少尿钙排出，使血钙水平升高。

3. 对小肠的作用

PTH可促进肠道对钙的吸收，使血钙水平升高。其机制主要是通过激活肾1-α羟化酶，促使25-OH-$D_3$转变为有活性的1，25-$(OH)_2$-$D_3$，进而促进小肠对钙、磷的吸收，使血钙水平升高。

### （二）甲状旁腺激素分泌的调节

PTH的分泌主要受血钙浓度变化的调节。甲状旁腺主细胞对低血钙浓度极为敏感，只要有轻微下降，在1min内就可迅速增加甲状旁腺分泌PTH，促进骨钙释放，肾小管重吸收钙活动增强，使血钙浓度迅速回升。相反，血浆钙浓度升高时，PTH分泌减少。长时间的高血钙浓度，可使甲状旁腺发生萎缩，而长时间的低血钙浓度，则可使甲状旁腺增生。

此外，血磷水平升高也可引起PTH的分泌，这是由于血磷水平升高可使血钙水平降低，间接地引起PTH的释放。儿茶酚胺、降钙素等也能促进PTH的分泌。

## 二、降钙素

降钙素（Calcitonin ，CT）由哺乳动物甲状腺内部的滤泡旁细胞（又叫C细胞）分泌，是由

32个氨基酸组成的多肽，CT的血浆半衰期小于1 h，主要在肾降解后排出。

（一）降钙素的生理作用

CT的主要作用是降低血钙和血磷水平，其作用与PTH相反。主要靶器官是骨，对肾也有一定的作用。

1. 对骨的作用

CT抑制破骨细胞的活动，增强成骨过程，导致骨组织钙、磷沉积增加，血钙、血磷水平降低。

2. 对肾的作用

CT抑制肾小管对钙、磷、钠等离子的重吸收，增加其排出量。

3. 对小肠的作用

CT对消化道吸收钙没有直接作用，但能通过抑制肾内25-OH-$D_3$转变为1,25-$(OH)_2$-$D_3$，间接抑制小肠对钙的吸收，使血钙水平降低。

（二）降钙素分泌的调节

CT的分泌主要受血钙浓度的调节。血钙浓度升高时，CT的分泌增加；血钙浓度降低时，CT分泌减少。CT与PTH对血钙的作用相反，共同调节血钙浓度的相对稳定。CT只对血钙水平产生短期调节作用，而PTH则对血钙浓度调节作用时间较长。

胃泌素、胰泌素等胃肠道激素和胰高血糖素都可促进CT的分泌，其中胃泌素的作用最强。

## 三、1,25-二羟基维生素$D_3$

维生素D族中，以维生素$D_3$（$V_{D_3}$）最重要，动物可从食物中摄取，以肝、乳、鱼肝油等食物含量丰富。而体内的$V_{D_3}$主要由皮肤合成，即在紫外线照射下，皮肤7-脱氢胆固醇转化为无生物活性的$V_{D_3}$，在肝脏中羟化为25-OH-$D_3$，然后进一步在肾脏羟化为1,25-$(OH)_2$-$D_3$，是$V_{D_3}$发挥作用的主要形式。

（一）1,25-$(OH)_2$-$D_3$的生理作用

1. 对小肠的作用

1,25-$(OH)_2$-$D_3$促进小肠黏膜上皮细胞对钙、磷的吸收，使血钙、血磷浓度升高。其机制是$V_{D_3}$能进入小肠黏膜上皮细胞内，促进钙结合蛋白合成，加快小肠黏膜上皮细胞吸收钙的转运过程。同时促进其他蛋白质如钙依赖的ATP酶、碱性磷酸酶的生成，并能增加膜的通透性，这些均有利于钙的吸收。

2. 对骨的作用

对骨钙动员和骨盐沉积均有作用。一方面，$V_{D_3}$促进钙、磷的吸收，增加血浆钙、磷含量，增强成骨细胞的活动，促进骨盐沉积和骨的形成；另一方面，当血钙下降时，$V_{D_3}$能提高破骨细胞的活性，动员骨钙入血、升高血钙。但总的效应是血钙浓度升高。

3. 对肾的作用

促进肾小管对钙、磷的重吸收，减少尿中钙、磷的排出量，使血钙、血磷浓度升高。

（二）1，25-$(OH)_2$-$D_3$分泌的调节

低血钙、低血磷和PTH均能增强肾1-α羟化酶的活性，促使25-OH-$D_3$转化成1，25-$(OH)_2$-$D_3$。1，25-$(OH)_2$-$D_3$增多时，可负反馈抑制1-α羟化酶的活性，又使自身的生成减少。此外，催乳素（PRL）与生长激素（GH）能促进1，25-$(OH)_2$-$D_3$的生成，而糖皮质激素对其有抑制作用。

钙、磷代谢在畜禽生命活动中有重要的意义。血液中钙、磷水平在PTH、CT、1，25-$(OH)_2$-$D_3$的共同作用下，始终保持着一种动态平衡（图11-15）。

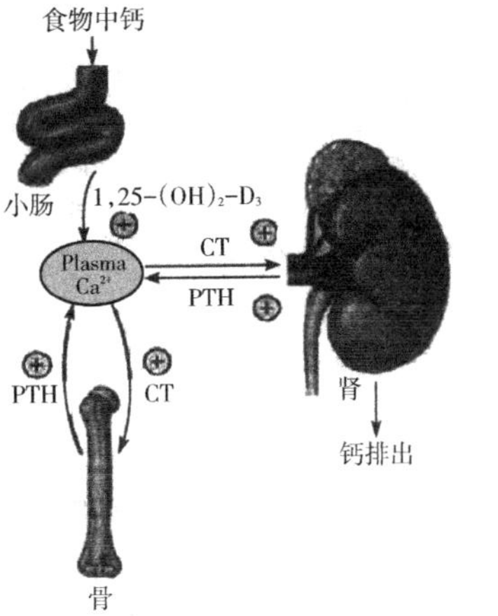


图11-15　血钙稳态的激素调节机制

**案例**

一京巴母犬，5岁，体重7 kg，半月前产仔3只，产后母犬奶水充足，仔犬发育良好，母犬突然表现出不安、兴奋、浑身战栗、四肢肌肉抽搐，行走不稳等症状；临床检查：全身皮肤泛红，眼结膜充血，体温40.5 ℃，心率120次/min；生化检查血钙4.5 mg/100 mL（正常7～8 mg/100 mL）。诊断：犬产后低血钙症。

**问题与思考**

1. 本病发生的原因是什么？如何预防本病？

2. 调节钙代谢的激素有哪些？

**提示性分析**

1. 犬产后低血钙症可能是因为产后哺乳仔犬，钙丢失过多而又没能及时补充所致，低血钙时，可引起病犬中枢神经及肌肉兴奋性升高，出现抽搐等临床症状。母犬产前产后口服含糖钙片、鱼肝油丸或维生素$D_3$等，可有效预防本病的发生。

2. 调节钙代谢的激素主要有甲状旁腺激素、维生素$D_3$和降钙素，前两者升高血钙水平，后者降低血钙水平，三者协调控制血钙稳定。

# 第七节　其他内分泌腺和激素

## 一、松果体

松果体是位于脑的背面、大脑半球与间脑交界处的松球状小腺体，可将神经冲动的电信号转变为激素的化学信号。松果体生理活动的主要特点是有明显的昼夜节律性，白天光照期间分泌量减少，夜间黑暗时分泌量增加。

目前发现松果体能分泌褪黑素(Melatonin,MLT)和肽类激素。

MLT对神经系统影响广泛,主要有镇静、催眠、镇痛、抗惊厥、抗抑郁等作用。MLT能抑制下丘脑-腺垂体-性腺轴与下丘脑-腺垂体-甲状腺轴的活动,特别是对性腺轴的作用更明显,因而MLT作用与性激素呈负相关,在性腺发育、性腺激素分泌和生殖周期活动调节中可能起抗衡作用。

松果体能分泌的肽类激素主要有GnRH、TRH和8-精加压催产素(AVT)等。在牛、羊、猪、鼠等哺乳动物中,松果体内的GnRH含量比下丘脑高4~10倍,因此有人认为,松果体是下丘脑以外的GnRH和TRH补充来源。AVT对生殖系统的发育和功能有抑制作用,还兼有升压素和催产素的生物效应。

## 二、功能器官的内分泌活动

### (一)胸腺

胸腺在动物出生后继续发育至性成熟,随后逐渐萎缩。作为免疫器官,胸腺能产生淋巴细胞,但它又能分泌多种肽类激素。胸腺激素多为肽或蛋白质,研究较多的有胸腺素(Thymosin)、胸腺刺激素(Tthymulin )和胸腺生成素(Thymopoietin)等,主要功能是保证免疫系统的发育,控制T淋巴细胞的分化和成熟,促进T淋巴细胞的活动,参与机体的免疫机能调节。鸟类中与胸腺类似的组织称为腔上囊(法氏囊),其主要机能是参与机体的体液免疫反应。

### (二)性腺

哺乳动物的性腺包括雄性动物的睾丸和雌性动物的卵巢,其主要功能是分别形成生殖细胞:精子和卵子,同时又能分泌多种性激素,如睾酮、雌二醇、孕酮等,调节生殖过程(详细介绍见第十二章)。

### (三)肾的内分泌

肾脏的主要功能是形成尿液,排出代谢终产物。同时缺氧时肾能分泌促红细胞生成素(EPO),血容量减少时可分泌肾素,肾内的1-α羟化酶可使25-OH-$D_3$羟化成1,25-$(OH)_2$-$D_3$,参与相应生理功能的调节。

### (四)心脏、血管、胃肠道系统的内分泌

心脏是循环的动力器官,但心房肌细胞能分泌心房钠尿肽(ANP),参与机体水盐调节;血管内皮细胞能分泌内皮素、前列腺素参与循环功能的调节;消化管是体内最大的内分泌器官,可分泌胃泌素、胰泌素、缩胆囊素等数十种胃肠激素,主要参与消化、吸收功能的调节作用。

### (五)组织激素

组织激素是体内许多组织生成和释放的激素,主要有前列腺素(Prostaglandin,PG)和瘦素(Leptin)。

1. 前列腺素

PG因最先在动物精液中发现,并认为来自前列腺而得名,现已知它广泛存在于各种组织

中。前列腺素由花生四烯酸转化而成。由于各组织内合成PG的酶系不同，生成的PG在结构上有所差异，根据其分子结构不同，可把PG分为A、B、D、E、F、G、H、I等型。大部分PG在体内代谢极快，不进入血液循环，因此在血液中浓度很低，它在局部产生和释放，并在局部发挥作用。

PG的生物学作用极为广泛而复杂，几乎对机体各个系统的功能活动均有影响。但各种PG对不同组织和细胞的作用各异。在畜牧兽医业生产实践中，尤其是在生殖技术应用中PG有着重要作用。如可利用$PGF_{2\alpha}$和$PGE_2$溶解黄体来控制雌性动物发情或引起同期发情，也可用于刺激子宫肌的收缩、催产和子宫复原。前列腺素可用于治疗卵巢囊肿、子宫内膜炎、子宫积水和积脓等病症。

2. 瘦素

瘦素是白色脂肪组织分泌的多肽类激素，是由肥胖基因编码的蛋白质。目前研究证实，其他组织，如褐色脂肪组织、骨骼肌、腺垂体、胎盘、肌肉和胃黏膜也可合成少量瘦素。瘦素的分泌具有昼夜节律，夜间分泌水平高。

瘦素的主要功能是调节体内脂肪储存量和维持能量平衡。瘦素可直接作用于脂肪细胞，抑制脂肪的合成，降低体内脂肪储存量，并动员脂肪，使脂肪储存的能量转化和释放。血液循环中的瘦素可作用于下丘脑的弓状核，抑制食欲，使摄食量减少。

瘦素的生物学效应较为广泛，可以通过下丘脑-腺垂体-性腺轴、下丘脑-腺垂体-肾上腺皮质轴、下丘脑-腺垂体-甲状腺轴、下丘脑-腺垂体-肝生长轴影响多个内分泌系统的活动，共同参与机体新陈代谢及多方面功能活动的调节。有证据表明，瘦素与生殖内分泌的活动密切相关，参与调节GnRH、FSH和LH的释放。

## 三、外激素

外激素是动物分泌到体外调节其他个体行为和生理功能特异性反应的一类物质，又称信息素(Pheromone)。外激素一般都是挥发性化学物质，能在空气或水中迅速扩散，可以用非常小的剂量在惊人的距离之外发挥生物效应。外激素大致分为两类：一类作用于神经系统，使接受者迅速产生行为上的变化，如昆虫性外激素对异性产生引诱作用；另一类是引起生理上的变化，如雄鼠对雌鼠的动情影响，使雌鼠的生殖周期发生变化。

### (一)哺乳类外激素

嗅觉灵敏的哺乳动物通过外激素的作用进行联系。例如，可以利用香腺、尿或粪便来标记占领地和足迹；雄性个体可能通过嗅觉辨别发情和不发情个体；雌性个体也可以把正常的雄性动物和阉割的雄性动物区别开。关于哺乳动物性外激素的性质和作用机制还不清楚，所知的是性外激素对发情周期的影响，如小白鼠有抑制与促进发情的性外激素，当把雌鼠和雄鼠分开养时，雌鼠的发情周期比较长；当把雄鼠放到原来隔离养的雌鼠群中时，会使雌鼠性成熟加快，甚至把雄鼠放在铁笼内不让雌鼠的身体和雄鼠接触，也能有这种刺激作用。此外，使幼小雌鼠嗅到雄鼠的气味时，也能使阴道开放和第一次发情提早。这种影响是性外激素通过嗅觉而起作用的，雄鼠的这种特异“气味”的性质还不清楚，但可能是存在于尿中的一种类固醇物质。

### (二)昆虫类外激素

昆虫外激素是由昆虫个体的分泌腺分泌到体外后，被同种的其他个体的触角和口器等处的化学感受器所接收，从而产生特异的反应。这类物质一般易挥发，能迅速扩散到空气中，有效作用浓度非常低。昆虫分泌的外激素主要包括：①性抑制外激素，如蜜蜂蜂王大颚腺分泌的9-氧壬烯双酸，可吸引雌蜂并抑制其卵巢发育，使其成为不育的工蜂。②性外激素，如家蚕雌蛾腹腺分泌的蚕醇可引诱雄蛾前来交配。③踪迹外激素，如社会性昆虫蜂和蚁分泌的用于后面昆虫跟踪觅食的物质。④警报外激素，当蜂窝受到攻击时，蜜蜂释放外激素以动员本巢昆虫参加救援或逃跑。⑤聚合外激素，如蜂王分泌外激素使许多个体聚集在一起。

## 思考题

一、名词解释

1. 激素 2. 允许作用 3. 应激反应 4. 第二信使 5. 垂体门脉系统

二、单项选择题

1. 下丘脑GnRH的释放属于细胞间信息传递的哪种方式(　)

A.远距离分泌 B.旁分泌 C.神经内分泌 D.神经分泌

2. 调控血糖使其水平降低的激素是(　)

A.胰岛素 B.肾上腺素 C.皮质醇 D.生长素

3. 能强烈促进机体产热的激素是(　)

A.肾上腺素 B.肾上腺皮质激素 C.甲状腺激素 D.生长素

4. 下丘脑与腺垂体的功能联系是(　)

A.视上核-垂体束 B.室旁核-垂体束 C.垂体门脉系统 D.交感神经

5. 临床上长期服用糖皮质类激素，对腺垂体的影响是(　)

A.促进生长激素分泌 B.抑制生长激素分泌

C.促进ACTH分泌 D.抑制ACTH分泌

6. 胰岛素对糖代谢的作用是(　)

A.无明显作用 B.加速糖原的分解

C.促进糖的异生 D.促进全身组织对葡萄糖的摄取和利用

7. 增强机体对应激刺激耐受力的是(　)

A.甲状腺激素 B.糖皮质激素 C.胰岛素 D.雄激素

8. 不能促进蛋白质合成的激素是(　)

A.生长激素 B.甲状腺激素 C.糖皮质激素 D.胰岛素

三、简答题

1. 血液中$Ca^{2+}$浓度是如何维持相对稳态的？

2. 糖皮质激素的生理作用是什么？其分泌是如何调节的？

3. 下丘脑促垂体区及腺垂体分泌的主要激素及作用是什么？

四、论述题

甲状腺激素的生理作用是什么？甲状腺功能活动是如何维持稳定的？

# 第12章 生殖

**本章导读**

被誉为“试管婴儿之父”的罗伯特·爱德华兹因创立了体外受精技术获得2010年诺贝尔生理学或医学奖，这项技术的成功被称为医学史上的一大奇迹，开创了生殖医学领域的新纪元，使试管婴儿成为了可能。路易斯·布朗是1978年7月25日在英国诞生的世界上首个试管婴儿，如今已是一个男孩的母亲，从此以后，每年通过试管婴儿技术生育的婴儿人数迅速增加，欧洲人类生殖与胚胎学学会第28届年会上宣称，现在每年有35万试管婴儿诞生，试管婴儿技术已经给人类增添了500万人口。体外受精技术的成功是对与生殖相关基本理论的掌握和应用的最好体现。本章主要介绍卵巢和睾丸的功能，生殖细胞发育及成熟过程，哺乳动物受精、妊娠、分娩、泌乳等。

生殖(Reproduction)是指生物体生长发育到一定年龄阶段后，能够产生与自己相似的子代个体和繁衍种族的过程，是生物界普遍存在的一种生命现象。生殖是生命的基本特征之一。高等哺乳动物的生殖过程必须由雌、雄两性个体共同完成，其生殖过程包括两性生殖细胞的形成、交配、受精、妊娠、分娩及泌乳等重要环节。

## 第一节 概 述

### 一、生殖系统的胚胎发育

所有脊椎动物的生殖细胞及与性特征相关联的体细胞，在个体发生的最初阶段都具有两性性潜能，也就是具有向雌雄两个方向进行分化的性质。从这种性的未分化状态开始，随着个体发生的进行，生殖腺变化成具有睾丸或卵巢特征的腺体，接着形成雄性或雌性特征的生殖管道系统、附属腺体及外生殖器，其后就是与性行为表现直接或间接相关联的中枢神经系统的机能，也表现出雌性或雄性的特征，把上述这一连串的变化称为性分化(Sex differentiation)。

动物的性别由受精时性染色体的遗传性决定。哺乳动物的雌性个体属于同型配子型性别，其常染色体及性染色体都有成对的两条X染色体(XX)，所以它的卵子具有X染色体。雄性属于异型配子型性别，因为它具有一条X染色体和一条Y染色体(XY)，所以它的精子由具有X染色体的精子和Y染色体的精子构成。与哺乳动物相反，鸟类的雌性属于异型配子型性别,它可产生两种卵,即Z染色体卵和W染色体卵,雄性属于同型配子型性别,它的精子只具有Z染色体。受精后如发生ZW组合即为雌性,发生ZZ组合即为雄性。哺乳动物性别的决定在于细胞的染色体构成,如有Y染色体存在,则向雄性分化,否则分化为雌性,其根据是Y染色体存在时,在它的睾丸决定基因的作用下,未分化的生殖腺向形成睾丸的方向发展,否则向形成卵巢的方向发展。

胚胎期性分化之前,雄性、雌性生殖器官有大体相似的形态结构。它们由两枚半分化的性腺、两对导管(缪勒氏管和沃尔夫氏管)和一个尿生殖窦组成。性腺由腹腔背侧壁两侧的生殖嵴产生,发育过程中雌性分化为卵巢,雄性分化为睾丸。缪勒氏管生长发育为雌性生殖道系统,包括输卵管、子宫和阴道前部;尿生殖窦发育成阴道前庭,窦两旁的褶形成阴唇,而沃尔夫氏管则退化。雄性动物正好相反,沃尔夫氏管发育成与曲细精管直接连接的附睾、输精管、输精管壶腹及精囊腺等副性腺,尿生殖窦发育形成尿道,缪勒氏管则退化。

生殖系统的发育受性腺控制。两性差别主要取决于睾丸的存在。研究证明,雄激素中睾酮是引起生殖道变化的重要调节因子。如果个体为雄性,则睾丸网产生缪勒氏抑制因子,使缪勒氏管退化,引起沃尔夫氏管发育,形成附睾、输精管和精囊腺。雄激素对于外生殖器的形成也有重要作用,但作用机理并不相同,因为两种雄激素的受体不相同。沃尔夫氏管的发育是睾酮的直接作用,而生殖道的分化则依赖于5α-双氢睾酮。

个体性别的分化最终引起下丘脑的性别分化。雄激素决定下丘脑性分化的方向。在胎儿发育过程中,雄性个体在雄激素的作用下,下丘脑发生雄性化,其特点是促性腺激素释放激素(Gonadotropin-releasing hormone, GnRH)持续分泌,进而引起雄性激素持续分泌,所以能连续产生精子。雌性个体由于雄激素的作用不存在,则下丘脑发生雌性化,其特点是GnRH呈周期性分泌,因此出现周期性排卵、发情等生理现象。

## 二、性成熟和体成熟

### (一)性成熟

动物处于幼龄时期不具备生殖能力,待生长发育到一定时期,生殖器官基本发育完全,才开始具有生殖能力,雌性伴随发情开始排卵,雄性伴随交配行为开始射精。这种动物生长发育到一定年龄阶段,生殖器官和副性征的发育基本完成,开始具有繁殖能力的时期,称为性成熟(Sexual maturity)。

动物性成熟是一个渐进的过程,一般经历三个阶段:初情期(Puberty)是性成熟的最初阶段,雌性动物达到初情期的标志是初次发情、排卵,但发情症状不完全,排卵无规律;雄性动物的初情期难以判断,通常表现出闻嗅雌性动物外阴部、爬跨雌性动物、阴茎勃起、时有交配动作等性行为,但一般不射精,或射出的精液中没有或很少有成熟的精子。性成熟期是性的基本成熟阶段,动物具备繁殖能力。性的最后成熟期是性成熟过程的结束,动物具有正常的生殖能力。尽管家畜或其他人工饲养的动物达到性成熟期,具备繁殖能力,但还不是动物适合繁殖的最佳年龄,一般不宜进行配种和繁殖。不同动物性成熟年龄见表12-1。

影响动物性成熟的因素较多,除遗传因素这一决定性因素外(随品种不同而不同),还与动物营养状况、气温、日照时间、饲养方式、应激因素等有关。

(二)体成熟

所谓体成熟(Body maturity)是指动物的骨骼、肌肉和内脏器官已基本发育成熟,而且具备成年动物所固有的形态和结构的时期。不同动物体成熟年龄见表12-1。家畜性成熟时,正常的生长发育仍在继续进行,即体成熟要比性成熟晚得多。家畜达到性成熟时,虽然已经具备生育能力,但一般不宜立即配种和繁殖,而应在体成熟后才允许配种和繁殖。如果过早配种,不仅妨碍配种动物本身的健康发育,还可能产生孱弱的后代,影响子代的体质和生产性能。但是,初配年龄如果过分推迟,对公畜和母畜也可产生不良影响,如引起母畜不孕等,而且也不利于畜牧生产。

近年来,由于大规模进行人工授精和推广"受精卵或胚胎移植"技术,初次采精和人工授精年龄已大大提早。研究发现,对达到性成熟的青年公畜进行有节制的采精,不会引起长期性的生理损害;供卵母畜因没有妊娠、哺乳等负担,即使没有达到体成熟,也不至于影响胎儿发育和母畜本身的生长发育。

表12-1 不同动物性成熟与体成熟年龄

| 动物种类 | 性成熟年龄/月 | | 体成熟年龄/月 | |
|---|---|---|---|---|
| | 雄 | 雌 | 雄 | 雌 |
| 牛 | 6~10 | 6~10 | 12 | 14~22 |
| 马 | 12 | 12~18 | 18~24 | 24~48 |
| 猪 | 5~8 | 5~8 | 12 | 8~10 |
| 绵羊 | 7~8 | 4~15 | 9~12 | 9~18 |
| 山羊 | 8 | 4~15 | 9~12 | 12~18 |
| 犬 | 6~8 | 6~9 | 12 | 12~18 |
| 猫 | 6~15 | 6~15 | 12 | 12~18 |
| 兔 | 3~4 | 3~4 | 6~8 | 6~8 |

**案例**

某农户饲养荣昌种公猪一头,5月龄,体重65 kg,与周围其他农户散养母猪自然交配产生了一定的经济效益。近两天连续与5头母猪进行了自然交配,结果导致其精神不振,采食减少,行走缓慢,见到母猪后不愿爬跨,交配后阴茎头部流出物中带有少量血丝。诊断:公猪过度交配所致血精症。

**问题与思考**

1. 种公猪性成熟和体成熟的区别是什么?

2. 种公猪过早、过度交配对其种用价值将会带来哪些危害?

**提示性分析**

1. 动物生长发育到一定年龄阶段,生殖器官和副性征的发育基本完成,一生中开始具有繁殖能力的时期,称为性成熟;体成熟是指动物的骨骼、肌肉和内脏器官已基本发育成熟,而且具备成年动物所固有的形态和结构的时期。生产中性成熟的动物还不能进行配种繁殖,体成熟后才是最佳的繁殖年龄。

2. 种公猪过早、过度交配会导致其自身生长发育受到影响，精子的数量较少及质量降低，影响受精率，还会诱发如血精、外生殖器官炎症等疾病，缩短采精时间，降低种用价值。生产中对于种猪一般在6月龄以上、体重在60 kg以上才开始采精或进行自然交配，对于两年龄以上的成年公猪，一天采精次数不超过2次，且间隔时间不低于6h。

# 第二节 雄性生殖生理

雄性动物的生殖系统由主性器官睾丸及附属性器官（附睾、输精管、精囊腺、尿道球腺、前列腺、阴茎等）构成。睾丸主要由曲细精管与间质细胞（Leydig cell）组成。曲细精管的主要作用是生成精子，完成睾丸的生精过程；间质细胞的作用是分泌雄激素，实现睾丸的内分泌功能。雄性附属性器官的作用是使精子成熟，运送精子，并把精子射入雌性动物的生殖道内，使之达到受精的目的。

## 一、睾丸的功能

### （一）生精功能

睾丸位于阴囊中。阴囊内的温度较腹腔温度低2～3 ℃，这种温度适合精子的生成。阴囊内温度的维持可以通过两个途径来调节：一是阴囊中的蔓状血管丛，有利于进出阴囊的动、静脉血发生逆流热量交换；二是提睾肌对阴囊中温度的变化可做出迅速反应，使睾丸接近或远离身体。由于疾病原因机体发热、体温平衡失调，或睾丸长期处于较高的温度中，都可使精子的发育出现障碍而导致不育。睾丸及附睾的结构见图12-1。

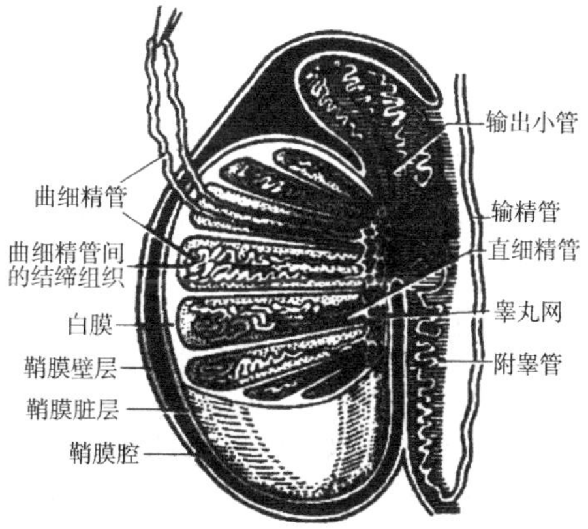

图12-1 睾丸及附睾的结构

1. 精子的发生

曲细精管上皮由生精细胞和支持细胞构成。每根曲细精管被基膜和周围的平滑肌所包绕，形状不规则的支持细胞（Sertoli′s cells）排列在管腔周围。在支持细胞间包绕着处于不同分裂和分化阶段的生殖细胞（图12-2）。精原细胞经若干次有丝分裂后，成为初级精母细胞。1个初级精母细胞经第一次减数分裂成为2个次级精母细胞，染色体减半，每一个次级精母细胞经过第二次减数分裂形成2个精子细胞，此时细胞核中的DNA减半，成为单倍体，最后精子细胞分化为精子。精子形成后，与支持细胞脱离进入曲细精管管腔中。精子的发生过程见图12-3，动物睾丸生精能力见表12-2。

图 12-2　曲细精管各级生精细胞及间质细胞

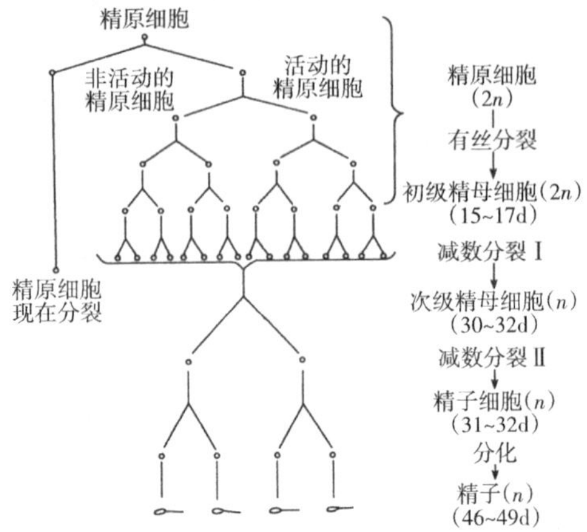


图 12-3　精子的发生过程

表 12-2　动物睾丸生精能力

| 精子产量 | 牛 | 猪 | 羊 | 马 |
|---|---|---|---|---|
| $\times10^6$个/克睾丸/天 | 16 | 27 | 25 | 20 |
| 睾丸重 (克) | 350 | 360 | 275 | 200 |
| 精子总产量($\times10^9$个) | 11 | 19 | 14 | 8 |
| 精子生成周期(天) | 61 | 34 | 49 | 49 |

2. 支持细胞的作用

(1)形成血-睾屏障。支持细胞间形成紧密连接，这种紧密连接能够限制体液和细胞间质中的大分子进入曲细精管的管腔中，构成血-曲细精管屏障又称血-睾屏障(Blood-testis barrier)。血-睾屏障将曲细精管生精上皮分为基底小室和管腔小室两部分，基底小室和管腔小室处于不同的微环境。睾丸间质内的毛细血管内皮无孔，渗透性小，毛细血管与曲细精管基膜之间分布着内皮有孔的淋巴毛细管，血浆中的物质可以通过弥散作用透过管壁和曲细精管界膜进入基底小室，与小室内的生精细胞接触。血-睾屏障将管腔小室和睾丸淋巴液、组织液分隔开，保证精子细胞的成熟分裂和分化过程在管腔小室内正常进行。在基底小室生殖细胞按有丝分裂的方式产生二倍体细胞，在管腔小室则按减数分裂的方式产生单倍体细胞，血-睾屏障把两种不同方式的生殖细胞分隔于不同环境之中，具有保证它们按规定方式进行分裂和协调同步发育的作用。

一种细胞变成单倍体后，会被体内免疫系统视为外来细胞，因而动物机体对自身的精子细胞有可能产生免疫作用。但血-睾屏障是一道有效的免疫屏障，它使具有自身抗原的精母细胞、精子细胞和精子不与自身免疫系统接触，因此不会发生免疫反应。一旦血-睾屏障受到破坏，可导致自身免疫性睾丸炎。此外，相对稳定的微环境，可以使生殖细胞免受外来有害物质的损害。

(2)产生睾丸液。支持细胞分泌含有多种成分的液体，使精子从曲细精管经睾丸网转入附睾，并排入曲细精管的管腔中成为睾丸液的组成部分。

(3)产生雄激素结合蛋白。支持细胞分泌一种蛋白质，对雄激素具有特殊的亲和力，称为雄激素结合蛋白(Androgen binding protein，ABP)。ABP 通过和雄激素结合，能使曲细精管中雄激素浓度提高，并被生精上皮摄取和利用。睾丸液流向附睾时，也提高了附睾中雄激素的浓度，这对睾丸中精子的发生和精子在附睾中的成熟具有重要作用。

(4)分泌抑制素。支持细胞分泌一种能选择性地抑制腺垂体分泌卵泡刺激素(又称配子生成素)的多肽激素,即抑制素。

(5)支持生精细胞及精子释放。生精细胞镶嵌在支持细胞之间,支持细胞构成一个支架,对生精细胞起支持作用。支持细胞形态和位置的改变,会影响生精细胞的有规律排列。生精过程形成的精子细胞从支持细胞释放进入曲细精管的管腔内。

(6)吞噬作用。支持细胞在吞噬变性退化的生精细胞及精子分化中脱下的残余体过程中起着重要作用。吞噬的残余体富含脂肪,还可作为合成甾体激素的原料。

(7)营养作用。生精细胞在基底小室内可以从曲细精管外获得营养物质。管腔小室内的营养则必须通过支持细胞转运而获得。

## (二)睾丸的内分泌功能

### 1. 雄激素

睾丸间质细胞分泌的雄激素主要是睾酮(Testosterone,T)。其主要的生理作用是:①促进性器官发育。刺激生殖器官的生长发育,促进雄性副性征出现并维持其正常状态;②维持正常生精。睾酮与生精细胞上雄激素受体结合,促进精子的生成;③促进蛋白合成。促进肌肉蛋白质合成和红细胞的生成;④维持雄性动物正常的性欲。

### 2. 抑制素

抑制素(Inhibin)由睾丸支持细胞所分泌,选择性抑制腺垂体分泌卵泡刺激素,进而抑制睾丸的生长发育及功能。

## (三)睾丸功能的调节

下丘脑-腺垂体-睾丸轴(图12-4)是调节睾丸生精和内分泌的重要途径。

### 1. 下丘脑-腺垂体对睾丸功能的调节

下丘脑分泌的促性腺激素释放激素(GnRH)经垂体门脉系统到达腺垂体,促进腺垂体合成和分泌促性腺激素:卵泡刺激素(FSH)和黄体生成素(LH)。FSH主要作用于曲细精管的各级生精细胞和支持细胞,LH主要作用于间质细胞。睾丸的生精功能既受FSH的调节,又受LH的调节,两者对生精功能都有促进作用,只是LH的作用是通过睾酮实现的。实验表明,FSH在生精过程中发挥始动作用,睾酮具有维持生精的作用。睾丸的内分泌功能直接受LH的调节,LH与间质细胞膜上受体结合,促进间质细胞合成、分泌睾酮。此外,在FSH的作用下,睾丸支持细胞还可产生抑制素。

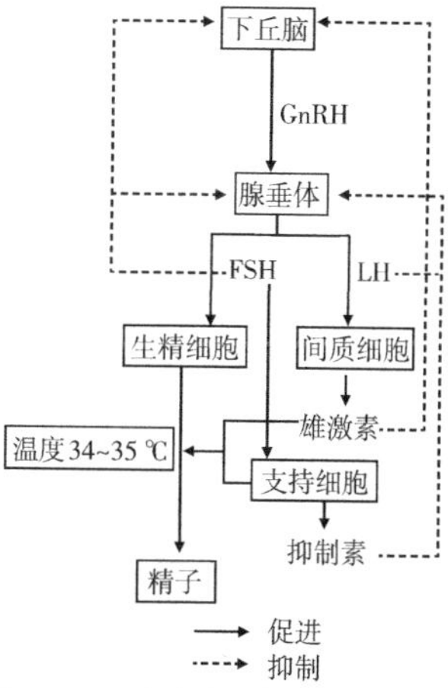

图12-4 下丘脑-腺垂体-睾丸轴对睾丸功能调节示意图

### 2. 睾丸激素对下丘脑 - 腺垂体的负反馈调节

血液中的睾酮水平对下丘脑和腺垂体具有负反馈调节作用。当血中睾酮达到一定浓度时,将分别抑制GnRH和LH/FSH的分泌。支持细胞产生的抑制素能选择性地对腺垂体FSH的分泌产生抑制作用。

3. 睾丸内局部调节

在睾丸内部，尤其在支持细胞与生精细胞、间质细胞与支持细胞、支持细胞与管周细胞之间存在着极其密切的局部反馈调节关系。在间质细胞上，还发现多种生长因子、细胞因子以及多种生物活性物质，可能以旁分泌或自分泌的方式参与睾丸功能的局部调节。另外，睾丸的温度也可影响生精功能。

综上所述，下丘脑、腺垂体和睾丸在功能上联系密切，构成下丘脑–腺垂体–睾丸轴系统，一方面下丘脑–腺垂体调节睾丸的功能，另一方面睾丸分泌的激素又能负反馈调节下丘脑和腺垂体的分泌活动，加之睾丸存在的局部调节功能，共同维持着睾丸功能活动的相对稳定。

## 二、雄性副性器官的功能

1. 精子的转运

精子靠睾丸液的流动和输出管纤毛的摆动进入附睾。附睾管壁的蠕动使精子由附睾头部运至尾部。精子经过整个附睾的时间因动物种类不同而有差异，牛、绵羊、猪和马分别为10 d、13 ~ 15 d、9 ~ 12 d、8 ~ 11 d。

2. 精子的成熟

未成熟的精子在附睾中发生一系列形态、超微结构、膜通透性和代谢的改变，逐渐达到生理上的成熟。实验证明，从附睾头部取出的精子没有受精能力，体部精子的受精率只有51 %，而尾部精子受精率可达94.6 %。有关精子在附睾内成熟的机理尚待进一步研究。有资料表明，在附睾上皮细胞的分泌液与精子所特有酶系的共同作用下，未成熟的精子发生代谢转变而达到生理上的成熟。

3. 吸收与分泌功能

睾丸产生的睾丸液有99%在附睾头部被重新吸收。这种重吸收能使附睾液维持正常的渗透压，保持附睾液内环境的稳定，有利于精子的存活。附睾分泌细胞主要分泌甘油磷酸胆碱、肉毒碱、唾液酸等，这些物质与附睾内精子的成熟和生殖活动密切相关。

4. 精子的储存

精子在附睾体部成熟，输送至尾部储存。附睾后部的温度较低（比头部低约4 ℃），$CO_2$分压高，pH低，使精子处于休眠状态，有利于精子的长期存活。

5. 使精子获得运动能力

附睾对正常精子运动能力的形成有重要作用，精子通过附睾时，转圈运动精子的数量逐渐减少，而前进运动精子的数量增加。附睾是影响精子使卵子受精的关键环节，是精子受精能力的形成与调控的主要部位。

6. 免疫屏障及收缩功能

附睾上皮分泌糖蛋白附着在精子表面，掩盖精子的抗原性，防止发生精子自身免疫反应；附睾管有节律地收缩，可以输送精子到输精管。

## 三、输精管及副性腺的功能

1. 输精管功能

输精管是附睾管的延续，主要是将精子从附睾中输出。另外，输精管腺体段的分泌物有利于精子的运动和生存。

2. 副性腺功能

大多数动物的副性腺包括精囊腺、前列腺和尿道球腺等。

（1）精囊腺

成对的精囊腺属于复合管状腺或管泡腺，其分泌物为白色或黄白色胶状液体，占射精量的25 %~30 %，富含果糖，具有为精子提供能量和稀释精子的功能。肉食动物无精囊腺。

（2）前列腺

前列腺位于盆腔部的尿道上皮，属于单管腺泡。前列腺分泌液浑浊，呈乳白色，带腥臭味，精液特有的气味主要由此产生，pH为7.5 ~ 8.2。前列腺分泌物可以吸收精子产生的$CO_2$，使精子活跃。分泌物内的锌有抗微生物的作用，柠檬酸盐可能参与精液的凝固与液化过程，并能使精液保持渗透平衡，维持适宜的pH。犬类前列腺极发达。

（3）尿道球腺

尿道球腺的分泌物清亮而黏稠，pH为7.5 ~ 8.2。尿道球腺分泌物是精液的组成部分。射精时，最初排出的精液主要是尿道球腺的分泌物，可以冲洗、润滑尿道，中和阴道内的酸性物，为精子通过创造条件。尿道球腺也是依赖于雄激素发育并维持功能的腺体。犬类无尿道球腺。

上述三种副性腺分泌物及附睾液混合成为精清，精清与精子组成精液。各种动物精液的理化性质和成分各不相同，精液中各种成分的比例有明显的个体差异，即使同一个体，每次射出精液的组成及其比例也有变动。

**案例**

一10岁白色京巴公犬来院就诊。临床表现：该犬腹部隆起，明显膨大，拒绝按压，排尿困难；食欲逐渐减少，有时食后呕吐，偶有腹痛；腹中、后部触摸有硬实物，一侧隐睾，对侧睾丸肿大；背腹位X线检查发现腹腔后部左右各有一椭圆形大小不等致密阴影。B超检查发现在腹腔后部出现明显的两个实质性暗区。初步诊断为犬隐睾睾丸肿瘤。

**问题与思考**

1. 隐睾发生的基本原因是什么？

2. 隐睾动物对雄性生殖机能的影响是什么？

**提示性分析**

1. 犬隐睾症是指睾丸未能按正常发育过程，通过腹股沟管下降至阴囊，而停留在腹股沟管或腹腔内的一种常见的先天畸形病。犬隐睾症发病率较高，单侧性的隐睾比双侧性的多见，且右侧比左侧容易发病。犬隐睾有两种：一种是腹股沟隐睾，另一种是腹腔内隐睾。

2. 犬患隐睾症，因睾丸没有在正常的阴囊内，睾丸内的温度与体温相近，精子无法正常生成（睾丸内精子的正常发育温度要比体温低2 ~ 3 ℃），可导致公犬不育。隐睾犬睾丸内分泌功能易紊乱，雄激素分泌减少，导致附属生殖器官发育受阻，甚至出现脱毛或贫血等症；睾丸内的温度长期偏高，可诱发睾丸癌变，研究表明，隐睾的癌变概率比正常睾丸高30 ~ 50倍。

# 第三节 雌性生殖生理

雌性生殖器官包括双侧卵巢、输卵管、子宫、阴道、前庭、阴门和相关腺体，完成卵子的发生、成熟、运输、受精、妊娠及分娩等功能。

## 一、卵巢的功能

雌性动物性成熟后，卵巢的主要功能是产生卵子和分泌雌性激素，分别称为卵巢的生卵功能和内分泌功能。卵巢结构见图12-5。

### （一）卵巢的生卵功能

卵巢的生卵功能是指卵巢中的卵原细胞发育成能受精的卵子的过程。包括卵子的发生、卵泡的发育、排卵、黄体的形成和退化四个方面。

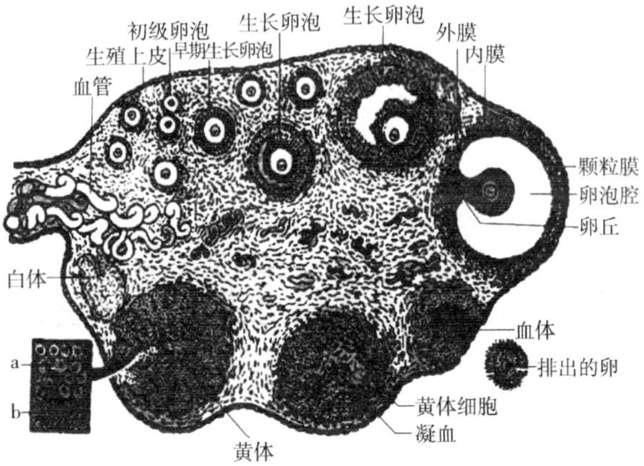

a:颗粒黄体细胞;b:膜黄体细胞

图12-5 卵巢结构模式图

1. 卵子的发生

卵子发生是指卵子的形成、发育和成熟。一般包括以下三个阶段。

（1）卵原细胞的增殖。动物在胚胎期性别分化以后，雌性胎儿卵巢中的原始生殖细胞分化为卵原细胞，通过有丝分裂进行增殖，最后发育成初级卵母细胞。

（2）卵母细胞的生长。初级卵母细胞进入成熟分裂前期后，被卵泡细胞包围形成原始卵泡。在这个时期内，卵黄颗粒增多，卵母细胞体积增大，透明带出现，卵泡细胞通过有丝分裂增殖，由单层变为复层。

（3）卵母细胞的成熟。卵母细胞经过两次成熟分裂（减数分裂）而成熟。第一次成熟分裂后初级卵母细胞分裂为次级卵母细胞和第一极体，其特点是核内DNA加倍，胞质及内容物增加。大多数动物在胎儿期或出生后不久，初级卵母细胞处在第一次成熟分裂的前期，并进入持续很久的静止期，使第一次成熟分裂中断。直到性成熟排卵后，第一次成熟分裂继续进行，从而完成第一次成熟分裂。

次级卵母细胞经第二次成熟分裂，分裂为成熟的卵细胞和第二极体。第二次成熟分裂在受精中完成，如未受精则第二次成熟分裂终止。成熟卵细胞的染色体数目减半。

大多数哺乳动物在排卵时卵母细胞已经完成第一次成熟分裂。排卵后，次级卵母细胞开始第二次成熟分裂，到受精时产生第二极体，完成第二次成熟分裂。但马、狗、狐的卵母细胞要在排卵后才完成第一次成熟分裂。

2. 卵泡的发育

卵泡是在胚胎期由卵巢表面的生殖上皮演化形成的，由一定发育阶段的卵细胞和它周围的卵泡细胞构成。根据卵泡的形态、体积、功能等，将发育的卵泡分为原始卵泡、初级卵泡、次级卵泡、三级卵泡、成熟卵泡五个阶段，各种卵泡的关系见图12-6。

（1）原始卵泡。胚胎时期，雌性动物卵巢内逐渐出现原始卵泡，由一个初级卵母细胞和其周围少量的扁平卵泡细胞包围构成。原始卵泡无卵泡膜和卵泡腔。

（2）初级卵泡。原始卵泡中的初级卵母细胞生长增大，周围的卵泡细胞分裂增殖形成单层柱状卵泡上皮细胞，胞浆内出现多层颗粒细胞，发育成初级卵泡。胚胎期和出生后，卵巢中大多数是初级卵泡。

（3）次级卵泡。初级卵泡继续发育，卵黄颗粒逐渐增多，卵泡细胞增殖，在初级卵母细胞与颗粒细胞之间，由颗粒细胞分泌的糖蛋白构成透明带，透明带周围的颗粒细胞呈放射状排列，称放射冠（Corona radiata）。次级卵泡中卵泡细胞逐渐分离，形成腔隙，其中充满由卵泡细胞分泌的卵泡液。

（4）三级卵泡。随着卵泡腔扩大和卵泡液增多，卵母细胞被挤向一边，并被包裹在卵泡细胞团中形成卵丘（Cumulus oophorus），颗粒层细胞贴在卵泡腔周围形成颗粒层，此时卵泡已发育成三级卵泡。

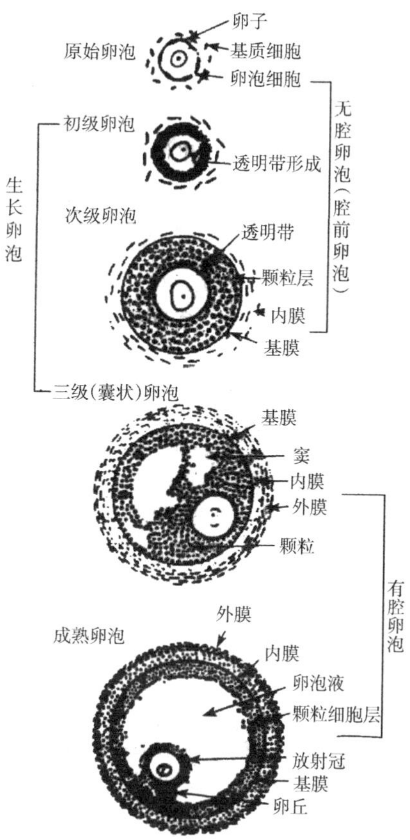

图12-6 各种类型卵泡的相互关系

（5）成熟卵泡。由三级卵泡继续生长，卵泡液增多，卵泡腔增大，整个卵泡体积增大，甚至突出卵巢表面。在临床和畜牧生产中可以通过直肠触摸牛、马等大家畜卵巢，以了解其功能状态。发育成熟的卵泡是由卵泡外膜、卵泡内膜、颗粒细胞层、卵丘、透明带、卵细胞组成。此时，卵泡内中断的初级卵母细胞第一次成熟分裂开始恢复。

值得注意的是，卵子的发育和成熟与卵泡的发育并不同步，卵泡发育成熟排卵时，卵子大体上仍处于次级卵母细胞阶段。

卵泡发育过程中常发生卵泡闭锁。所谓卵泡闭锁（Atretic follicle）是指卵泡及其中的卵母细胞不经排卵而退化消失的过程。在发育过程中，只有极少数卵泡能最终排出成熟卵子。卵泡闭锁的原因主要与甾体类激素有关，雌激素促进有丝分裂、卵泡发育，并抑制卵泡闭锁，雄激素的作用刚好相反。

3. 排卵

卵子从卵巢成熟卵泡中排出的过程称为排卵（Ovulation）。卵子排出后，经输卵管伞端的拣拾、输卵管壁蠕动及输卵管纤毛活动协同作用，进入输卵管，向子宫运行。哺乳动物性成熟后，只有少数原始卵泡生长发育成熟并排卵，绝大多数卵泡闭锁、退化。排卵受多种因素的影响，其中生殖激素和酶发挥重要作用。

（1）排卵的类型。根据动物卵巢排卵的特点，可将排卵分为两种类型：①自发排卵。指卵泡发育成熟后，卵泡膜可自行破裂而排卵。根据排卵后形成的黄体是否具有功能，又可分为以下两种情况：一是自发性排卵后形成功能性黄体。这类动物包括猪、马、牛、羊等，它们的发情周期较长。二是自发性排卵后，通过交配才能形成功能性黄体。鼠类属于这一类型。②诱发排卵。某些动物卵泡发育成熟后必须通过交配后才能排卵。如猫、水貂、雪貂、兔、骆驼等属于此类型。

(2)排卵时间。尽管各种动物排卵时间不一致,但排卵均在发情期的后期或发情结束后发生。各种动物的排卵时间见表12-3。

**表12-3 各种动物的发情周期、发情期及排卵时间**

| 动物种类 | 发情周期 | 发情持续时间 | 排卵时间 |
|---|---|---|---|
| 马 | 19~23 d | 4~7 d | 发情前1 d到开始发情后1 d |
| 牛 | 21 d | 13~17 h | 发情结束后10~15 h |
| 猪 | 21 d | 2~3 d | 发情开始后30~40 h,有些品种发情开始后18 h |
| 绵羊 | 16~17 d | 30~36 h | 发情开始后18~26 h |
| 山羊 | 19 d | 32~40 h | 发情开始后9~19 h |
| 豚鼠 | 16 d | 6~11 h | 发情开始后10 h |
| 小鼠 | 4 d | 10 h | 发情开始后2~3 h |
| 大鼠 | 4~5 d | 13~15 h | 发情开始后8~10 h |
| 狗 | 春、秋各发情1次 | 7~9 d | 发情开始后12~24 h,各卵泡陆续排卵,持续2~3 d |
| 狐 | 12月到次年3月,无周期 | 2~4 d | 发情开始后1~2 d |
| 兔 | 周期不明显 | 界限不明显 | 交配后10.5 h(诱导排卵) |
| 水貂 | 8~9 d | 2 d | 交配后40~50 h(诱导排卵) |
| 猫 | 周期不明显 | 4 d | 交配后24~30 h(诱导排卵) |
| 雪貂 | 周期不明显 | 界限不明显 | 交配后30 h(诱导排卵) |

(3)排卵的机理。排卵的产生是由下丘脑-垂体-卵巢轴以及卵巢内局部调控因素共同作用完成。在排卵前,雌激素分泌达高峰形成的雌激素峰,通过正反馈效应使GnRH分泌增加,刺激LH释放,并于排卵前10~12 h形成LH峰。LH峰是引发排卵的关键因素。

LH可促进卵母细胞成熟分裂,刺激黄体发育并分泌孕酮。LH在孕酮的协同作用下,卵泡壁溶解酶(胶原酶、淀粉酶、纤溶酶)活性增强,导致卵泡壁溶化和松解。LH可使卵泡分泌前列腺素(PG),其可使成熟卵泡周围血管平滑肌收缩、卵泡缺血;促进卵泡壁肌样细胞收缩,有助于卵泡破裂;促使颗粒细胞内生成纤维蛋白溶解酶原激活物,激活纤维蛋白溶解酶,与其他酶协同作用于卵泡壁,使之溶解破溃,最终引起排卵。

4. 黄体的形成和退化

(1)黄体的形成。成熟卵泡排卵后,从破裂的卵泡壁血管流出的血液聚集在卵泡腔内形成凝血块,成为血体。之后,残留的颗粒层细胞和膜细胞迅速增生变大,吸收大量呈黄色的类脂质而变成黄体细胞。黄体细胞群外观呈黄色,故名黄体(Corpus luteum)。早期黄体的生长发育很快。牛、绵羊、猪、马的黄体分别在排卵后的7~9 d、10 d、6~8 d、14 d达到成熟,此时体积最大,并能维持数天。黄体是重要的内分泌器官,其主要功能是分泌孕酮和少量雌激素。孕酮是维持动物妊娠的主要激素。

(2)黄体的退化。动物未妊娠时的黄体称周期黄体或假黄体,如妊娠则称妊娠黄体或真黄体。牛、羊、猪等动物的妊娠黄体一直维持到妊娠结束时才退化。黄体的维持主要取决于LH的分泌。黄体退化时,颗粒层黄体细胞退化很快,表现为细胞质空泡化和胞核萎缩,黄体体积逐渐缩小。黄体细胞逐渐被成纤维细胞所代替,最后整个黄体被结缔组织所代替,成为白体。黄体退化的机理随动物种别而有一定差异。灵长类动物黄体退化主要受雌激素周期性变化的调控,而猪、马、牛、羊等许多动物的子宫内膜所分泌的前列腺素$F_{2\alpha}$(Prostaglandin

$F_{2\alpha}$, $PGF_{2\alpha}$)是影响黄体退化的重要因素。$PGF_{2\alpha}$导致黄体的退化，可能是由于$PGF_{2\alpha}$能引起黄体内血管平滑肌的痉挛性收缩而使黄体的血液供应减少所致。

(二)卵巢的内分泌功能

雌激素(Estrogen)和孕激素(Progestin)是卵巢分泌的主要激素。

1. 雌激素及其生理作用

雌激素主要由成熟卵泡的颗粒细胞、内膜细胞分泌，发育过程中的卵泡细胞及黄体也可分泌少量的雌激素，雌激素种类较多，卵巢分泌的雌激素以雌二醇(Estradiol, $E_2$)为主。

雌激素的生理作用：①刺激雌性性器官的生长发育和副性征的出现，以及发情时的性行为。②协同FSH促进卵泡发育，诱导排卵前LH峰的出现，促进排卵。③促进输卵管纤毛上皮增生和纤毛运动，加强输卵管平滑肌的蠕动，有利于卵子、精子运行，利于受精卵形成。④促进乳腺导管系统的发育。⑤刺激子宫颈分泌大量清亮和稀薄的黏液，有利于精子的穿透；促进子宫内膜及平滑肌增长，提高子宫平滑肌对催产素的敏感性，参与分娩。⑥促进阴道上皮增生、角化、糖原合成，并促进糖原分解为乳酸，酸化阴道，抑制致病菌的生长。⑦对机体代谢的影响。雌激素能促进蛋白质合成；加速骨的生长，促进骨骺愈合；高浓度雌激素可促使醛固酮分泌，增加体内水、钠、钙、氯、磷的潴留。

2. 孕激素及其生理作用

孕激素主要由黄体和胎盘所分泌，孕激素是一个统称，以孕酮(Progesterone, P)的活性最强。

孕激素的生理作用：①使子宫内膜增厚，呈现分泌期变化，有利于受精卵着床；使孕期子宫兴奋性降低，收缩活动减少，有利于妊娠；可抑制母体的免疫排斥反应，因而不致将孕体排出子宫。②在雌激素的协同作用下，促进乳腺小叶及腺泡的发育，使乳腺发育完全。③减少子宫颈黏液的分泌，使黏液黏稠，阻止以后的精子进入。④大量的孕激素能反馈性抑制LH的分泌，从而抑制卵泡的发育和排卵。

孕激素在维持妊娠中是必不可少的。有些动物(如猪、山羊、兔等)在妊娠的任何阶段切除卵巢均将导致流产。另一些动物(如马)，在妊娠后期切除卵巢不引起流产，此时妊娠维持是靠胎盘所分泌的孕激素实现的，故临床上常用孕激素保胎。

## 二、母畜的性周期

雌性哺乳动物从初情期到性功能衰退的生育阶段内，卵巢出现周期性的卵泡发育、成熟和排卵，并伴有生殖器官的形态、功能、性行为以及整个机体发生的一系列周期性变化，这种生理现象称为性周期(Sexual cycle)。在性周期中因出现发情表现，所以性周期又称发情周期(Estrus cycle)或动情周期。另外，在性周期中发生排卵，所以又称为排卵周期(Ovulatory cycle)。由前一次发情(排卵)开始到下一次发情(排卵)开始的整个时期称为一个发情周期。各种动物发情周期和发情持续时间见表12-3。

(一)性周期的类型

根据性周期的发生频率，可分为四种类型：

1. 终年多次发情。在一年中除妊娠期外，都可循环多次出现周期性发情，如牛、猪等。

2. 季节性多次发情。动物只有在繁殖季节表现周期性发情，如马、驴、绵羊及骆驼等。

3. 季节性单次发情。动物只在一定季节出现一个发情周期，如狗、狼、狐、熊等，春、秋两季发情，而每个发情季节只有一个发情周期。

4. 全年单周期发情。每年仅在固定的时间发情一次，如水貂、紫貂。

后三种类型的动物，在非繁殖季节，生殖道和卵巢处于相对静止状态，无发情表现，称为乏情期（Anestrus）。

（二）性周期的分期

性周期是一系列逐渐变化的复杂生理过程，通常将其分为发情前期、发情期、发情后期和间情期（休情期）四个时期。

1. 发情前期

发情前期（Proestrus）是性周期的起始阶段。这时动物一般处于安静状态，没有性行为的表现，一般不接受公畜交配；这一时期主要是卵巢内有新的卵泡迅速生长，并未达到成熟；此时雌激素分泌增加，生殖道腺体活动开始加强，分泌增多，生殖道轻微充血、肿胀；输卵管内壁的细胞生长，纤毛增多，子宫角蠕动加强，子宫内膜血管大量增生。母猪的性周期平均21 d，发情前期一般持续4 ~ 5 d。

2. 发情期

发情期（Estrus period）是性周期的高潮期。这时动物出现一系列发情症状，表现为强烈的性欲和性兴奋，精神不安，时常鸣叫，接受公畜交配；卵巢中卵泡迅速发育成熟并排卵；此时雌激素分泌达到峰值，子宫黏膜血管大量增生，生殖道腺体分泌增多，子宫颈口张开，输卵管出现蠕动，阴唇黏膜肿胀，外阴部充血、肿胀；多数动物从阴道流出黏液状分泌物。猪的发情期一般持续2 ~ 3 d。

3. 发情后期

发情后期（Metestrus）是指发情结束后的一段时期。这个时期动物恢复安静，无外观发情表现；生殖系统的亢进逐渐消退；卵巢中形成黄体，并分泌孕酮；在孕酮的作用下，子宫发生一系列妊娠性增生变化以利于胚泡附植。如排出的卵子受精，则性周期中止，并开始进入妊娠阶段，直到分娩后一段时间才重新出现新的性周期；如排出的卵子未受精，则进入间情期。猪的发情后期一般持续3 ~ 4 d。

4. 间情期

间情期（Diestrus）也称休情期，是生殖器官的活动相对稳定的一段时期。此期前期卵巢内黄体发育成熟，并分泌大量孕激素作用于子宫，使子宫腺体高度发育，增生、分泌作用增强。此期后期黄体开始退化，但卵泡还未开始发育，生殖道逐渐恢复到发情前期以前的状态，当黄体完全退化后，新的卵泡开始发育，进入下一个性周期。猪的间情期一般持续9 ~ 13 d。

（三）性周期的调节

为什么雌性哺乳动物性成熟后要表现出周期性的发情？这主要决定于下丘脑-腺垂体-卵巢轴（图12-7）的活动对性周期的调节作用。

雌性动物性成熟后，在内外环境因素的影响下，下丘脑神经内分泌细胞开始分泌促性腺激素释放激素（GnRH），经垂体门脉系统作用于腺垂体，促进腺垂体合成和分泌促性腺激素卵泡刺激素(FSH)和黄体生成素(LH)。FSH作用于卵巢使卵泡逐渐生长发育,发育过程中的卵泡(最终成熟之前)在卵泡刺激素和少量黄体生成素协同作用下,开始分泌雌激素(相当于发情前期)。

随着卵泡的进一步发育和雌激素分泌增加,雌激素可通过负反馈抑制FSH的分泌、正反馈促进LH的分泌,使LH达到一个性周期的分泌高峰,高水平LH使接近成熟的卵泡最终发育成熟并排卵,此时,成熟卵泡的颗粒细胞、内膜细胞分泌大量雌二醇,使动物表现出特殊的发情特征(相当于发情期)。

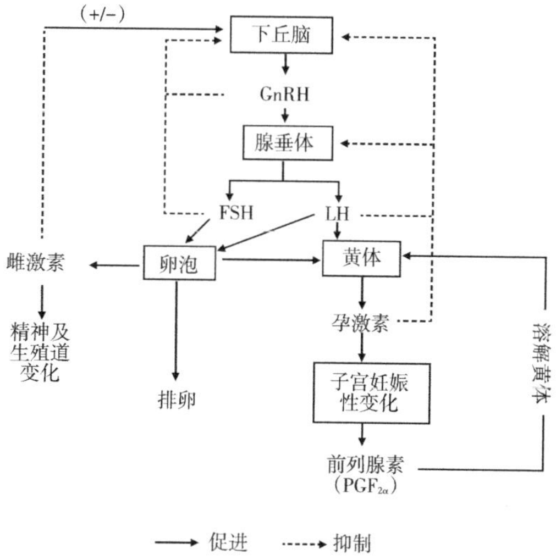


图12-7 下丘脑-腺垂体-卵巢轴对卵巢功能调节示意图

排卵后的卵泡细胞在黄体生成素的作用下,逐渐发育成黄体,并开始分泌孕激素和少量雌激素,随着黄体的逐渐发育成熟,孕激素分泌逐渐增加,使子宫出现分泌期变化;同时,大量的孕激素和雌激素通过负反馈抑制下丘脑、腺垂体的活动,使GnRH、FSH、LH分泌降低,卵巢上没有新的卵泡生长发育(相当于发情后期)。

如果无受精,间情期增生性子宫内膜开始分泌前列腺素($PGF_{2\alpha}$),其可溶解黄体,使黄体开始退化,孕激素、雌激素的分泌量逐渐减少。在黄体期的后半期,血中雌激素、孕激素达最低水平,子宫内膜失去雌激素与孕激素的支持而出现退行变化(灵长类动物子宫内膜脱落、毛细血管破裂出血形成月经)。由于雌激素、孕激素减少,对下丘脑及腺垂体的负反馈作用减弱,GnRH、FSH、LH分泌又开始增加,卵巢上新的卵泡又开始生长发育而进入下一个性周期(相当于间情期)。

## 三、输卵管及子宫的功能

### (一)输卵管的功能

输卵管的生理功能主要包括:①接纳卵巢排出的卵子。卵巢排出的卵子,一般被纳入输卵管伞端。②完成卵子和精子的转运。输卵管上皮纤毛和管壁平滑肌有规律地蠕动可使精子和卵子向着输卵管上端1/3的壶腹部转运。③是精子获能、受精及受精卵卵裂和早期胚胎发育的场所。输卵管分泌细胞分泌的液体可提供受精卵卵裂、早期胚胎发育的营养,有利于受精卵向子宫方向转运。

### (二)子宫的功能

子宫是胚胎发育的场所,其主要生理作用包括:①子宫肌的运动对生殖机能的影响。发情期在卵巢激素和交配等因素的作用下,子宫肌发生节律性的收缩,可使精子向输卵管方向移动,有利于受精。妊娠期在孕酮的作用下,子宫肌的运动处于相对静止状态,有利于胎儿的生长发育。分娩时,在神经体液因素的作用下,子宫肌发生强烈收缩,促进胎儿娩出。②提供利于胎儿生长发育的环境。胎儿在生长发育过程中所需的所有营养物质及其代谢产物的排出，都是通过胎盘实现的，胎盘是母体子宫组织和胚胎组织共同构成的临时性器官。③分泌前列腺素引起黄体溶解。④分泌黏液。发情期子宫颈分泌的稀薄黏液有利于精子通过；妊娠期分泌的黏稠液可闭塞子宫颈，防止感染物进入子宫。

**案例**

一奶牛场8头4～5岁奶牛产后3个月以上不发情。直肠检查子宫正常，外生殖道无分泌物流出；双侧卵巢无卵泡发育，但单侧或双侧有稍硬、光滑、体积增大的持久黄体，呈圆锥状或蘑菇状。诊断为奶牛持久黄体不孕症。肌注氯前列醇钠注射液 4 mL（0.644 mg/mL），发情时行人工授精，同时肌注排卵素 200 mg，绒毛膜促性激素 5000 IU。结果在1～3个发情期内，发情率达98 %，受胎率为78.26 %。

**问题与思考**

1. 肌注氯前列醇钠的作用是什么？

2. 卵泡发育、排卵、黄体形成受哪些激素的调节？

**提示性分析**

1. 氯前列醇钠为人工合成的前列腺素类药物，其可溶解黄体，导致孕激素分泌减少或停止分泌，孕激素对下丘脑及腺垂体分泌 GnRH、FSH、LH 的抑制作用解除，FSH、LH 分泌增加，卵巢上新的卵泡开始发育，生殖周期重新启动。

2. 卵泡发育、排卵、黄体形成主要受FSH、LH的调节，在发情期人工授精时，人工注射这两种激素，可加快卵泡发育及排卵，有利于受精卵的形成，从而提高发情期受胎率。

# 第四节　哺乳动物的生殖过程

## 一、交配与受精

### （一）交配

交配是性成熟的雄性和雌性动物共同完成的一种性行为。交配过程包括求偶、勃起、爬跨、交配和射精等几个环节。各种动物交配所需的时间不同，如马 1.5 ~ 2 min，猪 5 ~ 8 min，犬 45 min，而牛、羊只有几秒。交配的最终目的是实现授精（Insemination），所谓授精是将雄性动物的精液输入雌性动物生殖道内的过程，包括自然授精和人工授精两种。自然授精是通过雌雄动物交配而实现的，人工授精则是通过人工将精液输入雌性生殖道而实现的。根据精液输入雌性生殖道的部位不同将自然授精分为阴道授精型和子宫授精型两种：交配时雄性动物将精液直接输入阴道内，称为阴道授精型，如牛、羊、兔等；雄性动物将精液直接射入雌性动物的子宫内，称为子宫授精型，如马、猪、骆驼等。生产中施行人工授精时，一般是将精液直接输入雌性动物的子宫内,可提高受精率。

### (二)受精

精子和卵子结合形成新的细胞-合子的生理过程称为受精(Fertilization)。在合子形成过程中,雌雄两性个体的遗传物质融合,是新个体发育的起点。整个受精过程包括:精卵运行、精子获能、精卵相遇、顶体反应、精卵融合、透明带反应、卵黄膜反应及合子形成等复杂生理过程。

#### 1. 精子的运行和激活

(1)精子在雌性生殖道中运行。精子的运行是指精子由射精部位到达受精部位的过程。哺乳动物的受精通常发生在输卵管壶腹部。精子被射入阴道或子宫后,要运行到受精部位,除了依靠精子自身的运动外,还要靠子宫颈、子宫及输卵管有节律的舒缩来实现。虽然雄性动物每次射入精子数以亿计,但最后能到达受精部位的精子不超过1 000个。

(2)精子的获能作用。雄性动物射出的精子在雌性动物的子宫和输卵管内经历某种生理、生化和形态上的变化,获得受精能力的过程,称为精子获能(Capacitation of sperm)。精子获能机理较为复杂,与多种因素有关。目前认为从附睾开始整个雄性生殖道内都可以产生一种糖蛋白物质,覆盖于精子表面,称为去能因子。获能过程的本质就在于解除去能因子对精子的束缚,进而发生受精作用。获能过程先在子宫进行,最后在输卵管完成,由存在于子宫液和输卵管液中的获能因子去除精子表面的去能因子实现精子获能。获能因子较多,有子宫液中的肽酶(大鼠)和β-淀粉酶(大鼠、兔),输卵管液中的β-淀粉酶、碳酸氢根离子(兔)和氨基多糖(牛、山羊)等。精子获能无严格的种间特异性,获能反应可在同种动物的雌性生殖道内完成,也可在异种动物的雌性生殖道内完成。不同动物精子获能时间不同,如牛20 h,兔5~6 h,猪3~6 h,绵羊1.5 h。

#### 2. 卵子在受精前的准备

大多数哺乳动物的卵子排出后需要运行至输卵管壶腹部受精,可能在运行过程中与精子一样需要经历一系列变化,达到生理上的进一步成熟才能受精。各种动物卵子成熟过程不同。如牛、绵羊、猪排出的卵子虽然已经过第一次减数分裂,但还需要进一步发育才能达到受精所需的要求,马、犬排出的卵子仅处于初级卵母细胞阶段,在输卵管中需要进行再一次成熟分裂。

在卵子受精前的准备过程中,卵子透明带和卵质膜表面上也可能发生变化。如透明带表面露出许多终端糖残基,具有识别同源精子并与其发生特异性结合的作用。

#### 3. 受精过程

获能精子与卵子在受精部位相遇后,并不能立即与卵子结合,需要先后穿过卵子外围的放射冠和透明带,而后再与卵子融合,完成受精过程,其包括三个阶段。

(1)精子与卵子相遇。获能精子与卵子在受精部位相遇后,精子仍不能立即与卵子结合。这是因为卵子外围还有卵丘、放射冠和透明带三道屏障。当精卵相遇时,精子顶体膜破裂,形成许多囊泡,各种水解酶释放出来,以溶解卵丘、放射冠及透明带,使精子能够穿过这些保护层与卵子结合。顶体结构的囊泡形成和顶体内酶的激活与释放,称为顶体反应(Acrosomal reaction)。通过顶体反应,使精子能够通过卵外的各层膜并进入卵内。

顶体膜破裂释放出的水解酶有多种，如放射冠穿透酶、透明质酸酶、顶体素、蛋白酶、脂解酶、神经酰胺酶和磷酸酶等，其中以放射冠穿透酶、透明质酸酶及顶体素与受精关系最为密切。

(2)精子进入卵子。卵巢排出的卵子并非裸露，外面包裹着透明带、放射冠及卵丘细胞等。精子要进入卵子必须穿过卵子外面的各层屏障。顶体反应中释放出来的酶系，可协助精子穿过各层屏障而进入卵细胞。放射冠穿透酶使精子冲破借酯链结合的放射冠细胞，使其分解脱落；透明质酸酶使精子穿过残存的放射冠基质而抵达透明带；继而顶体素又使精子突破透明带而达卵黄膜；卵黄膜是精子进入卵子的最后一关，不过目前尚不清楚是哪种酶的作用，使精子突破了这一道屏障，同时卵子分泌激活精子的活精肽(SAP)，协助精子进入卵子。此时卵子被精子激活，其膜上离子通道发生变化，$Ca^{2+}$进入卵子，启动代谢过程而使卵子变得非常活跃。一个精子进入卵子后，卵子即产生一种抑制顶体素的物质，封闭透明带，使其他精子难以再进入卵子，这一反应称为透明带反应(Zona reaction)。而当精子进入卵黄后，产生某种反应，使其它精子再与卵黄表面接触时不发生反应，不再接纳精子，这种反应称为卵黄封闭作用(Vitelline block)。进入卵内的精子，其膜与卵黄膜融合，精子头部完全进入卵细胞内。通过透明带反应和卵黄封闭作用以保证卵子单精子受精。

(3)精子与卵子融合成为合子。精子进入卵黄后，精子和卵子发生相应的变化，精子尾部迅速退化，细胞核膨大，出现核仁、核膜，形成雄性原核；精子激活卵细胞质，使其完成第二次减数分裂，排出的第二极体，也出现核仁和核膜，形成雌性原核；卵细胞质中的微管、微丝等重新排列，促使雄、雌原核向卵细胞中央移动，使之彼此靠近，然后雄、雌原核核膜破裂，以至于消失，核仁消失，染色体相互混合，形成二倍体的受精卵，即合子。至此受精过程(图12-8)完成。

受精过程所需时间，即从精子进入卵子至合子第一次卵裂的时间为，牛20~24 h，猪12~24 h，羊16~21 h，兔12 h，马的合子第一次卵裂发生在排卵后的24 h。

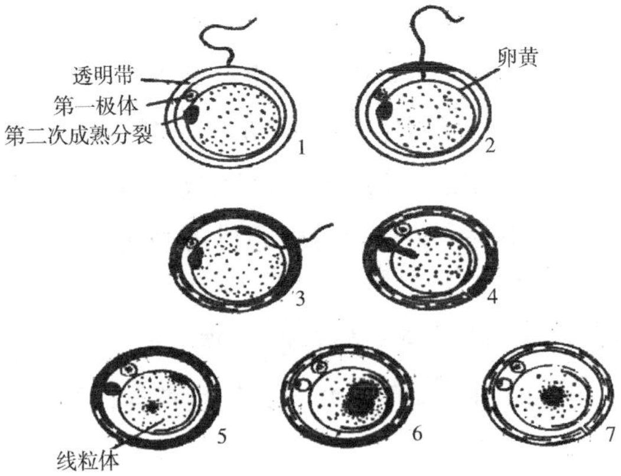


图12-8 受精过程模式图

1. 精子与透明带接触，第一极体被挤出，卵子的细胞核正在进行第二次成熟分裂
2. 精子已穿过透明带，与卵黄接触，引起透明带反应，阴影表示透明带的扩展
3. 精子头部进入卵黄，平躺在卵黄的表面之内，该处表面凸出，透明带围绕卵黄转动
4. 精子几乎完全进入卵黄之内，头部膨大，卵黄体积缩小，第二极体被挤出
5. 雄原核和雌原核发育，线粒体聚集在原核周围
6. 原核充分发育，含有许多核仁，雄原核比雌原核大
7. 受精完成，原核消失，以染色体团代替，染色体团并成一组染色体，处于第一次卵裂的前期

## 三、妊 娠

从受精卵在子宫内附植开始进行生长发育到胎儿胎膜从子宫内排出，这个过程称之为妊娠(Gestation)。妊娠主要由孕激素和雌激素来维持，两种激素的水平和比例通过不断的变化，来调节和维持胎儿的正常生长发育。此外，其他激素有规律的变化也起到了协调作用，共同维持妊娠。

### (一)妊娠的建立

妊娠的建立需要经历妊娠识别和附植两个生理过程。

1. 妊娠识别

受精卵形成后，在运往子宫的途中进行卵裂形成胚泡，并产生某些化学因子作为妊娠的信号传递给母体，使母体识别胚胎的存在，这一生理过程称妊娠识别(Maternal pregnancy recognition, MPR)。

母体在妊娠识别后会做出相应的反应：母体子宫不排斥附植的胚胎，子宫上皮与胚胎共同形成胎盘以利于胎儿发育；卵巢内的黄体不再退化，而是转为妊娠黄体，继续合成并分泌孕激素。孕激素能抑制子宫释放前列腺素 $PGF_{2\alpha}$，使卵巢黄体不致退化；反馈调节下丘脑和腺垂体，抑制新卵泡的发育和排卵。子宫内膜的形态和功能也发生相应的变化，包括子宫上皮的增厚，分泌增加，为胚泡附植做准备。

2. 附植

在子宫内，胚泡在发育初期处于游离状态，随着胚泡腔液增多，胚泡变大，在子宫腔内的活动逐渐受到限制。随后，胚泡滋养层与子宫内膜逐渐发生组织学和生理学的联系，使胚泡固着于子宫内膜，这一生理过程称为附植或着床(Implantation)。胚泡附植时，子宫内膜发生一系列变化，表现为：子宫肌肉活动和紧张度减弱，利于胚泡附植；子宫内膜充血、变厚、上皮增生、皱裂增多，分泌活动增强。子宫变化是雌激素与孕激素共同作用的结果，孕激素使内膜分泌活动加强；雌激素导致子宫内膜增生，使子宫内膜产生接受性，可以允许胚泡附植。各种动物完成附植的时间不同，见表12-4。

**表12-4 各种动物妊娠识别及胚泡附植时间**

| 动物种类 | 妊娠识别(排卵后的天数) | 附植时间(排卵后的天数) | |
|---|---|---|---|
| | | 开始(疏松附植) | 完成(紧密附植) |
| 绵羊 | 12～13 | 14～16 | 28～35 |
| 牛 | 16～17 | 28～32 | 40～45 |
| 猪 | 10～12 | 12～13 | 25～26 |
| 马 | 14～16 | 35～40 | 95～105 |

### (二)妊娠的维持

妊娠的维持主要靠胎盘来完成。附植后的胚泡由胎盘提供营养，胚泡在子宫内继续生长、发育直至分娩的生理过程，称为妊娠的维持。胎盘(Placenta)是由胎膜的尿膜绒毛膜(猪还有羊膜绒毛膜)和妊娠子宫黏膜共同构成，前者称为胎儿胎盘，后者称为母体胎盘，两者都有血管分布，并相互进行物质交换。

孕酮是妊娠维持的主要调节因子。妊娠前半期孕酮主要来源于妊娠黄体，妊娠后半期，有些动物仍然依靠妊娠黄体，另一些动物则依靠胎盘。胎盘在妊娠维持中的主要作用表现在以下几方面：

1. 物质交换功能

胎盘是胎儿与母体进行物质交换的器官。胎儿和母体血液循环在胎盘中并不直接相通，胎盘靠胎儿绒毛囊和子宫黏膜密切接触，胎儿可以通过胎盘从母体血液中获得氧和营养物质。但胎盘对各种物质的通过具有严格的选择性，这就是胎盘的屏障作用。

2. 免疫功能

胎盘由胎儿胎盘和母体胎盘组成，因而它并不完全是母体的组织，对母体来说有异体蛋白成分，但胎盘并不受母体的免疫排斥。其原因可能与胎盘滋养层细胞膜上的一种特殊唾液蛋白有关，其能排斥母体的淋巴细胞，使滋养层细胞得到保护。

3. 内分泌功能

胎盘是一种暂时性的内分泌器官，可分泌雌激素、孕酮、松弛素和胎盘催乳素，它们的结构和功能都与卵巢和垂体分泌的同种激素相同。此外，胎盘还能分泌两种促性腺激素：孕马血清促性腺激素（Pregnant mare serum gonadotropin，PMSG）（马属动物）和人绒毛膜促性腺激素（Human chorionic gonadotropin，hCG）（人及灵长类动物）。胎盘分泌的激素对于妊娠维持起着很重要的作用，特别是孕酮。

**案例**

吴旧生等（2003）报道，选择产后恢复期60～100 d未发情，直肠检查确定为空怀的健康奶牛进行同期发情试验，给3群奶牛每头分别注射氯前列烯醇0.2 mg、0.3 mg、0.4 mg，结果表明，同期发情率分别为80 %、93 %、73 %，以0.3 mg/头用药量效果最佳。

**问题与思考**

何为同期发情？使用氯前列烯醇诱导同期发情的理论依据是什么？

**提示性思考**

同期发情就是利用某些激素制剂人为地控制并调整一群母畜发情周期，使之在预定时间内集中发情的技术。同期发情可将牛群的发情、配种、妊娠、分娩调整到一定时间内同时进行，对于做好犊牛、育成牛、母牛的科学饲养管理及生产计划的实施等具有重要意义。氯前列烯醇为人工合成的前列腺素类药物，其可迅速溶解黄体，虽然牛群中的每头母牛都处在发情周期的不同阶段，但因同时使用该药物，几乎同时对不同时期的黄体起作用，黄体快速溶解后，几乎同时解除了孕激素对发情周期的抑制作用，使群体内不同个体的生殖周期尽量处于同一水平，结果使动物在预定时间内集中发情。

## 四、分　娩

分娩（Parturition）是胎生动物借助子宫和腹肌的收缩将发育成熟的胎儿及其附属膜（胎衣）排出的自发性生理过程。胎儿和母体均参与正常的分娩过程，反刍动物胎儿的内分泌系统对于分娩发动起决定性的作用，而在其他动物则是次要的。分娩能否顺利完成，取决于产力、产道、胎儿这三个基本要素。

（一）分娩的过程

分娩全过程是从规律宫缩开始至胎儿胎盘娩出为止，临床上一般分为三个时期。

1. 开口期或子宫颈扩张期

指从子宫间歇性收缩开始，到子宫颈口完全张开为止。子宫在开口期内发生阵缩，开始阵缩持续约20 s，间歇15 min左右。以后阵缩的频率、强度和持续时间逐渐加大、延长。

2. 产出期或胎儿娩出期

指从子宫颈完全张开至胎儿排出为止。这一时期内除子宫阵缩外，还发生努责，努责是排出胎儿的主要动力，它比阵缩出现晚、停止早。羊膜和胎儿前部进入骨盆时，反射性地引起膈肌和腹肌收缩。

动物在产出期表现烦躁不安、时常起卧，前肢刨地，回顾腹部，呼吸和脉搏加快，最后侧卧，四肢伸直，强烈努责。

3. 胎衣排出期或胎盘娩出期

指从胎儿排出后到胎衣完全排出为止。胎儿排出后，经一段时间子宫肌重新收缩使胎衣排出。猫、狗等动物胎衣常随胎儿同时排出。

各种动物分娩各阶段所需时间见表12-5。

**表12-5 各种动物分娩各阶段所需时间**

| 动物种类 | 开口期 | 胎儿娩出期 | 胎衣排出期 |
|---|---|---|---|
| 牛 | 6(1 ~ 12) h | 0.5 ~ 4 h | 12 ~ 18 h |
| 水牛 | 1(0.5 ~ 2) h | 20 h | 12 ~ 18 h |
| 马 | 12(1 ~ 24) h | 10 ~ 30 min | 2 h |
| 猪 | 3 ~ 4(2 ~ 6) h | 10 min | 10 ~ 60 min |
| 羊 | 4 ~ 5(3 ~ 7) h | 0.5 ~ 4 h | 0.5 ~ 4 h |
| 骆驼 | 11(7 ~ 16) h | 25 ~ 30 h | 10 h |
| 鹿 | | 1(0.5 ~ 2) h | 50 ~ 60 h |
| 犬 | 3 ~ 6 h | | |
| 兔 | 20 ~ 30 min | | |
| 猫 | | 2 ~ 6 h | |

（二）分娩的机制

分娩是一个多因子相互作用的复杂生理过程，分娩发生的机制仍未完全明了。目前认为，分娩是在胎儿成熟信号的启动下由糖皮质激素、催产素、雌激素、孕激素、松弛素和前列腺素等一系列激素参与完成的。

研究表明，某些动物，如牛、羊胎儿的下丘脑-垂体-肾上腺轴是调节分娩的关键，胎儿糖皮质激素的释放在分娩的启动中起重要作用。当胎儿发育成熟时，由胎儿的下丘脑释放CRH，刺激腺垂体分泌ACTH，进而促使胎儿肾上腺分泌糖皮质激素，胎盘在糖皮质激素控制下，分泌大量前列腺素和雌激素；前列腺素能使妊娠黄体溶解，使孕激素分泌量迅速降低，并刺激胎盘、卵巢、子宫释放松弛素，其可使骨盆韧带松弛，子宫颈松软；同时孕激素降低解除了对子宫的抑制，提高了子宫对催产素的敏感性，在雌激素和催产素的共同作用下，子宫收缩，使胎儿顺利产出。

## 五、泌　乳

雌性哺乳动物在分娩后乳腺开始分泌并排出乳汁的生理过程，称为泌乳(Lactation)。泌乳包括乳的分泌(Milk secretion)和乳的排出(Milk ejection)两个独立而相互制约的过程，前者是指乳腺分泌细胞从血液中摄取营养物质，生成乳汁后分泌入腺泡腔内的过程，后者是指当哺乳或挤乳时，贮积在腺泡和导管系统内的乳汁迅速流向乳池的过程。

### (一)乳腺的发育及其调节

1. 乳腺的发育

(1)初情期前。幼年动物的乳腺尚未发育，雌雄两性乳腺也没有明显的差别。初情期前，乳腺的生长速度与身体的生长速度大致相等。此时乳房增大主要是由于纤维结缔组织和脂肪增生，腺组织只有导管稍有生长。

(2)性成熟后。雌性动物性成熟后，乳腺在发情周期中经历生长发育的周期性变化。在每次发情周期的卵泡期，乳腺导管系统迅速生长，并在黄体期开始形成少量发育不全的腺泡，乳房体积明显增大。

(3)妊娠期。动物妊娠后，乳腺导管的数量迅速增加，每个导管末端开始形成腺泡；妊娠中期，腺泡逐渐出现分泌腔，腺泡和导管的体积不断增大；妊娠后期，腺泡的分泌上皮开始具有分泌机能，乳房的结构也达到了泌乳乳腺的标准形态。

(4)泌乳期及乳腺的退化。动物分娩后，乳腺成为分化和发育完全的器官并正常泌乳。经过一定时期的泌乳后，腺泡的体积逐渐缩小，分泌腔逐渐消失，乳导管萎缩，乳房体积逐渐缩小，这一生理变化过程称为乳腺的回缩。乳腺回缩通常是在泌乳后期出现的渐进性过程，最终致使乳腺活动停止，进入干乳期。在干乳期内，奶牛的乳腺组织能最大限度地重新形成，体内的脂肪储备较好地得到补充。奶牛一般在第6～8个泌乳期中，乳腺的发育达到最大程度，泌乳量也达到最高峰。以后随年龄增大，每次妊娠后乳腺的发育程度逐渐减退，泌乳量也逐年降低。

雌性动物不同阶段乳腺生长发育见图12-9。

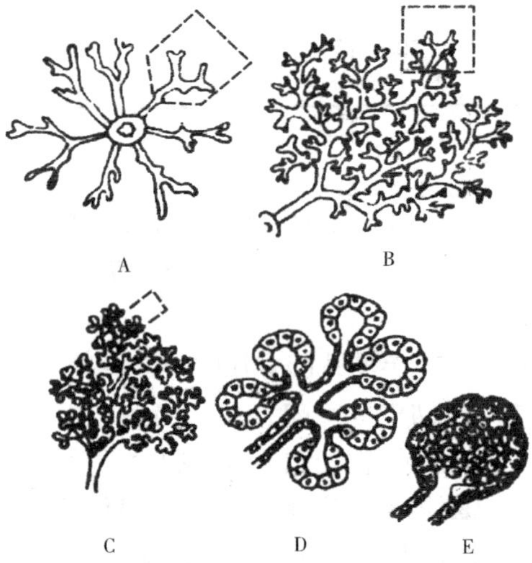


图12-9　雌性动物不同阶段乳腺生长发育示意图

A. 未成年动物的乳腺，只有简单导管由乳头向四周辐射；B. 成年未孕动物的乳腺，导管系统逐渐增生和扩大；C. 妊娠后的乳腺，末端形成腺泡；D. 腺泡放大；E. 分娩后腺泡开始分泌乳汁

2. 乳腺发育的调节

乳腺的发育包括导管系统的发育和腺泡的发育两个方面,多种激素的协同控制是乳腺发育调节的主要原因,同时也与中枢神经系统的调节密切相关。

(1)激素调节。雌性动物从出生到初情期,在甲状腺激素、生长激素、皮质激素等参与下调节机体的生长发育,乳腺也逐渐发育,体积增大,但形态不变。初情期后,随着每一次发情周期的发生,卵巢分泌大量雌激素,促进乳腺导管系统的发育增生(至妊娠前乳腺导管系统基本发育完成);成熟卵泡排卵后形成的黄体分泌孕激素促进腺泡的发育增生,但发育程度较低,一般没有正常功能。妊娠后,妊娠的前期乳腺导管系统仍大量增生,妊娠的其余时间乳腺小叶-腺泡系统受孕酮调节而快速发育。妊娠后乳腺的发育除主要受源于卵巢和胎盘的雌激素和孕激素调节外,腺垂体分泌的催乳素、生长激素、促肾上腺皮质素以及甲状腺素、胰岛素、肾上腺皮质素、胎盘催乳素等对乳腺系统的发育也起着十分重要的调节作用。

(2)神经调节。乳腺发育除了受激素的调节外,还受神经系统的调节。刺激乳腺感受器,发出神经冲动传到中枢神经系统,通过下丘脑-垂体系统或直接支配乳腺的传出神经,调节乳腺发育。生产实践中,按摩育成母牛或妊娠母猪的乳房都能增强乳腺发育和产后的泌乳量。此外,神经系统对乳腺的营养作用也很重要。在性成熟前切断山羊的乳腺神经可中止乳腺发育;在妊娠期切断神经,则乳腺腺泡发育不良,不形成腺泡腔与乳腺小叶;在泌乳期切断乳腺神经,大部分腺泡处于不活动状态。

(二)乳的分泌

1. 乳的生成

乳的生成过程是在乳腺腺泡和细小乳导管的分泌上皮细胞内进行的。生成乳汁的各种原料都来自血液,其中球蛋白、酶、激素、维生素和无机盐等均由血液进入乳中,是乳腺分泌上皮对血浆选择性吸收和浓缩的结果;而乳中的乳蛋白、乳脂和乳糖等则是上皮细胞利用血液中的原料,经过复杂的生物合成而来的(图12-10)。

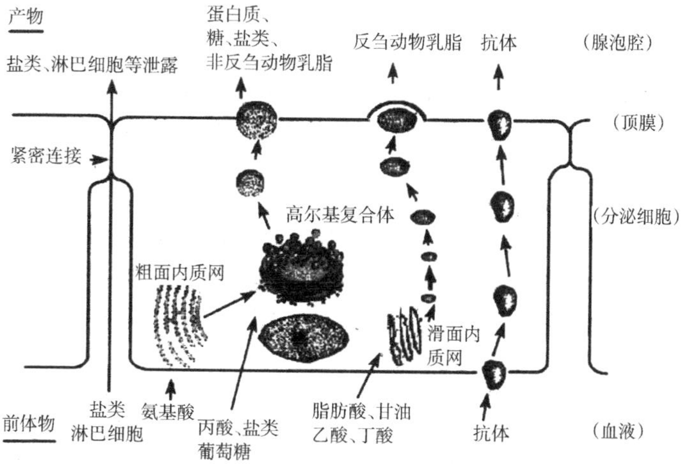


**图12-10 乳的分泌过程**

2. 泌乳的启动和维持

(1)泌乳启动。泌乳启动是指伴随分娩而发生的乳腺开始分泌大量乳汁的活动。在妊娠期间，由于胎盘和卵巢分泌大量的雌激素和孕激素，抑制腺垂体释放催乳素（Prolactin，PRL）。分娩前，黄体溶解、胎盘膜破裂，孕激素和雌激素水平明显下降并维持在较低的水平，解除了对下丘脑和腺垂体的抑制作用，引起PRL迅速释放并强烈促进乳汁的生成，起启动泌乳的主要作用。研究表明，PRL对泌乳的启动效应必须有肾上腺皮质激素的协同作用才能实现。

（2）泌乳维持及其调控。泌乳启动后，乳腺能在相当长的一段时间内持续进行泌乳活动，这就是泌乳维持。泌乳维持必须依靠下丘脑的调控及多种激素的协同作用。一定水平的催乳素、肾上腺皮质激素、生长激素、甲状腺激素等是维持泌乳所必需的。此外，生成的乳汁有规律地从乳腺中排空，降低乳腺导管系统的内压，也是泌乳维持的重要影响因素。

3. 初乳和常乳

（1）初乳。母畜在分娩期或分娩后最初3～5 d内乳腺分泌的乳叫初乳（Colostrum）。初乳色黄而浓稠，稍有咸味和腥味，煮沸时凝固。

初乳中各种成分的含量和常乳显著不同，其中干物质含量较高，可超出常乳数倍之多。让初生动物获得足够的初乳，对保证初生仔畜的健康成长具有重要意义。初乳内含有丰富的球蛋白和白蛋白，初生的动物吮吸初乳后，蛋白质能透过肠壁而被吸收，有利于增加初生动物血浆蛋白质的浓度；初乳中含有大量的免疫抗体、酶、维生素及溶菌素等，新生幼畜主要依赖初乳中的抗体或免疫球蛋白建立被动免疫，以增加仔畜抗病力；初乳中的维生素A和维生素C的含量比常乳约多10倍，维生素D比常乳多3倍；初乳中含有较多的无机盐，其中磷、钙、钠、钾含量是常乳的2倍，铁含量是常乳的10～17倍，初乳中富含的镁盐有轻泻作用，促进肠道排出胎粪。所以，初乳几乎是初生动物不可替代的食物。

（2）常乳。初乳期过后，乳腺所分泌的乳称为常乳（Ordinary milk）。各种动物的常乳均含水、蛋白质、脂肪、糖、无机盐、酶和维生素等。蛋白质主要是酪蛋白，其次是白蛋白和球蛋白，乳中的糖仅有乳糖，甘油三酯是乳脂的主要成分；常乳中的铁含量很少，所以哺乳的新生仔畜应补充适量含铁物质，否则易发生贫血；乳中的酪蛋白及乳糖是体内其他部位所没有的。

（三）乳汁的排出

1. 乳的蓄积

在初生动物吮乳或挤乳之前，雌性动物乳腺腺泡上皮细胞生成的乳汁，连续地分泌到腺泡腔内。当腺泡腔和细小乳导管充满乳汁时，腺泡周围的肌上皮细胞和导管系统的平滑肌反射性收缩，将乳汁转移入乳导管和乳池内。乳腺的全部腺泡腔、导管、乳池构成了蓄积乳的容纳系统。随着乳的分泌，容纳系统内蓄积的乳汁不断增多，当其被充盈到一定程度时，内压增大，压迫乳腺毛细血管和淋巴管，以致乳腺血液循环受阻，使乳的生成速度减慢，甚至泌乳停止。当排出蓄积乳汁后，乳房内压降低，泌乳重新开始，特别是奶牛排乳后的最初3～4 h内，乳生成最旺盛，以后就逐渐减弱。因此及时排乳是保证高效泌乳的必要条件。一般认为泌乳量与排乳次数有关，高产奶牛应增加人工排乳次数。

2. 排乳过程

排乳是一种复杂的反射过程。当哺乳或挤乳时，引起乳房容纳系统紧张度改变，使蓄积在腺泡和乳导管系统内的乳汁迅速流向乳池，这一过程叫作排乳（Milk ejection）。哺乳或挤乳时，刺激乳头感受器，反射性地引起腺泡和细小乳导管周围的肌上皮细胞收缩，腺泡乳就流入导管系统；接着大导管和乳池平滑肌强烈收缩，乳池内压迅速升高，乳头括约肌开放，于是乳汁排出体外。

最先排出的乳是乳池内的乳，当乳头括约肌开放时，乳池乳借助本身重力作用即可排出。腺泡和乳导管的乳必须依靠乳腺内肌细胞的反射性收缩才能排出，这些乳叫反射乳(Reflex milk)。奶牛的乳池乳一般约占泌乳量的30 %，反射乳约占泌乳量的70 %。我国黄牛和水牛的乳池乳很少，甚至完全没有乳池乳。猪的乳池不发达，马的乳池也很小。挤乳或哺乳后，乳房内总有一部分残留乳。

挤乳或哺乳刺激乳房不到1 min，就可以引起奶牛的排乳反射。但猪排乳反射需要较长时间，仔猪用鼻吻突撞母猪乳房2 ~ 3 min后，才开始排乳，可持续约1 ~ 3 min，使仔猪获得乳汁。然后排乳突然停止。母猪排乳的突然开始和突然停止，主要因为没有发达的乳池，乳汁几乎都积聚在腺泡腔中。

（四）排乳的神经内分泌调节

排乳是高级神经中枢、下丘脑和垂体参加的复杂反射活动。

1. 排乳反射的传入途径

挤压或吮吸乳头时对乳房内外感受器的刺激，是引起排乳反射的主要非条件刺激，外界环境的各种刺激经常通过视觉、听觉、嗅觉、触觉等形成大量促进或抑制排乳的条件反射。

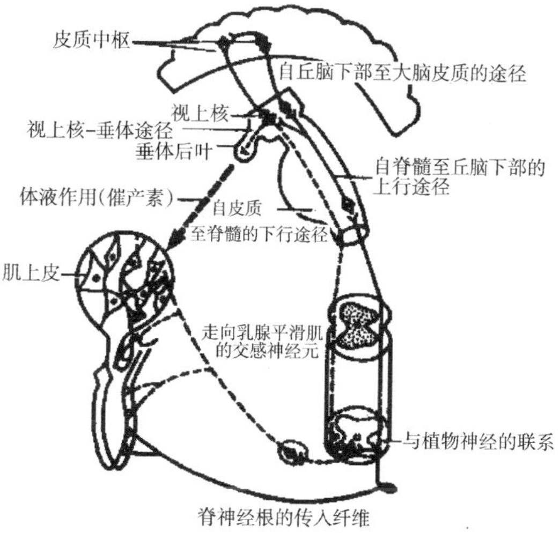


图13-11　排乳反射的神经控制示意图

排乳反射是非条件反射，反射弧从乳房感受器开始，传入冲动经精索外神经传进脊髓后，主要通过脊髓-丘脑束传到丘脑，最后到达下丘脑的室旁核和视上核，由此发出下丘脑垂体束，进入神经垂体。室旁核和视上核是排乳反射的基本中枢，在大脑皮层中有相应的代表区。丘脑还可发出传入纤维，把冲动传到大脑皮质的相应代表区，再由此发出冲动控制下丘脑的活动。乳房的传入冲动传进脊髓后，还有一部分神经纤维能与胸腰段脊髓内的植物性神经元联系，并通过交感神经，支配乳腺平滑肌的活动(图13-11)。

2. 排乳反射的传出途径

排乳反射的传出途径有两条：一条是单纯的神经途径；另一条是体液途径。神经途径主要是支配乳腺的交感神经通过精索外神经进入乳腺，直接支配乳腺导管周围的平滑肌活动。体液途径主要是通过神经垂体释放催产素，它在血液中以游离形式运输，到达乳腺后迅速从毛细血管中扩散，作用于腺泡和终末乳导管周围的肌上皮细胞引起收缩，实现排乳。

排乳包括两个先后出现的反射。挤乳或吸吮乳头时，大约经过5 s的潜伏期后，就出现第一个反射，表现为乳池和大导管周围的平滑肌强烈收缩，使乳池和大导管的乳汁开始排出，这是单纯的神经性反射，冲动经交感神经传出，效应器是乳腺的平滑肌。经过20 ~ 25 s

后，出现第二个反射，这时腺泡和细小乳导管周围的肌上皮收缩，排出腺泡乳。第二个反射是以催产素为媒介的神经-体液性调节。由于大多数动物的乳汁主要积聚在腺泡腔中，所以神经-体液途径所引起的第二个反射有更重要的作用。

3. 排乳抑制

动物疼痛、不安、恐惧、饥饿或环境吵闹、不规范操作等因素常抑制动物排乳。排乳抑制包括中枢抑制和外周抑制两种情况。中枢抑制常起源于脑的高级部位，结果导致神经垂体释放催产素减少。外周抑制常由于交感神经系统兴奋和肾上腺髓质释放肾上腺素，导致乳房内小动脉收缩，乳房循环血量下降，不能输送足够的催产素到达肌上皮细胞，导致排乳抑制。一般以中枢抑制较为重要。

**案例**

奶牛场使用手工挤乳时，挤乳前要求工人用50 ℃左右的温水浸湿毛巾后，彻底洗擦整个乳房，洗擦后，要求工人用双手对乳房各区进行适度按摩，等乳房膨胀、皮肤表面血管努张，皮温升高，触之较硬时，才立即进行挤乳。通过这两项操作可提高手工挤乳量，还可降低乳房炎的发生率。

**问题与思考**

1. 排乳反射的基本生理过程是什么？

2. 结合排乳反射的原理，分析挤乳前要求用温水洗擦乳房及按摩乳房的作用？

**提示性分析**

1. 排乳是高级神经中枢、下丘脑和垂体参加的复杂神经反射活动。通过吮乳或挤乳刺激乳头或乳房的感受器，经相应的传入神经将感受器信号传入排乳中枢，最终到达下丘脑的室旁核和视上核，兴奋后使其合成大量的催产素(OXT)并运输到神经垂体释放入血，导致腺泡和细小乳导管周围的肌上皮收缩，使其内压升高，推动乳汁排出。

2. 挤乳前用温水洗擦乳房及按摩乳房主要是加强对乳头或乳房感受器的刺激，使排乳反射发生更强，提高OXT分泌量，从而加快排乳速度，提高排乳量，也可使每一阶段内乳腺分泌的乳汁尽量彻底排空，以减少残存乳汁在乳头或乳导管的蓄积，降低乳房炎的发生率。

**思考题**

一、名词概念

1.性成熟　2.性周期　3.精子获能　4.附植

5.受精　6.妊娠识别　7.排乳反射

二、单项选择题

1. 附睾的功能是(　　)

A.生成精子　B.精子贮存和成熟的场所　C.精子获能场所　D.产生雄激素

2. 下列有关睾丸支持细胞的功能的叙述,错误的是( )

A.构成血睾屏障　　B.为精细胞供给营养

C.分泌雄激素结合蛋白　　D.分泌雄激素

3. 下列关于睾丸功能调节的叙述,哪项是错的( )

A.FSH对生精过程有促进作用

B.LH刺激间质细胞分泌睾酮

C.睾丸分泌的睾酮对FSH分泌有负反馈作用

D.睾丸产生的抑制素对LH分泌有负反馈作用

4. 可分泌雄激素的细胞是( )

A.睾丸间质细胞　B.精原细胞　C.前列腺细胞　D.支持细胞

5. 排卵后形成的黄体可分泌( )

A.LH　　B.estrogen and progestin

C.growth hormone　　D.estrogen

6. 精子的获能发生在( )

A.曲细精管　B.输精管　C.附睾　D.雌性动物生殖道

7. 排卵前血中LH出现高峰的原因是( )

A.血中孕激素对腺垂体的正反馈作用

B.血中雌激素对腺垂体的正反馈作用

C.血中孕激素和雌激素共同的作用

D.FSH的促进作用

8. 直接使子宫内膜产生分泌期变化的主要激素是( )

A.促性腺激素　　B.促性腺激素释放激素

C.孕激素　　D.孕激素和雌激素

9. 初乳中含量较多、有利于胎粪排出的无机离子是( )

A.$K^+$　B.$Na^+$　C.$Ca^{2+}$　D.$Mg^{2+}$

三、简述题

1. 睾酮、雌激素的主要生理作用是什么?

2. 睾丸、卵巢的主要生理功能是什么?

3. 乳腺发育、泌乳、排乳主要受哪些激素调节?

4. 初乳对仔畜的重要意义有哪些?

四、论述题

雌性动物发情周期的调节机制是什么?

# 第13章　禽类主要器官系统生理特点

**本章导读**

家禽属于脊椎动物的鸟纲，因适应飞翔，在漫长的进化过程中，形成了其身体构造的独特特征和生理特点。与哺乳类相比，禽类呼吸系统有何特殊之处？禽类消化器官的特点与哺乳类有差异吗？禽类的生殖特点是什么？本章将系统地说明这些问题。

禽类的呼吸系统有气囊，可以进行双重呼吸；消化系统具有发达的肌胃，食物消化能力强，直肠短，粪便随时排出体外；雌性生殖器官仅包括左侧的卵巢和输卵管，右侧的卵巢和输卵管已经退化。由此可见，禽类与哺乳类相比，在机体结构和器官机能方面存在许多特殊之处，故熟悉并掌握禽类的特殊生命活动现象及其活动规律，对促进养禽业的发展和禽类的疫病防治具有重要意义。

## 第一节　禽类呼吸生理特点

禽类的呼吸包括三个连续的过程：呼吸器官的通气活动、气体在肺和组织中的交换以及气体在血液中的运输。

### 一、禽类呼吸器官的功能结构

禽类的呼吸系统包括呼吸道和肺两部分。呼吸道是气体进出肺的通路，包括鼻、咽、喉头、气管、鸣管、支气管及其分支、气囊及某些骨骼中的气腔(图13-1)。

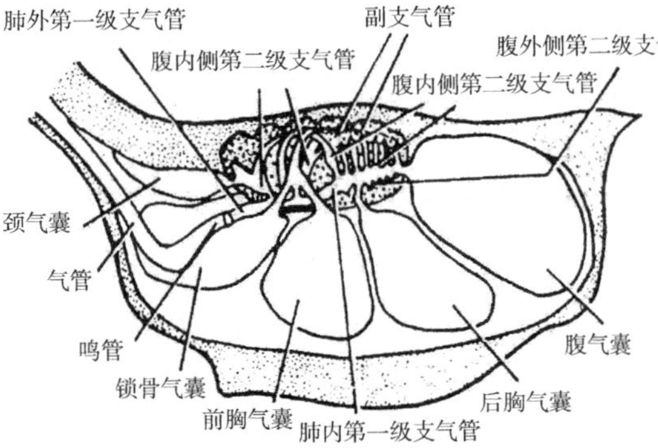


图13-1 禽类肺和气囊的一般排列

1. 鼻腔

禽类的鼻腔较狭窄，里面有发达的鼻甲，鼻腔壁上有黏膜，黏膜内有黏液腺和丰富的血管，可使吸入的气体增加温度和湿度，并黏着吸入气体中的尘埃和杂物。禽类鼻黏膜上虽有嗅神经分布，但嗅觉并不发达。眼眶顶壁处以及鼻腔侧壁内存在鼻腺。鸡的鼻腺不发达，狭长形；鸭、鹅的较发达，半月形。鼻腺有分泌氯化钠的作用，常又称盐腺(Salt gland)，对生活于海洋上的禽类很重要。

2. 喉

喉位于咽底壁，在舌根后方。禽类的喉部没有会厌软骨和甲状软骨，仅有的环状软骨和杓软骨也会随年龄的增长而固化，环状软骨与杓状软骨间连接有喉固有肌，浅层肌的作用为扩张喉口，深层肌负责关闭喉口。禽类的喉内不形成声带。

3. 气管

禽类的气管较长较粗，在皮肤下伴随食管向下行，入胸腔后转至食管胸段腹侧，至心基。上方分为两条支气管，分叉处形成发声器官——鸣管(Syrinx)。气管的支架是一串“O”字形的气管环，骨化较早；相邻气管环互相套叠，因而气管的伸缩性较大。左右支气管分别进入肺后分支成1～4级支气管。禽肺的支气管分支不形成支气管树，各级支气管间形成互相连通的管道。气体通过各级支气管进入气囊。禽类吸气和呼气时均有气体进入气囊并通过肺部交换区，所以，无论是吸气过程还是呼气过程都可在肺部进行气体交换，因而提高了呼吸效率。禽类的气管还可以通过蒸发散热来调节体温。

4. 肺

禽肺不大，鲜红色；略呈扁平椭圆形或卵圆形，一般不分叶。约1/3的肺嵌于肋间隙内，因此，扩张性不大。肺各部均与易于扩张的气囊直接通连。所以，肺部一旦发生炎症，容易蔓延，症状比哺乳动物严重。禽肺虽然不大，但气体交换面积较大，血液供应也很充足。

5. 气囊

气囊是禽类特有的器官，是支气管的分支出肺后形成的黏膜囊，外面仅被覆浆膜，因此壁很薄。多数禽类有9个气囊，包括一个不成对的锁骨气囊、一对颈气囊、一对前胸气囊、一对后胸气囊和一对腹气囊。这些气囊充满于腹腔内脏和体壁之间。气囊和支气管及肺相通。气囊壁血液供应较少，因此不进行气体交换。

气囊的容积很大，较肺容积大5～7倍，占全部呼吸器官总容积的85 %～90 %。禽类的气囊除了作为空气贮存库参与肺的呼吸作用之外，还具有许多重要功能：①气囊内空气在吸气和呼气时均通过肺，从而增加了肺通气量，以适应禽体旺盛的新陈代谢需要；②储存空气，便于潜水时在不呼吸情况下，仍能利用气囊内的气体在肺内进行气体交换；③气囊的位置都偏向身体背侧，飞行时有利于调节身体重心，对水禽来说，有利于在水上漂浮；④依靠气囊的强烈通气作用和广大的蒸发表面积，能有效地发散体热，协助调节体温。

## 二、禽类呼吸的特点

1. 呼吸运动

禽类没有像哺乳动物那样的膈肌，胸腔和腹腔仅由一层薄膜隔开，胸腔内的压力几乎与腹腔内完全相同，没有经常性的负压存在。禽肺的弹性较差，被相对地固定在肋骨间。打开胸腔后肺并不萎缩。

家禽呼吸主要通过强大的呼气肌和吸气肌主动收缩带动肋骨运动来完成。肋骨的椎肋与胸肋相连，胸肋与胸骨连接。吸气肌(主要为肋间外肌)收缩时，使椎肋前移，增大了椎肋与胸肋间的角度，胸骨移向前下方，胸廓扩大，体腔内压降低，于是外界气体随之进入肺和气囊，产生吸气。呼气肌（主要为肋间内肌）收缩时，使椎肋后移，减小了胸肋与椎肋间的角度，胸骨上移，胸廓缩小，体腔内压升高，气体由气囊经肺排出，产生呼气。在每一个呼吸周期中，吸气时气囊和肺内压低于大气压，呼气时气囊和肺内压高于大气压。大气压与肺及气囊间出现压力差，使气体随呼吸周期进出肺和气囊。

每次吸入或呼出的气量，称为潮气量。鸡的潮气量约为15 ~ 30 mL，鸭的潮气量约为38 mL。来航鸡的每分钟肺通气量为550 ~ 650 mL，芦花鸡约337 mL。由于禽类气囊的存在，呼吸器官的容积明显增加。据测定鸡达300 ~ 500 mL，鸭约为530 mL，因此，每次呼吸的潮气量仅占全部气囊容量的8% ~ 15%。

禽类的呼吸频率变化比较大，它取决于体格大小、种类、性别、年龄、兴奋状态及其他因素。通常体格越小，呼吸频率越高。几种家禽的呼吸频率见表13-1。

表13-1　几种家禽的呼吸频率（次/min）

| 性别 | 鸡 | 鸭 | 鹅 | 火鸡 | 鸽 |
|---|---|---|---|---|---|
| 雄 | 12 ~ 20 | 42 | 20 | 28 | 25 ~ 30 |
| 雌 | 20 ~ 36 | 110 | 40 | 49 | 25 ~ 30 |

2. 气体交换与运输

支气管进入肺门，向后纵贯全肺并逐渐变细，形成初级支气管，然后逐级分支形成次级和三级支气管，三级支气管又叫旁支气管。各级支气管互相连通。从旁支气管上呈辐射状分出许多肺房；肺房底部又分出若干漏斗，再分出许多肺毛细管，又称毛细气管，相当于家畜的肺泡。同时，由三级支气管动脉分支形成毛细血管并与毛细气管紧密接触，形成很大的气体交换面积，按肺每单位体积的交换面积计算，比家畜至少大10倍，按每克体重计算，母鸡交换面积达17.9 $cm^2$，鸽高达40.3 $cm^2$。三级支气管以上的呼吸通道和气囊都不能进行气体交换，为气体交换的无效区。

气体交换的动力是动静脉血液中 $P_{O_2}$ 和 $P_{CO_2}$ 的分压差。由三级支气管进入毛细气管的气体中 $P_{O_2}$ 高于血液，而 $P_{CO_2}$ 低于血液，于是 $O_2$ 向血液弥散，血液中的 $CO_2$ 则向毛细气管弥散。通常二氧化碳的弥散能力比氧气高3倍，使二氧化碳更易向毛细气管弥散。鸡的静脉血 $P_{O_2}$ 约为6.7 kPa（50 mmHg），肺和气囊中为12.5 kPa（94 mmHg）。

禽类气体在血液中的运输方式大体上与哺乳动物的相同，比较特殊的是家禽的血红蛋白与氧气结合的亲和力较低，氧离曲线偏右，表明在相同氧分压条件下，血氧饱和度比哺乳动物的小，故易使氧合血红蛋白解离释放氧气，以供组织利用。就各种家禽对氧气的利用率而言，鸡为54 %，鸭和鸽为60 %，鹅仅为26 %。

3. 呼吸运动的调节

由二级支气管上发出的三级支气管连接成一系列近乎平行的管子叫原肺（Paleopulmo），附加的旁支气管网称为新肺（Neopulmo）。原肺和新肺气体交换有效区存在二氧化碳感受器，能"监测"肺部静脉血液中的二氧化碳含量。当血液二氧化碳浓度升高时，可降低二氧化碳感受器抑制性信号的传入，最后使呼吸增强；当血液二氧化碳浓度降低时，可增强二氧化碳感受器抑制性信号的传入，最后使呼吸减弱。此外，位于颈总动脉分支处的颈动脉体，也能"监测"动脉血液中的气体含量变化。有实验证明，禽肺和气囊壁上存在有牵张感受器，感受肺扩张的刺激，经迷走神经传入中枢，使呼吸变慢。所以，禽类肺牵张反射也可以调整呼吸深度，维持适当的呼吸频率。

家禽前脑的视前区有促进呼吸的作用，两侧丘脑区（圆核以前）有抑制呼吸的作用，中脑前背区有调节呼吸的中枢，延髓前部和脑桥区有调节正常呼吸节律的中枢，与哺乳动物相似，延髓是呼吸的基本中枢。

血液中的二氧化碳和氧含量对呼吸运动也有显著的影响。血液中 $P_{CO_2}$ 上升时，二氧化碳感受器兴奋，所产生的冲动沿迷走神经传入延髓，可兴奋呼吸。缺氧使呼吸中枢抑制，但可通过外周化学感受器兴奋呼吸。切断鸡两侧迷走神经可以消除或显著降低缺氧引起的呼吸频率增加。鸡在热环境中发生热喘呼吸，常使旁支气管区的通气面积显著加大，并导致严重的低 $P_{CO_2}$，甚至造成呼吸性碱中毒。

**案例**

某蛋鸡场饲养青年鸡、产蛋鸡各4 000只左右。为半开放式饲养，21日龄时免疫接种传染性鼻炎疫苗1次。青年鸡舍刚开始只有少量鸡呼吸时有呼噜声，甩鼻，咳嗽，继而大批鸡出现精神萎靡，食欲减退，鼻腔流出浆液性或黏液性分泌物，3 d后整个鸡舍鸡群发病，并蔓延到产蛋鸡的鸡舍；剖检病重青年鸡，趾爪干瘪脱水，两侧眼睑肿胀明显，眼结膜充血，鼻腔及周围粘着大量的黏液性分泌物，鼻黏膜水肿充血，气管黏膜均有不同程度的充血和出血。青年鸡选用头孢拉定饮水和强力霉素拌料喂服，连用4 d，对病情严重的隔离青年鸡群，用头孢菌素肌肉注射，每天1次，连用4 d，同时在饮水中添加红霉素混水饮服，连用5 d，对开产后鸡群采用中药制剂“鼻炎康”和“板蓝根”拌料混匀后喂服，连用5 d，6 d后病情得到控制，呼吸道症状基本正常。初步诊断：鸡传染性鼻炎。

**问题与思考**

鸡传染性鼻炎有何特征？诱发该病的因素主要有哪些？

**提示性分析**

鸡传染性鼻炎是以鸡呼吸道急性感染为特征，由副鸡嗜血杆菌引起，具有传染性强、发病率高、危害大等特点的一种疫病。该病的传播途径以呼吸道为主。该病的发生与鸡舍内的温度、通风能力、环境卫生、饲养密度、饲料、疫苗接种等因素关系密切。该病在深秋、冬季和初春季节多发。

## 第二节　禽类消化生理特点

禽类的消化器官包括喙、口、唾液腺、舌、咽、食管、嗉囊、腺胃、肌胃、小肠、大肠、盲肠、直肠和泄殖腔，以及肝脏和胰腺。禽类消化系统的特点是没有牙齿而有嗉囊和肌胃，没有结肠而有两条发达的盲肠（图13-2）。

## 一、禽类消化器官的功能结构

### (一)口和咽

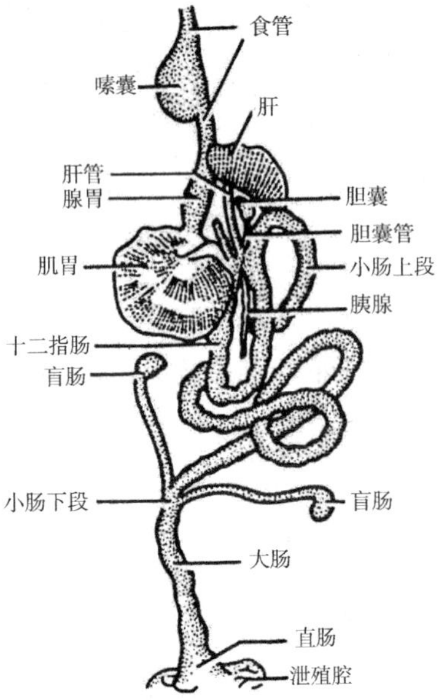

图13-2 鸡消化道的结构

禽没有唇和明显的颊,也没有齿。上、下颌形成的喙是采食器官。喙的形态因食料和采食习性、禽的种类不同而有很大的差异,鸡和鸽为尖锥形,被覆有坚硬的角质;鸭和鹅的长而扁,除上喙尖部边缘外,大部分被覆角质层较柔的蜡膜,边缘形成横褶,以便在水中采食时将水滤出。禽类未形成软腭,口和咽之间没有明显的界线,因此常称为口咽。禽类具有唾液腺,通常呈管状。唾液腺虽不大但分布很广,在口腔和咽的黏膜下几乎连成一片,根据位置有上颌腺、腭腺、蝶翼腺、咽鼓管腺、下颌腺、口角腺、舌腺等,导管直接开口于黏膜表面,主要分泌黏液。一般来说摄取滑溜的水生食物的禽类唾液腺不发达,而吃干燥食物的禽类则有发育良好的唾液腺,有些禽类(如麻雀)的唾液腺能分泌大量的唾液淀粉酶,而有些禽类(如鸡和火鸡)的唾液腺则不能分泌唾液淀粉酶。

### (二)食管和嗉囊

1. 食管(Esophagus)

大多数禽类的食管较长(成年鸡15~20 cm),易扩张,可分颈段和胸段。食管颈段与气管一同偏于颈的右侧,直接在皮下。鸡、鸽的食管在胸廓前口的前方形成嗉囊;鸭、鹅食管颈段可扩大呈长纺锤形,以贮存饲料,后端有括约肌与胸段为界。食管胸段短,末端略变狭而与腺胃相接。食管有外层的纵肌和内层的环肌,其中有丰富的黏液腺。

2. 嗉囊(Ingluvies)

为食管的膨大部分,位于叉骨之前,直接在皮下;鸡的嗉囊略呈球形,鸽的分为对称的两叶。鸡的嗉囊发达,鸭和鹅没有真正的嗉囊,食虫禽类嗉囊不发达或没有。嗉囊壁的结构与食管相似,黏膜也由外纵肌层和内环肌层组成,进行收缩和运动。嗉囊的前、后开口相距较近,有时饲料可经此直接进入胃内。嗉囊主要有贮存和软化食料的作用。家鸽和野鸽嗉囊的上皮细胞在育雏期增殖而发生脂肪变性,脱落后与分泌的黏液形成嗉囊乳(鸽乳),这些禽类通过逆呕嗉囊乳来哺育幼禽。

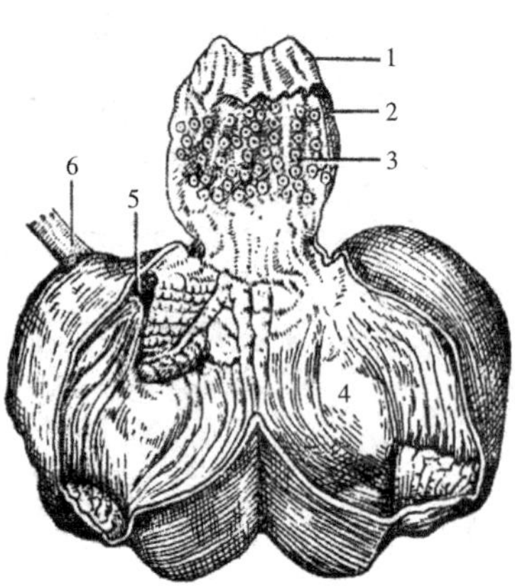

图13-3 鸡的胃(纵剖开)
1.食管 2.腺胃 3.胃腺开口及乳头
4.肌胃 5.幽门 6.十二指肠

### (三)胃

家禽胃分腺胃和肌胃两部分(图13-3)。

1. 腺胃(Glandular stomach)

又称腺部或前胃,呈短纺锤形。前以贲门与食管直接相通，仅黏膜具有较明显的分界；向后以胃峡与肌胃相接，其黏膜形成胃中间区。腺胃壁较厚，内腔不大，食料在其中停留的时间较短。腺胃内有黏膜，黏膜内有腺体，前胃浅腺主要分泌黏液；前胃深腺的分泌液中含有盐酸和胃蛋白酶原。

2. 肌胃（Muscular stomach）

又称肌部，相当于哺乳动物单胃的幽门部，呈双面凸的圆盘形，壁很厚而较坚实。肌胃可分为厚的背侧部和腹侧部，及薄的前囊和后囊。其壁主要由平滑肌构成，因富含肌红蛋白而呈暗红色。肌胃的入口和出口（幽门）都在前囊处。肌胃黏膜以薄的黏膜下层与肌层紧密相连；黏膜表面被覆一层厚而坚韧的类角质膜，称胃角质层，俗称肫皮或鸡内金（中药名），由黏膜内的肌胃腺分泌物与脱落的上皮细胞在酸性环境中硬化而成，有保护黏膜的作用；其表面不断被磨损，由深部持续分泌的分泌物硬化而增补。肌胃内经常含有吞食的沙砾，因此又有砂囊之称。肌胃以发达的肌层、沙砾和坚韧的角质层，对食料起机械研磨作用。食肉和以浆果为食的鸟，肌胃很不发达；长期以粉料饲养的家禽，肌胃也较薄弱。

（四）肠和泄殖腔

禽类的肠也分为小肠和大肠，但一般较短，且受食物习性影响而有较大差异，食草和食谷禽类较长，食肉禽类较短，如鸽的肠道长度为体长的5～8倍，鸡为体长的7～9倍，鸭为体长的8.5～11倍，鹅为体长的10～12倍。其泄殖腔是消化、泌尿和生殖系统后端的共同通道，向后以泄殖腔开口于外，通常也将其称为肛门。

1. 小肠

小肠分为十二指肠、空肠和回肠。十二指肠位于腹腔右侧；形成"U"字形肠袢，分为降支和升支，两支的转折处（即骨盆曲）达盆腔。升支在幽门附近移行为空回肠。空回肠以肠系膜悬挂于腹腔右侧，鸡形成6～12圈肠袢，鸭和鹅形成长而较恒定的6～8圈肠袢。空回肠中部有小突起，叫卵黄囊憩室，是胚胎期卵黄囊柄的遗迹，常以此作为空肠与回肠的分界，壁内含有淋巴组织。回肠的末段较直，以系膜与两条盲肠相连。小肠黏膜表面形成绒毛，食肉禽类有发育良好的指状绒毛，食草禽类绒毛扁平并呈叶状。黏膜内有小肠腺，但无十二指肠腺。

2. 大肠

大肠分为盲肠和直肠。盲肠有两条，可分为盲肠基、体和尖。盲肠基较狭，以盲肠口通直肠，体较粗，尖为细的盲端。盲肠基的壁内分布有丰富的淋巴组织，常称盲肠扁桃体，以鸡最明显。鸽的盲肠不发达，呈芽状。禽无明显的结肠，而仅有一短的直肠，以系膜悬挂于盆腔背侧。大肠肠壁具有较短的绒毛和较少的肠腺。

3. 泄殖腔

泄殖腔是消化、泌尿和生殖的共同通道，位于盆腔后端，略呈球形，以黏膜褶分为三部分。前部为较膨大的粪道，与直肠相连，以环形襞与中部的泄殖道为界；中部泄殖道最短，背侧面有1对输尿管口，在输尿管口的外侧略后方，公禽有1对输精管乳头，母禽仅左侧有一输卵管口，泄殖道以半月形或环形的黏膜襞与肛道为界；后部为肛道，肛道的背侧壁内有肛道背侧腺，侧壁内有分散的肛道侧腺。肛道向后以泄殖孔开口于体外，通常也称肛门，由背侧唇和腹侧唇围成，具有发达的括约肌。

(五)消化腺

1. 肝

鸡的肝脏较大,位于腹腔前下部,分为左、右两叶,以峡相连;右叶略大。两叶之间在前部夹有心及心包;在背侧和后部夹有腺胃和肌胃。成年禽的肝一般为暗褐色,肥育的禽因肝内含有脂肪而为黄褐色或土黄色;刚孵出的雏禽因吸收卵黄色素而为鲜黄色,约两周后色泽转深。两叶的脏面各有横沟,相当于肝门,肝动脉、门静脉和肝管由此进出。后腔静脉则由右叶穿过。家禽除鸽外,右叶具有胆囊;右叶肝管注入胆囊,由胆囊发出胆囊管。左叶的肝管不经胆囊,与胆囊管共同开口于十二指肠终部,但鸽左叶的肝管较粗,开口于十二指肠的降支。

2. 胰

位于十二指肠襻内,淡黄或淡红色,长条形;可分为背叶、腹叶和很小的脾叶。胰管在鸡体内一般有3条,两条来自腹叶,一条来自背叶;鸭、鹅有2条。胰管与胆管一起开口于十二指肠终部。

## 二、禽类消化的特点

### (一)口腔内的消化

1. 采食

禽类的主要采食器官是角质化的喙。家禽口腔内无牙齿,采食不经过咀嚼,食物进入口腔后依靠舌的运动迅速咽下。

2. 唾液的成分和性质

禽类口腔壁和咽壁分布有丰富的唾液腺,其导管开口于口腔黏膜,主要分泌黏液。在吞咽时有润滑食物的作用,便于咽下。唾液中含有微量的淀粉酶。成年鸡一昼夜唾液分泌量的变化范围在7~25 mL,平均为12 mL。唾液呈弱酸性,平均pH为6.75。进食时唾液分泌量增加。主食谷物的禽类,唾液中含有淀粉酶,可初步分解淀粉。唾液分泌是受神经调节的。

3. 吞咽

吞咽是一个复杂的反射动作。首先,饲料借助舌强有力的运动而被运至口腔的后部和咽,刺激口咽部的感受器,反射性地引起鼻后孔和喉门的关闭,同时发生伸颈、头高举及有力的振动应用,使饲料到达食管的上端;随后,再借助于饲料的重力和食管内的负压作用,迫使饲料进入食道,依靠食管的蠕动将食物推送下移,进入嗉囊。但有时也可以直接进入腺胃和肌胃,这主要取决于胃内食物填充的程度,在肌胃空时,食物和饮水全部或大部沿食管下行,通过腺胃而直接进入肌胃;在肌胃充满食物时,嗉囊口开放,食物和饮水则进入嗉囊暂时储存。这一过程受嗉囊-腺胃-肌胃区反射性机能的控制和调节。

### (二)嗉囊内的消化

禽类摄食后,咽下的饲料有一部分经过嗉囊时并不停留而直接进入腺胃,另一部分则储存在嗉囊内,并借嗉囊腺分泌的黏液、嗉囊运动和嗉囊内栖居微生物的作用,对饲料进行发酵和预加工。

嗉囊内容物常呈酸性，平均pH在5.0左右。嗉囊内的环境适于微生物生长繁殖，其中乳酸菌占优势，其次是肠球菌和产气大肠杆菌，还有少量小球菌、链球菌和酵母菌等，但一般不含严格的肠型厌氧菌。微生物主要对饲料中的糖类进行发酵分解，产生有机酸，这些有机酸只有小部分可在嗉囊内被吸收，大部分随食物送至后段消化道再被吸收。另外，禽类的唾液淀粉酶、饲料中的酶都可能在嗉囊内对淀粉进行消化。

食物在嗉囊停留的时间决定于食物的性质、数量和饥饿程度，一般停留的时间约2 h，最长可达16 h左右。嗉囊内的食物依靠嗉囊肌的蠕动而进入腺胃，胃空时发出的神经冲动引起嗉囊收缩和排空；而胃充盈时则产生抑制作用。嗉囊受迷走神经和交感神经支配，切断两侧迷走神经，则嗉囊肌肉麻痹，运动减弱或者消失；刺激迷走神经，则嗉囊强烈收缩，食物排放加快。刺激交感神经，对嗉囊和食管的影响不明显。极度的兴奋、惊恐或者挣扎可抑制鸡和鸽的嗉囊收缩。

切除嗉囊对家禽的消化机能有不良影响，切除嗉囊的鸡采食量明显减少，消化率降低，一些食物未经消化就随粪便排出。

### （三）胃内的消化

#### 1. 腺胃内的消化

禽类的腺胃黏膜内有两种分泌胃液的细胞，一种是分泌黏液的黏液细胞；另一种是分泌盐酸和胃蛋白酶原的主细胞。胃液呈酸性，其pH波动范围在3.0～4.5。胃液呈连续性分泌，鸡的分泌量大约每千克体重是8.8 mL/h，每毫升胃液中含胃蛋白酶约为247 IU。猛禽胃内的胃蛋白酶浓度高于食谷禽类，鸽子的高于鸡的。

腺胃分泌胃液受神经和体液因素的调节。刺激迷走神经或注射乙酰胆碱、毛果芸香碱等引起胃液分泌量和胃蛋白酶含量增加，而刺激交感神经则引起少量分泌。

许多体液因素影响禽类的胃液分泌。由胃内食物的化学刺激和机械刺激，作用于幽门部和十二指肠黏膜的G细胞，产生胃泌素，经血液循环到达胃腺，刺激胃液分泌；促胰酶素具有较强的刺激禽类胃酸分泌的作用；蛙皮素、胰多肽和组胺对胃液分泌都有一定的刺激作用。

另外，消化道中的食物、饮水量和某些药物等因素均可影响胃液分泌。禁食12～24 h，鸡和鸭的胃液分泌量减少。

腺胃虽然分泌胃液，但因其体积较小，且食物通过腺胃的蠕动，迅速进入肌胃，所以其消化力并不强。腺胃分泌的胃液随食物进入肌胃，在肌胃和十二指肠内发挥作用。

#### 2. 肌胃内的消化

肌胃靠胃壁肌肉强有力的收缩作用对来自嗉囊的粗粝食物进行磨碎，主要起机械消化作用；同时，来自腺胃胃液中的盐酸和胃蛋白酶，也在肌胃内对饲料起化学性消化作用。

肌胃的收缩具有自动节律性，平均每20～30 s收缩一次。收缩频率与年龄、生理状态及饲料性质等有关。随年龄增长，鸡肌胃收缩频率逐渐减少而采食及饲喂后30 min内频率加快。肌胃内的砂砾在禽类消化中有重要的作用。实验证明，胃内有砂砾的鸡对燕麦的消化力可提高3倍，对一般谷物和种子的消化力可提高10倍。如果肌胃中保持有沙砾的禽类一旦失去砂石，就会消瘦，甚至死亡。肌胃收缩时在胃腔内形成很高的压力，据测定，鸡为

18.6 kPa(140 mmHg),鸭为23.9 kPa(180 mmHg),鹅为35.2 kPa(265 mmHg),这样高的压力不但能有效地磨碎坚硬饲料,而且使贝类等外壳被压碎,甚至金属小管也可能被弯转扭曲。

肌胃主要受迷走神经的支配。刺激迷走神经,肌胃收缩增强,刺激交感神经,则抑制肌胃运动。

肌胃内的消化液是和食物一起由腺胃进入肌胃的,借助肌胃运动,消化液与食物充分混合,并进行化学性消化。消化液中的胃酸不仅可以使饲料变性,还能激活胃液中的胃蛋白酶原以及保持胃内酸性环境(pH 2 ~ 3.5),有利于蛋白质的消化。胃蛋白酶能将蛋白质初步消化为蛋白胨和蛋白脲,也可产生少量氨基酸。

随着肌胃的收缩,胃内压力增大,经过肌胃消化的食糜被逐渐排入十二指肠。

### (四)小肠内的消化

小肠是禽类进行化学性消化的主要场所,也是营养物质吸收的主要部位。禽类在小肠内的消化过程与哺乳动物基本相似。

#### 1. 胰液

禽类胰腺分泌的胰液经胰导管输入十二指肠参与消化过程。禽类胰液为透明、味咸的液体,pH为7.5 ~ 8.4。除水以外,胰液含有无机物和有机物。无机物主要是高浓度的碳酸氢盐和氯化物,有机物主要为各种消化酶。胰液的消化酶种类多,含量丰富,包括胰蛋白酶、糜蛋白酶、羧基肽酶、胰淀粉酶、胰脂肪酶以及胰核酸分解酶等。日粮的改变会影响胰液中酶的活性。增加碳水化合物和脂肪性日粮的采食量能提高胰液中淀粉酶和脂肪酶的活性;当日粮中有未经热处理的或生的大豆粉时,会降低胰液中淀粉酶、脂肪酶和糜蛋白酶的活性,但并不影响胰蛋白酶的活性。

鸡的胰液分泌是连续的。平时分泌水平相当低,仅为0.4 ~ 0.8 mL/h。饲喂后第1 h内的分泌水平可增至3 mL/h,持续9 ~ 10 h后,逐渐恢复至原来的水平。

胰液分泌的调节与哺乳动物基本相同,包括神经和激素的作用。迷走神经与胰液分泌的关系尚无直接证明,禁食的鸡采食后胰液立即开始分泌,如果切断支配胰腺的迷走神经,尽管胰液分泌量最终也升高,但并不立即分泌。这种现象说明迷走神经影响胰液的分泌。在禽类,促胰液素是主要的体液刺激因素。

#### 2. 胆汁

禽类的肝脏连续不断地分泌胆汁。在非消化期,肝左叶分泌的胆汁量少,直接经肝管输入小肠,肝右叶分泌的胆汁量大,经肝胆囊管输入胆囊,在胆囊中储存和浓缩。进食和进食后胆囊胆汁排入小肠,持续时间达3 ~ 4 h。胆汁的分泌量,4 ~ 6月龄的鸡约1 mL/h,一昼夜每千克体重可达9.5 mL。禽类的胆汁呈酸性,pH为5.0 ~ 6.8。鸡胆汁的平均pH为5.88,鸭为6.14。胆汁的颜色随其中所含胆色素的种类和含量而不同,由金黄色至暗绿色。胆汁的强烈苦味,主要取决于所含的胆汁酸盐。禽类胆汁中的胆汁酸主要是鹅(脱氧)胆酸、胆酸和异胆酸,而缺乏哺乳动物胆汁中普遍存在的脱氧胆酸。鹅胆酸和胆酸分别与牛磺酸结合形成结合胆酸。研究证明,禽类的胆汁可以通过乳化作用和对胰脂肪酶的激活促进脂肪吸收。

家禽的胆汁分泌与排出受迷走神经的反射性调节。鸡的小肠提取物能产生像哺乳动物的缩胆囊素的作用。在禽类的十二指肠和空肠中已发现有产生缩胆囊素的细胞,这种激素的作用主要是在采食后引起胆汁从胆囊中排出。也有人认为禽血管活性肠肽也刺激胆汁分泌，蛙皮素可刺激胆囊收缩。

3. 小肠液

小肠液是禽类小肠黏膜中肠腺分泌的弱碱性消化液（pH为7.39～7.53），其中含有黏液、肠肽酶、肠脂肪酶、肠淀粉酶、多种双糖酶和肠激酶等。肠激酶能激活胰蛋白酶原。肠肽酶能把多肽分解成氨基酸。脂肪酶分解脂肪为甘油和脂肪酸。淀粉酶能把淀粉或糖原分解成麦芽糖。双糖酶包括麦芽糖酶、蔗糖酶、乳糖酶等，能把相应的双糖分解为单糖，供禽体吸收利用。禽类肠液呈连续分泌。据测定，体重2.5～3.5 kg的成年鸡肠液的基本分泌率平均为1.1 mL/h。机械刺激和给予促胰液素可引起分泌率显著增加，刺激迷走神经和注射毛果芸香碱引起浓稠肠液的分泌，但对分泌率的影响却很小。

4. 小肠运动

禽类的小肠有蠕动和分节运动两种基本运动形式。蠕动是由肠壁纵肌与环肌交替发生收缩与舒张引起的，呈波状由前向后缓慢推进，其作用主要是推送食糜向后段肠管移动。禽类常见有较明显的逆蠕动，因此食糜可在小肠内前后移动，甚至可使食糜由小肠返回肌胃，延长了食糜在胃肠道内的停留时间，有利于进行充分的消化和吸收。

小肠运动受神经、体液、机械刺激和胃运动的影响。

### （五）大肠内的消化

食糜经小肠消化后，一部分可进入盲肠，其他进入直肠，开始大肠消化。

经小肠消化后的食糜先进入直肠，然后依靠直肠逆蠕动将其推入盲肠，再由盲肠的蠕动将内容物由盲肠送到盲肠顶部。盲肠内容物可在盲肠内停留6～8 h。禽类发达的盲肠能容纳大量的粗纤维，盲肠内pH为6.5～7.5，严格厌氧，很适合厌氧微生物（如：革兰氏阴性杆菌）的繁殖。据测定，1 g盲肠内容物约含细菌10亿个。盲肠内的消化主要是盲肠微生物将粗纤维消化分解成挥发性脂肪酸，其中以乙酸的比例最高，其次是丙酸和丁酸，还有少量的高级脂肪酸。这些有机酸可在盲肠内被吸收，在肝脏内进行代谢。另外，盲肠内还产生 $CO_2$和 $CH_4$等气体。鸡对盲肠内粗纤维的利用率最高可达43.5 %，且食草家禽（鹅）利用率更高。

此外，盲肠内的细菌依靠其菌体酶的作用，还能分解饲料中的蛋白质和氨基酸产生氨，并能利用非蛋白氮合成菌体蛋白质，有些细菌还能合成B族维生素和维生素K等。

盲肠内容物是均质和腐败状的，一般呈黑褐色，这是与直肠粪便的不同处。

家禽的直肠较短，主要功能是吸收食糜中的水分和盐类，最后形成粪便进入泄殖腔，与尿混合后排出体外。

### （六）吸收

家禽的嗉囊和盲肠能吸收少量水、无机盐和有机酸，其中嗉囊的吸收能力较弱；直肠和泄殖腔也只能吸收较少的水和无机盐；腺胃和肌胃的吸收能力也较弱。所以大量营养物质的吸收是在小肠内进行的。家禽对营养物质的吸收与哺乳动物基本相似，主要通过小肠绒毛进行。禽类的小肠黏膜形成“乙”字形横皱襞，扩大了食糜与肠壁的接触面积，延长了食糜通过的时间，使营养物质被充分吸收。

1. 水和无机盐的吸收

禽类主要在小肠和大肠吸收水分和盐类，嗉囊、腺胃、肌胃和泄殖腔也有少许吸收作用。

各种盐类的吸收除受日粮中其含量的影响外，还受其他因素的影响。钙的吸收受1,25-$(OH)_2$-$D_3$、钙结合蛋白(Calcium-binding protein, CaBP)的影响。用维生素D处理维生素D缺乏的鸡可增加磷的吸收。产蛋鸡对铁的吸收高于非产蛋鸡，非产蛋鸡与成年公鸡对铁的吸收无差异。

2. 碳水化合物的吸收

碳水化合物主要在小肠上段被吸收，特别是当食物中的碳水化合物是六碳糖时更如此。由淀粉分解产生的葡萄糖的吸收慢于直接来自饲料中的葡萄糖的吸收，因为当食糜进入空肠下段时，仅有60 %的淀粉被消化。D-葡萄糖、D-半乳糖、D-木糖、3-甲基葡萄糖、D-甲基葡萄糖和D-果糖都是以主动转运方式被吸收的。糖主动吸收的机理与哺乳动物相似，也是通过同向协同转运系统起作用。值得一提的是，食物的抑制因子、禽类的年龄以及小肠的pH均影响糖类的吸收。

3. 蛋白质分解产物的吸收

蛋白质的分解产物大部分以小分子肽的形式进入小肠上皮刷状缘，然后再分解成氨基酸被吸收。外源性蛋白质水解成的氨基酸大部分在回肠前段被吸收，而内源性蛋白质的分解产物则大部分在回肠后段被吸收。家禽小肠上皮中已发现有分别吸收中性、碱性和酸性氨基酸的载体系统。中性氨基酸的载体系统转运的氨基酸，彼此之间有竞争性抑制现象。氨基酸的吸收速度并不决定于其分子量的大小，而是由极性或非极性侧链所决定的，具有非极性侧链的氨基酸被吸收的速度比有极性侧链的氨基酸快。大多数氨基酸是以主动方式被吸收的。

4. 脂肪的吸收

甘油三酯一般需要被分解为脂肪酸、甘油或甘油一酯、甘油二酯后被吸收。脂类的消化终产物大部分在回肠上段被吸收。由于禽类肠道的淋巴系统不发达，绒毛中没有中央乳糜管，因此脂肪的吸收不像哺乳动物那样通过淋巴途径，而是直接进入血液。

**案例**

某养鸡场对饲养的18 000只16日龄肉鸡，用自制的“生理盐水”稀释法氏囊疫苗，按每只2 mL的剂量，进行口服免疫，接种后不到1h，有的鸡就开始出现精神沉郁，口渴，鸡冠和肉髯发紫，流涎，拉稀，呼吸困难，头颈向一侧扭转的症状，随后发生死亡；通过测定病死鸡肝脏及胃中的NaCl含量发现，肝脏中NaCl含量为0.82 %(正常值为0.45 %左右)，胃内容物中NaCl含量为0.46 %(鸡饲料中允许的NaCl含量为0.37 %)；立即停喂含盐量高的原有饲料和水，换为无盐或低盐易消化饲料，少量多次给予新鲜饮水，第二天后病情得到控制，再未见鸡死亡，3 d后鸡趋于正常。初步诊断：该鸡群因摄入高浓度自制盐水导致食盐中毒。

**问题与思考**

鸡摄入过量食盐，为什么出现口渴、鸡冠和肉髯发紫、拉稀等现象？

**提示性分析**

大量高浓度的食盐进入消化道后，刺激胃肠道黏膜而发生炎症反应，同时因渗透压的梯度关系吸收肠壁血液循环中的水分，引起严重的腹泻、脱水，进一步导致全身血液浓缩，机体血液循环障碍，组织缺氧，机体的正常代谢功能紊乱；脑组织中$Na^+$浓度升高后导致脑水肿、颅内压升高，出现神经衰弱症状。

## 第三节　禽类生殖生理特点

禽类生殖的最大特点是卵生。禽类属于雌性异型配子（染色体ZW）和雄性同型配子（染色体ZZ）动物，雌性的性别取决于染色体W。大部分禽类为一雄多雌的繁殖类型。雌禽一般只有左侧卵巢和输卵管发育，雄禽没有精囊腺、前列腺和尿道球腺等附性腺。

### 一、雄禽生殖生理的特点

雄禽生殖系统包括1对睾丸、附睾、输精管和交配器。睾丸位于腹腔内，与胸、腹气囊相接触。睾丸外面包有浆膜和白膜，睾丸内间质不发达，不形成睾丸小隔和纵隔；禽类附睾小，位于睾丸的背内侧缘，由睾丸输出管和短的附睾管构成。附睾管出附睾后延续为弯曲的输精管。输精管是禽类精子成熟和主要的贮存处，有人认为相当于哺乳动物的附睾管；输精管在生殖季节加长增粗，弯曲密度也变大，此时常因贮有精液而呈现乳白色。公鸡的交配器是3个并列的小突起，称阴茎体，位于肛门腹侧唇的内侧，刚孵出的雏鸡可用作鉴别雌雄的标志。交配时，1对外侧阴茎体因充满淋巴而增大，中间形成阴茎沟，插入母鸡阴道内。火鸡的生殖器官与鸡的相似，公鸭和公鹅有较发达的阴茎。

#### （一）精子

1. 精子的发生

刚孵出的雄性雏鸡，精细管中就已经有精原细胞。到5周龄时，精细管中出现精母细胞。到10周龄时，初级精母细胞经减数分裂，出现次级精母细胞。在12周龄时，次级精母细胞发生第二次减数分裂，形成未成熟的精细胞。一般在20周龄左右时，所有精细管内都可看到精子。

2. 精子的成熟

精子在精细管形成后，必须进入附睾管和输精管进行发育成熟，才能获得受精能力。所以输精管不仅是精子贮存的部位，也是精子成熟的部位。禽类精子成熟所需时间比哺乳动物短，正常精子只需24 h就能从睾丸通过附睾和输精管，到达泄殖腔。

3. 精子活力

精子自输精管射出后，80 %以上的精子都有活动能力。正常精子的运动形式呈直线前进运动；转圈运动和原地摆动均属不正常状态。精子的活力受温度、渗透压、pH、光线、空气和其稀释程度等影响而发生变化。

(二)精液

禽类的精液同样由精子和精清组成。精子由精细管生成后,在通过精细管网、输出管、附睾和输精管时,分别加入了液体部分(精清),于是形成精液并储存于输精管中。在交配时,混合性精液(输精管精液和淋巴褶产生的透明液)由交配器通过泄殖腔向外排出。

禽类精液的理化性质与哺乳动物不同,因禽类无附性腺,其精液的氯化物含量低,而钾和谷氨酸含量高,大量的谷氨酸可能来源于精细管。家禽精清几乎不含果糖、柠檬酸、肌醇、磷酰胆碱和甘油磷酰胆碱。公鸡的精液一般呈白色并混浊的状态,但也可能透明且像水一样稀薄,尤其是在精子密度低时,无味或略带腥味。新鲜的家禽精液呈弱碱性,其pH,鸡为7.0~7.6,鹅稍偏低为6.9~7.4。公鸡每次排出的精液量为0.11(由母鸡的泄殖腔采得)~1.00 mL(直接由公鸡采得)。每立方毫米精液中的精子数平均为350万个左右。因此,在一次射精中(0.5~1.00 mL),精子数的变动范围在17亿~35亿。另外,精子数的多少常随鸡生长速率的不同而有变化。每立方毫米精液中,慢生长品系鸡的精子约为490万个,快生长品系鸡的精子约为230万个。火鸡的精液量比鸡的少,但精子密度比鸡大得多,每立方毫米精液中精子数的变动范围在620万~700万。

(三)排精反射

家禽的排精(或称射精)受盆神经和交感神经支配。公鸡自然交配时,由于盆神经的兴奋使交配器官勃起,并通过交感神经节后纤维促进输精管收缩而发生排精。当人工采精时,常用腹部按摩法,通过外感受性排精反射采到精液。

## 二、雌禽生殖生理的特点

(一)雌禽生殖器官功能结构

雌禽的生殖器官包括卵巢和输卵管,但仅左侧发育正常;右侧在个体发育的早期就停止发育,到孵出时已退化,仅留残迹;但也有个别禽体,存在双侧卵巢和输卵管。

卵巢位于腹腔中线稍偏左侧,由皮质和髓质构成。皮质内有许多小卵泡,髓质部富含神经和血管。家禽成熟的卵巢呈葡萄状,上面有许多不同发育阶段的白卵泡和黄卵泡,每个卵泡含有一个卵细胞。在鸡的未成熟卵巢中,用肉眼可见的卵细胞有2 000个左右,在显微镜下观察则更多,可达10 000个以上。这些卵细胞中达到成熟卵细胞阶段的则只有200~3 000个。卵泡以其外膜、内膜和颗粒膜包围着卵细胞。成熟的卵泡表面有一个血管分布较少的缝痕,是排卵的部位。

输卵管在幼禽期是一条细而直的小管,到产蛋期发育为管壁增厚、长而弯曲的管道,长度可达躯干长的2倍以上,至停产期则逐渐回缩。根据构造和功能,输卵管由前向后可顺次分为五部分:漏斗部、膨大部(蛋白分泌部)、峡部、壳腺部(子宫)和阴道部(图13-4)。

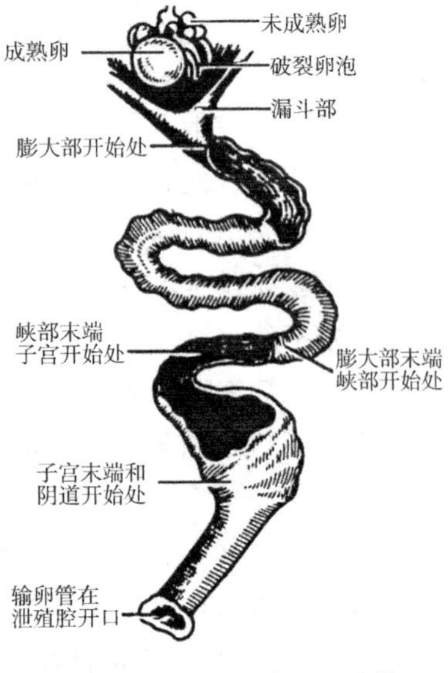


图13-4 产蛋母鸡的生殖道

卵巢由发自左肾动脉的卵巢动脉供血；输卵管前部由发自左肾动脉的输卵管前动脉供血；后部由发自髂外动脉的腹下动脉，以及髂内动脉的分支供血。输卵管的充足供血，对维持输卵管腺体分泌、蛋白和蛋壳的形成具有重要作用。

卵泡上分布有肾上腺素能和胆碱能两种纤维，它们共同调节卵泡血管的活动。盆神经纤维沿髂内动脉分支到达输卵管；交感神经纤维则沿腹下动脉分支到达输卵管。这些神经纤维共同调节输卵管血管的舒缩，并可将输卵管的活动情况通过感觉纤维传向中枢，反射性地调节产蛋活动。

(二)产蛋和产蛋习性

1. 产蛋

禽类卵母细胞从卵巢排出的过程称为排卵。卵排出后，在输卵管中停留24 h，最终形成蛋产出。产蛋时，子宫部有力收缩的同时，子宫阴道“括约肌”松弛，蛋被推进阴道。阴道壁全面扩张，引起产蛋动作发生，从而把蛋驱出。

2. 产蛋习性(以鸡为例)

家禽产蛋有一定的习性。①喜暗性。鸡喜欢在光线较暗的地方产蛋；②色敏性。禽类的视觉对颜色的区别能力较差，只对红黄绿光敏感，据研究母鸡喜欢在深黄或绿色的产蛋箱内产蛋；③定巢性。鸡的第一个蛋产在什么地方，以后仍到此产蛋，如果这个地方被别的鸡占用，宁可在巢门口等候也不愿进入旁边的空巢；④隐蔽性。有些鸡喜欢到安静、隐蔽的地方产蛋，这样有安全感，产蛋也较顺利；⑤探究性。母鸡在产第一个蛋之前，往往表现出不安，寻找合适的产蛋地点。在临产前爱在蛋箱前来回走动，伸颈凝视箱内，认好窝后，轻踏脚步试探入箱，卧下左右铺开垫料成窝形，离窝回顾，产蛋后发出特有的鸣叫声；⑥从众性。当鸡看到别的鸡已造好窝或产蛋箱内有蛋时，会产生认同感，认为此窝适宜产蛋，也容易把它当作自己的窝而在其中产蛋；⑦可调教性。鸡虽然不如水禽反应敏捷，但也能接受调教。试验表明，调教能大大减少母鸡产窝外蛋，如对19周龄以上的母鸡，在移入平养鸡舍的头3 d，每天在产蛋箱中关闭4 h，在其后的6周内，窝外蛋可降到1%。

3. 产蛋规律

以母鸡为例，母鸡的生殖活动与家畜不同，没有性周期，可以每天连续产蛋，也没有妊娠期。所以始产期、产蛋周期是禽类生殖活动的重要组成。

(1)始产期。从开始产第一枚蛋到正常产蛋的这一时期，通常要经历1～2周的时间。在始产期促卵泡素、促黄体素的分泌不正常，因此产蛋间隔没有一定的规律性，或者会产双黄蛋、软壳蛋等。母鸡品种、体型大小对开产日龄有明显影响。如来航鸡体型小，开产早，一般在第150d左右开产；蛋肉兼用品种体型较大，开产较晚。另外，光照和营养状况也影响开产日龄，如增加光照时间可减少开产日，食物中蛋白质充足，体重增长速度快开产日龄也减少。虽然鸡可以每天连续产蛋，但它也有产蛋周期。

(2)产蛋周期。指母鸡连续产蛋一定天数后，止产1 d或1 d以上，又继续产蛋一定天数后紧接着又停产几天再产蛋，这样周而复始地产蛋，直到一个产蛋年结束或休产为止。这种连续产蛋通常称窝蛋，俗称一窝产多少蛋。产蛋的窝数多少，常受季节的影响，在盛产季节，窝数要多些。母鸡连产一个蛋需要间隔24～27 h，所以一般每产一蛋，时间都要往后推1～

3 h。正常情况下，母鸡绝大部分都在早晨产蛋，15:00以后停止产蛋。另外，放养的母鸡一旦在某一特殊区域产出4～8枚蛋，日后它将寻求在这一区域或类似区域进行产蛋。通常，母鸡大概在产第一枚蛋的7 d前开始认定产蛋窝的位置。

(三)蛋的形成(以鸡为例)

雌禽接近性成熟时，少数卵原细胞开始生长，并形成卵黄物质在卵细胞内积存，使细胞体积迅速增大，成为初级卵母细胞。卵黄形成后，大约在排卵前2.0～2.5 h时，初级卵母细胞开始第一次成熟分裂，放出第一极体，形成次级卵母细胞；次级卵母细胞从卵泡释放出来后，卵细胞依靠输卵管平滑肌的蠕动，逐渐向后方移动，卵子在移动过程中形成蛋。蛋由蛋黄、蛋白、蛋壳膜和蛋壳组成；其中除蛋黄随卵进入输卵管外，其他均在输卵管外形成。蛋在形成过程中，通过输卵管的5个部分(漏斗部、膨大部、峡部、壳腺部和阴道部)的时间及各部分的功能如表13-2所示。

表13-2 母鸡输卵管各部的长度、功能和卵母细胞通过的时间

| 部位 | 平均长度(cm) | 功能 | | | 卵细胞通过的时间(h) |
|---|---|---|---|---|---|
| | | 功能种类 | 分泌量(g) | 固形成分(%) | |
| 漏斗部 | 11.0 | 形成卵系带 | | | 1/4～1/2 |
| 膨大部 | 33.6 | 分泌卵清蛋白 | 32.9 | 12.2 | 2～3 |
| 峡部 | 10.6 | 分泌角蛋白 | 0.30 | 80.0 | 5/4 |
| 壳腺部 | 10.1 | 形成石灰质卵壳 | 6.10 | 98.4 | 18～22 |
| 阴道部 | 6.90 | 分泌黏蛋白 | 0.10 | | 1/60 |

漏斗部是运送卵细胞和提供受精的部位，是输卵管的伞状部，能将卵卷入输卵管，一般认为不参与蛋的形成。

膨大部的功能是分泌和贮存蛋白，当卵细胞通过这一部位时，管壁上分布的管状腺和杯状细胞，分泌黏稠的胶状蛋白将卵细胞包裹起来。胶状蛋白中卵白蛋白约占54 %、卵铁传递蛋白约占13 %、卵类黏蛋白约占11 %、卵球蛋白约占3 %、溶菌酶约占3.5 %，还有其他物质。溶菌酶主要是对细菌细胞壁有溶解作用。卵类黏蛋白可抑制胰蛋白酶。蛋白容积占蛋产出时的一半左右。

借助于膨大部的蠕动，卵由膨大部进入峡部，此部位的腺体分泌角蛋白，包围在蛋白质外层，形成壳膜。首先形成内壳膜，然后在外面形成外壳膜。在蛋的钝端，内外壳膜有部分分开，形成气室(Air chamber)。并有少量空气存在，供胚胎早期发育的需要。峡部还能分泌少量水分，通过壳膜进入蛋白质。壳膜形成后，蛋的外形基本定型。

蛋进入壳腺(Shell gland)的最初5 h，壳腺分泌的水分，透过壳膜进入蛋白质，结果使蛋白层体积增加1倍。由于在峡部和壳腺部水分进入蛋白，与浓蛋白混合形成稀蛋白，并出现分层排列结构。随后蛋在壳腺内的5 h中，壳腺主要分泌碳酸钙(98 %)和糖蛋白基质(2 %)而形成蛋壳。蛋壳外面覆盖蛋白性的角质层，可防止细菌的侵入。蛋壳的颜色主要有3种：绿、褐、白，由壳腺分泌的沉积于蛋壳表面的色素所决定。

阴道起于子宫末端，止于泄殖腔。在子宫和阴道交界处，有括约肌和管状腺，阴道不仅能存留进入其中的精子，而且，蛋形成后，阴道壁扩张，有助于产蛋动作的发生和完成。

蛋壳形成过程中需要大量的钙。钙主要来自食物和骨钙。在蛋壳形成的15 h内有2 g钙沉积，这个数量相当于每15 min分泌出血钙的总量。在接近性成熟时，在雌激素的作用下，钙的代谢发生明显变化，血钙水平由2.5 mmol/L升高到6.2 mmol/L。管状骨的髓腔中贮存钙量达4～5 g，随着生殖活动的开始，小肠吸收钙的能力增强，在蛋壳形成的过程中，壳腺分泌的钙来自血浆，血钙来自食物和骨骼。产蛋鸡骨髓处于动态状态，即不断沉积又不断溶解钙。$Ca^{2+}$通过上皮细胞分泌到壳腺腔，壳腺细胞内含有碳酸酐酶，可使$CO_2$与$H_2O$形成$HCO_3^-$，$HCO_3^-$通过壳腺上皮下管状腺分泌出来，$Ca^{2+}$与$CO_3^{2-}$反应生成$CaCO_3$。

（四）产蛋的调控

尽管学者们在产蛋方面做了大量的研究，但关于产蛋机理及其调节机制还了解得很少，现有研究证明，垂体后叶分泌的8-精催产素和加压素能够引起子宫收缩而导致产蛋；组胺、乙酰胆碱和麦角霉素可使子宫收缩，引起提前产蛋；肾上腺素能使子宫舒张，可使正常母鸡推迟4～24 h产蛋。

尽管交感神经和副交感神经也支配输卵管和壳腺，但关于它们对产蛋过程的调节作用还有待深入了解。

（五）抱窝（就巢性）

抱窝（Broodiness）亦称就巢性，或赖抱性，是家禽生殖周期中的一个环节，是繁衍后代的重要习性，特别是鸟类和土种家禽显得尤为突出。雌禽的抱窝行为是指雌禽在产了一定数量的蛋后进巢孵化的行为。雌禽抱窝时表现为恋巢，羽毛蓬松，食欲下降，引水量减少，体重减轻。这种行为在现代养禽业中是不希望出现的。随着人工选育的结果，一些产蛋鸡这种行为实际上已消失，如白来航鸡和以此为基础育成的蛋鸡品系几乎无抱窝行为。

1. 抱窝行为发生机理

（1）遗传基础

①催乳素基因：在禽类，催乳素（Prolactin，PRL）是抱窝发生和维持的关键激素，因此，PRL基因在研究家禽抱窝行为中有重要意义。PRL基因序列存在多态性并与抱窝行为有很大的相关性，但对禽类PRL基因的结构与表达与抱窝行为的内在联系以及影响繁殖性能的机制研究还不多。

②促性腺激素释放激素（GnRH）基因：在禽类，下丘脑GnRH-1的mRNA水平下降，血液中PRL浓度则上升，当其达到最大值时，导致抱窝行为发生和维持。用外源性GnRH或类似物作用于母鸡可提高家禽的产蛋率，缩短家禽的休产期，抑制家禽抱窝。GnRH的不同变异导致母禽具有不同的抱窝行为。

（2）内分泌。垂体分泌的PRL对于雌禽抱窝行为的维持起着十分关键的作用。PRL是引起家禽抱窝最直接的激素。当家禽体内PRL含量升高后，家禽就开始出现抱窝现象。同样的当家禽出现抱窝时其血液中PRL的浓度升高，而伴随的是卵泡发育的停止和萎缩。外源性PRL能使接近成熟的卵泡萎缩。解除家禽抱窝行为的根本方法就是减少其体内PRL的合成或降低PRL在血液中的含量。

（3）环境条件。环境条件会通过神经刺激诱使家禽内分泌发生变化。尤其是在铺有干燥松软垫草的巢窝内有蛋的积累时，很容易诱导有抱窝遗传本质的家禽发生抱窝行为。抱窝的家禽只有当雏禽出壳后体内PRL的分泌才会自然减少。如将抱窝鸡的蛋取出并放入乒乓球，其抱窝行为仍能持续40～50 d；把抱窝火鸡的巢箱移走，则火鸡体内的PRL含量就明显下降。

2. 抱窝行为调控

(1)遗传育种调控。其是通过遗传育种的方法获得低抱窝行为的雌禽品种或品系。

(2)环境调控。其主要是消除能促使禽产生抱窝行为的环境因素以及给雌禽以强烈的环境应激。对鸡而言，可尽可能地多次捡蛋，改变光照时间、强度、颜色、温度以及循环改变鸡熟悉的环境等可有效消除抱窝行为；对鹅而言，只改变产蛋箱位置以及将鹅置于陌生环境中可减少其抱窝行为；另外，对许多雌禽，由平养改为笼养，可有效消除其抱窝行为。

(3)免疫调控。PRL是发动和维持抱窝行为的关键激素，抱窝时高水平的PRL直接抑制下丘脑GnRH的分泌和卵泡的发育。因此，可通过免疫抑制PRL的活性，进而抑制母禽的抱窝。

## 三、禽类受精

家禽的受精部位在漏斗部。成熟的卵子从卵巢上排出，落入输卵管的漏斗部，此时，若遇到精子便可受精。因为禽类的卵无放射冠、透明带等结构，在受精的过程中缺乏“透明带反应”和有效的“卵黄膜封闭作用”，所以在交配或输精后，多精子入卵的现象比较常见，在卵母细胞质中有时可见到约有十至十几个精子，能溶解卵黄膜并进入卵子内部，但最后只有一个精子的雄原核与卵子的雌原核融合发生受精作用，其余精子在形成蛋的不同阶段被破坏并溶解。

家禽受精作用的时间比较短暂。如鸡的卵子在输卵管漏斗部停留的时间约15 min，所以受精过程也只能在这一短暂的时间内完成。若卵子未能受精，便随输卵管的蠕动下行到蛋白分泌部，被蛋白所包围，卵子便失去生命活动而死亡。

家禽在交尾时，雄禽泄殖腔紧贴雌禽泄殖腔，将精子射入雌禽的泄殖腔内。精子进入雌禽泄殖腔后，大部分贮存在子宫阴道联合处，那里有许多皱褶，称为“精子窝”或“贮精腺”。另外还有少部分精子暂存于漏斗部的皱褶中，精子很可能在排卵时由皱褶中释出，转移到受精部位。

家禽的精子能在输卵管内存储较长时间，仍具有受精能力。输卵管的这种机能，使雌禽在输精或交配后的一个时期内，有连续生产受精蛋的可能。受精率(Fertilization rate)是指交配过的雌禽所产的蛋与孵化后出现胚胎的蛋的比例。鸡交配后12 d受精率仍可达60 %，30 d左右仍可保持受精能力；火鸡精子在母体内存活时间更长，可达72 d之久；太湖鹅输精后9 d受精率开始下降，到16 d仍有33 %的受精率。

家禽的受精高峰一般出现在输精或交配后1周左右，以后受精率则逐渐下降。所以，在1周以后不输入新精液或不让公禽与之交配，受精率将不能保持同样高的水平。

**案例**

某养鸡场饲养蛋鸡5 000只，近期发现部分鸡精神沉郁，采食量下降，畸形蛋和软壳蛋明显增多，且产蛋率下降；病鸡腹部膨大，触摸腹部有液体波动，肛门周围有恶臭的粪便，鸡冠发白。随病情发展，逐渐消瘦而死。通过解剖发现：病鸡肝脏肿大，呈土黄色；心表面有白色纤维素性渗出物，腹腔内有大量破碎的卵黄和脂肪堆积，气味腥臭；卵泡变形，输卵管膨大，管壁变薄；肠系膜发生炎症致使肠与肠以及其他脏器相互粘连。初步诊断：蛋鸡卵黄性腹膜炎。

**问题与思考**

蛋鸡卵黄性腹膜炎是如何发生的？如何预防该病的发生？

**提示性分析**

蛋鸡卵黄性腹膜炎是由于蛋鸡的输卵管因感染细菌等而产生了炎症，炎症导致输卵管伞部粘连，漏斗部的喇叭口在排卵时无法打开，使产蛋鸡卵泡落入腹腔腐败而引起卵黄性腹膜炎病。

蛋鸡卵黄性腹膜炎的病因极其复杂，该病不仅可使鸡产蛋率下降，而且还会导致母鸡死亡，危害性极大。一旦发病，治疗作用不大。因此，在养殖生产中，该病重在预防，加强蛋鸡的饲养管理，细心观察，及时清扫舍内外粪便，严格执行消毒制度，减少各种应激的发生，严格按照蛋鸡的营养需要配制饲料，营养要均衡，原料要优质，做好各种疾病的预防工作，为鸡群创造一个良好的产蛋环境。

**思考题**

一、名词概念

1.排卵　　2.抱窝　　3.排精反射

二、单项选择题

1. 下列关于禽类气囊重要生理功能的叙述错误的是(　　)

A.作为空气贮存库参与肺的呼吸作用

B.气囊内空气在吸气和呼气时均通过肺，从而减少了肺通气量

C.有利于调节飞禽飞行时身体的重心

D.可以帮助有机体有效地发散体热，协助调节体温

2. 禽类的消化系统中主要起贮存、湿润和软化食物作用的器官是(　　)

A.食管　　B.嗉囊　　C.胃　　D.口腔

3. 中药称的"鸡内金"存在于下列鸡消化器官的哪个器官(　　)

A.食管　　B.嗉囊　　C.腺胃　　D.肌胃

4. 禽的睾丸位于(　　)

A.阴囊内　　B.胸腔内　　C.腹腔内　　D.肾后下方

5. 下列选项中不属于家禽输卵管组成部分的是(　　)

A.直肠　　B.漏斗部　　C.膨大部和峡部　　D.子宫和阴道

三、简述题

1. 禽类呼吸有何特点?

2. 禽类消化器官有哪些特点?

3. 禽类产蛋有何习性?

四、论述题

蛋是如何形成的?

# 主要参考文献

1. 欧阳五庆.动物生理学.北京:科学出版社,2008.
2. 冯志强.生理学.北京:科学出版社,2007.
3. 李国彰.生理学.第2版.北京:科学出版社,2013.
4. 陈杰.家畜生理学.第4版.北京:中国农业出版社,2003.
5. 周定刚.动物生理学.北京:中国林业出版社,2011.
6. 张镜如.生理学.第4版.北京:人民卫生出版社,1998.
7. 杨秀平,肖向红.动物生理学实验.第2版.北京:高等教育出版社,2009.
9. 姚泰.生理学.北京:人民卫生出版社,2010
10. 柳巨雄,金天明,尹秀玲.动物生理学.长春:吉林人民出版社,2000.
11. 朱大年.生理学.第7版.北京: 人民卫生出版社,2008.
12. 朱文玉.医学生理学.北京: 北京大学医学出版社,2003.
13. 解景田,赵静.生理学实验.第2版.北京: 高等教育出版社,2002.
14. 寿天德.神经生物学.北京: 高等教育出版社,2002.
15. 姚泰.生理学.第5版.北京: 人民卫生出版社,2002.
16. 王玢,左明雪.人体及动物生理学.第2版.北京: 高等教育出版社,2001.
17. 许玉德.动物生理学引论.厦门:厦门大学出版社,2000.
18. 张玉生,柳巨雄,刘娜.动物生理学.长春:吉林人民出版社,2000.
19. 柳巨雄,范振勤,杨焕民.动物生理学习题与解答.长春: 吉林人民出版社,2000.
20. 左明雪.细胞和分子神经生物学.北京: 高等教育出版社,2000.
21. 邓树勋,洪泰田,曹志发.运动生理学.北京: 高等教育出版社,1999.
22. 韩济生.生理学多选题和题解.上海:上海医科大学出版社,1999.
23. 朱文玉.人体生理学学习指导.北京: 北京医科大学,中国协和医科大学联合出版社,1998.
24. 陈守良.动物生理学.第2版.北京:北京大学出版社,1996.
25. 斯文森·安东尼.动物生理学导论.青岛:青岛海洋大学出版社,1990.
26. 丁报春.生理学对比名词辞典.长沙:湖南科学技术出版社,1989.
27. 何菊人,陈子彬.生理学.上海:上海医科大学出版社,1988.
28. 李永材,黄溢明.比较生理学.北京:高等教育出版社,1984.
29. 李佩国,李培庆,李士泽.动物生理学.北京:中国农业出版社,2000.
30. 傅伟龙,江青艳,高萍,等.动物生理学.北京:中国农业科技出版社,2001.
31. 肖向红.动物生理学.哈尔滨:东北林业大学出版社,2000.
32. 李鉴轩.家畜生理学.西宁:青海人民出版社,1992.
33. 夏国良.动物生理学.北京:高等教育出版社,2013.
34. 张峻,边竹平.生理学(案例版).北京:科学出版社,2010.

35. 姚泰.生理学.北京:人民卫生出版社,2001.
36. 杨增明,孙青原,夏国良.生殖生物学.北京:科学出版社,2005.
37. 朱士恩.动物生殖生理学.北京:中国农业出版社,2006.
38. 杨秀平,肖向红.动物生理学.第2版.北京:高等教育出版社,2009.
40. 柳巨雄,杨焕民.动物生理学.北京:高等教育出版社,2011.
41. P.D.斯托凯.禽类生理学.北京:科学出版社,1982.
42. 张玉生,柳巨雄,刘娜.动物生理学.长春:吉林人民出版社,2000.
43. 中国农业大学主编.家畜繁殖学.第3版.北京:中国农业出版社,2000.
44. 马仲华.家畜解剖学与组织胚胎学.北京:中国农业出版社,2000.
45. Berne RM, Levy MN, Stanton BA. Physioloy. 5th Edition. St Louis: Mosby 2004.
46. Matthews GG. Cellular Physiology of Nerve and Muscle. 4th Edition. Blackwell Publishing, 2003.
47. Ganong WF. Review of Medical Physiology. 21st Edition Stamford: McGraw-Hill, 2003.
48. Ganong,WF, Review of Medical Physiology. 第20版.北京:人民卫生出版社,2001.
49. Arthur C,Guyton,John E.Hall.Textbook of Medical Physiology.第10版.北京:北京大学医学出版社,2002.
50. James G.Cunningham, DVM. Textbook of Veterinary Physiology. London: W.B.Saunders Company, 2002.
51. Sylvia S.Mader.人体解剖生理学.北京:高等教育出版社,2002.